全国环境监察培训系列教材

生态环境监察

环境保护部环境监察局　编

中国环境科学出版社·北京

图书在版编目（CIP）数据

生态环境监察/环境保护部环境监察局编. —北京：中国环境科学出版社，2012.4（2012.12 重印）
全国环境监察培训系列教材
ISBN 978-7-5111-0900-2

Ⅰ. ①生… Ⅱ. ①环… Ⅲ. ①生态环境—环境监测—中国—技术培训—教材 Ⅳ. ①X835

中国版本图书馆 CIP 数据核字（2012）第 021272 号

责任编辑 黄晓燕
文字编辑 谷妍妍
责任校对 唐丽虹
封面设计 玄石至上

出版发行 中国环境科学出版社
（100062 北京东城区广渠门内大街 16 号）
网 址：http://www.cesp.com.cn
电子邮箱：bjgl@cesp.com.cn
联系电话：010-67112765（编辑管理部）
010-67112735（环评与监察图书出版中心）
发行热线：010-67125803，010-67113405（传真）
印装质量热线：010-67113404
印 刷 北京市联华印刷厂
经 销 各地新华书店
版 次 2012 年 4 月第 1 版
印 次 2012 年 12 月第 2 次印刷
开 本 787×1092 1/16
印 张 28.5
字 数 660 千字
定 价 80.00 元

本书编审委员会

主　　编　冯雨峰　孙振世

副 主 编　史庆敏　肖　静

编写人员　王世庆　毛应淮　贾子利　廖　晗　齐鑫山　周永富

闫相陆　王　春

序

目前，我国经济进入了工业化、城镇化快速发展的关键时期，传统发展方式带来的经济社会发展与人口资源环境压力加大的矛盾日益凸显。党中央、国务院高度重视我国环境保护监督管理水平的提高，国务院发布的《关于加强环境保护重点工作的意见》（国发[2011]35 号）明确指出应强化环境执法监管，并提出完善督查体制机制，加强国家环境监察职能。这为我们全面做好“十二五”环保工作、积极探索中国环保新道路、大力提高生态文明建设水平指明了方向。

周生贤部长指出，环境执法监督是环保部门的立局之本。加强环境执法监督，是全面贯彻落实科学发展观、推动环保历史性转变的有效手段，是维护群众环境权益、保障和改善民生的基本要求，是环保部门参与宏观决策的依据、环境综合管理的基础。建立权责明确、行为规范、监督有力、高效运转的环境执法监督体系至关重要。“十二五”期间，环境执法工作要紧紧围绕主题主线新要求，以环境执法监督理念和模式转变为主攻方向，以解决影响科学发展和损害群众健康的突出环境问题为工作重点，逐步实现环境执法“精细化、科学化、效能化、智能化”，构建完备的环境执法监督体系，适应经济社会发展新要求和人民群众的新期待。

环境监察队伍是我国环境保护现场监督管理的专门执法队伍，肩负着环境执法监督的重要任务，奋战在环境保护工作的第一线，他们的素质能力和知识水平直接关系到党和国家环境保护方针政策能否落到实处、环境保护法律法规能否得到贯彻执行。如何建设一流环境监察人才队伍，为环保事业的发展提供有力的人才保障和智力支持，是当前面临的一项重大课题。环境保护部一直十分重视环境监察队伍培训工作，特别是《关于加强全国环境保护系统人才队伍建设的若干意见》发布实施后，以规范环境监察队伍管理、提高执法效能为出发点，统筹规划，创新方式，实施全覆盖、多形式、高质量的环境监察岗位培训，切实提高了环境监察人员的综合素质和执法能力，为建设生态文明、探索环保新道路提供了环境执法保障。

为了进一步规范环境监察培训，夯实环境监察培训基础性工作，环监局组织有关专家，在总结全国环境执法实践的基础上，综合基层环境监察机构的需求，编制了环境监察专业知识培训系列教材。本系列培训教材的编制完成，对指导全国环境监察的岗位培训、提高环境监察人员的执法水平和业务素质、促进环境监察培训工作水平的提升，将发挥重要作用。希望环境监察战线的同志们认真学习，再接再厉，为做好环保执法工作、加快推进环保历史性转变、积极探索环保新道路、全面推进生态文明建设作出更大的贡献。

张力军

2011 年 12 月 22 日

前　言

本书是《环境监察》系列培训教材之一，是在《环境监察》（第三版）第四章的基础上对生态环境监察工作的理论与方法进行了较为详尽的阐述。

生态环境监察是环境监察的有机组成部分，是环境监察的重要内容，是遏制生态环境恶化趋势的有效监管手段，同时也是环境监察工作中较薄弱的环节。为加大生态保护执法力度，严厉查处生态破坏案件，建立生态环境监察工作机制，促进生态保护与污染防治并重目标的实现，国家环境保护总局于2003年3月和7月下发了《关于开展生态环境监察试点工作的通知》（环发[2003]54号）和《关于批准全国生态环境监察试点地区的通知》（环发[2003]128号），在全国确定了以资源开发项目和开发建设活动（包括湿地、矿产资源等）、自然保护区与旅游景区、生态功能区、近岸海域、非污染性建设项目（包括水电、交通等）、农村与小城镇、国家重点工程等为重点的生态环境监察试点百余个。自2003年全国113个地区开展生态环境监察试点工作以来，大部分试点地区将生态环境监察工作作为落实科学发展观、推动当地经济、社会可持续发展的措施，在查处生态破坏案件、保护生态环境等方面取得显著成效，并在生态环境监察工作机制、执法体系、建章立制和能力建设等方面有所创新和突破。为进一步强化生态保护执法力度，国家环境保护总局于2007年6月和11月下发了《关于深入开展生态环境监察试点工作的通知》（环发[2007]93号）和《关于批准第二批全国生态环境监察试点地区的通知》（环发[2007]171号），扩大了试点范围，增加了全省性生态环境监察试点工作及新增市县级试点单位百余个，同时拓展了原有试点单位的工作任务。

多年来，各试点地区按照试点工作总体部署、制定方案、因地制宜、积极探索，从不同区域、不同领域，创造性地开展了工作。在工作机制、执法体系、建章立制和能力建设等方面取得不同程度创新和突破，在保护生态环境、查处生态破坏案件等方面取得显著成效，初步构建起“立足监督、各负其责、联合执法、注重效能”的生态环境监察新模式。

本书力求内容全面、翔实、实用。首先阐释了生态环境基本概念、生态环境问题及我国生态环境保护战略，进而论述了生态环境监察的概念、指导思想、法律依据、生态环境监察的工作任务、内容、措施以及工作机制与工作程序。特别对特定功能区（自然保护区、风景名胜区、森林公园、生态功能区、饮用水水源地）、基础性建设项目（水利水电建设项目、公路铁路建设项目、港口海岸带建设项目）、资源开发（矿产资源开发、森林草原开发、旅游资源开发、生物多样性开发）和农村生态环境监察作了详细的阐述。全书既注重基础理论的阐述，又对实践中生态环境监察工作的方法和内容进行了总结，实用性较强。

本书由国家环境监察局组织编写，作为国家和省级环境监察岗位培训的辅助教材，也作为环境监察工作的指导书籍，同时可作为高等院校环境监察专业及相关专业的教学用书，还可作为企业法人代表等的参考书。

全书共 6 章，在环境保护部环境监察局的指导下，由中国环境管理干部学院冯雨峰、王世庆、贾子利，环境保护部环境监察局孙振世、肖静、廖晗，山东省环境监察总队齐鑫山，四川省宜宾市环境监察支队等共同编写。其中第一章由冯雨峰、孙振世、贾子利编写，第二章由肖静、史庆敏编写，第三章由廖晗、孙振世编写，第四章第一节由四川省宜宾市环境监察支队编写，第四章第二节、第三节和第五章第二、三、四节由冯雨峰、王世庆编写，第五章第一节、第六章第一节由齐鑫山编写，第六章第二、三节由孙振世、冯雨峰编写，毛应淮、贾子利参与编写。全书由冯雨峰、孙振世统稿。

本书在编写过程中参考了环境保护部环境监察局有关生态环境监察的文件和文献，由于我们水平有限，难免存在理解上的某些偏差，我们衷心希望有关领导和专家、读者提出宝贵意见。

编者

2011 年 10 月 30 日

目 录

第一章 生态环境保护基础知识......1
第一节 生态环境基本概念......1
第二节 我国的主要生态环境问题......10
第三节 生态环境保护战略......16

第二章 生态环境监察试点......29
第一节 生态环境监察的概念及特点......29
第二节 生态环境监察的工作依据......33
第三节 生态环境监察试点......46

第三章 特定功能区生态环境监察......60
第一节 自然保护区环境监察......60
第二节 风景名胜区环境监察......67
第三节 森林公园环境监察......72
第四节 生态功能区环境监察......75
第五节 饮用水水源地环境监察......79

第四章 非污染性建设项目生态环境监察......89
第一节 水利、水电建设项目生态环境监察......89
第二节 公路、铁路建设项目生态环境监察......96
第三节 港口、海岸带开发建设项目生态环境监察......108

第五章 资源开发生态环境监察......115
第一节 矿产资源开发利用的生态环境监察......115
第二节 森林、草原开发利用的生态环境监察......122
第三节 旅游资源开发利用的生态环境监察......134
第四节 生物多样性开发利用的生态环境监察......139

第六章 农村农业生态环境监察......143
第一节 畜禽养殖业环境监察......143
第二节 农业生产环境监察......160
第三节 农村小城镇环境监察......169

附录......175
一、有关重要文件......176
二、有关技术规范......357

后记......446

第一章　生态环境保护基础知识

第一节　生态环境基本概念

一、生态与生态文明

（一）生态

“生态”一词源于“生态学”。“生态学”最早是由德国生物学家海克尔（Hackel，E.H.）于1866年在《有机普通形态学》一书中首次提出“Oekoloie”这一科学术语，英文为“ecology”（生态学）。ecology这个术语来自于希腊语，由两个希腊词根“oikos”（住所、栖息地或生境）和“logos”（科学）拼成，合起来是“关于生物生活环境的科学”。生态学被定义为：“研究有机体与其周围环境相互关系的科学。”

20世纪60年代以来，由于人类面临着环境、人口、资源等关系到人类生存的许多重大问题，而这些问题的解决，往往依赖于生态学原理。因此，生态学一跃而成为世人瞩目的科学。生态一词也已成为一个流行词，但很多人并不完全懂它的含义，以为天蓝、地绿、水清就是生态了，其实它的内涵要广得多。

首先，生态是一种关系，是指包括人在内的生物与周围环境间的一种相互作用关系。

其次，生态是一门学问：一是哲学，是人们认识自然、改造自然的世界观和方法论；二是科学，是研究包括人在内的生物与环境之间相互关系的系统科学；三是工程学，是模拟自然、生态结构、功能、机理来建设人类社会和改造自然的工程学或工艺学；四是美学，是人类品味自然、享受自然的审美观。

第三，生态是“生态关系和谐的”“生态良性循环的”或“生态化的”的简称，如生态城市、生态旅游、生态文化等。根据词义学上约定俗成和从众原则，这类含义已逐渐被国际社会所公认。所谓生态化，其内涵是将生态学原则渗透到人类的全部活动范围中，用人和自然协调发展的观点去思考和认识问题，并根据社会和自然的具体可能性，最优地处理人和自然的关系。

（二）生态文明

生态文明是我们党以科学发展观为指导，立足经济快速增长中资源环境代价过大的严峻现实而提出的新要求。胡锦涛同志在党的十七大报告中把“建设生态文明，基本形成节约能源资源和保护生态环境的产业结构、增长方式、消费模式”作为实现全面建设小康社会奋斗目标的新要求之一提到全党面前，党的十七届四中全会对建设生态文明再次作了强调。这为解决当前和今后一段时期我国人与自然的突出矛盾指明了方向，为加强生态环境保护、促进经济社会可持续发展提供了根本保证。

生态文明是人类在利用自然界的同时又主动保护自然界、积极改善和优化人与自然关系而取得的物质成果、精神成果和制度成果的总和。传统工业文明导致了人与自然的对立，严重威胁了人类自身的生存和发展。生态文明坚持可持续发展的理念和要求，从文明的高度来统筹环境保护与经济发展之间的关系，通过生态文明建设在更高层次上实现人与自然、环境与经济、人与社会的协调发展。生态文明建设已经成为中国特色社会主义事业总体布局的重要组成部分，其内容涵盖了先进的生态伦理观念、发达的生态经济、完善的生态制度、基本的生态安全、良好的生态环境等。

作为人类文明的一种高级形态，生态文明以把握自然规律、尊重和维护自然为前提，以人与自然、人与人、人与社会和谐共生为宗旨，以资源环境承载力为基础，以建立可持续的产业结构、生产方式、消费模式以及增强可持续发展能力为着眼点，具有以下四个鲜明的特征：

一是在价值观念上，生态文明强调给自然以平等态度和人文关怀。人与自然作为地球的共同成员，既相互独立又相互依存。人类在尊重自然规律的前提下，利用、保护和发展自然，给自然以人文关怀。生态文化、生态意识成为大众文化意识，生态道德成为社会公德并具有广泛影响力。生态文明的价值观从传统的“向自然宣战”、“征服自然”，向“人与自然协调发展”转变；从传统经济发展动力——利润最大化，向生态经济全新要求——福利最大化转变。

二是在实践途径上，生态文明体现为自觉自律的生产生活方式。生态文明追求经济与生态之间的良性互动，坚持经济运行生态化，改变高投入、高污染的生产方式，以生态技术为基础实现社会物质生产系统的良性循环，使绿色产业和环境友好型产业在产业结构中居于主导地位，成为经济增长的重要源泉。生态文明倡导人类克制对物质财富的过度追求和享受，选择既满足自身需要又不损害自然环境的生活方式。

三是在社会关系上，生态文明推动社会走向和谐。人与自然和谐的前提是人与人、人与社会的和谐。一般来说，人与社会和谐有助于实现人与自然的和谐，反之，人与自然关系紧张也会对社会带来消极影响。随着环境污染侵害事件和投诉事件的逐年上升，人与自然之间的关系问题已成为影响社会和谐的一个重要制约因素。建设生态文明，有利于将生态理念渗入到经济社会发展和管理的各个方面，实现代际、群体之间的环境公平与正义，推动人与自然、人与社会的和谐。

四是在时间跨度上，生态文明是长期艰巨的建设过程。我国正处于工业化中期阶段，传统工业文明的弊端日益显现。发达国家上百年出现的污染问题，在我国快速发展的过程中集中出现，呈现出压缩型、结构型、复合型特点。因此，生态文明建设面临着双重任务和巨大压力，既要“补上工业文明的课”，又要“走好生态文明的路”。这决定了建设生态文明需要我们坚持不懈的努力。

（三）生态文明提出的现实意义

建设生态文明是科学发展观的内在要求。建设生态文明是在科学发展观指导下取得的一个重要理论成果，是科学发展观的有机组成部分。科学发展观的第一要义是发展，建设生态文明的首要任务也是发展，而且是在环境可承受的范围内，更好地保障和促进经济社会可持续发展。科学发展观的核心是以人为本，人是自然界的一部分，人类靠自然界而生活，生态环境是人类生存的基础，良好的生态环境是实现人的全面发展的必然追求。科学发展观的基本要求是全面协调可持续，坚持把社会主义经济建设、政治建设、文化建设、社会建设和生态文明建设，看成是一个相互联系、相互促进、不可分割的整体和过程。科学发展观的根本方法是统筹兼顾，要求在发展过程中必须统筹人与自然的关系，在利用自然的同时，保护好自然。建设生态文明是实践科学发展观的内在要求和重要举措。

建设生态文明是对中国优秀传统文化的理性汲取。中华优秀传统文化的一个重要特质在于十分重视“和”，讲求人际关系的和谐以及人与自然关系的和谐。今天我们建设生态文明，应当认真汲取这种和谐理念，深刻认识和把握人与自然之间的关系。人与自然是不可分割的有机整体，与自然和谐相处、协调发展是人类发展的题中应有之义。

建设生态文明是对传统工业文明的科学扬弃。传统工业文明在给人类带来巨大物质财富的同时，也造成了自然资源迅速枯竭、生态环境日趋恶化，导致了人与自然关系严重失衡，直接威胁到人类的生存和发展。传统工业文明日益凸显的弊端和难以摆脱的困境，促使人类深刻反思和不断觉醒，积极探寻在更高层次上实现人与自然的和谐。建设生态文明，不同于传统意义上的污染控制和生态恢复，也不是放弃工业化，而是对传统工业文明的扬弃和超越，使工业化、生态化相互融合，推动资源节约型、环境友好型社会发展。

建设生态文明是中国可持续发展的迫切需要。长期以来，我国经济增长方式粗放，能源资源消耗过快。长此以往，资源支撑不住，环境容纳不下，社会承受不起，发展难以持续。这些年，尽管我国环境保护工作取得积极进展，但面临的环境形势依然十分严峻，长期积累的环境矛盾尚未解决，新的环境问题又陆续出现。主要污染物排放超过环境承载力，水、大气、土壤的污染相当严重，环境污染源日趋复杂。随着经济总量不断扩大和人口继续增加，污染物产生量还会增多，而保护环境的压力将进一步加大。建设生态文明，推动发展方式转变、产业结构调整，对于节能降耗、保护生态环境、实现经济社会全面协调可持续发展、提高我国在国际上的综合竞争力都至关重要。

（四）生态文明建设

生态文明建设的理论要点可以概括为十二个字，即“和谐”“循环”“协同”“适度”“优先”“人文”。坚持和谐原则，为提升人的素质，促进人的全面发展创造安全、健康的生态环境；坚持循环原则，从根本上解决发展与资源环境有限的矛盾；坚持协同原则，与经济、政治、文化、社会建设相同步；坚持适度原则，为人类社会长远发展预留空间、积蓄潜力；坚持优先原则，实施严格的环境保护措施，加快推进经济发展方式转变和经济结构调整，提升经济发展质量；坚持人文原则，把重要生态系统看做是与人类密切相连又具有独立存在价值的生命体，给自然生态以平等态度和人文关怀。

环境保护是生态文明建设的主阵地和根本措施。大力推进生态文明建设，促进人与自然和谐，是经济社会发展全局赋予环境保护工作的时代重任。对环保部门而言，最根本最关键的要求就是：围绕什么是生态文明、怎样建设生态文明，高擎生态文明建设的大旗，主动争做生态文明建设的倡导者、引领者和践行者，在更高层面、更广阔范围来审视和解决我国突出的环境问题，积极探索中国环境保护新道路。

二、环境与生态环境

（一）环境

所谓环境是指某一特定生物体或生物群体以外的空间，以及直接或间接影响该生物体或生物群体生存的一切事物的综合。环境总是相对于某一中心事物而言，作为某一中心事物的对立面而存在。它因中心事物的不同而不同，随中心事物的变化而变化。与某一中心事物有关的周围事物，就是这个中心事物的环境。

对于环境科学来说，中心事物是人。“环境”就是指以人类社会为主体的外部世界的总体。也可以说环境就是人类生存环境，指的是环绕于人类周围的客观事物的整体，它包括自然环境，也包括社会环境。或者指围绕着人群空间，以及其中可以直接、间接影响人类生活和发展的各种自然因素和社会因素的总体。

以上环境的概念很宽泛，为了明确环境保护目标，便于开展环境保护工作，世界上不同的国家都有具体的环境概念。《中华人民共和国环境保护法》第二条规定：本法所称环境是指影响人类生存和发展的各种天然的和经过人工改造的自然因素的总体，包括大气、水、海洋、土地、矿藏、森林、草原、野生生物、自然遗迹、人文遗迹、自然保护区、风景游览区、城市和乡村等。

（二）生态环境

“生态环境”一词最初的来源应该是生态学，其中心事物是生物。

生态环境是指环境要素中对生物起作用的因子的总体。例如光照、温度、湿度、水分、氧气、二氧化碳、食物和其他生物等，这些因子是生物生存所不可缺少的环境条件。环境要素中对生物起作用的各种因子并不是孤立存在，而是相互作用，生态环境是由生物群落及非生物自然因素组成的各种生态系统所构成的整体。

生态环境与环境是两个在含义上十分相近的概念，有时人们将其混用。但严格说来，生态环境并不等同于环境。环境的外延比较广，各种外部因素的总体都可以说是环境，但只有具有一定生态关系构成的系统整体才能称为生态环境。仅有非生物因素组成的整体，虽然可以称为环境，但并不能叫做生态环境。从这个意义上说，生态环境仅是环境的一种，二者具有包含关系。

三、生态系统与生态保护

（一）生态系统的基本概念

生态系统是指在一定的空间内生物的成分和非生物的成分通过物质的循环和能量的流动互相作用、互相依存而构成的一个生态学功能单位。任何一个生态系统，都是由生物系统和环境系统共同组成，这就是它的结构特征。它所具有的物质循环、能量流动和信息联系，是生态系统整体的基本功能。

在自然界只要在一定空间内存在生物和非生物两种成分，并能互相作用达到某种功能上的稳定性，哪怕是短暂的，这个整体就可以视为一个生态系统。因此在我们居住的这个地球上有许多大大小小的生态系统，大至生物圈、海洋、陆地，小至森林、草原、湖泊和小池塘。除了自然生态系统以外，还有很多人工生态系统如农田、果园、城市、自给自足的宇宙飞船和用于验证生态学原理的各种封闭的微宇宙（亦称微生态系统）。由此可见，生态系统的空间范围的大小是模糊的，往往是根据人们研究的需要而确定的。

生态系统是一个控制论系统，通过反馈调节，维持系统的稳定状态。生态系统概念的提出为生态学的研究和发展奠定了新的基础，极大地推动了生态学的发展。当前，人口增长、自然资源的合理开发和利用以及维护地球的生态环境已成为生态学研究的重大课题。所有这些问题的解决都依赖于对生态系统的结构和功能、生态系统的演替、生态系统的多样性和稳定性以及生态系统受干扰后的恢复能力和自我调控能力等问题进行深入的研究。目前在生态学中，生态系统是最受人们重视和最活跃的一个研究领域。

（二）生态系统的基本特征

生态系统一般具有以下一些共性特征：

（1）生态系统是生态学上的一个主要结构和功能单位。一个物种在一定空间范围内的所有个体的总和在生态学里统称为种群，所有不同种的生物总和为群落，生物群落连通其所在的物理环境共同构成生态系统；

（2）生态系统内部具有自我调节功能。生态系统的结构越复杂，物种数目越多，自我调节的功能也越强。但任何生态系统都具有有限的自我调节能力，超过生态系统的自我调节能力，生态系统将发生质的变化，直至系统崩溃；

（3）能量流、物质流和信息流是生态系统的三大功能。其中，能量流是单向的，物质流是循环的，信息流则包含营养信息、化学信息、物理信息和行为信息等。生态系统中的物质循环和能量流动是分不开的，二者互相依存，紧密结合。当能量流过食物链从一个营养级向另一营养级传递时，营养物质也按同样的途径传递；

（4）生态系统是动态的，其早期形成和晚期发育具有不同的特性；

（5）生态系统具有等级结构，即较小的生态系统组成较大的生态系统，简单的生态系统组成复杂的生态系统，最大的生态系统是地球生物圈。

（三）生态系统的组成与结构

任何一个生态系统都是由生物成分和非生物成分两部分组成的。

生态系统
- 非生物成分
  - 无 机 物：氧、氮、二氧化碳、水和各种无机盐等
  - 有 机 物：蛋白质、糖类、脂类和腐殖质等
  - 气候因素：温度、湿度、风、雨、雪和辐射等
- 生物成分
  - 生 产 者：绿色植物、光合细菌和其他自养生物
  - 消 费 者：植食动物、肉食动物、杂食动物和寄生动物等
  - 分 解 者：微生物、原生动物和食腐动物等

生态系统中的非生物成分和生物成分是密切交织在一起、彼此相互作用的。虽然不同类型的生态系统生物种类差异很大，例如水生生态系统中的生产者主要是藻类和其他维管束生物，消费者主要是鱼类和其他动物；而在陆地生态系统中的生产者主要是高大的乔、灌木及草本、苔藓、地衣等，消费者主要是鸟、兽和昆虫等，但它们在功能运转方面是相似的。

（四）生态系统服务功能

生态系统为人类提供了许多社会、经济和文化生活必不可少的物质资源和良好的生存条件。这些由生态系统的物种、群体、群落、生境及其生态过程所产生的物质及其所维持的良好生活环境对人类与环境的服务性能称为生态系统服务（表 1-1）。

表 1-1 生态系统服务项目

	生态系统服务	内容	举例
1	气体调节	大气化学成分调节	CO_2/O_2 平衡，O_3 防紫外线、SO_2 水平
2	气候调节	全球温度、降水及其他以生物为媒介的全球及地区性气候调节	温室气体调节，影响云形成的 DMS 产物
3	干扰调节	生态系统对环境波动的容量、衰减和综合反应	风暴防止、洪水控制、干旱恢复等生境对主要受植被结构控制的环境变化的反应
4	水调节	水文流动调节	为农业、工业和运输提供用水
5	水供应	水的贮存和保持	向集水区、水库和含水岩层供水
6	控制侵蚀和保持沉积物	生态系统内的土壤保持	防止土壤被风、水侵蚀，把淤泥保存在湖泊和湿地中
7	土壤形成	土壤形成过程	岩石风化和有机质积累
8	养分循环	养分的贮存、内循环和获取	固氮，N、P 和其他元素及养分循环
9	废物处理	易流失养分的再获取，过多或外来养分、化合物的去除或降解	废物处理，污染控制，解除毒性
10	传粉	有花植物配子的运动	提供传粉者以便植物种群繁殖
11	生物防治	生物种群的营养动力学控制	关键捕食者控制被食者种群，顶位捕食者使食草动物减少
12	避难所	为常居和迁徙种群提供生境	育雏地、迁徙动物栖息地、当地收获物种栖息地或越冬场所
13	食物生产	总初级生产中可用为食物的部分	通过渔、猎、采集和农耕收获的鱼、鸟兽、作物、坚果、水果等
14	原材料	总初级生产中可用为原材料的部分	木材、燃料和饲料产品
15	基因资源	独一无二的生物材料和产品的来源	医药、材料科学产品用于农作物抗病和抗虫基因，家养物种（宠物和植物栽培品种）
16	休闲娱乐	提供休闲旅游活动机会	生态旅游、钓鱼运动及其他户外游乐活动
17	文化	提供非商业性用途的机会	生态系统的美学、艺术、教育、精神及科学价值

（五）生态系统的稳定性

1. 生态系统的稳定性

无论是自然的还是人工的生态系统都是一种动态的开放系统。生态系统在与环境因素之间进行物质和能量的交换过程中，会不断受到外界环境的干扰和负面影响。然而，一切生态系统对于环境的干扰所带来的影响和破坏都有一种自我调节、自我修复和自我延续的能力，如森林的适当采伐、草原合理放牧、海洋的适当捕捞，都会通过系统的自我修复能力来保持木材、饲草和鱼虾产品产量的相对稳定。我们把生态系统这种抵抗变化和保持平衡状态的倾向称为生态系统的稳定性或“稳态”。

2. 生态系统稳定性的调控机制

生态系统是一个具有稳态机制的自动控制系统，它的稳定性主要通过系统的反馈调控来实现。当生态系统中某一成分发生变化时，必然会引起其他成分出现一系列相应的变化，这些变化最终又反过来影响起初发生变化的那种成分。生态系统的这种作用过程称为反馈，反馈分为负反馈和正反馈两种类型。正反馈和负反馈在生态系统稳态调控中具有十分重要的作用。

（1）负反馈是指使系统输出的变动在原变化方向上减速或逆转的反馈。生态系统的负反馈是比较常见的一种反馈，它是指生态系统中某一成分变化所引起的其他一系列变化，反过来抑制或减弱最初引发变化的那种成分发生变化的作用过程。其作用结果是促使生态系统达到稳态和保持平衡。例如，草原因食草动物迁入、繁殖而数量增加，使得草原植物被过度啃食而减少，植物生产量的减少，反过来又会抑制食草动物种群和个体数量增加。

在自然生态系统中长期的反馈联系促进了生物的协同进化，产生了诸如致病力——抗病性、大型凶猛的进攻型——小型灵活的防御型等相关性状。这些结构形式表现出来的长期反馈效应对自然生态系统形成一种受控的稳态有很大作用。反馈作用还能使系统的抗干扰能力与应变能力大大增强。

（2）正反馈与负反馈相反，是指使系统输出的变动在原变动方向上被加速的反馈。生态系统的正反馈是指生态系统中某一成分变化所引起的其他一系列变化，促进或加速最初引发其变化那种成分进一步发生变化的作用过程。其作用结果是常常使生态系统进一步远离平衡状态或稳态。例如，一个湖泊生态系统受到污染，导致鱼类死亡数量减少，鱼体死亡后又会进一步加重污染，并引起更多的鱼类死亡，使得湖泊污染越来越严重，鱼类死亡越来越加剧。正反馈对生态系统往往具有极大的破坏作用，而且常常是爆发性的，所经历的时间也很短。但从长远看，生态系统中的负反馈和自我调节总是起着主要作用。

在自然生态系统中，生物常利用正反馈机制来迅速接近“目标”，如生命延续、生态位占据等，而负反馈则被用来使系统在“目标”附近获得必要的稳定。

3. 生态系统稳定性的阈值

生态系统的稳定性是动态的而不是静态的。这是由于生态系统中生物类群是不断变化的，系统内外界环境条件也在不断地变化。因此，生态系统的稳定性有一定的作用范围。在一定范围内，生态系统可以忍受一定程度的外界压力，并通过自我调控机制，抵御和校正自然和人类所引起的干扰，恢复其相对平衡，保持其相对稳定性。超出一定的范围，生态系统的自我调控机制就会失灵或消失，其稳定性就会受到影响，相对平衡就会遭到破坏，甚至使系统崩溃。生态系统忍受一定程度外界压力维持其相对稳定性的这个限度就称为“生态阈值”。

生态阈值的大小决定于生态系统的成熟性。系统越成熟，结构越复杂，阈值越高；反之，系统发育越不成熟，结构越简单，功能效率越低，系统对外界压力的反应越敏感，抵御剧烈生态变化的能力越脆弱，阈值就越低。不同生态系统在其发展进化的不同阶段有多种不同的生态阈值，了解这些阈值，才能合理调控、利用和保护生态系统。

（六）生态平衡

1. 生态平衡的含义

生态平衡是指在一定的时间和相对稳定的条件下，生态系统内各部分（生物、环境和人）的结构和功能均处于相互适应与协调的动态平衡，生态平衡是生态系统的一种良好状态。

生态平衡是相对的、整体的动态平衡，作为开放的系统，物质和能量的输入输出，始终在正常进行之中。局部、小范围的破坏或扰动可通过系统调控机制进行调节和补偿，局部的变动或不平衡不影响整体的平衡，这和相对的动态平衡是一致的。

2. 生态平衡的三个基本要素

生态平衡的三个基本要素是系统结构的优化与稳定性，能流和物流收支平衡以及自我修复和自我调节功能的保持。

衡量一个生态系统是否处于生态平衡状态，其具体内容为：①时空结构上的有序性。表现在空间有序性上是指结构有规则地排列组合，小至生物个体的各个器官的排列井然有序，大至宏观生物圈内各级生态系统的排列，以及生态系统内各种成分的排列都是有序的；表现在时间有序性上就是生命过程和生态系统演替发展的阶段性，功能的延续性和节奏性。②能流、物流的收支平衡。指系统既不能入不敷出，造成系统亏空，又不应入多出少，导致污染和浪费。③系统自我修复、自我调节功能的保持，抗逆、抗干扰、缓冲能力强。

因此，生态平衡状态是生物与环境高度适应、环境质量良好，整个系统处于协调和统一的状态。

3. 生态平衡失调及其原因

（1）生态平衡失调的概念

生态系统是一个反馈系统，具有自我调节的机能。但是，这种机能是有一定限度的。在确定的限度内亦即在不超过系统的生态阈值和容量的前提下，它可以忍受一定的外界压力，当压力解除后，它能逐步恢复到原有的水平。相反，如果外界压力超过该生态系统的生态阈值，它的自我调节能力便会降低，甚至消失，最后导致生态系统衰退或崩溃，这就是人们常说的“生态平衡失调”或“生态平衡破坏”。

（2）生态平衡失调的机理

作用于生态系统的外部压力从以下两方面来干扰、破坏生态平衡：一是损坏生态系统的结构，导致系统的功能降低；二是引起生态系统的功能衰退，导致系统的结构解体。

（3）生态平衡失调的原因

造成生态平衡失调的原因是多方面的，但归纳起来可以从以下两个方面来阐述。

A. 自然因素

①生态系统内部的原因。自然生态系统是一个开放系统，由绿色植物从外界环境把太阳光和可溶态营养吸纳到体内，通过物质循环和能量转换过程不仅使可溶态养分积聚在土壤表层，而且还把部分能量以有机质的形态贮存于土壤中，从而不断地改造土壤环境。而改造后的环境为生物群落的演替准备了条件，生物群落的不断演替，实质上就是不断地打破旧的生态平衡。可见，物质和能量在表土中的积累，其本质就是对原平衡的破坏。生物群落的演替可以是正向演替，也可以是逆行、退化演替。如果是逆行演替，则是打破原来的生态平衡后建立更低一级的生态平衡，本身意味着稳态的削弱。

②生态系统外部的原因。由于自然因素，如火山爆发、台风、地震、海啸、暴风雨、洪水、泥石流、大气环流变迁等，可能造成局部或大区域的环境系统或生物系统的破坏或毁灭，导致生态系统的破坏或崩溃。如果自然灾害是偶发性的，或者是短暂的，尤其是在自然条件比较优越的地区，灾变后靠生物系统的自我恢复、发展，即使是从最低级的生态演替阶段开始，经过相当长时期的繁衍生息，还是可以恢复到破坏前的状态的。如果自然灾害持续时间较长，而自然环境又比较恶劣，则可能造成自然生态系统的彻底毁灭，甚至是不可逆转的（如沙漠和荒漠的形成）毁灭。然而综观全局，自然因素所造成的生态平衡的破坏，多数是局部的、短暂的、偶发的，常常是可以恢复的。

B. 人为因素

①人与自然策略的不一致。人类对于自然，一个共同的目标是“最大限度地获取”。滥伐森林，开垦草原，围湖造田，乱捕滥猎，竭泽而渔……已经造成一系列的生态失调。自然生态系统在长期发展进化中，则是不断积累能量以消除增加的熵，来维持系统自身的平衡和稳定，这种最大限度的保护策略，却经受不住人类的冲击，仍给各种生态系统带来极大的影响，超越了它们的生态阈限，最终导致系统的崩溃。

②经济与生态分离。人类有史以来向大自然索取任何东西都是理所当然的，因而传统的经济学和经济体系中，自然界的服务不表现价值，也就是说是免费的，因而许多破坏珍贵自然资源的行为长期以来屡禁不止，如捕杀野生动物大象、犀牛、熊猫等，因为它们的角、牙、皮毛等可以获得暴利，采集珍贵的野生药材和植物更是一本万利。这些掠夺性的行为投入少、产出高，走私、偷猎者们获得了极高的经济效益，但整个社会却要为他们承受长远的经济和生态后果。大自然不但是人类的宝库，还是垃圾场，许多工厂排放污物，使自然界和整个社会成为容纳污染物的免费车间，这种现象用生态经济的概念叫“费用外摊”。这些现象都是个人经济效益越好，社会生态效益就越坏，是经济与生态的分离而不是统一。

（七）生态保护

一般来说，生态保护就是利用生态学的理论和方法，协调人类与生态环境的关系，对人类赖以生存的生态系统进行保护，使之免遭破坏，使生态功能得以正常发挥的各种措施的总称。生态保护是环境保护工作的一个重要组成部分。生态保护所针对的是生态破坏问题。

生态保护工作的对象包括：生物多样性的保护、自然生态系统的保护、自然资源的保护、自然保护区的建设与管理、农村生态保护、生态环境管理等。

发达国家的经验证明，一个国家的环境保护往往是从污染防治开始，大约经过几十年的时间使污染防治取得成功之后，环境保护工作的重点将向生态保护转移。“十一五”计划期间，即从 2005—2010 年我国在经济持续快速发展的同时，主要污染物总量却开始下降，预计我国再用 20～30 年时间可望在污染防治方面取得成功，环境污染将会得到有效的控制与治理，届时生态保护将成为我国环境保护的工作重点。生态保护比污染防治范围更宽、影响更广、任务更艰巨，需要的时间更长，需要的投资也更多。

第二节　我国的主要生态环境问题

新中国成立以来，党中央、国务院和地方各级党委政府对生态环境保护及建设工作给予了高度重视，将生态环境保护和建设工作提到了重要议事日程，采取了一系列保护和改善生态环境的重大举措。先后启动了天然林保护、退耕还林还草、退田还湖和大规模的植树造林、水土保持和防沙治沙工程建设，建立了一批不同类型的自然保护区、生态功能保护区、生态示范区和生态农业县，生态环境保护和建设取得了很大成绩。但是在长期的自然和人为因素作用下，我国的生态环境问题依然十分严重，生态环境总体形势不容乐观。主要表现为：早期生态问题有所好转，新的生态问题在急剧发展；人工生态环境有所改善，原生生态环境在加速衰退；单一性生态问题有所控制，系统性生态问题更加严重；浅层次的生态问题有所解决，深层次的生态问题更加突出。从总体上看，生态与环境资源有限，区域差异显著，生态退化的现象有所缓和，生态退化的实质没有改变，生态退化的趋势在加剧，生态灾害在加重，生态问题更加复杂化，生态环境状况不容乐观。

（一）土地退化趋势尚未得到根本改变

1. 耕地质量下降且局部地区土壤污染严重

耕地总量逐年减少，人均占有量小，用途不稳，质量不断下降，局部地区土壤污染严重。耕地面积 1998—2007 年，减少了 826.67 万 hm^2，减少幅度为 6.38%。《2008 年中国环境状况公报》公布，全国耕地为 1.22 亿 hm^2，园地 0.12 亿 hm^2，林地 2.36 亿 hm^2，牧草地 2.62 亿 hm^2，其他农用地 0.25 亿 hm^2，居民点及独立工矿用地 0.27 亿 hm^2，交通运输用地 0.02 亿 hm^2，水利设施用地 0.04 亿 hm^2，其余为未利用地。与上年相比，耕地面积净减少 1.93 万 hm^2，其中，建设占用 19.16 万 hm^2，灾毁耕地 2.48 万 hm^2，生态退耕 0.76 万 hm^2，因农业结构调整减少耕地 2.49 万 hm^2，以上 4 项共减少耕地 24.89 万 hm^2，同期土地整理复垦开发补充耕地 22.96 万 hm^2。目前，我国人均耕地只有 1.39 亩[①]，不到世界平均水平的 40%。我国的土壤有机质含量不断减少，缺氮、缺磷、缺钾土壤面积不断增加。如广东省缺氮、缺磷和缺钾耕地面积分别比 1990 年增加 20.97%、16.94%和 1.82%。近年来土壤污染严重，耕地质量不断下降。据调查，20 世纪 70 年代大量使用的有机氯农药，目前还可从土壤中检测到 DDT、六六六等的残留物或衍生物；目前我国受镉、砷、铬、铅等重金属污染的耕地面积约占总耕地面积的 1/5，部分地区土壤重金属污染引发的食品安全问题

① 1 亩=1/15 hm^2。

不容忽视。据估算，全国每年因重金属污染的粮食达 1200 万 t，造成的直接经济损失超过 200 亿元。

2. 水土流失问题突出

根据《2010 年中国环境状况公报》，我国现有水土流失面积 356.92 万 km^2，占国土总面积的 37.2%。其中水力侵蚀面积 161.22 万 km^2，占国土总面积的 16.8%；风力侵蚀面积 195.70 万 km^2，占国土总面积的 20.4%。总体上，水土流失得到初步控制，流失面积有所减少，但水土流失区域差异大，部分地区水土流失仍在加剧，治理任务艰巨。尽管我国水土流失面积总体上有所减少，但仍占国土面积的 17.19%，一些地区的水土流失仍很严重，如长江中游地区、赣江流域上游地区、东北黑土漫岗区等的水土流失形势仍非常严峻；部分区域的水土流失还在呈加剧趋势。

3. 土地荒漠化仍呈蔓延趋势

过牧、滥樵和水资源利用不当等不合理的经济活动仍是造成土地荒漠化扩展的重要因素。《中国环境统计年鉴》的数据显示，2008 年我国荒漠化土地共为 26361.68 万 hm^2，集中分布在西北干旱地区，新疆、内蒙古、西藏、甘肃、青海五省区最为严重，分别占全国荒漠化土地面积的 40.65%、23.61%、16.44%、7.34%、7.27%。20 世纪 80 年代，荒漠化土地以年均增长 2100 万 hm^2 的速度扩展，目前约有 393.3 万 hm^2 农田，493.3 万 hm^2 草场，2000 多 km 铁路以及许多城镇、工矿、乡村受到沙漠化威胁。在全国有 30 个省（自治区、直辖市）、889 个县（旗、区）都分布有荒漠化土地。荒漠化已成为严重威胁中华民族生存空间、严重制约中国经济社会发展的巨大挑战。

（二）森林植被和草原资源退化的局面难以在短期内逆转

1. 森林植被结构简单、功能退化

森林覆盖率不断增加，林地面积不断扩大，但人均占有量低，林龄单一、林种单一、林相单一、林分结构简单，森林生态系统呈现数量型增长与质量型下降并存的局面，森林质量低，病虫害严重，森林生态功能衰减的实质没有改变。

根据第七次全国森林资源清查（2004—2008 年）结果，全国森林面积 19545.22 万 hm^2，森林覆盖率 20.36%，活立木总蓄积 149.13 亿 m^3，森林蓄积 137.21 亿 m^3。乔木林平均每公顷蓄积量 85.88 m^3。林木年均净生长量 5.72 亿 m^3，年均采伐消耗量为 3.79 亿 m^3。与第六次全国森林资源清查（1999—2003 年）相比，森林面积净增 2054.30 万 hm^2，人均森林面积增加 0.013 hm^2，森林覆盖率增长了 2.15 个百分点。除香港特别行政区、澳门特别行政区和台湾省外，全国天然林面积 11576.20 万 hm^2，蓄积 105.93 亿 m^3。从森林起源看，人工林比例高，面积约 5325.73 万 hm^2，蓄积 15.05 亿 m^3，人工林面积高居世界首位。在我国森林资源林种结构方面，目前林区资源结构不够合理，据 2004 年资源统计，在林种划分方面，用材林占 26.2%，防护林占 55.7%，特种用材林占 18.1%；从森林资源结构及趋势来分析，我国目前森林资源中成过熟林、近熟林、中龄林、幼龄林面积比重分别为 18%，14%，35%，33%。在面积方面，中龄林和幼龄林面积比重较大，过熟林面积较小；在蓄积方面，中龄林和成龄林蓄积所占比例较大，幼龄林蓄积所占比例最小，这说明目前我国森林提供木材的能力还比较弱，幼龄林和中龄林面积仍占多数，所以可采伐资源严重缺乏。由此可见，虽然森林资源数量有所增加，但质量仍有待提高。

2. 草地资源退化严重

草地退化严重，质量持续下降，导致草地生态承载力降低，草地超载现象越来越严重，草地生态功能下降，草地已成为重要的沙尘源区。

截至 2009 年年底，我国草原面积 4 亿 hm^2，约占国土面积的 41.7%：北方干旱半干旱草原区涉及河北、山西、内蒙古等 10 个省（自治区），草原面积 15 994.86 万 hm^2；青藏高寒草原区涉及西藏、青海全境及四川、甘肃和云南部分地区，草原面积 13 908.45 万 hm^2；东北华北湿润半湿润草原区涉及北京、天津等 10 省（直辖市），草原面积 2 960.82 万 hm^2；南方草地区涉及上海、江苏、浙江等 15 省（自治区、直辖市），草原面积 6 419.12 万 hm^2。

我国草地退化非常严重，草地鼠虫害长期得不到根本控制，全国 90%的可利用天然草原有不同程度的退化，并以每年 200 万 hm^2 的速度递增。

我国草地在总面积减少的同时，质量也在不断下降，表现在草地等级下降，优良牧草种类减少，而毒草种类和数量增加等。

（三）水环境安全受到严峻挑战

1. 水资源短缺且水资源利用技术差

我国有 14 个省（市）的人均水资源处于 1 700 m^3 国际水资源紧张警备线以下，有 10 个省（市）的人均水资源处于 1 000 m^3 严重水荒国际线以下。中国是世界上建坝最多的国家之一，占世界建坝数量的 50%左右。淮河流域已建水库 5 300 多座，平均每 50 km^2 建水库 1 座，每条支流建水库近 10 座，淮河流域修建的水库总库容与本流域多年平均径流量比例高达 1.09，大大高于全国平均值 0.17；至 1998 年年底，海河流域共建水库 1 199 座，总库容 198.01 亿 m^3，仅白洋淀流域就兴建百余座大小水库。高密度水利工程的建设，干扰自然水生态过程。

水资源开发利用强度大，利用率低。目前淮河水资源利用率为 60%，辽河 65%，黄河 62%，海河高达 90%，远远超过国际公认的 30%～40%的水资源利用警戒线。我国的工业用水重复利用率为 55%，低于发达国家的 75%～85%，万元工业增加值（当年价）用水量为 78 m^3，为世界平均水平的 4～6 倍，万元工业产值（当年价）用水量 288 m^3，为发达国家的 5～10 倍。“十一五”我国农业灌溉用水有效利用系数从 0.45 提高到 0.50，但仍低于发达国家 0.7～0.8 的水平，城市输水管网和用水器具损失高达 20%以上。

水旱灾害并发，受灾面积不断上升。新中国成立以来，各大流域均有大洪水发生，20 世纪 50—70 年代全国水灾呈下降趋势，但 70 年代以后，洪水发生频率增加，受灾面积直线上升，成灾面积与受灾面积的比例也显现相同趋势，同时我国旱灾自 70 年代以来持续发生，受灾面积居高不下，成灾面积与受灾面积的比例除 70 年代大幅下降外，其他时间区段均维持 40%以上的高水平。我国的水旱灾害主要有四个特点：

一是发生频次高、时间长。自公元前 206 年至 1949 年的 2 155 年间，平均每两年发生一次较大水灾或严重干旱。新中国成立以来，大江大河发生较大洪水 50 多次，发生严重干旱 17 次。且水旱灾害持续时间长，经常发生连年丰水或多年连续干旱的不利状况。

二是影响范围广、程度深。我国有 2/3 的国土面积可能发生各种类型、不同程度的洪水，其中大部分地区会形成洪水灾害。干旱在我国分布更为广泛，东北、西北、华北地区十年九春旱，长江以南地区有的年份伏旱严重，近年来西南地区旱灾也呈多发态势。

三是灾害类别多、防御难。我国相当一部分地区非涝即旱，旱涝交替，既有可能发生大江大河流域性大洪水，也有可能发生山洪、泥石流、滑坡和台风、冰凌等灾害，给防御工作带来很大难度。同时，旱灾也从传统的农业扩展到城市、工业、生态等领域。全国 669 座城市中有 400 座不同程度缺水，旱灾损失居高不下，已成为国民经济可持续发展的制约因素。

四是直接经济损失严重。我国水旱灾害直接经济损失占各类自然灾害直接经济总损失的 60%左右。1990 年以来，全国年均洪涝灾害损失在 1100 亿元左右，约占同期 GDP 的 2%；遇到发生流域性大洪水的年份，该比例可达 3%～4%。1990 年以来，全国年均因旱造成的直接经济损失约占同期 GDP 的 1%以上，遇严重干旱年景，该比例超过 2%。

2．水生态失衡

2009 年，长江、黄河、珠江、松花江、淮河、海河和辽河七大水系的 203 条河流 408 个地表水国控监测断面中，Ⅰ～Ⅲ类、Ⅳ～Ⅴ类和劣Ⅴ类水质的断面比例分别为 57.3%、24.3%和 18.4%，水环境污染的局面依然严重。

江河断流、地面沉降不仅发生在降雨量少的北方地区，而且也发生在降雨量多的南方地区。2011 年降雨量丰富的湖北省春旱连夏旱，特别是在主汛期前遭遇全省性干旱是新中国成立以来没有过的，全省有 298 条河流断流，其中岳阳市报告 36 条河道断流，101 座水库干涸。自从 1972 年黄河下游首次出现断流以来，到 1999 年的 28 年中有 22 年出现断流，断流的频次、历时和河长均不断增加，这种情况在 2000 年后才得到了改变；新疆的塔里木河也频频出现断流，塔里木河末端近 300 km 的河道干涸已达 30 多年，造成了严重的生态环境危机。

地下水过度开采，导致地下水位下降和地面沉降，出现大范围漏斗和地面沉降，部分地区出现地裂缝现象。华北地区已形成较大的地下水漏斗 20 处，总面积 7 万多 km^2，成为世界上最大的区域性漏斗；上海市 1921 年至今，沉降面积已达 1000 km^2，沉降中心最大累积沉降量达 2.63 m；太湖平原地面累计沉降量在 200 mm 以上的面积近 5000 km^2，500 mm 地面沉降面积达 2000 km^2。

湖泊萎缩，滩涂消失，天然湿地干涸，水源涵养和调节能力下降，水生态严重失衡。1977—1985 年，我国自然湖泊总数减少了 19%，总面积缩小了 11%，20 世纪 80 年代中期以来，这种情况还在加剧。东部平原湖区的长江中下游地区，湖泊面积由 20 世纪 50 年代初期的 17198 km^2，减少到现在不足 6600 km^2，即 2/3 以上的湖泊面积消亡。洞庭湖因围垦，湖泊面积已由 1949 年初的 4350 km^2 急剧缩小至 2625 km^2；鄱阳湖面积也由 1949 年的 5200 km^2 减少到目前的 2933 km^2。号称“千湖之省”的湖北省，在 20 世纪 50 年代末统计有湖泊 1066 个，至 80 年代初剩约 309 个，目前面积大于 1 km^2 湖泊仅剩 181 个，大于 10 km^2 的湖泊仅剩 44 个。华北平原上的一颗明珠——白洋淀在 20 世纪 90 年代也多次干涸。新疆博斯腾湖，由于上游修建灌溉工程，导致入湖水量锐减，含盐高的灌区退水又不断入湖，因此，该湖在短短的 10 多年内就由淡水湖演变成咸水湖，湖水矿化度上升了 6 倍，水面减少 120 km^2，水位降低 3.54 m。据初步估算，我国累计丧失滨海湿地面积约 219 万 hm^2，占滨海湿地总面积的 50%。1987 年双台子河口天然芦苇湿地面积为 6.04 万 hm^2，2002 年减少为 2.4 万 hm^2，15 年间减少了 60.3%。丽江玉龙雪山冰川从 1982—2002 年，最大的白水 1 号冰川冰舌大约后退了 250 m，厚度和积雪面积也在减小；冰川末端海拔高度由 2004 年的 4255 m 上升至 2009 年的 4320 m；海拔 4680 m 处的冰川宽度由 2004 年的 336 m 缩减为 2009 年的 318 m。

（四）生物多样性与生物安全受到严重威胁

栖息地环境改变、生境破碎化，外来物种入侵，导致不少野生物种处于濒临灭绝状态，遗传资源严重丧失。人口膨胀、农村和城市扩张，使大面积的天然森林、草原、湿地等自然地域遭到破坏，生境破碎化严重，大量野生物种濒临灭绝。华南虎、白鳍豚、华南苏铁、雁荡润楠等物种栖息地有效空间不断减小，质量下降，导致种群数量急剧减少，已濒临灭绝。松材线虫、湿地松粉蚧、松突圆蚧、美国白蛾、松干蚧等森林入侵害虫每年严重发生与危害的面积在 100 万 hm^2 左右；美洲斑潜蝇最早于 1993 年在海南发现，到 1998 年已经蔓延至我国大部分省市。

近些年来，入侵我国的豚草、薇甘菊、空心莲子草、水葫芦和大米草等外来物种，在部分地区已形成单种优势群落，导致原有植物群落衰亡，对当地生物多样性构成了巨大威胁，已经出现了难以控制的局面。如广东省东南部，薇甘菊和五爪金龙大片覆盖香蕉、荔枝、龙眼及一些灌木和乔木，致使这些植物难以进行正常的光合作用而大量死亡；水葫芦的大肆“疯长”，使珠江三角地区绝大多数水塘高等植物由 20 世纪 60 年代的 16 种以上减少到 3 种左右。外来物种对我国已造成了巨大的生态和经济损失。2001—2003 年，国家环保总局组织开展了全国外来入侵物种调查。调查发现，全国共有 283 种外来入侵物种，每年对经济和环境造成的损失约 1200 亿元，相当于国民生产总值的 1.36%。1982 年在南京中山陵的黑松上首次发现的松材线虫病，目前已扩大到 12 个省区，累计致死松树 3500 多万株，直接经济损失 25 亿元，间接损失高达 250 亿元。广东、江苏、浙江、福建、上海等省市每年都要人工打捞水葫芦，每年用于人工打捞水葫芦的费用上千万元。而水葫芦对农业灌溉、粮食运输、水产养殖、旅游等方面造成的经济损失更大。美洲斑潜蝇寄生 22 个科的 110 种植物，尤其对蔬菜瓜果类危害严重，我国每年防治斑潜蝇的成本高达 4 亿元。

（五）城镇生态环境人工化趋势明显

城镇生态环境人工化趋势明显，生态系统自我调节能力低，功能弱，空气污染、噪声扰民、水体污染和垃圾围城、热岛效应等城市生态环境问题突出。城镇建设中地面硬化、湖滨河道石岸化、物种单一化、植被人工化、景观简单化等人工化趋势严重，城镇生态系统自我调节能力降低。天津市 20 世纪 50—90 年代，全市丧失湿地 75%以上，水环境容量和水体自我净化功能大大下降，水污染现象日益加重。2010 年，全国 471 个县级及以上城市开展环境空气质量监测，其中 3.6%的城市达到一级标准，79.2%的城市达到二级标准，15.5%的城市达到三级标准，1.7%的城市劣于三级标准。监测的 331 个城市中，区域声环境质量好的城市占 6.0%，较好的占 67.7%，轻度污染的占 25.4%，中度污染的占 0.9%。

据北京、上海、河北等十省市的调查，2000 年城镇生活垃圾直排量比 1986 年增加了 2896 万 t。据不完全统计，1986—2000 年，北京、上海、河北等九省市的城镇生活污水处理量增长近 13 倍；而同期未处理的生活污水排放量达到了 55.1 亿 t，比 1986 年增长了 22.7

亿 t，直排量明显增加。各大中城市气温异常，城市热岛效应日益明显。据气象观测，近年来除具有“火炉”之称的南京、武汉外，长沙、合肥、济南、福州、郑州、石家庄等城市温度每年都在上升，有的已经成为了名副其实的“火炉”。北京市 1 040 km^2 的城市规划区内，共出现了 10 个热岛集中分布区，强、次热岛总面积占到了 23.91%，其中二环路以内热岛总面积达到了区域面积的 52.61%，三环路以内热岛总面积达到了区域总面积的 43.43%，四环路内达到了 41.84%。

（六）农业及农村生态环境问题日益突出

农药、化肥、农膜不合理使用和集约化畜禽养殖等导致的农业面源污染和非工业点源污染严重，农用化学品不合理施用导致的食品安全问题日益突出。2009 年，我国农用化肥的平均施用量为 444 kg/hm^2，远远超过了发达国家为防止化肥对水体造成污染而设置的 225 kg/hm^2 的安全上限，与此同时我国目前化肥的平均利用率仅 40%左右，与世界先进国家的 50%～60%的水平还有很大差距，化肥的过量施用加剧了水体富营养化，据研究，巢湖主要污染物中约 70%总氮和 50%的总磷来自农业生产。据统计，2009 年，我国农药的平均施用量 14 kg/hm^2，比 1991 年增加 1.8 倍。目前我国施用的农药中杀虫剂占 70%，高于发达国家的杀虫剂比例（40%）约 30 个百分点，其中有机磷农药占 70%，而有机磷农药中高毒农药占 70%，我国施用农药的 60%～70%残留在土壤中，造成严重的环境影响。2009 年，我国农用塑料薄膜的使用量达到 208 万 t，是 1991 年的 3.1 倍，且残膜率达到 40%左右，对农田环境造成了巨大危害。我国每年产生各类农作物秸秆约 6.5 亿 t，40%以上农作物秸秆未被有效利用，秸秆的直接露天焚烧，对环境产生严重影响，甚至干扰公路、铁路及民航的正常运营。畜禽养殖污染物的产生量达到工业固体废弃物的 2 倍多，一些省区如河南、湖南、江西甚至超过 4 倍；约 17%的畜禽养殖业粪尿直接排放到环境中，对水体、土壤、空气等造成了巨大的污染。目前，我国污水灌溉农田面积 330 余万 hm^2，占全国总灌溉农田面积的 7.3%，主要分布在我国北方水资源严重短缺的海、辽、黄、淮四大流域，约占全国污水灌溉面积的 85%。环境污染损害大众健康，食品安全令人担忧。经研究证实，人类常见的癌症、畸形、抗药性及一些中毒现象与食品中农药类残留有关。近 20 年来中国急性农药中毒人数每年 10 万～15 万，死亡 1 万～2 万人，国内食用农产品中的农药残留污染已经达到了相当高的水平。

小城镇和农村聚居点的基础设施建设和环境管理滞后产生大量生活污染。小城镇和农村聚居点的生活污染物因为基础设施和管制的缺失一般直接排入周边环境中，造成严重的“脏乱差”现象：每年产生的约为 1.2 亿 t 的农村生活垃圾几乎全部露天堆放；每年产生的超过 2 500 万 t 的农村生活污水几乎全部直排，也使农村聚居点周围的环境质量严重恶化。

（七）矿产资源开发加剧生态破坏

矿产开采占用和破坏土地面积持续增长，造成的“三废”污染严重，引发严重的次生地质灾害和景观破坏。根据国家统计局数据资料，2008 年因矿产开发占用、破坏的土地面积为 173.92 万 hm^2，其中尾矿堆放 92.62 万 hm^2、露天采坑 53.66 万 hm^2、采矿塌陷 24.85 万 hm^2，但同期生态恢复面积仅 4.37 万 hm^2，仅占破坏面积的 2.51%。占矿山总数 59.06%的乡镇集体矿山，环保工作差距较大；而占总数 36.80%的个体采矿点的环保工作几乎是空白。矿产开发活动产生的大量废气、废水和废渣对环境产生严重污染。2008 年采矿企业排放的二氧化硫、烟尘和粉尘分别达到了 45.20 万 t、18.54 万 t 和 22.76 万 t；采矿企业固体废弃物产生量达 6.72 亿 t，占全国工业固体废弃物产生总量的 37.79%，固体废弃物平均综合利用率仅 40%多；矿业废水排放量达 15.33 亿 t，有近 10%的污水排放不达标，对当地的环境产生了严重的影响。矿产开发产生土地塌陷、地面沉降、水土流失，并引发崩塌、滑坡、泥石流、地下水位下降等地质灾害和景观的严重破坏。如湖南省 20 世纪 90 年代共发生矿山地质灾害 1.39 万起，毁坏房屋 5 600 多间，致伤 900 多人，死亡 400 多人，造成直接经济损失 12.52 亿元。陕西省潼关县黄金矿区 11 年弃渣 300 多万 m^3，使西潼峪 200 多 hm^2 天然林遭到破坏；耀县水泥厂 1960 年投产以来，共采石 1 600 多万 t，剥离覆盖黄土 100 多万 m^3，全部倾倒在山坡集水槽和陡坡，造成了严重的水土流失。

（八）海岸带生态破坏严重

海陆自然过渡带破坏严重，海岸蚀退明显，滩涂面积急剧缩小，近岸海域水质下降，赤潮发生频率增大。据统计，沿海红树林面积由新中国成立初期的 5 万 hm^2 已减少至目前的 1.5 万 hm^2。其中，广东省红树林面积由 20 世纪 50 年代的 4 万 hm^2 减少至 2000 年的 1.01 万 hm^2。珊瑚礁资源丰富的海南省 80%岸礁遭到破坏。近年来，我国沿海海岸蚀退现象明显，福建晋江东石的白沙、塔头一带，近 20 年蚀退达 20～80 m，霞浦东冲半岛 4 km 海岸 20 年间蚀退近 100 m。近 40 年来，人工围垦已导致我国 50%滨海滩涂消失，其中人工围垦滨海滩涂 119 万 hm^2，城乡工矿建设占用滨海滩涂 100 万 hm^2。我国沿海地区经济发达，陆源污染严重。沿海工业、生活、农业和近海海产养殖造成的污染导致我国近海海域水质下降。2009 年，近岸海域监测面积共 279 940 km^2，其中一、二类海水面积 213 208 km^2，三类为 18 834 km^2，四类、劣四类为 47 898 km^2。按照监测点位计算，一类和二类海水比例为 72.9%，比上年上升 2.5 个百分点；三类海水占 6.0%，比上年下降 5.3 个百分点；四类和劣四类海水占 21.1%，比上年上升 2.8 个百分点。海水水质下降导致赤潮发生频率增大，我国海域 20 世纪 50 年代以前仅发生赤潮 3 次，而以后 60 年代 1 次，70 年代 9 次，80 年代 29 次，90 年代后增加更为明显，1990 年发生赤潮 34 次，2001 年 77 次，2002 年 79 次，2003 年 119 次，2006 年 93 次，2008 年、2009 年有所下降均为 68 次。

第三节　生态环境保护战略

一、指导思想

以科学发展观为指导，以加快实现环境保护历史性转变为契机，加大执法力度，重点抓好自然生态系统保护与农村污染防治，严格控制资源开发建设活动造成的生态破坏，提高监督管理水平，维护自然生态系统功能，促进人与自然和谐，为全面建设小康社会提供坚实的生态安全保障。

二、基本原则

1．预防为主，保护优先

运用法律、经济和必要的行政手段，强化监管措施，规范开发建设活动，防止造成新的人为生态破坏。生态保护和建设的重点从事后治理向事前保护转变，从人工建设为主向自然恢复为主转变，从源头上扭转生态恶化趋势。

2．分类指导，分区推进

按照国土空间优化开发、重点开发、限制开发和禁止开发四类主体功能区的定位，以及自然生态环境条件和社会经济发展水平，因地制宜，采取相应的生态保护对策和措施。

3．统筹规划，重点突破

正确处理资源开发与生态保护的关系，近期与远期兼顾、局部与全局协调。优先抓好生态保护的重点区域和重点项目，力争在短期内有所突破。

4．政府主导，公众参与

生态保护是公益事业，政府应发挥主导作用，制定相关的法规、标准、政策和规划，在一些重要流域与区域由政府主导实施保护和建设。同时，生态环境与每个人息息相关，须建立和完善公众参与的制度和机制，鼓励公众参与生态环境保护活动。

三、主要目标

《全国生态环境保护纲要》提出的全国生态环境保护目标是通过生态环境保护，遏制生态环境破坏，减轻自然灾害的危害；促进自然资源的合理、科学利用，实现自然生态系统良性循环；维护国家生态环境安全，确保国民经济和社会的可持续发展。

近期目标。到 2010 年，基本遏制生态环境破坏趋势。建设一批生态功能保护区，力争使长江、黄河等大江大河的源头区，长江、松花江流域和西南、西北地区的重要湖泊、湿地，西北重要的绿洲，水土保持重点预防保护区及重点监督区等重要生态功能区的生态系统和生态功能得到保护与恢复；在切实抓好现有自然保护区建设与管理的同时，抓紧建设一批新的自然保护区，使各类良好自然生态系统及重要物种得到有效保护；建立、健全生态环境保护监管体系，使生态环境保护措施得到有效执行，重点资源开发区的各类开发活动严格按规划进行，生态环境破坏恢复率有较大幅度提高；加强生态示范区和生态农业县建设，全国部分县（市、区）基本实现秀美山川、自然生态系统良性循环。

远期目标。到 2030 年，全面遏制生态环境恶化的趋势，使重要生态功能区、物种丰富区和重点资源开发区的生态环境得到有效保护，各大水系的一级支流源头区和国家重点保护湿地的生态环境得到改善；部分重要生态系统得到重建与恢复；全国 50%的县（市、区）实现秀美山川、自然生态系统良性循环，30%以上的城市达到生态城市和园林城市标准。到 2050 年，力争全国生态环境得到全面改善，实现城乡环境清洁和自然生态系统良性循环，全国大部分地区实现秀美山川的宏伟目标。

此后，为贯彻落实《国务院关于落实科学发展观加强环境保护的决定》（国发[2005]39号）和第六次全国环境保护大会精神，加快解决影响可持续发展的生态问题，全面推进环境保护历史性转变，国家环保总局下发的《关于进一步加强生态保护工作的意见》（环发[2007]37 号）提出的生态保护目标是：到 2010 年，生态环境恶化趋势得到基本遏制，部分地区生态环境质量有所改善。重点生态功能保护区的生态功能基本稳定，自然保护区、生态脆弱区的管理能力得到提高，生物多样性锐减趋势和物种遗传资源的流失得到有效遏制，外来有害物种的入侵得到控制；基本摸清全国土壤环境污染状况，农村污染防治力度不断加大；生态保护法规体系进一步完善，执法能力进一步加强。到 2020 年，全国生态环境状况明显改善。

四、内容与要求

根据《全国生态环境保护纲要》精神，国家将对重点地区的重点生态问题实行更加严格的监控和防范措施，以加强“三区”保护（即重要生态功能区、重点资源开发区及生态良好区）作为推进全国生态环境保护的战略。对重要生态功能区实施抢救性保护，建立生态功能保护区，实行严格保护下的适度利用和科学恢复。对重点资源开发区的生态环境实施强制性保护，加强自然资源的环境管理，严格资源开发利用的生态环境保护工作，以防止资源开发对生态环境造成新的重大破坏，把资源开发对环境的破坏降到最低限度。对生态良好地区生态环境实施积极保护，通过开展自然保护区、生态示范区、生态农业县、生态市和生态省的建设，积极引导这些地区实现经济健康、持续发展，生态环境良性循环，使生物多样性丰富地区得到有效保护。同时，将农村生态环境保护作为改善区域生态环境质量的重要措施，逐步建立起与国家发展相适应的农村生态环境保护监督管理机制。

近年来，国务院、环境保护部下发了《国务院关于落实科学发展观加强环境保护的决定》（国发[2005]39 号）、《关于进一步加强生态保护工作的意见》（环发[2007]37 号）、《全国生态功能区划》（公告 2008 年第 35 号）、《全国生态脆弱区保护规划纲要》（环发[2008]92 号）、《关于进一步加强自然保护区建设和管理工作的通知》（环发[2002]163 号）、《国务院关于做好自然保护区管理有关工作的通知》（国办发[2010]63 号）、《国务院关于加强生物物种资源保护和管理的通知》（国办发[2004]25 号）、《全国生物物种资源保护与利用规划纲要》（环发[2007]163 号）、《中国生物多样性保护战略与行动计划》（环发[2010]106 号）、《国家农村小康环保行动计划》（环发[2006]151 号）、《关于加强农村环境保护工作的意见》（环发[2007]77 号）、《国务院关于加强农村环境保护工作的意见》（国办发[2007]63 号）、《关于进一步加强农村环境保护工作的意见》（环发[2011]29 号）等文件对生态功能区保护、生态脆弱区保护、自然保护区管理、生物多样性保护、农村环境保护工作作出了具体要求。

（一）生态功能区保护

1. 水源涵养生态功能区

全国共有水源涵养生态功能三级区 50 个，面积 237.90 万 km^2，占全国国土面积的 24.78%。其中对国家生态安全具有重要作用的水源涵养生态功能区主要包括大兴安岭、秦巴山地、大别山、淮河源、南岭山地、东江源、珠江源、海南省中部山区、岷山、若尔盖、三江源、甘南、祁连山、天山以及丹江口水库库区等。

该类型区的主要生态问题：人类活动干扰强度大；生态系统结构单一，生态功能衰退；

森林资源过度开发、天然草原过度放牧等导致植被破坏、土地沙化、土壤侵蚀严重；湿地萎缩、面积减少；冰川后退，雪线上升。

该类型区的生态保护主要方向：

（1）对重要水源涵养区建立生态功能保护区，加强对水源涵养区的保护与管理，严格保护具有重要水源涵养功能的自然植被，限制或禁止各种不利于保护生态系统水源涵养功能的经济社会活动和生产方式，如过度放牧、无序采矿、毁林开荒、开垦草地等。

（2）继续加强生态恢复与生态建设，治理土壤侵蚀，恢复与重建水源涵养区森林、草原、湿地等生态系统，提高生态系统的水源涵养功能。

（3）控制水污染，减轻水污染负荷，禁止导致水体污染的产业发展，开展生态清洁小流域的建设。

（4）严格控制载畜量，改良畜种，鼓励围栏和舍饲，开展生态产业示范，培育替代产业，减轻区内畜牧业对水源和生态系统的压力。

2．土壤保持生态功能区

全国共有土壤保持生态功能三级区 28 个，面积 93.72 万 km^2，占全国国土面积的 9.76%。其中对国家生态安全具有重要作用的土壤保持生态功能区主要包括太行山地、黄土高原、三江源区、四川盆地丘陵区、三峡库区、南方红壤丘陵区、西南喀斯特地区、金沙江干热河谷等。

该类型区的主要生态问题：不合理的土地利用，特别是陡坡开垦，以及交通、矿产开发、城镇建设、森林破坏、草原过度放牧等人为活动，导致地表植被退化、土壤侵蚀和石漠化危害严重。

该类型区生态保护的主要方向：

（1）调整产业结构，加速城镇化和社会主义新农村建设的进程，加快农业人口的转移，降低人口对土地的压力。

（2）全面实施保护天然林、退耕还林、退牧还草工程，严禁陡坡垦殖和过度放牧。

（3）开展石漠化区域和小流域综合治理，协调农村经济发展与生态保护的关系，恢复和重建退化植被。

（4）严格资源开发和建设项目的生态监管，控制新的人为土壤侵蚀。

（5）发展农村新能源，保护自然植被。

3．防风固沙生态功能区

全国有防风固沙生态功能三级区 27 个，面积 204.77 万 km^2，占全国国土面积的 21.33%。其中对国家生态安全具有重要作用的防风固沙生态功能区主要包括科尔沁沙地、呼伦贝尔沙地、阴山北麓—浑善达克沙地、毛乌素沙地、黑河中下游、塔里木河流域，以及环京津风沙源区等。

该类型区的主要生态问题：过度放牧、草原开垦、水资源严重短缺与水资源过度开发导致植被退化、土地沙化、沙尘暴等。

该类型区生态保护的主要方向：

（1）在沙漠化极敏感区和高度敏感区建立生态功能保护区，严格控制放牧和草原生物资源的利用，禁止开垦草原，加强植被恢复和保护。

（2）调整传统的畜牧业生产方式，大力发展草业，加快规模化圈养牧业的发展，控制放养对草地生态系统的损害。

（3）调整产业结构、退耕还草、退牧还草，恢复草地植被。

（4）加强西部内陆河流域规划和综合管理，禁止在干旱和半干旱区发展高耗水产业；在出现江河断流的流域禁止新建引水和蓄水工程，合理利用水资源，保障生态用水，保护沙区湿地。

4．生物多样性保护生态功能区

全国共有生物多样性保护生态功能三级区 34 个，面积 201.05 万 km^2，占全国国土面积的 20.94%。其中对国家生态安全具有重要作用的生物多样性保护生态功能区主要包括长白山山地、秦巴山地、浙闽赣交界山区、武陵山山地、南岭地区、海南岛中南部山地、桂西南石灰岩地区、西双版纳和藏东南山地热带雨林季雨林区、岷山—邛崃山、横断山区、北羌塘高寒荒漠草原区、伊犁—天山山地西段、三江平原湿地、松嫩平原湿地、辽河三角洲湿地、黄河三角洲湿地、苏北滩涂湿地、长江中下游湖泊湿地、东南沿海红树林等。

该类型区的主要生态问题：人口增加以及农业和城市扩张，交通、水电水利建设，过度放牧、生物资源过度开发，外来物种入侵等，导致森林、草原、湿地等自然栖息地遭到破坏，栖息地破碎化、岛屿化严重；生物多样性受到严重威胁，许多野生动植物物种濒临灭绝。

该类型区生态保护的主要方向：

（1）加强自然保护区建设和管理，尤其是自然保护区群的建设。

（2）不得改变自然保护区的土地用途，禁止在自然保护区内开发建设，实施重大工程对生物多样性影响的生态影响评价。

（3）禁止对野生动植物进行滥捕、乱采、乱猎。

（4）加强对外来物种入侵的控制，禁止在自然保护区引进外来物种。

（5）保护自然生态系统与重要物种栖息地，防止生态建设导致栖息环境的改变。

5．洪水调蓄生态功能区

全国共有洪水调蓄三级生态功能区 9 个，面积 7.06 万 km^2，占全国国土面积的 0.73%。其中，对国家生态安全具有重要作用的洪水调蓄生态功能区主要包括松嫩平原湿地、淮河中下游湖泊湿地、江汉平原湖泊湿地、长江中下游洞庭湖、鄱阳湖、安徽省沿江湖泊湿地等洪水调蓄生态功能区。这些区域同时也是我国重要的水产品提供区。

该类型区的主要生态问题：由于流域土壤侵蚀加剧，湖泊泥沙淤积严重、湖泊容积减小、调蓄能力下降；围垦造成沿江沿河的重要湖泊、湿地萎缩；工业废水、生活污水、农田退水大量排放，以及淡水养殖等导致地表水质受到严重污染；血吸虫和其他流行性疾病的传播，危害人民身体健康。

该类型区生态保护的主要方向：

（1）加强洪水调蓄生态功能区的建设，保护湖泊、湿地生态系统，退田还湖，平垸行洪，严禁围垦湖泊湿地，增加调蓄能力。

（2）加强流域治理，恢复与保护上游植被，控制土壤侵蚀，减少湖泊、湿地萎缩。

（3）控制水污染，改善水环境。

（4）发展避洪经济，处理好蓄洪与经济发展之间的矛盾。

6. 农产品提供生态功能区

农产品提供生态功能区主要是指以提供粮食、肉类、蛋、奶、水产品和棉、油等农产品为主的长期从事农业生产的地区，包括全国商品粮基地和集中连片的农业用地，以及畜产品和水产品提供的区域。全国共有农产品提供生态功能三级区 36 个，面积 168.63 万 km^2，占全国国土面积的 17.57%，集中分布在东北平原、华北平原、长江中下游平原、四川盆地、东南沿海平原地区、汾渭谷地、河套灌区、宁夏灌区、新疆绿洲等商品粮集中生产区，以及内蒙古东部草甸草原、青藏高原高寒草甸、新疆天山北部草原等重要畜牧业区。

该类型区的主要生态问题：农田侵占、土壤肥力下降、农业面源污染严重；在草地畜牧业区，过度放牧，草地退化沙化，抵御灾害能力低。

该类型区生态保护的主要方向：

（1）严格保护基本农田，培养土壤肥力。

（2）加强农田基本建设，增强抗自然灾害的能力。

（3）发展无公害农产品、绿色食品和有机食品；调整农业产业和农村经济结构，合理组织农业生产和农村经济活动。

（4）在草地畜牧业区，要科学确定草场载畜量，实行季节畜牧业，实现草畜平衡；草地封育改良相结合，实施大范围轮封轮牧制度。

7. 林产品提供生态功能区

林产品提供生态功能区主要是指以提供林产品为主的林区，即速生丰产林基地。全国共有林产品提供生态功能三级区 10 个，面积 30.90 万 km^2，占全国国土面积的 3.22%，集中分布在大兴安岭、长白山、长江中下游丘陵、四川东部丘陵、云南西南山地等速生丰产林基地集中区。

该类型区的主要生态问题：林区过量砍伐，森林质量下降较为普遍。

该类型区的生态保护主要方向：

（1）加强速生丰产林区的建设与管理，合理采伐，实现采育平衡，协调木材生产与生态功能保护的关系。

（2）改善农村能源结构，减少对林地的压力。

8. 大都市群

大都市群主要是指我国人口高度集中的城市群，主要指京津冀大都市群、珠三角大都市群和长三角大都市群生态功能三级区 3 个，面积 4.23 万 km^2，占全国国土面积的 0.44%。

该类型区的主要生态问题：城市无限制扩张，污染严重，人居环境质量下降。

该类型区生态保护主要方向：

（1）加强城市发展规划，合理布局城市功能组团。

（2）加强生态城市建设，大力调整产业结构，提高资源利用效率，控制城市污染，推进循环经济和循环社会的建设。

9. 重点城镇群

重点城镇群是指我国主要城镇、工矿集中分布区域，主要包括哈尔滨城镇群、长吉城镇群、辽中南城镇群（大连—沈阳）、山西省中部城镇群（太原为中心）、鲁中城镇群、胶东半岛城镇群（青岛—烟台）、中原城镇群（郑州及其周边地区）、武汉城镇群、昌九城镇群（南昌—九江）、长株潭城镇群、海峡西岸城镇群（厦门—福州）、海南北部城镇群、重庆城镇群、成都城镇群、北部湾城镇群、滇中城镇群（昆明周边地区）、关中城镇群、兰州城镇群、乌鲁木齐城镇群。全国共有重点城镇群生态功能三级区 19 个，面积 8.03 万 km^2，占全国国土面积的 0.84%。

该类型区的主要生态问题：城镇无序发展，城镇环境污染严重，环保设施严重滞后，城镇生态功能低下。

该类型区的生态保护主要方向：

（1）加快城市环境保护基础设施建设，加强城乡环境综合整治。

（2）建设生态城市，优化产业结构，发展循环经济，提高资源利用效率。

（二）生态脆弱区保护

1. 东北林草交错生态脆弱区

重点保护区域：大兴安岭西麓山地林草交错生态脆弱重点区域。

主要保护对象包括大兴安岭西麓北极泰加林、落叶阔叶林、沙地樟子松林、呼伦贝尔草原、湿地等。

具体保护措施：以维护区域生态完整性为核心，调整产业结构，集中发展生态旅游业，通过北繁南育发展畜牧业，以减轻草地的压力；实施退耕还林还草工程，对已经发生退化或沙化的天然草地，实施严格的休牧、禁牧政策，通过围封改良与人工补播措施恢复植被；强化湿地管理，合理营建沙地灌木林，重点突出生态监测与预警服务，从保护源头遏制生态退化；加大林草过渡区资源开发监管力度，严格执行林草采伐限额制度，控制超强采伐。

2. 北方农牧交错生态脆弱区

重点保护区域：辽西以北丘陵灌丛草原垦殖退沙化生态脆弱重点区域，冀北坝上典型草原垦殖退沙化生态脆弱重点区域，阴山北麓荒漠草原垦殖退沙化生态脆弱重点区域，鄂尔多斯荒漠草原垦殖退沙化生态脆弱重点区域。

具体保护措施：实施退耕还林、还草和沙化土地治理为重点，加强退化草场的改良和建设，合理放牧，舍饲圈养，开展以草原植被恢复为主的草原生态建设；垦殖区大力营造防风固沙林和农田防护林，变革生产经营方式，积极发展替代产业和特色产业，降低人为活动对土地的扰动。同时，合理开发、利用水资源，增加生态用水量，建设沙漠地区绿色屏障；对少数沙化严重地区，有计划生态移民，全面封育保护，促进区域生态恢复。

3. 西北荒漠绿洲交接生态脆弱区

重点保护区域：贺兰山及蒙宁河套平原外围荒漠绿洲生态脆弱重点区域，新疆塔里木盆地外缘荒漠绿洲生态脆弱重点区域，青海柴达木高原盆地荒漠绿洲生态脆弱重点区域。

具体保护措施：以水资源承载力评估为基础，重视生态用水，合理调整绿洲区产业结构，以水定绿洲发展规模，限制水稻等高耗水作物的种植；严格保护自然本底，禁止毁林开荒、过度放牧，积极采取禁牧休牧措施，保护绿洲外围荒漠植被。同时，突出生态保育，采取生态移民、禁牧休牧、围封补播等措施，保护高寒草甸和冻原生态系统，恢复高山草甸植被，切实保障水资源供给。

4. 南方红壤丘陵山地生态脆弱区

重点保护区域：南方红壤丘陵山地流水侵蚀生态脆弱重点区域，南方红壤山间盆地流水侵蚀生态脆弱重点区域。

具体保护措施：合理调整产业结构，因地制宜种植茶、果等经济树种，增加植被覆盖度；坡耕地实施梯田化，发展水源涵养林，积极推广草田轮作制度，广种优良牧草，发展以草畜沼肥“四位一体”生态农业，改良土壤，减少地表径流，促进生态系统良性循环。同时，强化山地林木植被法制监管力度，全面封山育林、退耕还林；退化严重地段，实施生物措施和工程措施相结合的办法，控制水土流失。

5．西南岩溶山地石漠化生态脆弱区

重点保护区域：西南岩溶山地丘陵流水侵蚀生态脆弱重点区域，西南岩溶山间盆地流水侵蚀生态脆弱重点区域。

具体保护措施：全面改造坡耕地，严格退耕还林、封山育林政策，严禁破坏山体植被，保护天然林资源；开展小流域和山体综合治理，采用补播方式播种优良灌草植物，提高山体林草植被覆盖度，控制水土流失。选择典型地域，建立野外生态监测站，加强区域石漠化生态监测与预警；同时，合理调整产业结构，发展林果业、营养体农业和生态旅游业为主的特色产业，促进地区经济发展；强化生态保护监管力度，快速恢复山体植被，逐步实现石漠化区生态系统的良性循环。

6．西南山地农牧交错生态脆弱区

重点保护区域：横断山高中山农林牧复合生态脆弱重点区域，云贵高原山地石漠化农林牧复合生态脆弱重点区域。

具体保护措施：全面退耕还林还草，严禁樵采、过垦、过牧和无序开矿等破坏植被行为；积极推广封山育林育草技术，有计划、有步骤地营建水土保持林、水源涵养林和人工草地，快速恢复山体植被，全面控制水土流失；同时，加强小流域综合治理，合理利用当地水土资源、草山草坡，利用冬闲田发展营养体农业、山坡地林果业和生态旅游业，降低人为干扰强度，增强区域减灾防灾能力。

7．青藏高原复合侵蚀生态脆弱区

重点保护区域：青藏高原山地林牧复合侵蚀生态脆弱重点区域，青藏高原山间河谷风蚀水蚀生态脆弱重点区域。

具体保护措施：以维护现有自然生态系统完整性为主，全面封山育林，强化退耕还林还草政策，恢复高原山地天然植被，减少水土流失。同时，加强生态监测及预警服务，严格控制雪域高原人类经济活动，保护冰川、雪域、冻原及高寒草甸生态系统，遏制生态退化。

8．沿海水陆交接带生态脆弱区

重点保护区域：辽河、黄河、长江、珠江等滨海三角洲湿地及其近海水域，渤海、黄海、南海等滨海水陆交接带及其近海水域，华北滨海平原内涝盐碱化生态脆弱重点区域。

具体保护措施：加强滨海区域生态防护工程建设，合理营建堤岸防护林，构建近海海岸复合植被防护体系，缓减台风、潮汐对堤岸及近海海域的破坏；合理调整湿地利用结构，全面退耕还湿，重点发展生态养殖业和滨海区生态旅游业；加强湿地及水域生态监测，强化区域水污染监管力度，严格控制污染陆源，防止水体污染，保护滩涂湿地及近海海域生物多样性。

（三）自然保护区管理

1．科学规划自然保护区发展

定期开展全国生态环境和生物多样性状况调查和评价，并在各部门相关规划的基础上，统筹完善全国自然保护区发展规划。积极推进中东部地区自然保护区发展，在继续完善森林生态类型自然保护区布局的同时，将河湖、海洋和草原生态系统及地质遗迹、小种群物种的保护作为新建自然保护区的重点。按照自然地理单元和物种的天然分布对已建自然保护区进行整合，通过建立生态廊道，增强自然保护区间的联通性。对范围和功能分区尚不明确的自然保护区要进行核查和确认。设立其他类型保护区域，原则上不得与自然保护区范围交叉重叠；已经存在交叉重叠的，对交叉重叠区域要从严管理。

2．强化对自然保护区范围和功能区调整的管理

任何部门和单位不得擅自改变自然保护区的性质、范围和功能分区，不得随意撤销已批准建立的自然保护区。自然保护区自批准建立或调整之日起，原则上五年内不得进行调整。确因国家立项核准的重大工程建设需要，必须对自然保护区进行调整的，应在确保自然保护区功能不发生改变的前提下，从严控制缩小自然保护区及其核心区、缓冲区的范围。地方级自然保护区的调整由其所在地省级人民政府审批，并报环境保护部和相关部门备案。各省、自治区、直辖市人民政府要抓紧制定地方级自然保护区调整的管理规定。

3．严格限制涉及自然保护区的开发建设活动

自然保护区属禁止开发区域，在自然保护区核心区和缓冲区内禁止开展任何形式的开发建设活动；在自然保护区实验区内开展的开发建设活动，不得影响其功能，不得破坏其自然资源或景观。加强涉及自然保护区的矿产资源开发活动管理，对自然保护区内违法违规探矿和采矿活动予以清理。加强对自然保护区内旅游活动的监管。

4．加强涉及自然保护区开发建设项目的管理

涉及自然保护区的开发建设项目的环境影响评价文件，应对项目可能造成的对自然保护区功能和保护对象的影响作出预测，提出保护与恢复治理方案。项目所在地环保部门要会同有关部门加强项目实施期间的监管，督促建设单位落实保护与恢复治理方案。对于未按规定完成生态恢复任务的地区和建设单位，暂停审批其所涉及自然保护区的建设项目环评文件，并对相关责任人依法予以处罚。

5．规范自然保护区内土地和海域管理

将自然保护区涉及的土地、海域纳入土地利用、草地和林地保护等相关规划以及海洋功能区划统筹考虑。加强自然保护区内土地和海域权属管理，依法确定其土地所有权和使用权及海域使用权。对自然保护区内的集体所有土地，可采取签订委托管理协议等方式妥善解决管理问题。依法使用自然保护区内土地的单位和个人，不得擅自改变土地用途，扩大使用面积。禁止任何单位和个人破坏、侵占、买卖或者以其他方式非法转让自然保护区内的土地。

6．强化监督检查

根据功能定位和主要保护对象的特点，对自然保护区实施分类管理。定期开展自然保护区专项执法检查和管理评估，严肃查处各类违法行为，提高规范化管理水平。对管理不善、保护不力的，有关部门要责令其限期整改。对环境和资源受到严重破坏，不再符合条件或失去保护价值的自然保护区，原批准机关要给予降级或撤销处理。对由于人为因素导致自然保护区降级或撤销的，要依照相关规定追究有关人员的责任。环境保护部要会同有关部门制定自然保护区评估标准，有关部门可根据所管理自然保护区的特点和需要制定相应标准。

7. 加大资金投入

国家级自然保护区管护基础设施的建设投资由发展改革委在现有投资渠道中统筹安排，能力建设投资由财政部以专项资金形式给予补助，日常管理经费纳入其所在地省级财政预算。地方级自然保护区的建设和管理经费参照国家级自然保护区予以保障。要综合考虑自然保护区功能定位和土地权属等特点，加大财政转移支付力度，逐步提高当地居民基本公共服务均等化水平。加快建立自然保护区生态补偿机制。自然保护区内的野生动物对周边居民造成损害的，地方人民政府应给予补偿。规范涉及自然保护区开发建设活动的补偿措施。

8. 增强科技支撑

加强自然保护区生物多样性基础理论、保护技术和管理政策等方面的研究。建立自然保护区生态系统、植被和珍稀濒危物种分布数据库。建立卫星遥感监测和地面监测相结合的自然保护区生态和资源监测体系。认真履行有关国际公约，加强迁徙物种监测与保护、外来物种入侵等领域的国际交流与合作。充分发挥自然保护区的生态环境保护宣传教育、自然科学普及平台功能。加强自然保护区科研、管理等专业人员培训。

9. 加强领导和协调

各省、自治区、直辖市人民政府要加强对自然保护区管理工作的组织领导，建立考核和责任追究制度，实行任期目标管理，保障工作经费，健全管理机构，积极划建自然保护区，建立当地居民参加的自然保护区共管机制，妥善处理好自然保护区管理与当地经济建设及居民生产生活的关系。各有关部门要加强沟通协调，完善自然保护区建立、调整评审等工作机制，共同做好自然保护区管理工作。环境保护部要加强自然保护区的综合管理，会同有关部门完善相关政策、法规、规划，制定标准和技术规范，发布相关信息。国土资源部、水利部、农业部、林业局、海洋局和中科院等部门和单位要依据职责分工，做好各自管理自然保护区的相关工作。

（四）生物多样性保护

1. 完善生物多样性保护相关政策、法规和制度

研究促进自然保护区周边社区环境友好产业发展政策，探索促进生物资源保护与可持续利用的激励政策。研究制定加强生物遗传资源获取与惠益共享、传统知识保护、生物安全和外来入侵物种等管理的法规、制度。完善生物多样性保护和生物资源管理协作机制，充分发挥中国履行《生物多样性公约》工作协调组和生物物种资源保护部际联席会议的作用。

2. 推动生物多样性保护纳入相关规划

将生物多样性保护内容纳入国民经济和社会发展规划和部门规划，推动各地分别编制生物多样性保护战略与行动计划。建立相关规划、计划实施的评估监督机制，促进其有效实施。

3．加强生物多样性保护能力建设

加强生物多样性保护基础建设，开展生物多样性本底调查与编目，完成高等植物、脊椎动物和大型真菌受威胁现状评估，发布濒危物种名录。加强生物多样性保护科研能力建设，完善学科与专业设置，加强专业人才培养。开展生物多样性保护与利用技术方法的创新研究。进一步加强生物多样性监测能力建设，提高生物多样性预警和管理水平。加强生物物种资源出入境查验能力建设，研究制定查验技术标准，配备急需的查验设备。

4．强化生物多样性就地保护，合理开展迁地保护

坚持以就地保护为主，迁地保护为辅，两者相互补充。合理布局自然保护区空间结构，强化优先区域内的自然保护区建设，加强保护区外生物多样性的保护并开展试点示范。建立自然保护区质量管理评估体系，加强执法检查，不断提高自然保护区管理质量。研究建立生物多样性保护与减贫相结合的激励机制，促进地方政府及基层群众参与自然保护区建设与管理。对于自然种群较小和生存繁衍能力较弱的物种，采取就地保护与迁地保护相结合的措施，其中，农作物种质资源以迁地保护为主，畜禽种质资源以就地保护为主。并加强生物遗传资源库建设。

5．促进生物资源可持续开发利用

把发展生物技术与促进生物资源可持续利用相结合，加强对生物资源的发掘、整理、检测、筛选和性状评价，筛选优良生物遗传基因，推进相关生物技术在农业、林业、生物医药和环保等领域的应用，鼓励自主创新，提高知识产权保护能力。

6．推进生物遗传资源及相关传统知识惠益共享

借鉴国际先进经验，开展试点示范，加强生物遗传资源价值评估与管理制度研究，抢救性保护和传承相关传统知识，完善传统知识保护制度，探索建立生物遗传资源及传统知识获取与惠益共享制度，协调生物遗传资源及相关传统知识保护、开发和利用的利益关系，确保各方利益。

7．提高应对生物多样性新威胁和新挑战的能力

加强外来入侵物种入侵机理、扩散途径、应对措施和开发利用途径研究，建立外来入侵物种监测预警及风险管理机制，积极防治外来物种入侵。加强转基因生物环境释放、风险评估和环境影响研究，完善相关技术标准和技术规范，确保转基因生物环境释放的安全性。加强应对气候变化生物多样性保护技术研究，探索相关管理措施。建立病源和疫源微生物监测预警体系，提高应急处置能力，保障人畜健康。

8．提高公众参与意识，加强国际合作与交流

开展多种形式的生物多样性保护宣传教育活动，引导公众积极参与生物多样性保护，加强学校的生物多样性科普教育。建立和完善生物多样性保护公众监督、举报制度，完善公众参与机制。建立生物多样性保护伙伴关系，广泛调动国内外利益相关方参与生物多样性保护的积极性，充分发挥民间公益性组织和慈善机构的作用，共同推进生物多样性保护和可持续利用。强化公约履行，积极参与相关国际规则的制定。进一步深化国际交流与合作，引进国外先进技术和经验。

（五）农村环境保护

1．切实加强农村饮用水水源地环境保护和水质改善

把保障饮用水水质作为农村环境保护工作的首要任务。重点抓好农村饮用水水源的环境保护和水质监测与管理，根据农村不同的供水方式采取不同的饮用水水源保护措施。集中饮用水水源地应建立水源保护区，加强监测和监管，坚决依法取缔保护区内的排污口，禁止有毒有害物质进入保护区。要把水源保护区与各级各类自然保护区和生态功能保护区建设结合起来，明确保护目标和管理责任，切实保障农村饮水安全。加强分散供水水源周边环境保护和监测，及时掌握农村饮用水水源环境状况，防止水源污染事故发生。制订饮用水水源保护区应急预案，强化水污染事故的预防和应急处理。大力加强农村地下水资源保护工作，开展地下水污染调查和监测，开展地下水水功能区划，制定保护规划，合理开发利用地下水资源。加强农村饮用水水质卫生监测、评估，掌握水质状况，采取有效措施，保障农村生活饮用水达到卫生标准。

2．大力推进农村生活污染治理

因地制宜开展农村污水、垃圾污染治理。逐步推进县域污水和垃圾处理设施的统一规划、统一建设、统一管理。有条件的小城镇和规模较大村庄应建设污水处理设施，城市周边村镇的污水可纳入城市污水收集管网，对居住比较分散、经济条件较差村庄的生活污水，可采取分散式、低成本、易管理的方式进行处理。逐步推广户分类、村收集、乡运输、县处理的方式，提高垃圾无害化处理水平。加强粪便的无害化处理，按照国家农村户厕卫生标准，推广无害化卫生厕所。把农村污染治理和废弃物资源化利用同发展清洁能源结合起来，大力发展农村户用沼气，综合利用作物秸秆，推广“猪—沼—果”、“四位（沼气池、畜禽舍、厕所、日光温室）一体”等能源生态模式，推行秸秆机械化还田、秸秆气化、秸秆发电等措施，逐步改善农村能源结构。

3．严格控制农村地区工业污染

加强对农村工业企业的监督管理，严格执行企业污染物达标排放和污染物排放总量控制制度，防治农村地区工业污染。采取有效措施，防止城市污染向农村地区转移、污染严重的企业向西部和落后农村地区转移。严格执行国家产业政策和环保标准，淘汰污染严重和落后的生产项目、工艺、设备，防止“十五小”和“新五小”等企业在农村地区死灰复燃。

4．加强畜禽、水产养殖污染防治

大力推进健康养殖，强化养殖业污染防治。科学划定畜禽饲养区域，改变人畜混居现象，改善农民生活环境。鼓励建设生态养殖场和养殖小区，通过发展沼气、生产有机肥和无害化畜禽粪便还田等综合利用方式，重点治理规模化畜禽养殖污染，实现养殖废弃物的减量化、资源化、无害化。对不能达标排放的规模化畜禽养殖场实行限期治理等措施。开展水产养殖污染调查，根据水体承载能力，确定水产养殖方式，控制水库、湖泊网箱养殖规模。加强水产养殖污染的监管，禁止在一级饮用水水源保护区内从事网箱、围栏养殖；禁止向库区及其支流水体投放化肥和动物性饲料。

5．控制农业面源污染

综合采取技术、工程措施，控制农业面源污染。在做好农业污染源普查工作的基础上，着力提高农业面源污染的监测能力。大力推广测土配方施肥技术，积极引导农民科学施肥，在粮食主产区和重点流域要尽快普及。积极引导和鼓励农民使用生物农药或高效、低毒、低残留农药，推广病虫草害综合防治、生物防治和精准施药等技术。进行种植业结构调整与布局优化，在高污染风险区优先种植需肥量低、环境效益突出的农作物。推行田间合理灌排，发展节水农业。

6. 积极防治农村土壤污染

做好全国土壤污染状况调查，查清土壤污染现状，开展污染土壤修复试点，研究建立适合我国国情的土壤环境质量监管体系。加强对主要农产品产地、污灌区、工矿废弃地等区域的土壤污染监测和修复示范。积极发展生态农业、有机农业，严格控制主要粮食产地和蔬菜基地的污水灌溉，确保农产品质量安全。

7. 加强农村自然生态保护

以保护和恢复生态系统功能为重点，营造人与自然和谐的农村生态环境。坚持生态保护与治理并重，加强对矿产、水力、旅游等资源开发活动的监管，努力遏制新的人为生态破坏。重视自然恢复，保护天然植被，加强村庄绿化、庭院绿化、通道绿化、农田防护林建设和林业重点工程建设。加快水土保持生态建设，严格控制土地退化和沙化。加强海洋和内陆水域生态系统的保护，逐步恢复农村地区水体的生态功能。采取有效措施，加强对外来有害入侵物种、转基因生物和病原微生物的环境安全管理，严格控制外来物种在农村的引进与推广，保护农村地区生物多样性。

第二章　生态环境监察试点

依据《中华人民共和国环境保护法》第七条的规定：国务院环境保护行政主管部门对全国环境保护工作实施统一监督管理，县级以上地方人民政府环境保护行政主管部门对本辖区的环境保护工作实施统一监督管理。除环境保护行政主管部门外，国家海洋行政主管部门、海事行政主管部门、渔业行政主管部门、军队环境保护部门和各级公安、交通、铁道、民航管理部门，依照法律的规定对环境的污染防治实施监督管理。而县级以上地方人民政府的土地、矿产、林业、农业、水行政主管部门，依照有关法律的规定对资源的保护实施监督管理。也就是说，环境保护行政主管部门是唯一的对环境保护工作实施统一监督管理的部门，海洋、海事、渔业、军队环保、公安、交通、铁道、民航等部门是依据有关法律规定对各自负责的行业环境污染实施监督管理；而土地、矿产、林业、农业、水利等资源管理部门是在对资源的开发进行管理的同时，依据法律的规定对各自负责的资源因子的环境保护实施监督管理。这就是我们常说的“环保部门统一监管，相关部门分工负责”的环境管理体制。

在这种生态环境保护管理体制中，环保部门对一切导致生态环境功能退化的开发活动及其他人为破坏活动均负有“统一监督管理”的职能。作为环境监察机构，自然应该依法对本辖区内一切单位与个人履行生态环境保护法律法规、政策的情况进行现场监督、检查，并对各种环境违法行为和生态破坏行为进行现场执法和处理。

此外，党中央国务院提出了建设生态文明的要求，并把生态文明提升到与物质文明、精神文明并列的高度，同时要求环保部门作为生态文明建设的主阵地和主战场。目前，我国面临着生态环境质量的改善滞后于人民群众日益增长的环境权益需要、农村环境保护滞后于实现新农村建设目标需要的严峻形势，因此，加强生态环境监察工作，是积极建设生态文明、着力解决影响广大人民群众身体健康以及制约我国可持续发展的环境问题的一个重要方面，必须引起我们的高度重视。

第一节　生态环境监察的概念及特点

一、生态环境监察的概念

1. 生态环境监察的概念

生态环境监察，从本意上讲，是对生物与环境间相互关系状况按照一定的标准进行的监督检查。从环境保护工作的职能和要求上讲，生态环境监察是指各级环境监察机构在环境保护行政主管部门的领导下，依法对辖区内一切单位和个人履行生态环境保护法律法规、政策、制度和标准的情况进行现场监督、检查，并对各种违法行为和生态破坏案件进行现场执法和处理。生态环境监察的对象应为一切导致生态功能退化的开发活动及其他人为破坏活动。

生态环境监察是环境监察的重要组成部分。环境监察作为环境保护事业和环境管理工作的重要组成部分，随着我国环境保护事业的发展及环境管理工作的深入而逐步展开，同时，它在环境保护事业和环境管理工作中的地位与作用也日渐突出。环境监察是指各级环境监察机构在环境保护行政主管部门的领导下，依法对辖区内一切单位和个人履行环保法律法规，执行环境保护各项政策、制度和标准的情况进行监督、检查和处理。近30年来，我国的环境监察队伍从无到有，逐步发展壮大，环境监察工作的内涵也从最初的征收排污费扩大到污染源执法监管，并逐步扩展到包括污染源执法监管和生态保护日常执法监管等在内的各个领域。因此，环境监察的内容包括污染源环境监察、生态环境监察、排污收费等。

生态环境监察是生态环境管理的具体落实和检查。与宏观的生态环境管理相比，生态环境监察是微观的、具体的，强调“现场”和“处理”这两个概念，即生态环境监察是在生态环境现场进行的执法活动，旨在督促和检查相关法律法规以及管理制度措施的落实，是在现场进行的具体的、直接的生态环境保护执法活动。因此，生态环境监察是环境保护行政部门落实“污染防治与生态保护并重”方针、建设生态文明、实施统一监督、强化执法的主要途径之一。

2. 生态环境监察与污染源环境监察

与污染源环境监察相比，生态环境监察工作涉及面更广、因素更复杂。从我国环境监察事业的发展历程来看，在过去很长一段时间，环境监察主要是针对污染源，尤其是工业点源开展监督执法，因此，当前污染源环境监察的工作制度、工作程序也是比较健全的。直至今日，工业污染源执法检查仍然占据环境监察工作的绝大部分内容。

生态环境监察与污染源环境监察相比，有以下几方面的特点：第一，在考察对象上，生态环境监察的对象是一切导致生态功能退化的开发活动及其他人为破坏活动，常为生态系统、群落或景观。第二，在考察因素上，生态环境监察既包括污染因素，又包括非污染因素，具有极为广泛的外延。如矿山生态环境监察既要现场检查厂矿废气（瓦斯、自燃废气、锅炉废气等)、废水（采矿废水、选矿废水、生活污水等)、废渣（尾矿、生活垃圾等）等污染因素，又要检查资源破坏、景观破坏、生态破坏等非污染因素。对于污染因素，除了点源污染这一传统的环境监察对象以外，还包括农业（农药、化肥、秸秆焚烧等）和农村面源污染等。第三，在调查技术方法上，由于在一个生态系统中事物是普遍联系的，生态环境监察工作也必须从宏观、中观和微观的视角来看待和处理问题，在案件调查中经常需要使用生态监测技术、系统分析方法、生态经济方法、卫星遥感技术等进行全面观察了解。第四，在执法方式上，由于生态环境是一个多因素、多状态的观念，我国在环境保护上又采取的是“环保部门统一监管，有关部门分工负责”的体制，因此生态环境监察执法必须充分利用环保部门统一监管的职能，采取联席会议、联合执法、专项执法、案件移交等方式，与各相关部门密切配合。

3．生态环境监察的内容

按照人类活动对生态环境的不同影响来分，生态环境监察工作内容包括特定功能区的环境监察、资源开发建设活动的环境监察和非污染性建设项目环境监察。每类工作的具体涵盖内容和监察对象见表 2-1。

表 2-1　生态环境监察的内容

类型	监察对象
资源开发建设活动环境监察	矿山、水利水电以及草原、湿地、土地资源等开发建设项目及活动
非污染性建设项目环境监察	交通建设、旅游开发、高尔夫球场开发等
特定功能区环境监察	自然保护区、风景名胜区、生态功能保护区、饮用水水源保护区和近岸海域等

二、生态环境监察的特点

生态环境监察作为环境监察的一个重要组成部分，具有环境监察工作的直接性、强制性、及时性、公正性等基本特点。同时，由于人类活动的多样性，导致对生态环境的影响多元化，呈现出多样性的生态环境问题，因此要求参与解决的主体多元化，采取的手段及程序多样化。此外，生态环境监察工作还具有社会关系的广泛性、保护领域的多样性、适用法律的综合性、执法主体的多部门性、执法监管的前瞻性、科学技术的依赖性等特点。

1．社会关系的广泛性

生态环境问题与人的生存、生活以及生产息息相关。生态环境问题往往同政府决策、经济活动紧密联系，涉及社会生活的诸多方面，同时还间接影响未来后代的生存质量。从某种意义上说，生态环境问题的属性是社会问题、政治问题、经济问题、伦理问题和法律问题。生态环境保护法律法规所调整的社会关系十分广泛，有效的生态环境执法需要考量环境问题的属性以及环境问题的利益冲突。生态环境执法行动是具体行政行为，其实际上是对经济利益和环境利益的再分配。生态环境执法的客体是人为活动所造成的环境问题及其所带来的对社会经济、生态环境和人体健康的不良影响。生态环境执法不同于其他执法监督部门只调整某一方面的社会关系，而是从多角度、多方面去调整社会关系，对环境执法监督的内容、任务提出了更多要求。

2．保护领域的多样性

生态环境保护涉及众多环境要素，包括水、气、声、渣、放射性、自然生态等多种学科与领域。生态环境要素具有各自的特点和复杂性，要素之间存在着很强的关联性和相互依存性，需要不同的保护方式和要求，必须从生态系统整体考虑，对环境资源进行一体化管理和执法监督，才能够保证生态系统的完整性。

3．适用法律的综合性

生态环境保护所适用的法律范围十分广泛，法律体系涉及环境保护、资源开发与保护等，而且在《行政法》、《民法》、《刑法》、《经济法》等其他法律中也有关于生态环境保护的内容。我国生态环境适用的法律体系的特点是：① 是由国家强制力来保证执行的法律规范；② 是调整“保护和改善环境”与“防治污染和其他公害”这两类活动中的社会关系的法律规范；③所要保护和改善的对象是整个生存环境，包括生活环境与生态环境；④具有科学技术性、综合性和地域特殊性。

4. 执法主体的多部门性

生态环境执法不是由一个行政部门实施，而是由多个部门分别或共同实施的。生态环境执法的多部门性是由环境法内容的综合性和保护范围的广泛性所决定的。生态环境保护法律的保护对象包括人类赖以生存和发展的各种天然的和经过人工改造的自然因素，如大气、水、海洋、土地、矿藏、森林、草原、野生生物、自然遗迹、人文遗迹、自然保护区、风景名胜区、城市和乡村等。众多的环境要素，仅靠一个部门加以保护和管理是不可能的，因此，就必须授权各有关部门分别负起保护和管理职责，相应地也就必然赋予其环境执法的权力。同时，各环境要素在法律上又是作为一个整体加以保护的，那么各有关部门的生态环境管理及其执法也就需要统一的协调，并对生态环境保护进行统一的监督管理。

5. 执法监管的前瞻性

生态环境各要素不是孤立存在的，是相互依存的系统，任何一种破坏行为都会带来一系列的生态问题，考虑问题要从整个生态系统方面出发。因此生态环境监察工作要强调生态环境的系统性、统一性、宏观性和综合性，综合分析，统筹管理。生态环境具有难恢复性，一方治理多方破坏，点上治理面上破坏，边治理边破坏，治理赶不上破坏，因此我们的生态环境监察工作着眼点要通过查处环境违法行为来预防与控制生态破坏，必须具有超前的敏锐眼光，不能等生态环境遭到破坏了再进行事后处罚。

6. 科学技术的依赖性

生态环境保护法律法规的基本原理、管理制度和标准规范都是环境科学的研究成果，体现了生态规律和经济规律，具有较强的科学技术性。而且，环境科学本身也是一门新兴的、尚未完全成熟的学科，需要不断进行科学研究和探索。以科学技术为依据的环境执法监督活动也对环境执法监督队伍素质提出较高要求。

生态环境执法的技术性是由生态环境保护法的科学技术性特点决定的。环境法作为通过调整一定领域的社会关系来协调人与自然关系的法律部门，其内容包含有大量的反映自然规律的技术规范，从而使其具有科学技术性的特点。那么，环境执法部门贯彻执行具有技术性特点的环境法，其活动也必然带有一定的技术性。首先表现在，环境执法人员必须具有一定的环境科学技术知识。由于环境法涉及许多技术性规范，这就要求环境执法人员不仅要全面掌握环境法律知识，而且还要掌握一定的环境科学技术知识，包括环境地理学、环境生物学、环境化学，环境物理学、环境医学、环境工程学等知识。否则，环境执法人员就难以发现和认定环境违法行为，也难以正确地理解和运用环境法律规范。其次表现在，环境执法必须借助一定的技术手段。生态破坏是否形成，环境是否受到污染，人身和财产是否受到损害，仅靠人的感觉往往是不够的，而必须通过环境监测、化验、试验，取得准确的数据资料，才能加以认定。因此，生态环境执法就必须具备一定的技术、设备、仪器，并按照科学技术方法进行监测、采样、化验，从而使生态环境执法具有一定的技术性。

第二节　生态环境监察的工作依据

一、生态环境管理组织体系

根据国务院办公厅《关于印发环境保护部主要职责内设机构和人员编制规定的通知》，环境保护部的职责主要包括：

（1）负责建立健全环境保护基本制度。拟订并组织实施国家环境保护政策、规划，起草法律法规草案，制定部门规章。组织编制环境功能区划，组织制定各类环境保护标准、基准和技术规范，组织拟订并监督实施重点区域、流域污染防治规划和饮用水水源地环境保护规划，按国家要求会同有关部门拟订重点海域污染防治规划，参与制定国家主体功能区划。

（2）负责重大环境问题的统筹协调和监督管理。牵头协调重特大环境污染事故和生态破坏事件的调查处理，指导协调地方政府重特大突发环境事件的应急、预警工作，协调解决有关跨区域环境污染纠纷，统筹协调国家重点流域、区域、海域污染防治工作，指导、协调和监督海洋环境保护工作。

（3）承担落实国家减排目标的责任。组织制定主要污染物排放总量控制和排污许可证制度并监督实施，提出实施总量控制的污染物名称和控制指标，督察、督办、核查各地污染物减排任务完成情况，实施环境保护目标责任制、总量减排考核并公布考核结果。

（4）负责提出环境保护领域固定资产投资规模和方向、国家财政性资金安排的意见，按国务院规定权限，审批、核准国家规划内和年度计划规模内固定资产投资项目，并配合有关部门做好组织实施和监督工作。参与指导和推动循环经济和环保产业发展，参与应对气候变化工作。

（5）承担从源头上预防、控制环境污染和环境破坏的责任。受国务院委托对重大经济和技术政策、发展规划以及重大经济开发计划进行环境影响评价，对涉及环境保护的法律法规草案提出有关环境影响方面的意见，按国家规定审批重大开发建设区域、项目环境影响评价文件。

（6）负责环境污染防治的监督管理。制定水体、大气、土壤、噪声、光、恶臭、固体废物、化学品、机动车等的污染防治管理制度并组织实施，会同有关部门监督管理饮用水水源地环境保护工作，组织指导城镇和农村的环境综合整治工作。

（7）指导、协调、监督生态保护工作。拟订生态保护规划，组织评估生态环境质量状况，监督对生态环境有影响的自然资源开发利用活动、重要生态环境建设和生态破坏恢复工作。指导、协调、监督各种类型的自然保护区、风景名胜区、森林公园的环境保护工作，协调和监督野生动植物保护、湿地环境保护、荒漠化防治工作。协调指导农村生态环境保护，监督生物技术环境安全，牵头生物物种（含遗传资源）工作，组织协调生物多样性保护。

（8）负责核安全和辐射安全的监督管理。拟订有关政策、规划、标准，参与核事故应急处理，负责辐射环境事故应急处理工作。监督管理核设施安全、放射源安全，监督管理核设施、核技术应用、电磁辐射、伴有放射性矿产资源开发利用中的污染防治。对核材料的管制和民用核安全设备的设计、制造、安装和无损检验活动实施监督管理。

（9）负责环境监测和信息发布。制定环境监测制度和规范，组织实施环境质量监测和污染源监督性监测。组织对环境质量状况进行调查评估、预测预警，组织建设和管理国家环境监测网和全国环境信息网，建立和实行环境质量公告制度，统一发布国家环境综合性报告和重大环境信息。

（10）开展环境保护科技工作，组织环境保护重大科学研究和技术工程示范，推动环境技术管理体系建设。

（11）开展环境保护国际合作交流，研究提出国际环境合作中有关问题的建议，组织协调有关环境保护国际条约的履约工作，参与处理涉外环境保护事务。

（12）组织、指导和协调环境保护宣传教育工作，制定并组织实施环境保护宣传教育纲要，开展生态文明建设和环境友好型社会建设的有关宣传教育工作，推动社会公众和社会组织参与环境保护。

（13）承办国务院交办的其他事项。

地方环境保护行政主管部门的职责主要体现在：审批环境影响报告书；排污申报登记；征收排污费；水污染物排放许可证审批和发放；实施现场检查；实施行政处罚；作出行政复议决定；发布环境状况公报等方面。

其他有生态环境管理权的机构及其职责：

1．地方各级人民政府

我国《环境保护法》第16条规定："地方各级人民政府，应当对本辖区的环境质量负责，采取措施改善环境质量。"地方各级人民政府的环境管理职责主要是：把环境保护规划纳入本地区国民经济和社会发展计划，采取措施使本地区的环境保护同经济建设和社会发展相协调；省级人民政府可以根据本辖区环境特点，制定地方环境质量补充标准和污染物排放标准；协调解决跨行政区的环境污染和环境破坏的防治工作；保护各种特殊的自然生态系统；负责划定风景名胜区、自然保护区等特别保护区域；加强对农业环境的保护，防止农业污染和农业生态破坏；加强对海洋的环境保护，防止各种开发、建设活动对海洋环境的污染损害；在环境受到严重污染威胁居民生民财产安全时，发布应急命令，并采取有效措施或者减轻危害；对保护和改善环境有显著成绩的单位和个人，由人民政府给予奖励；污染物排放超过规定标准或对造成其他环境严重污染的企事业单位作出限期治理决定，并对经限期治理逾期没有完成治理任务的企事业单位作出停业、关闭的决定。

2．农、林、地、矿、渔等行政管理机构

（1）农业行政主管部门：主要对耕地、农田保护、草原、野生植物资源保护以及农药的安全使用实施监督管理。

（2）林业行政主管部门：对森林资源、陆地野生动物、野生植物资源保护和防沙治沙工作实施监督管理。

（3）土地行政主管部门：对国土规划、土地使用、耕地与草地等土地的保护、土地复垦等土地资源保护实施监督管理。

（4）矿产行政主管部门：对矿产开发、矿区复垦等的矿产资源保护实施监督管理。

（5）海洋行政主管部门：负责对全国海洋工程建设项目和海洋倾倒废弃物对海洋污染

损害的防治实施监督管理。

（6）海事行政主管部门：对所辖港区水域内非军事船舶和港区水域外非渔业、非军事船舶污染海洋环境防治实施监督管理，并负责污染事故的调查处理；对在我国管辖海域航行、停泊和作业的外国籍船舶造成污染事故登轮检查处理。

（7）渔政渔港监督行政主管部门：对内河渔业船舶排污、拆船作业污染内河渔业港区水域的污染防治实施监督管理，并负责调查处理内河渔业污染事故；对我国海域渔港水域内非军事船舶和渔港水域外渔业船舶污染海洋环境实施监督管理，并参与船舶造成渔业海域污染事故的调查处理。

（8）各级公安机关：对环境噪声、汽车尾气污染、放射性污染、破坏野生动植物及破坏水土保持等环境污染防治和自然资源保护实施监督管理。

（9）水行政主管部门：对流域、区域规划和水资源保护及水土保持实施监督管理。

此外，铁路行政主管部门、港务行政主管部门等部门在法律规定的权限范围内具有相应的环境管理权。

这种“环保部门统一监管，有关部门分工负责”的环境监管体制，在强化环境保护统一监督和调动各部门的环保积极性上起到了明显作用。但由于有些规定不具体、主次协作层次不清、职责权限交叉、体制和机构设置关系不顺等因素，产生了“统一监督难实现，分工负责难协调”的状况。尤其在生态环境保护方面各自为政、职责交叉、多头管理、重复管理等关系不顺的现象突出。一些资源管理部门的工作侧重在资源的开发和利用，同时又肩负着环境保护的监督职责，自己监督自己，往往在决策时更多地考虑资源的利用，而忽视对环境生态的影响，造成各部门之间在生态环境保护方面工作的不协调，直至影响到生态环境的保护。因此，如何有效实现“环保部门统一监管”就成了生态环境监察工作最主要的目的和出发点。

二、生态环境监察工作依据

生态环境监察是一项政策性、技术性、知识性很强的工作，涉及面广，牵扯部门多。试点中执法依据主要有两类，一是法律依据，即国家颁布的各种相关法律、法规、标准和部门规章等；二是现场调查取得的事实依据。

生态环境监察的法律依据包括现有的、与生态环境监察内容相关的环境、资源法律、法规、规章及标准。

生态环境监察的事实依据包括生态监测数据及现场调查取得的人证、物证等。生态环境监测数据反映了生态环境质量状况，是生态破坏预测与判定的基础，是实施环境违法仲裁与各项管理措施的依据。现场调查取得的证据有书证、物证、视听资料、证人证言、当事人的陈述、鉴定结论、勘验笔录、现场笔录等。事实证据的取得应合法、及时、准确。取证的程序、方法和手段要严格遵守法律规定。

（一）法律

此处法律指狭义的法，即由全国人大及常委会制定或批准的法律。截至 2010 年，我国共出台生态环境保护法律 24 部，参与或缔结的国际条约 18 部（表 2-2）。

表 2-2 我国生态环境保护法律及参与或缔结的国际条约

序号	名称	颁布时间	实施时间
一、综合类			
1	中华人民共和国环境保护法	1989 年 12 月 26 日	1989 年 12 月 26 日
2	中华人民共和国清洁生产促进法	2002 年 6 月 29 日颁布，2012 年 2 月 29 日修正	2012 年 7 月 1 日
3	中华人民共和国环境影响评价法	2002 年 10 月 28 日	2003 年 9 月 1 日
4	中华人民共和国可再生能源法	2005 年 2 月 28 日颁布，2009 年 12 月 26 日修正	2010 年 4 月 1 日
5	中华人民共和国节约能源法	1999 年 11 月 1 日颁布，2007 年 10 月 28 日修订	2008 年 4 月 1 日
6	中华人民共和国循环经济促进法	2008 年 8 月 29 日	2009 年 1 月 1 日
二、污染防治类			
1	中华人民共和国水污染防治法	1984 年 5 月 11 日颁布，经 1996 年 5 月 15 日和 2008 年 2 月 28 日两次修订	2008 年 6 月 1 日
2	中华人民共和国大气污染防治法	1988 年 6 月 10 日颁布，经 1995 年 8 月 29 日和 2000 年 4 月 29 日两次修订	2000 年 9 月 1 日
3	中华人民共和国环境噪声污染防治法	1996 年 10 月 29 日	1997 年 3 月 1 日
4	中华人民共和国固体废物污染环境防治法	1995 年 10 月 30 日颁布，2004 年 12 月 29 日修订	2005 年 4 月 1 日
5	中华人民共和国海洋环境保护法	1982 年 8 月 23 日颁布，1999 年 12 月 25 日修订	2000 年 4 月 1 日
6	中华人民共和国放射性污染防治法	2003 年 6 月 28 日	2004 年 4 月 1 日
三、资源保护类			
1	中华人民共和国土地管理法	1986 年 6 月 25 日颁布，经 1988 年 12 月 29 日、1998 年 8 月 29 日、2004 年 8 月 28 日三次修订	1999 年 1 月 1 日
2	中华人民共和国矿产资源法	1986 年 3 月 19 日颁布，1996 年 8 月 29 日修正	1997 年 1 月 1 日
3	中华人民共和国水法	2002 年 8 月 29 日	2002 年 10 月 1 日
4	中华人民共和国水土保持法	1991 年 6 月 29 日，2010 年 12 月 25 日修订	2011 年 3 月 1 日
5	中华人民共和国防沙治沙法	2001 年 8 月 31 日	2002 年 1 月 1 日
6	中华人民共和国森林法	1984 年 9 月 20 日颁布，1998 年 4 月 29 日修订	1985 年 1 月 1 日
7	中华人民共和国草原法	1985 年 6 月 18 日颁布，2002 年 12 月 28 日修订	2003 年 3 月 1 日
8	中华人民共和国渔业法	1986 年 1 月 20 日颁布，经 2000 年 10 月 31 日、2004 年 8 月 28 日两次修订	1986 年 7 月 1 日
9	中华人民共和国野生动物保护法	1988 年 11 月 8 日颁布，2004 年 8 月 28 日修订	1989 年 3 月 1 日
10	中华人民共和国农业法	1993 年 7 月 2 日颁布，经 2002 年 12 月 28 日、2012 年 12 月 28 日两次修订	2013 年 1 月 1 日
11	中华人民共和国防洪法	1997 年 8 月 29 日	1998 年 1 月 1 日
12	中华人民共和国煤炭法	1996 年 8 月 29 日颁布，2011 年 4 月 22 日修正	2011 年 7 月 1 日

序号	名称	颁布时间	实施时间
四、国际公约			
1	联合国海洋法公约		1996 年 7 月 7 日
2	联合国防治荒漠化公约		1994 年 10 月 14 日
3	生物多样性公约		1993 年 1 月 7 日
4	联合国气候变化框架公约		1993 年 1 月 5 日
5	21 世纪议程		1992 年 6 月 14 日
6	控制危险废物越境转移及其处置巴塞尔公约		1992 年 5 月 5 日
7	国际湿地公约		1992 年 3 月 1 日
8	关于消耗臭氧层物质的蒙特利尔议定书		1991 年 6 月 13 日
9	《关于消耗臭氧层物质的蒙特利尔议定书》的修正		1992 年 1 月 1 日
10	1973 年干预公海非油类物质污染议定书		1990 年 5 月 24 日
11	保护臭氧层维也纳公约		1989 年 9 月 11 日
12	1972 年《伦敦公约〈1996 议定书〉》		1985 年 11 月 14 日
13	濒危野生动植物种国际贸易公约		1981 年 4 月 8 日
14	关于特别是作为水禽栖息地的国际重要湿地公约		1975 年 12 月 21 日
15	国际捕鲸管制公约		1946 年 12 月 3 日
16	1973 年国际油污防备、反应和合作公约		1998 年 6 月 30 日
17	1973 年国际防止船舶造成污染公约 1978 年议定书		1983 年 10 月 2 日
18	1973 年国际防止船舶造成污染公约及其 1978 年议定书附则 I 修正案		1986 年 1 月 7 日

（二）行政法规

行政法规是指由国务院根据宪法和法律，通过立法程序制定和颁布的条例、办法、规定的总称。我国生态保护行政法规见表 2-3。

表 2-3 我国生态保护行政法规

名称	文号	发布时间
防治海岸工程建设项目污染损害海洋环境管理条例	国务院令[2007]第 507 号	2007 年 9 月 25 日
放射性同位素与射线装置安全和防护条例	国务院令[2005]第 449 号	2005 年 9 月 14 日
危险废物经营许可证管理办法	国务院令[2004]第 408 号	2004 年 5 月 30 日
医疗废物管理条例	国务院令[2003]第 380 号	2003 年 6 月 16 日
无照经营查处取缔办法	国务院令[2003]第 370 号	2003 年 1 月 6 日
排污费征收使用管理条例	国务院令[2003]第 369 号	2003 年 1 月 2 日
指导外商投资方向暂行规定	国务院令[2002]第 346 号	2002 年 2 月 11 日
危险化学品安全管理条例	国务院令[2002]第 344 号	2002 年 1 月 26 日
中华人民共和国水污染防治法实施细则	国务院令[2000]第 284 号	2000 年 3 月 20 日
违反行政事业收费和罚没收入收支两条线管理规定行政处分暂行规定	国务院令[2000]第 281 号	2000 年 2 月 12 日
建设项目环境保护管理条例	国务院令[1998]第 253 号	1998 年 11 月 29 日
农药管理条例	国务院令[1997]第 216 号	1997 年 5 月 8 日
中华人民共和国监控化学品管理条例	国务院令[1995]第 190 号	1995 年 12 月 27 日

名称	文号	发布时间
淮河流域水污染防治暂行条例	国务院令[1995]第 183 号	1995 年 8 月 8 日
中华人民共和国自然保护区条例	国务院令[1994]第 167 号	1994 年 10 月 9 日
核电厂核事故应急管理条例	国务院令[1993]第 124 号	1993 年 8 月 4 日
中华人民共和国防治陆源污染物污染损害海洋环境管理条例	国务院令[1990]第 61 号	1990 年 6 月 22 日
中华人民共和国森林法实施条例	国务院令[2000]第 278 号	2000 年 1 月 29 日
中华人民共和国退耕还林条例	国务院令[2003]第 367 号	2003 年 1 月 20 日
中华人民共和国野生药材资源保护管理条例	国务院令[1987]第 9 号	1987 年 12 月 1 日
中华人民共和国野生植物保护条例	国务院令[1997]第 204 号	1997 年 1 月 1 日
中华人民共和国矿产资源法实施细则	国务院令[1994]第 152 号	1994 年 3 月 26 日
全国生态环境保护纲要	国发[2000]38 号	2000 年 11 月 26 日
乡镇煤矿管理条例	国务院令[1994]第 169 号	1994 年 12 月 20 日
中华人民共和国水土保持法实施条例	国务院令[1993]第 120 号	1993 年 8 月 1 日
土地复垦规定	国务院令[1988]第 19 号	1989 年 1 月 1 日
中华人民共和国土地管理法实施条例	国务院令[1998]第 256 号	1999 年 1 月 1 日
基本农田保护条例	国务院令[1998]第 257 号	1999 年 1 月 1 日
取水许可制度实施办法	国务院令[1993]第 119 号	1993 年 9 月 1 日
城市绿化条例	国务院令[1992]第 100 号	1992 年 8 月 1 日
矿产资源监督管理暂行办法	国务院发布	1987 年 4 月 29 日
中华人民共和国海洋倾废管理条例	国务院发布	1985 年 3 月 6 日
中华人民共和国防止船舶污染海域管理条例	国务院发布	1983 年 12 月 29 日
中华人民共和国海洋石油勘探开发环境保护管理条例	国务院发布	1983 年 12 月 29 日

（三）部门规章

与生态环境保护相关的行政机关很多，此处仅对环境保护部（国家环保总局）发布的部门规章及其他部门发布的与生态环境保护相关的规章详列细目（表 2-4）。

表 2-4 我国生态保护部门规章

名称	文号或颁布单位	发布时间
环境行政处罚办法	环境保护部令[2010]第 8 号	2010 年 1 月 19 日
地方环境质量标准和污染物排放标准备案管理办法	环境保护部令第 9 号	2009 年 12 月 30 日
环境信访办法	环保总局令[2006]第 34 号	2006 年 7 月 1 日
限期治理管理办法（试行）	环境保护部令[2009] 第 6 号	2009 年 7 月 8 日
环境行政复议办法	环境保护部令[2006]4 号	2008 年 12 月 30 日
危险废物出口核准管理办法	国家环境保护总局令 47 号	2008 年 1 月 25 日
电子废物污染环境防治管理办法	环保总局令[2007]第 40 号	2007 年 9 月 27 日
环境信息公开办法（试行）	环保总局令[2007]第 35 号	2007 年 4 月 11 日
环境统计管理办法	环保总局令[2006]第 37 号	2006 年 11 月 4 日
废弃危险化学品污染环境防治办法	环保总局令[2005]第 27 号	2005 年 8 月 30 日

名称	文号或颁布单位	发布时间
清洁生产审核暂行办法	环保总局令[2004]第16号	2004年8月16日
医疗废物管理行政处罚办法	环保总局令[2004]第21号	2004年6月1日
排污费征收标准管理办法	国家计委、环保总局等部委[2003]第31号令	2003年2月28日
排污费资金收缴使用管理办法	环保总局令[2003]第17号	2003年3月20日
新化学物质环境管理办法	环保总局令[2003] 第17号	2003年9月12日
建设项目竣工环境保护验收管理办法	环保总局令[2002]第13号	2002年2月1日
畜禽养殖污染防治管理办法	环保总局令[2001]第9号	2001年5月8日
近岸海域环境功能区管理办法	环保总局令[1999]第8号	1999年12月10日
污染源监测管理办法	环发[1999]246号	1999年11月1日
危险废物转移联单管理办法	环保总局令[1999]第5号	1999年6月22日
环境监理政务公开制度	环发[1999]15号	1999年1月19日
环境监理报告制度	环发[1997]824号	1997年12月23日
电磁辐射环境保护管理办法	国家环保局令[1997]第18号	1997年3月25日
环境监理人员行为规范	国家环保局令[1995]第16号	1995年5月11日
排放污染物申报登记管理规定	国家环保局令[1992]第10号	1992年8月14日
城市放射性废物管理办法	国家环保局（87）环放字第239号	1987年7月16日
自然保护区土地管理办法	国家土地管理局 国家环境保护局	1995年7月24日
风景名胜区管理暂行条例实施办法	建设部	1987年6月10日
风景名胜区管理处罚规定	建设部	1995年1月1日
水利旅游区管理办法（试行）（已废止）	水利部	1997年8月31日
水生动植物自然保护区管理办法	农业部	1997年10月17日
关于加强乡镇煤矿环境保护工作的规定	国家环境保护总局、原煤炭工业部	1997年11月2日
煤炭生产许可证环境保护管理规定	原煤炭工业部	
煤炭工业环境保护暂行管理办法	原煤炭工业部	1994年
煤炭工业环境保护设计规范（煤矿、选煤厂）	原煤炭工业部	
防治尾矿污染环境管理规定	国家环保局	1992年10月1日
建材及非金属矿产资源监督管理暂行规定	国家建材局、原地质矿产部	1988年11月11日
地质遗迹保护管理规定	原地质矿产部	1995年5月4日
饮用水水源保护区污染防治管理规定	国家环境保护局、卫生部、建设部、水利部、原地质矿产部	1989年7月10日
防止船舶垃圾和沿岸固体废物污染长江水域管理规定	交通部、建设部、环保总局	1998年3月1日
农药安全使用规定	农业部、卫生部	1982年6月5日
秸秆禁烧和综合利用管理办法	国家环境保护总局、农业部、财政部、原铁道部、交通部、中国民航总局	1999年5月1日
黄河上中游水土流失区重点防治工程项目管理试行办法（已废止）	水利部	1997年5月12日
中华人民共和国陆生野生动物保护法实施条例	林业部	1992年3月1日
中华人民共和国水生野生动物保护实施条例	农业部	1993年10月5日
森林和野生动物类型自然保护区管理办法	林业部	1985年7月6日

（四）生态保护环境标准

生态环境保护标准是指为了保护人群健康、社会物质财富和维持生态平衡，对大气、水、土壤等环境要素的质量和污染源实行监督管理，确定统一的监测方法以及其他需要而由国家或地方所制定和批准的技术规范。环境标准是制订国家环境计划和规划的主要依据之一，也是环境法制定与实施的重要基础与依据和环境管理的技术基础。

环境标准包括环境质量标准、污染物排放标准、环境保护基础标准和环境保护方法标准。环保质量标准和污染物排放标准分国家标准和地方标准两级，环境保护基础标准和方法标准只有国家级标准。我国目前的环境标准体系如图 2-1 所示。

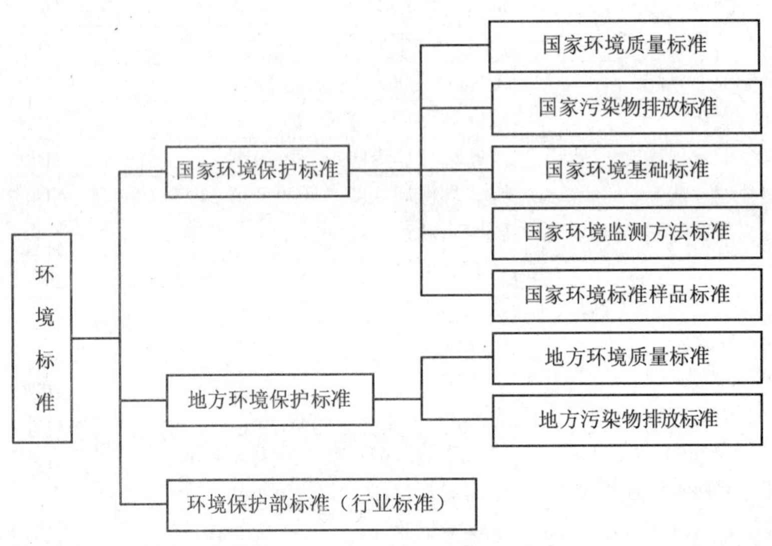

图 2-1　我国目前的环境标准体系

国家环境保护标准包括环境质量标准、污染物排放标准、环境基础标准、环境监测方法标准、环境标准样品标准。

地方环境保护标准包括地方环境质量标准和地方污染物排放标准（或控制标准）。地方环境标准是对国家环境标准的补充和完善。

国家环保部标准（行业标准）是指国家环保部在环境保护工作中对需要统一的技术要求所制定的标准，称为国家环境保护行业标准（包括执行各项环境管理制度、监测技术、环境区划、规划的技术要求、规范、导则等）。

环境保护行业标准分为强制性环境标准和推荐性环境标准。环境质量标准和污染物排放标准和法律、法规规定必须执行的其他标准为强制性标准。强制性环境标准必须执行，超标即违法。强制性标准以外的环境标准属于推荐性标准。国家鼓励采用推荐性环境标准，推荐性环境标准被强制性标准引用，也必须强制执行。我国颁布的与生态环境监察相关的环境标准见表 2-5。

表 2-5　我国颁布的与生态环境监察相关的环境标准

序号	标准名称	颁布单位	实施时间
1	《地表水环境质量标准》（GB 3838—2002）	国家环境保护总局 国家质量监督检验检疫总局	2002 年 6 月 1 日
2	《地下水环境质量标准》（GB/T 14848—93）	国家技术监督局	1994 年 10 月 1 日
3	《环境空气质量标准》（GB 3095—2012）	环保部	2012 年 2 月 29 日
4	《土壤环境质量标准》（GB 15618—1995）	国家环境保护总局 国家技术监督局	1996 年 3 月 1 日
5	《农田灌溉水质标准》（GB 5084—2005）	农业部	2006 年 11 月 1 日
6	《渔业水质标准》（GB 11607—89）	国家环境保护总局 国家技术监督局	1990 年 3 月 1 日
7	《海水水质标准》（GB 3097—1997）	国家环境保护总局 国家技术监督局	1998 年 7 月 1 日
8	《污水综合排放标准》（GB 8978—1996）	国家环境保护总局 国家技术监督局	1998 年 1 月 1 日
9	《大气污染物综合排放标准》（GB 16297—1996）	国家环境保护总局 国家技术监督局	1997 年 1 月 1 日
10	《恶臭污染物排放标准》（GB 14554—93）	国家环境保护总局 国家技术监督局	1994 年 1 月 15 日
11	《畜禽养殖业污染物排放标准》（GB 18596—2001）	国家环境保护总局 国家质量监督检验检疫总局	2003 年 1 月 1 日
12	《畜禽养殖业污染防治技术规范》（HJ/T 81—2001）	国家环境保护总局	2002 年 4 月 1 日
13	《农用污泥中污染物控制标准》（GB 4284—84）	建设部	1985 年 3 月 1 日
14	《农用粉煤灰中污染物控制标准》（GB 8173—87）	国家环境保护总局 国家技术监督局	1988 年 2 月 1 日
15	《保护农作物的大气污染物最高允许浓度》（GB 9137—88）	国家环境保护总局 国家技术监督局	1988 年 10 月 1 日
16	《城镇垃圾农用控制标准》（GB 8172—87）	国家环境保护总局 国家技术监督局	1988 年 2 月 1 日
17	《农药安全使用标准》（GB 4285—89）	国家环境保护总局 国家技术监督局	1990 年 2 月 1 日
18	《绿色食品　农药使用准则》（NY/T 393—2000）	农业部	2000 年 4 月 1 日
19	《绿色食品　肥料使用准则》（NY/T 394—2000）	农业部	2000 年 4 月 1 日
20	《绿色食品　产地环境技术条件》（NY/T 391—2000）	农业部	2000 年 4 月 1 日
21	《有机食品技术规范》（HJ/T 80—2001）	国家环境保护总局	2002 年 4 月 1 日
22	《一般工业固体废物贮存、处理场污染控制标准》（GB 18599—2001）	国家环境保护总局 国家质量监督检验检疫总局	2002 年 7 月 1 日
23	《危险废物贮存污染控制标准》（GB 18597—2001）	国家环境保护总局 国家质量监督检验检疫总局	2002 年 7 月 1 日
24	《危险废物鉴别标准—浸出毒性鉴别》（GB 5085.3—2007）	国家环境保护总局	2007 年 10 月 1 日
25	《环境保护图形标志—固体废物贮存（处置）场》（GB 15562.2—1995）	国家环境保护总局 国家技术监督局	1996 年 7 月 1 日
26	《自然保护区类型与级别划分原则》（GB/T 14529—93）	国家环境保护总局	1994 年 1 月 1 日
27	《山丘型风景资源开发环境影响评价指标体系》（HJ/T 6—94）	国家环境保护总局	1994 年 10 月 1 日
28	《长江三峡水库库底固体废物清理技术规范》（HJ 85—2005）	国家环境保护总局 国务院三峡工程建设委员会办公室	2005 年 6 月 13 日
29	《污水海洋处置工程污染控制标准》（GWKB 4—2000）	国家环境保护总局	2000 年 10 月 1 日
30	《船舶污染物排放标准》（GB 3552—83）	建设部	1983 年 10 月 1 日
31	《环境影响评价技术导则　总纲》（HJ 2.1—2011）	环保部	2012 年 1 月 1 日
32	《环境影响评价技术导则　非污染生态影响》（HJ/T 19—1997）	国家环境保护总局	1998 年 6 月 1 日

三、生态环境监察工作现状

1．生态环境监察工作的起源

生态环境监察工作开展以前，各地乱采滥挖、乱捕滥猎、浪费资源、破坏生态等违法行为及破坏案件时有发生，生态环境保护法律法规落实情况不容乐观。人为生态破坏的主要形式及其危害见表 2-6。

表 2-6　人为生态破坏的主要形式及其危害

类型	破坏行为	后果
土地破坏	毁林、毁草、开荒，过度放牧、樵采，不合理开发建设	水土流失：跑水、跑土、跑肥；河床抬高、水库淤积、工程效益和通航能力降低；威胁工矿交通安全；引起山崩、滑坡、泥石流
	盲目开垦、滥改水道、过度樵采和放牧、滥挖植物	土地沙化：土地生产力下降或丧失，水源枯竭，沙尘暴，农田、村庄被流沙吞没
	不合理灌溉，超量开采地下水导致海水入侵	次生盐渍化：作物生长不良，产量低；严重的作物无法生长，导致弃耕
	土地管理不当或灌排不当	次生潜育化：土壤通透性差，不利于水稻生长
	对耕地掠夺式经营，广种薄收，只种不养，重用轻养	耕地肥力下降，产量降低
	向土壤排放“三废”，不合理使用农药、化肥	土地污染：动植物和各种农产品品质下降，污染物残留增加，危害人体健康
	露天采矿、渣石堆放、过度开采地下水	土地破坏：占用农田、水土流失，地面沉降，景观破坏
	城乡建设和二、三产业占用良田，缺乏统筹规划，乱占耕地	良田减少，人地矛盾加剧
植被和生物多样性破坏	刀耕火种，毁林开荒，乱砍滥伐，破坏防护林	森林面积减少，水土流失、肥力下降，涵养水源能力降低，抗灾能力变弱，野生动植物生存环境破坏
	森林病虫害防治技术落后，大量使用化学农药	病虫害抗药性增强、天敌减少、生物多样性破坏、导致森林病虫害爆发
	重采伐，轻育林，采育失调	造林保存率低，更新慢于采伐，森林资源减少，生态功能降低
	盲目开垦草原，超采放牧，鼠、虫害，水资源利用不当，乱捕滥猎，乱采滥挖，砍柴	草原退化、沙化，草地生产力降低，动植物资源减少
	城镇发展，农业开发，交通、水利、采矿等工程项目建设	草原破坏，栖息地减少，破坏植被和生境，阻碍陆地动物迁移和水生生物洄游，不利于动物繁殖
	盲目引进外来物种、转基因作物	外来物种爆发、疯长，有益生物和经济物种消亡，生态平衡破坏
水资源破坏	过量开采地下水，无证开采	地下水水位下降，形成漏斗区，引起海（咸）水入侵，地面沉降，工农业生产和人民生活受影响
	渠道渗漏，农业灌溉方式不合理，大水漫灌、串灌	浪费水资源，引起土壤盐渍化
	大量排放废水，向水体倾倒垃圾，大量施用农药化肥等	污染水体，加剧水资源紧张
	无科学地规划调水、用水，开垦湿地，围湖造田	水资源紧张，生态环境破坏，生态调节能力降低
矿产资源破坏	随意无证开采，无科学规划	生态破坏，资源浪费
	工矿占地，矿渣、尾矿占地	耕地减少
	露天采矿、采石、采砂，不进行回填、复垦、恢复	破坏自然植被和地貌景观，土壤流失，土地荒芜，地面沉降
	沿江、沿岸、沿坡乱采滥挖矿产资源	导致崩塌、滑坡、泥石流、地面塌陷、沉降
	矿渣、尾矿未进行综合利用，废水排放、下渗	污染水体、大气，占地，浪费资源

由于多年来我国环境执法的重点是对工业污染源排污行为进行现场监督、检查、处理，相比之下生态环境执法工作较为薄弱，生态保护的法律、法制不健全，监督执法机制尚未有效建立，生态环境执法能力薄弱，生态破坏案件和环境违法行为不能及时发现并得到有效处理，致使生态破坏现象在一些地区日益严重，生态环境恶化趋势未得到有效遏制。

（1）生态环境保护法律法规不健全，缺乏专门的生态环境保护法律法规。

归纳涉及生态环境保护相关的环境、资源法律、法规、规章共计 51 项，其中法律 17 项、法规 20 项、规章 14 项，具体条款约 174 项，而环保部门作为执法主体只有 40 项，且大多与污染问题有关。目前只有《自然保护区管理条例》《畜禽养殖污染防治管理办法》《秸秆禁烧和综合利用管理办法》这三部法律、法规是环保部门作为执法主体开展工作的依据，且现有的这三部法律中也存在有些规定不明确、可操作性差等问题。

（2）生态环境保护执法机制不完善。

国家生态保护监管体系复杂，环保部门难以有效发挥统一监督作用。生态环境保护工作多头管理、各自为政、职责交叉、主次不清等现象普遍存在。生态环境监察或多或少地涉及某些资源开发、管理部门的职能，造成了“统一监督难实现，分工负责难协调”的状况。

环保部门内部生态环境执法机制还不完善。重审批、轻监管，重污染防治、轻生态保护的问题还非常严重，项目审批、生态保护管理及生态环境执法等单位信息沟通不畅，没有形成建设项目事前、事中和事后的全过程的监督管理体系。

（3）生态环境执法工作基础薄弱。

作为现场执法检查的环境监察部门，将大部分工作精力放在工业污染源现场查处、各种清理整顿专项行动以及排污收费申报、核定等工作，对地方生态保护工作现场执法检查不够甚至根本没有开展，污染防治与生态保护并重方针未能真正落到实处。

针对生态环境执法薄弱的现状，1996 年，第四次全国环境保护大会提出“污染防治与生态保护并重”环境保护工作方针。随后，在中央人口资源环境座谈会上，国家又相继确立了“保护优先、预防为主、防治结合”和“在保护中开发，在开发中保护”的生态保护方针。1998 年和 2000 年国务院分别发布实施的《全国生态环境建设规划》和《全国生态环境保护纲要》，确立了生态保护与生态建设并重的基本原则，从而改变了长期以来重污染防治、轻生态保护的环保工作局面。

为了贯彻落实《国家环境保护“十五”计划》和《全国生态环境保护纲要》精神，按照“污染防治与生态保护并重”、“预防为主，保护优先”等方针，环境监察工作也相应地由单一工业污染监察向工业污染监察与生态环境监察并重方向转变，以加强生态环境保护的工作力度，加大对破坏生态环境违法行为的执法力度，保障国家环境、资源保护法律、法规的贯彻实施和我国全面建设小康社会目标的尽早实现。1998 年在海南召开了《生态环境监理工作研讨会》，此后又下发了《关于进一步加强环境监理工作若干意见的通知》，文件要求各地逐步开展自然生态和农村生态的环境监理工作。各地陆续开展了一些生态环境监察工作。2002 年国家环保总局成立环境应急与事故调查中心，设置了区域与生态环境应急监察处，具体负责生态环境监察工作。

为真正贯彻落实《全国生态环境保护纲要》，促进生态保护与污染防治并重目标实现，加大生态保护执法力度，努力遏制生态恶化趋势，国家环保总局于 2003 年开展了生态环境监察试点工作。

2. 生态环境监察试点工作情况

（1）第一批试点工作情况。

为深入贯彻落实《国家环境保护“十五”计划》和《全国生态环境保护纲要》精神，加大环境执法力度，促进生态保护与污染防治并重目标的实现，推动全国环境监察工作的开展探索与积累经验，2003 年 3 月，国家环保总局下发了《关于开展生态环境监察试点工作的通知》（环发[2003]54 号），要求各省、自治区、直辖市选择 10%左右的环境监察力量较强、工作基础较好的市、县，按不同生态环境类型开展试点。同年 7 月，国家环保总局根据各地上报的生态环境监察试点工作方案，确定了试点地区，并下发了《关于批准全国生态环境监察试点地区的通知》（环发[2003]128 号）。具体工作安排如下：

2003 年 4 月—2005 年 6 月：在全国广泛开展生态环境监察试点，总局选择部分省、自治区、直辖市作为总局的工作试点。半年或一年汇总一次试点情况，采取会议交流、相互学习、研讨等形式，总结工作经验，指导全国生态环境监察工作的开展。

2005 年 3—6 月：组织对试点地区进行检查验收。

2004 年 6 月—2005 年 6 月：逐步总结各地开展生态环境监察工作的经验，初步建立生态环境监察工作的有关工作机制和制度，制定了一批地方生态环境管理与监察的法规。

2005 年 7—12 月：推行生态环境监察的工作机制与制度，在全国全面开展生态环境监察工作。

根据国家环保总局印发的《关于开展生态环境监察试点工作的通知》（环发[2003]54 号）；各省、自治区、直辖市环保局（厅）报送了生态环境监察试点工作方案。根据生态环境监察工作的总体要求，按照各地上报的不同生态环境类型和地区，确定了全国生态环境监察工作试点地区[见附录（十四）关于批准全国生态环境监察试点地区的通知]。

各试点地区因地制宜，积极探索，从不同区域、不同领域，创造性地开展了一些工作，赋予了环境监察新的内涵、新的领域、新的措施和新的手段。在工作机制、执法体系、建章立制和能力建设等方面取得了不同程度的创新和突破，初步构建起“立足监督，各负其责，联合执法，注重效能”的生态环境监察新模式。

2005 年，各试点地区按照《关于开展全国生态环境监察试点工作总结的通知》（环办[2005]51 号）要求进行了自我总结评估，省级环保部门按照评估标准进行了考核。2005 年下半年至 2006 年，国家环保总局组织开展了试点工作的考核评估。一是由司领导带队，对河北、辽宁、黑龙江、江苏、山东及广东深圳 26 个试点地区进行了现场考核评估；二是从部分省、市环保部门抽调有关人员组成 4 个专家审核组，分别由华东、华南环保督察中心有关负责人带队，对江西、福建等 19 个省 68 个试点地区的自我考核评估工作进行了审核；三是国家环保总局根据上报材料对北京、天津、重庆、贵州、云南、西藏等 16 个试点地区自我评估工作进行了审核。从审核结果看，81 个试点地区（72%）达到了试点的预期目标，被评为优秀单位。其中河北张家口市、山西安泽县、辽宁沈阳市、黑龙江讷河市、江苏姜堰市、山东莱州市及垦利县、广东深圳市、贵州余庆县、云南文山州 10 个市、县工作起点高、力度大、措施实，成效非常显著，作为示范单位供其他市、县学习。

（2）第二批试点工作情况。

2007—2008 年，国家环保总局又先后下发了《关于深入开展生态环境监察试点工作的通知》（环发[2007]93 号）、《关于批准第二批全国生态环境监察试点地区的通知》（环发[2007]171 号）和《关于增补第二批全国生态环境监察试点地区的通知》（环办[2008]69 号），决定由 2007 年 7 月至 2009 年 12 月进行第二批生态环境监察试点。批准河北省为全国生态环境监察省级区域试点地区，批准北京市海淀区等 72 个市、县（区）为第二批全国生态环境监察试点地区。

第二批生态环境监察试点在第一批试点基础上，扩大了试点范围，一是开展了区域性试点工作。在全国范围内选择了有积极性并有一定工作基础的河北省开展全省性生态环境监察试点工作，达到一定区域内全面开展生态环境保护执法工作的目的；二是新增了试点单位。在原有 113 个试点单位基础上，新增市县级试点单位 72 个，起到了以点带面、典型引路的目的。同时，第二批试点地区还拓展了原有试点单位的工作任务，各试点地区根据当地突出的生态环境问题，全面开展了对资源开发建设项目（包括草原、湿地、矿山、土地、水资源等）、非污染性建设项目（包括水利水电、交通建设、旅游开发、高尔夫球场等）以及饮用水水源保护区、自然保护区、生态功能保护区、近岸海域、农村（畜禽养殖、秸秆禁烧、网箱养鱼、有机食品生产基地）等领域的生态环境监察，制定和出台相应的工作制度和方法，探索生态环境监察工作机制。

2010 年 2 月，环境保护部下发了《关于开展第二批生态环境监察试点工作总结的通知》（环办函[2010]107 号），要求采取试点单位自评、省级环保部门验收、环境保护部审查相结合的方式，对第二批生态环境监察试点地区工作进行总结。各试点地区按照通知要求，对照环境保护部制定的《全国生态环境监察试点工作评估标准》，进行了自我总结和评估，向省级环保部门提交申请报告、技术报告和工作报告，并填写了《全国生态环境监察试点工作总结表》。各省级环保部门根据辖区试点单位上报的材料，组织开展试点审核验收工作，并对全省（区、市）的生态环境监察试点工作情况进行总结，向环境保护部提交验收合格单位名单、验收材料汇编、试点工作总结报告以及《全国生态环境监察试点工作总结表》。

根据环境保护部对各省（区、市）上报试点总结材料的审查情况，第二批生态环境监察试点单位均完成了试点任务，通过验收。试点期间，试点工作得到了地方政府的高度重视和大力支持，各地普遍将生态环境监察工作作为落实科学发展观、践行生态文明建设的重要措施，因地制宜，积极探索，勇于创新，在完善工作机制、健全规章制度、加强机构建设和强化生态环境执法等方面取得了明显进展，解决了一些突出的生态环境问题，促进了生态保护工作的落实。

为表彰先进，树立典型，环境保护部对北京市海淀区、河北省唐山市、石家庄市、山西省沁源县、黑龙江省嫩江县、浙江省临安市、安徽省黄山市、江西省崇义县、山东省龙口市、临朐县、湖北省荆门市、贵州省三都县 12 个生态环境监察试点工作突出的单位和河北、安徽、山东、贵州 4 个组织工作得力的省份给予了通报表扬。

第三节 生态环境监察试点

一、指导思想和工作目标

1. 指导思想

生态环境监察试点工作是以《全国生态环境保护纲要》、《国务院关于落实科学发展观加强环境保护的决定》（国发[2005]39 号）和第六次全国环保大会精神为指导，以加快实现历史性转变为契机，围绕重要生态功能区实施抢救性保护、重点资源开发区实施强制性保护、生态良好地区实施积极性保护的要求，以控制不合理的资源开发建设活动为重点，围绕自然保护区、重要生态功能保护区、农村环境保护等重点领域，按照“立足监督、各负其责、联合执法、注重效能”的原则，深入探索生态环境监察工作体制、机制和方法，强化环境保护部门统一监督管理的职责，大力查处生态破坏案件，建立生态环境监察工作机制，加强生态环境保护法制建设，开创生态环境监管新局面。

“立足监督、各负其责”。国务院明确指出，环保部门是全国环境保护工作中最具权威的执法监督部门，资源管理部门虽然也有一定的环境保护职责和任务，但也要受环保部门的指导、监督和协调。也就是说，环境监察机构在实施生态环境监察时，要从生态环境执法的角度进行现场监督检查，发现违法违规行为要及时指出，同时报告环境保护行政主管部门。属于其他部门管辖范围的，要及时通知有关部门，做好移交移送工作。

“联合执法、注重效能”。联合经济、监察、司法、工商、国土、农业、林业、建设、安监、旅游等部门开展执法工作，将重点案件有关问题及时移交移送有关部门。在查处生态环境违法案件时，凡发现属于《淘汰落后生产能力、工艺和产品目录》、违反国家产业政策的，要向经济主管部门移交移送；凡因为生态环境违反问题被依法关停的企业，有生产许可证的要向颁证部门移交移送；凡违反安全生产管理的，要向安全生产监管部门移交移送；涉及责任追究的，要向监察机关和司法机关移交移送。

2. 工作目标

生态环境监察试点总体工作目标是为了改变长期以来重污染防治轻生态保护的环保工作局面，实现由单一工业污染源监察向工业污染源监察与生态环境监察并重的转变，加强生态环境保护的工作力度，加大对破坏生态环境违法行为的执法力度，保障国家生态环境、资源保护法律法规的贯彻实施。

具体来讲，试点工作的目标在于建立各级环境监察机构的生态环境监察专业队伍和基本工作制度，出台一批地方生态保护与生态环境监察的法规，强化环境保护部门统一监督管理的职能，探索并建立统一监管的工作机制，形成生态环境监察执法体系的框架，有力查处生态环境违法案件，促进生态环境质量的好转。

二、工作内容和工作措施

1. 工作内容

在当前的“环保部门统一监管，相关部门分工负责”的生态环境管理体制中，环保部门对一切导致生态环境功能退化的开发活动及其他人为破坏活动均负有“统一监督管理”的职能。作为环境监察机构，自然应该依法对本辖区内一切单位与个人履行生态环境保护法律法规、政策的情况进行现场监督、检查，并对各种环境违法行为和生态破坏行为进行现场执法和处理。因此，生态环境监察试点的工作内容就是监督生态环境保护方面的法律法规、政策、规划、标准等的执行。

具体来讲，生态环境监察试点包括以下工作内容：

资源开发与非污染性建设项目生态环境监察目的在于加强对各类自然资源开发项目和开发活动及非污染性建设项目的监督管理。对资源开发项目如矿山开发、土地开发、林业开发、农业开发、草原开发、水资源开发、陆上石油勘探开发、生物物种资源开发利用等，以及非污染性建设项目如水利水电、交通建设、房地产开发、生态建设等进行监管，检查项目的生态环境影响评价和环境保护“三同时”制度的执行情况；对开发建设过程中，破坏森林、草原、基本农田、湖泊、湿地等生态环境，侵占和破坏自然保护区、重要生态功能区、饮用水水源保护区，乱捕乱挖滥采等违法行为进行监察。

自然保护区、风景名胜区、生态功能区等特定功能区的生态环境监察内容包括对特定功能区内产生污染、破坏动植物资源或影响自然景观的开发建设项目，对开展旅游的自然保护区、风景名胜区和森林公园内废水、废气、固体废物排放与处理，旅游设施建设对生态环境与自然景观的影响和破坏，旅游线路开发对自然生态系统和野生动植物栖息地的影响与破坏以及超越批准范围擅自扩大旅游景区等情况进行监察。

近岸海域生态环境监察内容包括对各类近岸涉海建设工程（港口、码头、海堤工程、海岸保护工程、废物处置工程、废水排海工程等）、资源开发项目（濒海开矿、采石、挖沙和滩涂农业开发、渔业开发、旅游开发、地产开发等）及其他工程项目（修船、拆船、油库等），进行环境影响评价和“三同时”制度、防污治污设施建设和运行、海岸和海洋生态破坏行为等监察。

由于生态环境监察工作异常繁杂、分散，涉及领域面太广，各地区域差别很大，生态类型各异，期望采取“一刀切”的方式把全部问题在短时间内全面解决是不现实的，也是不可取的。因此，在试点工作内容选择上要强调突出重点、注重实效。

2. 工作措施

生态环境监察试点的工作措施为：推动各级环境监察机构内生态环境监察专业队伍和基本工作制度的建立，促进地方生态保护与生态环境监察的法规建设，强化环境保护部门统一监督管理的职能，逐步建立生态环境监察执法机制，使生态环境违法案件得到有效查处，促进重点地区生态环境质量的好转。主要包括以下几个方面：

一是要加强协调，初步建立环保部门统一监管、多部门密切配合的生态环境监察联动执法机制。生态环境和资源管理涉及多个部门，必须利用现有法律、法规的要求，发挥环境保护部门统一监督管理的职能，协调开展工作。在环保部门内部，环境监察、自然生态、环评审批、污染防治等部门之间要建立良好的协同工作机制；要在当地政府的统一领导与协调下，加强与国土资源、安全生产、林业、农业、旅游、建设、工商等部门的合作。通过联合执法，发挥环境保护部门统一监督管理职能，形成统一监管的工作机制。

二是要建章立制，加快生态环境监察法制化、规范化的步伐。目前，生态环境监察缺乏相应的法律、法规、工作制度与规范程序。各地通过试点加快制定地方性法规，在生态环境监察法规上取得突破；同时，不断总结工作经验，修改、完善环境监察工作程序，建立生态环境监察工作制度。

三是要加大执法力度，建立和加强生态环境监察队伍建设。结合全国和各地当前存在的突出生态环境问题和生态破坏事件，严格执法，查处破坏生态环境的违法行为。重点查处违反项目管理规定乱批滥建、中小型资源开发中乱采滥挖、特殊功能区内乱搭滥建和乱砍滥伐、农村污染乱排滥放等污染环境、破坏生态的行为，解决一批破坏生态环境的问题，积累生态环境监察工作的经验，促进生态环境监察队伍的建设。

三、工作程序和工作制度

（一）工作程序

通过两批生态环境监察试点，初步形成了一套生态环境监察执法的工作程序。主要包括以下 8 个步骤：

1．制订计划

根据统一工作部署、各地生态环境现状、群众举报等制订生态环境现场监察计划。在制订计划时，了解状况、突出重点、找准定位是关键。首先要通过卫星航拍、地质钻探等各种科技手段对当地生态情况进行统计，了解当地生态状况。各地的生态环境状况复杂，生态环境监察力量有限，因此在制订监察计划时必须因地制宜，找准影响当地生态环境的最重要、最关键的因素开展工作。此外，在生态环境保护工作中，环境保护部门仍然是“统一监督管理”部门。具体到每一个生态要素的环境监管有着相关的行政主管部门具有的执法检查和处罚权。环境监察机构在实施环境监察时，要弄清自己的职责范围，要从环境执法的角度进行现场监督检查，发现其他部门负责的违法问题，应及时将案件移交，请相关主管行政机构依法处理。

2．前期准备

确定监察工作方案，包括监察的目的、对象、重点内容以及具体监察时间、路线等。做好人员、快速监测和取证设备、交通工具等配置安排。如需要其他部门配合的，应积极与相关部门做好沟通协调，做好联合执法各项准备工作。

3．现场调查

通过相关背景资料调查、现场实物取证、相关人员走访查询以及现场生态环保设施运行、管理情况检查等手段查清生态破坏与污染的主要事实。对于大范围区域性的生态破坏和污染状况调查，借助卫星遥感等技术开展调查和监测。调查内容主要包括：

（1）生态破坏的影响方式、范围、后果和经济损失等，如水土流失、荒漠化、盐渍化、森林草地退化、物种减少、矿渣堆存与占地、地面沉降、塌陷、水体富营养化、海水入侵、海洋赤潮等。

（2）造成人为生态破坏的主要行业、项目、行为，如非农占地、村镇占地、农牧渔业开发、矿产开发、挖沙采石、旅游开发及港口、码头、交通、水利、水电、房地产等工程项目建设，生物入侵、乱砍滥伐、乱捕滥猎等。

（3）生态环境污染状况调查：主要污染源、污染的范围、程度，危害后果，经济损失等。

4．调查取证

对调查取得的事实及主要证据、相关背景情况、生态破坏与污染发生地环境监管现状等进行综合分析，确定生态破坏与污染的主要原因和责任对象。

5．视情处理

对违法情况根据相关法律法规作出相应处理。责成违章、违法单位制定并落实生态保护与污染治理措施。对于涉及其他部门的生态破坏案件，要做好移送工作。

6．总结归档

编写生态环境监察工作报告，做好各类技术、管理文件、资料的整理、归档工作。生态监察文档主要包括以下内容：

（1）开展生态监察工作的审批文件、方案、总结、检查、验收等资料。

（2）生态破坏事故和纠纷调查处理中得到的各种证据、记录、数据、监测报告、处罚决定、调查报告等。

（3）资源开发与建设项目现场监察工作中环境影响评价制度与“三同时”制度履行情况、生态保护措施落实情况、生态破坏和恢复情况、竣工验收等文件材料。

（4）生态保护与生态破坏恢复治理资金使用和管理的计划、落实情况和台账等有关文件。

（5）日常监察工作中形成的现场监察信息、现场调查询问笔录、有关记录等文件资料。

（6）监察辖区内重要污染源名录，污染源所在的功能区、位置，排放污染物种类、名称、浓度、去向、危害和影响，历年排污情况等文件材料。

（7）征收排污费过程中形成的排污申报及收费的有关文件材料。

7．定期复查

监督被检查单位整改措施的落实，生态破坏治理与恢复的效果，切实保证违法行为得到纠正。按期总结生态监察情况并及时归档，做好管理工作。

8．政务公开

按照《政府信息公开条例》、《环境信息公开办法（试行）》以及《环境保护部信息公开指南》和《环境保护部信息公开目录（第一批）》等配套文件规定，按照全国环保系统政务公开工作相关要求，严格执行生态环境监察工作中的政务公开。

（二）工作制度

通过两批生态环境监察试点，已形成的比较成熟的工作机制有联席会议、联合执法和移交移送。

一是通过联席会议机制，加强政府的统一领导和各部门的配合。试点中绝大部分地区都成立了以政府主管领导为组长，环保、农业、林业、水利、国土、旅游、建设、公安、工商、安全生产等有关部门负责人为成员的生态环境监察试点工作领导小组，并因地制宜地制定了试点方案，将生态监察内容分解落实到职能部门。由政府负责牵头，环保部门具体落实，定期召开联席会议，共同商讨解决生态环境监察工作中存在的问题。

二是通过联合执法机制，加强各部门的监管合力。各地环保部门根据实际情况，联合计划（经济）、监察、司法、工商、国土、农业、林业、交通、建设、安全生产、旅游等部门，对自然保护区、林业、旅游、水电、交通等各方面建设项目和开发活动进行执法检查。通过联合执法，避免了工作上的推诿，加大了问题查处和解决的力度。

三是通过移交移送机制，实现相关部门的各负其责。资源管理部门虽然也有一定的环境保护职责和任务，但在环境保护工作上要受环保部门的指导、监督和协调。也就是说，环境监察机构在实施生态环境监察时，要从生态环境执法的角度进行现场监督检查，发现违法违规行为要及时指出，督促纠正，同时报告环境保护行政主管部门。属于其他部门管辖范围的，要及时通知有关部门，并做好移送工作。凡发现生产属于《淘汰落后生产能力、工艺和产品目录》规定的，要向经济主管部门移送；凡是因为环境违法问题被依法关停的企业，有生产许可证的要向颁证部门移送，有营业执照的要向工商部门移送；涉及责任追究的要向监察机关和司法机关移送。

很多试点地区在工作开展中积极探索，建立健全了生态环境监察领域的部分工作制度。下面以山东省龙口市制定的生态环境监察工作制度以及生态环境违法案件移交处理办法为例说明。

龙口市生态环境监察工作制度（龙监发[2008]6号）

一、指导思想

根据《关于深入开展生态环境监察试点工作的通知》、《关于批准第二批全国生态环境检查试点地区的通知》和《龙口市生态环境监察试点实施方案》的要求，切实做好重要生态功能区、重点资源开发区、生态良好区和农村生态环境的保护，按照“立足监督、联合执法、各负其责”的原则，进一步加大生态环境执法力度，努力遏制生态恶化趋势。

二、现场监察制度

1. 对重点污染源的现场环境监察每旬不少于一次；城市污水处理厂每日监察不少于一次；一般污染源的现场监察每季不少于一次。

2. 对自然保护区和森林公园等特殊生态保护区每月检查不少于一次；饮用水水源地每年进行一次全分析；每月进行一次现场检查和水质监测，汛期每次雨后要加大对饮用水水源地入水口、出水口及上游的现场检查和监测频次；重点海域每年检查和监测不少于三次；重点流域每月至少检查和监测一次。

3. 坚持深入实际，进行日常性执法检查，及时发现和查处各种生态环境违法行为，并积极受理人民群众的投诉举报。

4. 对各种破坏生态环境的违法行为，须按照程序依法立案查处。对不属于本部门查处范围内的破坏生态环境的违法行为，应及时上报。

三、工作要求

1. 实施现场监督检查人员必须持有执法证件，且必须2人以上，主动出示执法证件。

2. 要严格遵守法律、法规授权的执法范围和执法程序，不得越权执法。

3. 严格执行《龙口市生态环境违法案件移交处理办法》，相关部门各司其责。

4. 现场监督检查要做好现场监察记录、现场调查、取证记录。

5. 现场监督检查的有关文件、资料应及时汇总归档。

四、生态执法文书的使用管理

1. 填写生态环境执法文书，应按规定要求填写，内容规范、准确。

2. 送达生态环境执法文书须按管理权限经分管领导核准签发。

3. 送达生态环境执法文书须填制送达回执。

4. 生态环境执法案卷整理完毕后，按一事一卷的原则立案归档。

龙口市生态环境违法案件移交处理办法（龙政办发[2008]39号）

为保护和改善生态环境，及时查办生态环境违法案件，根据《中华人民共和国环境保护法》第七条“县级以上人民政府环境保护行政主管部门，对本辖区内的环境保护工作实施统一监督管理，各有关行政主管部门依照有关法律的规定，对环境污染防治和对资源的保护实施监督管理”的规定，以及《龙口市生态环境监察试点实施方案》（龙政发[2007]67号）要求，特制定本办法。

第一条　环境保护主管部门应充分发挥实施统一监督管理的职能，对生态环境保护工作组织环境监察，发现应由其他职能部门依法调查处理的生态环境违法案件，可以按照本办法的规定移交给相应部门，并对处理情况实施全程跟踪监督。

第二条　移交案件不得出现推诿扯皮现象和多头移交。环境保护主管部门在案件移交时，要填制规范的案件移交说明书，说明移交的依据和理由。

第三条　受理部门对环境保护主管部门移送的案件，符合立案条件的应及时调查处理；不符合立案条件的，应出具不立案通知书，写明不予立案的原因和法律依据，自收到移交案件起七日内送回环境保护主管部门。

第四条　环境保护主管部门对受理部门不立案决定有异议的，应在收到不立案通知书七日内向受理部门提出意见，逾期未提出意见的，视为同意。

第五条　有关部门依法处理的生态环境违法案件，处理完毕后十日内应向环境保护行管部门报送相关材料，环境保护主管部门对处理结果有异议的，应当及时与处理单位磋商，必要时提交市政府法制办公室复核，确保违法案件得到正确处理。

第六条　《生态环境违法案件移交处理书》移交有关部门的同时，环境保护主管部门要有详细的移交登记，以便实施监督，必要时列入市政府督办事项。

第七条　有关部门在行政执法检查中，如发现不属于本部门查处的生态环境案件，应及时向环境保护主管部门举报。鼓励个人和社会其他组织勇于举报破坏生态环境的事件和行为。

第八条　环境保护主管部门定期对有关部门落实《生态环境违法案件移交处理办法》的执法情况进行督导检查，并将该项工作列为环境保护年终考核。

第九条　本办法由市环境保护局负责解释。

第十条　本办法自公布之日起施行。

附件

生态环境违法案件移交处理书

环监交字[200]第____号

___________：

根据《中华人民共和国环境保护法》第七条的规定，我局现将____________生态环境违法案件移交你处，请依法调查处理，处理完毕后十日内将结果报市环保局。

（公 章）
年 月 日

<table>
<tr><td>案件名称</td><td></td><td>当 事 人</td><td></td></tr>
<tr><td>法人代表</td><td></td><td>职　　务</td><td></td></tr>
<tr><td>地　　址</td><td></td><td>电　　话</td><td></td></tr>
<tr><td>移交单位</td><td></td><td>移交时间</td><td>年　月　日</td></tr>
<tr><td colspan="4">调查经过：</td></tr>
<tr><td colspan="4">查明的事实和依据：
调查人：
年　月　日</td></tr>
<tr><td colspan="4">调查单位意见：
（公 章）
年　月　日</td></tr>
<tr><td colspan="4">环保部门意见：
（公 章）
年　月　日</td></tr>
<tr><td colspan="4">受理单位意见及处理结果：
（公 章）
年　月　日</td></tr>
<tr><td colspan="4">结论及情况说明：
（公 章）
年　月　日</td></tr>
</table>

四、试点工作总体成效

试点工作开展以来，大部分地区将生态环境监察工作作为落实科学发展观、践行生态文明建设的重要措施，因地制宜、积极探索、勇于创新，取得了明显成效。

1. 试点工作得到了地方政府的高度重视和大力支持，生态环境监管能力提高

95%的试点地区中成立了以政府主管领导为组长，环保、农业、林业、水利、国土、旅游、建设、公安、工商、安全生产等有关部门负责人为成员的生态环境监察试点工作领导小组，并因地制宜制定了试点方案。

第一批试点中，山东省政府将其作为建设生态省、生态市的重要措施之一；深圳市政府将其作为建设"和谐深圳、效益深圳"有效措施之一；河北省张家口市政府将其作为落实"生态兴市"的重大举措内容；辽宁省沈阳市政府明确提出"把生态环境监察与创建环保模范城市相结合、与历史文化名城保护相结合、与城市生态系统构建相结合"。33 个试点地区将生态环境监察工作纳入政府环保目标考核体系。山东省八个试点地区将试点工作任务分解落实到各职能部门，层层签订环保目标责任书，并作为考核各级领导干部政绩的重要内容；黑龙江讷河市将生态环境监察作为一项硬指标纳入全市环境保护目标责任制中，定期对市直和各乡镇目标责任落实情况进行考核并通报考核结果；农垦建三江分局在与 15 个农场签订的环保目标责任制中，突出了生态环境监察的考核指标。

第二批试点中，有 20 个试点地区成立了生态科、生态环境监察中队等专职的生态环境监察执法队伍。北京市海淀区在 2009 年《政府工作报告》中特别将海淀区创建全国生态环境监察试点区作为一项"亮点"工作提出。山西省沁源县政府要求林业、国土、水利等有条件的部门依据卫星航拍、地质钻探等科技手段对全县的生态本底进行统计，在此基础上出台试点工作方案，同时要求各职能部门定期对全县生态进行监测，确保全县生态状况持续稳定优化。10 个试点地区将生态环境监察工作纳入政府环保目标考核体系。江西省崇义县制定了《生态环境监察暨环境保护责任目标考核实施细则》等 15 个规范性文件和配套考核制度，县政府对生态监察工作单独考核。

部分试点地区几乎没有工业企业，以往基层环保部门重视不够，机构不健全，环保执法人员任务轻、业务素质不强。通过开展试点，地方政府充分认识到生态环境监察执法工作责任之大、任务之重，并将生态执法工作逐步拓宽。很多试点地区以试点为契机，加强机构、队伍建设，添置装备，强化培训，并积极与政府编制、财政部门沟通。第一批试点地区增加了编制 64 名，增拨了经费 600 万元。重庆等 17 个试点地区成立了生态环境监察科（室），江苏等 11 个试点地区成立了生态环境监察中（大）队，其中河北省遵化市由编委直接批准了 25 个全额事业编制，成立了生态环境监察大队，在五个乡镇设立了生态环保所；甘肃省张掖市环境监察支队由科级升格为副县级，编制由 14 人增加到 23 人。河北省张家口市各级财政部门已将生态环境监察经费纳入年度财政计划，江西省南昌市政府拨专项资金用于生态环境监察，购置生态环境监察仪器。第二批试点中河北省财政厅安排省级生态环境监察工作经费 260 万元，市县两级 2009 年增加生态环境监察财政投入约 1 000 万元。

2．建立健全了生态环境监察执法的工作机制，强化了环保部门统一监管的职能

各试点地区通过建立联合执法、联席会议制度和案件移送制度等多种工作机制，形成了以环保部门为主体、各职能部门密切配合的生态环境执法机制，使“环保部门统一监管，有关部门分工负责”得以具体化和规范化。

第一批试点中，山东省垦利县政府于2003年率先出台了《生态环境违法案件移交处理办法》，规定环保部门组织环境监察，发现应由其他职能部门查处的生态环境违法案件时，可以移交处理，并对处理情况实施全程跟踪监督。江苏姜堰市依据政府制定的《生态破坏案件移送工作制度》，试点期间各部门相互移送生态破坏案件11起。海口市环保、海洋、林业等部门按照《海口市西海岸岸线保护区管理规定》，不定时对岸边沙地、防护林、排放口等进行巡查，及时制止乱采乱砍滥排行为，通过共同努力保护了西海岸生态环境。湖北神农架林区成立生态环境执法行动组，分别由环保、林业、公安、国土、水利五个职能部门牵头，重点对保护区、林业、旅游、水电、交通等进行执法检查。新疆伊犁州针对交通建设项目环境管理薄弱问题，借开展生态环境监察试点之机，与州交通部门加强沟通，对新建的21个交通项目施工期间的采土、采石、扬尘、植被恢复等进行生态环境监察。

此外，第一批试点地区还从解决生态环境监察内部管理机制入手，采取各种有效措施完善生态环境监察体系，夯实管理基础。河北省张家口市建立了集行政、监察、监测、科研为一体的联合管理体系，形成了生态环境监察大队、法制办和行政处罚委员会三位一体的执法体系，以及有关专家组成的生态环境监察科研体系和宣传体系，明确规定凡涉及生态破坏的建设项目，生态环境监察机构在建设项目实施前要提前介入，主动帮助科研单位和企业进行现场生态调查和环境影响评价工作。云南、山东、河南、辽宁、内蒙古、湖北等试点地区建立了建设项目全过程环境监管制度和工作程序，要求在建设项目立项、审批、施工、验收等各个环节都要有环境监察人员参与，将生态环境监察关口前移，实行事前监察与事后监察相结合，预防与保护相结合。

第二批试点中，试点地区的生态环境监察工作从单纯依靠环保部门转向依靠所有涉及生态环境的部门、依靠全社会的力量共同参与，构建并扩充了生态环境监察执法的立体网络体系：

一是横向延伸，多个部门共同参与。大部分试点地区的工作领导小组都将与生态环境相关的职能部门全部纳入进来，并且在试点方案明确各部门的工作职责。2009年6月1日起施行的《贵州省环境保护条例》规定：“有关行政主管部门不履行环境管理职责或履行不力的，由环保部门向其提出书面建议；仍不履行或履行不力的，报本级人民政府处理”，从较高的法律层次上明确了环保部门“统一监管”的地位。山东临朐县、贵州黎平县等试点地区政府直接成立生态环境监察大队，其工作人员分别从环保、农业、水利、建设、国土、林业等各部门以及各乡抽调，通过机构设置来保障联合执法工作机制；安徽黄山市环保、防火、检疫、公安、综治、稽查、交通、工商等管理人员坚持“出门一把抓、回来再分家”的监管原则，形成了严密的生态环境监察网络和监管体系。

二是纵向延伸，将下级政府纳入执法责任主体。山东省龙口市对于案件移交处理中遇到的地域性或法律责任不明确的生态环境问题，引入“属地管理”原则，移交给相关乡镇政府处理。乡镇政府成为了解决问题的牵头部门，其具有熟悉当地情况和易于协调的优势，通过组织部门联合执法或者建设生态恢复工程等方式使问题得到有效解决。

三是向基层延伸，推进环保监管阵地。河南省济源市建成5个环境监察下延网点，环境监察人员派驻基层，及时处置发现的问题，实现环境监察全覆盖；山东省龙口市向乡镇派驻5个基层环境监察所，前移生态环境监察工作关口。

四是向全社会延伸，打生态环境监察的“人民战争”。针对生态环境监察执法领域多、区域广、执法力量尤其是农村基层执法力量严重不足的问题，各试点地区创新制度，利用“专职监察”与“志愿监察”相结合的方式克服难题。浙江安吉县、山西沁源县、黑龙江嫩江县、福建长汀县、湖北荆门市等10余个试点地区纷纷聘请农村生态环境监察信息员、乡镇生态环保协管员、环保义务监督员、联络员等，并赋予其宣传普及、实施监督、信息反馈等职责，使之成为环保部门和乡镇、村联系的纽带，同时通过落实补助资金、建立档案、组织培训、奖励举报等措施，保障和鼓励“志愿监察”发挥作用。

3. 制定了生态环境监察多个领域的工作制度，有效拓展了环境执法工作领域

生态环境监察试点工作拓宽了环境执法领域，丰富了环境监察的内涵，使环境执法对象从单一的工业污染源扩展到资源开发（矿山等）、生态良好区保护（自然保护区等）、农村生态环境（畜禽养殖等）、非污染性建设项目（水电站等）的环境监察，实现了环境监察由单一工业污染点源向区域、流域全方位环境监察转变，以及由工业末端污染转到资源开发全过程的环境监察。

第一批试点地区将生态环境监察作为生态省（市、县）、生态示范区建设及其巩固的重要保障措施，如深圳市在《深圳市生态市建设规划》及《深圳市基本生态控制线管理规定》中规定了生态环境监察工作的职责；宁夏银川市加强对畜禽养殖业的排污申报和排污收费工作，限制农药化肥的使用，严防农村面源污染；河北张家口市对236家矿山企业制定了生态环境恢复方案，并严格监督恢复方案的落实；内蒙古阿拉善盟采取与施工单位签订《防止工程建设污染环境责任书》、收取工程造价的1%作为生态恢复押金等措施对黑河工程和铁路建设实施了强有力的监管；辽宁沈阳市对农业生产全过程进行环境监察，规定农产品保护区0.5 km范围内禁止新建开发项目，仅2005年就已否决几十个可能威胁农产品安全生产的建设项目。同时，各试点地区出台了一系列规范性文件，制定了相关规章制度，建立了环保部门内部协调一致的工作机制，使生态环境执法人员在执法时有章可循，提高了整体执法水平。如从生态环境监管的角度，江苏扬州、云南易门等8个试点地区相继出台了《关于加强生态环境保护意见》、《生态环境保护监督管理实施办法》等规范性文件。从行业监管的角度，河南漯河、山东寿光等20个试点地区相继出台了畜禽养殖污染防治管理规定或农药化肥使用管理办法；贵州赤水、福建厦门等14个试点地区制定了对自然保护区、风景名胜区、旅游景区的管理规定；湖北宜昌、山东章丘等16个试点地区制定了饮用水水源地或湿地的保护管理办法。从工作制度方面，山西永济、甘肃民勤等58个试点地区制定了生态环境违法案件移交处理办法、生态环境监察办法、生态环境工作制度及工作程序等；四川雅安、辽宁营口等30个试点地区制定了建设项目全过程环境监察制度。

第二批试点在第一批试点的基础上，继续制定并完善了生态环境监察各个具体领域的规范性文件，使生态环境执法人员在执法时有章可循，提高了整体执法水平。从指导规范行业监管的角度，山西沁源、河南光山等近10个试点地区制定了矿山的保护管理办法；新疆乌鲁木齐、山东临朐等5个试点地区制定了饮用水水源地或湿地的保护管理办法；福建云霄、新疆布尔津县等5个试点地区制定了对自然保护区、风景名胜区、旅游景区的管理规定；贵州榕江县、黎平县出台了高速公路、高速铁路环境保护管理暂行办法和施工区水土保持管理办法，并下发了《“两高”建设工程环境保护季报表》。从创新工作措施的角度，部分试点地区从仅关注生态破坏问题的查处开始转向“预防—查处—修复”的全过程生态监察模式。山西沁源县对所有资源开发、土地出让、林地牧坡用途变更以及建设项目一律增加生态前置审批环节，将生态环境监察关口极大前移；江西东乡县在生态案件查处上引入了限期恢复、限期治理及后督察制度；河北省实施了矿山开采生态补偿机制，出台了《河北省矿山生态环境恢复治理保证金管理暂行办法》，要求企业在开发前制定《矿山生态地质环境保护与综合治理方案》，签订《矿山生态环境治理责任书》，并按标准缴纳保证金，对破坏的矿山环境进行恢复治理，2009年全省共收缴保证金约2亿元。这些举措将生态环境监察与前期预防、后期修复有机结合起来，保障试点工作切实取得成效。

4．解决了一批突出的生态环境问题

试点期间，各地查处了大批生态环境违法行为和违法企业，部分地区生态环境质量得以好转。

一是自然保护区、风景名胜区等得到有效保护。第一批点中，海口市针对红树林自然保护区破坏问题严重，由市政府组织相关部门对红树林环境进行全面综合治理，通过采取拆除渔网、禁止一切机动船在其内行驶等措施，使红树林恢复了往日自然良好的状态，湿地恢复工作取得成效。宁夏银川市自实施湿地保护工程以来，将部分农田和鱼塘还湖，至2005年6月，已新增湿地面积万亩以上。辽宁沈阳市对卧龙湖湿地实施强制性保护，使已干涸的卧龙湖生态面貌发生了显著变化，目前其畜水量已达7000万m^3，湖中已有水生植物及野生鱼类。第二批试点中，山东莱芜市对雪野旅游区采取以奖代补的办法对收缴的网箱进行补助，对水库所有养殖业户进行转型，最大限度保护群众利益，一次性清理了水库所有网箱，拆除了沿湖7万m^2违章建筑。

二是饮用水水源地环境得到改善。第一批试点中，黑龙江牡丹江市通过对镜泊湖开展生态环境监察，取缔了湖区60亩网箱养鱼和含磷洗涤用品的使用，76家经营单位生活污水实行集中处理，船舶含油污水全部实现零排放，湖区蓝藻疯长现象得到遏制，水质已由三年前的Ⅳ类水体变成Ⅲ类水体。山东章丘市通过关停取缔了白云湖内的网箱养殖，拆除了数十家餐饮企业，并对湖区进行了环境综合整治，已使湖体水质恢复到国家规定的水体标准。第二批试点地区浙江临安市取缔了饮用水保护区内的洗砂企业和污染企业，周边的“农家乐”污染问题也得到了有效控制。

三是农村面源污染有所控制。第一批试点地区云南易门县通过生态环境监察，进一步了解掌握全县农村面源污染的现状，划定了农药、化肥重点控制区，养殖实施了畜厩、厕所和沼气“三配套”设施，使养殖污染物的综合利用率（处理率）达97%以上。北京顺义区通过采取关闭23家畜禽养殖严重污染企业、对30家开展深度治理、对其余养殖场进行规范化整治等措施，养殖业污染得到有效控制，受养殖业污染最严重的金鸡河水质逐年好转，氨氮、COD指标分别下降60%和73%。第二批试点地区普遍开展了规模化畜禽养殖场的执法检查。黑龙江嫩江县针对农业大县农药施用量大、农药瓶污染严重的实际情况，由县政府制定并下发了《嫩江县废旧农药瓶回收处理实施方案》，环保局在全局抽调14名干部包乡，负责监督、指导乡镇的助理员、协管员开展废旧农药瓶有偿回收处理工作。浙江临安市、安吉县，海南琼中县等地区因地制宜，通过引进人工湿地工程项目等多种不同的农村污水处理技术，对农村生活污水进行处理。

四是矿区污染治理初见成效。第一批试点中，湖北宜昌市殷家坪石墨矿每年排放大量的污水中悬浮物高达 12 314 mg/L，经过环保局督促其对尾矿坝进行改造，使其污水排放SS、COD 指标达到排放标准，石墨矿的“黑河”污染得到彻底治理。云南文山州通过对马关都龙矿区和麻栗坡南温河矿区内 31 个选矿厂限期停产治理，确保选矿企业污染物达标排放，使排出选矿废水及尾砂大幅度削减，区域河流水质由原来超地面水标准Ⅴ类提高到Ⅲ类水质标准。第二批试点中，甘肃天水市麦积区实施矿产资源的优化整合，整合后减少了 17 家企业，占总数的 30.4%。山东龙口市以建立完善矿区长效监管机制为目标，成立了综合整治办公室，由镇长任主任，同时建立三级巡查制度和守法保证金制度。山东临沂市平邑县归来庄金矿积极探索废水、废渣治理新工艺，成功解决了矿山建设尾矿库、污水外排及对环境的影响，在 100 多家矿山推广应用。

五是非污染性建设项目得以监管。第一批试点中，新疆环境监察总队对西气东输、塔河治理工程现场监察 42 人（次），累计行程 8 万多 km，沿途各地州现场监察累计 200 人（次），累计行程 20 万 km，有效查处了非污染性建设项目生态破坏问题。第二批试点中，内蒙古以草原生态为重点，对非工业建设项目进行生态环境监察，定期对伊敏煤电公司、红花尔基水利枢纽工程、东旗公路、两伊铁路等建设项目进行执法监查。

五、生态环境监察试点中的困难和对策

客观上，目前我国没有针对生态环境保护的综合性法律法规，虽然一些资源法中有生态保护的内容，但其执法主体不在环保部门，环境标准也主要是针对城市和工矿企业，法律、法规、标准的空白和滞后给生态环境监察工作带来了很大难度。除此之外，通过两批生态环境监察试点，也发现了一些工作开展的问题、困难和障碍，主要有以下几个方面。

1. 开展生态环境监察的工作思路不明确，工作方式不清晰

生态环境监察工作要求突破环境执法工作传统思路的局限，从仅仅关注工业点源污染状况放大到关注一个区域生态环境的整体状况。伴随着执法视野的放大，必然导致工作方式的转变。区域生态环境问题的解决不同于单个污染源的治理，往往更多地涉及整体产业转型以及社会、民生问题，这也决定了仍然简单用强制关停的思维来开展生态环境监察工作是行不通的，必须将其充分融入到当地社会经济的整体发展中去才可能取得实效。在试点过程中我们发现，部分地区未能正确理解试点工作的意义，不明确生态环境监察的内涵和重点，将整个环境保护的工作内容都列为试点总结的范畴；部分地区未正常掌握试点工作的思路，仍然将工作方式定位于单个污染源的治理上，未能取得明显成效。开展生态环境监察工作必须要有区域的、整体的思路和方式，但环境监察机构甚至整个环保部门仍然习惯性地使用管理工业污染源、管理建设项目的简单方式来开展生态保护，存在很大局限性。

2. 生态环境监察工作机制有待进一步规范化、长效化

尽管两批试点单位都对生态环境监察工作机制做了很多有益的探索，但从客观来讲，目前离真正建立“分工明确、管理高效”的环保内部运行机制以及“以环保部门为主体、

各部门齐抓共管”的外部协调机制的目标还有很大差距。从环保内部机制看，生态环境监察与创建生态省（市、县）等相关工作未能有机融合；从外部协调机制看，生态环境保护工作多头管理、各自为政、职责交叉、主次不清等现象普遍存在，目前的“联合执法”手段是临时的、运动式的，试点结束后难以在正常化、长期化和规范化的工作中延续下去。

3. 生态环境监察执法能力、手段远不能适应工作需求

生态环境保护执法与工业污染源执法相比表现为面积大、线路长、跨区域、地处偏远地带等特点，无形中增加了执法成本，加大了执法难度。经济相对发达的试点地区因本身已承担了繁重的污染源环境执法任务，对生态环境监察工作经常感到“心有余而力不足”；经济相对欠发达的试点地区，生态环境较为脆弱，生态环境监察任务更加紧迫和繁重，但因其办公条件简陋、交通工具不足、执法经费及人员紧缺等问题严重影响了生态环境监察工作的开展。此外，生态环境监察是一项全新的内容，没有系统的理论指导，更未形成一整套完整的、规范的、可操作性强的监察工作模式，监察人员的水平和执法素质将极大地影响生态环境监察工作职责的履行，也将制约生态监察工作的整体推进。

要做好生态环境监察工作，首先要把握好这项工作的规律。自然生态系统有其自身的演化规律，生态环境监察工作也有其自身特点，探索生态环境监察工作的过程，就是尊重自然规律、掌握工作规律的过程。我们知道，要做好一件事情，最重要的是认识和把握其内在的特点、本质和规律，如果认识不到、把握不住或把握不准，必然会事倍功半，甚至是南辕北辙。生态环境监察工作的特点和规律是与传统环境监察工作有差别的，我们要很好地研究它的特点和规律。就特点而言，以下三点较为明显：

一是繁杂。生态环境监察工作涉及面广，传统环境监察里出现的环境问题，生态和农村环境监察基本上都存在，如饮水安全、污水、垃圾、建设项目等问题；传统环境监察没有的问题，生态和农村环境监察也有，如农药、化肥、养殖、秸秆焚烧等污染问题以及各种形式的生态破坏。所以，生态环境监察工作相当繁杂。

二是分散。我国地域广阔，社会和经济发展水平差异大，生态类型各异，环境问题多样，应对方式难以整齐划一。不像传统环境监察中工业点源污染的监管，处理、处置方式较为规范统一。

三是薄弱。包括生态环境监察的机构队伍薄弱、基础能力薄弱、法规制度薄弱、管理手段薄弱、技术支持薄弱，这些问题相对于传统环境监察工作来讲，都非常突出。

针对以上特点，我们在开展生态环境监察工作时，应当把握好以下几点：

一是有所为，有所不为。不能设想众多生态环境问题在一夜之间全部解决，一蹴而就，因为这是不可能的。由于力量有限，作为第一步，我们只能针对和抓住一些突出的生态环境违法问题，下决心加以解决。比如，自然保护区等特殊功能区的环境监管、农村畜禽养殖污染和饮用水水源污染等。要突出重点，以点带面，分步推进，讲求实效。根据各地的工作特点和生态环境的实际情况，创造性地探索生态环境监察的工作机制与途径，总结经验。根据现有法律、法规和政策，以及环境监察的工作基础，结合实际，选择突破口，打好基础，逐步拓展工作空间。针对生态环境热点问题、难点问题和生态环境管理中薄弱环节，切实查处环境违法和生态破坏案件，促进重点地区生态环境的好转。

二是因地制宜、分类指导。我国东西、南北地域差别很大，生态类型完全不同，各项工作不能搞一刀切，一定要分类指导、因地制宜。为配合生态环境监察各个专项执法检查的开展，环境保护部正在加紧制定各个专项工作的制度及规范，加强对生态环境监察工作的分类指导力度。在资源开发领域，已于 2007 年出台《矿山生态环境监察工作规范（试行）》，目前正着手进行修改；在非污染性建设项目领域，正在制定《水利水电建设项目生态环境监察指南》；在特殊功能区领域，已出台《自然保护区生态环境监察指南》；在农村农业领域，已出台《畜禽养殖场（小区）环境监察工作指南（试行）》。

三是多采用激励手段。在现阶段生态环境监察法律手段、行政手段、技术手段比较缺乏、比较乏力的情况下，一方面要建议尽快制定《生态保护法》、《自然保护区法》、《农村环境保护条例》等一系列生态保护法律、法规，就生态保护执法主体、执法内容、处罚条款作出相应规定，尽快制定生态环境标准体系，为生态环境监察工作提供法律依据和技术支持。另一方面在当前工作中应该多采用一些激励手段，比如授予荣誉称号，给资金奖励，出台优惠政策等。在前两批生态环境监察试点工作的基础上，要坚持典型引路的原则，开展争创“生态环境监察示范点”活动，树立一批组织机构健全、执法行为规范、查处生态破坏案件及时、保护生态环境有力的先进典型。同时加大财政支持力度，将生态环境监察示范点作为环境执法能力建设的重点予以支持，从人员编制、经费保障、执法装备、业务培训等方面给予明确的规定或要求，尽快解决各地存在的执法困难，进一步激发各地开展生态环境监察工作的积极性。

四是善于借力。生态环境监察工作仅靠环境监察这条线不行，甚至仅依靠环保部门也不够，我们要把握机会，善于借力。要善于借用生态文明建设、新农村建设的政策。对地方党委、政府感兴趣的、兴奋点所在的相关政策和领域，要有高度敏感性，要积极主动地靠上去、挤进去，借助良好的外部环境和推动力，努力形成内外两种合力：对内不能仅仅依靠环境执法人员，还要依靠污防、环评、生态、监测等部门。对外也是如此，仅靠环保部门是不够的，还要依靠农业、林业、水利等部门，把各部门的力量都整合起来，共同参与，共同做好工作。总而言之，要善于借力，就是要借助其他政策、其他部门的力量，找准工作重点和突破口，有的放矢地开展生态环境监察工作。

第三章　特定功能区生态环境监察

第一节　自然保护区环境监察

一、自然保护区

自然保护区是人类文明的产物。一个国家拥有自然保护区的数量和面积已成为衡量这个国家文明和进步的重要标志。世界第一个自然保护区是美国 1872 年建立的以保护旅游风景区为目的的自然保护区“黄石公园”，至今已有 140 年的历史。随着人类环境保护意识的提高和全球生物多样性保护活动的兴起，自然保护区建设得到世界各国的普遍重视，全球已建立各种类型的自然保护区 10 万多处，总面积占全球陆地面积的 12%左右。

我国 1956 年在广东省肇庆市建立了以保护南亚热带季雨林为主的第一个自然保护区（鼎湖山自然保护区），经历了数量从无到有、规模从小到大、结构从单一到综合的过程。50 多年来，特别是改革开放 30 多年来，党中央、国务院和地方各级人民政府及有关部门十分重视自然环境和自然资源的保护与持续利用，建立了一大批各种类型的自然保护区。初步形成了类型比较齐全、布局比较合理、功能比较健全的网络。初步形成了有关自然保护区的政策、法规和标准体系，形成了比较完善的自然保护区管理体系，初步建立了科研监测支撑体系。80%的陆地自然生态系统类型、40%的天然湿地、20%的天然林、85%的野生动植物种群、65%的高等植物群落，特别是绝大多数国家重点保护的珍稀濒危动植物，在自然保护区里得到了较好保护。一些具有国际重要意义的自然保护区相继被有关国际组织列入全球或区域性保护区网络和国际重要生态系统名录。

截至 2010 年年底，我国已建立森林、草原、湿地等各种类型和不同级别的自然保护区 2 588 个（不包括港澳台地区），其中国家级自然保护区 319 个、省级自然保护区 860 个、地市级自然保护区 418 个、县级自然保护区 991 个，面积 14 944 万 hm^2，陆地保护区的面积占陆地国土面积的 14.9%。当前，我国自然保护区建设事业正处于由数量型向质量型转变的时期，经济和社会的可持续发展也对自然保护区建设提出了更高的要求。

（一）基本概念

自然保护区是指对有代表性的自然生态系统、珍稀濒危野生动植物物种的天然集中分布区、有特殊意义的自然遗迹等保护对象所在的陆地、陆地水体或者海域，依法划出一定面积予以特殊保护和管理的区域。自然保护区是国家为保护自然资源和自然环境，拯救濒临灭绝的生物物种和进行科学研究，长期保护和恢复自然综合体及自然资源整体而划定的特定区域，并在该区域内设置管理机构，采取保护措施，使其成为保护环境及自然资源特别是生物资源，开展科学研究及环境保护意识教育的重要基地。建立自然保护区是保护自然资源和生态环境最重要、最有效的措施，是维护生态安全，促进生态文明，实现经济全面、协调、可持续发展和人与自然和谐共存的重要保障。

自然保护区由核心区、缓冲区和实验区构成。不同区域具有不同的功能。

（1）核心区。为避免人为干预，把自然保护区内保存完好的天然状态的生态系统以及珍稀、濒危动植物的集中分布地划为核心区。核心区是自然保护区的精华所在，是被保护环境或物种的核心，需要加以绝对保护，禁止任何单位和个人进入。因科学研究的需要，必须进入核心区从事科学研究观测、调查活动的，应按规定权限和程序申请报批之后方可进行。核心区具有自然资源保存完好、自然景观优美，生态系统内部结构稳定、演替过程自然进行，特殊和稀有的物种相对集中等特点，其面积一般不少于保护区面积的1/3。

（2）缓冲区。为保护、防止和减缓外界对核心区造成影响和干扰，在核心区外围划定一定面积的区域称为自然保护区缓冲区。该区域只准进入从事科学研究观测活动。

（3）实验区和外围保护地带。自然保护区缓冲区外围，可以进入从事科学实验的地区划为自然保护区实验区。区内在保护好特种资源和自然景观的前提下，可有计划地发展本地所特有的动植物资源，对珍稀、濒危野生动植物进行繁殖栽培和驯化试验，以及教学实习、参观考察等活动。具有旅游资源和景点的自然保护区，在经过调查、论证和审批之后，可在实验区划出一定的范围作为自然保护区的生态旅游区。必要时，可以在自然保护区的外围划定一定面积的外围保护地带，除了开展与缓冲区相类似的工作外，还包括有一定范围的生产活动，还可有少量居民点和旅游设施。

（4）外来入侵物种。外来入侵物种则是指通过有意或无意的人类活动而被引入到自然或人工生态系统中并建立自然种群，给当地的生态系统或景观造成了明显的生态和经济损害或影响的非本源地的物种。

（5）生态旅游。生态旅游是指在自然区域内开展的一种对环境负责任的旅游，其目的在于享受并了解自然以及相应的过去和现在的文化特色，其旅游者带来的负面影响小，给当地人提供收益以及社会、经济参与机会。

（6）生态修复。指通过人工方法按照自然规律恢复天然的生态系统，采用某种技术手段对退化或被破坏的自然生态环境系统进行恢复的过程。

（7）管护基础设施。指用于自然保护区保护、管理、科研、监测、宣传教育的基础设施，包括标桩、标牌、道路、保护区管理局（处）建筑物（含办公用房、生活辅助用房、实验室、资料室、标本室）、保护管理站、哨卡、瞭望台和其他设施。

（二）自然保护区的保护对象

自然保护区保护的对象很多，按国际上通用的分类方法归纳起来有四类：一是典型的、有代表性的自然生态系统；二是珍稀、濒危及重要动植物资源；三是重要的水源涵养地；四是著名的自然景观和人类自然与历史文化遗产。

（三）自然保护区的类型

自然保护区因建立的目的、要求和本身所具备的条件不同分为不同类型。按《自然保护区类型与级别划分原则》（GB/T 14529—93），根据保护的主要对象，自然保护区可以分为自然生态系统类保护区、野生生物类保护区和自然遗迹类保护区等三大类别。生态系统类包括森林生态系统、草原与草甸生态系统、荒漠生态系统、内陆湿地和水域生态系统、海洋和海岸生态系统等 5 种类型；生物物种保护区包括野生动物和野生植物 2 种类型；自然遗迹保护区包括地质遗迹和古生物遗迹 2 种类型。在三大类别自然保护区中，自然生态系统类保护区占主导地位，其数量占自然保护区总数的 68.6%，野生生物类次之，占 26.68%，自然遗迹类所占比例最少，仅占 4.72%。自然保护区种类如图 3-1 所示。

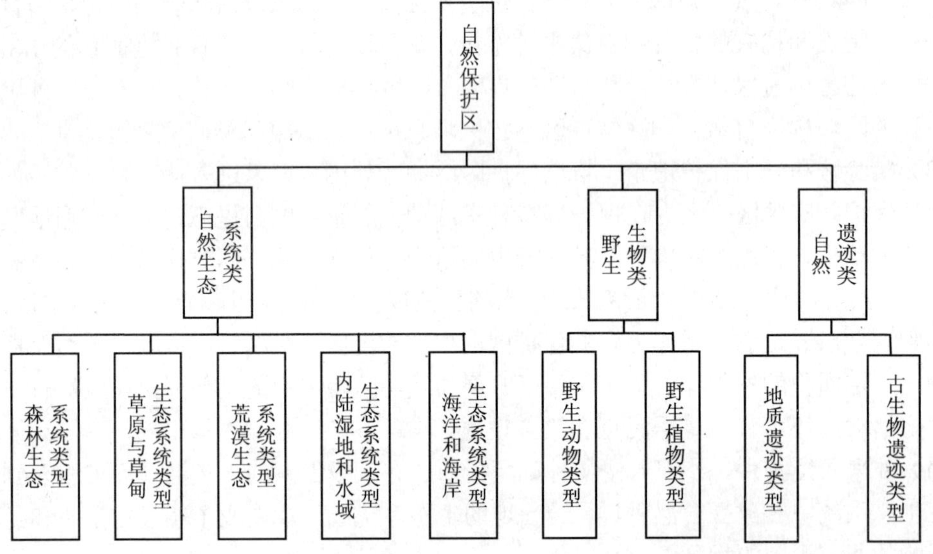

图 3-1 自然保护区的种类

各级保护区虽然类型和级别不同，但其总体要求都以保护为主，在不影响保护的前提下，把科学研究、教育、旅游和生产等活动有机结合，充分体现其生态、社会和经济效益。目前我国的保护区建设主要有以下几种：

❖ 以保护完整的综合自然生态系统为目的的自然保护区，如云南西双版纳自然保护区。

❖ 以保护某些珍贵动物资源为主的自然保护区，如四川卧龙自然保护区。

❖ 以保护珍稀孑遗植物及特有植被类型为目的的自然保护区，如广西花坪自然保护区。

❖ 以保护自然风景为主的自然保护区和国家公园，如安徽黄山和四川九寨沟国家公园。

❖ 以保护特有的地质剖面及特殊地貌类型为主的自然保护区，如广东丹霞山国家地质公园。

❖ 以保护沿海自然环境及自然资源为主要目的的自然保护区，如海南省的东寨港保护区。

尽管保护区的类型很多，保护和管理的方式也不尽相同，但它们都是自然界留给人类的宝贵财富，它们就像一颗颗光彩夺目的明珠点缀在地球上。

（四）自然保护区的级别

根据自然保护区的重要性分为国家级自然保护区和地方级自然保护区。《中华人民共和国自然保护区条例》第十一条规定："在国内外有典型意义、在科学上有重大国际影响或者有特殊科学研究价值的自然保护区，列为国家级自然保护区。"除列为国家级自然保护区的外，其他具有典型意义或者重要科学研究价值的自然保护区列为地方级自然保护区，地方级自然保护区分为省（市、自治区）级、市（自治州）级和县（自治县、旗、县级市）级四级。

（五）自然保护区面积结构

自然保护区面积的大小，在很大程度上反映了能否有效地发挥保护区的功能。一般来说，面积较小的自然保护区更容易受到外界的干扰。我国在自然保护区的面积方面没有规定，原则上其大小应能满足保护自然最起码的需要，即不能小于保护自然生态系统、保护珍稀濒危物种、保护自然历史遗迹的最小面积。我国目前已建保护区最小的仅 1 hm^2，而最大的达到 2 980 hm^2。世界自然保护联盟（IUCN）在统计各国自然保护区数据时，则仅统计面积在 100 hm^2 以上的自然保护区。我国根据自然保护区面积的大小，将其划分为小型（≤100 hm^2）、中小型（101～1 000 hm^2）、中型（1 011～10 000 hm^2）、中大型（10 001～10 万 hm^2）、大型（10 万～100 万 hm^2）和特大型（＞100 万 hm^2）6 个等级。目前已建自然保护区规模以中小型、中型和中大型为主，约占总数的 89%，特大型自然保护区不到 1%，但其面积占总数的 58%以上。在区域分布上，大型、特大型自然保护区基本上分布在西部地区，小型、中小型自然保护区则主要分布在东部或中部地区。这种格局主要与资源分布特点、人口密度和开发程度等因素有关。

（六）自然保护区区徽

为更好地保护我国丰富独特的自然环境和宝贵的自然遗产，规范自然保护区的建设和管理，国家环保总局、国家林业局、国土资源部和农业部于 2002 年公开向社会征集、经公众网上投票产生中国自然保护区区徽。自然保护区区徽的主体前景是一双手，背景是地球的图形。通过相互交握的手，利用明暗以及色彩的差异，勾勒出一条由远及近奔腾不息的河流。远处的蓝天一望无际，近处的绿地欣欣向荣，体现了自然环境的优美和谐。双手体现出保护的含义，既是对自然保护区的保护，又是对地球环境的保护，同时表达了自然保护需要人人参与的深层含义。标志周边是自然保护区的中英文名称，底纹用中国传统图案云水纹作为装饰，强调了地域性和唯一性（图 3-2）。

图 3-2　中国自然保护区区徽

自然保护区标志性区徽在国际上普遍使用，通常用在自然保护区管理人员的制服、保护区构筑物以及宣传纪念品等方面，起到象征、标志、警示和宣传的作用。

二、我国自然保护区管理现状及问题

（一）自然保护区管理状况

《中华人民共和国自然保护区条例》第八条规定：国家对自然保护区实行综合管理与部门管理相结合的管理体制。国务院环境保护行政主管部门负责全国自然保护区的综合管理。国务院林业、农业、地质矿产、水利、海洋等行政主管部门在各自职责范围内，主管有关自然保护区。目前我国建立并管理自然区的部门有林业、环保、农业、国土资源、海洋、水利、建设、旅游、中医药等 10 多个部门，一些科研院所、高等院校、国家直属大型森工企业以及部分省的省属农垦企业也建立并管理了一些自然保护区。其中林业部门归口管理的自然保护区数量最多，面积最大，分别占全国自然保护区的 73.4%和 77.2%左右。多年来，环保部门从建立示范自然保护区出发，共建立并管理自然保护区 260 多个，面积达 2254.93 万 hm^2，分别占全国自然保护区总数和面积的 11%和 15%左右。环保部门管理的自然保护区类型最为齐全，涵盖了我国自然区分类系统中的全部 9 种类型，个数和面积规模在所有部门中列第二位。

（二）自然保护区建设和发展中存在的问题

我国自然保护区在取得成就的同时，也存在和面临不少问题和困难。主要存在以下几个方面：

（1）自然保护区的数量增长较快，但重数量轻质量、重建立轻管护的问题较为突出，机构不健全，基础设施薄弱，管理水平亟待提高。

（2）一些地方和部门对自然保护区工作的重要性缺乏认识，片面强调眼前和局部的利益，未按环境影响评价的要求落实生态环境保护和恢复措施，未经科学论证和严格审查，随意占用保护区土地，开发保护区资源，甚至在保护区核心区、缓冲区进行开发建设活动，项目开发与保护的矛盾突出。

（3）一些自然保护区未明确划界，保护区内部人口增加，居民点扩大，土地纠纷增多，侵占或改变自然保护区土地现状的情况依然存在。

（4）自然保护区在地区分布上不合理。保护区大部分集中在西部，且大都以中、小型为主，保护区的廊道建设问题突出，容易出现“孤岛”效应，弱化保护功能。

（5）自然保护区在类型分布上不合理。野生动物和荒漠生态、森林生态类型自然保护区偏多，海洋类、湿地类、地质遗迹类等偏少。

三、自然保护区环境监察

自然保护区是一个特殊的地理区域，是一个占有法定空间、具有特定自然保护任务、受法律保护的特殊环境实体，它的建立和管理等活动，都必须符合法律规定的条件和要求。

大部分自然保护区的行政主管部门不是环境保护部门，但环境保护部门对所有自然保护区负有统一监管的职责。《中华人民共和国自然保护区条例》的规定，环境保护行政主管部门负责自然保护区的综合管理，包括自然保护区的调研、评价、制订自然保护区发展建设规划以及在政府批准前提出审批建议。环境监察部门应有计划地到辖区内各类自然保护区、风景名胜区、森林公园进行定期检查、专项检查、抽查以及专案调查等环境监察活动。

1. 监察依据

《中华人民共和国自然保护区条例》第二十条规定：县级以上地方人民政府环境保护行政主管部门有权对本行政区域内各类自然保护区的管理进行监督检查；第三十六条规定：自然保护区管理机构违反本条例规定，拒绝环境保护行政主管部门或者有关自然保护区行政主管部门监督检查，或者在被检查时弄虚作假的，由县级以上人民政府环境保护行政主管部门或者有关自然保护区行政主管部门给予300～3 000元罚款。

国家环境保护总局办公厅《关于加强自然保护区管理有关问题的通知》（环办[2004]101号）中强调：各地要严格遵守《中华人民共和国自然保护区条例》的有关规定，不得在自然保护区核心区和缓冲区内开展旅游和生产经营活动。经国家批准的重点建设项目，因自然条件限制，确需通过或占用自然保护区的，必须按照《国家级自然保护区范围调整和功能区调整段更改名称管理规定》，履行有关调整的论证、报批程序。地方级自然保护区调整也要参照上述规定执行。涉及自然保护区的建设项目，在进行环境影响评价时，应编写专门章节，就项目对保护区结构功能、保护对象及价值的影响作出预测，提出保护方案，根据影响大小由开发建设单位落实有关保护、恢复和补偿措施。涉及国家级自然保护区的地方建设项目，环评报告书审批前，必须征得我局同意；涉及地方级自然保护区的地方建设项目，省级环保部门要对环境影响报告书进行严格审查。各级环保部门要按照《中华人民共和国自然保护区条例》等规定，认真履行综合监管职责，建立并完善自然保护区管理工作监督检查制度，加强对本辖区内自然保护区管理工作的指导和监督检查，分析自然保护区的保护状况和存在问题，解决保护区管理机构工作中面临的实际困难，对于各种威胁和破坏自然保护区及其保护对象的违法犯罪行为，要会同有关部门依法严肃查处。对于因管理不善造成资源破坏的自然保护区，要亮黄牌警告，并要求限期整改。

此外，可以依据的法规和规定还有《自然保护区土地管理办法》、《国家级自然保护区总体规划大纲》、《自然保护区管护基础设施建设技术规范》、《自然保护区类型与级别划分原则》等。

2. 监察形式

地方各级环保部门定期组织对本辖区范围内的自然保护区情况进行检查，查处破坏自然保护区环境和保护对象的行为。省级环保部门负责对本辖区国家级和地方级自然保护区执法情况进行抽查，并对严重违法案件进行查处。国家环境保护部对群众、媒体反映强烈、有违法进行资源开发和破坏性建设行为以及涉及国家重点工程的国家级和省级自然保护区进行督察。对检查发现的问题，提出处理意见并挂牌督办。对严重破坏自然保护区的行为，将对相关责任人依法依规进行处理。

3. 监察内容

对自然保护区内违法生产及开发活动进行监督检查；对旅游开发产生的废弃物的处置处理，旅游设施建设、旅游线路开发对自然环境、自然景观、自然生态系统的影响以及超越批准范围擅自扩大旅游景区等情况进行监督检查，发现违法行为要及时制止，责令纠正，按照有关规定收取排污费并处罚，将监督检查情况通报地方政府及有关主管部门。

为加强对国家级自然保护区的监督管理，提高国家级自然保护区的建设和管理水平，国家环境保护总局第36号令发布了《国家级自然保护区监督检查办法》，自2006年12月1日起施行。该办法适用于国务院环境保护行政主管部门组织的对全国各类国家级自然保护区的监督检查，省级人民政府环境保护行政主管部门对本行政区域内地方级自然保护区的监督检查，可以参照此办法执行。县级以上地方人民政府环境保护行政主管部门对本行政区域内的国家级自然保护区的执法检查内容，可以参照本办法执行；在执法检查中发现国家级自然保护区管理机构有违反国家级自然保护区建设和管理规定行为的，可以将有关情况逐级上报国务院环境保护行政主管部门，由国务院环境保护行政主管部门经核实后依照本办法的有关规定处理。对照国家级自然保护区执法检查办法，自然保护区的环境执法监察应把握以下几个方面要点：

（1）国家级自然保护区的设立、范围和功能区的调整以及名称的更改是否符合有关规定；

（2）国家级自然保护区内是否存在违法砍伐、放牧、狩猎、捕捞、采药、开垦、烧荒、开矿、采石、挖沙、影视拍摄以及其他法律法规禁止的活动；

（3）国家级自然保护区内是否存在违法的建设项目，排污单位的污染物排放是否符合环境保护法律、法规及自然保护区管理的有关规定，超标排污单位限期治理的情况；

（4）涉及国家级自然保护区且其环境影响评价文件依法由地方环境保护行政主管部门审批的建设项目，其环境影响评价文件在审批前是否征得国务院环境保护行政主管部门的同意；

（5）国家级自然保护区内是否存在破坏、侵占、非法转让自然保护区的土地或者其他自然资源的行为；

（6）国家级自然保护区的旅游活动方案是否经过国务院有关自然保护区行政主管部门批准，旅游活动是否符合法律法规规定和自然保护区建设规划（总体规划）的要求；

（7）国家级自然保护区建设是否符合建设规划（总体规划）要求，相关基础设施、设备是否符合国家有关标准和技术规范；

（8）国家级自然保护区管理机构是否依法履行职责；

（9）国家级自然保护区的建设和管理经费的使用是否符合国家有关规定；

（10）自然保护区内国家重点保护物种等主要保护对象是否得到有效保护，是否出现种群大幅度下降的现象；检查自然保护区内外来入侵物种的入侵情况，是否对生态环境造成严重威胁或影响，是否存在人为引进外来物种的情况；

（11）自然保护区内原住民以传统生活方式一定程度地利用野生植物资源强度是否限制在自我更新范围内，是否存在过度利用的情况，是否存在大规模商业性采集野生植物资源的行为；

（12）是否根据保护区实际情况，制订突发环境事件应急预案，并配备突发环境事件应急装置、设施和场所；

（13）自然保护区管理机构是否对建设和管理状况作定期评估（每五年不少于一次），评估内容是否与《自然保护区监督检查办法》要求一致；

（14）法律法规规定的应当实施监督检查的其他内容。

值得一提的是，近年来，一些影视剧组破坏自然生态环境的情况正在日益成为一个严重而普遍的社会问题。究其原因，一是影视剧组为追求大制作、大场面，不惜以破坏生态环境为代价来换取高票房收入，选择风景秀美的自然保护区、生态保护区和风景名胜区拍摄外景；另一方面则是有关保护区管理机构有及地方政府环境意识和法律意识淡薄，受经济利益驱使和所谓的提高知名度的错误认识，擅自同意影视剧组进入保护区甚至是在核心区进行外景布置和拍摄，严重破坏景观、植被和地形地貌。

为制止此类活动对自然保护区、生态保护区和风景名胜区的破坏，国家环保总局、建设部、文化部、国家文物局联合发出《关于加强涉及自然保护区、风景名胜区、文物保护单位等环境敏感区影视拍摄和大型实景演艺活动管理的通知》（以下简称《通知》），要求各相关部门加强监管，严格规范在自然保护区、风景名胜区和文物保护单位从事的影视等演艺活动。《通知》指出，在自然保护区核心区和缓冲区、风景名胜区核心景区内，禁止进行影视拍摄和大型实景演艺活动。在自然保护区实验区、风景名胜区核心景区以外范围，严格限制影视拍摄和大型实景演艺活动。确有需要的影视制作单位和演出举办单位必须严格按照《环境影响评价法》、《自然保护区条例》、《风景名胜区条例》等有关法律法规的规定，履行环保、城建、文物部门的报批和验收手续。可能造成不利环境影响的，影视制作和演出举办单位应当依照《环境影响评价法》的规定，向所在地环保行政主管部门报批环境影响评价文件，提出预防或减轻不利环境影响的措施。经批准的环境影响评价文件作为准予摄制许可、备案和批准演出的依据。

第二节 风景名胜区环境监察

一、风景名胜区

我国风景名胜区最初源于古代农业文明的名山大川，历史十分悠久。风景名胜区以美学、科学价值的自然景观为基础，融合自然与文化为一体，不仅具有“保护生态、生物多样性与环境”最基本的作用，同时它还具有科研、文化、科普以及铸造民族精神等重要功能，是人类珍贵的自然和文化遗产。

我国现代风景名胜事业的开端，始于1982年国务院审定公布第一批44个国家重点风景名胜区，它标志着我国已把风景名胜区这一宝贵的自然与文化资源以国家政府的名义确定并严加保护。1985年国务院颁布《风景名胜区管理暂行条例》，标志着我国风景名胜区制度正式确立，极大地推动了我国国家风景名胜区的建设和管理。2006年9月，国务院发布《风景名胜区条例》，风景名胜区的保护管理越来越受到国家及地方政府的重视，国务院和地方各级政府有关风景名胜区的法规和规章文件不断出台，为我国风景名胜区的健康发展提供良好的条件，基本形成了国家级、省级风景名胜区的管理体系。截至2009年年初，全国有风景名胜区885处，总面积为18.54万km^2，占国土总面积的1.93%。其中，国家级风景名胜区187处，面积89 626km^2；省级风景名胜区698处，面积95 753km^2。

（一）基本概念

（1）风景名胜区。是指具有观赏、文化或者科学价值，自然景观、人文景观比较集中，环境优美，可供人们游览或者进行科学、文化活动的区域。是一种以自然资源为主的、独特的、不可替代、不可再生的景观资源。能够反映重要自然变化过程和重大历史文化发展过程，基本处于自然状态或者保持历史原貌。具有国家代表性的，可以申请设立国家级风景名胜区；具有区域代表性的，可以申请设立省级风景名胜区。

（2）风景区规划。是保护培育、开发利用和经营管理风景区，并发挥其多种功能作用的统筹部署和具体安排。经相应的人民政府审查批准后的风景区规划，具有法律权威，必须严格执行。

（3）自然景观。是指自然界原有物态相互联系、相互作用形成的原始的景观，人类很少直接影响或未受人类影响，是自然环境原来的地理事物，是一种自然综合体，如自然形成的河流、山川、树木、瀑布、草原、沙漠等。

（4）人文景观。包括两大方面，一是指人们为了满足自身的精神需求，在自然景观基础上附加人类活动的形态痕迹，集合自然物质和人类文化共同形成的景观，如风景名胜景观、园林公园景观等；二是指依靠人类智慧和创造力，综合运用文化和技术等方面知识，形成具有文化审美内涵和全新形态面貌的景观，如城市景观、建筑景观、公共艺术景观等。

（5）核心景区。指风景名胜区范围内自然景物、人文景物最集中的、最具观赏价值、最需要严格保护的区域，是风景名胜区的精华所在。其管理目标是保护风景资源的真实性和完整性不被破坏，这也是风景名胜区永续利用的基础。

（6）生态保护区。对风景区内有科学研究价值或其他保存价值的生物种群及其环境划出一定的范围与空间加以保护的区域。在此区域内禁止游人进入，不得搞任何建筑设施，严禁机动交通及其设施进入，但可以配置必要的研究和安全防护性设施。该区域以保护自然生态和地貌景观为主，维持景观的自然与原生状态为目标。

（7）自然景观保护区。对需要严格限制开发行为的特殊天然景源和景观，划出一定的范围与空间加以保护的区域。该区域可以配置必要的步行游览和安全防护设施，宜控制游人进入，不得安排与其无关的人为设施，严禁机动交通及其设施进入。

（8）史迹保护区。在风景区内各级文物和有价值的历代史迹遗址的周围，划出一定的范围与空间加以保护的区域。在此区域可以安置必要的步行游览和安全防护设施，宜控制游人进入，不得安排旅宿床位，严禁增设与其无关的人为设施，严禁机动交通及其设施进入，严禁任何不利于保护的因素进入。

（9）风景恢复区。对需要重点恢复、培育、抚育、涵养、保持的对象与地区，例如森林与植被、水源与水土、浅海及水域生物、珍稀濒危生物、岩溶发育条件等，划出一定的范围与空间加以保护的区域。在此区域内可以采用必要技术措施与设施；应分别限制游人和居民活动，不得安排与其无关的项目与设施，严禁对其不利的活动。

（10）风景游览区。对风景区的景物、景点、景群、景区等各级风景结构单元和风景游赏对象集中地，可以划出一定的范围与空间作为风景游览区。在该区域可以进行适度的资源利用行为，适宜安排各种游览欣赏项目；应分级限制机动交通及旅游设施的配置，并分级限制居民活动进入。

（11）发展控制区。指在风景区范围内，对上述五类保育区（生态保护区、自然景观保护区、史迹保护区、风景恢复区、风景游览区）以外的用地与水面及其他各项用地，加以保护的区域。在此区域可以准许原有土地利用方式与形态，可以安排同风景区性质与容量相一致的各项旅游设施及基地，可以安排有序的生产、经营管理等设施，应分别控制各项设施的规模与内容。

（12）规划环评。国务院有关部门、设区的市级以上地方人民政府及其有关部门，对其组织编制的土地利用的有关规划和区域、流域、海域的建设、开发利用规划，以及工业、农业、畜牧业、林业、能源、水利、交通、城市建设、旅游、自然资源开发的有关专项规划，进行环境影响评价。

（二）风景资源及其等级划分

风景资源是指能引起审美与欣赏活动，可以作为风景游览对象和风景开发利用的事物与因素的总称，是构成风景环境的基本要素，是风景区产生环境效益、社会效益、经济效益的物质基础，也称景源、景观资源、风景名胜资源、风景旅游资源。

根据景源评价单元的特征及其不同层次的评价指标分值和吸引力范围，将风景资源分为特级、一级、二级、三级、四级等五级。把具有珍贵、独特、世界遗产价值和意义，有世界奇迹般的吸引力的景源划定为特级景源；具有名贵、罕见、国家重点保护价值和国家代表性作用，在国内外著名及有国际吸引力的景源划定为一级景源；具有重要、特殊、省级重点保护价值和地方代表性作用，在省内外闻名和有省际吸引力的景源划定为二级景源；具有一定价值和游线辅助作用，有市县级保护价值和相关地区的吸引力的景源划定为三级景源；具有一般价值和构景作用，有本风景区或当地的吸引力的景源划定为四级景源。

（三）风景名胜区的分级

风景名胜区按其景物的观赏、文化、科学价值和规模大小、游览条件、环境质量等，划分为三级。

1. 市（县）级风景名胜区

指具有一定观赏、文化或科学价值，环境优美，规模较小，设施简单，以接待本地区游人为主的风景区域。该级别风景区由市（县）主管部门组织有关部门提出风景名胜资源调查评价报告，报市、县人民政府审定公布，并报省级主管部门备案的风景区。

2. 省级风景名胜区

指具有较重要观赏、文化或科学价值，景观有地方代表性，有一定规模和设施条件，在省内外有影响的风景区域。该级别风景区由市、县人民政府提出风景名胜资源调查评价报告，报省、自治区、直辖市人民政府审定公布，并报建设部备案。

3. 国家重点风景名胜区

指具有重要的观赏、文化或科学价值，景观独特，国内外著名，规模较大的风景区域。该级别风景区由省、自治区、直辖市人民政府提出风景名胜资源调查评价报告，报国务院审定公布。

（四）风景名胜区的类型

按《风景名胜区规划规范》（GB 50298—1999）分类方法，把风景区按用地规模分为小型风景区（≤20 km^2 以下）、中型风景区（21～100 km^2）、大型风景区（101～500 km^2）、特大型风景区（>500 km^2 以上）。

（五）风景名胜区与自然保护区的关系

自然保护区和风景名胜区都属于景观资源范畴，都有严格的标准和鲜明的特征，它们既有密切联系又有截然不同的内涵。从其功能上看，风景名胜区侧重“自然景观、人文景观的观赏与保护”，自然保护区侧重“自然资源的保护、科学研究”；从景观特色来看，风景名胜区以“人文景观为主、或人文景观与自然景观共存”，而自然保护区是特指“自然景观”；从包含的内容来看，风景名胜区是“人文景观、自然景观的观赏、娱乐”，而自然保护区更倾向于“典型特征的自然资源保护”。

在《风景名胜区条例》实施之前，多头命名的现象十分普遍，如新疆天池既是省级自然保护区也是国家级风景名胜区，九寨沟兼有国家级自然保护区、风景名胜区、森林公园3 块牌子，湖南张家界武陵源在不大的范围内更是集国家级森林公园、自然保护区、地质公园、风景名胜区 4 块牌子于一体。为规范管理，《风景名胜区条例》第七条规定：“新设立的风景名胜区与自然保护区不得重合或者交叉；已设立的风景名胜区与自然保护区重合或者交叉的，风景名胜区规划与自然保护区规划应当相协调。”

二、我国风景名胜区建设管理存在的问题

“对风景资源的破坏性开发，甚至是掠夺性利用”是风景名胜区存在的主要问题。所谓风景名胜区的开发，应该是在保护的前提下进行科学合理的开发；在不破坏风景资源及风景环境和生态与生物多样性的原则下，为提供良好的观光、旅游所必需的基本条件而进行的有限度开发。然而，由于风景名胜区的商业性倾向，在景区内大量增设人文景观；修建各种各样的招待所、宾馆；开山采石、截流发电，当地居民不顾周围景观特点，兴建各种多层建筑等行为，导致景区植被严重受损、生态环境和景观的完整性遭到严重破坏。风景名胜区保护的目的就是保护风景名胜区的真实性和完整性，并使之世代传承，永续利用。环境监察应结合风景名胜区的特点，以生态环境监察为中心开展工作。

三、风景名胜区环境监察

（一）监察依据

2006 年 9 月国务院公布的《风景名胜区条例》第五条规定：“国务院建设主管部门负责全国风景名胜区的监督管理工作。国务院其他有关部门按照国务院规定的职责分工，负责风景名胜区的有关监督管理工作……”环境监察机构依法对辖区内风景名胜区进行监督、检查、处理是环境行政主管部门履行监管职责的具体表现，从监察性质来看，它属于

生态环境监察的重要内容之一。国家颁布实施的与风景名胜区生态环境监察内容相关的法律、法规、规章及标准如下：

1．法律

《中华人民共和国环境保护法》、《中华人民共和国水污染防治法》、《中华人民共和国大气污染防治法》、《中华人民共和国固体废物污染防治法》、《中华人民共和国环境噪声污染防治法》、《中华人民共和国环境影响评价法》、《中华人民共和国水法》、《中华人民共和国水土保持法》、《中华人民共和国矿产资源法》、《中华人民共和国森林法》。

2．法规

《风景名胜区条例》、《自然保护区条例》、《建设项目环境保护管理条例》、《水土保持法实施条例》、《矿产资源法实施细则》、《森林法实施条例》。

3．规章

《自然保护区土地管理办法》、《畜禽养殖污染防治管理办法》、《水生动植物自然保护区管理办法》、《关于加强乡镇煤矿环境保护工作的规定》、《防治尾矿库污染环境管理规定》、《饮用水水源保护区污染防治管理规定》、《饮用水水源保护区污染防治管理规定》。

4．相关标准

《自然保护区类型与级别划分原则》、《山岳型风景名胜区资源开发环境影响评价指标体系》、《土壤环境质量标准》、《环境空气质量标准》、《地表水环境质量标准》、《大气污染排放标准》、《污水排放综合标准》、《畜禽养殖污染防治技术规范》、《一般工业固废贮存、处理场污染控制标准》、《危险废物贮存污染控制标准》、《畜禽养殖污染控制标准》。

（二）监察内容

风景名胜区环境监察工作主要内容有5个方面：一是风景区建设项目环境监察，包括景区规划、批复和建设情况，污染和非污染项目执行环境影响评价和“三同时”制度以及落实生态环境保护措施情况；二是污染治理专项监察，包括对景区内宾馆、酒店、餐馆等各类旅游服务设施的单体污水处理设施、油烟净化设施运转情况进行专项执法检查，严查污染防治设施不运转和超标排放等违法行为，依法征收排污费；三是景区动植物保护生态监察，包括对景区内珍贵动植物的保护，完善就地保护、异地救护和离体保存措施，严格控制外来物种（包括动物和植物）的引进和种植繁殖；四是基础设施建设环境监察，包括管理区生活设施、房屋建造和道路修筑等项目等景区基础设施的生态修复情况、景区生活垃圾及建筑垃圾中转及处理情况；五是主要生态功能区环境监察，强化对资源高强度利用区、资源低强度利用区和资源保护与管理区的监管。涉及风景名胜区环境监察的具体工作一般包括如下内容：

（1）检查风景名胜区规划环评是否按要求编制，是否按规定经过审查，有无擅自修改（2003年9月1日前的风景名胜区总体规划应有环境影响评价篇章或说明，2003年9月1日后的风景名胜区规划必须编制规划环境影响评价报告书；对规划环评内容有修改的，应报原审查机关备案）。鉴于保护和管理的需要，每个风景名胜区都应有确定的管理范围和外围保护地带。景区范围和保护地带的划定相当于行政区划的确定，必须经过相应的人民政府审批，要立碑刻文，标明区界。

（2）检查风景名胜区管理机构是否建立健全环保管理制度和机构，是否依法履行环境监管职责，对重要景观有无采取相应的保护措施。

（3）检查风景名胜区内建设项目性质、规模、位置等是否符合风景名胜区规划要求。

（4）检查风景名胜区及外围保护带内有无开山、采石、开矿、畜禽养殖等禁止进行的活动，风景名胜区设立前已建成的企业应按规划要求逐步迁出。

（5）检查风景名胜区内的建设项目和建设活动是否依法办理环评审批手续，基建项目建设单位、施工单位是否制定污染防治和水土保持方案，是否按方案要求采取相应措施。

（6）风景名胜区内各类建设项目和建设活动（包括区域开发项目、旅游基础设施建设项目、生态旅游开发项目、旅游服务设施项目等）是否按环评及审批要求进行建设，污染防治及生态环境保护措施是否落实，应恢复的山体植被是否恢复，是否及时申请建设项目竣工环境保护“三同时”验收。

（7）检查风景名胜区内排污者（排污单位及个体工商户）履行排污申报、排污登记情况和排污费缴纳情况。

（8）检查风景名胜区内集中式污染治理设施是否正常运行，是否稳定达标排放。

（9）检查风景名胜区内生活垃圾等固废产生量及处理处置情况。

（10）检查风景名胜区内使用燃料类型是否符合规划要求。

（11）检查风景名胜区内有无饮用水水源，有无按要求设立饮用水水源保护区及保护区内环境管理情况。

（12）风景名胜区内涉及自然保护区管理的，按照自然保护区条例等有关法律法规进行监察。

第三节　森林公园环境监察

一、森林公园

森林是陆地上最庞大、最复杂、多物种、多功能与多效益的生态系统，在保护陆地生态平衡、促进生态良性循环中起主导作用，在整个生物圈的物质和能量交换过程中以及保持自然界动态平衡中占有特殊的地位。森林公园不是“森林”和普通意义“公园”的简单叠加，是在社会文明的发展中形成的一个相对独立的生态系统。森林公园的建设和发展不仅开发了旅游资源，增加了经济收入，还对保护森林资源、保护生物多样性和促进森林资源的持续利用有特殊的作用。

我国森林公园建设始于 1982 年建立的张家界国家森林公园，随着改革开放的深化、旅游业的发展和林业产业结构的调整，森林旅游开发日益受到重视，而且发展十分迅速，截至 2009 年年底，全国各级森林公园已达 2458 处，总规划面积 1652.5 万 hm^2。其中国家级森林公园 730 处、国家级森林旅游区 1 处，规划面积 1151.9 万 hm^2。到 2010 年年底，森林公园已发展到 2583 处，总面积 1677.69 万 hm^2，数量和面积分别增加了 5.09%和 45.65%。

（一）基本概念

（1）公园。指政府修建并经营的作为自然观赏区和供公众的休息游玩的公共区域，是指城市中供居民娱乐消遣的公共设施。

（2）森林公园。指森林景观优美，自然景观和人文景物集中，具有一定规模，可供人们游览、休息或进行科学、文化、教育活动的场所。其景观主体是森林植被，多为自然状态和半自然状态的森林生态系统，常常拥有比较丰富的生物多样性。

（二）森林公园与风景名胜区、自然保护区的关系

森林公园和自然保护区、风景名胜区一样，是我国三大自然保护地系统的组成部分。自然保护区以绝对保护为主，而森林公园和风景名胜区保护和开发旅游并重；自然保护区的科学意义较大，景观的自然性最强，而森林公园和风景名胜区则融自然、社会和人文景观于一体。与风景名胜区相比，森林公园则更突出其本质属性特征，即森林的自然景观属性。学术界一般把森林公园归类于自然保护区范畴。有学者对森林公园、风景名胜区、自然保护区、城市公园以及国外的国家公园从功能、景观特色和内容等方面进行了比较，它们的异同点详见表 3-1。

表 3-1 森林公园与城市公园、风景名胜区、自然保护区、国外国家公园比较①

类别	功能	景观特色	包含内容	位置
森林公园	娱乐、疗养、科学考察及普及	自然景观为主	自然景观、人文景观的观赏、娱乐、休疗养、森林经营	城郊
风景名胜区	自然景观、人文景观的观赏与保护	人文景观为主或人文景观与自然景观共存	人文景观、自然景观的观赏、娱乐	远郊、近郊
自然保护区	自然资源的保护、科学研究	自然景观	典型特征的自然资源保护	远郊
城市公园	公众娱乐、休息	人工景物	娱乐与休息	城市内
国外国家公园	自然、人文资源的保护、科学考察及普及	自然景观、人文景观	自然景观、人文景观的观赏与保护	远郊

①许大为，叶振启，李继伍，等. 森林公园概念的探讨. 东北林业大学学报，1996，24（6）：90～93.

（三）森林公园的分级

按《中国森林公园管理办法》，我国将森林公园分为三级：

（1）国家级森林公园：森林景观特别优美，人文景物比较集中，观赏、科学、文化价值高，地理位置特殊，具有一定的区域代表性，旅游服务设施齐全，有较高的知名度；

（2）省级森林公园：森林景观优美，人文景物相对集中，观赏、科学、文化价值较高，在本行政区域内具有代表性，具备必要的旅游服务设施，有一定的知名度；

（3）市、县级森林公园：森林景观有特色，景点景物有一定的观赏、科学、文化价值，在当地知名度较高。

（四）国家级森林公园标志

我国国家森林公园专用标志为圆形，外圈为“中国国家森林公园”中、英文名称，内圈图案展现的是典型的春夏季森林景观。透过高大的原始针叶林可以看到远处蓝天映衬下的皑皑雪山，雪山下是层峦叠嶂的苍翠青山、茂密的阔叶林和蜿蜒曲折的河流，充分展示了我国多样的森林类型和优美的森林自然风光；在林间自由飞翔的小鸟，不仅为森林增添了生机，也突出了和谐自然的良好森林生态环境。同时，弯曲的河流也可以看做是林间小路，欢迎和引导公众走进大森林、亲近大自然，体现了森林公园为公众提供生态游憩服务的宗旨（图 3-3）。

图 3-3 中国国家森林公园标志

（五）我国国家公园建设情况

与人们比较熟悉的自然保护区和森林公园相比，国家公园还是一个新生事物。国家公园既不同于严格的自然保护区，也不同于一般的风景名胜区，自然保护区重在保护和科研，风景名胜区和森林公园重在旅游，而国家公园则通常具有保护、旅游等多种功能。国家公园具有两个明显的特征：一是具有天然和原始的自然环境，它以自然景观为主要内容，人工的建筑（包括道路）只是一些必要的辅助设施；二是具有珍稀和独特的景观资源，其天然或原始的景观资源往往为一国所罕见，并在世界上有着不可替代的影响。因此，把国家公园定义为一种面积巨大的由中央政府划定并建立的，并且通过立法的形式对其内部的自然资源和生态进化进行保护的特殊自然保护区。

世界上第一个国家公园是美国的黄石公园，成立于 1872 年。我国对国家公园的建设始于 2008 年，环境保护部和国家旅游局批准建设第一个国家公园试点单位——黑龙江汤旺河国家公园建立之前，由国家政府部门主管的类似于“国家公园”的自然保护地有国家森林公园、国家地质公园、国家矿山公园、国家湿地公园、国家城市湿地公园、国家级自然保护区、国家级风景名胜区及酝酿中的国家海洋公园、国家遗址公园等多个方面，属于不同的管理系统。但这些提法并不完全等同于“国家公园”的概念。这些公园更多强调的是自然资源的保护，而国家公园是在保护自然资源的基础上，在更高的层次强调开发利用和观光，让公众能够共享这些自然资源。因此，在一定程度上，国家公园代表一个国家的生态水准和管理水平。

环境保护部和国家旅游局决定开展国家公园试点，主要目的是为了在我国引入国家公园的理念和管理模式，同时也是为了完善我国的保护地体系，规范全国国家公园建设，有利于将来对现有的保护地体系进行系统整合，提高保护的有效性，切实实现保护与发展双赢。

二、森林公园环境监察

（一）监察依据

从工作性质来看，森林公园环境监察的范围属于生态环境监察。风景名胜区生态环境监察所依据的相关法律、法规、规章及标准适用于森林公园环境监察，具体条文见第二节《风景名胜区环境监察》。

（二）监察内容

森林公园环境监察重点在生态环境监察，切入点在建设项目的环境管理。因此，凡涉及生态环境和建设项目的内容都应列入监察的范围。主要有以下几个方面：

（1）风景区建设项目环境监察，包括景区规划、批复和建设情况，污染和非污染项目执行环境影响评价和“三同时”制度以及落实生态环境保护措施情况。

（2）污染治理专项监察，包括对景区内宾馆、酒店、餐馆等各类旅游服务设施的单体污水处理设施、油烟净化设施运转情况进行专项执法检查，严查污染防治设施不运转和超标排放等违法行为，依法征收排污费。

（3）景区动植物保护生态监察，包括对景区内珍贵动植物的保护，完善就地保护、异地救护和离体保存措施，严格控制外来物种（包括动物和植物）的引进和种植繁殖。

（4）基础设施建设环境监察，包括管理区生活设施、房屋建造和道路修筑等项目等景区基础设施的生态修复情况、景区生活垃圾及建筑垃圾中转及处理情况。

（5）检查森林公园内有无开山、采石、开矿、畜禽养殖等禁止进行的活动。

（6）检查森林公园内生活垃圾等固废产生量及处理处置情况。

（7）检查森林公园内有无饮用水水源，有无按要求设立饮用水水源保护区及保护区内环境管理情况。

（8）森林公园内涉及自然保护区管理的，按照自然保护区条例等有关法律法规进行监察。

第四节　生态功能区环境监察

一、生态功能区

（一）生态功能区的概念

生态功能区概念的提出，是伴随中国生态环境管理实践不断深入，对于生态系统服务功能的认识日益深刻，并且借鉴国际上生态系统综合管理思想及区划理论的发展基础上形成的系统的生态环境保护与治理的新思路。

生态功能区的概念源于其承载的生态系统服务功能，而生态系统服务功能也决定了生态功能区的基本属性与类别。

所谓生态功能区就是具有某种生态系统服务功能的区域。生态系统服务功能，是指生态系统与生态过程中所形成的维持人类赖以生存的自然环境条件与效用，包括水源涵养、水土保持、调节气候、净化空气和水体、调蓄洪水、防风固沙、维持生物多样性、培育土壤等功能。

（二）重点生态功能区

重点生态功能区是指在涵养水源、保持水土、调蓄洪水、防风固沙、维系生物多样性等方面具有重要作用的区域，需要国家和地方共同管理，并予以重点保护和限制开发的区域。保护和管理重点生态功能区，对于防止和减轻自然灾害，协调流域及区域生态保护与经济社会发展，保障国家和地方生态安全具有重要意义。

（三）生态功能保护区

江河源头区、重要水源涵养区、水土保持的重点预防保护区和重点监督区、江河洪水调蓄区、防风固沙区和重要渔业水域等重要生态功能区，在保持流域、区域生态平衡，减轻自然灾害，确保国家和地区生态环境安全方面具有重要作用。对这些区域的现有植被和自然生态系统应严加保护，通过建立生态功能保护区，实施保护措施，防止生态环境的破坏和生态功能的退化。跨省域和重点流域、重点区域的重要生态功能区，建立国家级生态功能保护区；跨地（市）和县（市）的重要生态功能区，建立省级和地（市）级生态功能保护区。

二、全国生态功能区划

2008 年 7 月，根据国务院《全国生态环境保护纲要》和《关于落实科学发展观　加强环境保护的决定》的要求，环境保护部和中国科学院联合编制和发布了《全国生态功能区划纲要》。《全国生态功能区划纲要》对于中国生态功能区的建设与保护具有里程碑意义，是促进区域经济、社会和环境协调发展和贯彻落实科学发展观的有效途径。《全国生态功能区划纲要》的发布标志着中国生态保护工作正由经验型管理向科学型管理、由定性型管理向定量型管理、由传统型管理向现代型管理转变，是科学开展生态功能区建设与保护的重要依据。

按照全国生态功能区划，中国生态功能区被划分为生态调节功能区、产品提供功能区与人居保障功能区三个类型的一级区，一级区共有 31 个。根据生态系统结构、过程与生态服务功能的关系，分析生态服务功能特征，对生态功能区进行生态系统服务功能重要性评价，根据其对全国生态安全和区域生态安全的重要程度分为极重要生态功能区、重要生态功能区、中等重要和一般重要生态功能区 4 个等级。生态功能二级区包括水源涵养、土壤保持、防风固沙、生物多样性保护、洪水调蓄等生态调节功能区，农产品与林产品等产品提供功能区，以及大都市群和重点城镇群人居保障功能区，共有 9 类 67 个区。在生态功能二级区的基础上，按照生态系统与生态功能的空间分异特征、地形差异、土地利用的组合划分 216 个生态功能三级区。生态功能三级区主要包括水源涵养功能区、土壤保持功能区、防风固沙功能区、生物多样性保护生态功能区、洪水调蓄生态功能区、农产品提供、林产品提供生态功能区，以及大都市群和重点城镇群等功能区。

第一，水源涵养生态功能区。全国共有水源涵养生态功能三级区 50 个，面积 237.90 万 km^2，占全国国土面积的 24.78%。

第二，土壤保持生态功能区。全国共有土壤保持生态功能三级区 28 个，面积 93.72 万 km^2，占全国国土面积的 9.76%。

第三，防风固沙生态功能区。全国有防风固沙生态功能三级区 27 个，面积 204.77 万 km^2，占全国国土面积的 21.33%。

第四，生物多样性保护生态功能区。不同地区保护生物多样性的价值取决于濒危珍稀动植物的分布，以及典型的生态系统分布。全国共有生物多样性保护生态功能三级区 34 个，面积 201.05 万 km^2，占全国国土面积的 20.94%。

第五，洪水调蓄生态功能区。全国共有洪水调蓄三级生态功能区 9 个，面积 7.06 万 km^2，占全国国土面积的 0.73%。

第六，产品提供生态功能区。产品提供功能主要包括提供农产品、畜产品、水产品、林产品等功能。产品提供功能主要是指提供粮食、油料、肉、奶、水产品、棉花、木材等农林牧渔业初级产品生产方面的功能。

第七，人居保障生态功能区。人居保障功能主要是指满足人类居住需要和城镇建设的功能，主要区域包括大都市群和重点城镇群等。根据我国经济发展与城市建设布局，我国人居保障重要功能区主要包括大都市群、区域重点城镇群。大都市群主要包括京津冀大都市群、长三角大都市群和珠三角大都市群。重点城镇群主要包括辽中南城镇群、胶东半岛城镇群、中原城镇群、关中城镇群、成都城镇群、武汉城镇群、长株潭城镇群和海峡西岸城镇群等。大都市群主要是指我国人口高度集中的城市群，主要指京津冀大都市群、珠三角大都市群和长三角大都市群生态功能三级区 3 个，面积 4.23 万 km^2，占全国国土面积的 0.44%。中国生态功能区划体系见表 3-2。

三、生态功能保护区的环境监察

凡经批准正式建立的各级生态功能保护区，无论属哪一级政府管理，均由该级政府环境保护行政主管部门的环境监察机构随时进行监察。

其内容是：该生态功能保护区边界是否已经划定；其管理机构是否能正常承担生态环境保护管理职能；检查和制止功能区内一切导致生态功能退化的开发活动和其他人为破坏活动（垦荒、捕猎、乱砍滥伐、取水、挖矿等）；杜绝与该功能区主要生态功能相悖的建设项目；停止一切产生严重污染环境的工程项目建设；督促该生态功能保护区恢复或重建生态保护功能的工程建设。

表 3-2 中国生态功能区划体系

<table>
<tr><th rowspan="2">生态功能一级区</th><th rowspan="2">生态功能二级区</th><th colspan="2">生态功能三级区</th><th rowspan="2">面积/万 km²</th><th rowspan="2">占国土面积/%</th></tr>
<tr><th>数量/个</th><th>范 围</th></tr>
<tr><td rowspan="5">生态调节</td><td>水源涵养</td><td>50</td><td>大兴安岭、秦巴山地、大别山、淮河源、南岭山地、东江源、珠江源、海南省中部山区、岷山、若尔盖、三江源、甘南、祁连山、天山以及丹江口水库库区等</td><td>237.90</td><td>24.78</td></tr>
<tr><td>土壤保持</td><td>28</td><td>太行山地、黄土高原、三江源区、四川盆地丘陵区、三峡库区、南方红壤丘陵区、西南喀斯特地区、金沙江干热河谷等</td><td>93.72</td><td>9.76</td></tr>
<tr><td>防风固沙</td><td>27</td><td>科尔沁沙地、呼伦贝尔沙地、阴山北麓—浑善达克沙地、毛乌素沙地、黑河中下游、塔里木河流域以及环京津风沙源区等</td><td>204.77</td><td>21.33</td></tr>
<tr><td>生物多样性</td><td>34</td><td>长白山山地、秦巴山地、浙闽赣交界山区、武陵山山地、南岭地区、海南岛中南部山地、桂西南石灰岩地区、西双版纳和藏东南山地热带雨林季雨林区、岷山—邛崃山、横断山区、北羌塘高寒荒漠草原区、伊犁—天山山地西段、三江平原湿地、松嫩平原湿地、辽河三角洲湿地、黄河三角洲湿地、苏北滩涂湿地、长江中下游湖泊湿地、东南沿海红树林等</td><td>201.05</td><td>20.94</td></tr>
<tr><td>洪水调蓄</td><td>9</td><td>松嫩平原湿地、淮河中下游湖泊湿地、江汉平原湖泊湿地、长江中下游洞庭湖、鄱阳湖、安徽省沿江湖泊湿地等</td><td>7.06</td><td>0.73</td></tr>
<tr><td rowspan="2">产品提供</td><td>农产品提供</td><td>36</td><td>东北平原、华北平原、长江中下游平原、四川盆地、东南沿海平原地区、汾渭谷地、河套灌区、宁夏灌区、新疆绿洲等商品粮集中生产区，以及内蒙古东部草甸草原、青藏高原高寒草甸、新疆天山北部草原等重要畜牧业区</td><td>168.63</td><td>17.57</td></tr>
<tr><td>林产品提供</td><td>10</td><td>大兴安岭、长白山、长江中下游丘陵、四川东部丘陵、云南西南山地等</td><td>30.90</td><td>3.22</td></tr>
<tr><td rowspan="2">人居保障</td><td>大都市群</td><td>3</td><td>京津冀大都市群、珠三角大都市群和长三角大都市群</td><td>4.23</td><td>0.44</td></tr>
<tr><td>重点城镇群</td><td>19</td><td>哈尔滨城镇群、长吉城镇群、辽中南城镇群、山西省中部城镇群、鲁中城镇群、胶东半岛城镇群、中原城镇群、武汉城镇群、昌九城镇群、长株潭城镇群、海峡西岸城镇群、海南北部城镇群、重庆城镇群、成都城镇群、北部湾城镇群、滇中城镇群、关中城镇群、兰州城镇群、乌鲁木齐城镇群</td><td>8.03</td><td>0.84</td></tr>
<tr><td colspan="2">合 计</td><td>216</td><td></td><td>956.29</td><td>99.61</td></tr>
</table>

第五节　饮用水水源地环境监察

一、饮用水水源地

民以食为天，食以水为先。饮用水水源是一种特殊的自然资源，是人类赖以生存的基础，也是人类社会可持续发展的根本。饮用水水源安全直接关系到人民群众生活，关系到社会稳定和经济发展，关系到党和政府的执政能力和形象。胡锦涛同志多次强调，让广大群众喝上干净的水，呼吸上清洁的空气，吃上放心的食物，在良好的环境中生产生活。加强饮用水水源保护是环境保护工作的首要任务之一。

目前，我国已进入饮用水水源环境污染事件高发期。据《2010 年环境状况公报》，全国地表水污染依然较严重，七大水系总体为轻度污染，各级环境监察部门要充分认识保障饮用水水源安全的重要性和紧迫性，高度重视饮用水水源地环境监管工作，加强饮用水水源保护区的常态化管理，有效预防和处置涉及饮用水水源的突发环境污染事件，确保广大人民群众饮水安全。

（一）基本概念

（1）地表水指陆面上各种液态、固态水体的总称。主要有河流、湖泊（水库）等。

（2）河流指陆地表面经常或间歇有水流动的线形天然水道。每条河流都有河源（河流的发源地）和河口（河流的终点），河源和河口均有可能是湖泊（水库）。河流是最活跃的地表水体，其水量更替快，水质良好，便于取用，是人类开发利用的主要对象。

（3）湖泊指陆地上洼地积水形成的水域比较宽广、换流缓慢的水体。拦河筑坝形成的水库也属于湖泊，称人工湖。

（4）水库指在山沟或河流的狭口处建造拦河坝形成的人工湖泊，有时天然湖泊也称为水库（天然水库），有些水库则由天然河流形成。

（5）地下水指贮于地表以下岩土层中水的总称。广义的地下水指包括土壤、隔水层和含水层中的重力水、非重力水；狭义的地下水是指土地、隔水层和含水层中的重力水。因其地域分布广、径流缓慢，随时能接受降水和地表水体的补给，故具有特殊的系统性、重叠性、复杂性、开放性、有限性和难恢复性等特点。

地下水按含水层介质类型的不同分为孔隙水、基岩裂隙水和岩溶水三类；按地下水埋藏条件分为潜水和承压水两类。地下水饮用水水源地按开采规模分为中小型水源地（采量$<$50 000 m^3/d）和大型水源地（开采量$\geq$50 000 m^3/d）。

（6）饮用水水源地指供城镇居民生活及公共服务用水、取水工程的水源地域。包括河流、湖泊、水库和地下水等水源地。

（7）集中式饮用水水源地指供水人口在 1000 人以上的饮用水水源地，包括具有一定规模的现用、备用和规划水源地。

（8）分散式饮用水水源地指供水人口小于一定规模（供水人口一般在 1 000 人以下）

的饮用水水源地，包括现用、备用和规划饮用水水源地。一般指农村饮用水水源，根据供水方式可分为联村、联片、单村、联户或单户等形式。

（9）集中式供水由集中式水源地取水，经统一净化处理和消毒后，由输水管网送到用户的供水方式。

（二）饮用水水源的类型

饮用水水源分为地表水饮用水水源和地下水饮用水水源两类，而地表水饮用水水源又分为河流型饮用水水源和湖库型饮用水水源。地下水饮用水水源一般有孔隙水饮用水水源、裂隙水饮用水水源、构造裂隙潜水型水源、溶丘山地网络型、峰丛洼地管道型以及断陷盆地构造型水源等类型。

（三）饮用水水源保护区

饮用水水源保护区指国家为防治饮用水水源地污染、保证水源地环境质量而划定，并要求加以特殊保护的一定面积的水域或陆域。饮用水水源保护区分为一级保护区和二级保护区，必要时可以在饮用水水源保护区外划定一定区域作为准保护区。一级保护区水质主要是保证饮用水卫生标准要求；二级保护区主要是在正常情况下满足水质要求，在出现污染饮用水水源的突发情况下，保证有足够的时间和缓冲地带；准保护区则是为了在保障水源水质的情况下，兼顾地方经济的发展，通过对其提出一定的防护要求来保证饮用水水源水质。

地表水饮用水水源保护区包括一定面积的水域和陆域；地下水饮用水水源保护区指地下水饮用水水源地的地表区域。

1．河流型饮用水水源保护区

（1）一级保护区。

水域范围：一般河流水源地，一级保护区水域长度为取水口上游不小于 1000m，下游不小于 100m 范围内的河道水域（潮汐河段水源地，一级保护区上、下游两侧范围相当，范围可适当扩大）。水域宽度为 5 年一遇洪水所能淹没的区域。通航河道则以河道中泓线为界，保留一定宽度的航道外，规定的航道边界线到取水口范围即为一级保护区范围；非通航河道为整个河道范围。

陆域范围：以确保一级保护区水域水质为目标，沿岸长度不小于相应的一级保护区水域长度。陆域沿岸纵深与河岸的水平距离不小于 50m。

（2）二级保护区。

水域范围：从一级保护区的上游边界向上游（包括汇入的上游支流）延伸不小于 2 000m，下游侧外边界距一级保护区边界不小于 200m。水域宽度从一级保护区水域向外 10 年一遇洪水所能淹没的区域，有防洪堤的河段二级保护区的水域宽度为防洪堤内的水域。

陆域范围：以确保水源保护区水域水质为目标，沿岸长度不小于二级保护区水域河长。沿岸纵深范围不小于 1000m（具体可依据自然地理、环境特征和环境管理需要确定）。对于流域面积小于 100 km^2 的小型流域，二级保护区可以是整个集水范围。当面污染源为主要水质影响因素时，二级保护区沿岸纵深范围，主要依据自然地理、环境特征和环境管理的需要，通过分析地形、植被、土地利用、地面径流的集水汇流特性、集水域范围等确定。

当水源地水质受保护区附近点污染源影响严重时，应将污染源集中分布的区域划入二级保护区管理范围，以利于对这些污染源的有效控制。

（3）准保护区。根据流域范围、污染源分布及对饮用水水源水质影响程度，需要设置准保护区时，参照二级保护区的划分方法确定准保护区的范围。

2．湖泊、水库饮用水水源保护区

一级保护区。

水域范围：小型水库和单一供水功能的湖泊、水库正常水位线以下的全部水域面积。大中型湖泊、水库采用模型分析计算方法确定一级保护区范围。小型湖泊、中型水库水域范围为取水口半径 300m 范围内的区域。大型水库为取水口半径 500m 范围内的区域。大中型湖泊为取水口半径 500m 范围内的区域。

陆域范围：小型湖泊、中小型水库为取水口侧正常水位线以上 200m 范围内的陆域，或一定高程线以下的陆域，但不超过流域分水岭范围。大型水库为取水口侧正常水位线以上 200m 范围内的陆域。大中型湖泊为取水口侧正常水位线以上 200m 范围内的陆域。

3．孔隙水饮用水水源保护区

以地下水取水井为中心，溶质质点迁移 100 天的距离为半径所圈定的范围为一级保护区；一级保护区以外，溶质质点迁移 1 000 天的距离为半径所圈定的范围为二级保护区，补给区和径流区为准保护区。

4．裂隙水饮用水水源保护区

以地下水开采井为中心，溶质质点迁移 100 天的距离为半径所圈定的范围作为水源地一级保护区；一级保护区以外，溶质质点迁移 1 000 天的距离为半径所圈定的范围为二级保护区。必要时将水源补给区和径流区划为准保护区。

5．构造裂隙潜水型水源保护区

以地下水取水井为中心，溶质质点迁移 100 天的距离为半径所圈定的范围作为一级保护区；一级保护区以外，溶质质点迁移 1 000 天的距离为半径所圈定的范围为二级保护区。必要时将水源补给区和径流区划为准保护区。

6．溶丘山地网络型、峰丛洼地管道型、断陷盆地构造型水源保护区

一级保护区以岩溶管道为轴线，水源地上游不小于 1000m，下游不小于 100m。不设二级保护区。必要时将水源补给区划为准保护区。

7．分散式饮用水水源保护区

河流型水源地取水口上游不小于 1000m，下游不小于 100m，两岸纵深不小于 50m，但不超过集雨范围；湖库型水源地取水口半径 200m 范围的区域，但不超过集雨范围。

8．水窖水源保护范围

集水场地区域。

（四）饮用水水源保护区标志

饮用水水源保护区标志指用图形符号、文字和颜色等，用于向相关人群传递饮用水水源保护区的有关规定和信息，以保护饮用水水源地。设立饮用水水源地保护区标志，是保护饮用水水源地最大可能地免受人类活动影响、保证水质安全的重要措施。包括：饮用水水源保护区界标，饮用水水源保护区交通警示牌。根据不同的水源地情况，区分为饮用水水源保护区道路警示牌和饮用水水源保护区航道警示牌。在实际工作中，可充分利用具有永久性的明显标志如水分线、行政区界线、公路、铁路、桥梁、大型建筑物、水库大坝、水工建筑物、河流汊口、输电线、通信线等标示保护区界线。

（五）饮用水水源水质

地表水饮用水水源一级保护区的水质基本项目限值不得低于 GB 3838—2002 中的Ⅱ类标准；且补充项目和特定项目应满足标准规定的限值要求。地表水饮用水水源二级保护区的水质基本项目限值不得低于 GB 3838—2002 中的Ⅲ类标准；并保证流入一级保护区的水质满足一级保护区水质标准的要求。地表水饮用水水源准保护区的水质应保证流入二级保护区的水质满足二级保护区水质标准的要求。地下水饮用水水源保护区（包括一级、二级和准保护区）水质各项指标不得低于 GB/T 14848 中的Ⅲ类标准。

（六）全国饮用水水源基本情况

近年来，我国饮用水水源保护各项工作取得了很大进展。截至 2008 年年底已完成城镇集中式饮用水水源基础环境状况的调查评估，建立了 31 个饮用水水源地基础环境信息数据库，绘制了 4000 多幅饮用水水源地基础信息图。据统计，全国城镇集中式饮用水水源地总数为 4002 个，供水服务总人口 4.91 亿，占全国城镇人口的 83%，年取水量 717.3 亿 t。其中河流型水源地 1243 个，占总数的 31.1%，服务人口 2.16 亿人，占服务人口的 44.0%，年取水量 291.5 亿 t，占水源地供水总量的 40.6%；湖库型水源地 1090 个，占水源地总数的 27.2%，服务人口 1.53 亿人，占服务人口的 31.2%，年取水量 326.4 亿 t；地下水型水源地 1669 个，占总数的 41.7%，服务人口 1.22 亿人，占总服务人口的 24.8%，年取水量 99.4 亿 t，占水源地供水总量的 13.9%。

（七）饮用水水源保护相关法律法规和制度

（1）《中华人民共和国宪法》和《中华人民共和国环境保护法》对饮用水水源的保护的规定：

《中华人民共和国宪法》第九条规定："矿藏、水流、森林、山岭、草原、荒地、滩涂等自然资源，都属于国家所有，即全民所有……国家保障自然资源的合理利用，保护珍贵的动物和植物。禁止任何组织或者个人用任何手段侵占或者破坏自然资源。"第 26 条规定："国家保护和改善生活环境和生态环境，防治污染和其他公害。"宪法作为根本大法，具有最高的法律效力。

《中华人民共和国环境保护法》是环境保护的基本法，第 31 条规定："因发生事故或者其他突然性事件，造成或者可能造成污染事故的单位，必须立即采取措施处理，及时通报可能受到污染危害的单位和居民，并向当地环境保护行政主管部门和有关部门报告，接受调查处理。可能发生重大污染事故的企业事业单位，应当采取措施，加强防范。"第 44 条规定："违反本法规定，造成土地……水……资源的破坏的，依照有关法律的规定承担法律责任。"饮用水水源的保护在我国根本法和环境保护基本法中得到充分的体现。

（2）饮用水水源区划和规划制度。

《中华人民共和国水法》第 33 条规定："国家建立饮用水水源保护区制度。省、自治区、直辖市人民政府应当划定饮用水水源保护区，并采取措施，防止水源枯竭和水体污染，保证城乡居民饮用水安全。”

《中华人民共和国水污染防治法》第 56 条规定：“国家建立饮用水水源保护区制度。饮用水水源保护区分为一级保护区和二级保护区；必要时，可以在饮用水水源保护区外围划定一定的区域作为准保护区。

饮用水水源保护区的划定，由有关市、县人民政府提出划定方案，报省、自治区、直辖市人民政府批准；跨市、县饮用水水源保护区的划定，由有关市、县人民政府协商提出划定方案，报省、自治区、直辖市人民政府批准；协商不成的，由省、自治区、直辖市人民政府环境保护主管部门会同同级水行政、国土资源、卫生、建设等部门提出划定方案，征求同级有关部门的意见后，报省、自治区、直辖市人民政府批准。

跨省、自治区、直辖市的饮用水水源保护区，由有关省、自治区、直辖市人民政府协商有关流域管理机构划定；协商不成的，由国务院环境保护主管部门会同同级水行政、国土资源、卫生、建设等部门提出划定方案，征求国务院有关部门的意见后，报国务院批准。

国务院和省、自治区、直辖市人民政府可以根据保护饮用水水源的实际需要，调整饮用水水源保护区的范围，确保饮用水安全。有关地方人民政府应当在饮用水水源保护区的边界设立明确的地理界标和明显的警示标志。”

《中华人民共和国水污染防治法》第 15 条规定：“防治水污染应当按流域或者按区域进行统一规划。国家确定的重要江河、湖泊的流域水污染防治规划，由国务院环境保护主管部门会同国务院经济综合宏观调控、水行政等部门和有关省、自治区、直辖市人民政府编制，报国务院批准……县级以上地方人民政府应当根据依法批准的江河、湖泊的流域水污染防治规划，组织制定本行政区域的水污染防治规划。”

（3）主要水污染物的总量控制制度。

国家对重点水污染物排放实施总量控制制度。省、自治区、直辖市人民政府应当按照国务院的规定削减和控制本行政区域的重点水污染物排放总量，并将重点水污染物排放总量控制指标分解落实到市、县人民政府。市、县人民政府根据本行政区域重点水污染物排放总量控制指标的要求，将重点水污染物排放总量控制指标分解落实到排污单位。具体办法和实施步骤由国务院规定省、自治区、直辖市人民政府可以根据本行政区域水环境质量状况和水污染防治工作的需要，确定本行政区域实施总量削减和控制的重点水污染物。对超过重点水污染物排放总量控制指标的地区，有关人民政府环境保护主管部门应当暂停审批新增重点水污染物排放总量的建设项目的环境影响评价文件。

（4）饮用水水源环境应急制度。

饮用水水源一旦遭到破坏或污染，不仅很难治理，还危害人体健康，危及社会稳定。因此，为保障饮用水水源安全，国家制定了相应的应急制度，在法律法规方面也作了相应的规定。《中华人民共和国水污染防治法》第 66 条规定：“各级人民政府及其有关部门，可能发生水污染事故的企业事业单位，应当依照《中华人民共和国突发事件应对法》的规定，做好突发水污染事故的应急准备、应急处置和事后恢复等工作。”《国家突发环境事件应急预案》也把造成饮用水水源中断的情形列入特别重大或重大污染事件。

二、饮用水水源环境监察

（一）监察程序

1．收集资料和相关信息

通过实地调查、查阅档案和向饮用水水源地管理部门了解当地饮用水水源地基本情况，掌握辖区内所有饮用水水源基本信息，包括集中式城镇生活饮食水水源和农村分散式饮食水水源的地理位置、供水能力、服务人口以及相关保护区的范围；供水工程项目环境影响评价报告书及其审批、验收文件；《卫生许可证》和《城市供水企业资质证书》发放情况；供水单位的制水工艺和设备、平面布局图、设备布局图；具有法定资格的技术服务机构出具的水源水、出厂水、管网末梢水水质检测资料；供水单位水质检验制度，水质资料上报制度，饮用水污染事故报告制度，检查和考核制度；饮用水水源有保护区的地形、地貌、地质、气候、土壤、水文、生物和地理位置等情况。

饮用水水源的环境监管，因水的流动性和行政区域的分割性而具有其他环境监管不同的内容。应根据饮用水水源的类型，掌握与水源相关的背景资料。如辖区行政区划和流域分布情况，河流（包括跨行政区河流断面）隶属水系、深度、流速、流量等水文资料；与饮用水水源有关的河流、湖泊、水库、水闸、水坝、水电站建设以及不同季节水利调度情况；保护区内建设项目基本情况、排污口分布及主要污染物浓度、总量和污水排放量等情况；丰水期、平水期和枯水期水质情况。

2．制订饮用水水源监察计划

饮用水水源环境监察涉及面广，内容多，政策和技术性强，要做好这项工作的，必须充分做好前期准备工作，根据收集的基础数据和资料，制订专项监察计划和方案，确定监察重点。需要其他部门配合实施联合监察的，联系有关部门召开联席会议，明确各部门的具体工作任务。

3．现场检查处理

现场监察执法人员不得少于两人，并出示执法证件。向供水部门了解饮用水水源保护区及取水点环境保护及水质情况，现场检查取水点、保护区标志建立及排污口相关排污单位情况。检查涉及建设项目和生产经营活动环境影响评价、“三同时”及环保验收情况，发现有环境违法行为的，应进行制止并现场取证。

（1）调查取证。对现场检查发现的环境违法行为，应当场制止，并根据《中华人民共和国行政处罚法》和《环境保护行政处罚办法》相关规定，对违法事实、违法情节和危害后果进行调查，或依法收集相关证据，制作现场检查笔录，根据现场检查情况编写监察报告并向主管部门提出处理建议。

（2）环境监察记录。在供水单位检查时填写《饮用水水源环境监察现场检查记录表》，在饮用水水源保护区检查时填写《饮用水水源地建设项目环境监察现场检查记录表》，按照监察内容制作环境保护现场检查（勘察）笔录。

（3）视情处理。

①现场处理。对现场检查发现的环境违法行为，按《中华人民共和国行政处罚法》、《环

境保护行政处罚办法》规定程序，适用简易程序的，现场责令改正，并视情进行现场处罚。

②立案处罚或提出处罚建议。对适用一般程序的环境违法行为，按相关规定及法定职责，依法立案，提出处罚建议或作出处罚决定。环境保护行政主管部门或其环境监察机构实施行政处罚时，应当及时作出责令当事人改正或者限期改正违法行为的行政命令。

③案件移送。

环保系统内部移交移送。检查发现不属于其管辖范围的环保违法案件，应及时将案件移交有管辖权的环境保护行政主管部门。由上级环保部门管辖的建设项目，应形成书面材料报送有管辖权的上级环境保护行政主管部门处理。上级环境保护部门可以将管辖的案件交由有管辖权的下级环境保护行政主管部门实施行政处罚。跨行政区域的环境保护违法案件，由违法行为发生地的环境保护行政主管部门处理。对案件的管辖权发生争议时，应将案件移送共同的上一级环境保护行政主管部门，由上级环保部门直接管辖或指定管辖；下级环境保护行政主管部门对其管辖范围内的行政处罚案件实施处罚确有困难的，完成相关调查取证工作后，可以将案件移送上一级环境保护行政主管部门处理。

向政府或相关部门移交移送。对不属于环境保护行政主管部门管辖的案件，应当按照有关规定移送有管辖要的机关处理。涉嫌违法依法应当由人民政府实施责令搬迁、关闭的案件，环境保护行政主管部门应当提出处理建议报本级人民政府；发现涉及河道采矿的向水利和矿产部门移送；涉及尾矿库（坝）存在隐患的，向安全生产监管部门移送；涉及生态林毁坏事件的向林业部门移送；涉及船舶运输污染的向海事部门移送。未取得卫生许可证（或许可证失效）擅自供水的，向卫生行政主管部门移送；未取得城市供水企业资质证书（或失效）的，向建设行政主管部门移送。涉嫌违法依法应当实施行政拘留的案件，移送公安机关；涉嫌违反党纪、政纪的案件，移送纪检、监察部门。

4. 监督执行

对限期整改情况进行核查和后督察，监督行政相对人在期限内完成整改和落实处罚决定，杜绝出现监管漏洞。

5. 总结归档

在从事饮用水水源执法监察活动中形成的各种文字、图表和声像资料应按环境监察档案管理要求，建立相应的档案库，确保每一项饮用水水源地环境监察活动相关文件资料准确、完整和系统的饮用水水源地环境监察档案，并充分运用现代科学技术手段使信息资料和查询达到方便、快捷和准确的要求，加强饮用水水源地环境监察档案管理，保证档案安全和有效利用。

饮用水水源地环境监察档案主要包括以下内容：

（1）自来水厂项目建设的审批文件、验收文件。

（2）供水单位的制水工艺和设备、平面布局图、设备布局图。

（3）水源水、出厂水、管网末梢水水质检测资料。

（4）供水单位内部管理制度，包括水质检验制度，水质资料上报制度，饮用水污染事故报告制度，检查和考核制度。

（5）饮用水水源保护区划分和审批文件。

（6）辖区行政区划和流域分布情况（图件），河流（包括跨行政区河流断面）隶属水系、深度、流速、流量等水文资料。

（7）保护区内相关建设项目基本情况、排污口分布及主要污染物浓度、总量和污水排放量等情况。

（8）与饮用水水源有关的河流、湖泊、水库、水闸、水坝、水电站建设以及不同季节水利调度情况资料；河流丰水期、平水期和枯水期水质情况。

（9）日常监察工作中形成的现场监察信息、污染源监测报告。

（10）卫生行政部门签发的《卫生许可证》。

（11）建设行政主管部门颁发的《城市供水企业资质证书》。

（二）监察内容

饮用水水源地环境监察的主要内容包括：饮用水水源地的水质情况；饮用水水源地的建设管理情况；饮用水安全应急预案的制定情况；调查影响饮用水水源地水质安全的排污企业，检查有关法律、法规的落实情况。

1. 饮用水水源保护区划定情况

水源保护区划定（调整）情况，划定（调整）的部门、时间、范围、审批情况。各地饮用水水源保护区一经划定后，没有特殊情况，原则上不能调整，严禁出现地方政府为了上项目而随意调整保护区的现象。

2. 饮用水水源保护区标志建立情况

在水源地一级保护区周围是否建设隔离防护围栏、围网、生态防护林等隔离防护工程；是否建立警示标牌。

3. 饮用水水源保护区排污口设置、建设项目及生态保护情况

（1）地表水水源各级保护区及准保护区：①禁止破坏水环境生态平衡的活动以及破坏水源林、护岸林、与水源保护相关植被的活动；②禁止向水域倾倒工业废渣、城市垃圾、粪便及其他废弃物；③未经有关部门批准、登记并设置防渗、防溢、防漏设施，禁止运输有毒有害物质、油类、粪便的船舶和车辆进入保护区；④禁止使用剧毒和高残留农药，滥用化肥，使用炸药、毒品捕杀鱼类。

（2）地表水水源一级保护区：①禁止新建、扩建与供水设施和保护水源无关的建设项目；②禁止设置排污口；③设置与供水需要无关的码头；④禁止堆置和存放工业废渣、城市垃圾、粪便和其他废弃物；⑤禁止设置油库；⑥禁止从事种植、放养禽畜和网箱养殖活动；⑦可能污染水源的旅游活动和其他活动。

（3）地表水水源二级保护区：①禁止新建、扩建向水体排放污染物的建设项目。改建项目是否削减污染物排放量；②原有排污口是否削减污水排放量，以保证保护区内水质满足规定的水质标准；③是否设立装卸垃圾、粪便、油类和有毒物品的码头。

（4）地表水水源准保护区：准保护区内直接或间接向水域排放废水，必须符合国家及地方规定的废水排放标准。当排放总量不能保证保护区内水质满足规定的标准时，必须削减排污负荷。

（5）地下水水源保护区：地下水型水源地生态十分脆弱，一旦受到污染，治理投资大，见效慢、效果差。应强化水源保护区的监管，以防为主，防治结合，严防地表污水进入地下。

在监察过程中，重点检查饮用水地下水源各级保护区及准保护区是否有下列违法行为：①破坏水源涵养林和水源保护相关的植被；②利用渗坑、渗井、裂隙、溶洞等排放污

水和其他有害废弃物；③利用透水层孔隙、裂隙、溶洞及废弃矿坑储存石油、天然气、放射性物质、有毒有害化工原料、农药等；④人工回灌地下水时污染当地地下水源。

（6）地下水源一级保护区：①建设与取水设施无关的建筑物；②从事农牧业活动；③倾倒、堆放工业废渣及城市垃圾、粪便和其他有害废弃物；④输送污水的渠道、管道及输油管道通过本区；⑤建设油库；⑥建立墓地。

（7）地下水源二级保护区：对于潜水含水层地下水水源地：①禁止建设化工、电镀、皮革、造纸、制浆、冶炼、放射性、印染、染料、炼焦、炼油及其他有严重污染的企业。已建成的要限期治理，转产或搬迁；②设置城市垃圾、粪便和易溶、有毒有害废弃物堆放场和转运站。已有的上述场站要限期搬迁；③利用未经净化的污水灌溉农田。已有的污灌农田必须限期改用清水灌溉；④化工原料、矿物油类及有毒有害矿产品的堆放场所没有防雨、防渗措施。

对于承压含水层地下水水源地，禁止承压水和潜水的混合开采，做好潜水的止水措施。

（8）地下水源准保护区：地下水源准保护区内禁止建设城市垃圾、粪便和易溶、有毒有害废弃物的堆放场站，因特殊需要设立转运站的，必须经有关部门批准，并采取防渗漏措施；当补给源为地表水体时，该地表水体水质不应低于《地面水环境质量标准》（GB 3838—2002）Ⅲ类标准；不得使用不符合《农田灌溉水质标准》（GB 5084—20055）的污水进行灌溉，合理使用化肥；保护水源林，禁止毁林开荒，禁止非更新砍伐水源林。

4．饮用水水源地环境风险源管理情况

（1）开展饮用水水源地风险评估工作情况。检查是否建立饮用水水源地风险评估机制，是否建立相应的固定源风险（包括输送石化原料和产品的管线）和流动风险源（危险品运输）因子库、监测方法库、标准库和技术库。利用污染普查数据，重点加强水源保护区上游化工、造纸、金属冶炼等污染源风险评估和管理工作。

（2）饮用水水源地应急机制建设情况。检查保护区范围内相关企业以及运输和使用有毒有害危险化学品单位是否建立应急机制，编制相应的突发事件应急预案，是否按规定进行演练。检查是否在风险设备周围建设围堰、围堤，在单位车间设立泄漏事故收集池，在厂界设立泄漏废水拦截池或污染治理设施应急池。

掌握本辖区有毒有害危险化学品物质的流动源种类和数量（包括公路、铁路和水路等），运输路线、周边地理特征，沿线污染防控措施情况和排水管网以及常见流动风险因子的处置技术；了解管线输送石化产品的物质种类、跨越区域、运行时段和应急措施。制定针对水源地环境风险的危险品运输污染事故预防措施。

（3）饮用水水源保护应急保障体系建设情况。检查是否根据当地饮用水水源地的风险特征，保护区流域污染特征及风险源类别、特点，会同相关部门共同构建完善的物资保障、装备保障、技术保障、队伍保障以及专家库建设等应急保障体系。

检查是否建设风险源自动监测监控系统，流域地表水自动监测预警系统、饮用水水源自动监测预警系统以及取水口自动监测预警系统，各系统运行是否正常，是否与环保部门联网运行。

（4）自来水厂环境风险管理情况。自来水厂在制水消毒过程中一般使用液氯、臭氧或二氧化氯做消毒剂。液氯以及制备二氧化氯使用的原料氯酸钠都属于危险化学品，应按有关规定进行管理。重点检查企业是否制定相应的危险化学品应急预案，落实机构和人员，配置相应的应急物质并进行应急演练。

5. 自来水厂排污口建设情况

自来水厂应按规定设置废水排放口，并申领排放污染物许可证。在江河、湖泊设置排污口的，还应当遵守水行政主管部门的规定，办理排水许可证。现场检查排污口设置是否符合规范化建设要求，是否设立规范的标志牌。

6. 自来水厂废水处理设施建设及运行情况

自来水厂应对生产废水进行治理，并达标排放污染物。现场检查废水处理设施建设及运行情况，检查每日废水进出水量、水质，药品使用记录以及设备维修记录等台账记录。自动监控设备是否选用通过国家质量认证的产品，是否与环保部门联网，是否通过环保部门比对监测和验收和正常运行。

自来水厂应当设置专门的环境管理机构，配备废水处理设施管理和操作人员，制定染防治设施设备操作规程、交接班制度、台账制度等各项环境管理制度，并将上述制度上墙。操作人员应当严格按照环保设施设计方案和操作规程进行操作和运行，建立真实完整的污染防治设施日常运行记录，并按照设施维护检修规程定期进行设施维护检修。

7. 排污申报登记情况

排污申报登记制度作为一项排污单位向环保部门定期申报污染源排污状况，污染治理设施运转及处理情况的报告制度，是排污者的责任和法定义务，具有基础性、时间性、真实性和强制性等特点。

（1）保护区范围内企业排污申报登记情况。通过申报登记建立保护区范围内相关污染源与污染物的资料数据库，分析和掌握污染的空间布局和动态变化。重点做好化工、重金属以及危险废物排放企业的申报登记及审核工作。

（2）自来水厂排污申报登记情况。自来水厂是比较特殊的排污单位，长期以来并没有把它列入排污单位进行管理。其污染物主要是来自沉淀池或澄清池排泥水和滤池反冲洗废水，其中包含原水中的杂质以及投加药济的残留物，其水量占总水量的3%～7%，除少数企业建有废水处理设施外，大部分都是直接排入水体。尽管目前国内对自来水厂的废水处理还没有统一要求，但因对环境确实有一定的影响，是地表水体的一类不可忽视的污染源，应该引起足够的重视。

自来水厂的污泥量受多种因素影响，包括原水水质、水处理药剂投加量、采用的净水工艺和排泥的方式等。根据水厂的有关运行参数可以较准确地计算出沉淀池排泥水量和滤池反冲洗废水量。水厂沉淀池一般采用人工定时排泥，根据每天排泥次数、时间和排泥流量以及沉淀池格数即可计算出沉淀池的排泥水量，也可以根据滤池冲洗次数、时间、单格滤池面积和格数计算出滤池反冲洗废水量。如果沉淀池排泥和滤池反冲洗实现了自动化运行，则需要对水厂沉淀池排泥和滤池反冲洗进行现场观测，了解沉淀池排泥和滤池反冲洗流量、每次历时和统计每天排泥或冲洗的次数，然后进行计算。一些先进的自来水厂附带有废水处理系统，能将滤池反冲洗水和沉淀池排泥水进行收集浓缩，回收利用上清液并对污泥进行脱水，压缩成泥饼外运填埋，并进行脱生物处理，在一定程度上实现废水零排放。

自来水厂应遵照排污申报规定向所在地的环境保护行政主管部门进行排污申报登记，依法提供排放废水和污泥的监测数据，有废水处理系统的应对污泥作危险废物鉴别分析。环境监察机构依法对申报材料进行审核。

第四章 非污染性建设项目生态环境监察

第一节 水利、水电建设项目生态环境监察

我国经济已步入快速发展期，但资源、环境与经济发展不平衡的问题却越来越突出。经济的发展带来巨大的能源需求，石油、煤炭等一次能源的大量消耗造成了巨大环境压力、污染治理压力和运输压力。与石油、煤炭等一次能源相比，水能作为可再生能源，具有取之不尽、用之不竭的特点。我国的水能资源理论蕴藏量 6.78 亿 kW，居世界第一位，截止到 2009 年年底，我国水电开发率为 29%，与发达国家 60%的水电开发率相比，我国水电开发程度不高，有美好的开发前景。建设水利水电项目，充分发挥水能发电营运成本低、效率高、基本无污染的优势，以水电替代火电，可以在提高能源供应能力的同时降低二氧化硫、氮氧化物、温室气体的排放，为节能减排作出贡献。水利水电工程还能提高防洪能力，提供灌溉用水和调节水资源的空间分布，改善航运条件，缓解骨干运输线的压力，促进库区和周边地区经济发展，具有重大环境意义和战略意义。水利水电项目建设和运行过程中，对项目所在地生态环境会造成一定影响，做好水利水电建设项目生态环境监察工作，尽可能减少对生态环境的扰动，保护珍稀动植物资源，是环境监察部门的职责。

一、我国水利水电建设项目概况和现状

水利水电工程属于水利工程，是将水能转换为电能的综合水利工程设施，又称水电站。它包括为利用水能生产电能而兴建的一系列水电站建筑物及装设的各种水电站设备。利用这些建筑物集中天然水流的落差形成水头，汇集、调节天然水流的流量，并将它输向水轮机，经水轮机与发电机的联合运转，将集中的水能转换为电能，再经变压器、开关站和输电线路等将电能输入电网。有些水电站除发电所需的建筑物外，还常有为防洪、灌溉、航运、过木、过鱼等综合利用目的服务的其他建筑物。这些建筑物的综合体称为水电站枢纽或水利枢纽。

（一）水利水电建设项目分类

按水电站装机容量的大小，可分为大型、中型和小型水电站。一般装机容量 5 000kW 以下的为小水电站，5 000～100 000kW 为中型水电站，10 万 kW 或以上为大型水电站或巨型水电站。

（二）水电站枢纽的组成建筑物

1. 挡水建筑物

用以截断水流，集中落差，形成水库的拦河坝、闸或河床式水电站的长房等水工建筑物。如混凝土重力坝、拱坝、土石坝、堆石坝及拦河闸等。

2. 泄水建筑物

用以宣泄洪水或放空水库的建筑物。如开敞式河岸溢洪道、溢流坝、泄洪洞及放水底孔等。

3. 进水建筑物

从河道或水库按发电要求引进发电流量的引水道首部建筑物。如有压、无压进水口等。

4. 引水建筑物

向水电站输送发电流量的明渠及其渠系建筑物、压力隧洞、压力管道等建筑物。

5. 平水建筑物

在水电站负荷变化时用以平稳引水建筑物中流量和压力的变化，保证水电站调节稳定的建筑物。对有压引水式水电站为调压井或调压塔；对无压引水式电站为渠道末端的压力前池。

6. 厂房枢纽建筑物

水电站厂房枢纽建筑物主要是指水电站的主厂房、副厂房、变压器场、高压开关站、交通道路及尾水渠等建筑物。这些建筑物一般集中布置在同一局部区域形成厂区。厂区是发电、变电、配电、送点的中心，是电能生产的中枢。

（三）水利水电建设项目特点

1. 对生态环境有很大影响

水利工程不仅通过其建设任务对所在地区的经济和社会发生影响，而且对江河、湖泊、区域气候以及附近地区的自然面貌、生态环境、自然景观，都将产生不同程度的影响。

2. 有很强的系统性和综合性

水利水电工程是同一流域、同一地区内各项水利工程的有机组成部分，这些工程既相辅相成，又相互制约；单项水利水电工程自身往往是综合性的，各服务目标之间既紧密联系，又相互矛盾。水利水电工程和国民经济的其他部门也是紧密相关的。

3. 水利水电工程的效益具有随机性

根据每年水文状况不同而效益不同。水利水电工程规划是流域规划或地区水利规划的组成部分，而一项水利水电工程的兴建，对其周围地区的环境将产生很大的影响，既有兴利除害有利的一面，又有淹没、浸没、移民、迁建等不利的一面。为此，水利水电项目的建设，必须从流域或地区的全局出发，统筹兼顾，以期减免不利影响，收到经济、社会和环境的最佳效果。

4. 工程量大，投资大

水利水电工程一般规模大，土石方挖填量大，技术复杂，工期较长，投资多，兴建时必须按照基本建设程序和有关标准进行。

（四）我国水利水电工程建设情况

2009 年全国完成水利建设投资 1894 亿元，其中水电工程投资 72 亿元；2009 年年末全国水电装机容量 19686 万 kW，全年发电量 5055 亿 kW·h。其中农村水电装机容量 5512 万 kW，全年发电量 1567 亿 kW·h（数据来源：《2009 年全国水利发展统计公报》）。

二、水利水电建设项目对生态环境的影响

（一）水利水电建设项目建设期的污染

水利水电建设项目工程建设规模较大、总工期较长、使用机械数量多、施工人员集中、涉及范围较大。因此，施工期会产生一定量的生产废水、生活污水、机械噪声、废气、固体废弃物等污染物。

1．对水环境的影响

废水产生环节主要有砂石骨料加工厂对含泥砂石骨料进行冲洗产生的生产废水；大型建筑基坑开挖的基坑排水；机械修配厂的含油废水；混凝土拌和系统的冲洗废水和混凝土养护废水；施工营地生活污水。其中砂石骨料加工厂生产废水量最大。这些废水产生量较大，若不经过处理直接排向河道会造成水质污染。

2．对大气环境的影响

施工期废气和道路扬尘产生的主要环节是爆破作业区、施工临时道路区和混凝土拌和系统。其中，扬尘对周边居民、农作物的影响最大。

3．对声环境的影响

施工期机械噪声产生环节主要是在施工工地、加工厂、施工道路、石料场爆破区及施工工地需爆破作业的区域。施工工地和加工厂属于点噪声源，施工道路为流动噪声源，石料场爆破区及施工工地需爆破作业的区域为瞬时噪声源。当周边有居民、学校、医院和机关时，就会产生噪声污染。

4．固体废物

固体废物主要指施工营地生活垃圾、工程弃渣及维修机械产生的危险废物。施工营地生活垃圾主要影响施工人员生活，工程弃渣如不采取拦挡措施会造成水土流失。维修机械产生的废油、油棉纱等不妥善处理会造成水污染和大气污染、破坏土壤。

5．对生态环境的影响

水利水电建设项目自身特点决定了其对周边生态环境影响严重。水库筑坝建闸阻隔了河流上下游水流通道，改变了水环境，对水生物造成了影响；水库淹没区、各类工程占用大量土地资源，形成对土地、生态的影响，对陆生动植物造成影响。

6．移民安置对生态环境的影响

水利水电建设项目移民内容包括：村移民安置、工业企业迁建、专项设施复建、基础设施建设等。移民安置建设活动主要影响是扰动地表、产生弃渣、加剧安置点水土流失、破坏安置点植被。

（二）水利水电建设项目运行期对生态环境的影响

1. 项目运行期对环境的污染

水利水电建设项目运行时主要产生生活污水、机修废油、机修废油棉纱及大坝拦挡的漂浮物。生活污水应经过处理后外排，避免污染环境。机修废油、机修废油棉纱属于危险废物，应按国家对危险废物的处置规定处理。大坝拦挡的漂浮物主要是各类生活垃圾，会对工作人员及周边居民健康造成影响，应妥善处理。

2. 对生态环境的影响

水利水电建设项目筑坝建闸阻隔了河流上下游水流通道，改变了水环境，对水生物生存繁衍造成了影响，部分水生物可能会灭绝；供水、灌溉工程增加了河道外用水而相应减少了河道内水量，对下游水环境和生态环境造成影响；水库增大了蒸发面，对库区周边气候会造成一定的影响。

三、水利水电建设项目生态保护对策

（一）建设期生态保护对策

1. 水环境保护对策

砂石骨料加工厂应建设污水处理设施，对含泥砂石骨料进行冲洗产生的生产废水处理后达标排放或回用；对大型建筑基坑开挖的基坑排水应采取隔油措施处理后达标排放；机械修配厂的含油废水应采取隔油措施处理后排放；建设废水处理系统，将混凝土拌和系统的冲洗废水和混凝土养护废水收集处理达标后排放；施工营地生活污水应建设处理设施处理后达标排放。

2. 大气环境保护对策

爆破作业区应采取水幕爆破降尘措施减少爆破扬尘。施工临时道路区应安排专人打扫，同时采用洒水降尘措施。混凝土拌和系统应安装除尘器。

3. 声环境保护对策

施工工地和加工厂应优先选用低噪声设备进行施工和加工，同时设置声屏障等隔声措施。施工道路为流动噪声源，采取在环境敏感点外设置声屏障的措施隔音。石料场爆破区及施工工地需爆破作业的区域为瞬时噪声源应严格控制作业时间，休息时间严禁作业。

4. 固体废物处置措施

生活垃圾集中后送当地生活垃圾处理场处理。弃土弃渣送渣场处理，渣场要做好水土保持措施。危险废物交有资质单位进行处理。

5. 生态环境保护对策

对受影响的水生物，采取人工繁殖放流方式加以保护。对珍稀动植物采取迁移保护。

6. 移民安置生态保护对策

做好安置点建设规划，尽量减少因建设基础设置、安置房对地表的扰动。弃渣场应做好水土保持工作。迁建工业企业应落实“三同时”要求，做好各项工作后方可投入生产。

（二）运行期生态保护对策

1．项目运行期的生态保护对策

项目应建设生活污水处理设施，将生活污水处理后排放或用于绿化。机修废油、机修废油棉纱属危险废物，应交给有资质的单位处理。大坝拦挡的漂浮物主要是生活垃圾，应送往所在地生活垃圾处理场处理。

2．生态环境保护对策

做好珍稀水生物人工繁殖放流工作和珍稀、濒危物种的人工繁育工作；在做好供水、灌溉工作的同时，保证下游河道水量，尽量减少对下游水环境和生态环境的影响。

四、水利水电建设项目环境监察

开展水利水电建设项目环境监察，是落实科学发展观的具体表现，是保护项目区域生态环境的重要手段。各级环境保护部门的环境监察机构依照国家有关规定对辖区内水利水电建设项目履行环境保护法律法规、规章制度、各项政策及标准的情况，进行现场监督、检查和处理。

（一）工作程序

开展水利水电建设项目生态环境监察工作主要有以下几个程序。

1．监察准备

收集拟检查水利水电项目的环境影响报告书（表）、环评批复、排放污染物申报登记表，掌握项目基本情况，了解批复要求，确定监察重点，制定监察方案。

照相机、摄像机、GPS 定位仪、采样设备等应确保可以使用，交通工具应作好安排。现场检查记录、现场监察意见书、询问笔录、当场处罚决定书等执法文书应确保足够的份数。

涉及跨省、市、县的水利水电项目，应事前与相关环境监察机构做好联系协调工作，确保信息互通、协调推进。

2．现场监察程序

现场查看相关资料，与工地工人及周边居民进行随机性的访谈，按监察方案检查项目环境保护“三同时”落实情况及环保验收的执行情况。检查污染治理设施运行、处理情况及污染物排放情况，查看生态破坏和恢复情况，做好现场检查记录。发现有环境违法行为、违法事实确凿、情节轻微并有法定依据，对企业处以 1000 元以下罚款或警告的，可当场作出处罚决定。发现严重环境污染或其他严重情况，应立即采取措施制止事态发展，减少损失，并现场取证。

3．提交报告

根据现场检查情况进行综合分析，编制该项目的生态环境监察报告，向主管部门提出处理意见。

4．行政处罚

对违法事实确凿并有法定依据、不适用当场处罚、依法应给予行政处罚的按行政处罚程序进行处理。

5．移交移送

将环保部门职责外的案件及时移交移送至有关部门。

6．定期复查

按期进行复查，检查企业对处理决定的落实情况。

7．总结归档

现场监察过程中形成的文字材料及音像资料，及时分类归档。

（二）监察内容和要点

1．新建水利水电建设项目现场监察要点

新建水利水电建设项目包括新建、改建、扩建和技术改造水利水电项目。按“预防为主”的方针，对新建水利水电建设项目实施全过程生态环境监察即对项目的施工过程、试生产（运行）、生产等全过程进行执法监察，发现企业环境违法行为应予处理。

（1）施工建设阶段。资料审核方面重点检查项目的环保审批手续是否齐全、完备；检查是否建立了施工建设期环境管理制度、是否建立了污染治理设施运行管理制度、是否建立了环境事故应急预案、是否建立了环境管理岗位责任制、是否有制度落实情况的周期自查报告、是否有工程落实环保“三同时”要求的自查报告、是否建立了污染治理设施运行记录及运行管理台账；检查项目是否办理排污申报登记、排污申报数据来源资料、印证数据来源的工程进度汇总材料及物资消耗情况的原始凭据和汇总材料。

现场检查方面重点检查项目的性质、规模、地点、生产工艺等是否符合环评及其批复的要求，有无重大变更，是否依法履行了相关变更手续；检查环境影响评价文件及环保部门审批意见中提出的污染防治及生态保护措施是否落实；检查施工现场需要配套的污染治理设施是否同步建设并投入正常使用；检查工地现场是否将环境管理制度、污染治理设施运行管理制度、环境管理岗位责任制等环境管理制度上墙，是否建立了污染治理设施运行记录、运行管理台账并按规范进行了记录；检查工地生产废水是否有规范化的排放口并设置了标牌；检查施工现场环境保护状况（包括渣场水土保持措施落实情况和生态恢复情况、固体废物的堆放情况、工地及交通线噪声和扬尘情况，污水排放情况等）；检查是否按照国家有关规定及时、足额缴纳排污费。

（2）试生产（运行）阶段。资料审核方面重点检查项目业主是否向环保部门提交试生产（运行）申请，是否得到环保部门的同意；检查是否建立了试生产（运行）阶段环境管理制度、是否建立了污染治理设施运行管理制度、是否建立了环境事故应急预案、是否建立了环境管理岗位责任制、是否有制度落实情况的周期自查报告、是否有落实环保“三同时”要求的自查报告、是否建立了污染治理设施运行记录及运行管理台账；检查项目是否按时办理排污申报登记、排污费是否缴纳、排污申报数据来源资料、印证数据来源的汇总材料及物资消耗情况的原始凭据和汇总材料。

现场检查方面重点检查项目生产工艺、各项环保措施是否按环评及其批复的要求逐一落实；检查环境影响评价文件及环保部门审批意见中提出的污染防治及生态保护措施是否落实；检查配套的污染治理设施是否同步投入使用，各种污染物排放是否达标，排放量是否达到总量要求；检查是否将环境管理制度、污染治理设施运行管理制度、环境管理岗位

责任制等环境管理制度上墙，是否建立了污染治理设施运行记录、运行管理台账并按规范进行了记录；检查生产废水是否有规范化的排放口并设置了标牌；渣场是否采取防扬散、防流失、防渗漏、防污染及水土保持措施；是否有突发环境事件应急物资储备、应急装置、设施和场所。

检查完毕后检查单位应编制试生产阶段环保措施执行情况环境监察报告，作为竣工验收的依据之一，并加强对建设项目"三同时"的执法监察。

(3)正式生产阶段。资料审核方面重点检查建设项目环保设施竣工验收手续是否齐全；是否办理排污申报登记、排污许可证及缴纳排污费；是否建立了环境管理制度、是否建立了污染治理设施运行管理制度、是否建立了环境事故应急预案、是否建立了环境管理岗位责任制、是否有制度落实情况的周期自查报告、是否建立了污染治理设施运行记录及运行管理台账。

在开展现场监察时应检查污染治理设施是否正常运行；污染物排放是否控制在总量范围内；污水处理是否达到要求，排放污水是否符合排放标准；固体废物是否按环评要求处置，渣场是否按环保规定封场；生态恢复措施是否按环评要求实施；对环保行政主管部门下达的限期整改项目是否进行了整改；是否有突发环境事件应急物资储备、应急装置、设施和场所。

2. 已建成项目现场监察要点

已建成项目主要指在《建设项目环境保护管理条例》颁布前建成，正处于运行阶段的水利水电设施。

资料审核方面重点检查项目补办环保审批手续是否齐全、补办"三同时"竣工验收手续是否齐全；是否办理排污申报登记、排污许可证及缴纳排污费；是否建立了环境管理制度、是否建立了污染治理设施运行管理制度、是否建立了环境事故应急预案、是否建立了环境管理岗位责任制、是否有制度落实情况的周期自查报告、是否建立了污染治理设施运行记录及运行管理台账。

现场监察方面重点检查污染治理设施是否正常运行；污染物排放是否控制在总量范围内；污水处理是否达到要求，排放污水是否符合排放标准；固体废物是否按环评要求处置，渣场是否按环保规定封场；生态恢复措施是否按环评要求实施；对环保行政主管部门下达的限期整改项目是否进行了整改；是否有突发环境事件应急物资储备、应急装置、设施和场所。

（三）执法依据和处罚标准

对水利水电建设项目开展执法工作的依据主要有：

《中华人民共和国环境保护法》、《中华人民共和国水污染防治法》、《中华人民共和国大气污染防治法》、《中华人民共和国噪声污染防治法》、《中华人民共和国固体废物污染环境防治法》、《中华人民共和国环境影响评价法》、《建设项目环境保护管理条例》、《建设项目竣工环境保护验收管理办法》、《排污费征收使用管理条例》、《排放污染物申报登记管理规定》、《环境保护行政处罚办法》以及《中华人民共和国行政处罚法》。

依据《环境影响评价法》、《建设项目环境保护管理条例》的有关规定，建设项目环境违法行为的查处由负责审批该建设项目的环境影响报告书（表）的环境保护行政主管部门施行。环境监察部门要把建设项目的违法情况及时报告给环境保护行政主管部门，并在环境保护行政主管部门做出处罚决定后去现场执行。

第二节 公路、铁路建设项目生态环境监察

公路、铁路建设项目的快速发展在很大程度上促进了我国的经济发展，但随之也产生了越来越严重的环境破坏。长期以来，我国对建设项目的环境管理主要是抓环保审批和竣工验收两个环节。这种管理模式对工业污染型的建设项目是有效，但对于交通、铁路、水利、水电、石油开发及管线建设等工程施工期的环境影响控制效果不佳。因为这类工程对生态环境的影响开始于勘探、选线阶段，重点发生于施工建设期，到工程竣工验收时，许多生态破坏早已发生，尤其是对自然保护区、生态功能保护区、湿地、珍稀动植物及其栖息地、自然景观的环境破坏已不可逆转。

如何减轻国家重点工程对环境的影响，一直是社会关注的热点。对生态环境影响较大的建设项目实施工程环境监理，可以使环境管理工作融入整个工程项目建设过程中，变事后管理为过程管理。原国家环保总局、铁道部、交通部、水利部等部门于 2002 年联合作出决定，对包括青藏铁路格尔木至拉萨段，渝怀铁路、上海至瑞丽国道主干线贵州境内清镇至镇宁段高速公路、上海至瑞丽国道主干线湖南境内邵阳至怀化、怀化至新晃高速公路、青岛至银川国道主干线银川至古窑子高速公路等 13 个涉及生态敏感区、对生态环境影响突出的国家重点工程实行工程环境监理试点，对施工期的施工行为从环境保护的角度进行监督控制，取得了良好的效果。

一、我国道路发展状况

我国道路主要是公路和铁路两个方面。

我国公路到 2010 年年底大致有 400 万 km，比新中国成立时期的 8.07 万 km，足足增长了 47 倍。其中，高速公路里程达 60 302 km，一级公路有 54 216 km，到 2010 年年底，全国公路路面铺装率达到 60%。截至 2009 年 6 月底，国家高速公路网建成 48 896 km，占规划里程的 56.5%。其中，“五纵七横”国道主干线已于 2007 年全线贯通。农村公路建设也成为一大亮点，中央提出的村村通车的方案也已经落实，乡镇通车率达到 100%。总而言之，我国的公路建设还是比较辉煌的。

我国铁路建设，到 2010 年年底，我国铁路营运里程超过 90 000 km。现居亚洲第一，世界第二的水平。到 2020 年，有望突破 12 万 km 大关。在新中国成立之初，全国仅有 2.2 万 km 铁路，里程少，标准低，且近一半处于瘫痪状态。现在的铁路网，基本建成“四纵四横”的框架体系，虽然发展不如公路那么迅速，但是成就也是不容忽视的。

二、公路、铁路建设项目对生态环境的影响

公路、铁路等交通道路本身是没有污染物排放的，但是交通运输对周边环境是有影响

的，这可以分为两个方面：一是运输工具运作时的污染；二是道路本身的建设过程对生态环境的影响。尤其是后者更为突出，要在建设阶段加以防治。

（一）对环境的污染

1. 噪声污染

公路、铁路施工期噪声主要来源于施工机械和运输车辆辐射的噪声。据调查，国内目前常用的筑路机械有挖掘机、推土机、平地机、拌和机、压路机等。

2. 水环境污染

公路、铁路施工期对水环境的影响主要有：施工营地的生活污水的排放及生活垃圾对水体的影响；桥涵隧道施工产生的泥沙、废渣、废水以及机械设备的废油排放对水体的污染；拌和站、预制场等施工废水对水体的影响；含有害物质的建材（如废沥青渣）、化学品等对水体的污染。

3. 大气环境污染

公路、铁路施工场地（包括施工路段、料场、拌和场及沿线运输道路等），由于大量土石方工程及其大量的运输车辆往往尘土飞扬，使沿线地区农业减产（对果林影响尤为严重），民众生活环境空气受到严重污染。公路施工期沥青烟、碳氧化物、氮氧化物等也对环境空气质量造成较大的影响。

4. 固体废弃物污染

公路、铁路施工期间，要废弃大量的固体材料，如砂石料、石灰块、水泥块、粉煤灰、沥青渣等，这些固体材料有相当一部分散落在施工场地周围，造成土壤或河流污染。施工人员的生活垃圾也会对周围环境造成污染。

（二）对生态的影响

1. 改变原地形地貌

路基开挖或堆填，会改变局部地貌，产生许多不稳定因素。如在地质构造脆弱地带易引起崩塌、滑坡等地质灾害；在石灰岩地区易引起岩溶塌陷；在高寒山区易引起雪崩等灾害。

2. 影响重要生态系统

公路、铁路施工可能影响某些重要的生态系统，如湿地生态系统、热带雨林生态系统、原始森林生态系统、自然保护区等。这些生态系统的生物物种特别丰富，对生态平衡有着不可估量的作用。如果对这些生态系统的重要性认识不够，公路、铁路建设活动就可能会对这些生态系统造成破坏。

3. 影响生物多样性

公路、铁路施工对沿线野生动植物影响较大。公路、铁路建设改变了部分野生动物的栖息、繁殖、迁徙场所；甚至破坏了原有的植被和生境，产生生境碎片，使生物的生存环境发生变化，对某些珍稀濒危动植物产生一定的伤害，造成生物资源的减少。公路、铁路还会割裂生境，缩小了动物的活动区域，导致种群变小和种群间的交流减少。机械碾压、人员踩踏对沿线的植被造成了短期内不可恢复的、甚至不可逆转的破坏。公路、铁路建设改变了沿线的生态环境，这也为外来物种的入侵提供了生境，车辆运输还会携带一些外来种无意中引入群落中，如果外来种适应能力强，在这些群落中定居后，与原物种争夺有限的资源，原物种可能由于竞争力弱，从此在群落中消失。

4．加剧水土流失

公路、铁路施工造成水土流失加剧的主要因素有：公路、铁路施工破坏地表植被，打破了表土与植被之间原有的平衡关系；隧道及挖方段施工产生的大量弃渣导致新的水土流失；施工完成后，对取土坑、弃渣场等处理不当，产生新的水土流失。

5．对景观的影响

国内外许多研究者都认为，公路、铁路建设引起的景观格局的变化是公路、铁路建设及交通营运对生态系统最重要的影响。公路、铁路工程是自然景观中嵌入大型的人工廊道，大量水泥地面、铁轨和路基的植入，改变了地表地下水环境，并将原有的自然景观系统予以分割，使景观发生变化，致使景观斑块的比例结构发生变化，增加了景观的破碎化，影响不同尺度的生态过程。

主要表现为：施工中的高填、深挖、乱挖、乱弃破坏原有地形地貌；公路、铁路穿越森林、农田、水网、村镇等，造成对自然景观的人为分割；公路、铁路的结构、造型、色彩设计不合理，造成公路、铁路本身不美观，与周围景观比例失调、色彩不和谐或与公路、铁路所处的文化氛围不吻合；公路、铁路施工布局不合理，造成对沿线自然保护区、历史文化遗迹等的破坏。

（三）对社会环境的影响

1．占用土地

公路、铁路建设要占用大面积土地。一般公路占地为 1.3～2.7 hm^2/km，高速公路在平丘区可达 8.0～10.7 hm^2/km。另外，公路铁路施工期的取弃土场、砂石料场、拌和站场等需要占用大量的临时用地。

2．占用基础设施与资源

公路、铁路项目在施工过程中对沿线的通信、水利排灌、电力等设施以及矿产、旅游、文物等资源都会产生干扰。公路、铁路在施工阶段，大量的工程车辆通过附近已有的公路，会造成现有公路上汽车流量的大量增加，干扰原有公路的交通秩序。当前比较突出的是对旅游资源、文物资源和交通基础设施的影响。

3．拆迁再安置

公路、铁路施工期对社会环境比较突出的一个影响是在主体工程正式开工之前，对部分居民的拆迁与再安置。这是由公路、铁路建设项目的特点所决定的。

三、公路、铁路生态环境保护对策

公路、铁路等道路环境保护设计所称的生态环境是指道路中心线两侧各 200 m 范围内的自然保护区、水源保护地、森林、草原、湿地和野生生物及其栖息地等。道路应绕避生态环境中所列的保护对象。道路对生态环境中的保护对象产生干扰时，应结合受保护对象的特性提出保护方案，将不利影响减少到最低限度。有条件时，宜进行环境补偿。

1．公路、铁路规划与环境相协调

公路铁路规划时应进行各种调查、研究，如气象、生物种类、数量、占地、城市规划、文化、遗址、居住人口、公用及文娱设施等，以了解公路、铁路沿线的现状及其环境，充分考虑路线的走向，尽量减少毁坏水利设施，少占农田，避绕村镇，避免大规模的拆迁。对沿线经过的大中城市，采取“远而不疏，近而不进”的原则，并紧密结合它们的城市发展规划及国土开发计划。在规划中应考虑不同的土地利用形态所产生的交通需求，通过协调交通与土地使用的关系，降低敏感区域内的交通需求，减少污染和破坏产生的基础。另外，在规划区内进行空间敏感性调查，按其生态环境划分敏感区，并根据其保护价值确定敏感程度，通过各区域的敏感度叠加绘制规划区敏感等级分布图，使路线走向尽量避免敏感等级高的地区，从而避免对生态系统的过大影响。最后，需对公路、铁路网规划的方案进行比较，优化公路、铁路网的格局，降低营运期间排放污染的程度。

2．生物及其栖境的保护

道路中心线距省级以上自然保护区边缘宜不小于 100m。当道路必须进入自然保护区时，应遵照国家有关规定执行。道路通过林地时，应严格控制林木的砍伐数量，严禁砍伐公路用地范围之外不影响视线的林木。道路用地范围内，应按绿化设计要求进行栽植。有条件时，填方边坡的植被覆盖率应达到 70% 以上；在有国家级保护的野生动物出没路段，应设置预告、禁止鸣笛等标志，并为动物横向过路设置兽道。

3．水资源、自然水流形态的保护

应调查和搜集道路中心线两侧各 200m 范围内的地表水资源分布、容量以及水体的主要功能。路面径流不得直接排入饮用水水体和养殖水体。不得占用居民集中地区的饮用水水体；当路基边缘距饮用水水体小于 100m、距养殖水体小于 20m 时，应采取绿化带或者其他隔离防护措施。道路在湖泊、水库等地表径流汇水区通过时，应采取措施防止道路对地表径流的阻隔。道路经过瀑布上游、温泉区等特殊水体时，应符合国家现行的有关规定，确定避让距离。在作饮用水的地下水水源保护区设置的排、渗水构造物可能造成地下水水质污染时，应采取措施隔离地表污水。应注意保护自然水流形态，做到不淤、不堵、不留工程隐患。跨越溪、河、沟的桥涵的过水断面，应保证泄洪能力。道路跨越山谷时，应根据山谷宽、深及汇水面积等选择通过方式，有条件时宜优先采用桥梁跨越。工程废方弃置应作出设计，避免阻塞河道水流或造成水土流失。

4．水土保持

应充分调查沿线的工程地质、地形地貌、气候条件、植被种类及覆盖率、水土流失现状等，综合采用生物防护和工程防护措施，做好水土保持工作。在山区道路地质病害地段，当采取生物防护措施进行水土保持时，应考虑当地区域水土保持规划。山区、丘陵区道路应尽可能与原有地形、地貌相配合，减少开挖面、开挖量，注意填挖平衡。弃土场应做好排水防护设计，以避免成为新的水土流失源。取土点宜选择荒山、荒地。暴雨强度较大、岩体风化严重、节理发育的石质挖方边坡或松散碎（砾）石土填挖方边坡地段，宜采用植物与工程综合防护措施。做好道路综合排水设计，应充分利用地形和天然水系将路界范围内地表径流引入自然沟中。各种排水沟渠的水流不应直接排放到水源、农田、园林等地。应注重道路绿化设计，选用适合当地生长的花草、灌木、乔木等植物，对路堤边坡、弃土等进行绿化，防止水土流失。

5．景观的保护

首先，道路与景观环境的协调。道路与沿线景观环境的关系是道路景观视觉环境质量的关键。道路与景观环境的协调是将道路融合到沿线环境中去，充分利用地貌、植被、水体等自然环境，尽可能保持景观环境的原有风貌，为动植物生存提供空间，使道路的使用者和周围公众享有高质量的景观环境。

其次，减少对景观视觉环境的侵害。减少道路对景观视觉环境的侵害，关键是做好路线设计和路基设计。道路设计时不应孤立地强调线形，更不应突出道路在自然环境中的地位。道路路线、路基、桥梁、色彩等应与周围景色取得和谐。

最后，保护景观资源。景观资源是国家的重要资源，其中相当部分属于不能再生资源（如奇特地貌、名木古树、珍稀生物、历史文物、峡谷、溪流等）。对于有重要价值的景观资源要采取避让或采用工程技术措施加以保护。即使价值一般的景观资源也应尽可能地保护，因为资源本身的价值将随年代的变迁而变化，再者我国有价值的景观资源也有限。

四、公路建设项目环境监察

环境监察人员接受任务时，该项目已经进入施工准备阶段，所应该做的事情有：熟悉所有环境影响评价文件；了解工程所在地的情况；掌握该项目设计文件和施工准备情况，与环境保护部门批复的环境影响评价文件对照，查看能否满足要求；检查项目工程环境监理合同、监理队伍资质；检查工地的环境保护状况；定期或不定期检查施工过程中环境监理的工作状况，生态保护和恢复情况；发现问题及时处理、及时向环境保护部门报告；定期收取环境监理报告。

监察要点如下。

（一）施工准备阶段

（1）合同文件中有关环境保护条款落实情况。

（2）施工营地、建设用地环境保护措施落实情况。

（二）施工期

（1）在自然保护区内施工行为和生活行为的环保措施落实情况。

（2）工程设计提出的环保项目落实情况。

（3）施工营地、场所污水和处置情况。

（4）砂石料厂开采、加工、贮存情况。

（5）取、弃土（渣）场的防护措施落实情况及施工材料运输过程中的防护问题。

（6）取、弃土（渣）场选址变更情况。

（7）施工便道修筑和使用情况（尤其在生态环境脆弱、敏感地带）。

（8）临时用地植被处理、恢复及水土保持措施。

（9）其他（施工、监理单位日志等）。

（三）竣工收尾阶段

（1）施工营地移交或场地恢复情况。

（2）施工场地恢复实施情况。

（3）环保工程、生物措施、野生动物通道落实情况。

（4）取、弃土场的平整、恢复情况。

按照环境要素来分类考察，在公路建设项目环境监察中应注意以下方面。

1. 空气环境质量保护措施是否落实

公路施工的堆料场、灰土拌和站应远离居民区或其他人口密集处，置于较为空旷的地方，应在居民区等敏感目标下风向一定距离以外。拌和设备应进行密封，并配有除尘装置。施工材料运输公路及便道应采取定时洒水降尘措施。对一些粉状材料，运输时应加篷布遮盖。施工物料运输路段两侧如有集中居民区等环境敏感点，应定期清扫、洒水，以减少二次扬尘，每个施工标段配备至少一辆洒水车。路边植树绿化应尽快完成，既可净化吸收车辆尾气中的污染物，衰减大气中总悬浮微粒，又可起到美化环境、降低噪声以及改善公路沿线景观的效果。限制尾气排放严重超标的车辆上路。

2. 声环境影响保护措施是否落实

沿线政府应做好公路沿线建筑的规划布局，敏感范围以内不宜新建学校、医院、敬老院、居民集中居住区等敏感建筑物。该范围内如要布置，则应做好墙体和窗户的降噪措施，使其声环境能达到相应标准要求。

施工将造成声环境质量下降，尤其夜间易受施工噪声的不利影响。夜间应避免在距敏感点一定范围内的施工路段作业，如由于工序要求，必须施工的，应发布公告，同时设置临时性隔声设施防护。

3. 水环境保护措施是否落实

公路施工期对水环境的污染主要来自于桥梁建设时对水体的扰动，主要影响为桥梁桩基施工。桥梁桩基施工的影响包括围堰施工水环境影响和钻孔桩施工水环境影响。围堰施工水环境影响主要是扰动河床，导致水中悬浮物浓度增加。钻孔桩施工水质污染物源于作业中产生的废渣、废泥浆及施工废水，如未经处理直接抽排入围堰外的龙须河内，将导致水体中悬浮物及油类物质浓度的大幅增加，对水环境产生较大不利影响。此外，岸侧钻孔泥浆制备池，废泥浆干化池，遇降雨冲刷，池内泥浆外流也会对岸侧水环境产生一定不利影响。因此对桥梁桩基施工泥浆应按施工工艺进行处理，采用封闭循环的方式，将施工过程中产生的废泥浆输送至岸侧处理，干化后，运送至指定渣场堆弃。

施工期的各种废水严禁直接排入自然受纳水体；施工营地生活污水可经过化粪池处理后排放附近沟渠，或采取化粪池收集后用做农肥。生活污水不得直接排放工程所涉及的河流水体。此外，项目施工期间，裸露的开挖及填筑边坡较多，在当地强降雨条件下，产生大量的水土流失而进入周围水体，对水环境造成较大的影响，甚至淤塞泄水通道及掩埋农田。在施工期间要注意对这些裸露边坡的防护。

4. 固体废物防治措施是否落实

项目在施工期内会产生永久弃方和大量营地生活垃圾，可能造成水土流失、土壤污染及沿线景观影响。通过设置弃渣场和固体废物收集措施，控制水土流失，减少生态和景观环境影响，防止疾病传染。营运期公路上车辆撒落的运载物、乘客丢弃的物品等，由养护工人进行全线收集、清扫、集中处理；项目配套设施的生活垃圾交由地方环卫部门清运。弃渣场遵循“先挡（排）后弃”的原则，弃渣应有拦挡措施，先堆弃废弃的石方，再堆弃土方，便于堆渣完成后土地平整，进行植被绿化。建立排水措施，渣场土地平整，坡面防护措施，渣场台面造林。施工便道施工结束后，及时进行土地整治和植被恢复工作。拆迁工程完工后，拆迁安置区搞好村镇绿化，以保持水土、恢复和改善景观。

5. 生态环境保护措施是否落实

公路项目建设可能对陆生植物、动物、水生生态、农业生态、重点公益林、自然保护区、风景名胜区、森林公园等特定功能区造成影响。应严格按照环境影响评价报告和审批报告中提出的保护要求加以落实。

同时，在主体工程区的填方路段、挖方路段、半填半挖路段、桥涵隧道、附属工程，永久性弃渣场、临时性渣场、施工便道、施工营地等在建设和运营初期易引起水土流失。公路建设产生的水土流失将造成对下游村庄、河流、道路、农田及水利设施的威胁。应在山势陡峭，地形狭窄，路线落差大的区域以及弃土场做好水土保持工作，加大项目桥隧架设比例，降低大规模水土流失。

五、铁路建设项目环境监察

铁路建设项目中环境监察关注的重点施工环节包括桩基施工、隧道施工、路基施工、站场施工、取弃土场、弃渣场、临时工程。关注的重点区域包括线路跨越的风景名胜区等特定功能区和线路跨越的饮用水水源地等敏感水体等。环境监察内容包括：

（一）噪声污染防治措施是否落实

铁路建设项目噪声污染防治主要指沿线受噪声影响较大的住宅小区（楼）、学校、医院、疗养院及人口稠密区或受影响户数较多的村庄地段的各施工作业场地的施工噪声控制。混凝土拌和站、预制场等高噪声作业场地设置应当尽量避开居民集中区。邻近居民区、学校和医院等噪声敏感地带的施工，要严格控制机械作业噪声；噪声大的施工作业应尽量安排在白天，因生产工艺要求或其他特殊要求需要连续作业的，应当到当地建设行政主管部门、环保行政主管部门提出申请，批准后方能进行夜间施工。同时，要做好对周边居民的公告、宣传和沟通工作。对机械设备采取消声、隔音、安装防震底座等措施。合理布置施工和生活区域。

（二）振动污染防治措施是否落实

铁路建设项目振动污染防治主要指沿线受噪声影响较大的住宅小区（楼）、学校、医院、疗养院及人口稠密区或受影响户数较多的村庄地段的各施工作业场地的环境振动控制。

（三）水环境污染防治措施是否落实

（1）施工营地设置应远离水体边缘；含有毒物质的施工材料不得堆放在河流、沟渠等水体附近。生活污水要设置污水沉淀池，沉淀处理后用于施工降尘或绿化。

（2）桥梁施工应采取措施防止石油类污染物排入水体；桩基钻孔施工产生的泥浆，经沉淀分离后，沉渣外运弃至当地环保部门指定地点，废水经处理合格后重复利用或用于场地、道路的降尘和绿化；水源保护区范围内的桥梁施工必须制定严格的施工环保组织方案。

（四）固体废物处理措施是否落实

固体废物处理主要指沿线各施工营地的生活垃圾、施工场地（预制场、铺轨基地、拌和站、桥梁施工场地）的生活垃圾处理。

（1）施工产生的废弃机具、配件、包装物及各类固态浸油废物等，应集中收集、封装，运至垃圾场进行处理或回收利用。

（2）生活区的设置要相对集中，设置必要的公共卫生设施，废水净化池、化粪池，按照环保部门的要求定期清理，避免生活垃圾污染环境。生活固体垃圾集中堆放、适时运至环保部门指定地点，保持驻地清洁。

（3）临时生活设施的修建、拆除时产生的固体废弃物，按照环保部门的要求弃于指定地点处理。

（五）大气环境污染防治措施是否落实

铁路建设项目大气环境污染主要包括施工扬尘和烟气排放。其中，施工扬尘指土石方施工和运输便道的扬尘。烟气排放指施工场地、营地配备的临时性小型锅炉烟气排放。

（1）施工场地、道路应定时洒水，防止施工扬尘对地表植被和农作物产生不利影响；城市区域施工场地出入口，应设置冲洗设备，对施工车辆轮胎进行冲洗，确保城市道路清洁。

（2）运输易产生扬尘的建筑材料或土石方时，运输车辆应当装料适中，并采用篷布覆盖严密。

（3）施工场地、营地四周应采用围护措施；城市地带施工场地裸露地表或集中堆放的土方表面，应采用临时覆盖措施，防止扬尘。

（六）生态环境保护措施是否落实

（1）风景名胜区保护：风景名胜区内的施工，应及时办理各项风景名胜区的施工许可，制定相应的施工环保专项施工组织方案，设定醒目的标示牌、边界线，严格限制施工人员活动范围、机械作业的范围以及走行路线。严禁在景观敏感区内设置取、弃土场，严禁随意铲除地表植被和林木；施工临时弃渣对方应做好水土保护措施。

（2）水土保持：弃（渣）土场的水土保持主要包括路基工程和站场工程的弃方场地（如基底清表弃土、地基 CFG 桩置换土）、桥梁钻孔泥浆和挖基弃土（渣）场地的水土保持工作。施工作业场地的临时水土保持主要包括路基工程的施工作业（如路堤填筑和预压、路堑开挖)、桥梁钻孔和基坑开挖作业、施工便道的填筑作业的水土保持工作。

(3)生态恢复：取土场在施工过程中要求做到随取随平整，周界规则；取土完毕后，利用保存的耕作层进行土地复耕或进行植被恢复。对生态恢复中的工程措施和植被措施，要严格按照设计要求进行施工，确保质量和效果。

以新建京沪高速铁路施工期环境监察为例，分析铁路的监察内容。新建京沪高速铁路共涉及北京、天津、河北、山东、江苏、安徽、上海7省市，2010年5月环境保护部联合原铁道部组织有关专家对其进行检查，检查内容主要包括以下六个方面:

(一)对生态、水、声环境敏感目标的保护情况，包括各项环境保护设施、措施的实施情况。

(二)铁路沿线30 m内环保拆迁落实情况，如未能够落实，具体原因是什么。工程上如何系统考虑铁路减振、降噪措施的，采取了哪些措施减小弓网摩擦噪声、空气动力学噪声、轮轨撞击噪声、桥涵空箱二次结构噪声。在声屏障选型上有什么考虑。

(三)铁路所经过地区的城乡建设规划是否考虑了铁路噪声对周围生活环境的影响，是否做到了统筹规划、合理安排功能区和建设布局、防止或者减轻噪声污染。

(四)铁路沿线居民电视接受主要以无线还是有线，建设单位对铁路电磁影响对沿线居民无线电干扰准备采取哪些措施，何时落实。

(五)工程的土地占用情况。

(六)环境监理的实施方式，实施效果。

检查分两组:

(一)第一组检查安排

检查路线：北京至徐州段，涉及北京、天津、河北、山东4省市。

5月7日(从北京出发)

1. 北京

(1) DIK8，新发地小区(环评中计划建设350 m声屏障和250 m^2隔声窗，投资198万元)。

(2) DIK13，韩村河(环评中计划建设500 m声屏障和200 m^2隔声窗，投资210万元。保证室内振动达标拆迁600 m^2，保证室外振动达标拆迁1 100 m，投资255万元)。

(3) DK19希望工程小学(环评中无措施)。

2. 廊坊

(1)廊坊段的声环境敏感点(共34个，其中30 m内有16个)及环评批复要求的环保措施，若现场未建成，则调阅相关的设计文件。

(2)廊坊铺轨基地。

(3)廊坊市自然公园(城市公园)。

3. 天津

(1) DK128，天津行政学院(环评中计划建设500 m^2隔声窗，投资25万元)。

(2) DK96，双口镇(环评中计划建设800 m声屏障和600 m^2隔声窗，投资296万元)，双口中学(环评中计划建设200 m^2隔声窗，投资10万元。保证室内振动达标拆迁600 m^2，保证室外振动达标拆迁1 600 m，投资330万元)。

（3）DJHK118，千禧园、仁爱花园（环评中计划建设 140 m 声屏障和 800 m^2 隔声窗，投资 600 万元）。

4. 检查施工期环境监理实施情况，包括调阅有关资料。

5 月 8 日

（1）DK168，团泊洼 2 号特大桥（跨越马厂减河，南水北调输水干线Ⅲ类水体，环评中要求设置桥面水密封系统，纵向排水沟将桥面雨水引流到河道两侧）。

（2）沧州附近 1 个河套取土场，1 个弃土场。

（3）沧州高速站。

（4）DK220，东纪洼（环评中计划建设 700 m 声屏障和 500 m^2 隔声窗，投资 305 万元。保证室外振动达标拆迁 100 m^2，投资 10 万元）。有东纪洼小学。

（5）DK235，清光至沧州特大桥（跨越南运河，南水北调输水干线，Ⅲ类水体，环评中要求设置桥面水密封系统，纵向排水沟将桥面雨水引流到河道两侧）。

（6）DK299，沧州至东光特大桥（跨越南运河，南水北调输水干线，Ⅲ类水体，环评中要求设置桥面水密封系统，纵向排水沟将桥面雨水引流到河道两侧）。

（7）DK388，禹城至济南特大桥（跨越引黄干渠，南水北调输水干线，Ⅲ类水体，环评中要求设置桥面水密封系统，纵向排水沟将桥面雨水引流到河道两侧）。

（8）DK409，黄河特大桥，（Ⅲ类水体）。

（9）黄河特大桥旁的制梁场。

（10）济南大杨庄地下水水源地及铁路跨越情况，施工期采取的环保措施。

5 月 9 日

（1）DK420，西渴马一号隧道（环评中无弃渣）。

（2）DK423，西渴马二号隧道及弃渣场，询问爆破施工方式。

（3）泰安市规划的大河自然风景旅游区。

（4）DK418，玉符河特大桥（跨越玉符河，饮用水功能，Ⅲ类）。

（5）济南车站。

（6）DK426，济南红星村（环评中计划建设 300 m 声屏障和 300 m^2 隔声窗，投资 215 万元）。

（7）DK428，济南中西医结合大学（环评中计划建设 300 m^2 隔声窗，投资 15 万元）。

（8）DK420，济南大金庄（环评中计划建设 3 160 m 声屏障和 500 m^2 隔声窗，投资 1 289 万元）。

（9）德州东王官（环评中计划建设 600 m 声屏障和 600 m^2 隔声窗，投资 270 万元）。

（10）DK464，泰安六郎坟（环评中计划建设 800 m 声屏障和 500 m^2 隔声窗，投资 291 万元）。

（11）DK526，济宁西瓦（环评中计划建设 900 m 声屏障和 500 m^2 隔声窗，投资 348 万元。保证室内振动达标拆迁 200 m^2，保证室外振动达标拆迁 700 m，投资 90 万元）。

（12）DK567，济宁诸家庄学校（环评中计划环保拆迁，投资 50 万元）。

（13）DK622，枣庄西托后村和西托前村（环评中计划建设 2 400 m 声屏障和 300 m^2 隔声窗，投资 655 万元）。

（14）沿线几条公路、铁路距离较近处的敏感点分布情况。

（15）在此区间内各选择一个拌和站、土石存放场和小型道渣存放场检查。

5月10日

（1）徐州牵引变电所。

（2）DK663，徐州南庄（环评中计划建设 900 m 声屏障和 750 m^2 隔声窗，投资 757 万元。保证室内振动达标拆迁 700 m^2，保证室外振动达标拆迁 900 m，投资 160 万元）。

（3）微山湖。

（4）沿线几条公路、铁路距离较近处的敏感点分布情况。

（5）附近1个制梁厂。

（6）DK651，韩庄运河大桥（跨越韩庄运河，南水北调输水干线，Ⅲ类水体，环评中要求设置桥面水密封系统，纵向排水沟将桥面雨水引流到河道两侧）。

（7）沿线几条公路、铁路距离较近处的敏感点分布情况。

（二）第二组检查安排

检查路线：徐州—上海段，涉及上海、安徽、江苏3省市。

5月6日（中午从上海出发）

（1）DK1226-DK1263，苏州阳澄湖水源保护区。线路通过保护区，其中苏州站在准保护区，线路经过一级保护区 630 m，二级保护区 15.67 m，三级保护区 20.7 m，湾里取水口距线路 380 m。环评要求取水口迁移至桥址 500 m 以外。

DK1226，阳澄湖特大桥，跨越阳澄湖水源保护区。

（2）上海—苏州沿线两侧全部敏感点。其中上海虹桥枢纽部分的 HQXDK19（西郑家角）、K30（振兴小学）和 DCK4（大杨树），环评批复明确要求采取拆迁、改变使用功能、声屏障和隔声窗等措施确保达标。

5月7日

（1）DK1147-1167，原方案经过寺墩遗址省级文物保护单位，环评推荐绕避方案。

（2）苏州—常州沿线两侧全部敏感点。

5月8日

（1）镇江南山省级风景名胜区，采用镇江以南 6 km 设站方案，线路穿越景区三级保护区。

（2）DK940-DK951，滁州琅琊山国家风景名胜区，线路位于三级保护区和生态保育区内。

（3）DK950，园郢子隧道，长 1 107 m，通过琅琊山国家风景名胜区三级保护区范围，进出口均位于三级保护区内。检查进出口渣场情况。

（4）DK1000，南京长江大桥。

5月9日

（1）DK1022，南京广洋村（环评计划建设 900 m 声屏障和 1 900 m^2 隔声窗，投资 403 万元）。

（2）DK1024，南京高桥村（环评计划建设 560 m 声屏障和 1 350 m^2 隔声窗，投 263 万元）。

（3）CK1031，南京小定林村（环评计划建设 320 m 声屏障和 1 090 m^2 隔声窗，振动拆 8 户，投资 163 万元）。

（4）CK1037，南京石村西（环评计划建设 200 m^2 隔声窗，投资 100 万元）。

（5）DK1080，镇江蒋乔镇（环评计划建设 1 000 m 声屏障和 5 330 m^2 隔声窗，投资 617 万元）有蒋乔肾病医院（计划投资 180 万元拆迁 1 800 m^2）和中心小学（环评计划建设 250 m 声屏障和 224 m^2 隔声窗，投资 95.6 万元）。

（6）DK1100，镇江小新（环评计划建设 1 000 m 声屏障和 1 110 m^2 隔声窗，振动拆 7 户，投资 461 万元）。

（7）DK1107，镇江大贡（环评计划建设 400 m 声屏障和 3 000 m^2 隔声窗，投资 312 万元）。

（8）DK1117，镇江杨城、东前、刘家、清龙庄（环评计划建设 930 m 声屏障和 1 850 m^2 隔声窗，投资 476 万元）。

（9）DK1100，镇江京杭大运河大桥。

5 月 10 日

（1）DK840-DK851，龙子湖风景名胜区。

（2）DIK856-DIK857，凤阳明皇陵国家文物保护单位，环评推荐线位为大庙北侧方案，完全绕避了文物。

（3）检查 1 处土石方存放场及小型道渣存放场。

（4）检查 3 ~ 4 处取土场。

（5）检查 1 处制梁厂，主要检查洗砂废水处理设施。

（6）DK685，徐州京杭运河特大桥。

（7）DK689，徐州铺轨基地，检查场地及存渣场的环保措施是否到位。

（8）DK875，滁州凤阳山镇（环评计划建设 500 m 声屏障和 5 240m^2 隔声窗，振动拆 6 户，投资 464 万元）。

（9）DK883，滁州肖家巷（环评计划建设 450 m 声屏障和 5 970 m^2 隔声窗，振动拆 3 户，投资 480 万元）。

（10）DK957，滁州腰铺镇（环评计划建设 900 m 声屏障和 4 520 m^2 隔声窗，振动拆 3 户，投资 591 万元）。

（11）DK970，滁州汪郢镇（环评计划建设 350 m 声屏障和 4 440 m^2 隔声窗，振动拆 6 户，投资 363 万元）。

（12）DK816，蚌埠卞陈庄（环评计划建设 450 m 声屏障和 1 600 m^2 隔声窗，振动拆 10 户，投资 262 万元）。

（13）DK835，蚌埠韩村（环评计划建设 1 200 m 声屏障和 2 200 m^2 隔声窗，振动拆 28 户，投资 516 万元）。

（14）DK843，蚌埠汪墟村（环评计划建设 6 500 m^2 隔声窗，投资 460 万元）。

（15）DK802，浍河特大桥，跨越浍河，Ⅲ类水体。

（16）DK838，淮河特大桥。

第三节 港口、海岸带开发建设项目生态环境监察

一、海岸工程建设项目

海岸是指海岸线以上狭窄的近海陆地地带。依据《中华人民共和国防治海岸工程建设项目污染损害海洋环境管理条例》的规定，海岸工程建设项目，是指位于海岸或者与海岸连接，工程主体位于海岸线向陆一侧，对海洋环境产生影响的新建、改建、扩建工程项目。具体包括：

（1）港口、码头、航道、滨海机场工程项目；

（2）造船厂、修船厂；

（3）滨海火电站、核电站、风电站；

（4）滨海物资存储设施工程项目；

（5）滨海矿山、化工、轻工、冶金等工业工程项目；

（6）固体废弃物、污水等污染物处理处置排海工程项目；

（7）滨海大型养殖场；

（8）海岸防护工程、砂石场和入海河口处的水利设施；

（9）滨海石油勘探开发工程项目；

（10）国务院环境保护主管部门会同国家海洋主管部门规定的其他海岸工程项目。

二、海岸工程污染对海洋生态的影响

盲目围海，严重损害水产资源。30 多年来，由于盲目围垦海涂，使水产养殖业遭受的损失很大，如广东省因盲目围海，每年损失的养殖水产品就达 16 000 t，使泥蚶和大头蛏两个品种已经绝种，仅汕头地区养殖面积在 1978 年就比 1956 年减少了 7 000 余 hm^2，产量减少了 3/4。盲目围海，不仅损害了水产养殖，也由于缺乏灌溉水源，使许多围后的土地无法垦殖。仅 2008 年就发现违法围海造地行为 481 起，受到行政处罚 232 起。

海岸工程安全防污设备不配套，管理不善，设备损坏、故障造成污染。油港码头的油库、油罐、输油管道等港口设施泄漏出来的石油，也是海洋油污染的一个来源。秦皇岛油港自 1973 年 10 月建成投产后，两年时间就发生了 15 起比较严重的漏油事故，有几十吨原油流入近岸海区。

海岸工程的排污也直接对海洋海水水质产生影响。港口是经济活动集中的枢纽地区，也是污染物发源地之一，挂靠在港内外码头上的许多货轮烟囱冒着黑烟，穿梭于港口码头的集装箱卡车等机动车辆和内燃机轨道车也在冒着黑烟，煤码头的煤尘污染、油码头的漏油污染，港口码头每天产生的无数废物、垃圾和污水等，每时每刻都在破坏周边生态环境，空气和水源遭到污染。不但使海洋的生态环境遭受污染，而且岸边港口地区居民卫生条件也不断恶化，癌症、哮喘病、心脏病、皮肤病等病症发病率不断提高。

三、海洋环境保护行政管理体制

国家海洋行政主管部门负责海洋环境的监督管理，组织海洋环境的调查、监测、监视、评价和科学研究，负责全国防治海洋工程建设项目和海洋倾倒废弃物对海洋污染损害的环境保护工作。

国务院环境保护行政主管部门是对全国环境保护工作实施统一监督管理的部门，对全国海洋环境保护工作实施指导、协调和监督，并负责全国防治陆源污染物和海岸工程建设项目对海洋污染损害的环境保护工作。

国家海事行政主管部门负责所辖港区内非军事船舶和港区水域外非渔业、非军事船舶污染海洋环境的监督管理，并负责污染事故的调查处理；对在中华人民共和国管辖海域航行、停泊和作业的外国籍船舶造成的污染事故登轮检查处理。船舶污染事故给渔业造成损害的，应当吸收渔业行政主管部门参与调查处理。

国家渔业行政主管部门负责渔港水域内非军事船舶和渔港水域外渔业船舶污染海洋环境的监督管理，负责保护渔业水域生态环境工作，并调查处理前款规定的污染事故以外的渔业污染事故。

军队环境保护部门负责军事船舶污染海洋环境的监督管理及污染事故的调查处理。

沿海县级以上地方人民政府环境保护行政主管部门除主管防止海岸工程和陆源污染物损害海洋的环境保护工作外，还对本行政区近岸海域环境功能区的环境保护工作实施统一监督管理。

近岸海域是指与沿海省、自治区、直辖市行政区域内的大陆海岸、岛屿、群岛相毗连，《中华人民共和国领海及毗连区法》规定的领海外部界限向陆一侧的海域。渤海的近岸海域，为自沿岸低潮线向海一侧 12 海里①以内的海域。

2006 年 9 月 19 日国务院颁布了《防治海洋工程建设项目污染损害海洋环境管理条例》（第 475 号令）规范了以开发、利用、保护、恢复海洋资源为目的，并且工程主体位于海岸线向海一侧的新建、改建、扩建工程的环境保护行为。该条例规定国家海洋主管部门负责全国海洋工程环境保护工作的监督管理，并接受国务院环境保护主管部门的指导、协调和监督。沿海县级以上地方人民政府海洋主管部门负责本行政区域毗邻海域海洋工程环境保护工作的监督管理。

尽管海洋环境保护中的许多工作都不是由环境监察部门甚至不是由环境保护行政主管部门直接管理的，但环境保护行政主管部门有权力、有义务协调各部门的环境保护工作，为实现政府的环保整体目标服务。国家海洋局是海洋行政主管部门，负责海洋环境的调查、监测、监视和评价，监督海洋生物多样性和海洋生态环境保护。按照国务院环境保护要“五统一”的规定，即统一法规、统一标准、统一规划、统一监测、统一信息发布原则，除法律、法规已有明确规定的以外，均由环境保护部门统一监督管理。

---

① 1 海里=1 852 m。

四、海岸工程环境监察

（一）海岸工程环境监督管理主体

依据《海洋环境保护法》和《中华人民共和国防治海岸工程建设项目污染损害海洋环境管理条例》的规定，国务院环境保护行政主管部门主管全国海岸工程建设项目的环境保护工作。沿海县级以上地方人民政府环境保护行政主管部门，主管本行政区域内的海岸工程建设项目的环境保护工作。

（二）海岸工程环境监察要点

1．海岸工程建设项目的监察

海岸工程建设同样要执行国家有关建设项目环境保护管理的规定，如在可行性研究阶段必须进行环境影响评价，建设过程要执行“三同时”制度等。对此要首先进行检查。

修筑海堤，在入海河口处兴建水利、航道、潮汐发电或者综合整治工程，必须采取必要的措施，不得损害生态环境及水产资源。

建设港口、码头，应当设置与其吞吐能力和货物种类相适应的防污设施。

港口、油码头、化学危险品码头，应当配备海上重大污染损害事故应急设备和器材。

现有港口、码头未达到前两款规定要求的，由环境保护主管部门会同港口、码头主管部门责令其限期设置或者配备，环境监察监督落实。

建设岸边造船厂、修船厂，应当设置与其性质、规模相适应的残油、废油接收处理设施，含油废水接收处理设施，拦油、收油、消油设施，工业废水接收处理设施，工业和船舶垃圾接收处理设施等。

建设滨海核电站和其他核设施，应当严格遵守国家有关核环境保护和放射防护的规定及标准。环境监察发现违法现象要立即通报国家核安全局。

建设岸边油库，应当设置含油废水接收处理设施，库场地面冲刷废水的集接、处理设施和事故应急设施；输油管线和储油设施应当符合国家关于防渗漏、防腐蚀的规定。

建设滨海矿山，在开采、选矿、运输、贮存、冶炼和尾矿处理等过程中，应当按照有关规定采取防止污染损害海洋环境的措施。

兴建海岸工程建设项目，不得改变、破坏国家和地方重点保护的野生动植物的生存环境。不得兴建可能导致重点保护的野生动植物生存环境污染和破坏的海岸工程建设项目；确需兴建的，应当征得野生动植物行政主管部门同意，并由建设单位负责组织采取易地繁育等措施，保证物种延续。

在鱼、虾、蟹、贝类的洄游通道建闸、筑坝，对渔业资源有严重影响的，建设单位应当建造过鱼设施或者采用其他补救措施。

我国因为海岸工程的修建改变了洋流的运行规律，导致海湾淤积、海水发臭、鱼虾绝迹的事例很多，在受到很大损失后，还得再花钱拆除工程，恢复生态。要避免再发生这样的事情。

2．对排海排污口的监察

一般情况下，可以利用海洋的环境容量建设污水排海口，此类排污口要符合环境保护规范标准要求和合理规划。污水排放口应采用暗沟或者管道方式排放，出水管口位置要在低潮线以下，且要设置在便于扩散的海域。

3. 对海岸工程接收、处理“三废”设施的监察

港口、码头、岸边造船厂、修船厂等应设置与其吞吐能力和货物种类相适应的防污设施，如残油、废油、含油污水、垃圾和其他各种废弃物的接收和处理设施等。港口和码头还需配备海上重大污染损害事故应急设备和器材，如围油栏、油回收设备和材料，消油剂等。化学危险品码头，应当配备海上重大污染损害事故应急设备和器材。岸边油库，应当设置含油废水接收处理设施，库场地面冲刷废水的集接、处理设施和事故应急设施；输油管线和储油设施必须符合国家有关防渗漏、防腐蚀的规定。

4. 滨海垃圾处理监察

滨海垃圾场或工业废渣填埋场应建造防护堤坝和场底封闭层，设置渗滤液收集、导出处理系统和可燃性气体放散防爆装置。

5. 检查海岸工程对生态环境的损害

检查海岸工程对生态环境和水产资源的损害，杜绝和减少对国家和地方重点保护的野生动植物的生存环境的改变和破坏，减少对渔业资源的影响及建设补救措施等。

6. 检查海岸工程建设项目导致海岸的非正常侵蚀情况

滩涂开发、围海工程、采挖砂石必须按规划进行。禁止在海岸保护设施管理部门规定的海岸保护设施的保护范围内从事爆破、采挖砂石、取土等危害海岸保护设施安全的活动。非经国务院授权的有关行政主管部门批准，不得占用或者拆除海岸保护设施。

7. 检查已有的矿山和冶炼企业的生产、排污情况

建设滨海矿山，在开采、选矿、运输、贮存、冶炼和尾矿处理等过程中，必须按照有关规定采取防止污染损害海洋环境的措施。

8. 检查海岸工程建设项目毁坏海岸防护林、风景石、红树林和珊瑚礁的情况

禁止在红树林和珊瑚礁生长的地区，建设毁坏红树林和珊瑚礁生态系统的海岸工程建设项目。

9. 检查禁止建设的区域的工程项目

在海洋特别保护区、海上自然保护区、海滨风景游览区、盐场保护区、海水浴场、重要渔业水域和其他需要特殊保护的区域内不得建设污染环境、破坏景观的海岸工程建设项目；在其界区外建设海岸工程建设项目，不得损害上述区域环境质量。

五、陆源污染的环境监察

（一）陆源污染对海洋环境的影响

陆源污染是指陆地上产生的污染物进入海洋后对海洋环境造成的污染或损害。陆地污染源（简称陆源），是指从陆地向海域排放污染物，造成或者可能造成海洋环境污染损害的场所、设施等。陆源污染物是指陆源排放的污染物。陆源污染物质可以通过直接入海排污管道或沟渠、混合入海排污管道或沟渠、入海河流等途径进入海洋。据统计，80%的海洋污染属陆源污染。

直接入海排污管道沟渠是指临海工矿企业或事业单位专用的排污管道或沟渠，污染物质可以通过其直接排入海洋；混合入海排污管道或沟渠是指若干家临海工矿企业或事业单位共同的排污管道或沟渠，污染物可以直接或基本上直接排入海洋；污染物质还可随入海的河流进入海洋。

陆源污染物对海洋环境的影响严重。陆源污染物入海总量仍然居高不下。工业污染负荷大，高污染的电镀、医药、化工、印染、制革等行业在沿海地区大量存在，尤其部分民营企业存在偷排和治理设施不正常运转的行为；农村面源污染未得到有效控制，特别是畜禽养殖污染呈加剧的趋势；城市污水处理能力较低，南方个别沿海城市的污水集中处理率为零，已建成的部分污水处理厂不能正常运转。排污口邻近海域生态环境监测与评价结果显示，由于工业和生活污水的大量排海，特别是部分排污口的连续超标排放，致使排污口邻近海域生态环境持续恶化，超过60%的排污口邻近海域生态环境质量处于极差状态；海水污染程度加重，杭州湾、长江口、辽东湾、珠江口和渤海湾水体为重度污染。近岸海域生态系统健康状况恶化的趋势尚未得到有效缓解，大部分海湾、河口、滨海湿地等生态系统仍处于亚健康或不健康状态，主要表现在水体富营养化及营养盐失衡、河口产卵场退化、生境丧失或改变、生物群落结构异常等。

（二）陆源污染的环境监察要点

依据《海洋环境保护法》和《中华人民共和国防治陆源污染物污染损害海洋环境管理条例》的规定，国务院环境保护行政主管部门，主管全国的防治陆源污染物污染损害海洋环境工作。沿海县级以上地方人民政府环境保护行政主管部门，主管本行政区域内的防治陆源污染物污染损害海洋环境工作。

大连市的生态型港口建设

大连市位于辽东半岛最南端，东濒黄海，西临渤海，南与中国山东半岛隔海相望，拥有海岸线1 906 km，其中大陆岸线长1 288 km，约占辽宁省大陆海岸线总长的60%，集中了我国沿海弥足珍贵的建设深水港湾和深水岸线的资源。大连港是我国著名的北方大港，也是国家交通发展战略中层次最高的沿海主枢纽港口和北方地区集装箱干线港之一。《中共中央、国务院关于实施东北地区等老工业基地振兴战略的若干意见》明确提出“充分利用东北地区现有港口条件和优势，把大连建设成东北亚重要的国际航运中心”。

生态型港口用智慧创造。由于海岸带的自然属性比陆地复杂得多，海洋的生物多样性特征更加明显，生态系统也比较脆弱。港口岸线资源作为不可再生的战略性资源，一旦破坏，难以恢复。港口及海岸开发建设如何做到经济效益、社会效益和环境效益相统一呢？在大连市港口与口岸局，有这样一个感人的故事：为了编制出一份科学的港口规划，他们组织专家先后对大连市1 906 km海岸线的水文、地质、地貌、陆域条件、港口岸线利用等情况，逐项进行了认真的分析研究，为港口可持续发展提供了第一手的规划资料。他们还通过数学模型试验，对规划港区的潮流、泥沙运动等自然条件改变做定性和定量的分析，尽可能减少对生态环境的影响。

科学的规划得益于高起点，高起点得力于“引外脑”。这两年，大连市充分吸纳了中外专家的意见和理念，在港口及临港工业发展布局上，注重建立循环经济与清洁生产体系；大连港口及临港工业区域在讲究产业联动、产业的垂直分工、水平分工及全球布局的基础上，将发展方式向生态学和循环经济模式转变。如今，港口工程建设与环境保护相互兼顾、相互统一，以科学发展观为指导为大连的港口和海岸线开发建设增加了巨大的拓展空间。

生态港口让鱼虾也和谐。在大连，建设生态环保型港口的理念已经悄然体现在港口建设的全过程之中：以往的港湾疏浚、疏浚土回填和外抛等过程是造成海岸生态恶化的主要原因，大连港口建设的疏浚工程采用先进技术，合理安排施工船舶数量、位置和挖泥进度，最大限度地控制疏浚作业对海底的搅动范围和强度，减少悬浮泥沙的发生量；他们进行区域性土方平衡测算，尽量采用挖泥吹填方式处理淤泥，在施工中尽量减少水下爆破等危害性较大的作业方式。令人感动的是，他们合理安排施工时间和强度，为的是尽量避开鱼虾产卵期。

在大连，建设生态环保型港口的目标是通过细致严格的海岸监管体系反映出来的。大连市根据海岸工程施工建设过程中的环保要求，尝试建立了海岸工程建设项目的环境监理制度。他们对多项海岸工程实施了有效的环境监管和监督监测工作，目前已经完成了石化公司油码头改扩建工程、大窑湾岛堤建设工程、北良有限公司散粮专用码头工程等5项工程的环境监管和监测；他们还对大窑湾二期工程、30万t原油码头工程、30万t矿石专用码头工程、北良有限公司油码头等在建工程进行动态的环境监管和监督监测工作。

值得关注的是，大连市还针对港口营运期污水、垃圾治理建立健全了海域海岸污染防治应急预案。严格控制港区污水、垃圾排放量；对建设期遭受污染的主要渔业资源实施生态修复和环境整治方案，最大限度地降低污染物浓度和毒性；建立健全防范程序，做好溢油污染、危险货物泄漏事故应急反应系统及防治对策等。目前，大连港务局所属的大连寺儿沟港、香炉礁港、大连新港、大窑湾港、大连黑嘴子港、大连港务公司，大连辽宁渔业集团所属的辽宁渔业公司港等，都已按要求配备了完备的承接船舶废水和污染处理设施。

1．陆地污染源的排污监察

根据《海水水质标准》及有关排放标准等，检查违章排污、超标排污情况。为了更有效地保护海洋水质环境，应根据总量控制原则，采用排海许可证的方式进行污水排放监督管理。

任何单位和个人向海域排放陆源污染物，必须向其所在地环境保护行政主管部门申报登记拥有的污染物排放设施、处理设施和在正常作业条件下排放污染物的种类、数量和浓度，提供防治陆源污染物污染损害海洋环境的资料，并将上述事项和资料抄送海洋行政主管部门。排放污染物的种类、数量和浓度有重大改变或者拆除、闲置污染物处理设施的，应当征得所在地环境保护行政主管部门同意并经原审批部门批准。

任何单位和个人，不得在海洋特别保护区、海上自然保护区、海滨风景游览区、盐场保护区、海水浴场、重要渔业水域和其他需要特殊保护的区域内兴建排污口（1990年8月1日后）。对在前列区域内已建的排污口，排放污染物超过国家和地方排放标准的，限期治理。

未经所在地环境保护行政主管部门同意和原批准部门批准，擅自改变污染物排放的种类、增加污染物排放的数量、浓度或者拆除、闲置污染物处理设施的和 1990 年 8 月 1 日后在规定区域内兴建排污口的由县级以上人民政府环境保护行政主管部门责令改正，并可处以五千元以上十万元以下的罚款。

2．放射性废水排放的监察

禁止排放含强放射性物质（10～6 Ci/L）的废水，对含弱放射性废水的排放要适当控制。执行国家有关放射防护的规定和标准。

3．检查含病原菌废水排放的消毒情况

向海域排放含病原体的废水，必须经过处理，符合国家和地方规定的排放标准和有关规定。

4．检查有机物和富含营养物质的废水排放

检查含有机物和富含营养物质的废水的排放，防止海水富营养化。向自净能力较差的海域排放含有机物和营养物质的工业废水和生活污水，应当控制排放量；排污口应当设置在海水交换良好处，并采用合理的排放方式，防止海水富营养化。

5．检查高温废水的排放

沿岸建设的电厂、核电站和化工厂，会产生大量高温冷却水，对海洋生态环境有很大影响。必须检查高温工业废水的排放，造成海水温升应小于 4℃。

6．检查沿岸农业化肥、农药施用情况

检查包括含磷洗衣粉在内的农业面源污染、生活污染物排放情况。对可能直接向海洋排放污水的河道、灌渠、排水沟槽要采取控制污染物含量的措施。

7．检查近岸固体废物处理处置场的建设管理情况，检查岸滩废物堆弃情况

被批准设置废弃物堆放场、处理场的单位和个人，必须建造防护堤和防渗漏、防扬尘等设施，经批准设置废弃物堆放场、处理场的环境保护行政主管部门验收合格后方可使用。在批准使用的废弃物堆放场、处理场内，不得擅自堆放、弃置未经批准的其他种类的废弃物。不得露天堆放含剧毒、放射性、易溶解和易挥发性物质的废弃物；非露天堆放上述废弃物，不得作为最终处置方式。

禁止将失效或者禁用的药物及药具弃置岸滩。

第五章　资源开发生态环境监察

第一节　矿产资源开发利用的生态环境监察

一、生态环境破坏问题

矿产资源是一种不可再生的自然资源，是人类赖以生存和发展的不可或缺的物质基础。我国是世界上第三大矿业国，有95%以上的能源和80%以上的工业原料都取自矿产资源。到2003年，全国约有各类矿山企业超过14万。矿山按其产品性质分类，分为冶金矿山（黑色金属、有色金属、稀土元素、放射性元素等）和非金属矿山（煤矿、石料、陶土等）；按其开采方式分类，分为露天开采矿山和地下开采矿山。不同性质和不同开采方式的矿山，对生态环境的破坏有很大差异，概括起来有以下几方面：

1．直接破坏土地资源和生态景观

露天开采会直接毁坏地表土壤和植被，地下开采会导致地层塌陷，尾矿、矸石等矿山废弃物堆置场地会占用土地，这些都会严重破坏原有的生态系统和地貌景观。目前全国矿产开采累计占用土地600多万 hm^2，因采矿等损毁的土地超过200万 hm^2，且每年仍以2万多 hm^2 的速度增加，其中直接破坏的森林面积110多万 hm^2、草地面积30多万 hm^2。矿山开发占用的耕地有100多万 hm^2，而恢复治理率仅为5%，加剧了我国耕地紧缺的形势。我国采矿区每年排出废石渣约5 000万t，堆放占用土地6667 hm^2，其中1500多个露天煤矿及煤矸石占地就达200多万 hm^2。

2．造成土壤、水和大气环境污染

采矿过程中废水（矿坑水、选矿废水、废渣淋滤水）、废渣（矿渣、尾渣）的不合理排放、下渗，会引起地表水和地下水污染。2007年，我国矿山尾矿排出量已达80亿t（其中铁尾矿约40亿t），但综合利用率仅7%左右。矸石自燃或开发利用活动会释放二氧化硫、二氧化碳、一氧化碳等有毒有害气体。矿山废弃物中的酸性、碱性、毒性或重金属成分，通过径流和大气飘尘，会污染周围的土地、水域和大气。

3．导致水土流失等一系列地质灾害，存在安全风险

植被覆盖度的下降及大量岩石堆放会加剧水土流失。不合理的矿产资源开发还容易引发土地塌陷、地面沉降、滑坡、泥石流、地下水位下降等地质灾害。矿山开采大量抽排地下水，导致地下水位下降，引起水资源短缺，导致泉水干枯、土壤干化。另外还存在尾矿库溃坝、废石场垮塌等危险，安全风险隐患十分突出。截至2009年年底，全国共有尾矿库12523座，其中危库、险库、病库2098座，约占总数的17%。四、五等小型库约占尾矿库总数的95.4%。

二、生态保护工程技术

（一）采矿

1．鼓励采用的采矿技术

（1）露天开采推广“剥离—排土—造地—复垦”一体化技术；水力开采推广水重复利用率高的开采技术。

（2）推广应用充填采矿工艺技术，提倡废石不出井，利用尾砂、废石充填采空区；推广减轻地表沉陷的开采技术，如条带开采、分层间隙开采等技术；在不能进行拆迁或异地补偿的情况下，保留安全矿柱，确保地面塌陷在允许范围内。

（3）对于有色、稀土等矿山，研究推广溶浸采矿工艺技术，发展集采、选、冶于一体，直接从矿床中获取金属的工艺技术。加大煤炭地下气化与开采技术的研究力度，推广煤层气开发技术，提高煤层气的开发利用水平。

2．废水、废气处理利用技术

（1）废水处理利用：鼓励将矿坑水优先利用为生产用水，若符合标准可用于农林灌溉；采取措施，防止或减少各种水源进入露天采场和地下井巷；采取灌浆等工程措施，避免和减少采矿活动破坏地下水均衡系统；研究推广酸性矿坑废水、高矿化度矿坑废水和含氟、锰等特殊污染物矿坑水的高效处理工艺技术。

（2）废气处理利用：积极推广煤矿瓦斯抽放回收利用技术，将其用于发电、制造炭黑、民用燃料、制造化工产品等；采用安装除尘装置、湿式作业、个体防护等措施，防治凿岩、铲装、运输等采矿作业中的粉尘污染。

3．固体废物贮存和综合利用

（1）采矿活动所产生的固体废物，应使用专用场所堆放，并采取有效措施防止二次环境污染及诱发次生地质灾害。应根据采矿固体废物的性质、贮存场所的工程地质情况，采用完善的防渗、集排水措施，防止淋溶水污染地表水和地下水；宜采用水覆盖法、湿地法、碱性物料回填等方法，预防和降低废石场的酸性废水污染；煤矸石堆存时，宜采取分层压实、黏土覆盖、快速建立植被等措施，防止矸石山氧化自燃。

（2）大力推广采矿固体废物的综合利用技术。推广表外矿和废石中有价元素和矿物的回收技术，如采用生物浸出—溶剂萃取—电积技术回收废石中的铜等；推广利用采矿固体废物加工生产建筑材料及制品技术，如生产铺路材料、制砖等；推广煤矸石的综合利用技术，如利用煤矸石发电、生产水泥和肥料、制砖等。

（二）选矿

1．鼓励采用的选矿技术

（1）开发推广高效无（低）毒的浮选新药剂产品。

（2）推广干选、节水型选矿工艺及磁选、重力选矿工艺。

（3）推广高效脱硫降灰技术，有效去除和降低煤炭中的硫分和灰分。

（4）采用先进的洗选技术和设备，推广洁净煤技术。

（5）研究推广共、伴生矿产资源中有价元素的分离回收技术。

2．废水、废气的处理

（1）选矿废水（含尾矿库溢流水）应循环利用，力求实现闭路循环。未循环利用的部分应进行收集，处理达标后排放。

（2）研究推广含氰、含重金属选矿废水的高效处理工艺与技术。

（3）采用尘源密闭、局部抽风、安装除尘装置等措施，防治破碎、筛分等选矿作业中的粉尘污染。

3．尾矿的贮存和利用

（1）建造专用尾矿库，并采取措施防止尾矿库的二次环境污染及诱发次生地质灾害：采用防渗、集排水措施，防止尾矿库溢流水污染地表水和地下水；尾矿库坝面、坝坡应采取种植植物和覆盖等措施，防止扬尘、滑坡和水土流失。

（2）推广选矿固体废物的综合利用技术：尾矿再选和共伴生矿物及有价元素的回收技术；利用尾矿加工生产建筑材料及制品技术，如作水泥添加剂、尾矿制砖等；推广利用尾矿、废石作充填料，充填采空区或塌陷地的工艺技术；利用选煤煤泥开发生物有机肥料技术。

（三）矿山土地复垦和生态恢复

矿山土地复垦是对矿山开采过程中挖损、塌陷、占压的土地，采取整治措施，使其恢复到可供利用状态的活动；矿山生态恢复又称生态重建，是对矿山开发中破坏的区域环境恢复或重建成一个与当地自然相和谐的生态系统。矿山土地复垦与生态恢复包括露天采矿场采空区的生态恢复与重建、排土场（废石场）的生态重建、尾矿场的生态重建、矸石山生态重建、塌陷区的生态重建。

（1）矿山开采企业应将废弃地复垦纳入矿山日常生产与管理，提倡采用“采（选）矿—排土（尾）—造地—复垦”一体化技术。

（2）矿山废弃地复垦应做可垦性试验，采取最合理的方式进行废弃地复垦。对于存在污染的矿山废弃地，不宜复垦作为农牧业生产用地；对于可开发为农牧业用地的矿山废弃地，应对其进行全面的监测与评估。

（3）矿山生产过程中应采取种植植物和覆盖等复垦措施，对露天坑、废石场、尾矿库、矸石山等永久性坡面进行稳定化处理，防止水土流失和滑坡。废石场、尾矿库、矸石山等固废堆场服务期满后，应及时封场和复垦，防止水土流失及风蚀扬尘等。

（4）鼓励推广采用覆岩离层注浆，利用尾矿、废石充填采空区等技术，减轻采空区上覆岩层塌陷。

（5）采用生物工程进行废弃地复垦时，宜对土壤重构、地形、景观进行优化设计，对物种选择、配置及种植方式进行优化。

三、生态环境监察要点

（一）监察依据

矿产资源开发利用的生态环境监察，是指各级环境监察机构受环境保护行政主管部门的委托，依照国家有关规定，对辖区内矿山企业和个人履行生态环境保护法律法规、规章制度、各项政策及标准的情况进行现场监督、检查和处理，适用于固体矿产资源（包括煤等能源矿产、建材等非金属矿产及铁、铅、锌等金属矿产等）的探矿、基建、采矿、选矿、闭矿等活动。开展矿产资源开发利用生态环境监察的主要依据如下：

（1）法律：《环境保护法》、《固体废物污染环境防治法》、《水污染防治法》、《大气污染防治法》、《环境影响评价法》、《清洁生产促进法》、《土地管理法》、《矿产资源法》、《煤炭法》、《水土保持法》、《安全生产法》、《矿山安全法》。

（2）法规：《建设项目环境保护管理条例》、《自然保护区条例》、《风景名胜区条例》、《基本农田保护条例》、《排污费征收管理使用条例》、《安全生产许可证条例》、《矿山安全法实施条例》、《矿产资源法实施细则》、《全国生态环境保护纲要》。

（3）规章：《建设项目竣工环境保护验收管理办法》、《尾矿库安全监督管理规定》、《防治尾矿污染环境管理规定》、《尾矿库安全技术规程》（AQ 2006）、《土地复垦规定》、《矿山地质环境保护规定》（国土资源部第 44 号令，2009 年）。

（4）标准：《污水综合排放标准》（GB 8978—1996），《工业炉窑大气污染物排放标准》（GB 9078—1996）、《锅炉大气污染物排放标准》（GB 13271—2001）、《大气污染物综合排放标准》（GB 16297—1996），《工业企业厂界环境噪声排放标准》（GB 12348—2008）、《土壤环境质量标准》（GB 15618—1995）、《一般工业固体废物贮存、处置场污染控制标准》（GB 18599—2001）、《危险废物贮存污染控制标准》（GB 18597—2001）、《煤炭工业污染物排放标准》（GB 20426—2006）。

（5）规范性文件：《尾矿库环境应急管理工作指南（试行）》（办[2010]138 号）、《国家产业政策名录》、《矿山生态环境保护与污染防治技术政策》（环发[2005]109 号）、《尾矿库安全技术规程》（AQ 2006—2005）、《矿山生态环境监察工作规范》（环发[2007]131 号）。

（二）工作程序

矿产资源开发利用生态环境监察的形式可采取例行检查、专项行动、联合执法、案件移交等多种形式，基本工作程序如下：

（1）收集信息：掌握辖区内所有矿山企业基本情况，制订生态环境监察计划，确定监察重点。

（2）现场检查处理：现场查看相关资料，检查环境影响评价、“三同时”及环保验收的执行情况，检查污染治理设施运行、处理情况及污染物排放情况，查看生态破坏和恢复情况，做好现场检查记录。发现有环境违法行为的，进行制止并现场取证。

（3）提交报告：根据现场检查情况进行综合分析，编制矿山生态环境监察报告，向主管部门提出处理建议。

（4）行政处罚：对依法应给予行政处罚的按行政处罚程序进行处理。

（5）移交移送：将环保部门职责外的案件及时移交移送到有关部门。

（6）定期复查：按期进行复查，监督企业对处理决定的落实情况。

（7）总结归档：查处过程中的文字材料及音像资料，及时分类归档。

对在矿产资源开发利用生态环境监察中发现的需要由其他部门依法处理的违法案件，按照工作程序进行移交移送，具体移送部门如下：发现尾矿库（坝）存在安全隐患的，向安全生产监管部门移送；发现水土保持措施未落实的，向水利部门或水土保持主管部门移送；发现使用国家淘汰的落后工艺或设备的，向经济综合管理部门移送；涉及河道采砂的向水利部门移送；发现占用基本农田的，向国土资源部门移送；发现因采矿涉及毁林的，向林业行政部门移送；因环境违法需吊销采矿许可证的，向国土资源部门移送，需吊销营业执照的向工商部门移送；需断电的向电力部门移送；需追究行政责任的向检察部门移送；需追究刑事责任的向司法部门移送；需对企业关闭、搬迁或涉及重大案件及特殊案件的报当地人民政府。

（三）监察内容和要点

1．施工建设阶段

（1）建设项目的环保审批手续是否齐全、完备。《建设项目环境影响评价文件分级审批规定》（环保部令 2009 年第 5 号）第八条第（一）款明确，有色金属冶炼及矿山开发等对环境可能造成重大影响的建设项目环境影响评价文件，由省级环境保护部门负责审批。

（2）是否在国家规定禁止开采的区域内，包括：在自然保护区、生态功能保护区、风景名胜区、饮用水水源保护区等内采矿；在崩塌滑坡危险区、泥石流易发区和易导致自然景观破坏的区域内采石、采砂、取土；在铁路、重要公路两侧一定距离内或重要河流、堤坝两侧一定距离内采矿。

（3）项目的性质、规模、地点、生产工艺等是否符合环评及其批复要求，有无重大变更、是否依法履行相关变更手续。

（4）需配套建设的环保工程是否与工程主体同时建设。

（5）环评文件及环保审批意见提出的污染防治及生态保护措施（如水土流失）是否落实。

（6）施工现场环境保护状况。包括矿山基建对耕地的占用，对动植物资源的影响，污水的排放，固体废物的堆放，生态的恢复以及噪声、扬尘等。

（7）是否依法缴纳排污费。

2．试生产阶段

（1）是否向环保部门提交试生产申请，是否得到同意。

（2）生产工艺和各项环保措施是否按照环评文件及审批要求逐一落实。

（3）环保设施是否与工程主体同时运行，污染物排放是否达标，排放量是否达总量要求。

（4）排污口是否进行了规范化建设和管理，在线监控设施是否安装。

（5）是否开展了土地复垦和生态恢复。

（6）尾矿库是否采取防扬散、防流失、防渗漏和防污染等措施。

（7）试生产时间是否超过 3 个月，是否提交了环保设施竣工验收的手续。

（8）是否及时办理排污申报登记、缴纳排污费。

（9）是否制定突发事件环境应急预案，并有应急装置、设施。

（10）编制环境监察报告，作为竣工验收的依据。

3．正式生产阶段

（1）建设项目环保设施竣工验收手续是否齐全。

（2）是否办理排污申报登记、排污许可证及缴纳排污费。

（3）污染治理设施是否正常运转；污染物排放是否控制在总量范围内。

（4）水、气污染处理（处置）及污染排放达标情况。

（5）水环境保护是否达到要求：水重复利用率是否达到环境影响评价文件及其审批意见中的要求；污水处理是否达到要求，排放污水是否符合排放标准。

（6）大气污染防治措施是否到位。存放煤炭、煤矸石、煤渣、煤灰、砂石等，是否采取防燃、防尘措施；采矿作业区和料场，其运输、装卸、加工、倾倒矿石、废渣、尾矿等，是否采取封闭覆盖堆放或喷洒覆盖剂等措施，防止扬尘污染；选矿作业区是否建设大气污染防治设施。

（7）固体废物是否按要求进行贮存或处置：露天贮存废渣、废矿石等，是否设置了专用的贮存设施、场所；尾矿是否排入尾矿设施，尾矿设施是否有防流失、防扬散、防渗漏等措施，是否存在超量储存等环境安全隐患；尾矿、矸石、废石等矿业固体废物贮存设施停止使用后，矿山企业是否按照环保规定进行封场。

（8）生态恢复工作是否按计划和要求实施。

（9）对环保部门下达的限期整改项目，督促建设单位按要求积极整改。

4．已建成项目的监察内容

（1）是否在国家明文规定禁止开采的区域内。

（2）采矿、选矿工艺、技术、设施是否符合国家产业政策。

（3）环保审批手续和“三同时”竣工验收情况。

（4）污染治理设施管理、维护、运行情况，是否超标排污、污染环境。

（5）污染防治、生态保护和恢复等措施的落实情况。

（6）尾矿库是否存在因超量储存、超期服役等导致垮坝的隐患，是否有防扬散、防流失、防渗漏设施。

（7）是否制定突发事件环境应急预案，是否有事故应急装置、设施和场所。

（8）闭矿手续办理情况及闭矿后的生态恢复情况。

（9）排污申报登记、排污许可证及缴纳排污费情况。

（10）环境管理制度建立情况。

（四）尾矿库环境管理和应急处置

尾矿库是指筑坝拦截谷口或围地构成的，用以堆存金属、非金属矿山进行矿石选别后排出的尾矿、湿法冶炼过程中产生的废物或其他工业废渣的场所。对于尾矿库，环境保护行政部门负责对涉及尾矿库建设项目的环境管理，建立和完善尾矿库环境风险评估制度；要求企业编制尾矿库突发环境事件应急预案，负责企业尾矿库污染防治的日常监督检查和处理。

针对突发环境事件，环保部门要按照职责和规定的权限启动相关应急响应，参与应急处置工作。

1. 日常环境应急管理

环保部门认真组织开展环境风险隐患检查工作。要及时了解和掌握本地区正在使用、停止使用或闭库的各类尾矿库环境污染治理设施和措施，以及尾矿库下游取水口、饮用水水源保护区等环境敏感保护目标；加强对环境风险隐患登记、整改、销号的全过程管理；对现有的尾矿库建立环境保护管理台账，实行动态管理。

2. 应急处置

发生尾矿库突发环境事件后，当地环保部门要在政府的统一领导下，查明情况、及时报告、提出建议、督促落实、调查处理，做到第一时间报告、第一时间赶赴现场、第一时间开展监测、第一时间组织开展调查、第一时间向地方政府提出建议。查明情况就是通过现场勘察、调查和应急监测，查明突发环境事件的基本情况等；及时报告就是严格执行国家的突发环境事件信息报送制度，向当地政府和上级环境保护行政部门及时报告；提出建议就是及时向政府现场应急指挥部提出切断污染源、控制和消除污染等方面的建议，为政府环境应急工作决策提供支持；督促落实就是对政府现场应急指挥部制定的环境应急工作决策和措施执行情况进行跟踪检查，督促尾矿库企业予以落实，并将督促落实情况及时报告地方政府、上级环境保护行政部门及政府相关部门；调查处理就是按照当地政府的统一安排，及时组织或参与后期处置工作，查清事件原因、责任，落实各项环保整改措施，进行环境应急事件后评估，开展环境影响后评价，总结经验教训，提高环境应急管理工作水平。

（五）执法处罚标准

矿产资源开发利用生态环境监察违法行为处罚依据（表 5-1）。

表 5-1　矿产资源开发利用生态环境监察违法行为处罚依据

违法行为	法律法规依据
1. 在禁采区内采矿	《自然保护区条例》、《风景名胜区条例》、《矿产资源法》、《基本农田保护条例》、《防治尾矿污染环境管理规定》
2. 违反环评制度	《环境影响评价法》
3. 违反“三同时”制度	《环境保护法》、《建设项目环境保护管理条例》、《建设项目竣工环境保护验收管理办法》
4. 污染水体	《水污染防治法》
5. 固体废物未按要求贮存、处置	《固体废物污染环境防治法》、《防治尾矿污染环境管理规定》
6. 污染大气环境	《大气污染防治法》
7. 闭矿后不履行相应职责	《矿产资源法》、《矿产资源法实施细则》、《土地管理法》、《全国生态环境保护纲要》、《土地复垦规定》
8. 违反排污申报和排污收费制度	《水污染防治法》、《固体废物污染环境防治法》、《大气污染防治法》、《排污费征收使用管理条例》、《关于排污费征收核定有关工作的通知》

（1）拒绝检查：警告、补办，处300～3 000元罚款（《防治尾矿污染环境管理规定》）。

（2）在禁采区内采矿或不符合政策规定：取缔关闭（有关法律法规、《淘汰落后生产能力、工艺和产品目录》）。

（3）未执行环评或“三同时”制度：停产补办、限期整改并处罚款（《环境影响评价法》、《建设项目条例》、《建设项目竣工环境保护验收管理办法》）；固体废物防治设施未建成或未验收合格投产使用的，责令停止，处10万元以下罚款（《固体废物污染防治法》）。

（4）未建工业固体废物污染防治设施或不达标的：限期建成或改造，限期治理期内新产生的废物交纳排污费；擅自关闭、闲置或拆除的，处5万元以下罚款（《固废污染防治法》、《防治尾矿污染环境管理规定》）。

（5）超标排污、破坏环境的：责令限期处理并处罚款，逾期未完成治理任务的取缔关闭（《水污染防治法》、《大气污染防治法》、《噪声污染防治法》等）。

（6）无尾矿设施或设施不完善而污染环境的，或在特殊保护区超标排放尾矿水的：限期治理，逾期处1万～10万元罚款或提请停产（《防治尾矿污染环境管理规定》）。

（7）闭矿后不履行相应职责，依据《矿产资源法》、《矿产资源法实施细则》、《土地管理法》、《土地复垦规定》处罚。

（8）违反排污申报和排污收费制度，依据《水污染防治法》、《固体废物污染环境防治法》、《大气污染防治法》、《排污费征收使用管理条例》处罚。

关于国家禁止或限制的矿产资源开发活动，具体情形如下：

（1）禁止的矿产资源开发活动：① 禁止在依法划定的自然保护区（核心区、缓冲区）、风景名胜区、森林公园、饮用水水源保护区、重要湖泊周边、文物古迹所在地、地质遗迹保护区、基本农田保护区等区域内采矿。② 禁止在铁路、国道、省道两侧的直观可视范围内进行露天开采。③ 禁止在地质灾害危险区开采矿产资源。④ 禁止土法采、选冶金矿和土法冶炼汞、砷、铅、锌、焦、硫、钒等矿产资源开发活动。⑤ 禁止新建对生态环境产生不可恢复利用的、产生破坏性影响的矿产资源开发项目。⑥ 禁止新建煤层含硫量大于3%的煤矿。

（2）限制的矿产资源开发活动：① 限制在生态功能保护区和自然保护区（试验区）内开采矿产资源。生态功能保护区内的开采活动必须符合当地的环境功能区规划，并按规定进行控制性开采，开采活动不得影响本功能区内的主导生态功能。② 限制在地质灾害易发区、水土流失严重区域等生态脆弱区内开采矿产资源。

第二节　森林、草原开发利用的生态环境监察

一、森林生态系统

（一）概念

森林生态系统是以乔木为主体的生物群落（包括植物、动物和微生物）及其非生物环

境（光、热、水、气、土壤等）在功能流的作用下形成一定结构、功能和自调控的自然综合体，是陆地生态系统中面积最多、最重要的自然生态系统。

（二）我国森林资源的基本情况

我国地域辽阔，自然条件多样，适宜各种林木生长。2009 年 11 月 17 日，国务院新闻办公室公布了第六次全国森林资源清查结果。清查结果显示，全国森林面积 19 545.22 万 hm^2，森林覆盖率 20.36%。活立木总蓄积 149.13 亿 m^3，森林蓄积 137.21 亿 m^3。除港、澳、台地区外，全国林地面积 30 378.19 万 hm^2，森林面积 19 333.00 万 hm^2，活立木总蓄积 145.54 亿 m^3，森林蓄积 133.63 亿 m^3。天然林面积 11 969.25 万 hm^2，天然林蓄积 114.02 亿 m^3；人工林保存面积 6 168.84 万 hm^2，人工林蓄积 19.61 亿 m^3，人工林面积居世界首位。

树种和森林类型繁多。构成我国森林的树种极其繁多，据统计，全国乔灌木树种约有 8 000 种，其中乔木约 2 000 种，包括 1 000 多种优良用材及特用经济树种。由于我国在第四纪冰川期间，大部分地区未被冰川覆盖，成为许多植物的避难所，保存了大量孑遗树种，如水杉、银杏、银松、金线松、水杉、连香树、珙桐、马尾树、水青树等。其中，水松、银松、银杏被称为“活化石”。我国还有许多特有木本属如杜仲属、半枫荷属、白萼属、香果树属、金钱槭属、喜树属和秤锤树属等。我国森林类型众多，为世界罕见。我国有热带雨林、季雨林、亚热带常绿阔叶林、温带落叶阔叶林、温带针叶阔混交林等基本类型；还有地方性的次生类型和大量人工林和经济林。

林产独特而丰富。我国丰富多样的森林生态系统不仅提供了各种木材，而且提供了多种多样的其他森林产品。

（1）野生动物。我国森林中的野生动物资源极其丰富，是世界上野生动物种类最多的国家之一，约有 1 800 余种，其中珍贵的有驼鹿、雪兔、东北虎、紫貂、白唇鹿、大熊猫、金丝猴、野牛、长臂猿、野象等，森林的鸟类、昆虫、爬行类、两栖类和各种生活于土壤中的低等动物也十分丰富多样。

（2）野生植物。中药材：近代查明我国药用植物约有 3 000 种，大部分分布在林区，常用的有 500 多种。其中木本植物常见的有杜仲、肉桂、厚朴、刺五加、枸杞、五味子、杜鹃等；草本植物有人参、黄芪、红景天、桔梗、枣皮、绞股蓝等；菌类植物有灵芝、猪灵、伏灵等。

山野菜：主要产于东北林区，资源比较丰富，经济价值较高，是出口创汇的重要林副山特产。主要品种有蕨菜、徽菜、黄瓜香、猴头、黄花菜、山芹菜等。

食用苗：分布林区的食用菌多达 20 多种，仅黑龙江省林区的各种食用菌蕴藏量就在 1 500 万 kg 以上。林区食用菌主要品种有：黑木耳、元蘑、榛蘑、黄蘑、松蘑、云芝、银耳、竹笋、香菇、干菇等，这些资源极为丰富，味道鲜美具有较高的营养价值。

山野果资源：林区的野果资源有两类，一类是浆果资源，如山葡萄、猕猴桃、山梨、山樱桃、草莓、椰子、芒果等；另一类是有核食果资源，如松籽、核桃、板栗等。

蜜源植物资源：我国林区分布着大量乔木、灌木和草本植物及花草，这些有性繁殖的植物花蕊是蜜蜂采集酿蜜的良好资源，林区可谓天然大糖厂。林区可供蜜蜂采集酿蜜的主要植物有：椴、柳、色木、槐、杨、满山红及各种花草。

第六次清查与第七次清查间隔的五年内，中国森林资源呈现六个重要变化：

一是森林面积蓄积持续增长，全国森林覆盖率稳步提高。森林面积净增 2 054.30 万 hm^2，全国森林覆盖率由 18.21%提高到 20.36%，上升了 2.15 个百分点。活立木总蓄积净增 11.28 亿 m^3，森林蓄积净增 11.23 亿 m^3。

二是天然林面积蓄积明显增加，天然林保护工程区增幅明显。天然林面积净增 393.05 万 hm^2，天然林蓄积净增 6.76 亿 m^3。天然林保护工程区的天然林面积净增量比第六次清查多 26.37%，天然林蓄积净增量是第六次清查的 2.23 倍。

三是人工林面积蓄积快速增长，后备森林资源呈增加趋势。人工林面积净增 843.11 万 hm^2，人工林蓄积净增 4.47 亿 m^3。未成林造林地面积 1 046.18 万 hm^2，其中乔木树种面积 637.01 万 hm^2，比第六次清查增加 30.17%。

四是林木蓄积生长量增幅较大，森林采伐逐步向人工林转移。林木蓄积年净生长量 5.72 亿 m^3，年采伐消耗量 3.79 亿 m^3，林木蓄积生长量继续大于消耗量，长消盈余进一步扩大。天然林采伐量下降，人工林采伐量上升，人工林采伐量占全国森林采伐量的 39.44%，上升 12.27 个百分点。

五是森林质量有所提高，森林生态功能不断增强。乔木林每公顷蓄积量增加 1.15 m^3，每公顷年均生长量增加 0.30 m^3，混交林比例上升 9.17 个百分点。有林地中公益林所占比例上升 15.64 个百分点，达到 52.41%。随着森林总量的增加、森林结构的改善和质量的提高，森林生态功能进一步得到增强。中国林科院依据第七次全国森林资源清查结果和森林生态定位监测结果评估，全国森林植被总碳储量 78.11 亿 t。我国森林生态系统每年涵养水源量 4 947.66 亿 m^3，年固土量 70.35 亿 t，年保肥量 3.64 亿 t，年吸收大气污染物量 0.32 亿 t，年滞尘量 50.01 亿 t。仅固碳释氧、涵养水源、保育土壤、净化大气环境、积累营养物质及生物多样性保护等 6 项生态服务功能年价值达 10.01 万亿元。

六是个体经营面积比例明显上升，集体林权制度改革成效显现。有林地中个体经营的面积比例上升 11.39 个百分点，达到 32.08%。个体经营的人工林、未成林造林地分别占全国的 59.21%和 68.51%。作为经营主体的农户已经成为我国林业建设的骨干力量。

（三）我国森林资源存在的问题

从第七次全国森林资源清查结果看，我国森林资源保护和发展依然面临着以下突出问题：

一是森林资源总量不足。我国森林覆盖率只有全球平均水平的 2/3，排在世界第 139 位。人均森林面积 0.145 hm^2，不足世界人均占有量的 1/4；人均森林蓄积 10.151 m^3，只有世界人均占有量的 1/7。全国乔木林生态功能指数 0.54，生态功能好的仅占 11.31%，生态脆弱状况没有根本扭转。生态问题依然是制约我国可持续发展最突出的问题之一，生态产品依然是当今社会最短缺的产品之一，生态差距依然是我国与发达国家之间最主要的差距之一。

二是森林资源质量不高。乔木林每公顷蓄积量 85.88 m^3，只有世界平均水平的 78%，平均胸径仅 13.3 cm，人工乔木林每公顷蓄积量仅 49.01 m^3，龄组结构不尽合理，中幼龄林比例依然较大。森林可采资源少，木材供需矛盾加剧，森林资源的增长远不能满足经济社会发展对木材需求的增长。

三是林地保护管理压力增加。清查间隔的五年内林地转为非林地的面积虽比第六次清查有所减少，但依然有 831.73 万 hm^2，其中有林地转为非林地面积 377.00 万 hm^2，征占用林地有所增加，局部地区乱垦滥占林地问题严重。

四是营造林难度越来越大。我国现有宜林地质量好的仅占 13%，质量差的占 52%；全国宜林地 60%分布在内蒙古和西北地区。今后全国森林覆盖率每提高 1 个百分点，就需要付出更大的代价。

（四）我国保护和发展森林资源的对策

1998 年的特大洪水，给我国的经济和人民生命财产造成了重大损失，使人们警醒。人们清楚地认识到客观上是由于气候异常，集中连降暴雨所致；主观上的人为因素，则是大江大河的上游地区，多年来森林植被破坏，毁林开荒种粮，水土流失严重的恶果。为此江泽民同志提出“大抓植树造林，绿化荒漠”，朱镕基同志指出“封山植树，退耕还林”、“把砍树人变为植树人”，国务院于 1998 年批准了国家计委组织有关部门制定的《全国生态环境建设规划》，为了认真贯彻中央领导的指示精神，实施建设规划，应采取以下保护和发展森林资源的对策。

1. 大力植树造林，扩大森林资源总量

（1）继续深化全民植树运动。国土绿化工作要以邓小平理论和“三个代表”重要思想为指导，认真落实科学发展观，坚持以人为本，统筹城乡绿化、东西部绿化协调发展，唱响“共建绿色家园”主旋律，深入开展全民义务植树运动。

（2）稳步推进六大林业工程建设。2004 年天然林保护工程完成营造林 1 741 万亩，资源管护不断加强，木材产量进一步调减，四项保险和富余职工分流安置取得积极成果，森工企业金融债务免除进入实质性运作阶段，工程区世行项目还贷问题得到解决，15 亿元债务得到豁免或挂账。退耕还林工程完成造林 5 837 万亩，其中退耕地还林 1 000 万亩，荒山荒地造林 4 837 万亩。京津风沙源治理工程完成治理任务 1 745 万亩，其中林业建设任务 1 150 万亩。三北长江等防护林工程完成营造林 1 497 万亩，其中三北工程 720 万亩，长江等工程 777 万亩。野生动植物保护工程新增保护区 134 处，使林业系统的自然保护区数量达到 1 672 处，面积 17.85 亿亩，占国土面积的 12.4%。速丰林工程完成造林 100 多万亩。

（3）进一步加快城乡绿化步伐。随着我国城市化进程的全面加快，“让森林走进城市，让城市拥抱森林”已成为许多城市建设追求的目标。各地城市森林建设蓬勃发展，按照“城区园林化，郊区森林化，道路林荫化，庭院花园化”的城乡绿化一体化建设目标，以城乡结合部和城市郊区为重点，广泛开展环城生态林带、环城绿化带和隔离地区绿化等城市森林体系建设，提升城市整体绿化美化水平。城市绿化注重体现“以人为本”的理念，在绿地和公园建设中，以方便群众休闲活动为主，使其发挥最大的功能。2004 年，全国城市绿化覆盖率达 31.15%，人均公共绿地达 6.49 m^2。村屯绿化从保护农田、改善农村生活环境出发，加大四旁植树、农田林网和村屯绿化美化力度，涌现出一批起点高、规模大的绿化生态小康村镇。

（4）加强绿色通道工程建设。绿色通道工程建设以科学发展观为指导，因地制宜，绿化线路不断延伸。创建了一批“绿化、彩化、香化、果化”的绿色通道样板工程。使绿色通道成为集生态、经济、观赏为一体的绿色风景线和致富线。据不完全统计，2004 年，全国累计完成绿色通道建设 9.4 万 km，其中公路 8.1 万 km，铁路 2 518 km，江河沿岸绿化 5 000 km，渠道两侧绿化 1.8 万亩。

（5）大力加强商品林建设。为解决国内木材需求，在按分类经营原则调整和区划生态林业建设地域的同时，积极区划商品林发展，努力形成商品林的骨干和框架。

（6）种植薪炭林，大力推广节柴灶。长江、黄河上中游地区薪柴消耗约占毁林的 30%。要有计划地种植速生薪炭林，大力推广节柴灶、沼气、秸秆气化等，解决由薪柴消耗的毁林。

2．下决心抓好森林资源保护工作

（1）认真实施天然林保护工程。1998 年洪灾之后，我国开始实施天然林保护工程。内容是将长江、黄河中上游生态环境脆弱地区划为禁伐区和缓冲区组成的生态保护区，森工企业转向营林保护，对禁伐区实行严格管护，坚决停止采伐，大幅度调减缓冲区的天然林采伐量，加大森林资源保护力度，大力开展营造林建设，加强多资源综合开发利用，调整和优化经济结构。天然林保护工程实施的目标是，到 2000 年，完全停止禁伐区的森林采伐，调减木材产量 1 500 万 m^3 左右，同时，杜绝超限额采伐。到 2010 年天然林资源得到基本恢复，基本实现木材生产以采伐利用天然林为主向经营利用人工林为主转变。

（2）坚决制止毁林开垦，陡坡种植。1998 年洪灾之后，国务院下发了《关于保护森林资源制止毁林开垦和乱占耕地的通知》，通知要求，立即停止毁林开垦、滥占林地的不良做法，坚决刹住乱砍滥伐、超限额采伐的歪风。对大案、要案，尤其涉及领导行为的案件，要严肃处理。

（3）坚持不懈地抓好森林防火，充分认识森林防火工作的严峻形势，精心布置，认真准备；切实加强重点火险区以控制火源为中心的综合治理；抓好防火扑火队伍的建设；加大投入力度，加强基础设施建设；全面推进以生物防火带工程和以计划烧除为主体的防火阻隔系统建设；加强防火值班。努力实现火灾次数和受害面积的双减少。

（4）重视森林病虫害防治工作。认清森林病虫害防治工作的严峻形势，把此项工程提到重要日程，当做大事来抓；从苗木、造林入手，培育抗病毒、抗虫害的良种壮苗，营造混交林；抓好以“四率”为主要指标的病虫害防治工作目标管理，并将其纳入地方各级领导保护发展森林资源的目标责任制，严格检查考核；搞好预测预报，尽快完成全国中心测报点的布局，加强防治和检测信息网络建设；进一步搞好国家级和省级工程治理，在危险性病虫害和重大病虫害防治方面力争早日取得突破。

（5）进一步强化野生动植物的保护和管理，大力加强森林公安和林业工作站建设。

3．加大宣传力度，提高全民绿化意识和生态环境意识

要继续采取多种形式，大力宣传保护森林、发展林业的重要性，特别是宣传林业在大农业中的地位和作用，使广大干部群众真正认识到只有山清才能水秀，只有林茂才能粮丰，没有足够的森林就没有完整的生态体系，自然灾害就会频繁，损失就会惨重，大农业乃至国民经济就不会持续、快速、健康发展。通过深入的宣传，增强全民的绿化意识、生态意识，使全社会更加重视林业，关心林业，支持林业，发展林业。

4．加强林业法制建设，实施依法治林

1998 年新一届全国人大组建后，修改颁布的第一部法律就是森林法，围绕新森林法的实施，要抓好林业的立法和法规的配套工作，重点应抓好修改“森林法实施细则”，林地管理条例，森林生态效益补偿基金管理办法，森林、林地使用权转让管理条例等。加强林

业执法和执法监督，加强普法教育。

5．实行责任制

制定并实施领导干部保护和发展森林资源任期目标责任制，及时检查通报目标完成情况，使之有效实行。坚持谁造林谁所有的原则，稳定完善各种形式的联产承包责任制，发展多种形式的经济联合，对林业实行特殊的扶持政策，充分调动国家、集体和个人经营林业的积极性。

6．建立健全稳定的投入保障机制

坚持国家、集体、个人一起上，多渠道、多层次、多方位筹集建设资金。国家生态环境建设重点工程项目纳入国家基本建设计划，地方按比例安排配套资金。地方性的建设项目，由地方负责投入，小型建设项目主要依靠广大群众劳务投入和国家以工代赈，并广泛吸引社会各方面的投资。

各级政府和有关部门要按照事权、财权划分，对生态环境建设的投入做出长期安排，中央和地方要将生态环境建设的资金列入预算，宁可其他方面紧一些，也要把生态环境建设资金安排好。国家预算内基本建设投资、财政支农资金、农业综合开发资金等的使用，都要把生态环境建设作为一项重要内容，统筹安排，并逐年增长。银行要增加用于生态环境建设的贷款，并适当延长贷款偿还年限。积极争取利用国外资金，国外的长期低息贷款和赠款要优先安排考虑生态环境建设项目。

加强已建立的林业基金的使用管理，切实用于水土保持、植树种草等生态环境建设，积极开辟新的投资渠道。按照“谁受益、谁补偿，谁破坏、谁恢复”的原则，建立生态效益补偿制度。按照“谁投资，谁经营，谁受益”的原则，鼓励社会上的各类投资主体向生态环境建设投资。对国内外资助生态环境建设有突出贡献者，国家给予表彰和奖励。增加投入，进口木材。

7．实施科教兴林战略，推进林业建设的进一步发展

加快林业发展的关键在科技进步，林业科学技术必须面向林业生产建设。我国林业肩负着优化环境和促进发展的双重使命，而我国森林资源存在着总量不足、分布不均、林地利用率低、资源综合利用差等问题，要加快林业发展，必须依靠林业科学技术进步。要大力强化林业科技推广工作，促进科技成果的转化；要攀登林业科技高峰，尽快缩短与世界林业发达国家的科技差距；要建立新型林业科技体制，形成科技与生产建设协调发展的新格局。

8．加强森林生态自然保护区的建设与管理

我国森林生态类型的自然保护区建设得比较早，数量也较多，积累了许多经验。但与需要相比还有很大差距，需进一步发展，全面规划，有计划地加强建设。已建的自然保护区也要进一步加强管理。

二、草原生态系统

（一）概念

从农业自然资源的角度来说，草原是大面积天然饲用植物群落着生的，以放牧和割草利用为主的畜牧业生产基地。这里所讲的草原是一种泛指，是指生长有草本植物或具有一定灌木植被的土地，它的同义语有草场和草地。

草原生态系统是指草原上的生物（动物、植物和微生物）和非生物之间是一个互相依存、互相作用、共同发展的一个综合体，这个综合体就称为草原生态系统。

草原生态系统与所有的生态系统一样，具有四个基本的组成成分，即：非生物环境、生产者、消费者和分解者。

（二）我国草原的类型与分布

我们现在所讲的草原是泛指意义上的草地。我国草原类型多样、分布广泛、面积巨大。我国共有 18 个大类，37 个亚类，1 000 多个草地型。

按行政区划以西藏自治区草原面积最大，达 82 051 942 hm^2，占本地区总面积的 68.10%，可利用草原面积 70 846 781 hm^2，占全国草原可利用总面积的 21.41%。其次是内蒙古自治区，草原面积 78 804 483 hm^2，占本区土地总面积的 68.81%，可利用草原面积为 63 591 092 hm^2，占全国可利用草原面积的 19.21%。第三位是新疆维吾尔自治区，草原面积 57 258 767 hm^2，占本区土地总面积的 34.68%，可利用草原面积 48 006 840 hm^2，占全国可利用草原面积的 14.51%。草原面积在 1 500 万 hm^2 以上的省区还有青海省、四川省、甘肃省和云南省。500 万～1 000 万 hm^2 的省区有广西、黑龙江、湖南、湖北、吉林、陕西等 6 个省区。400 万～500 万 hm^2 的有河北、山西、江西、河南、贵州等 5 个省区。300 万～400 万 hm^2 的有辽宁、广东、浙江、宁夏等 4 个省区。100 万～300 万 hm^2 的有福建、山东、安徽、重庆等 4 个省市。小于 100 万 hm^2 的省区有海南、江苏、北京、天津、上海。香港、澳门、台湾等地的草原面积未有统计数字。西藏、内蒙古、新疆、青海、甘肃、四川、宁夏、辽宁、吉林、黑龙江被称为我国草原面积连片分布的十大牧区，草原面积占全国草原总面积的 49.17%。

我国草原资源的基本特征是：① 草原资源总量大，类型丰富，但人均占有量少；②草原分布规律明显，地带性强，区域间差异极大；③ 区域性草原生产能力规律明显，产草量呈现地带性变化；④ 草原自然生产力一般，但单位面积畜产品产出偏少，发展潜力大；⑤ 草原资源集中分布西北地区，草原生态系统脆弱。

（三）我国草原存在的主要问题

我国草原资源丰富、发展潜力巨大，但是在草原资源的开发利用过程中，由于自然因素限制和人为活动不当造成了诸多问题，突出表现在以下几个方面。

1. 天然草原退化严重

目前，90%的可利用天然草原不同程度地退化，其中覆盖度降低、沙化、盐渍化等中度以上明显退化的草原面积已占半数。草原退化使草原质量不断下降，20 世纪 90 年代与 60 年代初比较，北方天然草原产草量下降了 30%～50%，载畜能力大大降低。随着天然草原面积的日益缩小，牲畜日益增加，导致常年用于放牧的牧区天然草原将进一步退化，一部分甚至会失去利用价值，成为沙地、裸地或盐碱滩。

2. 草原沙化趋势加剧

沙化草原主要发生在干旱、半干旱地区的草原，在开垦活动频繁的农牧交错区最为严重。我国草原由于植被破坏、缺水、过度放牧、沙丘移动引起草原沙化失去利用价值。据调查，全国沙漠化潜在发生面积占国土面积的 27.3%；目前已有风蚀沙化土地面积 160.7 万 km^2，占国土面积的 16.7%。以新疆和内蒙古沙漠化面积最大，二者之和占全国沙漠化土地面积的 76.29%。草场退化和植被破坏导致沙尘暴频繁发生，西沙东进，北沙南侵，掩埋农田，毁坏交通和通信设施，已殃及华北和东部沿海地区，造成环境的严重破坏和巨大的经济损失。

3．草原盐碱化规模扩大

目前我国草原盐渍化面积已达 930 万 hm^2 以上，大面积发生于东北地区西部松嫩草原、内蒙古西部、新疆、甘肃、青海干旱荒漠区绿洲边缘草原及干旱区大水漫灌的改良草原。其中内蒙古一些地下水位较高的草场，由于重牧形成碱斑遍布、寸草不生的盐碱裸地。

4．草原生物多样性不断减少

由于人类在草原上开展经济活动，草原上的众多动植物资源遭到破坏，尤其是近几十年来，由于乱挖滥采、乱捕滥杀，加剧了生物资源的破坏速度，引起大批生物资源的丧失。

5．草原鼠虫害危害加剧

目前，我国北方和西部牧区草原鼠害严重，每年鼠害发生面积都在 2 000 万 hm^2 以上，其中四川、甘肃、内蒙古、青海 4 个省区发生面积均在 300 万 hm^2 以上。我国每年均有草原虫害发生，达到防治指标的发生面积每年为 550 hm^2 左右，新疆、内蒙古、青海、甘肃、四川每年虫害发生面积均在百万公顷以上。

6．煤矿、油田开采，污染、破坏草原环境

我国草原区蕴藏着大量的地下矿产资源，如煤、石油、矿石等，开采这些地下资源的过程中，频繁的车来车往和人类活动，以及废矿、废弃物等堆积于草原上，造成草原的污染和破坏。如陕西榆林地区，仅煤田开发一项，就使 1.73 万 hm^2 草原植被被毁，2 万 hm^2 土地荒漠化。

（四）我国加强草原保护与建设的对策

1．切实加强法制管理，认真贯彻《中华人民共和国草原法》

坚决制止滥垦、过牧、滥采等非持续利用形式。对草甸草原重点防止无序开垦，对于干旱、半干旱的典型草原、荒漠草原与高寒草原，要严格以草定畜，不允许超载放牧；通过改良牲畜、改善饲养方式，实行季节畜牧业等措施，增加畜产品产量。对极端干旱的戈壁与沙漠，应以自然保护为主，留给野生动物利用；有些草地可建成国家公园或自然保护区，以满足生物多样性保护、生态旅游、教育和科研的需要。

2．落实草地有偿使用，建立草地资源的核算体系

长期以来，由于草地无价，使用权亦未固定，草地资源由牧民随意利用，只索取不建设，这是草地退化的重要因素之一。内蒙古自治区率先实施草地承包到户，有偿使用，虽然落实尚不彻底，但还是收到了好的效果。建议全国牧区尽快把草地有偿使用和使用权固定下来，并建立全国草地资源评价体系和价值核算与定价体系，把草地资源核算写入《中华人民共和国草原法》，依法实施草地资源的开发、使用与管理。

3．建立和完善草原保护制度

（1）建立基本草地保护制度。建立基本草地保护制度，把人工草地、改良草地、重要放牧场、割草地及草地自然保护区等具有特殊生态作用的草地，划定为基本草地，实行严格的保护制度。任何单位和个人不得擅自征用、占用基本草地或改变其用途。

（2）实行草畜平衡制度。根据区域内草原在一定时期提供的饲草饲料量，确定牲畜饲养量，实行草畜平衡。地方各级人民政府要加强宣传，增强农牧民的生态保护意识，鼓励农牧民积极发展饲草饲料生产，改良牲畜品种，控制草原牲畜放养数量，逐步解决草原超载过牧问题，实现草畜动态平衡。

（3）推行划区轮牧、休牧和禁牧制度。为合理有效利用草原，在牧区推行草原划区轮牧；为保护牧草正常生长和繁殖，在春季牧草返青期和秋季牧草结实期实行季节性休牧；为恢复草原植被，在生态脆弱区和草原退化严重的地区实行围封禁牧。

4．稳定和提高草原生产能力

（1）加强以围栏和牧区水利为重点的草原基础设施建设。突出抓好草原围栏、牧区水利、牲畜棚圈、饲草饲料储备等基础设施建设，合理开发和利用水资源，加强饲草饲料基地、人工草地、改良草地建设，增强牧草供给能力。

（2）加快退化草原治理。对严重退化的草原实施围封转移。严重退化的草原，其生态环境已十分恶劣，一般改良措施很难奏效，经济上很不划算，就实施围栏封育，绝对禁牧，以休养生息。对轻度、中度退化的天然草原，科学利用，认真保护。在有可能增加投入的条件下，根据草地的特点，采取一些改良措施。只要措施得当，也可以收到较好的效果。这些措施包括松土、浅耕翻等改善土壤物理性状的措施；增施肥料，尤其是氮肥以改善土壤营养状况的措施；补播本地优良牧草以增加植被恢复速率的措施和通过轻度合理放牧来促进草地恢复等措施。

（3）因地制宜建立不同比例的人工草地。建立人工草地可以增加饲草，提高冬春饲草的供应量，变季节畜牧业为四季出栏，走建设养畜的道路，变粗放畜牧业为集约化畜牧业。根据研究，按 10%的比例建立人工草地，建成后每亩产干草 200～250kg，转化成肉奶毛皮、产值可成倍提高。

（4）提高防灾减灾能力。坚持“预防为主、防治结合”的方针，做好草原防火减灾工作。加强草原火灾的预防和扑救工作，改善防扑火手段；要组织划定草原防火责任区，确定草原防火责任单位，建立草原防火责任制度；要加大草原鼠虫害防治力度，加强鼠虫害预测预报，制定鼠虫害防治预案，采取生物、物理、化学等综合防治措施，减轻草原鼠虫危害。要突出运用生物防治技术，防止草原环境污染，维护生态平衡。

5．实施已垦草原退耕还草

对有利于改善生态环境的、水土流失严重的、有沙化趋势的已垦草原，实行退耕还草。近期要把退耕还草重点放在江河源区、风沙源区、农牧交错带和对生态有重大影响的地区。要坚持生态效益优先，兼顾农牧民生产生活及地方经济发展，加快推进退耕还草工作。国家向退耕还草的农牧民提供粮食、现金、草种费补助。搞好技术指导和服务，提高退耕还草工程质量。

6．转变草原畜牧业经营方式

（1）积极推行舍饲圈养方式。在草原禁牧、休牧、轮牧区，要逐步改变依赖天然草原放牧的生产方式，大力推行舍饲圈养方式，积极建设高产人工草地和饲草饲料基地，增加饲草饲料产量。国家对实行舍饲圈养给予粮食和资金补助。

（2）调整优化区域布局。按照因地制宜，发挥比较优势的原则，调整和优化草原畜牧业区域布局，逐步形成牧区繁育，农区和半农、半牧区育肥的生产格局。牧区要突出对草原的保护，科学合理地控制载畜数量，加强天然草原和牲畜品种改良，提高牲畜的出栏率和商品率。半农、半牧区要大力发展人工种草，实行草田轮作，推行秸秆养畜过腹还田技术。

7. 推进草原保护与建设科技进步

（1）加强草原科学技术研究和开发。加强草原退化机理、生态演替规律等基础理论研究，加强草原生态系统恢复与重建的宏观调控技术、优质抗逆牧草品种选育等关键技术的研究和开发。对草种生产、天然草原植被恢复、人工草地建设、草产品加工、鼠虫害生物防治等草原保护与建设具有重大影响的关键技术，集中力量进行科技攻关。重视生物技术、遥感及现代信息技术等在草原保护与建设中的应用。

（2）加快引进草原新技术和牧草新品种。加强技术引进与交流。当前要重点引进抗旱、耐寒牧草新品种，加强草种繁育、草原生态保护、草种和草产品加工等先进技术的引进工作。

（3）加大草原适用技术推广力度。加强草原技术推广队伍建设，改善服务手段，增强服务能力。加快退化草原植被恢复、高产优质人工草地建设、生物治虫灭鼠等适用技术的推广。抓紧建立一批草原生态保护建设科技示范场，促进草原科研成果尽快转化。加强对农牧民的技术培训。

（4）改良牲畜品种，提高生产性能。通过牲畜改良，提高家畜个体生产能力与产品质量，从而可控制数量、减轻放牧压力，达到控制草地退化的目的。

8. 增加草原保护与建设投入

（1）科学制定规划，严格组织实施。县级以上地方人民政府依据上一级草原保护与建设规划，结合本地实际情况，编制本行政区域内的草原生态保护与建设规划。经同级人民政府批准后，严格组织实施。草原生态保护建设规划应当与土地利用总体规划、已垦草原退耕还草规划、防沙治沙规划相衔接，与牧区水利规划、水土保持规划、林业长远发展规划相协调。

（2）广辟资金来源，增加草原投入。地方各级人民政府要将草原保护与建设纳入当地国民经济和社会发展计划。中央和地方财政要加大对草原保护与建设的投入，国有商业银行应增加牧草产业化等方面的信贷投入。同时，积极引导社会资金，扩大利用外资规模，拓宽筹资渠道，增加草原保护与建设投入。

（3）突出建设重点，提高投资效益。国家保护与建设草原的投入，主要用于天然草原恢复与建设、退化草原治理、生态脆弱区退牧封育、已垦草原退耕还草等工程设。要强化工程质量管理，提高资金使用效益。

2008 年，国家在内蒙古、四川、甘肃、宁夏、青海、西藏、新疆、云南、贵州和新疆生产建设兵团实施退牧还草工程，投入 15 亿元，建设草原围栏 522.8 万 hm^2，开展石漠化治理 2.7 万 hm^2，对严重退化草原实施补播 156.9 万 hm^2。在北京、内蒙古、山西、河北实施京津风沙源草地治理工程，投入 3.9 亿元，治理草原 23.6 万 hm^2，建设棚圈 121 万 m^2，配置饲草料加工机械 25 540 台（套）。

通过项目实施，工程区草原植被盖度、高度和鲜草产量大幅提高，草原生态环境明显改善，基础设施建设得到加强，草原畜牧业生产方式得到有效转变。

9．发挥草地多功能

发挥草地多功能，发展旅游、绿色食品等新的产业，不断增加牧民的收入，减轻对草地压力。草地具有多方面的功能。可是长期以来，我们较多地注意经济功能中的一部分——肉奶皮毛生产，这固然有其历史的背景。但这与对草地多功能认识得不多，也许有一定关系。现在，我们充分阐明草地多功能的特点。假定草地多功能得到足够与充分的发挥，对于减轻对草地的压力，也许会有一定意义。事实表明，在这方面已经有较快的发展和较广阔的前景。

10．强化草原监督管理和监测预警工作

（1）依法加强草原监督管理工作。各地要认真贯彻落实《中华人民共和国草原法》，依法加强草原监督管理工作。草原监督管理部门要切实履行职责，做好草原法律法规宣传和草原执法工作。当前要重点查处乱开滥垦、乱采滥挖等人为破坏草原的案件，禁止采集和销售发菜，严格对甘草、麻黄草等野生植物的采集管理。

（2）加强草原监督管理队伍建设。草原监督管理部门是各级人民政府依法保护草原的主要力量。要健全草原监督管理机构，完善草原监督管理手段。草原监督管理部门要加强自身队伍建设，提高人员素质和执法水平。

（3）认真做好草原生态监测预警工作。草原生态监测是草原保护的基础。抓紧建立和完善草原生态监测预警体系，重点做好草原面积、生产能力、生态环境状况、草原生物火害，以及草原保护与建设效益等方面的监测工作。

三、生态环境监察要点

国家林业行政主管部门主管森林的开发利用和保护；农业部门主管草原的开发利用和保护。环境保护部门要对他们的环境保护行为进行统一监督管理，重点是对森林、草原建设项目的环境监察。

（一）森林公安执法范围

（1）盗伐林木案件；

（2）滥伐林木案件；

（3）非法收购盗伐、滥伐的林木案件；

（4）非法采伐、毁坏珍贵树木案件；

（5）走私珍稀植物、珍稀植物制品案件；

（6）放火案件中，故意放火烧毁森林或者其他林木的案件；

（7）失火案件中，过失烧毁森林或者其他林木的案件；

（8）聚众哄抢案件中，哄抢林木的案件；

（9）非法开垦、采石、采砂、采土、采种、采脂或其他活动，致使森林、林木受到毁坏的案件；

（10）在幼林地和特种用途林内砍柴、放牧致使森林、林木受到损坏的案件；

（11）非法猎捕、杀害珍贵、濒危陆生野生动物案件；

（12）非法收购、运输、出售珍贵、濒危陆生野生动物、珍贵、濒危陆生野生动物制品案件；

（13）非法狩猎案件；

（14）走私珍贵陆生野生动物、珍贵陆生野生动物制品案件；

（15）非法经营案件中，买卖《允许进口证明书》、《允许出口证明书》、《允许再出口证明书》、进出口原产地证明及国家机关批准的其他关于林业和陆生野生动物的经营许可证明文件的案件；

（16）伪造、变造、买卖国家机关公文、证件案件中，伪造、变造、买卖林木和陆生野生动物允许进出口证明书、进出口原产地证明、狩猎证、特许猎捕证、驯养繁殖许可证、林木采伐许可证、木材运输证明、森林、林木、林地权属证书、征用或者占用林地审核同意书、育林基金等缴费收据以及由国家机关批准的其他关于林业和陆生野生动物公文、证件的案件；

（17）盗窃案件中，盗窃国家、集体、他人所有并已经伐倒的树木、偷砍他人房前屋后、自留地种植的零星树木、以谋取经济利益为目的非法实施采种、采脂、挖笋、掘根、剥树皮等以及盗窃国家重点保护陆生野生动物或其制品的案件；

（18）抢劫案件中，抢劫国家重点保护陆生野生动物或其制品的案件；

（19）抢夺案件中，抢夺国家重点保护陆生野生动物或其制品的案件；

（20）窝藏、转移、收购、销售赃物案件中，涉及被盗伐滥伐的林木、国家重点保护陆生野生动物或其制品的案件。

（二）草原监理行政执法职权

1．行政处罚（共7项）

（1）非法使用草原的

（2）非法开垦草原的

（3）非法采挖破坏草原植被的

（4）非法开展经营性旅游活动的

（5）非法碾压草原的

（6）违反禁牧、休牧规定放牧的

（7）违反草畜平衡规定的

2．行政许可（共6项）

（1）临时占用草原审核

（2）草原上修建直接为草原保护和畜牧业生产服务的工程设施使用草原审批

（3）矿藏开采使用草原审核（审查）

（4）草原上开展经营性旅游活动审核

（5）林草原防火戒严期间进入防火戒严区许可

（6）采集野生植物许可（审查）

3．行政征收（共1项）

草原植被恢复费

第三节 旅游资源开发利用的生态环境监察

一、旅游发展的现状

第二次世界大战后，随着国际和平环境的来临、世界经济的日益繁荣和国际交往的不断扩大，作为第三产业的国际旅游业迅猛发展，旅游人数逐年上升。世界旅游组织发展援助部主任哈什·瓦玛在2007欧亚经济论坛时公布了相关数据，2006年，全球游客人数达到了8.42亿人次，比2005年增长了4.9%。这些游客的旅游活动带来了7350亿美元的旅游收入，这意味着2006年游客平均每天都要消费20亿美元。旅游业对于拉动经济增长、调整产业结构、增加社会就业、扩大市场需求、改善投资环境、丰富文化生活、推动社会事业进步等方面都具有巨大的作用。据世界旅游组织测算，旅游收入每增加1元，可带动相关行业增收4.3元。

根据世界旅游理事会发表的年度报告，自1992年起，旅游业已成为世界规模最大的产业，不论是从它的总收入、就业、增值、投资和纳税等方面，旅游业的发展对于世界和各国经济的发展作出了重大的贡献。旅游业具有“无烟产业”和“永远的朝阳产业”的美称，它已经和石油业、汽车业并列为世界三大产业。由于国际旅游业是世界经济中具有广泛前景的一个组成部分，各国都在努力探讨并积极参与这一领域的竞争。国际旅游业高度集中在经济发达的欧美地区，这一地区接待的国际旅游者一般占世界旅游者总数的80%以上。

我国的旅游业是在党的十一届三中全会实行改革开放政策以后才起步的新兴产业。虽然我国旅游资源十分丰富，名山大川和历史文化名城较多，但由于过去几十年的“闭关锁国”，加上国家财政困难，对旅游业缺乏长期投资，以致我国的旅游业设施落后，区域旅游发展很不均衡。近十多年来，由于改革开放政策的不断深入，经过努力追赶，有了令人瞩目的发展。我国的旅游业较长期的保持7%的年均增长率，已经成为国民经济新的经济增长点，旅游业带动了相关产业和社会经济的全面发展，已经成为我国经济发展的支柱性产业之一。

数据显示，2009年我国全年旅游总收入为1.29万亿元，同比增长11.3%。2009年，在旅游产业供给方面，投资规模大幅增长，产业发展更具活力。旅游相关产业投资规模的大幅度增长，直接带动了旅游投资的快速增长，各地旅游投资出现了生机勃勃的繁荣景象，为旅游业发展注入了新的活力。在企业经营业绩方面，企业经营业绩开始回升，景区类企业经营状况好于旅行社和饭店行业。其中，西部地区企业经营状况要好于受金融危机冲击较大的中部地区和东部地区；城市和城市周边景区比长线旅游景区经营形势要好；成熟的顶级景区的经营状况比无资源优势的一般景区要好。2009年中国旅游业总体保持了平稳较快增长。全年国内旅游人数达19.02亿人次，增长11.1%；国内旅游收入1.02万亿元，增长16.4%；入境旅游人数1.26亿人次，下降2.7%；入境过夜旅游人数5 088万人次，下降4.1%；旅游外汇收入397亿美元，下降2.9%；旅游总收入1.29万亿元，增长11.3%。

《2011 中国旅游市场趋势观察研究预测报告》预测：到 2020 年中国将成为世界最大的旅游目的地国家，这十年也将成为中国旅游业发展的“黄金十年”。

二、我国旅游发展存在的问题

1．旅游资源的粗放式开发和盲目利用

许多地区的政府有关部门在开发旅游资源时，缺乏深入的调查研究和科学的论证与规划。与此同时，许多旅游开发商急功近利，旅游开发项目在缺少总体规划的情况下，盲目地进行粗放式、破坏式的开发，造成许多不可再生旅游资源的损害与浪费。

2．风景区生态环境系统失调

近 10 多年来，景区的人工化、商业化、城市化使我国风景名胜区，包括已列入“世界遗产名录”的一些自然风景区，已越来越受到建设性的破坏。由于在景区内开山炸石、砍树毁林造成水土流失严重；或因山洪暴发、塌方挡路致使毁景伤人；或因久旱无雨、水源枯竭导致饮用水短缺；更有一些建筑毁景障景，导致自然和人文景观极不协调，破坏了景观的整体性和统一性。

3．风景名胜区环境污染严重

据一些旅游风景区提供的监测资料显示，景区内水、大气、土壤都有不同程度的污染，噪声、烟尘都超过了规定的标准。由于我国人口众多，旅游业发展迅速，但缺乏规划和管理，国民的生态意识较差，可以说游客旅游到哪里，生态破坏和环境污染也就到哪里。造成风景区内生活污水增多，垃圾废渣、废物剧增。

4．环境承载力超载

旅游区超规模接待在业内是司空见惯的事情。经营管理者受短期利益的驱使，为了能在激烈的市场竞争中赢得一席之地，不惜牺牲环境效益来求得经济效益的提高。旅游区环境承载力超载突出表现在每年的黄金周的集中出游和集中返回。游客的大量涌入将旅游区土地践踏，使土壤板结，树木死亡。严重超过景区（点）环境容量的后果是对旅游区自然生态系统平衡的极大破坏。

5．政府管理不到位

旅游要得到大力的发展，离不开政府的引导和规范。但政府在总体战略、投资倾向和政策环境等方面未给旅游业一个适当的定位。一些管理者常常受利益的驱动，热衷于宾馆、饭店、游乐设施建设，而忽视对经营者和游客的生态保护教育，造成旅游资源和生态环境的破坏。

6．环境监测系统有待完善

许多旅游景区基础设施差，工作人员少，环境监测技术不够成熟，景区（点）的生态环境状况不能得以正确反映，不能为景点的生态建设和保护提供科学依据，影响了旅游的持续发展。

7．法律机制不健全

我国环境法的基本制度与旅游开发可持续发展战略的要求还有距离。不仅现行的制度不够完善，而且一些对环境保护行之有效的制度诸如环境税收、环境标志等制度也很欠缺。如资源税在我国还不是严格意义上的环境税，征收范围仅限于矿产品和盐等不可再生资

源，而对水资源、森林资源、草原资源和野生动植物资源等再生资源并未征收资源税，对资源开发利用的引导和监督效力微弱。其结果是资源的盲目和过度开发，造成旅游资源的浪费。

三、旅游活动对生态环境的影响

（一）旅游活动对植被的影响

植被不仅能够增加旅游的吸引力，提高人们的生活质量和健康水平，也直接影响到气候、水体、土壤、生物资源等许多方面。而旅游开发对自然资源的不合理利用已经使许多景点的植被遭到了破坏，严重影响了自然生态环境的稳定性。

1．敏感性植被濒临灭绝

旅游设施的修建、山地交通工具、游人的践踏和采摘等都使森林和绿地的植被覆盖率降低，许多敏感性植被的种类和数量迅速减少。Saleh 对苏伊士河南部的阿不岛进行了植被调查，发现沿岸的旅游活动和建筑设施已经威胁到了白骨壤红树林的生存，植被覆盖率正在逐步减小。Hill 发现徒步旅行已经对澳大利亚科西阿斯科山的植被产生了消极影响，非硬化游径的地表裸露面积已达到 35%，并且游道所产生的线性干扰使某些敏感性种类正在逐步减少或消失；澳大利亚的一项旅游管理计划中提到，旅游开发对 72 个濒临灭绝的植物种属有直接或间接的负面影响。此外，四川峨眉山近山顶的苔藓植物锦丛藓、塔藓和安徽黄山的疣黑蓟都因受到旅游开发影响而濒临消失。

2．外来种的引入带来危害

公路边坡防护、人工植草、引进观赏植物和花卉等都给自然保护区带来了新的侵入种，这种“生物污染”破坏了当地的生态平衡，许多特有的和濒临灭绝的原生物种面临取而代之的危险，Van Wilgen 曾提出只有清除保护区的引入种才能保持植被的物种平衡。Smith 对开普半岛的植被进行了调查，发现至少有 6 个引入种对当地的景观多样性和植被多样性造成了破坏。外来入侵植物已经影响到海南岛的许多生态系统，植物检疫部门年均截获旅游者带入的种子、种苗 50 次以上，对当地的生物多样性和土著植物的生境构成了严重的威胁。

3．植被的物种组成及群落多样性发生改变

旅游作为一种干扰活动，也使植被的群落结构及多样性受到不同程度的影响。在干扰强度和频率较高的地区，植被的群落多样性显著降低，例如，曾真等发现人为践踏严重影响香山公园绿地草本植物的成长，破坏区的植物物种和个体数明显减少；管东生等通过研究证明，随着旅游强度增加，广州城市公园的森林植物种类数目及多样性降低，群落结构变得简单，群落演替缓慢或停止；而适度的干扰则会提高群落的物种多样性，管东生等发现旅游干扰对草本层和灌木层的影响表现明显，对乔木层的影响较小，中等强度的旅游干扰有利于提高植物群落种类多样性；冯学钢等的研究表明，在人为践踏作用的影响下，原有优势草种密度减小，种群的丰度增加，耐践踏的草本植物种类数量明显增多。此外，不同的植被类型对旅游干扰的响应也不尽相同。朱珠等的研究结果表明旅游干扰显著改变了林下植物的物种组成，耐阴喜湿的乡土植物局部消失，而喜旱耐扰动的植物种群扩大。Cole

以野营的方式分别对林地和草地植被进行干扰，发现长时间轻度干扰的林地植被破坏更加显著且无法恢复；而短时间重度干扰的草地破坏并不明显，且在一年之内即可恢复。

（二）旅游活动对动物的影响

很多自然保护区是一些珍稀野生动物的重要分布区，近年来由于旅游活动的影响，野生动物的生理习性、繁殖及种群多样性等方面都受到了干扰。石强等初步调查了张家界国家森林公园的野生动物的数量，发现很多珍稀动物都已从公园消失，其中爬行类受到的干扰最为严重。环青海湖旅游资源的开发已对当地的野生动物造成影响，黑颈鹤、白鹭、普氏原羚的觅食地和繁殖地均遭到破坏，生存受到威胁。Inaki 等对伊比利亚半岛上的青蛙进行了调查，发现邻近娱乐地区的青蛙丰富度显著减少，对重复干扰的响应时间已明显增长，但不影响其跳跃距离；此外，在 5 倍和 12 倍干扰程度下，青蛙的减少率分别为 80% 和 100%。可见，人为干扰是当地两栖动物减少的一个重要因素。

（三）旅游活动对土壤的影响

生态旅游的开展对土壤的破坏也是非常严重的，大量的游客、牲畜践踏和建筑活动改变了原有的土壤结构，影响了其生态学功能。而土壤的物理结构、化学特性和生物学参数均能够很好地反映土壤生态系统的功能，是评价土壤质量的重要指标。

1．物理结构遭到破坏，水土流失严重

人类活动的干扰使失去了植被保护的土壤更加脆弱，其结构变得紧实，容重增大，孔隙度降低，土壤的蓄水能力也明显降低，大大加速了土壤侵蚀。管东生、曾真等的研究结果显示，随着旅游干扰强度的增加，土壤容重和 pH 值呈递增趋势，水分和物理性黏粒呈递减趋势。石强则发现践踏对游道外缘土壤的硬度影响最大，对水分的影响次之，对容重的影响最小。Bellot 分析了西班牙境内 2 个小村庄的水平衡状况，发现旅游干扰使土壤的净含水量正在逐年降低。

此外，旅游对土壤造成的干扰和破坏已经引发了水土流失。例如，山岳风景区的旅游开发，特别是客运索道的建设已经造成了局部地区的水土流失；二龙山景区自开发成旅游区后，旅游人数直线上升，爬山、滑草、骑马、垂钓及休憩活动已经使景区内许多地方发生不同程度的水土流失现象。

2．化学特性发生变化，营养成分失衡

人类活动的干扰也会影响到土壤的化学特性，使有机质含量下降，营养元素流失，土壤质量日趋下降，直接影响动植物的新陈代谢，使生物产量下降。如广州白云山风景区的土壤已遭到旅游活动的破坏，活动区土壤的有机质、TN、TS、TP 和有效磷含量显著减少。秦远好等的研究结果也表明，在游憩活动的冲击下，土壤的有机质、全氮和碱解氮含量相对于对照点均减少 30%～40%。

3．土壤生物多样性受到影响

土壤生物在土壤物质能量迁移转化过程中具有特殊的作用，随着旅游开发对环境的影响加剧，土壤微生物量和土壤动物多样性都有明显的退化趋势。Demakov 等对泊姆地区土壤中的腈化物同化菌多样性进行了研究，结果发现在人类活动的影响下，土壤中菌株腈水解酶和水合酶的活性显著增高，微生物的化学特性已发生改变。杨海君、谭周进等研究了张家界国家森林公园微生物群落的多样性，发现放牧和旅游践踏对微生物数量和分布、酶活性、微生物作用强度及生物量碳、磷含量均有显著影响。此外，王淑娟的研究结果表明，旅游活动影响了清西陵古油松林节肢动物群落中的害虫-天敌的相互作用关系，对整个古油松林节肢动物结构和多样性有显著的影响。

（四）旅游活动对水体的影响

旅游活动对水体环境的影响是非常严重的，如长白山自然保护区在二道河上游河段修建旅馆，迫使河流改道；南岳衡山每年约有 6 000t 经营垃圾和 2 000t 旅游垃圾倒入山内的溪流和水体里，这些活动产生的尘埃、废渣、废水等直接污染到景区水源，致使水体富营养化，悬浮物增多，病原菌增加。Colorado 发现河水面大肠杆菌密度范围为 2.1～8.0 个/mL，而底部沉淀物中竟达 48 000 个/mL，43%的沉淀物样本超过 500 个/mL，其中 34%超过 1 000 个/mL。王晶等对九寨沟旅游景点进行了调查，发现旅游活动影响后，地表径流中的全氮、全磷含量都显著增大，且与湖边水全氮、全磷含量呈正相关关系，造成湖泊水体的富营养化。

（五）旅游活动对大气的影响

大量游客的涌入必然会促进景区交通设施的建立，而机动车辆的频繁往来不仅会带来噪声和尘埃，而且车辆尾气中含有硫化物、氮化物、炭化物和铅等污染物质，长期滞留在大气中形成持续性污染。如峨眉山国家级风景区近年来污染呈增长趋势，山下共有市属和乡镇企业 245 个，每年废气排放量致使大气环境质量达到中等污染状态。张家界国家森林公园是武陵源风景名胜区的重要组成部分，自 1982 年建立国家森林公园以来，各种类别的接待设施已有 30 多家，生活煤灶 273 座，每年排烟尘 22.5t，烟尘和二氧化硫分别超标率为 100%和 46.2%；石强也通过建立大气质量评价模型发现公园接待区的大气质量受到了严重的影响。

四、生态环境监察要点

旅游项目的开发建设要严格做到四个“一律”，即新建项目没有通过环评的一律不予审批；生态保护得不到落实的一律不准开工；建设当中环保设施不配套的一律暂停施工；建成后又出现环保问题的一律先整改再营业。

旅游资源开发项目的环评审查和生态环境监察的重点是：必须有生态环境保护规划和宣传教育专项方案；不得在旅游区非法采石、开矿、挖沙、建坟、伐木、烧荒、捕猎；不得在旅游区建设污染、损害景区环境的工业生产设施；建设其他设施，其污染物排放不得超过规定的排放标准；旅游区内禁止建设破坏景观资源的楼、堂、馆、所；严格限制索道、滑道、旅游列车、娱乐城等建设；科学核定景区旅游容量，做到“区内游，区外住”；禁止在自然保护区核心区、缓冲区内从事旅游开发，不得以开发为目的擅自把自然保护区核心区、缓冲区调整为实验区。环境监察中要检查旅游开发是否严格按环境影响评价的审批意见执行，对不按环评制度和不按环境影响评价审批意见办事的，要报告环境保护行政主管部门予以处理、处罚。旅游已经影响到环境和生态的，要限定旅游时间和旅游人数。对旅游区内的污水、烟尘、生活垃圾，要与工业企业一样地严格要求，必须达标排放和妥善处置。

风景名胜区的执法主体部门是各级建设行政主管部门；自然保护区的执法主体是相关行政主管部门；旅游组织的管理部门是各级旅游局；环境保护部门的职责是对开发旅游的环境保护实施统一监督管理。

第四节　生物多样性开发利用的生态环境监察

一、生物多样性

生物多样性是生物和它们组成的系统的总体多样性和变异性。生物多样性包括三个层次：基因多样性、物种多样性和生态系统多样性。生物多样性指标是生态环境优劣的重要指标之一。

生物多样性为人类的生存与发展提供了丰富的食物、药物、燃料等生活必需品以及大量的工业原料。生物多样性维护了自然界的生态平衡，并为人类的生存提供了良好的环境条件。生物多样性是全球生态系统不可缺少的组成部分，人们依靠生态系统净化空气、水，并充腴土壤。科学实验证明，生态系统中物种越丰富，它的创造力就越大。自然界的所有生物都是互相依存，互相制约的，每一种物种的绝迹，都预示着很多物种即将面临死亡。

生物多样性还具有重要的科学研究价值。每一个物种都具有独特的作用，例如利用野生稻与农田里的水稻杂交，培育出的水稻新品种可以大面积提高稻谷的产量。1970 年 11 月，我国水稻专家袁隆平院士领导的科研小组在海南岛搜集野生稻资源时，从中发现了花粉败育的雄性不育株，他打破“水稻是自花传粉，杂交没有优势”的传统观点，培育出“籼型杂交水稻”，创造了水稻高产的奇迹，产生了巨大的经济效益，获得国家发明特等奖，被誉为“杂交水稻之父”。现在，全国 50%的水稻种植面积和 60%的水稻产量，都是杂交水稻的贡献。1976—1998 年，杂交水稻累计增产粮食 3.5 亿 t，每年解决 3 500 万人的吃饭问题。在一些人类没有研究过的植物中，可能含有对抗人类疾病的成分，这些野生动植物如果绝迹，将是人类的重大损失。

二、我国的生物多样性

我国的物种资源无论在种类和数量上都在世界占有重要地位。现已记录的主要生物类群物种总数约 8.3 万种，约占世界主要生物类群物种总数的 7.5%。高等植物约 3 万种，占世界高等植物的 10%，仅次于世界上植物区系最丰富的马来西亚（约 4.5 万种）和巴西（约 4.0 万种），居世界第三位。陆栖脊椎动物约 2 340 种，占世界陆栖脊椎动物的 10%；鱼类 2 804 种，占世界鱼类的 12%；藻类 5 000 种，占世界藻类的 16%；真菌 8 000 种，占世界真菌的 17%；细菌约 500 种，占世界细菌的 0.2%。

我国的物种资源除了种类和数量丰富外，其特有性也较高。由于悠久的地质历史和有利于动植物生存繁衍的自然地理条件，特别是在第四纪冰期时，没有直接受到北方大陆冰盖的破坏。因此，我国动植物区系比较古老，且含有大量特有科属。根据我国植物特有属分布区的分析，大致有川东—鄂西、川西—滇西北以及滇东南—桂西三大特有现象中心。特有植物 15 000～18 000 种，占高等植物总数的 50%～60%，某些类群甚至高达 70%～80%。特有种子植物代表种有：银杏、攀枝花苏铁、银杉、金钱松、百山祖冷杉、珙桐、杜仲、华盖木、明党参、猪血木、七子花、青檀、太行菊、箣竹、知母等；特有动物代表种有：麋鹿、黑麝、藏羚、岩羊、大熊猫、白鳍豚、云南兔、藏野驴、台湾猴、中华鼢鼠、中华秋沙鸭、褐马鸡、黑头角雉、黑颈鹤、棕头雀鹛、藏雀、扬子鳄、海南脊蛇、火头乌龟、棘皮湍蛙、大鲵、长江“大鲟”、斑白鱼等。

我国有森林、灌丛、草原、稀树草原、草甸、荒漠、湿地等陆地生态系统的各种类型，按群系分，森林 212 类、竹林 36 类、灌丛 113 类、草丛约 13 类、草甸 77 类、草原 55 类、荒漠 52 类。冻原、高山垫状植被和高山流石滩植被主要有 17 类。自然湿地包括沼泽 19 类，草本沼泽约 14 类，木本沼泽 4 类，泥炭沼泽 1 类。

我国近海有黄海、东海、南海和黑潮流域 4 个大海洋生态系，近岸海域分布滨海湿地、红树林、珊瑚礁、河口、海湾、泻湖、岛屿、上升流、海草床等典型海洋生态系统，以及古贝壳堤、海底古森林、海蚀与海积地貌等自然景观和自然遗迹。

我国拥有高等植物 34 984 种，其中，苔藓植物 2 541 种，蕨类 2 270 种，裸子植物 245 种，被子植物 29 816 种。此外，几乎拥有温带的全部木本属。

三、生物多样性受威胁状况

据估计，世界上有 10%～15%的植物处于濒危状态，但在我国濒危植物种比例估计高达 15%～20%，濒危物种达 4 000～5 000 种。此外，还有相当可观的植物种已经灭绝，初步统计，列入濒危植物名录中的植物有 5%左右在近数十年内濒临灭绝（表 5-2）。

表 5-2 中国主要生物分类群特有种（属）统计

类 群	已知种（属）数	特有种（属）数	占总种、属/%
哺乳类	499 种	73 种	14.6
鸟类	1 186 种	99 种	8.3
爬行类	376 种	26 种	6.9
两栖类	279 种	30 种	10.8
鱼 类	2 804 种	440 种	15.7
苔藓植物	494 属	8 属	1.6
蕨类植物	224 属	5 属	2.2
裸子植物	32 属	8 属	2.5
被子植物	3 166 属	235 属	7.5

据统计，我国目前濒危动植物约有 1 431 种，约占我国高等动植物总种数的 4.1%。其中濒危高等植物 1 009 种，占我国高等植物总数的 3.4%；濒危脊椎动物 398 种，占我国脊椎动物总数的 7.7%左右（表 5-3）。目前《国家重点保护植物名录》公布的珍稀濒危植物

共 354 种；《国家重点保护野生动物名录》公布的珍稀濒危野生动物共 405 种，其中陆栖动物 305 种，水生动物 70 种。主要的濒危代表种有东北虎、华南虎、云豹、大熊猫、叶猴类、多种长臂猿、儒艮、坡鹿、白鳍豚、无喙兰、双蕊兰、海南苏铁、印度三尖杉、姜状三七、人参、天麻、草从蓉、肉丛蓉、罂粟牡丹等。

表 5-3 中国主要生物类群的濒危物种数目

类 群	物种总数	濒危物种数	濒危物种比率/%
脊椎动物	5 144	398	7.7
哺乳动物	499	94	18.8
鸟 类	1 186	183	15.4
爬行类	376	17	4.5
两栖类	279	7	2.5
鱼 类	2 804	97	3.5
高等植物	30 000	1 009	3.4
苔藓植物	2 200	28	1.3
蕨类植物	2 600	80	3.1
裸子植物	200	75	37.5
被子植物	25 000	826	3.3
合 计	35 144	1 431	4.1

在水域生态系统中，某些经济价值高的物种和敏感物种逐步减少以至消失。如长江的“三鲟”、江豚、白鳍豚、鳜鱼、银鱼、带鱼、大小黄鱼等变为稀有和濒危动物。此外，农作物和家养动物品种以及野生亲缘种，也在退化和减少，某些种已处于濒危状态。

中国约有脊椎动物 6 481 种，其中，哺乳类 581 种、鸟类 1 331 种、爬行类 412 种、两栖类 295 种、鱼类 3 862 种。列入国家重点保护野生动物名录的珍稀濒危野生动物共 420 种，大熊猫、朱鹮、金丝猴、华南虎、扬子鳄等数百种动物为我国所特有。

“生物物种资源”指具有实际或潜在价值的植物、动物和微生物物种以及种以下的分类单位及其遗传材料。“生物物种资源”除了指物种层次的多样性，还包含种内的遗传资源和农业育种意义上的种质资源。而“遗传资源”是指任何含有遗传功能单位（基因和 DNA 水平）的材料；“种质资源”是指农作物、畜、禽、鱼、草、花卉等栽培植物和驯化动物的人工培育品种资源及其野生近缘种。

2008 年，农业部重点调查了 27 个农业野生植物资源状况，调查范围涉及 22 个省（直辖市、自治区）的 363 个县（市），调查内容包括物种地理分布及面积、生态环境、种群数量、种类、濒危状况等基本信息，对 894 个重要分布点进行了 GPS 定位，抢救收集各类农业野生植物资源 1081 份（次），发现了一批重要或珍贵的农业野生植物资源。新建农业野生植物原生境保护点 22 个。通过鉴定评价，获得了 7 份优质野生稻资源和 8 份野生大豆资源，定位、克隆了一批高产、抗逆和养分高效吸收的基因。

四、生态环境监察要点

环境监察机构要积极参与林业、农业、渔业部门禁止捕捉、猎杀、采集濒危野生动植物的工作，检查和打击非法经营、销售活动。采集国家一级保护野生植物的，必须申请采集证，由省级野生植物行政主管部门（林业及农业部门）审查后报国家野生植物行政主管部门审批发给采集证；采集国家二级保护野生植物的，由县级以上野生植物行政主管部门审查后报省级野生植物行政主管部门审批发给采集证。禁止猎捕、杀害国家重点保护野生动物，因科学研究、驯养繁殖、展览或者其他特殊情况，需要捕捉、捕捞国家一级保护野生动物的，必须向国务院野生动物行政主管部门（林业和渔业部门）申请特许猎捕证；猎捕国家二级保护野生动物的，必须向省、自治区、直辖市政府野生动物行政主管部门申请特许猎捕证。猎捕非国家重点保护野生动物的，必须取得狩猎证，并且服从猎捕量限额管理。

按照已有的规定，禁止采集、销售发菜和乱采滥挖甘草、麻黄草等各类有固沙保土作用的野生药用植物。要与公安部门配合打击销售发菜、穿山甲等国家保护的野生动植物黑市。与工商部门配合关闭一切珍稀野生动植物收购、加工和销售市场。

环境监察机构对生物多样性的监察主要在以下几个方面：

（1）依据《自然保护区管理条例》对各类自然保护区实行监督检查，发现违法行为及时予以处理。

（2）配合林业、农业、商务、工商、公安等部门打击盗伐、偷猎、非法采挖、贩卖、食用珍稀野生动植物的行为。

（3）配合林业、海关、商务等部门阻止不经审批非法引进外来物种的行为；不经批准私自向国外提供种质资源的行为。

（4）制止擅自进行围湖造田、围海造田和破坏红树林进行海水养殖的行为。

（5）保护各类原生态动植物的栖息地、生长地。在制定土地利用规划时，在监督建设项目施工时，都要保护野生动植物的栖息地、繁殖地和生长地，有了繁育生活的空间才有生物的多样性。

外来物种引进和转基因生物应用的环评审查和生态环境监察重点：引进外来物种和转基因生物环境释放前，必须进行环境影响评估；禁止在生态环境敏感区进行外来物种试验和种植放养活动；严格限制在野生生物原产地进行同类转基因生物的环境释放。要联合有关部门确定本地区的重点外来入侵物种和重点防治区域，并予以公布。自然保护区、生态功能保护区、风景名胜区和生态环境特殊和脆弱的区域以及内陆水域等应作为外来入侵物种防治工作的重点区域。遭受外来物种入侵和危害的上述区域，应集中力量和资金，尽快予以控制和清除。要加强对自然保护区、风景名胜区、森林公园旅游活动的环境管理工作，防止外来入侵物种的有意或无意传入。

第六章　农村农业生态环境监察

第一节　畜禽养殖业环境监察

一、我国畜禽养殖业现状

（一）我国畜禽存栏情况

随着社会经济的发展和人们物质生活水平的不断提高，畜禽养殖业已经成为我国农业发展的支柱行业之一。近年来，随着农业产业结构的调整和农村经济的发展，各省市相继出台了相关鼓励扶持政策，有力地促进了畜禽养殖业的发展。

我国畜禽主要以家禽、猪、羊、兔、牛为主。从绝对数量上来看，我国家禽的数量最多，占畜禽总量的82.96%（2008 年数据）；在大牲畜中，以牛的数量为最多；除家禽及大牲畜外，我国以猪、羊、兔的养殖为主，3 种牲畜的数量占我国畜禽总量的15.11%。不同的畜禽，其养殖投入差异较大，尽管家禽的绝对数量所占比例很大，但折算后，其相对养殖量仅占总量的6.67%，而猪、牛、羊尽管数量所占比例不大，但其相对养殖量占到总量的92.81%（折算标准为：30 只蛋鸡、30 只鸭、30 只兔、3 只羊、15 只鹅或60 只肉鸡折算成1 头猪，1 头奶牛折算成10 头猪，1 头肉牛折算成5 头猪）。

我国幅员辽阔，地形复杂，气候条件多样，农牧业生产表现出明显的地域差别。我国畜禽养殖业主要分布在河北、河南、四川、山东、云南等省，而新疆和内蒙古则是羊养殖业的集中地区。

（二）我国畜禽养殖业规模化概况

由于人们生活水平日益增长的需求和农村产业结构的调整，畜禽的规模化养殖也逐渐成为当今社会畜禽养殖产业发展的主要模式。以生猪饲养为例，2008 年，我国生猪年出栏数在1～99 头的养殖场（户）的年出栏数所占比重最大，为生猪年出栏总数的56.98%，而500 头以上的仅占27.28%。对于其他牲畜也与生猪饲养有类似情况，由此可见，我国的畜禽养殖仍然以中小规模分散经营为主，专业化、规模化程度不高，与发达国家相比，仍然存在很大差距。

（三）我国畜禽养殖业发展趋势

虽然我国目前仍以中小规模畜禽养殖为主，但我国畜禽养殖业的规模化水平也随着社会经济的发展不断提高。如按 GB 18596—2001 中Ⅱ级集约化畜禽养殖场的适用规模考虑，2005—2008 年我国畜禽养殖业规模化发展情况见表 6-1。由表 6-1 可见，2005 年以来各种畜禽的规模化率均呈逐年提高的趋势，但规模化率仍然较低。

表 6-1　2005—2008 年我国主要畜禽养殖业规模化发展情况

种类	控制范围（以存栏计）	规模化率/%			
		2005 年	2006 年	2007 年	2008 年
生猪	≥500	10.43	11.48	14.73	18.90
奶牛	≥100	11.63	13.31	16.35	19.54
肉牛	≥200	7.20	6.88	8.23	10.70
蛋鸡	≥15 000	9.01	10.28	14.89	22.39
肉鸡	≥30 000	9.31	10.58	12.79	15.33

注：生猪年出栏数与存栏数之比按 2∶1 折算，肉鸡的年出栏数与存栏数之比按 3∶1 折算，肉牛的年出栏数与存栏数之比按 0.5∶1 折算。

二、养殖场生产工艺

（一）养猪场生产工艺

养猪场规模的大小，一般以基础母猪数量或年上市猪（种猪或肥猪）数量来表示。目前我国尚无有关养猪场适宜规模的规范和标准，养猪场规模的确定受诸多因素的制约，大都根据其投资能力、技术水平、经营性质和市场需求来确定。

猪的饲养方式一般分为舍饲和放牧饲养。规模化养猪场均采用舍饲，放牧饲养仅在我国部分地区的个体养猪户中采用。规模化养猪场因采用的栏圈形式不同又可分地面平养和网床饲养；按每圈饲养头数则可分群养和单养。地面平养分为实体地面、全部缝隙地板或部分实体地面部分缝隙地板几种，缝隙地板可用钢筋混凝土、塑料、铸铁等制作。网床饲养多用于产房和培育仔猪舍。料槽饲喂采用较多，但也有采用设档料槛无槽地面撒喂的方式，前者饲槽占栏圈面积、增加造价、刷洗费工，但可适用于各种饲养方式；地面撒喂无前者的缺点，但仅适用于地面或部分缝隙地板平养。此外还有自动料箱（桶）饲喂方式，因不便控制采食量，多用于培育仔猪和育肥猪。以上各种饲喂方式均可人工或机械加料，后者常用链环式、塞盘式或弹簧式输料系统。

（二）养牛场生产工艺

根据饲养管理方式的不同，牛舍可以分为散放牛舍和拴系牛舍两种。

（1）散放牛舍的特点是牛可以自由出入牛舍，不受任何约束。牛舍主要供牛休息、避雨和遮阴，地面铺有垫草，冬季逐日增添，待春季天暖时一次清理出去。舍外有运动场，且有青贮饲槽、干草架、饮水槽或饮水器。有的散放牛舍内设有牛床隔栏，以保证牛在躺卧时都有一定的地方，而且比较整齐，排粪的位置也比较固定，管理上比没有隔栏的要方便许多。这种牛舍的建筑造价相对较高。

（2）拴系牛舍内设有固定的牛床和颈枷，牛在一定时间内被放入牛舍后，立即被拴系起来。这种牛舍的建筑造价显然较高，但是便于对牛进行精细管理，可以获得较高的产奶量、产肉量和繁殖率，采用比较普遍。拴系牛舍的饲槽，常用的有高槽和低槽两种，高槽的槽底高出地面，低槽的槽底与地面相同。后者因操作方便，采用者较多。舍内的粪尿沟，一般用明沟，以便随时清扫，防止堵塞。这种方式主要适用于牧区或半农半牧区。其优点是可以充分利用草地资源，降低生产成本；缺点是管理比较粗放，产奶量、产肉量较低。实行全放牧时，一般在牧地的适当位置设简易棚舍，供饮水、补饲、挤奶和避风、遮雨之用。也有实行半放牧、半舍饲的，即在放牧归来之后，补喂青贮饲料、饲草以及精料，这种方式比全放牧饲养的产奶量、产肉量要高。

（三）养鸡场生产工艺

养鸡场分为蛋鸡场和肉鸡场。鸡的饲养方式一般为散养、平养和笼养。蛋鸡以平养和笼养为主，而肉鸡以地面平养为主。

（1）散养是一种原始、粗放的方式，即在白天将鸡放出，任其不受任何约束地自由活动。到了傍晚，鸡自动归巢，在鸡栖息之前，撒些饲料作为补饲。这种方式因为投资少，节省饲料，过去多为农户广泛采用。此方式的缺点是易使鸡感染寄生虫病，生产效率低，不易管理，故规模化养鸡场不宜采用。

（2）平养是将鸡直接饲养在舍内地面上，饲养管理工作在室内进行，所以鸡舍内有饲槽、饮水器、产蛋箱、栖架等。有的在舍外一侧设有运动场，鸡可自由出入活动，这种鸡舍比较适合于饲养种鸡。有的没有运动场，鸡的活动完全限定在舍内。平养又可分为地面平养和网上平养。地面平养方式的优点是饲养管理比较方便，生产效率也比较高；缺点是占用地面比较大，机械化困难，不易实行大规模饲养，而且容易传播球虫病等。这种饲养方式的清粪方法有两种，一是每日人工清扫一次，优点是可保持舍内干净，缺点是比较费工，对鸡的干扰也比较大。另一种是厚垫料法，在舍内地面上铺撒垫料，逐日增添，不清除。待鸡群全部转出后，将垫料一次彻底清除干净，并对鸡舍进行清洗和消毒。此种方式因垫料内一直进行着生物发酵过程，产生许多热量，有利用于提高舍内温度，故多用于寒冷地区。鸡整日在垫料上活动，既可取暖，又可从垫料中获取维生素 B_{12}；缺点是易使鸡感染寄生虫病，且易污染羽毛和鸡蛋。在地面上约 0.6m 处架设网棚，鸡饲养在网棚上，不与粪污接触，避免了羽毛和鸡蛋被污染，并可控制球虫病等的传播。用此方式饲养种鸡时，可在网上分隔成小格，每格 1.0～1.2m^2，可养 15 只左右成年母鸡和 2 只公鸡。舍外也可设置运动场，在一定时间将鸡放到运动场上去活动。

（3）笼养是在鸡舍内设置鸡笼，将鸡常年饲养在笼中。饲养种鸡时，鸡笼较小，每笼 1 只，实行人工授精。饲养商品蛋鸡时，每笼 3～4 只。在鸡舍内，鸡笼可 1 层排列，也可 3～4 层立体排列。立体排列时，可以为阶梯式或重叠式。采用平列式（即 1 层排列）时，舍内无走道，喂料、供水、集蛋、清粪全用机械，进鸡、出鸡或维修鸡笼时，工作人员坐在“天车”上操作，“天车”可由工作人员驾驶运行至鸡舍的任何部位。这种方式的主要缺点是进鸡、出鸡很不方便，机械的维修也比较困难，故采用者不多。重叠式可以提高单位面积内的饲养数量，缺点是每层笼的下边需设承粪板，只能用人工进行清粪，比较费工，采用者也不多。采用阶梯式或半阶梯式排列时，清粪既可使用机械，也可采用人工。对肉鸡一般都采用平养，而且大都采用厚垫料方式。对于父母代种鸡，一般也都采用平养，公母鸡自由交配，因肉鸡体型大，行动笨拙，笼养弊端较多。

三、畜禽养殖业的产排污情况

（一）污水的产生与排放

养殖场产生的污水量及其水质因畜种、养殖场性质、饲养管理工艺、气候、季节等情况不同会有很大差别。如肉牛场污水量比奶牛场少；鸡场的污水量比猪场少；采用乳头式饮水器的鸡场比采用水槽自流饮水的污水量少；各种情况相同的养殖场，南方的污水比北方的污水量大；同一牧场夏季比冬季污水量大等。采用水冲或水泡粪工艺比干清粪工艺的污水量大且有机浓度高；鸡场污水含磷量较高；猪场污水含铜、铁量较高等。对于畜禽粪便排泄的粪尿量以及畜禽养殖业排放的废水量，由于受到饲养方式、管理水平、畜舍结构、漏粪地板的形式和清粪方式等的不同而差异较大。

尽管各养殖场废水中的污染物浓度差异很大，但总体趋势可以看出废水中的污染物浓度与养殖场的清粪方式关系十分密切。以养猪场为例，采用干捡粪方式的养殖场废水，比水冲粪方式养殖场废水中的 COD_{Cr} 浓度平均值约低一个数量级，其他指标也相差 3～6 倍，COD 的浓度一般达 5 000～10 000 mg/L，氨氮的浓度达 100～600 mg/L；而养牛场排放污水中 COD 浓度达 6 000～25 000 mg/L，氨氮的浓度达 300～1 400 mg/L。

（二）固体废弃物的产生与排放

畜禽粪尿排泄量，因畜种、养殖场性质、饲养管理工艺、气候、季节等情况的不同，会有很大差别。例如，牛粪尿排泄量明显高于其他畜禽粪尿排泄量；禽类粪尿混合排出，故其总氮较其他家畜为高；夏季饮水量增加，禽粪的含水率会显著提高等。

畜禽粪便营养丰富，原粪中除含有大量有机质和氮磷钾及其他微量元素等植物必需的营养元素外，还含有各种生物酶（来自畜禽消化道、植物性饲料和肠道微生物）和微生物，对提高土壤有机质及其肥力，改良土壤结构，起着化肥不可替代的作用。畜禽粪虽是很好的有机肥，但其中的营养成分必须经微生物降解（腐熟）才能被植物利用。同时，还有病原微生物和寄生虫，如果不加处理地施用鲜粪尿（施生粪），方法虽然简单，但有机质在被土壤微生物降解的过程中产生的热量、氨和硫化氢等对植物根系不利，还有可能造成环境恶臭和病原菌污染，故必须经过腐熟和无害化处理后才可施用。

（三）臭气的产生与排放

畜禽养殖场除具有固体粪便和污水污染之外，其场内的空气污染也不容忽视。畜禽舍散发的臭气主要来自含蛋白质废弃物的厌氧分解，这些废弃物包括畜禽粪尿、皮肤、毛、饲料和垫料。而大部分臭气是由粪尿厌氧分解产生。畜禽排泄物的有机物主要由碳水化合物和含氮化合物组成，在一定条件下，这些粪便发酵以及含硫蛋白分解产生大量氨气和 H_2S 等臭味气体。碳水化合物转化成挥发性脂肪酸、醇类及二氧化碳等，这些物质略带臭味和酸味；含氮化合物转化生成氨、乙烯醇、二甲基硫醚、硫化氢、三甲胺等，这些气体有的具有腐败洋葱臭，有的具有腐败的蛋臭、鱼臭等；一些有机物酶解，如硫酸盐类被水解成 H_2S，马尿酸生成苯甲酸等。这些具有不同臭味的气体混合在一起，就是人们常说的恶臭。

恶臭的成分复杂，现已鉴定出的恶臭成分在牛粪尿中有 94 种，猪粪尿中有 230 种，鸡粪中有 150 种。这些恶臭成分可分为挥发性脂肪酸、醇类、酚类、酸类、醛类、酮类、胺类、硫醇类，以及含氮杂环化合物等 9 类有机化合物和氨、硫化氢两种无机物。按臭气阈值大小排列，畜粪中最臭的 10 种化合物依次是：甲硫醇、2-丙硫醇、2-丙烯-1-硫醇、2,3-丁二酮、苯乙酸、乙硫醇、4-甲基酚、H_2S 和 1-辛烯-3-酮。文献表明，挥发性脂肪酸、对甲酚、吲哚、丁二酮和氨浓度较高，而它们的阈值又较低，因此可能是畜牧场内较为主要的臭味化合物。

四、畜禽养殖业的产排污量测算

根据原国家环保总局对全国规模化畜禽养殖业污染情况调查（表 6-2）可以看出，我国畜禽粪便产生量很大，而且畜禽粪便含有极高的有机污染物，畜禽养殖业污染已成为农村面源污染的主要因素之一。

表 6-2　2000—2005 年我国畜禽粪便及主要污染物产生量　　单位：万 t

年份	粪便产生量	BOD_5	COD_{Cr}	NH_3-N	TP	TN	污染物合计
2000	227 798.04	4 244.26	5 050.82	490.64	271.96	1 181.47	11 239.15
2001	228 596.57	4 240.00	5 044.88	489.31	271.01	1 179.07	11 224.26
2002	234 628.31	4 345.89	5 170.40	502.14	279.16	1 210.65	11 508.24
2003	242 270.53	4 470.18	5 321.74	517.80	288.33	1 249.76	11 847.81
2004	250 118.64	4 590.80	5 465.53	531.77	296.55	1 284.89	12 169.54
2005	257 533.24	4 691.62	5 638.22	548.12	306.20	1 323.57	12 507.73

（一）猪粪尿的排泄量

尽管猪粪尿排泄量受到环境因子、饲料质量、饮用水量等的影响，但一般仍可采用下列公式估算：

$$Y_f = 0.530F - 0.049$$

式中：Y_f —— 粪便排泄量，kg；

F —— 饲料采食量，kg。

$$Y_u = 0.205 + 0.438W$$

式中：Y_u —— 尿排泄量，kg；

W —— 饮水量，kg。

以此为依据计算的猪排粪量和猪排尿量见表 6-3 和表 6-4。

表 6-3 猪排粪量

单位：kg

体重		20	40	60	80	100
限饲	饲料采食量	0.91	1.43	1.95	2.47	2.99
	排粪量	0.43	0.71	0.99	1.26	1.54
任饲	饲料采食量	1.39	1.95	2.31	2.77	3.23
	排粪量	0.69	0.93	1.18	1.42	1.66

表 6-4 猪排尿量

单位：kg

体重	20	40	60	80	100
饮水量	5.12	5.58	6.04	6.50	6.96
尿排泄量	2.45	2.65	2.85	3.05	3.26

依据表 6-3 和表 6-4，每头猪生长阶段粪尿排泄量见表 6-5，公猪、母猪粪尿排泄量见表 6-6。

表 6-5 猪生长阶段粪尿排泄量

单位：kg

体重		20	40	60	80	100
粪尿量	限饲	2.88	3.36	3.84	4.32	4.79
	任饲	3.14	3.58	4.03	4.47	4.92

表 6-6 公猪、母猪平均排粪尿量

单位：kg

项目	周期体重	饲料消耗量	饮水量	粪便量	排尿量	粪尿量
母猪	140～160	3.15	12.29	2.2	4.52	6.72
公猪	120～140	2.74	10.69	2.1	4.31	6.41

传统养殖人工清粪方式，平均每头猪冲洗水量：10～15 L；工厂化养猪水冲清粪方式，平均每头猪冲洗水量：20～30 L。一条万头猪场规模生产线猪粪污水排放量参考数据见表 6-7。

表 6-7 年出栏万头猪场粪污水排放量

项目	饲养周期/d	存栏数量/头	平均排粪尿/[kg/（头·d）]	平均冲洗水量/[kg/（头·d）]	产生污水量/(t/d)
母猪	365	500	6.72	30	18.36
公猪	365	25	6.41	26	0.81
仔猪	49	1 380	2.91	10	17.82
育肥猪	105	2 920	5.95	20	75.77
总排泄量	—	—	—	—	112.76

（二）牛粪污产生量

1．奶牛场粪污产生量

奶牛场排放的粪尿与污水包括牛粪尿、牛圈冲洗水、挤奶消毒水及奶桶清洗水等。奶牛粪尿的组分见表 6-8。

表 6-8 奶牛粪尿的组分

项目	BOD/（mg/L）	TSS/（mg/L）	TN/（mg/L）	P_2O_5/（mg/L）	K_2O/（mg/L）	pH
牛粪	24 500	119 000	9 430	4 400	1 500	7.2～8.2
牛尿	4 000	5 000	8 340	40	18 900	

一头体重 600kg 的奶牛日排粪量为 20kg，排尿量为 34kg，养牛场冲洗水量为 500～800L/（头·d）。

2．肉牛场粪污产生量

根据国外资料，1 头 450kg 体重的肉牛每年排泄氮量达 430kg，一个具有 3200 头肉牛的规模化养牛场每年排放氮量达 1400t，相当于 26 万人口当量的排氮量（每人每年排氮量按 5.4kg 计）。表 6-9 为不同牛的粪污排泄量。

表 6-9 不同牛的粪污排泄量

项目	1～6 月小牛	12 月小母牛	18 月小母牛	12 月小肉牛	奶牛
体重/kg	140	270	380	400	500
粪尿量/（L/d）	7	14	21	27	45

（三）鸡粪尿及其污水的产生量

鸡的肠道较短，对饲料的消化吸收能力差，饲料中约有 70%～80%的营养成分未被消化吸收就被排出体外，鸡粪中粗蛋白含量高达 25%～28%，高于大麦、小麦和玉米的粗蛋白含量的 65%。由于鸡以采食精料为主，故鸡粪中氨基酸的种类齐全，含量也较高，并含有丰富的矿物质和微量元素。

养鸡场每只鸡日排泄粪量为：0.1～0.11 kg/（只·d），养鸡场冲洗水定额量为：1.10～1.25 kg/只，鸡粪污水的水质见表 6-10。

表 6-10 鸡粪污水的水质

项目	TS/%	COD/（mg/L）	BOD/（mg/L）	NH_3-N/（mg/L）	SS/（mg/L）	pH
鸡粪污水	2.0～2.5	15 000～30 000	7 000～15 000	2 500～4 400	12 000～22 000	6.5～7.5

五、监管存在的主要问题及对策

（一）存在的主要问题

畜禽养殖场整体污染防治水平较低，环境监管工作尚处于起步阶段，环境违法问题较为普遍。同时，地方政府在污染防治与农民增收、社会稳定之间尚未找到平衡点，这些问题难以在短时间内得到改变。

1．认识不高，标准不一

各地环保工作的重点多数仍放在工业污染防治上，对畜禽养殖业环境污染问题认识不到位。同时，畜禽养殖业的环境管理涉及环保、农业等多个部门，标准不统一或缺乏标准等问题突出。如目前尚未制定养殖业废弃物综合利用的相关标准、监督性监测的相关规范以及养殖企业排污费征收的具体规定。

2．底数不清，纳入监管比例较低

一方面，农业与环保部门畜禽养殖业的统计数据相差甚大，大部分省市的农业与环保部门统计的规模化畜禽养殖场数字相差几倍，甚至几十倍。另一方面，地区间监管力度差异较大，广东、浙江、福建、河南等省相关工作起步较早，环境监管力度明显强于其他省市，而很多省市的规模化畜禽养殖场纳入日常环境监管的比例还不到 5%，中小规模畜禽养殖场和大部分散养户基本没有纳入监管。

3．行业环境管理水平低，环境违法现象较为普遍

在执法检查中发现，纳入监管范围的规模化畜禽养殖场环评执行率不到 20%，“三同时”制度执行率不到 10%，未纳入监管范围的养殖场基本没有执行环评和“三同时”制度。尽管规模较大的养殖场基本建有治污设施，但达标率低于 30%。90%以上的中小型养殖场没有治污设施，废水直接排放，污染农村环境。

（二）对策措施

1．完善法律法规，制定统一标准

争取尽快出台《畜禽养殖污染防治条例》，统一畜禽养殖业相关统计口径，进一步明确国家对畜禽养殖行业扶持政策和环境保护的具体要求，明确农业、环保、畜牧、工商等部门的责任，确保各有关部门分工协作，共同做好畜禽养殖场的环境管理工作。

2．编制规划，合理布局，优化行业发展

组织制定《畜禽养殖污染防治规划》，并将畜禽养殖污染防治纳入“十二五”环保规划。督促各省、自治区、直辖市制定专项规划，将畜禽养殖规模控制在环境承载能力范围之内，做到“以环境容量定规模”“以生态规划批场所”，优化行业布局，促进畜禽养殖行业的规范化发展。

3．分类指导，改变“一刀切”的污染治理模式

加快制定不同地区、不同规模和不同类型养殖场粪污处理的技术规范、标准、管理办法，督促地方政府及有关部门对辖区实际情况进行全面调查，因地制宜，分类指导，引进或自主研发适合本地的畜禽养殖污染防治新技术并大力推广。

4．建管并举，加大政策支持和资金投入力度

按照建管并举、因地制宜的原则，根据环境容量和市场需求，采取不同的管理措施，探索建立多元化投入机制，增加对农村环境整治的投入，建立长期有效的财政投入保障机制。

5．加大投入，提高环境监管能力

结合开展新农村建设，加大对农村环保监管能力建设的投入，加强县区及乡镇环保机构建设，提高农村环境执法能力。持续开展畜禽养殖业专项环境执法检查，切实加强日常环境监管，引导畜禽养殖业健康有序发展。

六、养殖业污染防治工程技术

畜禽及水产养殖业污染防治的基本原则是坚持粪便的资源化、排污的减量化和处理的无害化。对于分散型的畜禽养殖户，一般是进行直接还田或堆肥还田，也可以建设户用小型沼气池；对于规模化的畜禽养殖场或养殖小区，越来越多的采用工厂化的处理利用方式，包括粪污收集与贮存系统、污水处理利用系统、粪便处理利用系统、恶臭处理系统等。

（一）粪污收集与贮存

1．收集

畜禽养殖场粪便的收集应逐步推行干清粪方式，限制或禁止使用水泡粪工艺、水冲粪工艺，以最大限度地减少废水的产生和排放。

（1）干清粪工艺：粪便一经产生便通过机械或人工进行收集和清除，其他如尿液、残余粪便及冲洗水则从排污道排出。该工艺耗水量最少，污水和粪尿分离，易于进行各自的处理利用，但操作较为烦琐，目前在我国普及率并不高。

（2）水泡粪工艺：粪、尿、冲洗和饲养用水排放至畜舍内漏缝下的粪沟中，贮存一定时间（1～2 个月）后，再流入粪便主干沟后排出。该工艺耗水量较大，污水和粪尿混合，不易于处理利用。

（3）水冲粪工艺：每天数次放水冲洗圈舍内的粪便，粪、尿和污水混合进入圈舍内的粪沟，再流入粪便主干沟后排出。该工艺耗水量最大，污水和粪尿混合，也不易于进行处理利用，是目前我国大部分地区进行粪污收集的主要方式。

2．贮存

临时储存畜禽养殖废弃物，应设置专用堆场或贮存池，周边设置围挡，有防渗、防漏、防雨淋、防冲刷、防流失功能。贮存池的容积一般不得小于养殖场 30 天的粪污排放量，贮存期一般不得高于进行处理利用所需的最长时间，如用作农作物施肥的贮存期就是二次农作物施肥的间隔时间。在畜禽圈舍内，可以因地制宜地利用农业废弃物（如麦壳、稻壳、谷糠、秸秆、锯末、灰土等）作垫料，或采用符合动物防疫要求的生物发酵床垫料，能有效降低臭气和粪尿的排放。畜禽粪便、垫料等废弃物应定期清运，其运输器具应采取密闭、防泄漏的措施。

（二）污水处理工程技术

畜禽养殖场（小区）应建设完备的污水收集、输送管网，实行雨污分流，并选择适宜的废水处理工艺。大型规模化畜禽养殖场宜采用“厌氧发酵—（发酵后固体物）好氧堆肥工艺”、“厌氧发酵—好氧/沉淀（厌氧/缺氧/好氧）—杀菌消毒”工艺或“高温好氧堆肥工艺”。养殖小区或散养户常采用沼气池、稳定塘、土地渗滤处理和人工湿地等多种处理方式。处理后的水质应符合相应的环境标准，其中回用于农田灌溉的应达到农田灌溉水质标准。

1．预处理

包括格栅、沉砂池、集水池、固液分离设备、水解酸化池等设施。格栅用于拦截养殖废水中粪渣、饲草、垃圾等，单独处理；沉沙池主要用于养鸡场或散放式奶牛场，因为这些养殖场的污水中含有较多的沙粒，其他养殖场不单独设置；集水池用于集中存放污水等待处理，其容量一般不小于养殖场污水最大日排放量的50%。规模化畜禽养殖场排放的粪污实行固液分离，粪便与废水分开进行处理处置。固液分离设备有水力筛网、螺旋挤压分离机等，将污水中的固体部分分离出来；经固液分离后的污水进入水解酸化池，停留时间（HRT）12～24h。

2．厌氧生物处理

根据粪污种类、数量和处理工艺不同，厌氧反应器的类型和容积也有不同，分为完全混合式厌氧反应器、厌氧滤池、厌氧挡板反应器、厌氧复合反应器、上流式厌氧污泥床和内循环厌氧反应器等类型。温度对反应器性能的影响很大，所以厌氧生物处理都要有加热保温措施。经厌氧发酵产生的沼气收集后，进行脱水、脱硫、脱碳等净化处理，贮存在贮气罐内，再通过输配管网用于居民用气、锅炉燃烧、沼气发电等，不得直接排放。厌氧发酵后的底物采取压榨、过滤等方式进行固液分离，沼渣及时清运至堆肥场或其他无害化场所，沼液用作有机肥，不得直接排放。

3．好氧生物处理

在好氧反应单元前一般设有一个配水池，使厌氧出水与水解酸化池的一部分污水进行混合调配。好氧生物处理在好氧池内进行，一般采用具有脱氮功能的活性污泥法（SBR）、氧化沟法、缺氧/好氧（A/O）等工艺，其中：缺氧/好氧法较为经济，但需要污泥和高比例混合液回流，一般还需加碱；采用间歇曝气处理养殖场污水，有机物与N、P去除效果更好。由于养殖场污水一般浓度较高，采用好氧处理工艺需要对污水先进行稀释，或者是采用更长的水力停留时间（一般6d以上），因此其处理装置较大。

4．自然处理

常见的有人工湿地系统、土地处理系统和稳定塘处理法等，其主要特点是投资省，运行费用低，不需要复杂的污泥处理系统，缺点是土地占用大，易受季节变化影响，有污染地下水的可能，并且人工湿地因大量悬浮物还存在容易堵塞的问题。人工湿地处理适用于有地表径流和废弃土地的地区，进水悬浮物（SS）宜小于500mg/L；土地处理系统一般应远离人畜居住地和生态敏感区，其地质地理结构不至于污染地下水；稳定塘适于有湖、塘、洼地可供利用且气候适宜的地区，分兼性塘、好氧塘、水生植物塘、动植物结合塘等，有的形成多级塘串联，如：猪粪尿污水先后经过水葫芦处理池、细绿萍处理池、鱼蚌处理池的净化利用，最后用作农田灌溉。

（三）粪便资源化利用途径

1．还田作肥料

畜禽粪便、污水还田作肥料适用于远离城市、土地宽广且有足够农田消纳粪便污水的地区，即不超过当地最大农田负荷量。其处理利用方式有三种：一是畜禽粪便直接或与垫料一起还田；二是将畜禽粪便集中堆放进行堆肥（好氧）或沤肥（兼性厌氧），在好氧或厌氧微生物的作用下降解形成高效、卫生的有机肥料后再还田；三是通过厌氧发酵进行无害化处理后，生产出肥效更高的沼渣、沼液再还田。

这种利用方式如果当地没有足够的耕地来消纳粪便污水，就应建设配套的有机肥厂，将多余的粪便加工成商品有机肥或有机-无机复混肥，实现异地还田利用。有机-无机复混肥是将粪便、沼渣、糠醛渣等有机废物干燥粉碎后，按10%～40%的比例与矿物肥料或化肥混合，经发酵、高温、高压等工艺处理，加工成的无病菌、无臭、便于运输和贮存的肥料。同时，这种处理利用方式需注意粪污的贮存和施用方法，防止粪污流失外环境，在非用肥季节还要考虑其他利用途径。

2．生产沼气作能源

通过厌氧发酵生产沼气作能源可使粪便中不能直接燃烧的能量得到充分利用。目前在我国农村广泛采用的户用小型沼气池容积一般在6～10 m^3，多与猪圈、厕所连通，单位容积日均产气0.12～2 m^3。随着沼气厌氧发酵技术的不断改进，一些大中型沼气发酵工程发酵罐已达几百至几千立方米，池型由最初的水压式发展到较为先进的浮罩式、集气罩式、干湿分离式、太阳能式等，发酵工艺上有干发酵、两步发酵、干湿结合发酵、太阳能加热发酵等技术，发酵温度上有常温（10～26℃）、中温（28～38℃）、高温（48～55℃）等。沼气除了可供烧饭、照明、取暖用外，还可用来防治贮粮害虫、大棚种菜、保鲜水果、孵化雏鸡、增温养蚕、发电等。

3．加工作饲（饵）料

畜禽粪便加工生产饲（饵）料还限于实验开发阶段，且以鸡粪为主，用于喂猪、养鱼等。干燥鸡粪含粗蛋白23%～31.3%、粗脂肪8%～10%，还有各种必需氨基酸和大量维生素，是良好的饲料资源，主要处理方法有微波、高温干燥、发酵、青贮等。另外，还有的添加沼液喂猪，用沼渣养鱼。

（四）畜禽养殖空气污染（恶臭）防治技术

对于恶臭污染的防治，应采取综合措施：一是调整养殖布局，远离居民和生态敏感区，建立绿化隔离带；二是严格废弃物管理，及时清粪，将粪污处理各工艺单元设计为密闭形式；三是建设恶臭气体收集装置和集中处理设施；四是向粪便或圈舍内投（铺）放吸附剂减少臭气散发，在卸粪接口及固液分离设备等位置喷淋生化除臭剂等。

关于畜禽尸体的处置，应按照有关卫生防疫规定单独进行妥善处理。染疫畜禽及其排泄物、染疫畜禽产品，病死或者死因不明的畜禽尸体等污染物，应就地进行无害化处理。

（五）水产养殖业的污染防治措施

水产养殖业的污染防治因粪便等污染物在水体中难以进行收集并集中处理，所以应该采取综合性的预防措施。一是严格控制网箱养殖等集约式养殖方式。根据水体功能分类控制网箱养殖规模，生活饮用水水源严禁发展网箱养殖，已有的应予以取缔；以工农业用水或旅游为主要使用功能的水体，发展网箱养殖需要进行科学论证并经有关部门审批；在允许发展网箱养殖的水域中，科学确定网箱养殖的密度。二是提倡自然养殖，利用食物链和生态位原理推广多物种合理搭配的立体生态养殖模式，建立人工水生生态系统，提高水体自净能力。三是改善饵料品质、营养成分和加工工艺，确定合理的投饵量和投喂方法，勤捞水体残渣，定期清除水底淤泥，正确使用农药防治水生生物病虫害。

七、畜禽养殖业环境监察要点

（一）工作程序

1．前期准备

（1）收集信息资料。

包括：相关法律、法规、标准；政府划定的禁养区范围；畜牧兽医或水产养殖行政主管部门备案管理的畜禽养殖场（小区）、水产养殖区信息；拟检查畜禽养殖场（小区）、水产养殖区的建设项目管理信息及日常监管信息；群众投诉、举报、信访等情况。

（2）准备调查取证装备和交通设备。

（3）学习有关卫生防疫知识。

2．制订计划

对辖区内畜禽养殖场或水产养殖区进行全面调查了解，根据收集的基础资料和数据，因地制宜，制订监察计划，确定监察的重点区域和重点对象。明确监察的形式，可采取例行检查、专项检查、人大执法检查、部门联合执法检查等多种形式。对需要其他部门配合实施联合监察的，联系有关部门召开联席会议，明确各部门具体工作任务；对某些畜禽养殖或水产养殖生态破坏案件可移交有关部门处理。

3．现场检查

（1）出示执法证件。执法人员不少于两人。

（2）查阅资料：物能消耗报表、生产销售台账等生产管理资料；环评文件、“三同时”验收文件、排污许可证、排污申报资料、排污费缴纳单据等环境管理资料；污染治理设施运行台账、企业环境管理制度等企业内部环境管理资料。

（3）查看环保设施：污染防治、废物利用、无害化处理设施的建设及运行状况；排污去向和排污口规范化设置情况；废水、废气、废渣处置和排放情况，并根据情况取样监测。

（4）填写《畜禽养殖业环境监察单》，做好现场记录。

4．调查取证

取证内容包括违法事实、违法情节和危害后果等方面；证据形式有书证、物证、证人证言、当事人陈述、视听资料、笔录、监测报告等。调查取证过程中应注意以下事项：

（1）对发现的环境违法行为当面制止。

（2）调查取证全面、客观、及时。

（3）现场勘察笔录应有当事人和执法人员签字，调查询问笔录应有养殖场主签字画押。

（4）注意确认养殖场业主身份，区分经营性养殖和自主性养殖。

（5）必要时邀请乡镇及村居委会负责人陪同检查。

5．视情处理

（1）现场处理：对发现的环境违法行为，按《行政处罚法》、《环境行政处罚办法》的规定，适宜简易程序的可当场作出行政处罚决定，属于一般程序的按有关规定处理。

（2）环保内部移交移送：处罚权不在环境监察机构或管辖权属上级环保部门的，移送有处罚权的环保内部机构或有管辖权的上级环保部门处理。

（3）部门间或向政府移交移送：依法应当由政府责令搬迁、关闭的，报本级政府；依法应由其他部门查处的，按照有关要求和时限移送相关部门，如农业部门、安全生产监管部门、司法机关。

6．监督执行

对处理决定按规定期限进行复查或后督察，监督检查企业对处理决定的落实情况，确保违法行为得到纠正。

7．总结归档

编写总结报告，对查处过程中的相关资料、文字材料及音像资料，及时分类归档。

（二）监察内容和要点

1．开展养殖业环境监察的适用范围

畜禽及水产养殖业环境监察，是各级环境保护行政主管部门的环境监察机构，依照国家有关环境保护法律、法规和政策规定，对达到一定规模的畜禽养殖场（小区）或水产养殖场（基地）进行的现场监督、检查和处理过程。

关于开展畜禽及水产养殖业环境监察的养殖场规模，即规模化畜禽养殖场（小区）或水产养殖场（基地）的具体规定，以当地人民政府依法划定的规模标准为准，对于当地政府没有划定规模标准的地区，应根据开展环境监察的内容而设定。按照《畜禽养殖污染防治管理办法》（国家环境保护总局令第 9 号，2001 年）第十九条的规定，一般是指常年存栏牛 100 头、猪 500 头、禽 3 万羽以上的养殖场，以及达到规定规模标准的其他类型的畜禽养殖场。按照《排污费征收标准管理办法》（国家计委、财政部、国家环保总局、国家经贸委第 31 号令，2003 年）的规定，是指常年存栏牛 50 头、猪 500 头、禽 5000 羽以上的养殖场；而《畜禽养殖业污染物排放标准》（GB 18596—2001），则分别对集约化畜禽养殖场、集约化畜禽养殖区的适用规模进行了规定。对于未达到规定的规模标准但位于环境敏感区或会造成环境污染的小型养殖场或养殖小区，也可根据建设项目的有关规定开展环境监察，责令其履行环境影响评价和环保验收手续，建设污染防治设施，或者由当地政府依法关停、取缔。

2．禁养区和环境敏感区

禁养区，是指《中华人民共和国畜牧法》第四十条和《畜禽养殖污染防治管理办法》第七条规定的范围，具体包括生活饮用水水源保护区、风景名胜区、自然保护区的核心区及缓冲区，城市和城镇中居民区、文教科研区、医疗区等人口集中区域，各级人民政府依法划定的禁养区域，国家或地方法律、法规规定需特殊保护的其他区域。

环境敏感区是指《建设项目环境影响评价分类管理目录》中规定的范围，具体是指依法设立的各级各类自然、文化保护地，以及对建设项目的某类污染因子或者生态影响因子特别敏感的区域，主要包括：自然保护区、风景名胜区、世界文化和自然遗产地、饮用水水源保护区，富营养化水域，以居住、医疗卫生、文化教育、科研、行政办公为主要功能的区域，文物保护单位，具有特殊历史、文化、科学、民族意义的保护地。

养殖业的禁养区与环境敏感区在环境执法中是有区别的。禁养区严禁从事各类畜禽和水产养殖生产，而环境敏感区则根据当地环境承载能力和质量状况实行严格控制，在某些时期或某些地域实行禁养。

3．养殖业环境监察的内容和要点

将规模化畜禽养殖场（小区）和集约化水产养殖场（基地）作为一个污染点源，重点监察场址合理性、环评及“三同时”制度执行情况、试生产管理及运行情况、竣工环保验收和整改情况、污水和恶臭处理和排放情况、企业环境管理制度建设情况、基本环境管理制度执行情况等。

（1）养殖场基本情况。畜禽养殖场（小区）名称、地理位置、法定代表人、组织机构代码、养殖种类、养殖规模等。

（2）场址合理性监察。监察是否位于政府依法划定的禁养区，是否位于环境敏感区，是否符合已审批的环评文件规定。

（3）环评及“三同时”制度执行情况监察。

① 新建、改建和扩建畜禽养殖场必须进行环境影响评价，环评等级按《建设项目环评分类管理名录》规定，存栏猪3000头、肉牛600头、奶牛500头、家禽10万只以上的养殖场（区）或涉及环境敏感区的其他养殖场（区）需编制报告书，其他规模养殖场（区）需编制报告表。

② “三同时”制度执行情况。污染防治措施与主体工程同时设计、同时施工、同时使用；畜禽废弃物综合利用措施必须在畜禽养殖场投入运营的同时予以落实。

③ 试生产管理及运行情况。试生产（引入首批仔畜）前，向环保部门提交申请，并得到同意。

④ 竣工环保验收和整改落实情况。试生产3个月内，申请环保设施竣工验收，验收提出的整改意见要落实到位。

（4）养殖场生产及产污情况监察。

① 查看养殖种类、养殖模式和养殖技术，确定实际存栏量，计算粪尿产生量。

② 检查养殖场实际用水量，结合清污分流、干湿分离、污水利用等措施，确定不同清粪工艺、不同规模的养殖场是否超过其最高允许排水量。

③ 根据粪便处理利用设施的建设和运行情况，及利用方式、利用途径，确定废渣排放量和农田施用量，是否超过当地最大农田负荷量。

（5）污染治理设施建设及运行情况监察。

① 粪污清理和贮存场建设。新建、改建、扩建畜禽养殖场宜采用干清粪工艺；畜禽粪污应日产日清；实行雨污分流。粪污无害化处理后用于还田的，应设置专门贮存池。废水和畜禽废弃物的贮存场所应采取防渗漏、防溢流、防淋失、防恶臭措施。

② 废水处理设施建设及运行情况。检查废水进出水量和水质、药品使用记录、设备运行及维修记录等台账；检查排污口规范化和自动监控装置建设运行情况。

③ 畜禽废弃物综合利用措施落实情况。畜禽废弃物综合利用和无害化处理措施必须得以落实并正常运营。畜禽粪便还田、生产沼气、制造有机肥、制造再生饲料等综合利用措施必须符合相关规范和标准要求。

④ 排污去向和排污达标情况。畜禽养殖废水不得排入敏感水域。根据需要，取样监测污水、恶臭，排放浓度应分别满足《畜禽养殖业污染物排放标准》（GB 18596—2001）、《恶臭污染物排放标准》（GB 14554—93）。处理后用于农田灌溉的，出水水质应满足《农田灌溉水质标准》（GB 5084—2005）。

（6）企业环境管理制度建设情况监察。

畜禽养殖场（小区）制定污染防治设施操作规程、交接班制度、台账制度等制度，操作人员应严格按照环保设施设计方案和操作规程操作，建立真实完整的运行记录，按规程定期维护检修。企业有专门环境管理人员和足够操作人员，设立能监测主要污染物和特征污染物的化验室。

（7）基本环境管理制度执行情况监察。

① 排污申报登记制度。按规定向所在地环保部门进行排污申报登记（适用规模参照《排污费征收标准管理办法》：存栏牛 50 头、猪 500 头、禽 5 000 羽以上）。

② 排污许可证制度。在实施污染物排放总量控制区域内，畜禽养殖场（小区）必须依法取得《排污许可证》，按规定排放污染物。

③ 排污收费制度。a. 常规污水排污费的计征：每一排放口按污染当量数从大到少，最多选取不超过 3 类污染物，污水排污费=0.9 元×前 3 项污染物的污染当量数之和。b. 简易计征公式：$L = K \cdot C \cdot W / D$，适于无法进行实际监测或物料衡算的禽畜养殖场，其中：L 为月征收额；K 为调节系数；C=0.9 元，为每污染当量征收标准；W 为污染排放特征值（存栏数）；D=0.1（牛）、1（猪）、30（禽），为污染当量数。

（三）执法依据和处罚标准

1．开展养殖业环境监察的法律依据

开展畜禽及水产养殖业环境监察主要依据以下法律、法规、规章和规范性文件：

（1）国家法律。包括《中华人民共和国环境保护法》（中华人民共和国主席令第 22 号，1989 年）、《中华人民共和国水污染防治法》（中华人民共和国主席令第 87 号，2008 年修订）、《中华人民共和国大气污染防治法》（中华人民共和国主席令第 32 号，2000 年）、《中华人民共和国固体废物污染环境防治法》（中华人民共和国主席令第 58 号，1995 年）、《中华人民共和国环境影响评价法》（中华人民共和国主席令第 77 号，2002 年）、《中华人民共和国畜牧法》（中华人民共和国主席令第 45 号，2005 年）、《中华人民共和国动物防疫法》（中华人民共和国主席令第 71 号，2007 年）、《中华人民共和国行政处罚法》（中华人民共和国主席令第 63 号，1996 年）等。

（2）国务院法规。包括《建设项目环境保护管理条例》（国务院令第 253 号，1998 年）、《排污费征收使用管理条例》（国务院令第 369 号，2003 年）等。

（3）部门规章。包括《畜禽养殖污染防治管理办法》（国家环境保护总局令第 9 号，

2001 年)、《环境行政处罚办法》(环境保护部令第 8 号，2010 年)、《建设项目竣工环境保护验收管理办法》(环境保护部令第 13 号，2001 年)、《畜禽养殖污染物排放标准》(GB 18596—2001) 等。

(4) 有关规范性文件。包括《畜禽养殖业污染防治技术规范》(HJ/T 81—2001)、《湖库富营养化防治技术政策》(环发[2004]59 号)、《畜禽粪便无害化处理技术规范》(NY/T 1168—2006)、《畜禽养殖业污染治理工程技术规范》(HJ 497—2009)、《畜禽养殖场（小区）环境监察工作指南》(试行)(环办[2010]84 号)、《畜禽养殖业污染防治技术政策》(环发[2010]151 号) 等。

(5) 地方有关法规、标准。

2. 法律规定和处罚标准

(1) 违反禁养区的规定。

① 由县级以上人民政府责令限期搬迁或关闭。

② 在饮用水水源保护区内已建成的，处 10 万～50 万元罚款，并提请拆除；逾期不拆除的，强制拆除，所需费用由违法者承担，处 50 万～100 万元罚款(《水污染防治法》、《水污染防治法实施细则》、《饮用水保护区污染管理规定》)。

③ 在自然保护区核心区和缓冲区不得建任何生产设施，实验区不得建污染设施(《自然保护区条例》、《水污染防治法》)。

(2) 违反环评制度的规定。

① 项目未报批或因发生重大变动未重新报批擅自开工建设的，由有审批权的环保部门责令停止建设，限期补办手续；逾期不补办手续的，处 5 万～20 万元罚款，对直接责任人给予行政处分(《环境影响评价法》)。

② 项目报批环评未予批准擅自开工建设的，由有审批权的环保部门责令停止建设，处 5 万～20 万元罚款，对直接责任人给予行政处分(《环境影响评价法》)。

③ 项目建设、运行过程中有不符合环评审批文件情形的，建设单位应组织环境影响后评价，采取改进措施，并报原审批部门备案(《环境影响评价法》)。

(3) 违反“三同时”制度的规定。

下列违反行为依据《水污染防治法》、《固体废物污染环境防治法》、《建设项目环境保护管理条例》等有关规定予以处罚：未向环保部门提出试生产申请；试生产中环保设施未与主体工程同时投入试运行；建设项目竣工验收不合格就生产或使用；试生产超过三个月仍不申请配套建设的环保设施竣工验收；不正常使用污染防治设施或者擅自闲置污染防治设施。

(4) 污染水体的规定。

① 违规设置排污口或私设暗管：责令限期拆除，处 2 万～10 万元罚款；逾期不拆除的，强制拆除，所需费用由违法者承担，处 10 万～50 万元罚款；私设暗管或有其他严重情节的，可提请县级以上地方人民政府责令停产整顿(《水污染防治法》)。

② 违法储存、处置畜禽废弃物：在江河、湖泊、渠道、水库最高水位线以下堆放、存贮固体废物，责令限期消除污染，处 2 万～20 万元罚款；逾期不采取治理措施的，可指定有治理能力的单位代为，治理费用由违法者承担(《水污染防治法》、《固体废物污染环境防治法》)。

③ 不正常使用环保设施、超标排放污水：不正常使用或未经批准拆除、闲置污水处理

设施的，责令限期改正，处应缴排污费数额 1～3 倍罚款；超过排放标准或超过总量控制指标的，责令限期治理，处应缴排污费数额 2～5 倍罚款（《水污染防治法》）。

（5）未按规定贮存、处置畜禽废弃物的规定。

① 擅自闲置畜禽废弃物储存设施和场所的：限期改正，处 1 万～10 万元罚款（《固体废物污染环境防治法》）。

② 畜禽废弃物储存设施和场所不达标，产生渗漏、散失的：限期改正，处 1000～3 万元罚款（《畜禽养殖污染管理办法》、《固体废物污染环境防治法》）。

③ 未按规定收集、贮存、处置畜禽粪便，造成污染的：限期改正，处 5 万元以下的罚款；向水体倾倒畜禽废渣的，处 1000～3 万元罚款（《固体废物污染环境防治法》）。

④ 未按规定处置染疫动物及其排泄物、动物尸体的：由动物卫生监督机构责令无害化处理，所需处理费用由违法行为人承担，可以处 3000 元以下罚款（《动物防疫法》）。

（6）排放恶臭气体污染大气的规定。

未采取有效防治措施，向大气排放恶臭气体的，责令停止违法行为，限期改正，可以处 5 万元以下罚款（《大气污染防治法》）。

（7）违反排污申报规定。

拒报或谎报排污申报登记事项的，责令限期改正；逾期不改正的，处 1 万～10 万元罚款（《水污染防治法》、《畜禽养殖污染防治管理办法》、《排放污染物申报登记管理规定》、《淮河和太湖流域排放重点水污染物许可证管理办法》）。

（8）违反排污收费制度。

① 不按规定缴纳排污费的，责令限期缴纳；逾期拒不缴纳的，处应缴纳排污费数额 1～3 倍罚款，并报经政府批准，责令停产停业整顿（《水污染防治法》、《排污费征收使用管理条例》）。

② 骗取减缴、免缴或者缓缴排污费的，责令限期补缴，并处所骗取批准减缴、免缴或缓缴排污费数额 1～3 倍罚款（《排污费征收使用管理条例》）。

（9）拒绝或不配合执法检查。

责令改正，处 1 万～10 万元罚款（《水污染防治法》）；责令限期改正，拒不改正或者在检查时弄虚作假的，处 2000～2 万元罚款（《固体废物污染环境防治法》）。

案例

（一）湖南长沙学仕桥村猪场污染案

1. 案由：湖南省长沙县高桥镇学仕桥村鞠某的养猪场存栏 1100 头，出栏 3600 头，未办理环保手续。2007—2008 年，猪粪便未经任何处理直排至学仕湖水库，导致水库污染，灌溉周围农田后，260 余亩水稻青苗倒伏，农田减产，蘑菇生产基地也造成一定损失。近 300 位村民起诉至法院，要求被告鞠某停止侵害，赔偿 70 万元。

2. 法院审理结果：被告鞠某的养殖场粪便未经处理直排学仕湖水库的行为有长沙县环境监察大队的勘查记录为证，至 2009 年 12 月该水库水质仍属劣Ⅴ类，故认定被告具有污染环境的侵害行为。原告别无选择地用水库的水灌溉农田造成损失，被告应承担民事赔偿责任。判定被告不得再向水库排放猪粪水，消除污染危险，赔偿原告损失 5 万元。

（二）福州长乐市猪场排污侵害案

1. 案由：福州长乐市文武砂镇林甲承包的4个鱼塘出现鱼大面积死亡，造成14万元损失。在此之前，鱼塘上游林乙的养猪场曾向河道排污，林甲用于养鱼的水正是取自该河道。林甲将林乙告上法庭。

2. 法庭审理：一审林乙辩说鱼的死亡是偶然，没有证据证明是因为用了河道中的污水，长乐市法院驳回了林甲的起诉。二审福州市中院改判林乙赔偿林甲14万元损失的60%，林甲自行承担40%的损失。

3. 案情分析：环境污染侵权在民法中属特殊侵权，适用无过错责任原则，举证责任倒置。无论排污人有无过错，只要发生污染行为，且存在损害事实，排污人就必须证明排污行为和损害结果之间不存在因果关系，或者存在受害人故意等法定免责事由，否则就要承担相应民事责任。林乙未能证明不存在这种因果关系，要承当赔偿责任；林甲发现河水很脏仍用于养鱼，也有过错，也要承担一部分责任。

第二节　农业生产环境监察

一、农业生产环境污染

（一）概念

农业生产环境污染是指农业生产中由于化肥、农药、农膜、饲料等使用不当，以及对农作物秸秆、畜禽粪尿、农村生活污水等农业废弃物处理不当或不及时而造成的污染。

改革开放以来，虽然集约化的农业生产使我国农村农业经济取得了长足的进步，但随着各种农用化学品投入量的高速增长，由此而引发的农业生产环境污染问题日益严重，从而带来了严峻的环境问题，直接破坏了农业生态系统，对人类健康也构成了巨大威胁。

（二）农业生产环境污染的构成

1. 对水体的污染

过量施用氮肥及畜禽粪尿的大量直接流失，造成对地表水、地下水的污染，使湖泊、池塘、河流等水体富营养化，导致水藻生长过盛，水体缺氧，水生生物死亡；农药、化肥中夹带重金属、有毒有机物尤其是使用后的残留高毒农药，通过各种渠道流入水体，引起水质污染。

2. 对土壤的污染

长期使用化肥，特别是施肥不平衡，往往导致土壤板结，耕地质量变劣，土壤肥力下降。农民为了维持农田生产能力，更加依赖于增施化肥，从而形成恶性循环；大量农药的使用也使有毒有害物质残留在土壤中造成污染，最终污染农产品。

3．对大气的污染

过量施用氮肥后逸散到空气里的 N_2O 气体，是对全球气候变化产生重要影响的温室气体之一。焚烧秸秆的烟雾中含有大量的有害物质，对空气也造成直接污染。

4．直接危及生物生存

化肥、农药的大量使用，导致生态环境不断恶化，致使很多有益生物如青蛙、蚯蚓等数量逐渐减少，农作物虫害也因天敌数量的减少而大面积发生，只有依靠农药来防治，从而形成恶性循环。

（三）农业生产环境污染的污染源

1．畜禽粪便

目前的养殖业规模大，如果畜禽粪尿未加妥善处理，随污水排放流入附近河渠渗入地下，或者用作肥料时，不进行物理和生化处理便会引起土壤污染和水体污染。

2．农药残留污染

由于农药的有效利用率很低（一般 20%～30%），一部分飘浮在空气中或降落在地面，一部分进入土壤，通过食物链形成危害，农畜产品被污染。同时各种害虫抗药性的产生，使得用药量成倍增加，导致农业环境中大量天敌死亡，破坏了生态平衡。

3．使用化肥引起污染

长期滥施、偏施化肥，导致地力下降，土壤酸化板结，养分供应不协调，降低土壤微生物数量和活性，也造成水质污染和水体富营养化。

4．农用地膜污染

由于废膜不能自行分解，造成大量废膜滞留田间破坏了土壤结构而使土壤保水保肥能力下降，妨碍作物根系生长和土壤中水分、空气、营养元素的正常分布和运行，造成作物减产。同时也不利于田间作业。

5．秸秆燃烧污染

农作物收获时节，大量秸秆不进行还田，也很少进行燃料和饲料的开发，多数秸秆就地焚烧。既浪费了宝贵的生物资源，也造成了严重的空气污染。再者有机肥施用的减少，导致土壤结构退化。

二、我国农业生产污染现状

我国人多地少，土壤资源的开发已接近极限，化肥、农药的使用成为提高土地产出水平的重要途径，加之化肥、农药使用量较大的蔬菜产业的迅猛发展，使我国已成为世界上使用化肥、农药数量最多的国家。目前，我国化肥年使用量达 4 124 万 t，按播种面积计算为 400 kg/hm^2，远远超过发达国家的安全上限。但是化肥的有效利用率却很低，据统计，氮肥平均利用率为 30%～35%，磷肥 10%～20%，钾肥 35%～50%。我国农药年均使用量达 50 万 t，其中约有 30%被农作物吸收，70%流入河流、土壤和农产品中，从而进入人类的食物链，同时使我国 933.3 万 hm^2 耕地遭受了不同程度的污染。部分地区生产的蔬菜、水果中的硝酸盐、农药和重金属等有害物质残留超标，致使农产品安全难以保证，严重威胁了人们的身体健康。另外，地膜污染、农业生产残留物（如秸秆、畜禽粪便等）不合理利用造成的污染也不容忽视。我国每年产出秸秆超过6.5亿t，畜禽养殖场排放的粪便和粪水超过17亿t。由于综合利用水平不高，农村剩余秸秆被随意焚烧，不但浪费了生物资源，还造成了空气污染；未经处理、利用的粪便和冲洗粪水，不但污染了养殖场周围的空气，也污染了土壤和地下水。2010年第一次全国污染源普查结果显示，农业源主要污染物化学需氧量、总氮和总磷分别达到1324.09万t、270.46万t和28.47万t，分别占到全国排放量的43.7%、57.2%和67.3%。

三、控制农业环境污染措施

要减少和控制农业生产活动对环境的污染，可从以下几方面着手。

1. 加强宣传教育，提高农民的环境意识

各级政府及环境保护部门应利用各种形式向农民宣传环保的重要性，了解当前农业污染程度及给今后农业可持续发展将造成的严重影响，让农民明白哪些生产行为会对土壤、水体、大气及农产品造成污染，增加他们保护环境的责任感，使保护环境成为广大农民的自觉行为。

2. 严格法律制度，强化农业环境管理

我国已相继颁布实施了一系列农业法律法规，各部门都应该严格执行，并做好宣传，可与村委会联系，把保护环境列在村规民约中，制定奖惩政策，签订环境保护责任目标协议书。实现环境保护自治、德治、法治三结合。

3. 加大投资，发展生态农业

保护农业生态环境，走农业可持续发展道路，要靠投资、靠科技开发。例如在促进秸秆的综合利用方面，研制和推广秸秆还田机，使秸秆直接还田；推广氨化处理技术，把秸秆转化为牲畜易吸收饲料；推广秸秆气化集中供气工程技术，将秸秆转化为可燃的气体用作农用生活资料，发展生态农业，充分利用自然资源，减少使用或不使用农药、化肥，以生物防治为主防治病虫草害，生产无农药、无化肥残毒污染的农畜产品。

四、农业生产环境监察

农业生产场地与农民居住场所紧密相连，因此环境保护治理过程中必须把农业生产、农民生活、农村生态作为一个有机整体。其中，农业生产对农村生态环境的影响最大，必须认真对待。

（1）化肥的使用不当是其中第一大环境问题。环境保护部公告 2010年第28号发布了国家环境保护标准《化肥使用环境安全技术导则》（HJ 555—2010），自2010年5月1日起实施。

化肥是一种工业产品，施用后有三种去向：一是被作物吸收，可以明显增加作物的产量；二是残留在土壤中，有可能再次被作物利用或污染土地；三是进入环境，造成污染。进入环境的化肥一是挥发到大气中，形成浪费甚至污染；二是随水流进入水体，造成水体的富营养化；三是渗入下层土壤，污染地下水。进入地表水体的化肥是高营养盐，可以造成湖泊、河流甚至海域的富营养化，发生蓝藻、赤潮。进入地下水体的化肥，造成地下水污染，现在尚无解决的办法。

（2）农药是农业生产遭受病虫害时不能不用的物品。农药能够防治农业病虫害，调节植物生长，抑制杂草繁殖，但施用不当或长期大量使用农药，也会造成污染，影响生态系统的平衡，影响植物生长。果园里施用农药不仅消灭了害虫及其天敌，同时也消灭了传授花粉的昆虫，影响果树的结实和质量。农药一旦进入环境，其毒性、高残留特性便会发生效应，造成严重的大气、水体及土壤的污染；另外施用农药后的植物体表面或体内残存的农药及其转化产物，对植物本身不一定产生毒害，但能通过食物链浓缩，最终危害人类。如有机氯农药具有神经性毒性，并对肝脏有影响；有机磷农药具有迟发性毒性；滴滴涕农药有明显的致癌性能，并具有遗传毒性，能导致畸胎，影响到下一代。

环境保护部已发布了《农药使用环境安全技术导则》（HJ 556—2010），从环境安全的角度提出对安全使用农药的指导。国家还发布了 GB 8321.1—9 一系列农药合理使用准则（一）至（九），对多类农药的安全使用给出了准则。另外国家还发布了《绿色食品农药使用准则》、《绿色蔬菜农药使用准则》等多项安全使用农药的国家标准。

（3）农用塑料薄膜是一种提高农产品产量的工业产品，它可以提高地温、保墒保水，还能提早农产品上市时间，增加产品经济效益。据统计，有 1/10～1/5 的农膜会残留在土壤里。如果是难降解的塑料膜，年复一年地积累，将会破坏土壤的结构，阻碍水分和空气的流通，甚至阻碍植物根系的生长。

（4）不科学的耕作方式是破坏农村生态环境的另一个重要原因。自古以来我们的祖先们采用深耕细作、轮作、间作，施用农家肥等方法，把农村的生态环境保持至今，使我们得以继续生存发展。如果采用年复一年大面积种同一种作物，而且大量施用化肥、农药，大量使用薄膜，焚烧秸秆不使其还田的做法，将造成农村的土壤板结、贫瘠，而且生物多样性消失或破坏。

农业生产的行政主管部门是农业部门（农业局），他们也负有保护农业生态环境的责任。转变农业生产的模式，科学使用农药、化肥，有效地推广、鼓励施用农家肥，充分利用秸秆等有机生物质能，无污染地使用地膜和大棚，慎重而有效地引进外来农作物，在进行农业发展规划时充分注意保持生物多样性是他们的职责。

环境保护部门的环境监察机构在日常监督检查中如果发现有不利于环境保护的现象，应当向农业部门提出意见和改进建议。发现环境违法行为，应立即制止并移送农业部门处理。这样才能履行我们统一监督管理环境的职责。

五、农作物秸秆禁烧

（一）概述

秸秆是农作物茎叶（穗）部分的总称。狭义概念是：秸秆为作物的茎秆（《辞海》中的解释）；广义概念则指收获作物主产品之后在田间剩余的副产物，又称“田间秸秆”，主要包括作物的茎和叶，通常指小麦、水稻、玉米、薯类、油料、棉花、甘蔗和其他农作物在收获籽实后的剩余部分。秸秆是广大农村传统的燃料，以前农业生产水平低、农作物产量低，秸秆数量少，除作炊事和取暖燃料外，大都用于垫圈、喂养牲畜，还有部分用于堆沤肥，基本上能消化掉农家自身产生的秸秆。随着农业经济技术的发展，以及因土地的减少和人口的增加，使种植方法也发生了重大变化，由过去的单一种植形式向复式种植形式迅速转变，在粮食产量大幅提高的同时，秸秆数量也大幅增多，加之沼气、省柴和节煤技术的推广运用，蜂窝煤和液化气的普及，秸秆原先作为燃料、肥料的用途被日益取代，而秸秆收集贮运体系不完善，秸秆综合利用体系和市场不成熟，最终导致许多地区出现结构性、季节性秸秆剩余，农作物秸秆从农家的财富变成了需要处理的“废物”，大部分农民为加快收种和清除残余物的速度而将农作物秸秆就地焚烧。由于处置方法不当，每到夏秋收获之际，田间到处浓烟滚滚，不仅造成了环境污染，影响公路、铁路和航空等交通安全，甚至威胁到人民群众生命和财产安全。秸秆禁烧和综合利用已成为关系到环境保护、节能减排、农业生产、交通和人民生命财产安全的综合性社会问题。

（二）秸秆产生和综合利用现状

1. 农作物秸秆产生量

农作物秸秆是一种重要的、多用途的、可再生的能源资源。秸秆产量相当可观，一般耕作水平 1kg 稻谷可产生 1.5kg 稻草；1kg 小麦可产生 1.5kg 麦秸；1kg 玉米则可产生 4kg 玉米秸秆。我国是农业大国，秸秆资源十分丰富，秸秆种类主要以稻草、小麦秸和玉米秸三大农作物秸秆为主，据农业部 2010 年调查统计数据，我国秸秆理论资源量为 8.2 亿 t，可收集量为 6.87 亿 t。约占全世界秸秆总量的 35%，折合标准煤量达 3 亿多 t。目前，我国秸秆综合利用率为 69%，尚有 2.15 亿 t 秸秆没有得到利用（其热值约相当于 1.1 亿 t 标准煤）。

2. 农作物秸秆综合利用

农作物光合作用的产物有一半存在果实，另一半则存在秸秆中。长期以来，人们一直把秸秆作为农业的副产品，存在重粮食利用、轻秸秆利用的观念。随着现代农业和现代加工业的发展，以及人类对能源资源消耗替代的需要，对农作物秸秆是重要的生物质能源有了新的认识，人们对秸秆综合利用研究取得了众多成果，秸秆资源能源化利用水平不断提高，农作物秸秆真正变废为宝。目前，我国秸秆主要利用形式有以下 5 种：

（1）肥料化利用。秸秆还田是当今世界上普遍重视的一项培肥地力的增产措施。一般分为直接还田和堆积沤制成有机肥料还田两种方式，秸秆还田方法包括：① 秸秆覆盖或粉碎直接还田。在我国粮食主产区以机械化粉碎秸秆还田为主。2009 年，全国机械化秸秆还田面积达到 3.58 亿亩，约占当年全国农作物播种面积的 15.3%，秸秆利用量约 1.02 亿 t；② 利用高温发酵原理进行秸秆堆沤还田；③ 秸秆养畜，过腹还田；④ 利用催腐剂快速腐熟秸秆还田。在秸秆中添加一定量的生物菌剂及适量的氮肥和水，再经高温堆沤，可使秸秆腐熟时间提早 15～20 天。在双季农作地区，因抢农时需要，此项技术显得更为实用。

（2）饲料化利用。农作物秸秆的营养特点是粗蛋白质含量低，有些秸秆质地粗硬，适口性差，在自然条件下是一种劣质饲料，因此，饲料的用量比较少，约占 10%。秸秆饲料的主要加工技术主要包括：① 直接粉碎饲喂技术；② 青储饲料机械化技术；③ 秸秆微生物发酵技术；④ 秸秆高效生化蛋白全价饲料技术；⑤ 秸秆氨化技术；⑥ 秸秆热喷技术。

（3）能源化利用。能源化利用模式是解决秸秆问题的重要途径，也是我国缓解能源压力、发展低碳经济、促进污染减排和可持续发展的重要措施。资料显示，秸秆燃烧值约为标准煤的50%，是仅次于煤炭、石油、天然气的第四大能源，在世界能源总消费量中占14%。我国每年农作物秸秆资源量约占生物质能资源量的50%。能源化利用途径有秸秆气化、秸秆固化和直接燃烧发电几种方式，1个装机容量2×12MW的生物质发电厂每年消耗秸秆约20万t。随着技术的发展，秸秆气化已成为农作物秸秆能源转化的主要方式。秸秆固化则是近年迅速发展起来的实用技术，其工艺原理是在适当温度（一般为200～300℃）下对秸秆的基本组织纤维素、中纤维素和木质素进行软化，施加一定压力使其紧密黏连，冷却、挤压、固化成型的新型燃料。

（4）建材和化工化利用。秸秆可以制造成保温性、装饰性和耐久性均属上乘的墙板和纤维板等，经过技术方法处理加工秸秆制造纸张、人造丝和人造棉，还可以生产糠醛、酒、饴糖和木醣醇，是高效、可再生的轻工、纺织和建材原料。

（5）食用菌转化。秸秆食用菌转化途径主要是用作食用菌基料。利用秸秆作为生产基质，可大大增加生产食用菌的原料来源，降低生产成本。

（三）秸秆焚烧工作存在问题

（1）秸秆综合利用尚未大规模推广应用。虽然秸秆综合利用途径很多，但对秸秆综合利用的投入不足和受技术、运输、成本等的影响，秸秆综合利用规模不大、效率不高，有待进一步突破和完善。究其原因，主要有两个方面：一是秸秆收集贮运体系不完善。秸秆收集贮运是秸秆综合利用产业化发展的前提和基础。秸秆具有“量大、体积大且分散、附加值不高，收获季节性强”等特点，目前主要还是靠老百姓自己收集，秸秆收集组织化、机械化、产业化程度低，远未形成秸秆收、储、运网络。农民急需的经济实用、便捷秸秆处理的机械装备缺乏或不配套，造成秸秆收集、贮运难度大、成本高。秸秆收集贮运问题已成为制约秸秆产业化发展的主要瓶颈之一。二是秸秆综合利用技术不成熟。目前高效、综合利用秸秆的技术、设备等的研发尚处于探索之中，现有秸秆综合利用方式中存在的一些技术瓶颈，严重制约利用水平和效率的提高。如秸秆固化炭化生产设备配套率低、能耗高；秸秆发电直燃锅炉结焦严重；秸秆气化中的焦油问题；缺乏适应小地块操作的还田和打捆机具。

（2）机械化还田利用投入不足，成本相对较高。尽管秸秆综合利用种类繁多，还田利用是秸秆综合利用最主要的形式，而我国现行的土地承包政策决定了我国目前还广泛存在以农户为经营主体的小规模经营模式，土地承包经营权不稳定、农村劳动力的缺乏以及国家给予化肥的补贴政策，都使得农户采取包括通过秸秆还田保持土壤有机质的行动积极性不高。此外，实现秸秆还田，须配置大功率农业机械，并增加作业量和生产成本，直接影响秸秆还田技术的推广。

（3）秸秆禁烧执法成本过高。禁烧监管还存在死角，镇、村干部没有完全组织起来，分片划区、责任到人没有真正到位。秸秆禁烧的执法相对人是广大农民，单靠基层政府和环保执法部门加大执法力度，不仅行政成本过大、执法效果也不明显，还造成基层干部与农民对立。

（4）缺乏整体规划。目前，全国还没有对秸秆综合利用作出整体规划，秸秆综合利用还多数处于自发和无序的状态。对秸秆直接还田、过腹还田、气化、种植食用菌和用作其他工业原料等利用方式没有按照秸秆资源状况予以整体考虑和科学安排，不利于秸秆综合利用水平的提高和工作的有序深入推进。

（5）政策扶持不够。目前，中央层面出台了一些扶持政策，如对发电的电价补贴、对项目建设的资金补贴等，但总体上扶持政策还比较缺乏也不够系统，如还没有制定秸秆收集、贮存、加工等相关用地优惠政策，没有用油、用电优惠或补贴，对收集、贮运体系的建设和运行、对综合利用设备制造和购置及综合利用活动没有资金支持，某些秸秆综合利用的行业门槛还比较高（如对秸秆造纸制浆的规模限制）。虽然不少地方政府制定了相应的补贴的政策，但与秸秆综合利用的整体工作形势需求还存在差距。

（6）禁烧意识有待提高。一方面是部分农民环保意识、法制意识薄弱，没有意识到焚烧秸秆不仅污染大气环境、影响交通安全，而且还是一种违法行为，要受到法律的处罚；另一方面是部分地区对秸秆焚烧工作未能引起充分认识，对禁烧工作重视程度远不如2008年，有畏难和厌战情绪，禁烧工作流于形式，缺乏有效的工作思路和措施。

（四）监察执法依据

（1）《中华人民共和国环境保护法》第六条第二款：县级以上地方人民政府环境保护行政主管部门，对本辖区的环境保护工作实施统一管理。

（2）《中华人民共和国环境保护法》第十六条：地方各级人民政府，应当对本辖区的环境质量负责，采取措施改善环境质量。

（3）《中华人民共和国大气污染防治法》第四十一条第二款：禁止在人口集中地区、机场周围、交通干线附近以及当地人民政府划定的区域露天焚烧秸秆、落叶等产生烟尘污染的物质。

（4）《中华人民共和国大气污染防治法》第五十七条第二款：违反本法第四十一条第二款规定，在人口集中地区、机场周围、交通干线附近以及当地人民政府划定的区域内露天焚烧秸秆、落叶等产生烟尘污染的物质的，由所在地县级以上地方人民政府环境保护行政主管部门责令停止违法行为；情节严重的，可以处二百元以下罚款。

（5）国务院办公厅《关于加快推进农作物秸秆综合利用的意见》（国办发[2008]105号）。

（6）《秸秆禁烧和综合利用管理办法》（2003年国家环境保护总局局令）。

（7）《关于进一步做好秸秆禁烧和综合利用工作的通知》（环办[2005]52号）。

（8）《关于进一步加强秸秆禁烧工作的通知》（环发[2008]22号）。

（五）监察工作要点

在秸秆禁烧工作中，地方人民政府负有“对本辖区的环境质量负责，采取措施改善环境质量”的职责，环保部门应履行“对本辖区的环境保护工作实施统一管理”和对环境进行监督检查职责。作为地方人民政府环境保护行政主管部门，各级环保部门一是要协调负有环境保护职能的部门履行监管职责，二是环保部门本身要进行现场的监管。因此，各级环保部门应进一步提高秸秆禁烧和综合利用工作的长期性和艰巨性认识，把秸秆禁烧工作作为推进循环经济建设、节能减排以及农村生态环境综合整治的重要举措，督促地方政府落实相关责任，进一步完善各级政府负责、有关部门紧密配合、齐抓共管的工作机制；强化秸秆禁烧现场执法检查，加大执法力度，确保重点城市周边、机场和重点交通干线周围大气环境质量。

（1）协调相关部门开展秸秆禁烧工作，切实履行统一监管职责，明确相关部门的责任，从组织上、制度上确保秸秆禁烧工作做到“有案必查，有查必果”。

（2）切实履行执法监督职责，加大检查力度，加强对本辖区秸秆禁烧工作的督查，严厉查处焚烧秸秆行为，强化现场执法检查。

（3）检查责任落实情况，措施到位情况以及秸秆焚烧情况，尽早发现问题，及时督促整改，并将秸秆焚烧情况作为各地环保工作目标考核的内容。

（4）集中力量确保重点城市周边，重点交通干线，机场周围大气环境质量。

（5）充分发挥 12369 举报热线电话的作用，及时协调有关部门快速处理秸秆焚烧问题。

（6）发现禁烧区域内有焚烧行为的要责令立即停止，对直接责任人进行教育或处罚对造成重大污染事故、财产遭受重大损失或者导致人身伤亡的要依法移送相关部门追究有关责任人员的责任。

（六）开展秸秆禁烧工作情况

秸秆禁烧和综合利用工作已列入各级政府及环保部门重要议事日程，粮食主产区省、市、县均分别成立了政府主要负责人任组长、相关部门领导任成员的领导小组，建立健全禁烧工作网络，层层签订责任书，落实分片包干负责制度，在基层切实做到乡镇干部包到村、村居干部包到组到户，采取“疏堵结合、以疏为主、以堵促疏”的方针，从政策引导、宣传教育、执法监管和综合利用等方面采取了一系列措施，明确具体的考核要求，严格责任追究，形成政府负责、部门联动、齐抓共管的工作局面，秸秆禁烧工作取得了明显成效，焚烧趋势已得到控制，特别是近几年来，禁烧工作成绩斐然，秸秆焚烧点总体呈逐年下降的趋势。

1．政策措施

在国外，早在 1970 年，美国法律就规定禁止焚烧秸秆，世界上很多国家也先后对焚烧秸秆进行了限制，并开展秸秆综合利用。我国秸秆禁烧工作最早始于 1999 年，针对日益突出的秸秆焚烧的问题，原国家环境保护总局联合农业部、财政部、铁道部、交通部、民航总局制定了《秸秆禁烧和综合利用管理办法》，环境保护部、农业部 2008 年印发了《关于进一步加强秸秆禁烧工作的通知》。近年来，尤其是国务院办公厅印发了《关于加快推进农作物秸秆综合利用的意见》（2008 年 7 月）之后，各部门先后出台了一些焚烧秸秆和推动秸秆综合利用的政策措施。地方政府也相继出台了一系列的相关政策。江苏省于 2009 年 5 月出台《关于促进农作物秸秆综合利用的决定》以及配套的《江苏省秸秆禁烧工作考核办法》，2009 年 12 月率先全国制定《农作物秸秆综合利用规划（2010—2015 年）》。为切实做好秸秆综合利用工作，江苏省农委、省财政厅和省农机局联合下文，创新工作机制，强化管理目标，按照“1+X”（即以秸秆机械化还田为主，结合其他多种形式利用）的模式，全面推进秸秆综合利用工作。在资金安排上，在目标考核的基础上实行以奖代补。省级奖补资金实行项目化管理，主要用于秸秆机械化还田、秸秆能源化、基料化、肥料化和收贮点等项目建设。上海市政府制定《关于本市农作物秸秆综合利用实施方案》，提出到 2012 年和 2015 年，力争使上海市秸秆综合利用率分别达到 85%和 90%以上，对实施秸秆机械化还田给予 45 元/亩的补贴；山东淄博按每亩 50～80 元对秸秆还田进行资金支持，市、县、乡、村四级将累计发放补贴资金近亿元；合肥市对收购秸秆超过500t的，给予每吨40元的补贴。这些政策的实施，对秸秆禁烧和综合利用起到了巨大的推动作用。

2．技术手段

2008年以来，环境保护部先后组织中国气象局国家卫星气象中心和环境保护部环境卫星中心在夏季和秋季秸秆焚烧高发期（各一个月），每日两次在政府网站（www.mep.gov.cn）公布国家卫星气象中心提供的《卫星遥感监测秸秆焚烧信息列表》和环境保护部环境卫星中心提供的《秸秆焚烧遥感监测日报》。虽然卫星监测因监测时段和云层影响而有其局限性，但从一定程度上可以反映出禁烧工作取得了一定的成效。这些数据已被地方政府作为秸秆禁烧工作的考核依据。

3．各地经验

在秸秆禁烧工作中，各地采取的主要措施有6个方面：一是强化组织领导，建立严密的禁烧网络。各省各县市分别成立了政府主要负责人任组长、相关部门领导任成员的领导小组，建立健全了秸秆禁烧工作网络，组织网络延伸到镇、村、组，层层签订责任书，形成政府负责、部门联动、齐抓共管的工作局面，确保禁烧工作的顺利实施。完善了分片包干负责制度，基层切实做到乡镇干部包到村、村居干部包到组到户。二是强化责任落实，明确具体的考核要求。三是强化宣传发动，营造浓烈的舆论氛围。四是强化政策引导，制定科学的奖惩办法。五是强化督查巡查，严防死守。禁烧期间，省市县相关部门分别成立联合督查巡查组，强化监督检查。六是强化监测预警，形成高压的禁烧态势。

解决秸秆焚烧问题的根本出路在于综合利用。无论是科技水平还是现实途径，综合利用都将是一项长期工作，而禁烧则是一个季节性问题。因此，解决秸秆焚烧问题，应坚持“疏堵结合，以疏为主，以堵促疏”的方针，这也是各地达成的共识。

江苏宿迁是传统农业大市，拥有耕地面积659万亩，年产秸秆370万t。2008年以来，按照“禁止秸秆焚烧、禁止秸秆抛河”“不着一把火，不冒一处烟，不污一条河”的总体目标，积极动员谋划，出台政策措施，组织全社会力量，大打“秸秆禁烧与综合利用人民战争”，连续4年基本保持了全面禁烧的良好局面。特别是宿城区，做到“国家遥感卫星零记录，省、市、区督查组零查处，不发生一起因秸秆下河引起的水污染事故”，秸秆还田、堆贮利用率达到90%以上。对此，宿城区总结出“四真”经验，即“组织领导真重视，宣传发动真到位，综合利用真推动，禁烧措施真落实”。在秸秆禁烧工作中他们以秸秆综合利用为基础，坚持重点突破与整体推进相结合，采取宣传发动、行政推动、政策驱动、财政扶持、典型带动等到措施，大力示范推广秸秆机械还田、能源转换等综合利用技术，秸秆综合利用水平有了很大提高，全区每年40多万t秸秆综合利用率达到90%以上。他们把握“疏堵结合、标本兼治”方针，积极推进秸秆综合利用，一是强力促进秸秆能源转化利用，已建成三个生物质能发电项目，一个在建，总装机容量达到4+24MW，年消纳秸秆量约60万t，已成为该秸秆综合利用的主渠道；二是主攻还田，落实农田和农机补贴；三是狠抓集中堆放和清运，以村为单位设立1处以上集中堆放点，同时发动农民秸秆经纪人，及时清理未能及时还田的秸秆，消除禁烧隐患；四是推广草编加工、食用菌生产、秸秆饲料、秸秆堆肥等到技术，引进秸秆固气化和成型企业（为电厂纸厂提供原料燃料）等多渠道综合利用秸秆。宿迁泉林草业有限公司是山东泉林纸业有限公司在各地开设的原料收贮单位，每年能收集秸秆5万t；宿迁市兴嘉生物能源科技有限公司则是对秸秆进行固化替代煤的企业，每台设备投资 6.8 万元，每小时生产固秸秆 1.3 t，每年可利用秸秆约 3 万 t。在“堵”的方面一是采取“包保责任制”，实行属地管理，区、镇、村层层签订责任状，层层收取保证金，发生秸秆焚烧和随意丢弃秸秆的，区委政府将追究相关人员责任，造成重大影响的将给予党纪政纪处分；二是强化巡查工作，全面推行区、乡（镇）、村三级 24 小时督查巡查机制，区政府牵头由环保、政法、农林等部门组成 15 个督查组深入田间地头指导、督查秸秆禁烧工作。通过这些疏堵结合措施的实施，秸秆禁烧工作取得了明显成效。

安徽明光市大力发展秸秆快速腐熟还田技术取得了明显成效，对全面推广秸秆还田具有广泛的指导意义。2009—2011 年在 17 个乡镇 106 个村 24 729 户共发放腐熟剂产品 729.42 t，推广应用面积 36.441 万亩，亩均增产 27 kg/亩，钾肥用量减少 10%，节本增效 50 元，总节本增效 1 822.05 万元。取得了明显的社会效益、环境效益和经济效益。

第三节　农村小城镇环境监察

一、农村三产环境监察

（一）三产主要环境问题

第三产业（Tertiary Industry）是英国经济学家新西兰奥塔哥大学教授费希尔（Allan.G..B.Fisher）20 世纪 30 年代首先提出的。起源于 1935 年出版的《安全与进步的冲突》（费希尔所著）一书。

根据国家统计局印发的《三次产业划分规定》（国统字[2003]14 号），三次产业划分范围如下：

第一产业是指农、林、牧、渔业。

第二产业是指采矿业，制造业，电力、燃气及水的生产和供应业，建筑业。

第三产业是指除第一、二产业以外的其他行业。第三产业包括：交通运输、仓储和邮政业，信息传输、计算机服务和软件业，批发和零售业，住宿和餐饮业，金融业，房地产业，租赁和商务服务业，科学研究、技术服务和地质勘查业，水利、环境和公共设施管理业，居民服务和其他服务业，教育，卫生、社会保障和社会福利业，文化、体育和娱乐业，公共管理和社会组织，国际组织。

我国第三产业包含了四个层次。① 流通部门：交通运输业、邮电通信业、商业饮食业、物资供销和仓储业；② 为生产和生活服务的部门：金融业、保险业、地质勘查业、房地产管理业、公用事业、居民服务业、旅游业、信息咨询服务业和各类技术服务业；③ 为提高科学文化水平和居民素质服务的部门：教育、文化、广播、电视、科学研究、卫生、体育和社会福利事业；④ 国家机关、政党机关、社会团体、警察、军队等，但在国内不计入第三产业产值和国民生产总值。

三产行业的环境污染问题尽管不像农药、化工、印染、电镀等企业那样会对人体产生直接的伤害，引起急慢性中毒，但会严重影响居民的正常生活，主要有以下几个方面。

1．水污染

三产行业普遍存在水污染现象。沐浴业排水最多，污染最大。除规模较大的浴城经过环保审批和验收，有组合式化粪池等设施外，中、小浴室的洗浴污水基本未经任何治理直接排放；不少小型饭店、小吃店连最简单的隔油池也没有，清洗污水和屠宰污水直接排入下水道，造成下水道堵塞、污水横流的现象时有发生；小吃摊、大排档更是随意搭建，经营污水就近倾倒，水污染现象极其严重。

2．大气污染

由于近几年烟控区建设的不断加强，中心城区和新兴城市的酒店、浴室基本使用无烟煤和油气灶，并接用管道蒸汽，但处在城郊结合部和农村的浴室和饭店由于经济能力有限或受利益驱动，仍使用烟煤，并无任何除尘装置，时常黑烟滚滚，影响周边居民正常生活。

3．油烟污染

调查表明，除大型酒店一般建有油烟净化装置外，中、小饭店对油烟的处理普遍采用“上天入地法”（用管道向高空排放或接入下水道），或采用换气扇直接向外排放，造成环境污染。

4．噪声污染

饮食服务业的换气扇、油烟机以及歌舞厅卡拉OK的噪声问题目前相对突出，约占三产行业举报投诉的一半以上，这些经营场所往往非常靠近居民小区或直接建于居民区内，甚至就在底层车库内，噪声污染严重影响了居民生活，为此群众举报不断。

（二）三产环境污染问题的成因分析

1．三产行业缺乏科学合理的审批限制

《中华人民共和国环境影响评价法》、《建设项目环境保护管理条例》等法律法规规定，建设和兴办对环境有影响的项目，其污染防治设施必须与主体工程同时设计、同时施工、同时使用；项目在开工建设或领取工商营业执照之前必须报环境保护部门审批。三产业主为方便经营，出于经济利益和市场前景考虑，往往没有环保方面的投资，并把经营地点选在居民住宅小区和繁华闹市，未经环保部门验收和审批，在领取工商营业执照后便可开张营业。由于选址欠妥，又未安装环保治理设施，产生污染扰民问题便不可避免。

2．建设规划落后，缺乏通盘考虑

法律禁止在居民区新建、改建、扩建产生恶臭、异味、粉尘的项目，禁止在居民住宅楼（含以居民居住为主的商住楼）内新办产生噪声、油烟、烟尘、异味等污染的饮食、娱乐服务经营项目。然而，很多建筑采用的是楼下店面，楼上住宅，小区商业用房和居民住宅混合的建设模式。这种规划设计思路先天不足，不适合用于发展三产业。由于店房功能不分，因此不能做到三产业与居民区适当分离，以消除污染隐患，在建设时也没有考虑给店面预留专用排烟管道，也增加了后续治理的难度。

3．污染治理技术和市场不成熟

现有的污染净化装置一次性投入较高，日常维护工作量大，污染治理市场因技术问题还不成熟。例如，一个餐饮业油烟净化器，加上配套的管道、风机等，一个小规模的饭店治理污染要投入万元左右，大的要投入十几万元，日常运营花费也是很大负担，这些都限制了油烟净化器的推广应用。

4．彻底整治三产存在社会难点

有部分三产业主，特别是无证照经营户属社会弱势群体，如果简单地予以强制关闭，必定会影响到他们的生存问题，处理不好会引发矛盾，不利于社会稳定。

（三）三产环境管理

针对目前三产服务业污染现状以及存在的问题，简单地处罚、禁止和限制并不是上策，单靠某一部门的力量也难奏效。须从满足群众生活需要和履行政府公共管理职能的结合点下手。

1．科学规划布局，体现环保理念

实施旧城改造和开发时，规划和建设时要全盘考虑，商铺与住宅适度分离，合理配置生活网点，尽量避免三产服务业与居民区混为一体。科学规划三产服务集中经营区，高标准进行环保治理，实现污染达标排放，这既能解决污染扰民问题，又可促进就业和满足百姓需要。

2．坚持以人为本，改进审批程序

严格控制新污染源，政府相关职能部门可联合审批，坚持把“环保优先”落实到决策、规划、审批等各个领域，严把项目环境准入关。凡不符合开业条件的一律不予审批。推行三产服务业禁区公示制度，避免经营者盲目租房投资。实行三产服务业审批公告制度，在充分听取公告周围群众的意见后再审批。

3．加强部门合作，提高监管水平

逐步从环保监管、城管执法或工商执法等单层次的工作模式向职能部门配合的多层次监管过渡，建立社会综合治理机制。对群众反映强烈、污染严重的三产行业进行定期联合执法，加大打击力度。

4．加强对话，健全公众参与机制

在政府职能部门、业主和公众之间搭设沟通的桥梁，通过媒体宣传、对话、问卷调查、调查研讨等方式形成共识。也可组建环保志愿者和环保监督员队伍，通过向居民和三产业主进行宣传和引导，增强环保意识，从自己做起，做到爱护、保护环境。

二、农村生活污染源环境监察

（一）农村生活污染

农村是农民生产生活的基本场所，是农民实现生产和再生产的主要基地，也是社会主义现代化的稳定器和蓄水池。然而，伴随着经济迅猛增长和农村城镇化水平的提高，农村生活水平及生活方式发生了重大变化，随之而来的生活垃圾污染开始侵蚀农村，农村生态环境遭遇到前所未有的威胁。

2007 年 11 月 13 日，国务院转发了环保总局，发展改革委，农业部，建设部，卫生部，水利部，国土资源部，林业局等八部委《关于加强农村环境保护工作的意见》，其中第七条就是“大力推进农村生活污染治理”。

目前，广大农村生活垃圾基本谈不上处理。一部分作为有机肥料返回了农田，但这一部分太少了，其余的大部分都任意抛弃。有的地方由政府或村里把垃圾集中起来转运到一个固定的地方堆存，也不加处理，仅仅是转移而已。其实，不仅是农村，许多县城也是采取的这种转移堆放的办法。而且据国家统计局统计，2005 年我国城市生活垃圾清运量为 15 576.8 万 t，生活垃圾无害化处理率仅为 51.7%。其余 48%的大量未经无害化处理的生活垃圾转移到了农村，一些郊区和农村已成为城市生活垃圾的存放地，占用和毁损了大量的道路、土地，成为农村环境最大的污染源之一。这种办法的后果就是严重污染环境。

1．影响人与自然的和谐

过去在农村集镇生活的居民，可以经常到河沟里洗澡、摸鱼，河里的水清澈见底；现在的河沟里虽然有水，但漂满了各种生活垃圾、玻璃瓶、动物死尸等，每到夏季或阴天，散发着刺鼻的恶臭。过去在农村到处都是鸟语花香，农家小孩可肆意玩耍，放养禽畜也方便；现在由于很多空地垃圾成堆，农民只得看紧自家小孩，怕不懂事的小孩玩弄那些看似漂亮却有毒的垃圾，只得把放养禽畜变成了圈养禽畜，怕禽畜到垃圾场吃了受污染的食物发病甚至死亡。同时，由于臭水沟、露天垃圾场增多的原因，近几年来，农村的苍蝇、蚊子等害虫也越来越多，有些地方的田野已经成了蚊子的天下，严重影响了人们正常的生产和生活。

2．存在传播疾病的危险隐患

农村生活垃圾，使井水变绿，使河水变臭，使近年来农村患病人数猛增。即使转移到垃圾堆存场地，由于现在的生活垃圾成分相当复杂，既没有分类，也没有任何处理，甚至没有掩埋，所散发的废气和造成的污染，无论给运输沿线的农民，还是给垃圾场地附近的农民的生命健康带来了不容低估的威胁。

3．造成水资源的严重破坏

农村居民和城镇居民在日常生活中对洗衣粉、塑料制品的依赖性高，这些日常用品产生的大量污染都得不到有效处理和排放，加之农村对废弃物的回收率极低，残留地膜和塑料废弃物因其自然条件下降解时间长，对环境产生长久影响。因此，日常生活用品所造成的污染也就没办法得到根除，处理不及时或不当，成为严重的生活污水。生活污水污染占农村环境污染比重达 1/3，这些污水排入河流和小溪，造成水资源严重破坏。根据有关资料，农村 387.9 万人口中饮水不安全的达 80.3 万，占总数量的 20.7%。

（二）农村生活污染的防治与环境监察

农村的生活污染防治应纳入当地的环境保护规划，当地政府是责任主体。乡镇政府和村民委员会负责农村生活污染防治工作的具体组织实施；鼓励村民自治组织在区县或乡镇人民政府的指导下进行生活污染处理处置设施的建设和日常管理工作。环境保护部门和环境监察机构应加以指导和监督。

1．完善农村基础设施，逐步实现城乡一体化

目前广大农村的生活服务基础设施欠缺，应逐步推进县域污水和垃圾处理设施的统一规划、统一建设、统一管理。结合新农村建设，完善县级污水处理厂、垃圾处理厂等集中

处理设施。这些建设项目和设施应以国家投资为主。

2．依据具体情况针对性地实施农村生活污水污染防治

农村雨水宜利用边沟和自然沟渠等进行收集和排放，通过坑塘、洼地等地表水体或自然入渗进入当地水循环系统。鼓励将处理后的雨水回用于农田灌溉等。

对于人口密集、经济发达、并且建有污水排放基础设施的农村，宜采取合流制或截流式合流制；对于人口相对分散、干旱半干旱地区、经济欠发达的农村，可采用边沟和自然沟渠输送，也可采用合流制。在没有建设集中污水处理设施的农村，不宜推广使用水冲厕所，避免造成污水直接集中排放，在上述地区鼓励推广非水冲式卫生厕所。

对于分散居住的农户，鼓励采用低能耗小型分散式污水处理；在土地资源相对丰富、气候条件适宜的农村，鼓励采用集中自然处理；人口密集、污水排放相对集中的村落，宜采用集中处理。

对于以户为单元就地排放的生活污水，宜根据不同情况采用庭院式小型湿地、沼气净化池和小型净化槽等处理技术和设施。鼓励采用粪便与生活杂排水分离的新型生态排水处理系统。宜采用沼气池处理粪便，采用氧化塘、湿地、快速渗滤及一体化装置等技术处理生活杂排水。

对于经济发达、人口密集并建有完善排水体制的村落，应建设集中式污水处理设施，宜采用活性污泥法、生物膜法和人工湿地等二级生物处理技术。

对于处理后的污水，宜利用洼地、农田等进一步净化、储存和利用，不得直接排入环境敏感区域内的水体。

鼓励采用沼气池厕所、堆肥式、粪尿分集式等生态卫生厕所。在水冲厕所后，鼓励采用沼气净化池和户用沼气池等方式处理粪便污水，产生的沼气应加以利用。

污水处理设施产生的污泥、沼液及沼渣等可作为农肥施用，在当地环境容量范围内，鼓励以就地消纳为主，实现资源化利用，禁止随意丢弃堆放，避免二次污染。

小规模畜禽散养户应实现人畜分离。鼓励采用沼气池处理人畜粪便，并实施“一池三改”，推广“四位一体”等农业生态模式。

3．农村生活垃圾处理处置建议

鼓励生活垃圾分类收集，设置垃圾分类收集容器。对金属、玻璃、塑料等垃圾进行回收利用；危险废物应单独收集处理处置。禁止农村垃圾随意丢弃、堆放、焚烧。

城镇周边和环境敏感区的农村，在分类收集、减量化的基础上可通过“户分类、村收集、镇转运、县市处理”的城乡一体化模式处理处置生活垃圾。

对无法纳入城镇垃圾处理系统的农村生活垃圾，应选择经济、适用、安全的处理处置技术，在分类收集基础上，采用无机垃圾填埋处理、有机垃圾堆肥处理等技术。砖瓦、渣土、清扫灰等无机垃圾，可作为农村废弃坑塘填埋、道路垫土等材料使用。

有机垃圾宜与秸秆、稻草等农业废物混合进行静态堆肥处理，或与粪便、污水处理产生的污泥及沼渣等混合堆肥；亦可混入粪便，进入户用、联户沼气池厌氧发酵。

4．农村生活空气污染防治建议

鼓励农村采用清洁能源、可再生能源，大力推广沼气、生物质能、太阳能、风能等技术，从源头控制农村生活空气污染。

推进农村生活节能，鼓励采用省柴节能炉灶，逐步淘汰传统炉灶，推广使用改良柴灶、改良炕连灶等高效低污染炉灶，并应加设排烟道。

以煤为主要燃料的农村应减少使用散煤和劣质煤，推广使用低氟煤、低硫煤、固氟煤、固硫煤、固砷煤等清洁煤产品。

5. 发展农村文化事业，开展环境保护新技术开发与示范推广

鼓励加大研发投入，推动科技创新。研发适合农村实际的生活污染防治技术及设备，开展农村生活污染防治新技术、新工艺的开发、示范与推广，为农村生活污染防治提供技术支持。

鼓励通过“以奖代补”、“以奖促治”等多种途径加大农村生活污染防治资金投入，促进农村生活污染防治工作。

鼓励建立农村生活污染防治专业化、社会化技术服务机构，完善县（市）、镇、村一体化农村生活污染防治技术服务体系，鼓励专业技术服务机构运营维护农村污染防治设施，提高农村生活污染防治水平。

加强农村环境污染防治科技知识普及和传播，提高农村居民环保意识。

三、农村餐饮环境监察

随着经济的发展和人民生活水平的提高，促进了乡村旅游的发展，也带动了农村餐饮的迅猛发展，出现了大量的集餐饮、休闲、娱乐一体的“农家乐”，为环境监察提出了新的要求。农家乐发展要按照“科学规划、完善设施、合理开发、规范管理”的原则，严格依照各地生态环境功能区规划、旅游发展规划、农家乐休闲旅游发展规划等要求，以区域环境承载力和环境功能区达标为前提，通过建立健全环境管理机制，优化农家乐区域布局，完善环保设施，控制区域污染排放总量等措施，切实加强对农家乐环境监管和环保措施的完善，不断提升农家乐的发展水平，实现农家乐的可持续发展。农家乐环境监察要点：

（1）农家乐区域布局是否合理，在饮用水水源保护区等地依法禁止新建、扩建农家乐项目，在限制准入区严格控制农家乐的数量和规模。

（2）新建、扩建、改建农家乐项目是否严格执行环境影响评价和建设项目“三同时”制度。

（3）规模农家乐项目是否取得排污许可证，对现有尚未通过环保审批、验收或取得排污许可证的，应在落实污染防治措施、完成限期治理任务及相关环保要求的前提下，依法补办相关审批和验收手续。

（4）污染设施运行情况监察，督促规模农家乐经营单位遵守建设项目环境保护管理规定，落实污染治理措施，实现达标排放；督促非规模农家乐集聚村，根据排污总量落实好处理措施。

附　录

一、有关重要文件

（一）关于加强自然资源开发建设项目的生态环境管理的通知

环然[1994]664号

各省、自治区、直辖市环境保护局：

目前，我国的生态破坏十分严重。不合理的开发利用自然资源，不仅恶化了生态环境，也造成了自然资源的浪费，直接影响到国民经济、社会的持续发展。防治生态破坏，应从源头管起，按照有关法规，切实加强自然资源开发建设项目的生态环境管理，促进资源的合理开发和持续利用，保护和改善生态环境。为此，特作如下通知：

一、自然资源开发建设项目的生态环境管理工作是自然保护工作的重要组成部分，各级环境保护部门要充分认识这项工作在环境保护工作中的重要地位，加强领导，将其摆上工作日程，指定机构和人员负责这项工作。

二、各级环境保护部门应根据国家法律法规中赋予的职权，积极开拓生态环境保护工作，针对目前我国生态环境管理薄弱，生态破坏加剧的现状，当前应着重加强农业综合开发、森林采伐、风景名胜区、森林公园等旅游资源开发和自然保护区建设、动植物资源开发、荒地草原和湿地开发等自然资源开发建设活动的环境影响评价的管理工作；同时也应进一步加强水利水电工程、矿产资源开发环境影响评价中生态影响评价的管理工作。

三、自然资源开发建设项目的生态环境管理是一项政策性很强的工作，各地环境保护部门应从实际出发抓好试点，总结和探索适应开发建设项目生态环境管理的经验，以点带面，不断提高管理水平。

四、自然资源开发建设项目的生态环境管理是一项科学性很强的工作。要结合试点工作开展必要的科学研究，探索各类开发建设项目生态影响评价的指标体系，逐步建立健全有关技术规范。使这项工作走上规范化管理的轨道。

五、各级环境保护部门应加强与当地计划、经济、财政、工商、金融、土地等部门的联系；当前首先要会同计划和经贸等部门，要求有自然资源开发项目的建设单位及其主管部门，按国家有关法规规定，开展环境影响评价工作，报送环境影响报告书（表）。

六、各级环境保护部门应着重加强对从事自然资源开发建设项目生态环境管理的干部和从事生态影响评价工作的技术人员的培训工作，将这项培训纳入环境影响评价培训的整体计划中去，通过举办培训班、专业讲座、组织实地考察等，提高管理人员和技术人员的业务素质，以推动这项工作的顺利进行。

七、自然资源开发建设项目的生态环境管理和环评审批的权限，按《建设项目环境保护管理办法》的规定办理。

一九九四年十二月二十一日

（二）关于发布《关于加强乡镇煤矿环境保护工作的规定》的通知

环发[1997]687 号

各省、自治区、直辖市环境保护局、煤炭厅（局、公司）：

为贯彻落实《国务院关于环境保护若干问题的决定》，加强乡镇煤矿的环境保护工作，促进乡镇煤矿企业健康、有序发展，国家环境保护局和煤炭工业部联合制定了《关于加强乡镇煤矿环境保护工作的规定》（以下简称“规定”），现予发布施行。

各省、自治区、直辖市环境保护行政主管部门和煤炭管理部门在接到本通知后，要对现有的乡镇煤矿进行一次检查，对违反本“规定”和其他有关法律、法规的乡镇煤矿企业，要依法予以处理。

一九九七年十一月二日

附件

关于加强乡镇煤矿环境保护工作的规定

一、为贯彻国家对乡镇煤矿扶持、改造、整顿、联合、提高的方针，促进乡镇煤矿健康、有序发展，加强乡镇煤矿的环境保护工作，依照《中华人民共和国环境保护法》、《中华人民共和国煤炭法》和《乡镇煤矿管理条例》，制定本规定。

二、各级环境保护行政主管部门依法对本区域内乡镇煤矿的环境保护工作实施统一监督管理。环境保护部门要重视乡镇煤矿的环境保护工作，并将其纳入日常环境管理范围，及时掌握乡镇煤矿的环境污染和生态破坏情况，加强对乡镇煤矿污染治理项目的监督和对污染治理设施运转情况的检查。

三、各级煤炭管理部门协同环境保护行政主管部门监督管理乡镇煤矿的环境保护工作。煤炭管理部门应设立环境保护机构，了解掌握乡镇煤矿的环境污染和生态破坏情况，指导、督促乡镇煤矿的污染防治和生态保护工作。

四、煤炭管理部门要督促企业设置矸石专用堆放场，采取措施防止其自燃，积极寻求矸石的处理、处置和利用途径，减少矸石占地和二次污染；督促企业及时进行生态恢复，并配合环境保护行政主管部门加强对乡镇煤矿污染治理项目的监督和对污染治理设施运转情况的检查。

五、乡镇煤矿企业的法人代表是煤矿环境保护的责任人。乡镇煤矿企业必须明确专人管理企业的环境保护工作。

六、禁止在饮用水水源保护区、自然保护区、风景名胜区和其他需特别保护的环境敏感区建设乡镇煤矿；对现在已有的煤矿要限期予以关闭，并责令其采取恢复生态和消除污染的措施。

七、乡镇煤矿必须实行先规划后建设的原则。各级煤炭管理部门在编制乡镇煤矿发展规划时，必须同时编制乡镇煤矿环境保护规划，乡镇煤矿在制定建设和开采计划时应同时制定污染防治、生态保护或恢复计划。

重点产煤县、市煤矿发展总体规划中必须包括环境保护规划及集中选煤厂建设规划。否则，煤炭管理部门不予审批。

八、严格限制新建开采生产高硫分（含硫量 3%以上）、高灰分煤炭的乡镇煤矿。对现有生产高硫分、高灰分煤的煤矿，应逐步建设配套洗选设施，对高硫分、高灰分煤炭进行洗选。

九、各有关省、自治区、直辖市煤炭管理部门可根据本区域资源状况、开采条件等，对乡镇煤矿提出最低生产规模限值；新建、改建、扩建的乡镇煤矿，必须达到规定的最低生产规模限制，达不到的不得投产。对现有达不到最低生产规模限值的煤矿，当地煤炭管理部门应提出改造计划，限其在一年内达到。

十、所有乡镇煤矿的新建、改建、扩建和技术改造项目，必须执行环境影响报告制度，编制环境影响评价报告书（表），经环境保护行政主管部门审批后，方可办理其他手续。

所有乡镇煤矿的新建、改建、扩建和技术改造项目，必须执行防治污染和生态破坏的设施与主体工程同时设计，同时施工、同时投产或使用的“三同时”制度，防治污染和生态破坏的设施必须经环境保护行政主管部门验收合格。否则，煤炭管理部门不予颁发煤炭生产许可证。

十一、乡镇煤矿维简费中用于环境保护的费用不得低于0.3～0.5元/t。

十二、环境保护行政主管部门要严格按照规定，加强乡镇煤矿排污费的征收、管理和使用工作。

十三、对乡镇煤矿矿长的培训、考核，要增加有关环境保护的内容。进行环境保护知识考核，并将考核结果作为取得矿长资格证书的参考条件。

十四、对现有乡镇煤矿企业超标排放污染物或造成生态环境严重破坏的，必须按有关规定限期进行治理或恢复。对逾期未完成治理任务的，依法责令其关闭、停业或转产。

十五、乡镇煤矿在正常关闭和报废前，必须落实污染防治和生态恢复计划，提出土地复垦利用、环境保护的资料，经环境保护行政主管部门和其他有关主管部门审核后，再按有关规定办理关闭手续。

（三）关于加强生态保护工作的意见

环发[1997]758号

为贯彻党的十五大精神和江泽民总书记、李鹏总理关于治理水土流失、建设生态农业的批示，落实第四次全国环境保护会议和《国务院关于环境保护若干问题的决定》提出的任务与要求，加强生态保护工作，实现生态保护与污染防治并重，提出如下意见：

一、明确目标，认真行使统一监督管理职能

生态保护工作的目标是：到2010年，完善生态保护的统一监督管理体制，建立与社会主义市场经济相适应的生态保护法规政策体系，严格执法，力争使人为因素造成的新的生态破坏得到基本控制，重要生态系统、自然保护区和珍稀濒危物种得到有效保护，部分地区的生态破坏得治理、生态环境质量有所改善。

为实现这一目标，各级环境保护部门要按照国家法律法规和国务院有关决定的要求，强化对生态保护的监督，充分行使生态保护规划、审批、考核、评审和监督检查职能。同时，要按照统一监督与分工负责的原则，加强与资源管理部门的协调与合作配合司法部门加大对破坏生态案件的查处力度。

各级环境保护部门应在当地党委和政府的领导下，把生态环境考核指标纳入环境保护负总责的重要组成部分，逐步建立自然资源开发与生态保护的综合决策机制，开展对重大资源开发规划和经济政策制定的生态环境影响评估；会同有关部门做好生态保护规划与生态区划的编制和实施；组织开展对生态保护工作的定量考核。

各级环境保护部门要加强生态保护法规、制度与标准的建设，有条件的地区可结合当地实际，组织制定本地的生态保护规定。

二、采取有效措施，防止资源开发造成新的生态破坏

自然资源的不合理开发利用是造成严重生态破坏的根本原因。各级环境保护部门应进一步加强对水利、矿产、土地、森林、草原、动植物、风景名胜等自然资源开发建设活动以及涉及大面积土地资源开发、生态环境影响较大的交通运输、港口码头、海岸带开发等建设项目的生态环境管理，严格进行环境影响评价和实行环境保护“三同时”制度。凡涉及大量开发引用水资源的水利、农业、林业开发建设项目进行环境影响评价时，必须有全流域生态影响分析与评价的内容；涉及湿地开发的项目必须落实对被破坏湿地的生态补偿措施。加强监督检查，保证环境影响报告提出的各项环境保护措施得到贯彻落实。

各级环境保护部门要加强地特殊生态功能区，特别是江河源头区、重要湿地、荒漠绿洲、大面积的天然林区和珍稀濒危物种集中分布区的保护。“九五”期间应组织对有特殊生态功能的区域生态环境状况进行调查，划定重点保护区域和对象，并将其纳入当地经济社会发展计划和环境保护计划，严格控制改变和破坏其生态功能的开发建设活动。

各省、自治区、直辖市环境保护部 按照“谁开发谁保护，谁破坏谁恢复，谁受益谁补偿”的方针，积极探索生态环境补偿机制。加强对生态破坏恢复治理的监督检查，重点加强对矿产资源开发生态破坏的监督管理，在“全国矿山开发生态环境破坏与重建调查”的基础上，结合本地实际，确定重点恢复治理区，实行生态破坏限期治理。

三、履行综合管理职责，推动自然保护区建设

认真执行《自然保护区条例》，结合本地区的实际，抓紧制定自然保护区管理的各项具体规章制度和标准；依法组织对各类自然保护区的监督检查，坚决取缔各种破坏自然资源和环境的非法开发建设活动，制止非法侵占自然保护区土地的行为，配合有关部门打击乱砍滥挖、乱捕滥猎和非法经营珍稀野生动、植物的违法行为。

为实现到本世纪末自然保护区面积占国土面积的10%，建立布局合理，类型齐全，法治和管理较为完善的自然保护区网络的目标，各级环境保护部门根据《全国自然保护区发展规划纲要》的要求，会同有关部门加快拟定本地区自然保护区发展规划，并报同级政府批准实施。

充分行使自然保护区的综合管理职能，抓紧建立自然保护区评审和管理机构，完善自然保护区评审制度，做好自然保护区建立、晋升、勘界的论证审查及协调工作，为政府决策提供科学可行的建议。

加强对自然保护区管理的监督和指导。各级环境保护部门通过建立目标责任制、实施定量考核等措施，推进自然保护区的建设与管理；会同有关部门解决好自然保护区的管理机构、编制、人员、土地权属、经费渠道等困难；在做好保护工作的前提下，探索自然保护区合理利用资源，开展科普教育、生态旅游等活动，走逐步发展的路，发挥多功能的示范作用。

各级环境保护部门要努力管理好所辖的自然保护区，及时总结和推广行之有效的管理经验，使之发挥示范作用。近期重点抓好国家级自然保护区总体规划的编制，做到“一区一法”。争取计划、财政部门的支持，提高自然保护区建设质量和管理水平。

四、建设生态示范区，促进生态保护，防治农村面源污染

按照“九五”期间全国要抓好100个生态示范区建设试点的总体部署，各省、自治区、直辖市环境保护部门应加强对本地区国家级生态示范区建设试点的监督和管理，同时，结合本地区特点，开展省级生态示范区建设试点工作，组织制定生态乡（镇）、村标准。各试点地区环境保护部门要在当地政府的统一领导下，积极组织和督促生态示范区建设规划的编制和实施。

为推动农村经济与环境的协调发展，各级环境保护部门要在 1999 年以前推行农村生态保护目标责任制和农村生态环境整治定量考核。在面源污染严重和“三湖”地区，有关省、市环境保护部门应积极组织开展农药、化肥、农用地膜、禽畜粪便和水产养殖污染综合防治示范工作。

加强对农药生产、储运、销售和使用等环节的环境安全监督，掌握本地区农药污染状况，确定农药严重污染重点控制区和重点控制作物品种，报当地政府批准，采取措施积极防治。

五、严格执行《海洋环境保护法》，控制陆源污染

沿海各级环境保护部门要严格执行《海洋环境保护法》及有关法规，强化对海洋环境保护的统一监督管理，搞好近岸海域的污染防治和生态保护，加强海岸工程和排海工程建设项目的环境管理。建立近岸海域环境功能区划管理制度，对海域环境实行分类管理。

严格控制陆源污染物入海总量，将陆源污染物入海总量控制纳入当地污染物总量控制总体计划，并监督实施。

开展渤海、黄海、东海和南海沿岸陆地与近海的同步监测，逐步形成制度。沿海各级环境保护部门要按环境监测规范的要求，开展近岸海域环境监测。

六、加大监督力度，保护农村环境

强化乡镇企业环境管理是农村环境保护的重要内容。各级环境保护部门要认真执行四部委《关于加强乡镇企业环境保护工作的规定》和中国农业银行、国家环保局《关于加强乡镇企业污染防治和保证贷款安全的通知》，加强对乡镇企业污染防治的监督力度，促进产业合理布局和结构调整，引导乡镇企业健康发展；会同监察部门定期开展对关停“十五小”企业的监督检查，防止死灰复燃。重点检查取缔、关停“十五小”不力地区，依法查处各类违法行为，检查结果及时报当地人民政府和上级环境保护部门。

各省、自治区、直辖市环境保护部门要在国家公布的全国乡镇工业污染控制重点区域、重点行业和重点污染源名单的基础上，公布本省乡镇工业污染控制重点区域、重点行业和重点污染源；会同计委、经委和乡镇企业管理部门，组织制订重点区域环境综合整治、重点行业和重点污染源限期治理计划，并报当地政府批准实施。

七、保护生物多样性，保证生物资源的永续利用

各省、自治区、直辖市环境保护部门要加强对野生动、植物保护的监督，特别是要加强对开发、利用野生动、植物和可能对野生动、植物生境产生不利影响的开发建设活动的环境监督。按照《野生植物保护条例》的规定，抓紧建立珍贵野生植物采集和重点保护野生植物进出口的备案制度，督促有关部门做好备案工作。加强生物多样性的保护和宣传教育工作，把生物多样性保护纳入环境保护执法检查内容，打击破坏生物多样性的违法行为。

增加生物安全观念，逐步加强对生物技术开发利用的环境安全管理，引进外来种必须进行生态影响评价，加强对当地特有物种的保护。

组织实施《中国生物多样保护行动计划》，有条件的地区可制订和实施本地区的生物多样性保护行动计划，组建生动多样性信息网络和项目库，把优先项目纳入各级环境保护计划。积极开展多边和双边的国际合作，争取国外资金。

八、加强基础建设，提高生态保护监督管理能力

各级环境保护部门必须加强生态保护队伍的建设，做到省、地级环境保护部门有专门自然保护机构，县（市）级环境保护部门有专人负责；理顺内部前系，明确管理职责，提高生态保护统一监督能力；增加生态保护的工作经费，在投资计划、科研立项、国际合作和宣传教育等方面，向生态保护倾斜，连续扶持几年，使之形成力量。

加快实现生态保护与污染防治并重的步伐。西部地区应进一步加强自然资源开发的环境监督，加强对江河源头区和绿洲的保护，对生态破坏严重的地区逐步进行恢复治理；东部地区应加大农村生态建设与保护的力度，把生态示范区建设与农村生态环境综合整治结合起来，推进生态村、乡（镇）的建设。

省、地级环境保护部门要加强对基层生态保护工作的监督和指导，定期考核、检查生态保护队伍建设、资金落实和工作计划的完成情况；有计划地组织各类培训班，提高生态保护管理人员的业务素质和组织协调能力，树立坚定的事业心和责任感，把生态保护工作推向前进。

一九九七年十一月二十八日

（四）国务院办公厅关于进一步加强自然保护区管理工作的通知

国办发[1998]111号

各省、自治区、直辖市人民政府，国务院各部委、各直属机构：

改革开放以来，我国自然保护区事业得到较快发展，各地区、各有关部门重视保护自然环境和自然资源，加强自然保护区的保护、管理和建设工作，初步形成了类型比较齐全、分布比较合理的全国自然保护区网络。但也存在不少问题，主要表现在：一些地方、部门和单位对自然保护区工作的重要性缺乏认识，片面强调眼前和局部利益；管理机构不健全，人员不足，全国1/3的自然保护区尚未建立管理机构，基本处于批而不建，建而不管的状态；部分自然保护区未明确划界，土地纠纷增多，侵占或改变自然保护区土地现状的情况日趋严重；部分自然保护区内部人口增加，居民点扩大，过度砍伐林木、盲目开垦土地现象严重，一些自然保护区名存实亡；资金投入严重不足，制约了自然保护区事业的发展，许多自然保护区的管理工作仅维持在简单的看护水平上。为保障自然保护区事业的健康发展，必须采取有效措施，切实解决自然保护区“批而不建、建而不管、管而不力”等问题，经国务院同意，现就进一步加强自然保护区保护、管理和建设工作有关问题通知如下：

一、建立自然保护区，加强对有代表性的自然生态系统、珍稀濒危野生动植物物种和有特殊意义的自然遗迹的保护，是保护自然环境、自然资源和生物多样性的有效措施，是社会经济可持续发展的客观要求。各地区、各有关部门要进一步提高认识，强化管理，正确处理好眼前利益和长远利益、局部利益和全局利益的关系，牢固树立可持续发展的思想，始终把保护自然环境和自然资源放在自然保护区工作的首位，坚持严格保护、科学管理、合理利用、持续发展的原则，促进自然保护区事业的健康发展。

二、自然保护区的性质、范围和界线，任何部门、单位及个人不得随意改变。各地人民政府要按照《中华人民共和国自然保护区条例》（以下简称《条例》）规定，抓紧进行标明区界、予以公告的工作。对范围和界线尚未批准确定的自然保护区，应按照《条例》规定尽快确定。

三、各地区、各部门不得以任何名义和方式出让和变相出让自然保护区土地及其他资源。禁止在自然保护区内进行砍伐、放牧、狩猎、捕捞、采药、开垦、烧荒、开矿、采石沙等活动；禁止任何人进入自然保护区核心区；禁止在自然保护区缓冲区开展旅游和生产经营活动。在自然保护区的核心区、缓冲区从事科学研究及在实验区开展旅游和生产经营活动，应严格按《条例》有关规定执行。要严格控制自然保护区内的各项建设活动，确有必要的建设项目，要严格按照有关规定履行审批手续。自然保护区的核心区和缓冲区，不得建设任何生产设施。

四、各地区、各有关部门要采取有效措施，多方筹措资金，加大对自然保护区的资金投入。各地人民政府要把自然保护区管理经费、科学研究经费及必要的建设所需资金纳入当地国民经济和社会发展计划，切实予以安排。各有关部门要积极支持自然保护区的科研和管理工作，在政策和经费上积极给予支持和帮助。对国家级自然保护区的管理，国家给予适当的资金补助。

五、各地人民政府要按照《条例》规定，切实加强对自然保护区工作的领导，组织协调好有关方面的关系，建立健全精干高效的管理机构，严格执法，规范管理。同时要加强对管理人员的培训，提高管理和科研水平。对管理混乱，保护工作不力的，要采取坚决措施予以整顿，限期改变面貌。对资源遭受严重破坏，已不具备自然保护区条件的，原批准机关要依照有关规定撤销其命名，并依法追究有关负责人和直接责任人的责任。国家环境保护总局要按照《条例》规定，会同有关部门进一步加强对全国自然保护区工作的指导和监督检查。国务院责成国家环境保护总局会同有关部门监督检查本通知的贯彻执行情况。

一九九八年八月四日

（五）关于发布《秸秆禁烧和综合利用管理办法》的通知

各省、自治区、直辖市及计划单列市人民政府、新疆生产建设兵团：

为保护生态环境，防止秸秆焚烧污染，保障人体健康，维护公共安全，根据《中华人民共和国环境保护法》和《中华人民共和国大气污染防治法》，国家环境保护总局、农业部、财政部、铁道部、交通部、国家民航总局联合制定了《秸秆禁烧和综合利用管理办法》，现予发布，自即日起施行。

各地接到本通知后，可以翻印《秸秆禁烧和综合利用管理办法》，并在乡镇、村庄张贴，广而告之。

附件：秸秆禁烧和综合利用管理办法

国家环境保护总局、农业部、财政部、
铁道部、交通部、中国民用航空总局发布
一九九九年四月十二日

附件

秸秆禁烧和综合利用管理办法

第一条 为保护生态环境，防止秸秆焚烧污染，保障人体健康，维护公共安全，根据《中华人民共和国环境保护法》和《中华人民共和国大气污染防治法》制定本办法。

第二条 本办法所称秸秆系指小麦、水稻、玉米、薯类、油料、棉花、甘蔗和其他杂粮等农作物秸秆。

第三条 在地方各级人民政府的统一领导下，各级环境保护行政主管部门会同农业等有关部门负责秸秆禁烧的监督管理；农业部门负责指导秸秆综合利用的实施工作。

第四条 禁止在机场、交通干线、高压输电线路附近和省辖市（地）级人民政府划定的区域内焚烧秸秆。

省辖市（地）级人民政府可以在人口集中区、各级自然保护区和文物保护单位及其他人文遗址、林地、草场、油库、粮库、通讯设施等周边地区划定禁止露天焚烧秸秆的区域。

秸秆禁烧区范围：以机场为中心 15 km 为半径的区域；沿高速公路、铁路两侧各 2 公里和国道、省道公路干线两侧各 1 km 的地带。

因当地自然、气候等特点对秸秆禁烧区界定范围做调整的，由省辖市（地）以上人民政府会商民航、铁路等有关部门划定，未做调整的，严格按前款执行。

第五条 禁烧区以乡、镇为单位落实秸秆禁烧工作。县级以上人民政府应公布秸秆禁烧区及禁烧区乡、镇名单，将秸秆禁烧作为村务公开和精神文明建设的一项重要内容。

禁烧区乡镇名单由所在县级以上人民政府环境保护行政主管部门和农业行政主管部门会同有关部门提出意见，报同级人民政府批准。

第六条 各地应大力推广机械化秸秆还田、秸秆饲料开发、秸秆气化、秸秆微生物高温快速沤肥和秸秆工业原料开发等多种形式的综合利用成果。

到 2002 年，各直辖市、省会城市和副省级城市等重要城市的秸秆综合利用率达到 60%；到 2005 年，各省、自治区的秸秆综合利用率达到 85%。

第七条 秸秆禁烧与综合利用工作应纳入地方各级环保、农业目标责任制，严格检查、考核。

第八条 对违反规定在秸秆禁烧区内焚烧秸秆的，由当地环境保护行政主管部门责令其立即停烧，可以对直接责任人处以 20 元以下罚款；造成重大大气污染事故，导致公私财产重大损失或者人身伤亡严重后果的，对有关责任人员依法追究刑事责任。

（六）关于加强对自然生态保护进行环境监理的通知

环发[1999]106 号

根据《中华人民共和国环境保护法》和党中央、国务院提出的污染防治与生态保护并重的方针，为保护和改善生态环境，充分发挥环保部门及其领导下的环境监理机构现场执法监督检查的职能，我局在总结部分省、市生态环境监理工作经验的基础上，决定重点就以下方面加强环境监理工作：

一、资源开发与非污染性建设项目的环境监理。包括水利水电交通建设、矿产采掘、陆地石油与天然气开发、农业与林业开发、旅游等项目，按照《建设项目环境管理条例》和《非污染性建设项目生态环境影响评价技术导则》，检查其进行生态环境影响评价、落实生态环境保护措施和环境保护“三同时”制度的执行情况。对开发建设过程中破坏森林、草原、基本农田、湖泊和河道的生态环境，侵占和破坏自然保护区、特殊生态功能保护区、饮用水水源保护区，乱堆滥放渣土弃石，乱捕滥挖野生动植物等违法行为进行现场监督检查，并责令整治，限期恢复和改正。

二、自然保护区、风景名胜区、森林公园（以下简称“三区”）环境保护工作的监理。按照《自然保护区条例》，对在自然保护区内的违法生产开发活动进行监督检查；对开展旅游的“三区”

内废弃物及旅游垃圾的处理处置，宾馆饭店生活污水和炉灶烟尘的处理与排放，旅游设施建设对生态环境与自然景观的影响与破坏，旅游线路开发对自然生态系统和野生动植物栖息地的影响与破坏以及超越批准范围擅自扩大旅游景区等情况进行监督检查，发现违法行为，及时制止，责令纠正，并将监督检查情况通报地方政府及有关主管部门。

三、农村生态环境监理。按照国家环境保护总局、农业部、财政部、铁道部、交通部、民航总局联合发布的《秸秆禁烧和综合利用管理办法》（环发[1999]98 号）的要求，对秸秆禁烧区内特别是机场周围、高速公路、铁路沿线两侧和高压输电线路附近禁烧农作物秸秆工作进行现场执法检查，在春、秋收种季节，要加大执法检查的力度，防止烟尘污染，确保民航、公路、铁路交通运输和高压输电线路的安全。

加强对大型畜禽养殖场废物排放的监督管理，鼓励有机肥还田，加大对废水达标排放的现场检查力度，减少粪便污水对水体的污染。

进一步建立健全对乡镇企业环境保护监督管理的机制，把对乡镇企业的现场监督管理纳入正常工作。坚决取缔“十五小”和国家明令禁止或淘汰的其他污染严重的小企业与落后工艺，严防“死灰复燃”。

加大对农村污染事故的调查处理力度，依法保护农民合法的环境权益。对造成严重污染损害和经济损失的排污责任者依法查处。

四、海岸及近海环境保护的监理。依照《海洋环境保护法》的规定，加强对海涂特别是珊瑚礁、红树林、重要沙滩及沿海防护林等重要海岸和海洋生态系统的保护和监督，严禁一切乱挖、乱采、乱砍活动；加强对近岸海域污染源和海岸工程建设项目的环境管理，对渤海沿岸重点污染企业实施排污口规范化整治。

在开展生态环境监理工作中，地方各级环境监理机构要按照环境监理人员行为规范，严格执行国家和地方有关生态环境保护的法律、法规，秉公执法；要结合当地生态环境监理工作实际，积极探索生态环境监理的途径和手段，及时总结经验并报告我局。

一九九九年四月二十七日

（七）关于涉及自然保护区的开发建设项目环境管理工作有关问题的通知

环发[1999]177 号

各省、自治区、直辖市环境保护局：

为严格执行《自然保护区条例》和认真贯彻《国务院办公厅关于进一步加强自然保护区管理工作的通知》（国办发[1998]111 号）的精神，防止各类开发建设项目对自然保护区的建设与管理造成冲击，协调好开发建设与生态保护的关系，现就涉及自然保护区的开发建设项目环境管理工作有关问题通知如下：

一、要提高对加强自然保护区建设与管理重要性的认识。各级环境保护部门要加强领导，采取有力措施，一方面要加快自然保护区建设的步伐，制定和实施本地区的自然保护区发展规划，抓紧在具有自然生态系统代表性、典型性、未受破坏的地区，抢救性建立一批新的自然保护区；另一方面要强化对现有各类自然保护区的统一监督管理，采取切实有效的措施，防止一切不合理的开发建设活动对自然保护区的冲击和破坏，确保实现国家跨世纪自然保护区建设与管理的目标。

二、严格执行《自然保护区条例》关于自然保护区功能分区管理的规定。凡涉及自然保护区的开发建设项目（以下简称“项目”），不得安排在自然保护区的核心区、缓冲区内；需占用自然保护区实验区的，不得破坏当地生态环境，其污染物排放不得超过国家和地方规定的污染物排放标准；在自然保护区外围地带进行的项目建设，不得损害自然保护区内的环境质量和生态功能。

自然保护区内部未分区的，按核心区、缓冲区规定管理。

三、强化穿越自然保护区的国家重点建设项目的环境管理。经国家批准的交通、水利水电重点建设项目因受自然条件限制，必需穿越自然保护区，特别是自然保护区的核心区、缓冲区内时，应对自然保护区的内部功能区划或者范围、界线进行适当调整。功能区划的调整方案，须经所涉及的相应级别农、林、水、地质矿产和海洋等有关自然保护区行政主管部门审核同意后，报同级环境保护行政主管部门批准；自然保护区的撤销及性质、范围、界线的调整或者改变，应由原批准建立自然保护区的人民政府批准。若上述调整对自然保护区的保护对象产生重大影响，经专家论证表明已失去其保护价值的，应通过异地建设不少于原保护区面积的新的自然保护区给予补偿。

上述调整、变更的报批必须在项目环境影响报告书批复前完成。

四、严格执行环境影响评价与审批制度。承担涉及自然保护区的开发建设项目环境影响评价的单位必须具备自然保护专业方面的技术力量；项目的环境影响报告书中要设专章或专题报告，对所涉及的自然保护区现状作出评价，对因项目所造成的自然保护区结构与功能、保护对象的影响与保护价值的弯化作出预测，提出保护与恢复治理方案，并组织有关方面的专家进行专题论证。

凡涉及自然保护区的项目，其环境影响报告书的审批，除按现行国家和地方环境保护部门分工管理外，涉及国家级自然保护区的地方管理的项目，其环境影响报告书的审批，必须事先征得国家环保总局的同意。涉及地方级自然保护区的地方管理项目，由省环境保护行政主管部门审批。在自然保护区外围保护地带建设但对自然保护区的环境质量和生态功能有影响的项目，在批复其环境影响报告书前须经该自然保护区相应级别的环境保护行政主管部门的同意。

五、有关环境保护行政主管部门要加强对建设项目实施期间的监管，督促建设单位落实自然保护区保护与恢复治理方案。对于项目实施中超出批准范围造成生态破坏的，应责令建设单位停止建设活动，并限期恢复治理；对于项目实施中，在批准范围内造成的临时性生态破坏，也应监督建设单位及时进行恢复治理，或按有关规定给予自然保护区相应的经济补偿。

请各地环境保护部门结合贯彻《国务院办公厅关于进一步加强自然保护区管理工作的通知》（国办发[1998]111 号）的精神，对本地区涉及自然保护区的开发建设项目进行一次全面的清理检查，对于违反《自然保护区条例》，对自然保护区造成重大影响或严重生态破坏的，应严肃查处，并将结果报送我局。

一九九九年八月三日

（八）关于印发《国家环境保护总局关于加强农村生态环境保护工作的若干意见》的通知

环发[1999]247 号

各省、自治区、直辖市环境保护局：

为贯彻党的十五届三中全会精神，落实污染防治与生态保护并重的环境保护工作方针，加强农村生态环境保护，促进农村地区生态环境质量的改善，现将《国家环境保护总局关于加强农村生态环境保护工作的若干意见》印发给你们，请认真执行。执行过程中遇到的问题与困难、取得的成功经验与典型请及时报送我局。我局将在明年适当时候对各地落实情况组织检查。

一九九九年十一月一日

附件

国家环境保护总局关于加强农村生态环境保护工作的若干意见

为全面贯彻党的十五届三中全会精神，落实污染防治与生态保护并重的环境保护工作方针，促进农村地区生态环境质量的改善，现就加强农村生态环境保护工作提出如下意见：

一、提高认识，明确农村生态环境保护的目标与任务

农村生态环境保护是环境保护工作的重要组成部分，是改善区域环境质量的重要措施。随着重点流域和区域污染防治与生态保护工作的不断深入，农村生态环境保护的任务越来越重，要求越来越高。当前农村生态环境保护的主要任务是，防治农业生产和农村生活污染，综合整治乡镇环境，促进自然资源的合理开发利用，维护农村重要自然生态系统的良性循环，提高城乡居民的生活环境质量，确保农村经济社会的健康、持续发展。

各级环境保护部门要加大农村生态环境保护的工作力度，加强法规建设，力争到 2002 年年底基本建立与国家社会经济发展相适应的农村生态环境保护监督管理机制，重点流域和重点地区的面源污染和生态破坏得到初步控制，部分农村地区的生态环境得到明显改善，生态经济的发展能力有较大幅度提高；力争使全国 5%的县（市）建成国家生态示范区，初步实现社会经济与生态环境的协调发展。

东部和中部地区要加大农村特别是城镇、村庄环境综合整治的力度，加强重点流域和区域污染物排放总量面源污染和生态破坏的控制，努力做到生态环境质量与人民生活水平相适应，并通过生态示范区的建设，探索区域社会经济可持续发展的有效途径；西部地区要以西部开发的生态环境保护为重点，做好特殊生态功能区和资源开发区生态环境的保护和监管，积极开展生态保护与建设脱贫示范，为国家西部发展战略的顺利实施奠定基础，积累经验。

二、加强面源污染防治，改善水体和大气环境质量

各级环境保护部门要加强畜禽养殖污染防治的监督，抓紧制定相关的法规和标准，严格控制养殖废物的排放。对于新建、扩建或改建的具有一定规模的养殖场（厂），必须按照国家《建设项目环境保护管理条例》的规定，督促建设单位认真执行环境影响评价制度和“三同时”制度；对于“三河”、“三湖”等国家和地方明确划定的重点流域和重点地区以及大中城市周围的中等以上规模的集约化养殖场（厂），必须进行限期治理，到2002年底前建成污水处理设施或畜禽粪便综合利用设施，并采取有力措施控制沿海地区直接排海污染和防止地下水污染。

积极探索防治农药、化肥、农膜污染的有效途径，促进农用化学品的合理使用。有条件的地区要加强农药和化肥使用的环境安全监督管理，在重点区域组织农药残留指标和化肥流失状况的监测，对于农药污染严重和水体氮、磷严重超标的，应根据总量控制的要求，会同有关部门划定农药、化肥污染重点控制区，提出控制对策和措施，切实抓好监督落实。

认真贯彻《秸秆禁烧和综合利用管理办法》，抓紧禁烧任务的落实。没有划定禁烧区的，要尽快划定禁烧区，报当地政府批准后实施；已划定禁烧区的，要会同有关部门加强夏收、秋收期间的宣传教育和监督检查工作，做到禁烧区全面停止秸秆露天焚烧，确保机场、高速公路等重点交通干线、高压输电线和通讯线路的正常运行；大中城市要逐步扩大禁烧区的范围，到2002年实现全面禁烧。

要配合农业、科技等部门，积极开发和推广畜禽粪便和秸秆综合利用技术，不断提高农业废物的资源化和综合利用率。

三、开展环境综合整治，创建生态文明村镇

各级环境保护部门应积极开展村镇环境规划。凡1999年以后新建的县城、乡镇和新村，必须编制环境规划，并与城、镇建设同时实施；对已有的县城、乡镇和村庄，应在2002年年底前完成环境规划，结合城镇改造加以实施。要通过规划，引导乡镇企业产业结构调整，加强污染集中控制，加速城镇污染处理设施的建设。

小城镇和村镇庄环境整治是农村生态环境保护的重点。各地环境保护部门应结合本地特点和村镇建设规划的实施，开展以基础设施建设、饮用水及其水源地保护、农村能源建设、生活污水及垃圾处理、农业有机废物处置、村容镇貌建设等为主要内容的“环境优美城镇（村镇）”或“环境保护先进城镇（村镇）”的创建工作。严禁向公路两侧和水网倾倒建筑垃圾、工业废料、生活垃圾、农作物秸秆等固体废物，严禁在公路两侧乱挖沙土和开山取石。对大、中城市郊区和风景名胜区、重点旅游区周边的生态环境较差的城镇、村庄，要限期整治。

进一步加强乡镇企业环境管理。要加大对国家强制关停或淘汰的“十五小”及国家产业政策明令淘汰的乡镇企业的监督检查，防止死灰复燃，防止落后设备和工艺由东部向中西部转移。

四、加大生态示范区建设力度，推进区域生态经济的发展

各级环境保护部门应加强对本地区国家级或省级生态示范区建设试点的指导和管理，抓好规划的制定实施。有条件的地区，要在现有试点基础上，结合本地特点，进一步扩大生态示范区建设的范围，分类指导，提高质量，下力气抓好一批省、地级生态示范区建设试点，并积极开展生态乡、生态镇和生态村的建设。

各试点地区的环境保护部门应当好政府的参谋，做好协调、指导和服务工作。要会同各有关部门做好生态示范区建设的规划，在政府的统一部署下，搞好规划实施的监督检查，开展典型示范。经济发达及较发达地区通过生态示范区的建设，要积极引导产业结构的调整，进一步推进污染治理和生态建设；贫困地区通过生态示范区的建设，要努力探索生态脱贫的有效途径，推动区域经济的发展。

各级环境保护部门要加强对有机食品发展工作的指导和推动，有条件的地区可抓紧建立有机食品发展分中心或办公室，引导群众发展生态经济，开发、生产经济效益高、无污染或少污染的农产品和食品；同时，要积极配合农业、计划部门开展生态农业的建设和推广工作。

五、严格资源开发的环境管理，切实保护好重要自然生态系统

各级环境保护部门要会同计划部门开展生态环境现状调查，编制生态环境区划，报当地政府批准后发布实施。对江河源头、重要湖泊、湿地、沿海滩涂、生物多样性丰富区等特殊生态功能区，要严加保护，禁止开发利用。地处国家和地方特殊生态功能区内的各级环境保护部门，要认真履行职责，做好工作，切实搞好重要生态功能区的保护。

要进一步加强自然保护区的建设与管理。对已建成的各类自然保护区，要严加管护，依法监督，坚决禁止在核心区和缓冲区内开展各类生产开发活动。在具有自然生态系统代表性和典型性、生物多样性丰富以及具有重要科学文化和经济价值的自然遗迹且未受到破坏的地区，应抓紧抢建一批新的自然保护区，确保国家自然保护区发展目标的实现。对各类风景名胜、森林公园，要比照自然保护区生态保护的要求，实行统一监督管理。

要加强各类自然资源开发活动的生态环境保护，严格执行环境影响评价和“三同时”制度，防止资源开发型生态破坏。各级环境保护部门要会同有关部门，加大工作力度，严禁毁林开荒、陡坡开荒、草地开垦、围垦湖泊与天然池塘、挤占河道和破坏农村水网，切实保护好基本农田；围海建设项目要严格执行环境影响评价制度；要切实抓好矿产资源开发中生态环境保护措施的落实，严禁在重点铁路、公路两边无序采石、采矿，对已造成的生态破坏要限期恢复治理，对生态恢复先进典型应予以表彰鼓励。

六、加强能力建设，提高农村生态环境保护的监督管理水平

各级环境保护部门要加强农村生态环境保护监督管理队伍的建设。省、地环境保护部门必须设立专门生态环境保护机构，专人专职负责农村生态环境保护工作；县级环境保护部门必须把农村生态环境保护作为重点工作来抓，特别是生态环境保护任务重的地区，尤其要加强生态环境保护的机构和能力建设。各大中城市的环境保护部门也应在抓好市区环境综合整治和工业污染防治的同时，切实加强城郊结合部及郊区的生态环境保护，逐步实现城乡环境保护监督管理一体化。

要加强与相关部门的协调与合作，通过抓立法、抓规划、抓标准、抓监督考核，不断推进农村生态环境保护工作；在会同计划部门搞好农村生态环境保护规划的同时，要积极做好工作，将规划纳入当地社会经济发展计划；要力争在各级政府和部门签订的环境保护目标责任书中，进一步明确农村生态环境保护的目标与任务，并配合人大加强对目标与任务完成情况的检查监督。

要积极开展生态环境监理，加强农村生态环境监测能力建设，努力提高统一监督管理水平；要有计划地开展人员培训，不断提高农村生态环境保护监督管理队伍的素质，为实现本届政府的农村生态环境保护目标而奋斗。

（九）全国生态环境保护纲要

生态环境保护是功在当代、惠及子孙的伟大事业和宏伟工程。坚持不懈地搞好生态环境保护是保证经济社会健康发展，实现中华民族伟大复兴的需要。为全面实施可持续发展战略，落实环境保护基本国策，巩固生态建设成果，努力实现祖国秀美山川的宏伟目标，特制订本纲要。

一、当前全国生态环境保护状况

（一）当前生态环境保护工作取得的成绩和存在的问题。

1. 全国生态环境保护取得了一定成绩。改革开放以来，党和政府高度重视环境保护工作，采取了一系列保护和改善生态环境的重大举措，加大了生态环境建设力度，使我国一些地区的生态环境得到了有效保护和改善。主要表现在：植树造林、水土保持、草原建设和国土整治等重点生态工程取得进展；长江、黄河上中游水土保持重点防治工程全面实施；重点地区天然林资源保护和退耕还林还草工程开始启动；建立了一批不同类型的自然保护区、风景名胜区和森林公园；生态农业试点示范、生态示范区建设稳步发展；环境保护法制建设逐步完善。

2．全国生态环境状况仍面临严峻形势。目前，一些地区生态环境恶化的趋势还没有得到有效遏制，生态环境破坏的范围在扩大，程度在加剧，危害在加重。突出表现在：长江、黄河等大江大河源头的生态环境恶化呈加速趋势，沿江沿河的重要湖泊、湿地日趋萎缩，特别是北方地区的江河断流、湖泊干涸、地下水位下降严重，加剧了洪涝灾害的危害和植被退化、土地沙化；草原地区的超载放牧、过度开垦和樵采，有林地、多林区的乱砍滥伐，致使林草植被遭到破坏，生态功能衰退，水土流失加剧；矿产资源的乱采滥挖，尤其是沿江、沿岸、沿坡的开发不当，导致崩塌、滑坡、泥石流、地面塌陷、沉降、海水倒灌等地质灾害频繁发生；全国野生动植物物种丰富区的面积不断减少，珍稀野生动植物栖息地环境恶化，珍贵药用野生植物数量锐减，生物资源总量下降；近岸海域污染严重，海洋渔业资源衰退，珊瑚礁、红树林遭到破坏，海岸侵蚀问题突出。生态环境继续恶化，将严重影响我国经济社会的可持续发展和国家生态环境安全。

（二）当前生态环境恶化的原因。

3．资源不合理开发利用是造成生态环境恶化的主要原因。一些地区环境保护意识不强，重开发轻保护，重建设轻维护，对资源采取掠夺式、粗放型开发利用方式，超过了生态环境承载能力；一些部门和单位监管薄弱，执法不严，管理不力，致使许多生态环境破坏的现象屡禁不止，加剧了生态环境的退化。同时，长期以来对生态环境保护和建设的投入不足，也是造成生态环境恶化的重要原因。切实解决生态环境保护的矛盾与问题，是我们面临的一项长期而艰巨的任务。

二、全国生态环境保护的指导思想、基本原则与目标

（一）全国生态环境保护的指导思想和基本原则。

4．全国生态环境保护的指导思想。高举邓小平理论伟大旗帜，以实施可持续发展战略和促进经济增长方式转变为中心，以改善生态环境质量和维护国家生态环境安全为目标，紧紧围绕重点地区、重点生态环境问题，统一规划，分类指导，分区推进，加强法治，严格监管，坚决打击人为破坏生态环境行为，动员和组织全社会力量，保护和改善自然恢复能力，巩固生态建设成果，努力遏制生态环境恶化的趋势，为实现祖国秀美山川的宏伟目标打下坚实基础。

5．全国生态环境保护的基本原则。坚持生态环境保护与生态环境建设并举。在加大生态环境建设力度的同时，必须坚持保护优先、预防为主、防治结合，彻底扭转一些地区边建设边破坏的被动局面。

坚持污染防治与生态环境保护并重。应充分考虑区域和流域环境污染与生态环境破坏的相互影响和作用，坚持污染防治与生态环境保护统一规划，同步实施，把城乡污染防治与生态环境保护有机结合起来，努力实现城乡环境保护一体化。

坚持统筹兼顾，综合决策，合理开发。正确处理资源开发与环境保护的关系，坚持在保护中开发，在开发中保护。经济发展必须遵循自然规律，近期与长远统一、局部与全局兼顾。进行资源开发活动必须充分考虑生态环境承载能力，绝不允许以牺牲生态环境为代价，换取眼前的和局部的经济利益。

坚持谁开发谁保护，谁破坏谁恢复，谁使用谁付费制度。要明确生态环境保护的权、责、利，充分运用法律、经济、行政和技术手段保护生态环境。

（二）全国生态环境保护的目标。

6．全国生态环境保护目标是通过生态环境保护，遏制生态环境破坏，减轻自然灾害的危害；促进自然资源的合理、科学利用，实现自然生态系统良性循环；维护国家生态环境安全，确保国民经济和社会的可持续发展。

近期目标。到2010年，基本遏制生态环境破坏趋势。建设一批生态功能保护区，力争使长江、黄河等大江大河的源头区，长江、松花江流域和西南、西北地区的重要湖泊、湿地，西北重要的绿洲，水土保持重点预防保护区及重点监督区等重要生态功能区的生态系统和生态功能得到保护与恢复；在切实抓好现有自然保护区建设与管理的同时，抓紧建设一批新的自然保护区，使各类良好自然生态系统及重要物种得到有效保护；建立、健全生态环境保护监管体系，使生态环境保护措施得到有效执行，重点资源开发区的各类开发活动严格按规划进行，生态环境破坏恢复率有较大幅度提高；加强生态示范区和生态农业县建设，全国部分县（市、区）基本实现秀美山川、自然生态系统良性循环。

远期目标。到2030年，全面遏制生态环境恶化的趋势，使重要生态功能区、物种丰富区和重点资源开发区的生态环境得到有效保护，各大水系的一级支流源头区和国家重点保护湿地的生态环境得到改善；部分重要生态系统得到重建与恢复；全国50%的县（市、区）实现秀美山川、自然生态系统良性循环，30%以上的城市达到生态城市和园林城市标准。到2050年，力争全国生态环境得到全面改善，实现城乡环境清洁和自然生态系统良性循环，全国大部分地区实现秀美山川的宏伟目标。

三、全国生态环境保护的主要内容与要求

（一）重要生态功能区的生态环境保护。

7．建立生态功能保护区。江河源头区、重要水源涵养区、水土保持的重点预防保护区和重点监督区、江河洪水调蓄区、防风固沙区和重要渔业水域等重要生态功能区，在保持流域、区域生态平衡，减轻自然灾害，确保国家和地区生态环境安全方面具有重要作用。对这些区域的现有植被和自然生态系统应严加保护，通过建立生态功能保护区，实施保护措施，防止生态环境的破坏和生态功能的退化。跨省域和重点流域、重点区域的重要生态功能区，建立国家级生态功能保护区；跨地（市）和县（市）的重要生态功能区，建立省级和地（市）级生态功能保护区。

8．对生态功能保护区采取以下保护措施：停止一切导致生态功能继续退化的开发活动和其他人为破坏活动；停止一切产生严重环境污染的工程项目建设；严格控制人口增长，区内人口已超出承载能力的应采取必要的移民措施；改变粗放生产经营方式，走生态经济型发展道路，对已经破坏的重要生态系统，要结合生态环境建设措施，认真组织重建与恢复，尽快遏制生态环境恶化趋势。

9．各类生态功能保护区的建立，由各级环保部门会同有关部门组成评审委员会评审，报同级政府批准。生态功能保护区的管理以地方政府为主，国家级生态功能保护区可由省级政府委派的机构管理，其中跨省域的由国家统一规划批建后，分省按属地管理；各级政府对生态功能保护区的建设应给予积极扶持；农业、林业、水利、环保、国土资源等有关部门要按照各自的职责加强对生态功能保护区管理、保护与建设的监督。

（二）重点资源开发的生态环境保护。

10．切实加强对水、土地、森林、草原、海洋、矿产等重要自然资源的环境管理，严格资源开发利用中的生态环境保护工作。各类自然资源的开发，必须遵守相关的法律法规，依法履行生态环境影响评价手续；资源开发重点建设项目，应编报水土保持方案，否则一律不得开工建设。

11．水资源开发利用的生态环境保护。水资源的开发利用要全流域统筹兼顾，生产、生活和生态用水综合平衡，坚持开源与节流并重，节流优先，治污为本，科学开源，综合利用。建立缺水地区高耗水项目管制制度，逐步调整用水紧缺地区的高耗水产业，停止新上高耗水项目，确保流域生态用水。在发生江河断流、湖泊萎缩、地下水超采的流域和地区，应停上新的加重水平衡失调的蓄水、引水和灌溉工程；合理控制地下水开采，做到采补平衡；在地下水严重超采地区，划定地下水禁采区，抓紧清理不合理的抽水设施，防止出现大面积的地下漏斗和地表塌陷。继续加大二氧化硫和酸雨控制力度，合理开发利用和保护大气水资源；对于擅自围垦的湖泊和填占的河道，要限期退耕还湖还水。通过科学的监测评价和功能区划，规范排污许可证制度和排污口管理制度。严禁向水体倾倒垃圾和建筑、工业废料，进一步加大水污染特别是重点江河湖泊水污染治理力度，加快城市污水处理设施、垃圾集中处理设施建设。加大农业面源污染控制力度，鼓励畜禽粪便资源化，确保养殖废水达标排放，严格控制氮、磷严重超标地区的氮肥、磷肥施用量。

12．土地资源开发利用的生态环境保护。依据土地利用总体规划，实施土地用途管制制度，明确土地承包者的生态环境保护责任，加强生态用地保护，冻结征用具有重要生态功能的草地、林地、湿地。建设项目确需占用生态用地的，应严格依法报批和补偿，并实行“占一补一”的制度，确保恢复面积不少于占用面积。加强对交通、能源、水利等重大基础设施建设的生态环境保护监管，建设线路和施工场址要科学选比，尽量减少占用林地、草地和耕地，防止水土流失和土地沙化。加强非牧场草地开发利用的生态监管。大江大河上中游陡坡耕地要按照有关规划，有计划、分步骤地实行退耕还林还草，并加强对退耕地的管理，防止复耕。

13．森林、草原资源开发利用的生态环境保护。对具有重要生态功能的林区、草原，应划为禁垦区、禁伐区或禁牧区，严格管护；已经开发利用的，要退耕退牧，育林育草，使其休养生息。实施天然林保护工程，最大限度地保护和发挥好森林的生态效益；要切实保护好各类水源涵养林、水土保持林、防风固沙林、特种用途林等生态公益林；对毁林、毁草开垦的耕地和造成的废弃地，要按照“谁批准谁负责，谁破坏谁恢复”的原则，限期退耕还林还草。加强森林、草原防火和病虫鼠害防治工作，努力减少林草资源灾害性损失；加大火烧迹地、采伐迹地的封山育林育草力度，加速林区、草原生态环境的恢复和生态功能的提高。大力发展风能、太阳能、生物质能等可再生能源技术，减少樵采对林草植被的破坏。

发展牧业要坚持以草定畜，防止超载过牧。严重超载过牧的，应核定载畜量，限期压减牲畜头数。采取保护和利用相结合的方针，严格实行草场禁牧期、禁牧区和轮牧制度，积极开发秸秆饲料，逐步推行舍饲圈养办法，加快退化草场的恢复。在干旱、半干旱地区要因地制宜调整粮畜生产比重，大力实施种草养畜富民工程。在农牧交错区进行农业开发，不得造成新的草场破坏；发展绿洲农业，不得破坏天然植被。对牧区的已垦草场，应限期退耕还草，恢复植被。

14．生物物种资源开发利用的生态环境保护。生物物种资源的开发应在保护物种多样性和确保生物安全的前提下进行。依法禁止一切形式的捕杀、采集濒危野生动植物的活动。严厉打击濒危野生动植物的非法贸易。严格限制捕杀、采集和销售益虫、益鸟、益兽。鼓励野生动植物的驯养、繁育。加强野生生物资源开发管理，逐步划定准采区，规范采挖方式，严禁乱采滥挖；严格禁止采集和销售发菜，取缔一切发菜贸易，坚决制止在干旱、半干旱草原滥挖具有重要固沙作用的各类野生药用植物。切实搞好重要鱼类的产卵场、索饵场、越冬场、洄游通道和重要水生生物及其生境的保护。加强生物安全管理，建立转基因生物活体及其产品的进出口管理制度和风险评估制度；对引进外来物种必须进行风险评估，加强进口检疫工作，防止国外有害物种进入国内。

15. 海洋和渔业资源开发利用的生态环境保护。海洋和渔业资源开发利用必须按功能区划进行，做到统一规划，合理开发利用。切实加强海岸带的管理，严格围垦造地建港、海岸工程和旅游设施建设的审批，严格保护红树林、珊瑚礁、沿海防护林。加强重点渔场、江河出海口、海湾及其他渔业水域等重要水生资源繁育区的保护，严格渔业资源开发的生态环境保护监管。加大海洋污染防治力度，逐步建立污染物排海总量控制制度，加强对海上油气勘探开发、海洋倾废、船舶排污和港口的环境管理，逐步建立海上重大污染事故应急体系。

16. 矿产资源开发利用的生态环境保护。严禁在生态功能保护区、自然保护区、风景名胜区、森林公园内采矿。严禁在崩塌滑坡危险区、泥石流易发区和易导致自然景观破坏的区域采石、采砂、取土。矿产资源开发利用必须严格规划管理，开发应选取有利于生态环境保护的工期、区域和方式，把开发活动对生态环境的破坏减少到最低限度。矿产资源开发必须防止次生地质灾害的发生。在沿江、沿河、沿湖、沿库、沿海地区开采矿产资源，必须落实生态环境保护措施，尽量避免和减少对生态环境的破坏。已造成破坏的，开发者必须限期恢复。已停止采矿或关闭的矿山、坑口，必须及时做好土地复垦。

17. 旅游资源开发利用的生态环境保护。旅游资源的开发必须明确环境保护的目标与要求，确保旅游设施建设与自然景观相协调。科学确定旅游区的游客容量，合理设计旅游线路，使旅游基础设施建设与生态环境的承载能力相适应。加强自然景观、景点的保护，限制对重要自然遗迹的旅游开发，从严控制重点风景名胜区的旅游开发，严格管制索道等旅游设施的建设规模与数量，对不符合规划要求建设的设施，要限期拆除。旅游区的污水、烟尘和生活垃圾处理，必须实现达标排放和科学处置。

（三）生态良好地区的生态环境保护。

18. 生态良好地区特别是物种丰富区是生态环境保护的重点区域，要采取积极的保护措施，保证这些区域的生态系统和生态功能不被破坏。在物种丰富、具有自然生态系统代表性、典型性、未受破坏的地区，应抓紧抢建一批新的自然保护区。要把横断山区、新青藏接壤高原山地、湘黔川鄂边境山地、浙闽赣交界山地、秦巴山地、滇南西双版纳、海南岛和东北大小兴安岭、三江平原等地区列为重点，分期规划建设为各级自然保护区。对西部地区有重要保护价值的物种和生态系统分布区，特别是重要荒漠生态系统和典型荒漠野生动植物分布区，应抢建一批不同类型的自然保护区。

19. 重视城市生态环境保护。在城镇化进程中，要切实保护好各类重要生态用地。大中城市要确保一定比例的公共绿地和生态用地，深入开展园林城市创建活动，加强城市公园、绿化带、片林、草坪的建设与保护，大力推广庭院、墙面、屋顶、桥体的绿化和美化。严禁在城区和城镇郊区随意开山填海、开发湿地，禁止随意填占溪、河、渠、塘。继续开展城镇环境综合整治，进一步加快能源结构调整和工业污染源治理，切实加强城镇建设项目和建筑工地的环境管理，积极推进环保模范城市和环境优美城镇创建工作。

20. 加大生态示范区和生态农业县建设力度。国家鼓励和支持生态良好地区，在实施可持续发展战略中发挥示范作用。进一步加快县（市）生态示范区和生态农业县建设步伐。在有条件的地区，应努力推动地级和省级生态示范区的建设。

四、全国生态环境保护的对策与措施

（一）加强领导和协调，建立生态环境保护综合决策机制。

21. 建立和完善生态环境保护责任制。要把地方各级政府对本辖区生态环境质量负责、各部门对本行业和本系统生态环境保护负责的责任制落到实处。明确资源开发单位、法人的生态环境保护责任。实行严格的考核、奖罚制度。对于严格履行职责，在生态环境保护中做出重大贡献的单位和个人，应给予表彰、奖励。对于失职、渎职，造成生态环境破坏的，应依照有关法律法规予以追究。要把生态环境保护和建设规划纳入各级经济和社会发展的长远规划和年度计划，保证各级政府对生态环境保护的投入。建立生态环境保护与建设的审计制度，确保投入与产出的合理性和生态效益、经济效益与社会效益的统一。

22. 积极协调和配合，建立行之有效的生态环境保护监管体系。国务院各有关部门要各司其职，密切配合，齐心协力，共同推进全国生态环境保护工作。环保部门要做好综合协调与监督工作，计划、农业、林业、水利、国土资源和建设等部门要加强自然资源开发的规划和管理，做好生态环境保护与恢复治理工作。在国家确定生态环境重点保护与监管区域的基础上，地方各级政府要结合本地实际，确定本辖区的生态环境重点保护与监管区域，形成上下配套的生态环境保护与监管体系。西部地区各级政府和有关部门要把搞好西部地区的生态环境保护和建设放在优先位置，确保国家西部大开发战略的顺利实施。

23. 保障生态环境保护的科技支持能力。各级政府要把生态环境保护科学研究纳入科技发展计划，鼓励科技创新，加强农村生态环境保护、生物多样性保护、生态恢复和水土保持等重点生态环境保护领域的技术开发和推广工作。在生态环境保护经费中，应确定一定比例的资金用于生态环境保护的科学研究和技术推广，推动科研成果的转化，提高生态环境保护的科技含量和水平。建立早期预警制度，加强生态环境恶化趋势的预测预报。

24. 建立经济社会发展与生态环境保护综合决策机制。各地要抓紧编制生态功能区划，指导自然资源开发和产业合理布局，推动经济社会与生态环境保护协调、健康发展。制定重大经济技术政策、社会发展规划、经济发展计划时，应依据生态功能区划，充分考虑生态环境影响问题。自然资源的开发和植树种草、水土保持、草原建设等重大生态环境建设项目，必须开展环境影响评价。对可能造成生态环境破坏和不利影响的项目，必须做到生态环境保护和恢复措施与资源开发和建设项目同步设计，同步施工，同步检查验收。对可能造成生态环境严重破坏的，应严格评审，坚决禁止。

（二）加强法制建设，提高全民的生态环境保护意识。

25. 加强立法和执法，把生态环境保护纳入法治轨道。严格执行环境保护和资源管理的法律、法规，严厉打击破坏生态环境的犯罪行为。抓紧有关生态环境保护与建设法律法规的制定和修改工作，制定生态功能保护区生态环境保护管理条例，健全、完善地方生态环境保护法规和监管制度。

26. 认真履行国际公约，广泛开展国际交流与合作。认真履行《生物多样性公约》、《国际湿地公约》、《联合国防治荒漠化公约》、《濒危野生动植物国际贸易公约》和《保护世界文化和自然遗产公约》等国际公约，维护国家生态环境保护的权益，承担与我国发展水平相适应的国际义务，为全球生态环境保护做出贡献。广泛开展国际交流与合作，积极引进国外的资金、技术和管理经验，推动我国生态环境保护的全面发展。

27. 加强生态环境保护的宣传教育，不断提高全民的生态环境保护意识。深入开展环境国情、国策教育，分级开展生态环境保护培训，提高生态环境保护与经济社会发展的综合决策能力。重视生态环境保护的基础教育、专业教育，积极搞好社会公众教育。城市动物园、植物园等各类公园，要增加宣传设施，组织特色宣传教育活动，向公众普及生态环境保护知识。进一步加强新闻舆论监督，表扬先进典型，揭露违法行为，完善信访、举报和听证制度，充分调动广大人民群众和民间团体参与生态环境保护的积极性，为实现祖国秀美山川的宏伟目标而努力奋斗。

（十）关于深入贯彻落实《全国生态环境保护纲要》的通知

环发[2000]235 号

各省、自治区、直辖市环境保护局（厅）新疆生产建设兵团环境保护局：

《全国生态环境保护纲要》（以下简称《纲要》）已经国务院批准正式发布。这是全面实施生态保护与污染防治并重、生态保护与生态建设并举方针的重要文件，为全国也为环境保护行政主管部门进一步加强生态环境保护工作做出了明确的政策规定。为认真贯彻落实《纲要》精神，现就有关要求通知如下：

一、认真学习《纲要》，深刻领会《纲要》精神

纲要的发布，充分体现了党中央、国务院对生态环境保护工作的重视，表明了党中央、国务院加强生态环境保护，实现经济社会可持续发展的决心。各地要从维护国家和区域环境安全，确保经济、社会和环境协调发展的高度来认识贯彻落实《纲要》的重要性，增强贯彻实施《纲要》的自觉性。各级环境保护部门要通过举办培训班、宣讲会、研讨会等多种形式，认真学习、准确把握《纲要》的精神实质，依法履行环境保护部门对生态环境保护统一监督管理的职责，按“分类指导，分区推进”的指导思想，切实搞好重要生态功能区、重点资源开发区和生态环境良好地区的生态保护，努力扭转人为不合理活动导致的生态环境进一步恶化的趋势。

二、加强舆论宣传，努力增强广大干部群众生态环境保护意识

各级环保部门要充分利用《纲要》发布的契机，采取多种宣传形式，切实加大生态环境保护的宣传力度，努力提高全社会的环保意识和生态意识。近期我局拟邀请新华社、人民日报、中央电视台、中央人民广播电台等首都各大媒体召开新闻发布会；在各大报刊媒体上开辟专栏，邀请国务院有关部委的领导和专家研讨加强生态环境保护与贯彻落实《纲要》的重要性和必要性；适时举办有关《纲要》的学习班、宣讲会；2000 年年底将结合“12 · 29”国际生物多样性日，开展一系列群众性的生态环境保护宣传活动。

地方各级环境保护部门要与总局上下连动，制定详细的贯彻落实《纲要》的宣传方案，通过广播、报纸、电视等新闻媒体，采取专题宣传、讲座等多种形式，广泛宣传《纲要》的重要意义，提高广大干部、群众的生态环境保护意识，增强全社会参与生态保护的自觉性，在全国掀起生态环境保护的热潮。

三、加强领导，真抓实干，开创生态环境保护的新局面

各级环境保护部门要把贯彻实施《纲要》作为环境保护工作的一项大事，务必抓紧抓好。

1．根据《纲要》精神，各省级环保部门要会同有关部门抓紧制定本地的生态环境保护纲要和规划，明确本地生态环境保护的目标、任务和措施，报省级人民政府批准发布，并将规划纳入本地“十五”国民经济和社会发展计划。要抓住《纲要》发布的契机，加强生态环境保护的机构、队伍和能力建设。

2．要重点做好长江、黄河源头区、塔里木河下游、黑河流域、阴山北麓、三江平原、洞庭湖、鄱阳湖、玛曲和若尔盖等生态功能保护区的规划、试点工作，积极探索新时期区域（流域）生态环境综合管护的途径。根据各地情况，近期可以省级人民政府名义发布一批生态功能保护区名单，开展重点生态功能区的规划和试点，并做好上述重点地区申报国家级生态功能保护区的准备工作。

3．按照《纲要》要求，对生态环境脆弱的牧区，林区、矿区和重要的生态功能区，各级环保部门要会同有关部门分期分批划定一批禁采区、禁垦区、禁伐区和禁牧区；要继续做好秸秆禁烧工作，加大禁止采集、收购和销售发菜和乱挖甘草、麻黄草的执法力度；抓紧建立高耗水项目管制制度，严格土地用途管制，切实加强对水、土地、森林、草原、海洋、矿产等重要资源的开发利用的监管；自然资源的开发和植树种草、水土保持、草原建设等重大生态环境建设项目，必须开展环境影响评价；对可能造成生态环境破坏和不利影响的项目，必须做到生态环境保护和恢复措施与资源开发和项目建设同步设计、同步施工、同步检查验收。

4. 继续巩固自然保护区和生态示范区建设成果。在生态环境良好区域要不断完善生态示范区建设指标，采取有力措施，分级抓好一批生态示范市和生态示范县。有条件的地区，要继续抢建一批自然保护区。要加强农村面源污染和非工业点源污染防治，积极开展小城镇建设环境保护，加快有机食品基地的建设，努力拓展农村生态环境保护的工作领域。

西部地区要尽快完成生态环境现状调查工作，抓紧编制生态功能区划和生态环境保护规划，全面提升生态环境保护监管能力。

四、加强部门协调配合，加大生态保护的监管力度

生态环境保护是一项综合性很强、涉及面很广、难度很大的工作，加强部门之间的合作与协调尤为重要，这是搞好生态环境保护的基本前提和保障。各级环境保护部门要积极探索行之有效的生态环境保护监管体系，做好综合协调与监督工作，主动与计划、农业、林业、水利、国土资源和建设等部门配合，共同做好自然资源开发的规划和管理，做好生态环境保护与恢复治理工作。

各级环境保护部门要联合有关部门开展专项生态环境保护执法检查，对自觉守法，严格执法的个人、单位给予表扬；对顶风违纪的要依法查处，并在媒体上公开曝光。要在实践中不断完善和提高执法水平，克服畏难情绪，自我加压，多做贡献，努力开创生态环境保护工作的新局面。

附件

国家环境保护总局
关于《全国生态环境保护纲要》发布的新闻问答

一、国家为什么要制定《全国生态环境保护纲要》

党中央、国务院十分重视我国的生态环境保护与建设。特别是党中央、国务院发布《全国生态环境建设规划》和决定实施西部大开发战略以来，国家进一步加大了生态环境建设的投入，退耕还林还草、退田还湖、天然林保护、草原建设等生态建设工程取得重大进展，一些生态破坏严重的地区得到有效的恢复和改善。

但是，由于普遍存在的粗放型经济增长方式仍未发生根本转变，重开发轻保护、重建设轻管护的思想严重，以牺牲环境为代价换取眼前利益的现象在一些地区仍不断发生，目前我国生态环境形势不容乐观。生态恶化的总体趋势尚未得到有效遏制，土地退化、水生态平衡失调、林草植被破坏、生物多样性锐减和海洋生态恶化问题仍相当突出。

近年来，党中央、国务院一再强调，必须坚持“保护优先，预防为主，防治结合”的生态环境保护与建设工作方针。江泽民总书记在 1999 年中央人口资源环境工作座谈会上提出，要在全面落实《全国生态环境建设规划》的同时，“抓紧编制和实施全国生态环境保护纲要，根据不同地区的实际情况，采取不同保护措施”。

二、《纲要》的制定过程

《纲要》由国家环保总局会同国土资源、水利、农业、林业等部门编制完成，经国家计委组织的生态环境建设部际联席会议讨论通过后，报国务院审定并发布实施的。

《纲要》的编制历时两年多，前后有生态、土地、矿山、森林、草原、野生动植物、环境管理、环境法、生态经济等多个领域的专家参与了编写和修改工作，并经过了十多次地方、部门、专家、院士研讨会、论证会和座谈会的讨论和修改，是集体智慧的结晶。

三、《纲要》的主要内容是什么

按照分类指导，重点突破的原则，《纲要》针对不同区域生态破坏的原因，提出了“三区”推进生态环境保护的战略，以预防为重点，全面落实保护优先，预防为主，防治结合的方针，以期从根本上遏制我国生态环境不断恶化的趋势。

在今后一个时期内，国家将重点抓好三种不同类型区域的生态环境保护：

一是对重要生态功能区实施抢救性保护。重点是建立生态功能保护区，实行严格保护下的适度利用和科学恢复。重要生态功能区包括江河源头区、重要水源涵养区、水土保持的重点预防保护区和重点监督区、江河洪水调蓄区、防风固沙区和重要渔业水域等，这些区域对保持流域、区域生态平衡，确保国家生态环境安全方面具有特别重要的作用。

二是对重点资源开发的生态环境实施强制性保护。当前，重要自然资源的无序、不合理开发是造成我国生态环境不断恶化的主要原因。《纲要》进一步明确了水、土、草原、森林、海洋、生物、矿产等自然要素的生态功能，要求加大立法执法力度，强化监管，防止重要自然资源开发时对生态环境造成新的重大破坏，把资源开发对环境的破坏降低到最低限度。

三是对生态良好地区生态环境实施积极性保护。主要通过批建自然保护区，开展生态示范区、生态市、生态省的建设，积极引导，努力实现生态环境良好地区社会经济健康、持续发展，生态环境良性循环；生物多样性丰富地区得到有效保护。

《纲要》中生态环境保护的目标、任务和措施，主要是围绕这“三区”工作重点来提出，并考虑了与《全国生态环境建设规划》的协调和衔接。

四、《纲要》有哪些新特点

土地、水、森林、草原、野生生物、矿藏等本身既是重要的自然资源，又是基本的生态环境要素和生态系统，这就使得资源管理与生态保护既相互促进，又相互制约。为减少和避免自然资源开发造成新的生态破坏，《纲要》的政策特点为：

一是突出对自然资源作为重要生态环境要素或生态系统的生态功能的保护；

二是强调资源开发对相关生态环境要素和生态系统的影响，其强调了对加强保护的要求；

三是注意保护的系统性，把自然资源开发利用的各个环节所产生的各类生态环境问题综合起来考虑。

另一方面，《纲要》所提出的目标、任务和对策，是在国家现有环境保护和资源管理框架下，根据党中央、国务院加强生态环境保护的新要求，以及国内国际环境保护新形势、新问题提出的，集中体现了我国政府今后一个时期对生态环境保护的基本观点和要求，并首次明确提出了“维护国家生态环境安全”的生态环境保护目标。

五、《纲要》提出了哪些新措施

《纲要》力求在生态环境保护的对策上有所突破，对重点生态问题，实行更加严格的监控和保护措施。主要有：

第一，生态功能保护区的建设。根据国内重要生态功能区的生态环境退化现状和急需加强保护的需要，参考国际上日益强调对完整生态系统和重要生态功能区域、流域实施系统的、全方位保护的发展趋势，《纲要》提出了生态功能保护区建设的新任务，作为对重要生态功能区实施抢救性保护的根本措施。同时，鉴于我国人口、资源和环境的双重压力，在重要生态功能保护区保护措施上，特别强调通过规范监督管理，限制破坏生态功能的开发建设活动，允许在严格保护下进行适度的开发利用，要求科学地开展自然与人工相结合的生态恢复，遏制或防止生态功能的退化。

第二，资源开发的生态保护。本着禁、倡并举的原则，《纲要》从系统的、区域的和流域的角度来提出控制要求。同时根据自然生态的特点对资源开发的时间、地点和方式提出限制性要求。例如对水资源开发，要求经济发展要以水定规模，建立缺水地区高耗水项目管制制度；对严重断流的河流和严重萎缩的湖泊，在流域内停上或缓上不利于缓解断流与湖泊萎缩的蓄水、引水和调水工程。对土地资源开发，要强化土地用途管制中的生态用地管制，特别是加强对林区、草原、湿地、湖泊等具有重要生态功能区域的保护和使用的监管。对草原资源开发，要严格实行草场禁牧期、禁牧区和轮牧制度。对生物物种资源开发，要加强生物安全管理，建立风险评估制度。对矿产资源的开发，要停止和暂缓沿江、沿河、沿湖、沿库、沿海地区可能加剧和诱发滑坡、泥石流、河道淤积、海岸侵蚀等地质灾害的新的矿产资源开发活动等。

第三，生态环境保护对策和措施。针对我国生态环境保护监督管理方面的一些薄弱环节，《纲要》提出了一些新的制度和措施。如要建立和完善各级政府、部门、单位法人生态环境保护责任制；建立生态环境保护审计制度，确保国家生态环境保护和建设投入与生态效益的产出相匹配；加快生态环境保护立法步伐，抓紧制定重点资源开发生态环境保护和生态功能保护区管理条例；抓紧编制生态环境功能区划，指导自然资源开发和产业合理布局；建立经济社会发展与生态保护综合决策机制，重视重大经济技术政策、社会发展规划、经济发展计划所产生的生态影响；建立国家防止生态恶化与自然灾害的早期预警系统等。

六、国家环保总局将如何贯彻落实《纲要》

主要从如下几方面来推动《纲要》的贯彻落实：

第一，做好《纲要》的宣传工作。要通过广泛的、多种形式的宣传，使各级领导和广大群众了解、掌握《纲要》所提出的目标、任务和要求，提高对加强生态环境保护重要性的认识，增强保护生态环境的使命感、责任感和紧迫感。

第二，推动各地、各部门认真贯彻落实《纲要》。根据《纲要》所提出的任务和要求，结合各地的实际，抓紧制定各地、各部门的生态环境保护规划，并把近期任务纳入“十五”国民经济与社会发展规划。

第三，按照《纲要》的要求，优先启动重要生态功能区的抢救性保护工作。力争在“十五”期间，建立8～10个国家级生态功能保护区和一批地方级生态功能保护区，使一些生态面临退化的重要生态功能区得到及时的保护和恢复。

第四，建立资源开发的生态保护重点监控区。针对一些问题严重、影响大、人民群众十分关注的资源开发活动和区域，制定专项法规、制定保护和整治规划，明确监控目标、任务和责任人，开展限期治理。会同国务院各有关部委定期开展现场执法检查。

第五，抓紧落实《纲要》的基础性工作。近期重点是：组织西部12个省、自治区、直辖市开展生态环境现状调查，在此基础上编制生态环境功能区划；制定重点资源开发生态环境保护和生态功能保护区管理条例；研究制定重点区域和行业的生态环境保护审计指标体系和审计办法；建立和完善生态省和生态城市的标准体系。

2001年将结合第五次全国环境保护大会的召开，全面推进《纲要》的各项贯彻落实工作。

（十一）畜禽养殖污染防治管理办法

《畜禽养殖污染防治管理办法》，已于2001年3月20日经国家环境保护总局局务会议通过，现予公布施行。

国家环境保护总局局长 解振华

二〇〇一年五月八日

第一条 为防治畜禽养殖污染，保护环境，保障人体健康，根据环境保护法律、法规的有关规定，制定本办法。

第二条 本办法所称畜禽养殖污染，是指在畜禽养殖过程中，畜禽养殖场排放的废渣，清洗畜禽体和饲养场地、器具产生的污水及恶臭等对环境造成的危害和破坏。

第三条 本办法适用于中华人民共和国境内畜禽养殖场的污染防治。

畜禽放养不适用本办法。

第四条 畜禽养殖污染防治实行综合利用优先，资源化、无害化和减量化的原则。

第五条 县级以上人民政府环境保护行政主管部门在拟定本辖区的环境保护规划时，应根据本地实际，对畜禽养殖污染防治状况进行调查和评价，并将其污染防治纳入环境保护规划中。

第六条 新建、改建和扩建畜禽养殖场，必须按建设项目环境保护法律、法规的规定，进行环境影响评价，办理有关审批手续。

畜禽养殖场的环境影响评价报告书（表）中，应规定畜禽废渣综合利用方案和措施。

第七条 禁止在下列区域内建设畜禽养殖场：

（一）生活饮用水水源保护区、风景名胜区、自然保护区的核心区及缓冲区；

（二）城市和城镇中居民区、文教科研区、医疗区等人口集中地区；

（三）县级人民政府依法划定的禁养区域；

（四）国家或地方法律、法规规定需特殊保护的其他区域。

本办法颁布前已建成的、地处上述区域内的畜禽养殖场应限期搬迁或关闭。

第八条 畜禽养殖场污染防治设施必须与主体工程同时设计、同时施工、同时使用；畜禽废渣综合利用措施必须在畜禽养殖场投入运营的同时予以落实。

环境保护行政主管部门在对畜禽养殖场污染防治设施进行竣工验收时，其验收内容中应包括畜禽废渣综合利用措施的落实情况。

第九条 畜禽养殖场必须按有关规定向所在地的环境保护行政主管部门进行排污申报登记。

第十条 畜禽养殖场排放污染物，不得超过家或地方规定的排放标准。

在依法实施污染物排放总量控制的区域内，畜禽养殖场必须按规定取得《排污许可证》，并按照《排污许可证》的规定排放污染物。

第十一条 畜禽养殖场排放污染物，应按照国家规定缴纳排污费；向水体排放污染物，超过国家或地方规定排放标准的，应按规定缴纳超标准排污费。

第十二条 县级以上人民政府环境保护行政主管部门有权对本辖区范围内的畜禽养殖场的环境保护工作进行现场检查，索取资料，采集样品、监测分析。被检查单位和个人必须如实反映情况，提供必要资料。

检查机关和人员应当为被检查的单位和个人保守技术秘密和业务秘密。

第十三条 畜禽养殖场必须设置畜禽废渣的储存设施和场所，采取对储存场所地面进行水泥硬化等措施，防止畜禽废渣渗漏、散落、溢流、雨水淋失、恶臭气味等对周围环境造成污染和危害。

畜禽养殖场应当保持环境整洁，采取清污分流和粪尿的干湿分离等措施，实现清洁养殖。

第十四条 畜禽养殖场应采取将畜禽废渣还田、生产沼气、制造有机肥料、制造再生饲料等方法进行综合利用。

用于直接还田利用的畜禽粪便，应当经处理达到规定的无害化标准，防止病菌传播。

第十五条 禁止向水体倒畜禽废渣。

第十六条 运输畜禽废渣，必须采取防渗漏、防流失、防遗撒及其他防止污染环境的措施，妥善处置贮运工具清洗废水。

第十七条 对超过规定排放标准或排放总量指标，排放污染物或造成周围环境严重污染的畜禽养殖场，县级以上人民政府环境保护行政主管部门可提出限期治理建议，报同级人民政府批准实施。

被责令限期治理的畜禽养殖场应向做出限期治理决定的人民政府的环境保护行政主管部门提交限期治理计划，并定期报告实施情况。提交的限期治理计划中，应规定畜禽废渣综合利用方案。环境保护行政主管部门在对畜禽养殖场限期治理项目进行验收时，其验收内容中应包括上述综合利用方案的落实情况。

第十八条 违反本办法规定，有下列行为之一的，由县级以上人民政府环境保护行政主管部门责令停止违法行为，限期改正，并处以 1 000 元以上 3 万元以下罚款：

（一）未采取有效措施，致使储存的畜禽废渣渗漏、散落、溢流、雨水淋失、散发恶臭气味等对周围环境造成污染和危害的；

（二）向水体或其他环境倾倒、排放畜禽废渣和污水的。

违反本办法其他有关规定，由环境保护行政主管部门依据有关环境保护法律、法规的规定给予处罚。

第十九条 本办法中的畜禽养殖场，是指常年存栏量为 500 头以上的猪、3 万羽以上的鸡和 100 头以上的牛的畜禽养殖场，以及达到规定规模标准的其他类型的畜禽养殖场。其他类型的畜禽养殖场的规模标准，由省级环境保护行政主管部门根据本地区实际，参照上述标准作出规定。

地方法规或规章对畜禽养殖场的规模标准规定严于第一款确定的规模标准的，从其规定。

第二十条 本办法中的畜禽废渣，是指畜禽养殖场的畜禽粪便、畜禽舍垫料、废饲料及散落的毛羽等固体废物。

第二十一条 本办法自公布之日起实施。

（十二）关于进一步加强自然保护区建设和管理工作的通知

环发[2002]163 号

各省、自治区、直辖市环保、计划、财政、林业、国土、农业（渔业）、建设厅（委、局）：

近年来，由于党中央和国务院的高度重视，在各级政府和有关部门的积极努力下，全国自然保护区建设呈现出良好的发展态势，在数量和规模上都有了较大的增长。截至 2001 年年底，全国共建立自然保护区 1 551 处，面积 12 989 万公顷，占国土面积的 12.9%，超过了世界平均水平，初步形成了一个类型比较齐全、分布比较合理的自然保护区网络。自然保护区的管理工作也逐步走向正轨，管理能力和水平有了一定程度的提高。

但是，目前自然保护区工作仍然存在许多问题，一些地方、部门和单位对自然保护区事业的重要性认识不足，重视不够，导致部分自然保护区边界范围和土地权属不清，矛盾突出，开发与保护冲突加剧；重数量轻管护，一些保护区面积过大，人口过多，管理机构不健全，管护能力薄弱，资金投入不足，严重地制约了我国自然保护区事业的发展。

为进一步贯彻执行《中华人民共和国自然保护区条例》（以下简称《条例》）、国务院办公厅《关于进一步加强自然保护区管理工作通知》等法规，克服当前一些自然保护区管理上存在的“批而不建、建而不管、管而不力”问题，在我国自然保护区发展的新时期，坚持以质量效益为主，规模数量和质量效益并举的方针，现就有关事项通知如下：

一、抓紧做好自然保护区的划界立标和土地确权工作，明确边界和土地权属。各地有关部门要按照《条例》等的规定，在当地政府的统一领导下，通力合作，加强协调，加快自然保护区内的土地确权、划界和立标工作，确保自然保护区内土地权属明确、界址清楚、面积准确、没有纠纷。目前要重点做好国家级自然保护区内的土地权属和边界确认工作，对有纠纷的土地要优先调处，及时解决。国家级自然保护区的土地确权和勘界立标工作应力争在 2003 年 9 月底前完成，并于 2003 年 12 月 31 日前，将国家级自然保护区勘界立标的结果及土地证副件、相关资料等报国家环保总局和有关主管部门备案。

二、合理划定自然保护区，加强自然保护区范围、功能区调整工作的管理。自然保护区的划定和规划，应与土地利用总体规划等相关规划相协调，应该坚持面积范围适度、科学和合法的原则，对面积过大、与周边社区矛盾突出且难以按有关法律法规进行管理的，应予适当调整。对自然保护区面积偏小，不能满足保护需要的，可适当扩大，保证必要的保护范围。各类保护区要认真贯彻执行国务院批准的《国家级自然保护区范围与功能区调整及更改名称管理规定》（以下简称《管理规定》），国家级自然保护的名称、范围、内部功能分区一经确定后，原则上不予调整。确因资源保护和管理工作需要，以及交通、水利水电等国家重点建设项目因条件限制必须穿越保护区核心区和缓冲区的，应切实按《管理规定》办理功能区调整手续。对于地方级自然保护区范围与功能分区调整及更名，各地可根据实际情况参照《管理规定》，制定相应的管理办法，进行管理。对擅自调整国家级自然保护区范围、功能分区进行开发建设活动的，应及时调查、制止，并向国务院有关部门报告。

三、切实加强自然保护区内资源开发活动的监督管理。各级自然保护区特别是国家级自然保护区要制定和完善总体规划，加强法规制度建设。禁止在自然保护区核心区和缓冲区内开展任何旅游和生产经营活动。与风景名胜区、森林公园、地质公园相重叠的自然保护区，应将自然环境和资源保护作为首要任务，严加管护。要严格遵守《条例》的有关规定，在划定的核心区和缓冲区内，不得出事旅游和生产经营活动。有关部门应协调处理好自然保护区与风景名胜区、森林公园、地质公园的关系，在保护好自然资源和环境的前提下，实现双赢。要严格控制在自然保护区内的各项基础设施建设，确因国家重点建设项目需要在自然保护区实验区内开展的建设活动，必须进行环境影响评价并依法履行报批手续。对涉及自然保护区的环境影响评价要从严把关，并责成开发建设单位落实环境恢复治理和补偿措施。

四、强化机构建设，稳定管理队伍，提高管理水平。要采取切实有效的措施，加强自然保护区管理机构的建设，建立健全高效精干的管理机构，力争用 2～3 年的时间，在已建自然保护区均建立起管理机构并配备相应的管理人员。要组织开展多种形式的业务培训，强化自然保护区的科学研究，不断改善管理和科研条件，努力提高自然保护区的管护能力和水平。要充分调动全社会各种积极力量支持和参与自然保护区的建设与管理，加强与各级政府及其综合职能部门的联系，争取其对自然保护区发展在政策和资金上的支持。要相对稳定自然保护管理体制，已经进行建设和正常管理的自然保护区，不得随意改变管理权属关系。确需调整的，应征得自然保护区原行政主管部门同意，进行固定资产清理和移交，妥善安排管理人员，防止造成国有资产的流失，保证自然保护区管理和保护工作的有效开展。

五、建立和完善自然保护区的发展和制约机制，加强对自然保护区的监督检查和管理。各有关部门要依照《自然保护区条例》的规定，加强对自然保护区的指导、监督，严肃依法查处严重威胁和破坏自然保护区保护对象的违法犯罪行为。对管理工作混乱、保护工作不力以及发生重大责任事故的自然保护区管理机构应加强重点监管，限期整改；对批而不建，自然保护区工作长期没有起色，以及自然保护区破坏严重、失去保护价值的，要依照有关规定和程序，由批准单位撤销其命名，并追究有关管理机构及责任人的责任。在建立监督约束机制的同时，也要确立激励促进机制，对建设和管理取得显著成绩的自然保护区管理机构和个人，要给予表彰奖励，为自然保护区发展创造良好条件。要不断研究新情况，总结新经验，及时解决保护区发展中的一些重大问题，为进一步推进我国自然保护区事业健康发展而努力奋斗。

二〇〇二年十一月十九日

（十三）关于开展生态环境监察试点工作的通知

环发[2003]54 号

各省、自治区、直辖市环境保护局（厅）：

为深入贯彻落实《国家环境保护“十五”计划》和《全国生态环境保护纲要》，围绕生态保护工作重点，加大环境执法力度，促进生态保护与污染防治并重目标的实现，经研究，决定在全国进行生态环境监察试点，为全面开展生态环境监察积累经验。现就有关问题通知如下：

一、试点范围及工作重点

各地要结合生态保护工作实际情况，根据工作特点确定试点的范围和内容。原则上各省、自治区、直辖市选择 10%左右的环境监察力量较强、工作基础较好的市、县，按不同的生态环境类型开展试点。

试点以资源开发项目和开发建设活动（包括草原、湿地、矿山、土地资源等）、自然保护区、旅游景区（含风景名胜区、森林公园、地质公园以及文物保护单位、水利风景区等）、生态功能区、海岸地区、非污染性建设项目（包括水利水电、交通建设、生态建设等）、小城镇建设、农村环境综合整治、农村集中式饮用水水源地保护及畜禽养殖等生态环境监察为重点内容。

二、试点工作目标

通过开展生态环境监察试点，摸索经验，推动各级环境监察机构内生态环境监察专业队伍和基本工作制度的建立，促进地方生态保护与生态环境监察的法规建设，强化环境保护部门统一监督管理的职能，逐步建立生态环境监察执法机制，使生态环境违法案件得到有效查处，巩固重点地区生态环境建设与保护的成果。

三、试点工作步骤

1．各省、自治区、直辖市环境保护局（厅）于 2003 年 4 月 30 日前提出试点实施方案报总局。总局将从中选择部分省、自治区、直辖市为国家生态环境监察试点地区。

2．各省、自治区、直辖市环保局（厅）应及时简报试点情况，试点终结报送总结报告。

3．试点期满，总局组织对国家试点地区检查、交流工作经验。

四、试点期限

2003 年 4 月至 2005 年 6 月。

五、试点工作组织机构与工作机制

总局以环境监察办公室与自然司共同组织试点工作的开展，成立由环境监察办公室、自然司有关领导组成的领导小组，办公室设在环境监察办公室区域与生态环境监察处。各省、自治区、直辖市环保局（厅）要成立由局领导任组长的领导小组。承担试点工作的市、县政府要加强对试点工作的领导，协调有关部门参与试点工作。

六、试点工作的要求

1．各省、自治区、直辖市环保局（厅）要从战略的高度认识开展生态环境监察的重要性，把生态环境监察工作和生态保护工作有机地结合起来，把建立生态环境监察制度、机制与加强执法结合起来。

2．各地要以加强重要生态功能区、重点资源开发区、生态良好区的生态保护工作为目标，根据实际情况，瞄准突破口，以点带面，积极推进。

3．要充分发挥环保部门统一监督管理的职能，着力查处生态破坏的环境违法案件，解决各地突出的生态破坏问题，力求取得实效。

4．各级环境保护部门要加强环境监察、自然保护部门间的协调，项目开发管理、污染控制等部门要严格把关，形成合力，推动生态环境监察工作的顺利开展。

二〇〇三年三月三十日

（十四）关于批准全国生态环境监察试点地区的通知

环发[2003]128 号

各省、自治区、直辖市环境保护局（厅）：

根据我局印发的《关于开展生态环境监察试点工作的通知》（环发[2003]54 号），各省、自治区、直辖市环保局（厅）报送了生态环境监察试点工作方案。根据生态环境监察工作的总体要求，按照各地上报的不同生态环境类型和地区，确定下列地区为全国生态环境监察工作试点。

省、自治区、直辖市	试点地区	试点重点内容
北京市	顺义区、密云县	畜禽养殖生态环境监察
天津市	大港区、宝坻区、蓟县	1．资源开发、非污染建设项目生态环境监察 2．农村生态环境监察
河北省	张家口市、围场满族蒙古族自治县、怀来县、遵化县	1．饮用水水源地生态环境监察 2．世界遗产保护监察
山西省	长治市、永济市、安泽县	1．黄河湿地、自然保护区生态环境监察 2．矿产资源开发生态环境监察
内蒙古自治区	赤峰市、阿拉善盟	1．自然保护区、生态功能区生态环境监察 2．农村、小城镇生态环境监察 3．矿产资源开发生态环境监察
辽宁省	沈阳市、营口市、铁岭市、本溪市	1．湿地、饮用水水源地生态环境监察 2．绿色有机食品、畜禽养殖生态环境监察 3．资源开发生态环境监察
吉林省	延边州、前郭县、东辽县	1．长白山自然保护区生态环境监察 2．湿地生态环境监察
黑龙江省	大庆市、牡丹江市、克山县、三江平原湿地	1．农村生态环境监察 2．自然保护区、旅游区生态环境监察 3．生态功能区生态环境监察
上海市	松江区、崇明岛	1．畜禽养殖生态环境监察 2．自然保护区生态环境监察
江苏省	扬州市、高淳县、如皋市、姜堰市、泗洪县	1．生态功能区、自然保护区生态环境监察 2．畜禽养殖、水产养殖、农业生态环境监察
浙江省	丽水市	1．自然保护区生态环境监察 2．矿山、水电等资源开发生态环境监察 3．农村生态环境监察
安徽省	六安市	1．农村生态环境监察 2．自然保护区、饮用水水源保护区生态环境监察
福建省	厦门市、漳州市、宁德市、泉州市	1．珍稀海洋物种自然保护区生态环境监察 2．畜禽养殖生态环境监察 3．石板材资源开发生态环境监察 4．海岸带生态环境监察
江西省	井冈山市、南昌市、德兴市	1．旅游区生态环境监察 2．畜禽养殖生态环境监察 3．铜矿开发生态环境监察
山东省	日照市、威海市、垦利县、莱州市、章丘市、寿光市、临邑县、无棣县	1．近岸海域、黄河入海口、黄河三角洲生态环境监察 2．畜禽养殖生态环境监察 3．面源污染控制
湖北省	宜昌市、神农架林区	1．矿产资源开发生态环境监察 2．自然保护区生态环境监察 3．农村生态环境监察 4．三峡库区生态环境监察
湖南省	长沙市、永州市、怀化市、岳阳县、南岳区	1．自然保护区、生态功能区生态环境监察 2．生态农业、生态林业生态环境监察 3．水域保护区生态环境监察

省、自治区、直辖市	试点地区	试点重点内容
广西壮族自治区	北海市、钦州市、防城港市	海岸地区生态环境监察
广东省	汕头市、深圳市、梅县、佛山南海区	1. 工业生态园区生态环境监察 2. 自然保护区、旅游区、海岸生态环境监察 3. 小城镇、农村生态环境监察
海南省	海口市、三亚市、琼海市、乐东县	1. 旅游区生态环境监察 2. 海岸生态环境监察
重庆市	南川市、江津市、渝北区	1. 自然保护区生态环境监察 2. 三峡库区生态环境监察
四川省	攀枝花市、阿坝州、都江堰市、宝兴县	1. 资源开发生态环境监察 2. 自然保护区、湿地生态环境监察 3. 水利水电、交通建设生态环境监察 4. 三峡库区生态环境监察
贵州省	赤水市、贞丰县、余庆县	1. 风景名胜区生态环境监察 2. 石漠化防治 3. 水利水电建设生态环境监察
云南省	大理州、文山州、易门县、宾川县	1. 资源开发生态环境监察 2. 自然保护区及旅游区生态环境监察 3. 农村生态环境监察
西藏自治区	西藏	青藏铁路、青藏公路生态环境监察
陕西省	西安市、宝鸡市、渭南市、咸阳市	矿产资源开发生态环境监察
甘肃省	张掖市、玛曲县、榆中县、民勤县	1. 生态功能区、自然保护区生态环境监察 2. 自然资源开发生态环境监察
青海省	格尔木市、海南州、海北州	1. 生态功能区生态环境监察 2. 青藏铁路生态环境监察
宁夏回族自治区	银川市、石嘴山市、吴忠市、固原市	1. 湖泊、湿地、自然保护区生态环境监察 2. 矿山资源开发生态环境监察 3. 禁挖发菜、甘草
新疆维吾尔自治区	巴州、吐鲁番、哈密、阿克苏、伊犁州	1. 油田、煤田开发生态环境监察 2. 西气东输生态环境监察 3. 生态功能区生态环境监察

请全国生态环境监察工作试点地区按照《全国生态环境监察试点工作的实施意见》要求，修改、完善本地试点工作方案，精心组织，认真实施。各省、自治区、直辖市环保部门加强对试点工作的领导，加强信息调度，及时总结上报。

特此通知。

全国生态环境监察试点工作实施意见

一、指导思想

以《全国生态环境保护纲要》为指南，围绕重要生态功能区实施抢救性保护、重点资源开发区实施强制性保护、生态良好地区实施积极性保护的要求，立足监督、各负其责、依法“借权”、联合执法，大力查处生态破坏案件，建立生态环境监察的工作机制，加强生态环境监察的法制建设，开创生态环境管理的新局面。

二、工作原则

1．突出重点。针对总局生态环境保护的中心工作和各地生态环境的突出问题，力争在重点区域、重点生态环境管理类型上抓出成效。

2．以点带面。根据各地的工作特点和生态环境管理的工作实际，开展生态环境监察试点，探索生态环境监察的工作机制与途径，总结经验，全面开展。

3．分步推进。根据现有法律、法规和政策，以及环境监察的工作基础，结合实际，选择突破口，打好基础，逐步拓展工作空间。

4．讲求实效。开展生态环境监察工作必须针对生态环境热点、难点问题和生态环境管理中的薄弱环节，切实查处环境违法和生态破坏案件，促进重点地区生态环境的好转。

三、工作措施

1．因地制宜，典型引路，促进生态环境监察工作的开展。各省、自治区、直辖市环保局（厅）要按照我局《关于开展生态环境监察试点工作的通知》中提出的试点重点、步骤、期限及组织机构的要求，因地制宜，确定重点，积极、稳妥地开展生态环境监察试点工作。全国的生态环境监察试点以云南省、海南省、重庆市等作为自然保护区、旅游景区的重点；以长江源头、黄河源头、塔里木河、黑河、黑龙江三江平原湿地、内蒙古阿拉善盟、四川若尔盖区域、甘肃玛曲、湖南洞庭湖等作为生态功能区的重点；以黄河入海口、海南西海岸、广西、福建等地作为近岸海域的重点；以新疆、青海、西藏作为西电东送、西气东输、青藏铁路等国家重点工程的重点；以陕西、山西、内蒙古等作为矿区资源开发的重点；以山东、安徽、福建、黑龙江等为农村、小城镇的重点；以江西南昌市、深圳宝安区等为区域性开发的重点。以重庆市为主，结合四川、湖北两省开展三峡库区生态环境监察工作。通过广泛试点，及时总结、推广经验，推动全国生态环境监察工作深入开展。

2．加强协调，初步建立环保部门统一监管、多部门密切配合的生态环境监察工作机制。要在当地政府的统一领导与协调下，加强与国土资源、安全生产、林业、农业、旅游、建设、工商等部门的合作。通过联合执法，建立查办情况移送处理制度，形成统一监管的工作机制。同时，各级环保局的环境监察、自然保护、项目开发管理、污染控制等部门之间要建立良好的协同工作机制。

3．建章立制，规范生态环境监察行为。当前与生态环境监察相应的法律、法规、工作制度与程序尚不完备，各地要通过试点尽快制定地方性法规，在建立生态环境监察法规上取得突破；同时，不断总结工作经验，修改、完善环境监察工作程序，建立生态环境监察工作制度。

4．加大执法力度，着力查处生态破坏事件。结合各地当前存在的突出生态环境问题和生态破坏事件，严格执法，查处破坏生态环境的违法行为。重点查处违反项目管理规定乱批乱建、中小型资源开发中乱采滥挖、“三区”内乱搭滥建和乱砍滥伐、农村污染乱排乱放等污染环境、破坏生态的行为，切实解决一批破坏生态环境的问题。

5．加强生态环境监察队伍建设。各地环境监察机构要设立负责生态环境监察的专门部门和专业人员，组织多种形式业务培训，提高环境监察人员的整体素质。各地要加大生态环境监察工作的资金投入，提高监察队伍的装备水平，促进环境监察队伍建设的现代化。

二〇〇三年七月二十八日

（十五）关于加强资源开发生态环境保护监管工作的意见

环发[2004]24号

各省、自治区、直辖市环境保护局（厅）：

为进一步贯彻落实国务院印发的《全国生态环境保护纲要》，加强资源开发的生态环境保护监管工作，防止开发建设不当造成新的重大生态破坏，依据国家有关环境保护法律法规，现提出以下意见：

一、强化资源开发的生态环境管理，遏制新的重大生态破坏

1．各级环境保护部门要高度重视资源开发的生态环境保护，统一认识，加强领导，完善制度，严格监管，切实扭转当前一些地方在生态环境方面边建设、边破坏，建设赶不上破坏的被动局面。

2．资源开发活动的生态环境监管必须坚持“预防为主，保护优先”的原则，以控制人为不合理开发活动为重点，坚持事先监管、全过程监管，把资源开发的生态损失降低到最低限度。

3．各级环境保护部门应将资源开发活动生态环境监管纳入年度工作重点，研究采取有效措施，解决生态环境监管中的难点问题，健全机构，充实执法人员和装备，保证经费投入，分级监察和考核，全面推进资源开发活动的生态环境监管。

二、认真执行环境影响评价制度和“三同时”制度，对资源开发实行全过程管理

1．依据《环境影响评价法》和《建设项目环境保护管理条例》，对资源开发规划和资源开发项目中有关环境影响评价的内容进行重点监督，防止不符合国家环境保护法律法规，可能对生态环境造成破坏的资源开发规划和项目的立项、实施。

2．审批资源开发建设项目要严格实行逐级备案制度，做到环境影响报告书（表）无错编，无漏审；凡违反有关分级审批规定，越权审批或降级审批的一律无效；凡未按建设项目环境保护分类管理名录规定编制环境影响评价文件的，有审批权的环境保护部门不予审批。

3．加强对环境影响评价资格证书持有单位的管理。凡超业务范围、借用或变相借用环评证书，或者评价结果失实及出现重大失误的，应依法追究评价单位和评价人员的法律责任，降低资质等级或者吊销环评证书，并予以经济处罚；对构成犯罪的，依法追究刑事责任。

4．采取措施，严把环境影响报告书审批关。有下列情况之一的环境影响报告书（表）要退回编制单位重新编制：未开展生态环境调查；生态环境影响论述不清；未进行生态环境影响综合分析；生态保护措施缺乏针对性和可操作性。有下列情况的资源开发建设项目，环境保护行政主管部门不予审批环境影响报告书（表）：不符合生态功能区划和生态保护规划造成重大生态破坏。

5．各地要制定资源开发项目生态环境监察管理办法，加强环境监察队伍的生态环境监察能力建设、制度建设和监察人员培训等工作，逐步建立资源开发建设项目生态环境监察体系。实施资源开发建设项目设计、施工、运行等全过程的生态环境监察，切实解决中小型资源开发建设项目环境影响评价执行率低和重审批轻管理的问题。

6．严格执行建设项目环境保护措施和竣工验收制度。对环境保护和生态恢复措施达不到国家有关环境保护规定和环境影响报告书（表）批复要求的，由负责其项目竣工验收的环境保护部门责令其限期整改，由负责现场生态环境监察的环境监察机构出具整改现场环境监察合格报告后方可验收；超过期限未整改或整改后仍不符合要求的资源开发建设项目，依法责令其停止试运行。

三、预防关口前移，加大对重点资源开发的环境影响评价和监管工作力度

1．各级环境保护部门要在生态调查基础上会同有关部门编制生态功能区划和生态保护规划，科学划定生态环境敏感区和各类资源开发“禁区”，明确不同生态功能区资源开发利用方式和生产力布局。生态功能区划和生态保护规划经同级人民政府批准后作为指导环境影响评价、环境现场管理和规范各类资源开发活动的依据。

2．水资源开发规划和项目的环评审查和生态环境监管的重点是：流域水资源开发规划要全面评估工程对流域水文条件和水生生物多样性的影响；干旱、半干旱地区要严格控制新建平原水库，将最低生态需水量纳入水资源分配方案；对造成减水河段的水利工程，必须采取措施保护下游生物多样性；兴建河系大闸，要设立鱼蟹洄游通道；在发生江河断流、湖泊萎缩、地下水超采的流域和区域，坚决禁止新的蓄水、引水和灌溉工程建设。

3．农业资源开发规划和项目的环评审查和生态环境监管的重点是：禁止毁林毁草（场）开垦和陡坡开垦；在生态环境敏感区域，禁止建设规模化畜禽养殖场，已经建成的要限期搬迁或关闭；畜禽养殖区与生态敏感区域的防护距离最少不得低于 500m；渔业资源开发要执行捕捞限额和禁渔、休渔制度；水产养殖要合理投饵、施肥、使用药物。禁止向农村公路两侧和河道倾倒建筑垃圾、工业废料、生活垃圾、尾矿渣、废土石渣、农作物秸秆等固体废物；禁止在农村集中饮用水水源地周围建设有污染物排放的项目或从事有污染的活动；禁止使用污水浇灌生食蔬菜和瓜果；科学合理使用农药、化肥和农膜，防止农业面源污染。

4．矿产资源开发规划和项目的环评审查和生态环境监管的重点是：在生态环境敏感区进行矿产资源开发必须进行生态环境影响专题分析；资源枯竭后必须复垦或恢复植被。不得在矿产资源开发管理部门规定的区域或生态功能重要的区域开采矿产资源。

5．城镇道路设施建设、新区建设、旧城区改造项目的环评审查和生态环境监管的重点是：严格保护城市内的天然湿地、草地、林地、河道等生态系统；城市渠系、水体整治中不得随意对自然水体进行人为的“防渗处理”；城市绿化树（草）种应推广本地优良品种，严格控制对野生树木的采挖移植；禁止古树、名木异地移栽，防止“大树进城”造成原产地生态系统和生物多样性的破坏。

6．林草资源规划和开发项目的环评审查和生态环境监管的重点是：禁止荒坡地全垦整地、严格控制炼山整地；在年降水量不足 400mm 的地区，严格限制乔木种植和速生丰产林的建设；水资源紧缺地区，不得以灌溉大面积推进和维持人工造林。草原放牧要严格实行以草定畜和禁牧期、禁牧区以及轮牧制度；禁止采集国家重点保护的生物物种资源；在野生生物资源丰富的地区，应划定野生生物资源限采区、准采区和禁采区，对采挖方式进行严格规范。

7．旅游资源开发项目的环评审查和生态环境监管的重点是：必须有生态环境保护规划和宣传教育专项方案；旅游区内禁止建设破坏景观资源的楼、堂、馆、所；严格限制索道、滑道、旅游列车、娱乐城等建设；科学核定景区旅游容量，做到“区内游，区外住”；禁止在自然保护区核心区、缓冲区内从事旅游开发，不得以开发为目的，擅自把自然保护区核心区、缓冲区调整为实验区。

8．湿地等重要资源开发项目的环评审查和生态环境监管的重点是：穿越湿地等生态环境敏感区的公路、铁路等基础设施建设，应建设便于动物迁移的通道设施；在湿地内开采油、气资源应采取措施保护生物多样性，资源枯竭后，应及时拆除生产设施，恢复自然生态；禁止围湖、围海造地和占填河道等改变生态功能的开发建设活动；禁止利用自然湿地净化处理污水。

9．外来物种引进和转基因生物应用的环评审查和生态环境监管的重点是：引进外来物种和转基因生物环境释放前，必须进行环境影响评估；禁止在生态环境敏感区进行外来物种试验和种植放养活动；严格限制在野生生物原产地进行同类转基因生物的环境释放。

四、加强领导，建立和完善生态环境保护统一监管机制

1. 将资源开发生态环境保护工作纳入当地政府环境保护目标责任制，对责任人定期进行考评，考核结果纳入其政绩考核内容。

2. 加强资源开发活动中生态环境保护的统一监管，建立资源开发活动的监察机制和体系。对工作中失察、失职，不报、迟报、漏报、瞒报生态破坏事件者，依法依规追究其责任。

3. 环保部门要会同有关部门，建立资源开发环境保护联合工作机制，加强与计划、财政、监察、国土、农业、水利、林业和旅游等部门在生态环境保护工作上的协调，各司其职，依法依规监管，及时制止、纠正和查处资源开发中的各种违法、违规行为，切实防止资源开发导致的新的重大人为生态破坏。

4. 建立公示、举报制度，完善公众参与机制，制定有关公众参与的管理办法。加强舆论监督，对资源开发违法案件及时曝光；资源开发环境影响评价审批工作要程序公开、办事制度公开、验收前公示和验收结果公开。广泛听取社会各界对资源开发活动中环境影响监管的意见。

二〇〇四年二月十二日

（十六）国务院办公厅关于加强生物物种资源保护和管理的通知

国办发[2004]25号

各省、自治区、直辖市人民政府，国务院各部委、各直属机构：

近几年来，我国生物物种资源保护和管理工作取得了一定成效，一批具有重要经济、科研和生态价值的生物物种资源得到了保护。但由于多种原因，我国生物物种资源丧失和流失的问题还很突出。为全面加强生物物种资源保护和管理，经国务院同意，现就有关问题通知如下：

（一）充分认识生物物种资源保护和管理的重要性。生物物种资源（包括生物遗传资源，下同）是维持人类生存、维护国家生态安全的物质基础，是实现可持续发展战略的重要资源。各地区、各有关部门要充分认识生物物种资源保护和管理的重要性和紧迫性，站在国家和民族长远利益的高度，以对子孙后代高度负责的态度，将生物物种资源保护和管理工作列入重要议事日程，确定工作重点，采取有力措施，切实抓紧抓好。

要通过广播、电视、报刊、杂志等新闻媒体，开展生物物种资源保护和管理宣传教育，广泛普及科学知识，树立生物物种资源保护意识。要针对突出问题，抓住典型案例，深入开展警示教育，不断提高全社会生物物种资源保护和管理的责任感。

（二）开展生物物种资源调查。我国生物物种资源种类多、数量大、分布广，是世界生物物种资源最丰富的国家之一。为全面掌握我国生物物种资源状况，要迅速开展一次全国生物物种资源调查，争取用二到三年的时间，基本查清我国栽培植物、家畜家禽种质资源和水生生物、观赏植物、药用植物等物种资源的状况。

（三）做好生物物种资源编目工作。开展动植物特有种、我国起源的栽培植物、家畜家禽及其野生亲缘种、变种、品种和品系，以及具有重要经济、科研价值或潜在用途的野生药用、观赏动植物和微生物等物种资源的整理和编目。要研究制定生物物种资源评价指标和等级标准，完善重点保护生物物种目录，建立国家生物物种资源协调交流机制、全国统一的数据库系统，实现信息网络联通和信息资源共享。

全国生物物种资源调查和编目工作，由环保总局会同国务院有关行政主管部门负责组织落实，各地区、各部门要积极支持和配合。

（四）制定生物物种资源保护利用规划。在开展生物物种资源调查的基础上，环保总局要会同发展改革委、科技部、财政部、农业部、林业局、中科院、中医药局等部门制定全国生物物种资源保护利用规划。各地区、各有关部门要分别编制本行政区和相关领域的保护利用规划。各级保护利用规划要纳入国家和地方国民经济和社会发展计划并认真组织实施。

（五）加强生物物种资源保护基础能力建设。加强野生动植物物种资源及其原生境、栽培植物野生近缘种、家畜家禽近缘种的就地保护和生物物种资源收集保存库（圃）、植物园、动物园、野生动物园、种源繁育中心（基地）建设，做好生物物种资源迁地保护和保存；建设一批离体保护设施和生物物种资源基因核心库，加强动物基因、细胞、组织及器官的保存和特异优质基因的保护。

（六）健全生物物种资源对外输出审批制度。进一步建立审批责任制和责任追究制，强化生物物种资源对外输出的管理和监督。建立国家生物物种资源联络机制，对外提供及国外机构和个人在我国境内获取生物物种资源，必须按程序报经国务院有关行政主管部门同意，并将有关进出口资料信息抄报国务院环境保护部门。

（七）建立生物物种资源出入境查验制度。建立生物物种资源出入境查验制度，加强对生物物种资源出入境的监管。携带、邮寄、运输生物物种资源出境的，必须提供有关部门签发的批准证明，并向出入境检验检疫机构申报。海关凭出入境检验检疫机构签发的《出境货物通关单》验放。涉及濒危物种进出口和国家保护的野生动植物及其产品出口的，须取得国家濒危物种进出口管理机构签发的允许进出口证明书。出入境检验检疫机构、海关要按各自职责对出入境的生物物种资源严格检验、查验，对非法出入境的生物物种资源，要依法予以没收。

（八）加强生物物种资源对外合作管理。对外提供生物物种资源，涉及生物物种资源的对外合作项目，要签订有关协议书，明确双方的权利、责任和义务，确保知识产权等研发利用的成果和利益共享，切实维护国家利益。对外合作项目必须严格遵守我国有关规定，应有我国研究人员的充分参与，所涉及的研发活动主要在我国境内进行。对于申请有关知识产权保护的生物物种资源研究开发成果，知识产权主管部门要按照有关规定加强审查，对符合条件的要予以保护。

（九）加强科学研究和技术开发。要制定专项科研计划，加强生物物种资源基础理论、保护技术和开发利用研究，开展生物物种资源遗传分析和综合鉴定，为科学保护和利用生物物种资源提供技术支撑。

（十）加强人才培养。要针对当前生物物种资源保护人才流失和业务骨干缺乏的实际，积极采取措施，创造必要条件，吸引和稳定专业技术人才，积极引进科技骨干人才，开展技术培训，切实加强专业和管理队伍建设。

（十一）加大资金投入。要建立稳定的投入机制，将所需经费列入中央和地方财政预算，不断加大投入力度，切实加强和完善生物物种资源保护基础设施建设，完善技术手段，提高生物物种资源保护和管理水平。

（十二）强化预警监督。建立生物物种资源监测预警体系，及时掌握重要生物物种资源的动态变化，科学预测近期、中期和长期发展趋势，为科学决策提供依据。开发建设项目要严格进行环境影响评价，对生物物种资源及其生长环境产生不利影响的，应制定和落实补救措施。

（十三）完善立法工作。抓紧起草生物物种资源保护法律法规，规范生物物种资源的保护、采集、收集、研究、开发、贸易、交换、进出口、出入境等活动。严格控制直接商品化利用野生资源，鼓励优先使用人工培育的生物物种资源。

（十四）加大执法力度。要明确职责，强化责任，严格执法，认真查找存在的问题并采取有力措施加以解决。当前要重点检查现有有关法律法规的执行情况，加强对有关部门和单位持有、对外交换和提供生物物种资源情况的监督检查。

（十五）加强领导和协调。生物物种资源的保护和管理涉及多部门和多领域，为避免工作重复和疏漏，国务院决定建立生物物种资源保护部际联席会议制度，统一组织、协调国家生物物种资源的保护和管理工作，部际联席会议由环保总局牵头，国务院有关部门参加。环保总局负责生物物种资源保护和管理的组织协调，会同监察部加强监督检查。教育、建设、农业、卫生、林业和中医药等部门负责本行业生物物种资源的保护和管理工作；工商、商务、海关、质检等部门负责市场和出入境管理；科技、知识产权等部门负责科研开发和知识产权管理；发展改革、财政等部门负责制订经济政策并落实所需资金。各有关部门要加强协调，密切配合，通力合作，共同做好我国生物物种资源保护和管理工作。

国务院办公厅

二〇〇四年三月三十一日

（十七）国务院关于落实科学发展观　加强环境保护的决定

国发[2005]39 号

各省、自治区、直辖市人民政府，国务院各部委、各直属机构：

为全面落实科学发展观，加快构建社会主义和谐社会，实现全面建设小康社会的奋斗目标，必须把环境保护摆在更加重要的战略位置。现作出如下决定：

一、充分认识做好环境保护工作的重要意义

（一）环境保护工作取得积极进展。党中央、国务院高度重视环境保护，采取了一系列重大政策措施，各地区、各部门不断加大环境保护工作力度，在国民经济快速增长、人民群众消费水平显著提高的情况下，全国环境质量基本稳定，部分城市和地区环境质量有所改善，多数主要污染物排放总量得到控制，工业产品的污染排放强度下降，重点流域、区域环境治理不断推进，生态保护和治理得到加强，核与辐射监管体系进一步完善，全社会的环境意识和人民群众的参与度明显提高，我国认真履行国际环境公约，树立了良好的国际形象。

（二）环境形势依然十分严峻。我国环境保护虽然取得了积极进展，但环境形势严峻的状况仍然没有改变。主要污染物排放量超过环境承载能力，流经城市的河段普遍受到污染，许多城市空气污染严重，酸雨污染加重，持久性有机污染物的危害开始显现，土壤污染面积扩大，近岸海域污染加剧，核与辐射环境安全存在隐患。生态破坏严重，水土流失量大面广，石漠化、草原退化加剧，生物多样性减少，生态系统功能退化。发达国家上百年工业化过程中分阶段出现的环境问题，在我国近 20 多年来集中出现，呈现结构型、复合型、压缩型的特点。环境污染和生态破坏造成了巨大经济损失，危害群众健康，影响社会稳定和环境安全。未来 15 年我国人口将继续增加，经济总量将再翻两番，资源、能源消耗持续增长，环境保护面临的压力越来越大。

（三）环境保护的法规、制度、工作与任务要求不相适应。目前一些地方重 GDP 增长、轻环境保护。环境保护法制不够健全，环境立法未能完全适应形势需要，有法不依、执法不严现象较为突出。环境保护机制不完善，投入不足，历史欠账多，污染治理进程缓慢，市场化程度偏低。环境管理体制未完全理顺，环境管理效率有待提高。监管能力薄弱，国家环境监测、信息、科技、宣教和综合评估能力不足，部分领导干部环境保护意识和公众参与水平有待增强。

（四）把环境保护摆上更加重要的战略位置。加强环境保护是落实科学发展观的重要举措，是全面建设小康社会的内在要求，是坚持执政为民、提高执政能力的实际行动，是构建社会主义和谐社会的有力保障。加强环境保护，有利于促进经济结构调整和增长方式转变，实现更快更好地发展；有利于带动环保和相关产业发展，培育新的经济增长点和增加就业；有利于提高全社会的环境意识和道德素质，促进社会主义精神文明建设；有利于保障人民群众身体健康，提高生活质量和延长人均寿命；有利于维护中华民族的长远利益，为子孙后代留下良好的生存和发展空间。因此，必须用科学发展观统领环境保护工作，痛下决心解决环境问题。

二、用科学发展观统领环境保护工作

（五）指导思想。以邓小平理论和“三个代表”重要思想为指导，认真贯彻党的十六届五中全会精神，按照全面落实科学发展观、构建社会主义和谐社会的要求，坚持环境保护基本国策，在发展中解决环境问题。积极推进经济结构调整和经济增长方式的根本性转变，切实改变“先污染后治理、边治理边破坏”的状况，依靠科技进步，发展循环经济，倡导生态文明，强化环境法治，完善监管体制，建立长效机制，建设资源节约型和环境友好型社会，努力让人民群众喝上干净的水、呼吸清洁的空气、吃上放心的食物，在良好的环境中生产生活。

（六）基本原则。

——协调发展，互惠共赢。正确处理环境保护与经济发展和社会进步的关系，在发展中落实保护，在保护中促进发展，坚持节约发展、安全发展、清洁发展，实现可持续的科学发展。

——强化法治，综合治理。坚持依法行政，不断完善环境法律法规，严格环境执法；坚持环境保护与发展综合决策，科学规划，突出预防为主的方针，从源头防治污染和生态破坏，综合运用法律、经济、技术和必要的行政手段解决环境问题。

——不欠新账，多还旧账。严格控制污染物排放总量；所有新建、扩建和改建项目必须符合环保要求，做到增产不增污，努力实现增产减污；积极解决历史遗留的环境问题。

——依靠科技，创新机制。大力发展环境科学技术，以技术创新促进环境问题的解决；建立政府、企业、社会多元化投入机制和部分污染治理设施市场化运营机制，完善环保制度，健全统一、协调、高效的环境监管体制。

——分类指导，突出重点。因地制宜，分区规划，统筹城乡发展，分阶段解决制约经济发展和群众反映强烈的环境问题，改善重点流域、区域、海域、城市的环境质量。

（七）环境目标。到 2010 年，重点地区和城市的环境质量得到改善，生态环境恶化趋势基本遏制。主要污染物的排放总量得到有效控制，重点行业污染物排放强度明显下降，重点城市空气质量、城市集中饮用水水源和农村饮水水质、全国地表水水质和近岸海域海水水质有所好转，草原退化趋势有所控制，水土流失治理和生态修复面积有所增加，矿山环境明显改善，地下水超采及污染趋势减缓，重点生态功能保护区、自然保护区等的生态功能基本稳定，村镇环境质量有所改善，确保核与辐射环境安全。

到 2020 年，环境质量和生态状况明显改善。

三、经济社会发展必须与环境保护相协调

（八）促进地区经济与环境协调发展。各地区要根据资源禀赋、环境容量、生态状况、人口数量以及国家发展规划和产业政策，明确不同区域的功能定位和发展方向，将区域经济规划和环境保护目标有机结合起来。在环境容量有限、自然资源供给不足而经济相对发达的地区实行优化开发，坚持环境优先，大力发展高新技术，优化产业结构，加快产业和产品的升级换代，同时率先完成排污总量削减任务，做到增产减污。在环境仍有一定容量、资源较为丰富、发展潜力较大的地区实行重点开发，加快基础设施建设，科学合理利用环境承载能力，推进工业化和城镇化，同时严格控制污染物排放总量，做到增产不增污。在生态环境脆弱的地区和重要生态功能保护区实行限制开发，在坚持保护优先的前提下，合理选择发展方向，发展特色优势产业，确保生态功能的恢复与保育，逐步恢复生态平衡。在自然保护区和具有特殊保护价值的地区实行禁止开发，依法实施保护，严禁不符合规定的任何开发活动。要认真做好生态功能区划工作，确定不同地区的主导功能，形成各具特色的发展格局。必须依照国家规定对各类开发建设规划进行环境影响评价。对环境有重大影响的决策，应当进行环境影响论证。

（九）大力发展循环经济。各地区、各部门要把发展循环经济作为编制各项发展规划的重要指导原则，制订和实施循环经济推进计划，加快制定促进发展循环经济的政策、相关标准和评价体系，加强技术开发和创新体系建设。要按照“减量化、再利用、资源化”的原则，根据生态环境的要求，进行产品和工业区的设计与改造，促进循环经济的发展。在生产环节，要严格排放强度准入，鼓励节能降耗，实行清洁生产并依法强制审核；在废物产生环节，要强化污染预防和全过程控制，实行生产者责任延伸，合理延长产业链，强化对各类废物的循环利用；在消费环节，要大力倡导环境友好的消费方式，实行环境标识、环境认证和政府绿色采购制度，完善再生资源回收利用体系。大力推行建筑节能，发展绿色建筑。推进污水再生利用和垃圾处理与资源化回收，建设节水型城市。推动生态省（市、县）、环境保护模范城市、环境友好企业和绿色社区、绿色学校等创建活动。

（十）积极发展环保产业。要加快环保产业的国产化、标准化、现代化产业体系建设。加强政策扶持和市场监管，按照市场经济规律，打破地方和行业保护，促进公平竞争，鼓励社会资本参与环保产业的发展。重点发展具有自主知识产权的重要环保技术装备和基础装备，在立足自主研发的基础上，通过引进消化吸收，努力掌握环保核心技术和关键技术。大力提高环保装备制造企业的自主创新能力，推进重大环保技术装备的自主制造。培育一批拥有著名品牌、核心技术能力强、市场占有率高、能够提供较多就业机会的优势环保企业。加快发展环保服务业，推进环境咨询市场化，充分发挥行业协会等中介组织的作用。

四、切实解决突出的环境问题

（十一）以饮水安全和重点流域治理为重点，加强水污染防治。要科学划定和调整饮用水水源保护区，切实加强饮用水水源保护，建设好城市备用水源，解决好农村饮水安全问题。坚决取缔水源保护区内的直接排污口，严防养殖业污染水源，禁止有毒有害物质进入饮用水水源保护区，强化水污染事故的预防和应急处理，确保群众饮水安全。把淮河、海河、辽河、松花江、三峡水库库区及上游，黄河小浪底水库库区及上游，南水北调水源地及沿线，太湖、滇池、巢湖作为流域水污染治理的重点。把渤海等重点海域和河口地区作为海洋环保工作重点。严禁直接向江河湖海排放超标的工业污水。

（十二）以强化污染防治为重点，加强城市环境保护。要加强城市基础设施建设，到 2010 年，全国设市城市污水处理率不低于 70%，生活垃圾无害化处理率不低于 60%；着力解决颗粒物、噪声和餐饮业污染，鼓励发展节能环保型汽车。对污染企业搬迁后的原址进行土壤风险评估和修复。城市建设应注重自然和生态条件，尽可能保留天然林草、河湖水系、滩涂湿地、自然地貌及野生动物等自然遗产，努力维护城市生态平衡。

（十三）以降低二氧化硫排放总量为重点，推进大气污染防治。加快原煤洗选步伐，降低商品煤含硫量。加强燃煤电厂二氧化硫治理，新（扩）建燃煤电厂除燃用特低硫煤的坑口电厂外，必须同步建设脱硫设施或者采取其他降低二氧化硫排放量的措施。在大中城市及其近郊，严格控制新（扩）建除热电联产外的燃煤电厂，禁止新（扩）建钢铁、冶炼等高耗能企业。2004年年底前投运的二氧化硫排放超标的燃煤电厂，应在 2010 年底前安装脱硫设施；要根据环境状况，确定不同区域的脱硫目标，制订并实施酸雨和二氧化硫污染防治规划。对投产 20 年以上或装机容量 10 万 kW 以下的电厂，限期改造或者关停。制订燃煤电厂氮氧化物治理规划，开展试点示范。加大烟尘、粉尘治理力度。采取节能措施，提高能源利用效率；大力发展风能、太阳能、地热、生物质能等新能源，积极发展核电，有序开发水能，提高清洁能源比重，减少大气污染物排放。

（十四）以防治土壤污染为重点，加强农村环境保护。结合社会主义新农村建设，实施农村小康环保行动计划。开展全国土壤污染状况调查和超标耕地综合治理，污染严重且难以修复的耕地应依法调整；合理使用农药、化肥，防治农用薄膜对耕地的污染；积极发展节水农业与生态农业，加大规模化养殖业污染治理力度。推进农村改水、改厕工作，搞好作物秸秆等资源化利用，积极发展农村沼气，妥善处理生活垃圾和污水，解决农村环境“脏、乱、差”问题，创建环境优美乡镇、文明生态村。发展县域经济要选择适合本地区资源优势和环境容量的特色产业，防止污染向农村转移。

（十五）以促进人与自然和谐为重点，强化生态保护。坚持生态保护与治理并重，重点控制不合理的资源开发活动。优先保护天然植被，坚持因地制宜，重视自然恢复；继续实施天然林保护、天然草原植被恢复、退耕还林、退牧还草、退田还湖、防沙治沙、水土保持和防治石漠化等生态治理工程；严格控制土地退化和草原沙化。经济社会发展要与水资源条件相适应，统筹生活、生产和生态用水，建设节水型社会；发展适应抗灾要求的避灾经济；水资源开发利用活动，要充分考虑生态用水。加强生态功能保护区和自然保护区的建设与管理。加强矿产资源和旅游开发的环境监管。做好红树林、滨海湿地、珊瑚礁、海岛等海洋、海岸带典型生态系统的保护工作。

（十六）以核设施和放射源监管为重点，确保核与辐射环境安全。全面加强核安全与辐射环境管理，国家对核设施的环境保护实行统一监管。核电发展的规划和建设要充分考虑核安全、环境安全和废物处理处置等问题；加强在建和在役核设施的安全监管，加快核设施退役和放射性废物处理处置步伐；加强电磁辐射和伴生放射性矿产资源开发的环境监督管理；健全放射源安全监管体系。

（十七）以实施国家环保工程为重点，推动解决当前突出的环境问题。国家环保重点工程是解决环境问题的重要举措，从“十一五”开始，要将国家重点环保工程纳入国民经济和社会发展规划及有关专项规划，认真组织落实。国家重点环保工程包括：危险废物处置工程、城市污水处理工程、垃圾无害化处理工程、燃煤电厂脱硫工程、重要生态功能保护区和自然保护区建设工程、农村小康环保行动工程、核与辐射环境安全工程、环境管理能力建设工程。

五、建立和完善环境保护的长效机制

（十八）健全环境法规和标准体系。要抓紧拟订有关土壤污染、化学物质污染、生态保护、遗传资源、生物安全、臭氧层保护、核安全、循环经济、环境损害赔偿和环境监测等方面的法律法规草案，配合做好《中华人民共和国环境保护法》的修改工作。通过认真评估环境立法和各地执法情况，完善环境法律法规，作出加大对违法行为处罚的规定，重点解决“违法成本低、守法成本高”的问题。完善环境技术规范和标准体系，科学确定环境基准，努力使环境标准与环保目标相衔接。

（十九）严格执行环境法律法规。要强化依法行政意识，加大环境执法力度，对不执行环境影响评价、违反建设项目环境保护设施“三同时”制度（同时设计、同时施工、同时投产使用）、不正常运转治理设施、超标排污、不遵守排污许可证规定、造成重大环境污染事故，在自然保护区内违法开发建设和开展旅游或者违规采矿造成生态破坏等违法行为，予以重点查处。加大对各类工业开发区的环境监管力度，对达不到环境质量要求的，要限期整改。加强部门协调，完善联合执法机制。规范环境执法行为，实行执法责任追究制，加强对环境执法活动的行政监察。完善对污染受害者的法律援助机制，研究建立环境民事和行政公诉制度。

（二十）完善环境管理体制。按照区域生态系统管理方式，逐步理顺部门职责分工，增强环境监管的协调性、整体性。建立健全国家监察、地方监管、单位负责的环境监管体制。国家加强对地方环保工作的指导、支持和监督，健全区域环境督查派出机构，协调跨省域环境保护，督促检查突出的环境问题。地方人民政府对本行政区域环境质量负责，监督下一级人民政府的环保工作和重点单位的环境行为，并建立相应的环保监管机制。法人和其他组织负责解决所辖范围有关的环境问题。建立企业环境监督员制度，实行职业资格管理。县级以上地方人民政府要加强环保机构建设，落实职能、编制和经费。进一步总结和探索设区城市环保派出机构监管模式，完善地方环境管理体制。各级环保部门要严格执行各项环境监管制度，责令严重污染单位限期治理和停产整治，负责召集有关部门专家和代表提出开发建设规划环境影响评价的审查意见。完善环境犯罪案件的移送程序，配合司法机关办理各类环境案件。

（二十一）加强环境监管制度。要实施污染物总量控制制度，将总量控制指标逐级分解到地方各级人民政府并落实到排污单位。推行排污许可证制度，禁止无证或超总量排污。严格执行环境影响评价和“三同时”制度，对超过污染物总量控制指标、生态破坏严重或者尚未完成生态恢复任务的地区，暂停审批新增污染物排放总量和对生态有较大影响的建设项目；建设项目未履行环评审批程序即擅自开工建设或者擅自投产的，责令其停建或者停产，补办环评手续，并追究有关人员的责任。对生态治理工程实行充分论证和后评估。要结合经济结构调整，完善强制淘汰制度，根据国家产业政策，及时制订和调整强制淘汰污染严重的企业和落后的生产能力、工艺、设备与产品目录。强化限期治理制度，对不能稳定达标或超总量的排污单位实行限期治理，治理期间应予限产、限排，并不得建设增加污染物排放总量的项目；逾期未完成治理任务的，责令其停产整治。完善环境监察制度，强化现场执法检查。严格执行突发环境事件应急预案，地方各级人民政府要按照有关规定全面负责突发环境事件应急处置工作，环保总局及国务院相关部门根据情况给予协调支援。建立跨省界河流断面水质考核制度，省级人民政府应当确保出境水质达到考核目标。国家加强跨省界环境执法及污染纠纷的协调，上游省份排污对下游省份造成污染事故的，上游省级人民政府应当承担赔付补偿责任，并依法追究相关单位和人员的责任。赔付补偿的具体办法由环保总局会同有关部门拟定。

（二十二）完善环境保护投入机制。创造良好的生态环境是各级人民政府的重要职责，各级人民政府要将环保投入列入本级财政支出的重点内容并逐年增加。要加大对污染防治、生态保护、环保试点示范和环保监管能力建设的资金投入。当前，地方政府投入重点解决污水管网和生活垃圾收运设施的配套和完善，国家继续安排投资予以支持。各级人民政府要严格执行国家定员定额标准，确保环保行政管理、监察、监测、信息、宣教等行政和事业经费支出，切实解决“收支两条线”问题。要引导社会资金参与城乡环境保护基础设施和有关工作的投入，完善政府、企业、社会多元化环保投融资机制。

（二十三）推行有利于环境保护的经济政策。建立健全有利于环境保护的价格、税收、信贷、贸易、土地和政府采购等政策体系。政府定价要充分考虑资源的稀缺性和环境成本，对市场调节的价格也要进行有利于环保的指导和监管。对可再生能源发电厂和垃圾焚烧发电厂实行有利于发展的电价政策，对可再生能源发电项目的上网电量实行全额收购政策。对不符合国家产业政策和环保标准的企业，不得审批用地，并停止信贷，不予办理工商登记或者依法取缔。对通过境内非营利社会团体、国家机关向环保事业的捐赠依法给予税收优惠。要完善生态补偿政策，尽快建立生态补偿机制。中央和地方财政转移支付应考虑生态补偿因素，国家和地方可分别开展生态补偿试点。建立遗传资源惠益共享机制。

（二十四）运用市场机制推进污染治理。全面实施城市污水、生活垃圾处理收费制度，收费标准要达到保本微利水平，凡收费不到位的地方，当地财政要对运营成本给予补助。鼓励社会资本参与污水、垃圾处理等基础设施的建设和运营。推动城市污水和垃圾处理单位加快转制改企，采用公开招标方式，择优选择投资主体和经营单位，实行特许经营，并强化监管。对污染处理设施建设运营的用地、用电、设备折旧等实行扶持政策，并给予税收优惠。生产者要依法负责或委托他人回收和处置废弃产品，并承担费用。推行污染治理工程的设计、施工和运营一体化模式，鼓励排污单位委托专业化公司承担污染治理或设施运营。有条件的地区和单位可实行二氧化硫等排污权交易。

（二十五）推动环境科技进步。强化环保科技基础平台建设，将重大环保科研项目优先列入国家科技计划。开展环保战略、标准、环境与健康等研究，鼓励对水体、大气、土壤、噪声、固体废物、农业面源等污染防治，以及生态保护、资源循环利用、饮水安全、核安全等领域的研究，组织对污水深度处理、燃煤电厂脱硫脱硝、洁净煤、汽车尾气净化等重点难点技术的攻关，加快高新技术在环保领域的应用。积极开展技术示范和成果推广，提高自主创新能力。

（二十六）加强环保队伍和能力建设。健全环境监察、监测和应急体系。规范环保人员管理，强化培训，提高素质，建设一支思想好、作风正、懂业务、会管理的环保队伍。各级人民政府要选派政治觉悟高、业务素质强的领导干部充实环保部门。下级环保部门负责人的任免，应当事先征求上级环保部门的意见。按照政府机构改革与事业单位改革的总体思路和有关要求，研究解决环境执法人员纳入公务员序列问题。要完善环境监测网络，建设“金环工程”，实现“数字环保”，加快环境与核安全信息系统建设，实行信息资源共享机制。建立环境事故应急监控和重大环境突发事件预警体系。

（二十七）健全社会监督机制。实行环境质量公告制度，定期公布各省（区、市）有关环境保护指标，发布城市空气质量、城市噪声、饮用水水源水质、流域水质、近岸海域水质和生态状况评价等环境信息，及时发布污染事故信息，为公众参与创造条件。公布环境质量不达标的城市，并实行投资环境风险预警机制。发挥社会团体的作用，鼓励检举和揭发各种环境违法行为，推动环境公益诉讼。企业要公开环境信息。对涉及公众环境权益的发展规划和建设项目，通过听证会、论证会或社会公示等形式，听取公众意见，强化社会监督。

（二十八）扩大国际环境合作与交流。要积极引进国外资金、先进环保技术与管理经验，提高我国环保的技术、装备和管理水平。积极宣传我国环保工作的成绩和举措，参与气候变化、生物多样性保护、荒漠化防治、湿地保护、臭氧层保护、持久性有机污染物控制、核安全等国际公约和有关贸易与环境的谈判，履行相应的国际义务，维护国家环境与发展权益。努力控制温室气体排放，加快消耗臭氧层物质的淘汰进程。要完善对外贸易产品的环境标准，建立环境风险评估机制和进口货物的有害物质监控体系，既要合理引进可利用再生资源和物种资源，又要严格防范污染转入、废物非法进口、有害外来物种入侵和遗传资源流失。

六、加强对环境保护工作的领导

（二十九）落实环境保护领导责任制。地方各级人民政府要把思想统一到科学发展观上来，充分认识保护环境就是保护生产力，改善环境就是发展生产力，增强环境忧患意识和做好环保工作的责任意识，抓住制约环境保护的难点问题和影响群众健康的重点问题，一抓到底，抓出成效。地方人民政府主要领导和有关部门主要负责人是本行政区域和本系统环境保护的第一责任人，政府和部门都要有一位领导分管环保工作，确保认识到位、责任到位、措施到位、投入到位。地方人民政府要定期听取汇报，研究部署环保工作，制订并组织实施环保规划，检查落实情况，及时解决问题，确保实现环境目标。各级人民政府要向同级人大、政协报告或通报环保工作，并接受监督。

（三十）科学评价发展与环境保护成果。研究绿色国民经济核算方法，将发展过程中的资源消耗、环境损失和环境效益逐步纳入经济发展的评价体系。要把环境保护纳入领导班子和领导干部考核的重要内容，并将考核情况作为干部选拔任用和奖惩的依据之一。坚持和完善地方各级人民政府环境目标责任制，对环境保护主要任务和指标实行年度目标管理，定期进行考核，并公布考核结果。评优创先活动要实行环保一票否决。对环保工作作出突出贡献的单位和个人应给予表彰和奖励。建立问责制，切实解决地方保护主义干预环境执法的问题。对因决策失误造成重大环境事故、严重干扰正常环境执法的领导干部和公职人员，要追究责任。

（三十一）深入开展环境保护宣传教育。保护环境是全民族的事业，环境宣传教育是实现国家环境保护意志的重要方式。要加大环境保护基本国策和环境法制的宣传力度，弘扬环境文化，倡导生态文明，以环境补偿促进社会公平，以生态平衡推进社会和谐，以环境文化丰富精神文明。新闻媒体要大力宣传科学发展观对环境保护的内在要求，把环保公益宣传作为重要任务，及时报道党和国家环保政策措施，宣传环保工作中的新进展新经验，努力营造节约资源和保护环境的舆论氛围。各级干部培训机构要加强对领导干部、重点企业负责人的环保培训。加强环保人才培养，强化青少年环境教育，开展全民环保科普活动，提高全民保护环境的自觉性。

（三十二）健全环境保护协调机制。建立环境保护综合决策机制，完善环保部门统一监督管理、有关部门分工负责的环境保护协调机制，充分发挥全国环境保护部际联席会议的作用。国务院环境保护行政主管部门是环境保护的执法主体，要会同有关部门健全国家环境监测网络，规范环境信息的发布。抓紧编制全国生态功能区划并报国务院批准实施。经济综合和有关主管部门要制定有利于环境保护的财政、税收、金融、价格、贸易、科技等政策。建设、国土、水利、农业、林业、海洋等有关部门要依法做好各自领域的环境保护和资源管理工作。宣传教育部门要积极开展环保宣传教育，普及环保知识。充分发挥人民解放军在环境保护方面的重要作用。

各省、自治区、直辖市人民政府和国务院各有关部门要按照本决定的精神，制定措施，抓好落实。环保总局要会同监察部监督检查本决定的贯彻执行情况，每年向国务院作出报告。

二〇〇五年十二月三日

（十八）财政部 国土资源部 环保总局关于逐步建立矿山环境治理和生态恢复责任机制的指导意见

财建[2006]215号

各省、自治区、直辖市、计划单列市财政厅（局）、国土资源厅（局）、环境保护局（厅）:

为了加强矿山环境治理和生态恢复，促使矿山企业合理负担其资源与环境成本，理顺资源价格形成机制，根据《矿产资源法》、《环境保护法》中有关加强生态环境保护、防止环境污染的有关规定，贯彻落实《国务院关于全面整顿和规范矿产资源开发秩序的通知》（国发[2005]28号）的有关要求，财政部、国土资源部、环保总局就逐步建立矿山环境治理和生态恢复责任机制提出指导意见如下：

一、从2006年起要逐步建立矿山环境治理和生态恢复责任机制。各地可根据本地实际，选择煤炭等行业的矿山进行试点，在试点的基础上再全面推开。具备条件的地区可先行在所有矿山企业普遍推开。

二、地方环境保护、国土资源行政主管部门应当组织有资质的机构对试点矿山逐个进行评估，按照基本恢复矿山环境和生态功能的原则，提出矿山环境治理和生态恢复目标及要求。地方国土资源、环境保护行政主管部门应当督促新建和已投产矿山企业根据上述要求，制订矿山生态环境保护和综合治理方案，并提出达到矿山环境治理及生态恢复目标的具体措施。在此基础上，地方国土资源、环境保护行政主管部门要会同财政部门依据新矿山设计年限或已服役矿山的剩余寿命，以及环境治理和生态恢复所需要的费用等因素，确定按矿产品销售收入的一定比例，由矿山企业分年预提矿山环境治理恢复保证金，并列入成本。

三、各地要按照“企业所有、政府监管、专款专用”的原则，由企业在地方财政部门指定的银行开设保证金账户，并按规定使用资金。地方财政部门会同国土资源、环境保护行政主管部门对企业预提的矿山环境治理恢复保证金进行监管。具体办法由各地根据本地区企业实际情况和国家有关规定自行制定。

四、对本通知发布前的矿山环境治理问题，各级政府要制定矿区环境治理和生态恢复规划，按企业和政府共同负担的原则加大投入力度。对不属于企业职责或责任人已经灭失的矿山环境问题，以地方政府为主根据财力区分重点逐步解决。

五、各级财政、国土资源、环境保护行政主管部门要高度重视建立矿山环境治理和生态恢复责任机制的工作，切实负起责任，采取有效措施督促企业按规定提取矿山环境治理恢复保证金，确保资金专项用于矿山环境治理和生态恢复。财政部、国土资源部、环保总局将对各地工作进行指导和检查，并研究采取必要措施推动此项工作。

财政部 国土资源部 环保总局

二〇〇六年二月十日

（十九）关于印发《国家农村小康环保行动计划》的通知

环发[2006]151 号

各省、自治区、直辖市环境保护局（厅），计划单列市环境保护局，新疆生产建设兵团环境保护局：

为认真贯彻落实《国务院关于落实科学发展观加强环境保护的决定》（国发[2005]39 号）和第六次全国环境保护大会精神，进一步推进农村环境保护工作，我局组织编制了《国家农村小康环保行动计划》，现印发给你们。请你们结合实际，抓紧制定本地区的农村小康环保行动计划，围绕社会主义新农村建设，有效控制农村环境污染，改善农村生产与生活环境，切实解决农村“脏、乱、差”的问题，为全面建设小康社会提供环境安全保障。

附件：国家农村小康环保行动计划

二〇〇六年十月十一日

附件

国家农村小康环保行动计划

前　言

改革开放以来，我国农村经济取得了长足发展。但随着农村经济的快速发展，传统粗放的农村经济发展模式并没有得到根本转变，许多环境问题日益凸显，农村生态环境令人担忧，特别是村镇环境“脏、乱、差”、饮用水水源水质下降、畜禽养殖污染、农村面源污染以及工业企业和城市污染向农村加速转移等问题突出，使农村环境质量进一步恶化，不仅威胁着农民群众的身体健康，而且制约了农村经济的进一步发展。随着我国农村温饱问题的基本解决和全面建设小康社会的逐步推进，广大农民群众迫切要求改变这种环境状况。党和国家领导人高度重视农村环境问题，胡锦涛总书记在 2005 年中央人口资源环境工作座谈会上，明确指示“要启动农村小康环保行动计划”，曾培炎副总理也在 2005 年 4 月提出“要统筹城乡环保工作，实施农村环境综合整治，尽快启动农村小康环保行动计划”。

党的十六届五中全会提出“要按照生产发展、生活宽裕、乡风文明、村容整洁、管理民主的要求，扎实稳步推进新农村建设”。《国务院关于加强落实科学发展观加强环境保护的决定》（国发[2005]39 号），明确要“结合社会主义新农村建设，实施农村小康环保行动计划”。按照党中央、国务院的总体部署，国家环保总局经过认真筹备和组织，编制完成了“国家农村小康环保行动计划”（以下简称“行动计划”）。

“行动计划”紧紧围绕全面建设小康社会的总体目标，坚持以人为本、环保为民，坚持以土壤污染和畜禽养殖污染防治为重点，强化农村环境综合整治，坚持因地制宜、重点突破，以试点示范为先导，用 15 年左右的时间，基本解决农村“脏、乱、差”问题，有效遏制农村环境污染加剧趋势，改善农村生活与生产环境，建设“清洁水源、清洁家园、清洁田园”的社会主义新农村，为全面建设小康社会提供环境安全保障。

一、我国农村环境形势

（一）现状问题

随着农村经济的快速发展，农村生活污水、垃圾、农业生产及畜禽养殖废弃物排放量增大，农村地区环境状况日益恶化，农村环境质量明显下降，直接威胁着广大农民群众的生存环境与身体健康，制约了农村经济的健康发展，农村环境状况令人担忧。

1．村庄环境“脏、乱、差”问题突出

长期以来，广大农村地区生活垃圾、生活污水、畜禽养殖和农业废弃物任意排放的问题未引起根本重视，人畜粪便、生活垃圾和生活污水等废弃物大部分没有得到处理，随意堆放在道路两旁、田边地头、水塘沟渠或直接排放到河渠等水体中，使“污水乱泼、垃圾乱倒、粪土乱堆、柴草乱垛、畜禽乱跑”、“室内现代化，室外脏乱差”成为一些农村环境的真实写照。相关调查表明，全国农村每年产生生活污水约 80 多亿 t，生活垃圾约 1.2 亿 t，大部分得不到有效处理，严重污染了农村地区居住环境，直接威胁着广大农民群众的生存环境与身体健康。同时，畜禽养殖废弃物和农业秸秆的综合利用率不高，畜禽粪便任意堆放和排放、秸秆就地焚烧现象较为普遍。在我国农村现代化进程较快的一些地区，则存在着城镇和农村聚居点与工业区混杂，基础设施建设和环境管理落后于经济和城镇化发展水平的现象。

2．城市工业污染向农村转移趋势加剧

近年来，随着我国现代化、城镇化进程的加快以及城市人口规模的扩大，加之产业梯级转移和农村生产力布局调整的加速，越来越多的开发区、工业园区特别是化工园区在农村地区悄然兴起，造成城镇工业废水、生活污水和垃圾向农村地区转移的趋势进一步加剧，工业企业的废水、废气、废渣等“三废”超标排放已成为影响农村地区环境质量的主要因素。一些城郊地区已成为城市生活垃圾及工业废渣的堆放地，全国因固体废弃物堆存而被占用和毁损的农田面积已超过 200 万亩。特别是乡镇工业企业布局分散、设备简陋、工艺落后，企业污染点多面广，难以监管和治理，因污染引发的民事纠纷事件呈上升趋势，环保纠纷已成为继征地、拆迁之后又一影响社会稳定的新问题。

3．土壤污染问题已对食品安全构成严重威胁

一些地区由于长期过量使用化学肥料、农药、农膜以及污水灌溉，使污染物在土壤中大量残留，直接影响土壤生态系统的结构和功能，使生物种群结构发生改变，生物多样性减少，土壤生产力下降，土壤理化性质恶化，影响作物生长，造成农作物减产和农产品质量下降，对生态环境、食品安全和农业可持续发展构成威胁，土壤污染的总体形势相当严峻。据不完全调查，目前全国受污染的耕地约有 1.5 亿亩，占耕地总面积的 1/10 以上，其中多数集中在经济较发达地区。

土壤污染带来了严重后果：一是影响耕地质量，造成直接经济损失。据估算，全国每年因重金属污染的粮食达 1 200 万 t，造成的直接经济损失超过 200 亿元。二是影响食品安全，威胁人体健康。土壤污染造成有害物质在农作物中累积，并通过食物链进入人体，引发各种疾病，最终危害人体健康。三是影响农产品出口，降低国际竞争力。20 世纪 90 年代以来，因农药残留和重金属含量超标，农产品出口被外方退货、索赔和终止合同的事件时有发生，部分传统大宗农产品也被迫退出国际市场。特别是我国加入世贸组织以后，发达国家对我国出口农产品要求提高，出口压力增大。

由于土壤污染具有累积性、滞后性、不可逆性的特点，治理难度大、成本高、周期长，将长期影响经济社会的发展。土壤污染问题已经成为影响群众身体健康、损害群众利益、威胁农产品安全的重要因素。

4．农村饮水安全保障程度低

由于城乡发展二元结构的存在，农村用水的保障优先性低于城市和工业用水，水源性缺水和水质性缺水并存，主要表现为：供水保证率低、水质不达标、水型地方病严重等。据初步统计，农村自来水普及率尚不到40%，仅有14%的村庄有供水设施，而且用水器具质量和供水效率低，处理设施简陋，约有3.2亿农村人口饮水不安全，其中1.9亿人的饮用水有害物质含量超标，6300多万人饮用高含氟水，3800多万人饮用苦咸水，饮水含氟量大于2mg/L的人口约占病区总人口的40%。饮水不安全导致一些农村地区疾病流行。据调查，我国一些沿江农村地区，由于受大量工业污水和生活污水的污染，出现了“癌症高发村”。因饮用水问题，一些农村地区出现了斑牙病、结石、皮肤病等疾病。

农村现有的浅水井和水窖的环境卫生问题也较为突出，据对234个农村供水站的饮用水卫生监测表明，其细菌指标合格率仅为8.81%。京、津、唐地区69个乡镇地下水和饮用水取样分析表明，硝酸盐含量超过饮用水标准的占一半以上。

5．农业生产废弃物综合利用率低，面源污染问题突出

随着我国农业生产能力大幅度提高，畜禽养殖业污水、粪便、作物秸秆以及残留农膜等农业生产过程中产生的废弃物大量增加。初步估算，我国每年产生各类农作物秸秆约6.5亿t，每年畜禽粪便排放总量达25亿t，农膜年生产量达130万t，使用农膜的耕地面积已突破亿亩。但调查显示，40%以上农作物秸秆未被有效利用，农膜年残留量高达45万t，大多数养殖场粪便、污水的贮运和处理能力不足，许多规模化养殖场没有污染防治设施，大量粪便、污水未经有效处理直接排入水体，造成严重的环境污染。

施肥、施药配套技术和器械不完备，加之农民缺乏科学使用农药、化肥的知识，造成农用化学品大量浪费并直接污染环境。据统计，我国农药的年施用量已高达132万t，其中，高毒农药占70%；化肥施用量达4412万t，其中氮肥施用量高达到2200万t左右，有机肥施用量仅占肥料施用总量的25%。在东南部沿海一些经济发达地区，化肥施用水平已高达每公顷600 kg以上，化肥利用效率却维持在35%左右的较低水平。

当前，我国农村生产与生活中存在的这些环境问题，已严重威胁到广大农民群众的身体健康，制约了农村经济的进一步发展，这些环境问题如不能得到及时解决，必将影响社会主义新农村建设和全面建设小康社会总体目标的实现。

（二）成因分析

导致当前农村环境问题的主要原因，可以归结为以下四个方面：

一是农村环保基础设施建设严重滞后。长期以来，由于受历史的局限和经济体制条件的制约，基层政府提供环保基础设施等公共服务的能力非常薄弱，加之缺乏有效的公共服务投融资机制和政策，农村环保基础设施建设总体上处于空白状态，许多农村地区成为污染治理的盲区和死角。

二是农村环保监管能力亟待提高。当前，我国农村基层环保机构很不健全，绝大部分乡镇没有建立专门的环保机构和队伍，环境监测和环境监察工作尚未覆盖广大农村地区，存在污染事故无人管、环保咨询无处问的现象。根据2005年全国环境统计公报，全国各级环保系统实有人数160246人，其中，各级环境监察人员不足5万人，而全国产生污染物的工业企业已超过百万家。

三是农村环保法律法规和制度不健全。相对城市环境保护和工业污染防治而言，农村环保工作起步晚、基础弱，针对农村环境问题，如畜禽养殖污染、面源污染、土壤污染等方面的相关立法尚处于空白，现行法律中的一些相关规定针对性和可操作性不强，给农村环保执法和环

境问题的解决造成了一定的困难。

四是对农村环保的宣传教育不够。由于受人力、资金条件限制，环保宣传教育还没有真正深入到农村，一些干部、群众的环境意识不高，环境法制观念和依法维权意识不强，对生产、生活污染的环境危害认识不足，日常生产、生活行为缺乏必要的环境知识作指导，难以适应新农村建设的需要。

总之，我国农村环境的现状，与改善农民健康状况、提高农民生活质量的迫切要求不相适应，与激发农村活力、促进农村经济发展的迫切要求不相适应，与转变农业生产方式、提高食品安全水平的迫切要求不相适应，与实现全面建设小康社会、建设农村新环境的迫切要求不相适应，急需下更大的气力、做出更大的努力来改变这种状况。

（三）形势与机遇

党的十六大确立了全面建设小康社会的总体目标，描绘了 21 世纪我国现代化建设的宏伟蓝图。全面建设小康社会的重点在农村，难点也在农村，广大农村地区能否实现小康社会的目标是我国全面建设小康社会总目标能否顺利实现的关键。

今后一个时期，我国全面建设小康社会面临着如何满足社会日益增长的农产品需求、如何面对国际上激烈的市场竞争及如何遏制自然资源耗竭和农村生态环境恶化等诸多挑战。这就需要我们认清形势，提高认识，转变农村地区粗放的生产模式和落后的生活方式，坚持服务“三农”的基本思想，采取有效措施，改变农村环境污染现状，走农村经济、社会与环境协调发展的道路。

党的十六届五中全会提出“建设社会主义新农村是我国现代化进程中的重大历史任务”，并明确了建设社会主义新农村的具体要求。实施“行动计划”的目的就是落实建设社会主义新农村这一重大历史任务，在积极发展农村经济的同时，保护和改善农村生态环境，大力弘扬生态文明，通过倡导新的生产与生活方式，引导广大农村地区和农民群众走上生产发展、生活富裕、生态良好的文明发展道路，加速推进农村全面建设小康社会的进程。实施“行动计划”符合国家《国民经济和社会发展第十一个五年规划纲要》的有关精神，与建设社会主义新农村的国家发展战略保持了高度一致，并将作为建设社会主义新农村的重要组成部分，有力推进社会主义新农村建设。因此，在建设社会主义新农村的历史时期，启动并扎实推进“行动计划”十分必要，意义重大。

二、指导思想、原则与目标

（一）指导思想

以“三个代表”重要思想和科学发展观为指导，围绕全面建设小康社会的总体目标，坚持以人为本、环保为民，突出农村环境污染防治，以试点示范为先导，切实解决农村环境“脏、乱、差”问题，努力改善农村生活与生产环境，稳步推进社会主义新农村建设，为全面建设小康社会提供环境安全保障。

（二）基本原则

1. 突出污染防治，完善基础设施

当前我国农村地区最为突出的环境问题仍然是日益严重的环境污染问题，“行动计划”紧紧围绕农村环境污染防治这一重点任务，优先解决农村地区突出的生活垃圾污染、水环境污染、土壤污染、畜禽养殖污染、工业企业污染等问题。针对农村环境保护工作基础薄弱的现实，从加大资金投入、政策引导等方面，重点保障农村地区开展污染防治必需的生活污水处理、生活垃圾收集－运输、养殖废弃物处理与利用、饮用水水源保护等基础设施建设。

2．明确目标任务，分步落实措施

按照全面建设小康社会的总体目标要求，统筹规划小康社会建设过程中的农村环境保护工作，确定2006年至2020年农村环境保护的总体目标与重点任务。同时，根据各时期的经济发展水平，确定各阶段的分段目标和任务，把农村环境污染防治与促进农村经济发展有机结合，根据所面临问题的轻重缓急程度，优先解决影响面大、矛盾突出的问题，分步实施，扎实推进。

3．坚持因地制宜，分类分区指导

我国地域辽阔，东、中、西部农村地区生态环境状况、社会经济发展水平和面临的主要环境问题各不相同，因此，必须从各地实际出发，因地制宜，采取相应的对策和措施。在经济发达地区，要加大治污力度，实行环境优先战略，巩固农村环境污染治理成果，加大农村生态示范创建力度；在经济欠发达地区，应加大投入，重点加强农村环保基础设施与环保能力建设。

4．坚持全面推进，实现重点突破

在全面加强农村环境污染防治的同时，应抓住重点、分清主次，优先治理工业企业污染，保护农村饮用水水源地，加强村庄生活污水处理和生活垃圾收集清运，积极防治畜禽养殖污染和土壤污染，强化农村环境基础设施建设。进一步抓好试点示范，以点带面、点面结合，全面推进“行动计划”的实施。

5．坚持政府主导，鼓励公众参与

各级政府要加大公共财政对农村环保的支持力度，制定有利于农村环保工作的相关政策，引导公众积极参与“行动计划”的实施，充分运用法律、行政、经济等手段，建立激励机制，利用广播、电视等新闻媒体，大力开展农村环保知识宣传活动，推进“千乡万村环保科普行动计划”，鼓励“环保下乡”，调动社会各方面的积极性，全面落实“行动计划”。

6．坚持科技先行，多方筹措资金

要针对农村地区实际情况，重点开发低成本、高效实用的环保新技术，建立保障“行动计划”实施的技术支撑体系，在充分吸收与借鉴国际农村环境保护经验与成功模式的基础上，加强科技自主创新研究。充分发挥市场的调节作用，积极引导社会资金投入农村环境保护领域。

（三）工作目标

1．总体目标

到2020年，有效控制农村地区环境污染的趋势，基本解决农村“脏、乱、差”问题，农村生活与生产环境得到切实改善，为建设“清洁水源、清洁家园、清洁田园”的社会主义新农村和全面建设小康社会提供环境安全保障。

2．“十一五”目标

到2010年，初步解决农村环境“脏、乱、差”问题，农村地区工业企业污染防治取得阶段性成效，农村饮用水环境得到改善，规模化畜禽养殖污染得到基本控制，新增一批有机食品生产基地，生态示范创建活动全面展开，农村环境监管能力得到加强，公众环保意识进一步提高，农村环境得到初步改善。

——建设500个工业企业污染治理示范工程。

——基本完成全国1万个行政村的农村生活垃圾收运－处理系统、生活污水处理设施示范建设，东、中、西部分别完成4 000个、3 500个、2 500个示范工程建设。

——建设500个规模化畜禽养殖污染防治示范工程。

——建设10处土壤污染防治与修复示范工程。

——建设600处农村饮用水水源地污染治理示范工程。

——建设300个有机食品生产基地。

——创建 2 000 个环境优美乡镇，1 万个生态村。

——加强 200 个县的环境监测、监管和宣教基本设施建设。

三、重点领域

（一）开展村庄环境污染综合治理

在实施"行动计划"的农村地区，生活垃圾要实现定点存放、统一收集、定时清理、集中处置，提倡资源化利用或纳入镇级以上处置系统集中处理。在经济较发达地区，可采用"村收集—镇集中—县处理"的城乡生活垃圾一体化处置模式；在经济欠发达、交通不便地区可采取堆肥或简易填埋；有条件地区应进行无害化处理，或纳入乡镇集中处置系统；组织当地农民群众对历史积存垃圾进行专项清理。

应采取分散或相对集中、生物或土地等多种处理方式，因地制宜开展农村生活污水处理。在人口相对集中、水环境容量相对较小的地区可采用环境工程设施处理；在人口密度较低、水环境容量相对较大的农村区域，可利用湿地、沟塘等自然系统就地处理。应结合农村沼气建设与改水、改厕、改厨、改圈，逐步提高生活污水处理率。在我国农村水环境污染较严重的地区及水污染治理重点流域要优先建设一批农村生活污水处理示范工程。

（二）加强工业企业污染防治

坚持工业企业适当集中原则，优化工业发展布局。在有条件的区域可规划建设农业产业化园区和生态工业园区或工业集中发展区。在生态工业园区和工业集中发展区之外的区域，不再新上工业项目。加强生态工业园区和工业集中发展区环境基础设施建设，根据工业区规模与主导行业类型，建设相应规模的"三废"处理设施。

进一步加强规划工作，严格工业企业的环境管理。组织制定生态工业园区和工业集中发展区环境保护规划。对工艺落后、设备简陋、污染严重的工业企业，限期治理或予以取缔、关闭。加大执法力度，严格查处违法排污企业，确保环境安全。加强企业污染物排放在线监控，对超标排污企业实行限期治理。按照污染物总量控制原则，逐步实施企业污染物排放削减计划。

东部沿海经济比较发达地区的农村工业企业，要积极推行清洁生产，采用先进适用的技术和设备，发展无污染和少污染的产业和产品。中西部经济欠发达地区的农村工业企业，要合理开发和利用自然资源，严禁引进和新建污染严重的生产项目，加快企业的技术改造与污染治理设施的更新配套，防止环境污染和生态破坏。

（三）治理土壤污染与农村面源污染

在全国土壤污染状况调查的基础上，应针对不同土壤污染类型（重金属、农药残留、有机污染、复合污染等），选取有代表性的区域（污灌区、固体废物堆放区、矿山区、油田区、工业废弃地等），开展土壤污染治理与修复示范工作。严格控制农田污灌与底泥施用，大力发展有机食品生产，避免产生土壤污染。要对有机食品生产基地的基本情况进行全面调查与评估，制订有机食品生产基地环境保护规划和详细的环境管理计划，开展生产基地土壤、水、大气环境质量定期监测，制定相关监测标准及技术规范，综合防治病虫害。

要指导农民合理使用农药、化肥、农膜等农用化学品，积极发展生态农业，搞好作物秸秆、畜禽养殖废弃物的资源化利用，妥善处理村镇生活垃圾和污水，综合防治农村面源污染。

（四）保障农村饮用水环境安全

针对目前我国农村饮用水环境安全存在的主要问题，要对农村饮用水水源，特别是农村人口聚居区的集中式饮用水水源，建设并完善水源地环境保护工程建筑物，防止水源受到污染。合理布置取水点位置，选择远离污染源、水量充沛、水质良好的水源，在村民集中聚居区，逐步建设集中供水系统。划定水源保护区，完善污染预防措施，加强农药和化肥的环境安全监督管理。加强水源水质监测，开展农村饮用水水源水质调查与评估，为保护水源环境提供科学依据。

（五）防治规模化畜禽养殖污染

遵循资源化、无害化、减量化和综合利用优先的原则，根据各地实际情况，因地制宜，采取生产沼气、建设有机肥生产厂、土地利用、工艺处理等模式，提高畜禽养殖废弃物资源化利用水平与污染物达标排放率。使用安全、高效的环保生态型饲料和先进的清粪工艺、饲养管理技术，实现污染“源头控制”。加强畜禽养殖环境监管，划定禁养区和限养区，在重点区域、流域、生态敏感区，要严格控制新建规模化畜禽养殖场。要加紧制定相应的法规、标准，加强畜禽养殖废弃物的资源化综合利用和污染防治。

四、建设任务

（一）农村环境污染治理基础设施建设

1．农村生活垃圾收运－处理系统示范建设

到 2010 年，在 1 万个行政村建设垃圾收集－转运设施，建设 200 个（10 t/d 处理规模）卫生/无害化填埋场。

生活垃圾收集－转运设施配置：根据村庄规模和卫生要求配置一定数量的垃圾筒（箱），及时收集村庄生活区产生的垃圾废物。根据村庄人口规模、清运路程，配置一定数量、规模的垃圾转运工具、中转站。

生活垃圾处理设施建设：1）简易填埋场，主要用于经济欠发达、交通不便利和垃圾产生量少的地区近期垃圾处理；2）垃圾卫生填埋场，适用于有一定经济条件的地区，按国家生活垃圾填埋污染控制要求进行设计与建设。

表 1　农村生活垃圾收集－转运设施示范建设任务分解表

	2006 年	2007 年	2008 年	2009 年	2010 年
东部	100	800	900	1 100	1 100
中部	150	700	700	900	1 050
西部	100	500	500	700	700
合计（个）	350	2 000	2 100	2 700	2 850

表 2　农村生活垃圾处理设施示范建设任务分解表

	2006 年	2007 年	2008 年	2009 年	2010 年
东部	4	16	16	22	22
中部	4	14	14	19	19
西部	2	10	10	14	14
合计（个）	10	40	40	55	55

2．生活污水处理设施示范建设

到 2010 年，完成 1 万个行政村污水处理设施示范建设。优先在我国农村水环境污染较严重的地区及水污染治理重点流域，建设农村生活污水处理示范工程，根据各地区的实际情况，选择化粪池、污水净化池、人工湿地、地埋式污水处理等技术模式，建设污水处理设施，发挥辐射、带动周边地区的示范作用。

表 3 农村生活污水处理设施示范建设任务分解表

	2006 年	2007 年	2008 年	2009 年	2010 年
东部	100	800	900	1 100	1 100
中部	150	700	700	900	1 050
西部	100	500	500	700	700
合计（个）	350	2 000	2 100	2 700	2 850

（二）工业企业污染防治示范建设

到 2010 年，完成 500 个工业企业污染防治示范工程建设，其中东、中、西部分别完成 250 个、150 个、100 个示范工程。

重点在工业企业污染较重的农村地区、污染治理基础设施不配套的部分工业园区和工业集中发展区，建设和完善工业企业的污染防治基础设施。健全工业企业内部环境管理制度，制订环境保护计划与污染物削减实施方案，推行清洁生产，减少污染物的产生和排放，对周边农村地区分布的工业企业发挥示范带动作用。

表 4 工业企业污染防治示范建设任务分解表

	2006 年	2007 年	2008 年	2009 年	2010 年
东部	10	50	50	70	70
中部	5	30	30	40	45
西部	5	30	30	20	35
合计（个）	20	100	100	130	150

（三）土壤污染综合治理与修复示范建设

到 2010 年，建设 10 处土壤污染防治与修复示范工程，其中东、中、西部分别完成 5 处、4 处、1 处示范工程建设。

重点选择对我国食品安全和环境安全有重要意义的地区，包括全国重点城市及流域基本农田保护区、“菜篮子”基地等农产品生产地、全国重点污灌区、典型工矿企业废弃地等，选取生物修复、施加抑制剂、客土、淋洗等措施，建设土壤污染综合治理与修复示范工程。

表 5 土壤污染防治与修复示范任务分解表

	2006 年	2007 年	2008 年	2009 年	2010 年
东部	0	2	1	1	1
中部	0	1	1	1	1
西部	0	0	1	0	0
合计（处）	0	3	3	2	2

（四）有机食品生产基地建设

到 2010 年，建设 300 个有机食品生产基地，其中东、中、西部分别完成 60 个、90 个、150 个示范工程建设。

优先在中西部自然条件良好，有利于发展有机食品生产的农村地区建设有机食品生产基地，东部地区则选择有机食品发展较快、基础较好的地区建设示范工程。开展有机食品生产基地环境调查与评估，编制有机食品生产基地发展规划，制定有机食品生产基地技术规范和管理办法，进行有机食品基地认证工作，开展产地水、土壤、大气环境质量定期监测。

表 6　有机食品生产示范基地建设任务分解表

	2006 年	2007 年	2008 年	2009 年	2010 年
东部	2	12	14	16	16
中部	8	18	20	22	22
西部	15	30	35	35	35
合计（个）	25	60	69	73	73

（五）农村饮用水水源地保护示范建设

到 2010 年，完成 600 处农村饮用水水源地环境保护示范工程建设，其中东、中、西部分别完成 150 处、200 处、250 处示范工程建设。

强化农村饮用水水源地环境污染防治，优先在饮用水水源水质污染较重、对当地群众身体健康构成严重威胁的农村地区及水污染治理重点流域建设示范工程。开展农村饮用水水源地周边污染源调查与评价，布设水源地水质自动监测系统，划定水源保护区范围，建设水源周边截污工程，设置水源保护区标志，建立和完善管理制度，制定水源水质保护相关规定和办法。

表 7　农村饮用水水源地环境保护示范建设任务分解表

	2006 年	2007 年	2008 年	2009 年	2010 年
东部	10	30	40	40	30
中部	10	40	50	50	50
西部	20	50	60	60	60
合计（处）	40	120	150	150	140

（六）规模化畜禽养殖污染防治示范建设

到 2010 年，完成 500 个规模化畜禽养殖污染防治示范工程建设，其中东、中、西部分别完成 200 个、180 个、120 个示范工程建设。

在重点流域、区域和规模化畜禽养殖污染物排放量较高的地区，优先建设规模化畜禽养殖污染防治示范工程。根据养殖场所在地的经济发展水平、种植业和养殖业布局等具体情况，因地制宜地选择生产沼气、堆肥、各类环境工程等技术模式，切实解决畜禽养殖污染，力求实现畜禽养殖污染物的资源化综合利用，使污染物达标排放。

表 8　规模化畜禽养殖污染防治示范建设任务分解表

	2006 年	2007 年	2008 年	2009 年	2010 年
东部	10	40	40	50	60
中部	6	36	36	46	56
西部	4	24	24	34	34
合计（个）	20	100	100	130	150

（七）创建环境优美乡镇、生态村

到2010年，创建2 000个环境优美乡镇，其中东、中、西部分别创建1 000个、600个、400个；创建1万个生态村，其中东、中、西部分别创建5 000个、3 000个、2 000个。

按照环境优美乡镇及生态村考核指标要求，在具有较好社会基础、较强经济实力的乡镇、村，率先建设一批环境优美乡镇、生态村，实行以奖代补，对获得称号的乡镇、村予以奖励。

表9　环境优美乡镇创建任务分解表

	2006年	2007年	2008年	2009年	2010年
东部	50	200	220	260	270
中部	30	120	130	150	170
西部	20	80	100	90	110
合计（个）	100	400	450	500	550

表10　生态村创建任务分解表

	2006年	2007年	2008年	2009年	2010年
东部	200	1 000	1 200	1 200	1 400
中部	100	600	700	800	800
西部	100	400	500	500	500
合计（个）	400	2 000	2 400	2 500	2 700

（八）农村环境保护能力建设

到2010年，完善200个县的环境监测、监管和宣教基本设施建设，其中东、中、西部分别完成40个、60个、100个。

在加强农村环境污染综合治理基础设施建设的同时，加强农村环境管理体系建设。根据不同地区的经济发展水平与环境管理要求，“十一五”期间，重点加强中西部地区农村环境保护能力建设，优先在环境污染较重、环保能力相对薄弱或对区域环境总体质量具有重要影响的农村地区，提高县级环境监测、监管与宣传教育能力。

表11　农村环境保护能力示范建设任务分解表

	2006年	2007年	2008年	2009年	2010年
东部	2	8	10	10	10
中部	4	14	14	14	14
西部	8	23	23	23	23
合计（个）	14	45	47	47	47

五、保障措施

（一）组织领导

农村小康环保行动计划是一个庞大的系统工程，应成立“行动计划”实施领导小组，由国家环保总局任组长单位，成员单位由相关部门组成，领导小组下设办公室及联络员，联络员由各部委选派人员组成。各省、市、县也要成立相应组织领导、协调机构。

各地要建立政府领导、环保协调、部门分工、公众参与的工作机制，并成立以政府分管领导为组长，各有关部门主要负责同志为组成人员的工作领导小组，负责本地“行动计划”的组织与实施，领导工作小组下设办公室，负责沟通、联络等日常工作事务，为实施“行动计划”提供组织保障。项目采取县负责、镇（乡）组织、村实施的运行机制，有关行业主管部门负责行业技术指导和协调，以及完善管理制度和规章。在创建生态省、市、县以及全国生态示范区的地区可由生态建设工作领导小组及其办公室负责行动计划的组织和实施。

（二）资金保障

根据“行动计划”各项重点任务投资需求的初步测算，“十一五”期间，实施八大重点任务共需投资约50.8亿元。以中央财政投入为主，地方配套，村民自愿，鼓励社会各方参与。地方各级人民政府要把“行动计划”列入“十一五”规划和年度计划，每年安排一定数量的专项资金。中央财政应设立专项补助资金，用于支持地方、尤其是中西部地区。各部门要统一思想，统筹安排，按照职责分工，重点解决试点示范村镇的配套工程建设。

中央财政资金随工作任务下达，重点用于支持以下几个方面：①农村环境污染防治基础设施建设，包括生活污水处理、生活垃圾收运－处理设施等工程费用；②农村饮用水水源地环境保护；③畜禽养殖污染防治与废弃物资源化利用；④土壤污染治理的试点示范；⑤农村环保能力建设。

地方财政重点支持以下几个方面：①农村饮用水水源地环境保护；②工业企业污染防治；③环境优美乡镇、生态村创建；④农村环境监测和监管能力建设；⑤宣传教育。

（三）政策措施

为确保“行动计划”的顺利实施，应加快推动制定相应的农村环境保护法规和政策，包括制定《土壤污染防治法》、《畜禽养殖污染防治条例》、《农村环境保护条例》等；制定促进农业废弃物综合利用、有机食品发展、有机肥推广使用等有关政策。各级财政应对农村环境保护给予资金支持，并随财政收入增长和农村环保工作进展情况相应增加；加快生活污水处理市场化进程，向投资主体多元化的方向转变。

（四）技术支撑

全面实现“行动计划”各项任务和目标，需要多方面技术的有力支撑。应加强村庄环境污染综合治理系列配套技术示范与推广。针对农村地区经济能力有限的实际情况，开发低成本、操作简单、高效的小型实用环保新技术。各地可结合实际情况，利用现有科研成果积极研究探索，在不同地区选取典型村庄进行试点示范，逐步推广。加快环保科研成果在农村地区的应用转化，特别是适用于不同地区的高效实用技术的研发、推广。

加强农村环保科技人员培养与引进，组建高素质的科技人员队伍。高度重视农村科技人才资源的开发和人才结构的优化，努力创造有利于人才发挥作用的社会氛围、政策环境和用人机制。为保障“行动计划”的顺利实施，各地方相关单位，应组织专业技术人员，及时解决“行动计划”实施过程中遇到的技术问题。

（五）宣传教育

各级政府及有关部门要充分利用广播、电视、报刊、网络等媒体手段开展多层次、多形式的农村小康环保行动计划的舆论宣传和农村环保科普知识宣传，动员广大农民积极参与农村小康环保行动，推动建设活动的全面展开。

及时宣传报道“行动计划”过程中涌现出的先进典型和优秀事迹，通过树立典型，引导广大农民群众自觉保护农村生态和环境，形成良好的环境卫生和符合环境保护要求的生活、消费习惯，弘扬生态文明，发展生态文化。

（六）监督检查

建立目标责任制，加强对县、镇（乡）政府领导实施“行动计划”的目标考核。建立评比奖励机制，分解工作目标和任务，年终进行评比。召开“行动计划”工作总结暨表彰大会。以奖代补，对生态村、环境优美乡镇创建工作中表现突出的集体、个人予以表彰。建立巡回督导制度，每年定期抽查，并将结果报送领导小组。各省、市、县也要建立督导制度，加强监督，并将督导结果向上一级报送。

加强公众参与，邀请民主党派、无党派及热心农村环保事业的志愿者进行监督，将“行动计划”年度实施情况向社会公布，以督促、推动工作。

（二十）关于进一步加强生态保护工作的意见

环发[2007]37 号

各省、自治区、直辖市环境保护局（厅），新疆生产建设兵团环境保护局，各直属单位，各派出机构：

为贯彻落实《国务院关于落实科学发展观加强环境保护的决定》（国发[2005]39 号）和第六次全国环境保护大会精神，加快解决影响可持续发展的生态问题，全面推进环境保护历史性转变，现就进一步加强生态保护工作提出如下意见：

一、充分认识生态保护面临的严峻形势

（一）生态保护工作取得积极进展。党中央、国务院高度重视生态保护，采取了一系列重大措施，不断加强生态保护工作，各级环保部门积极参与综合决策，加强监管，努力遏制生态恶化趋势。自然保护区和生态功能保护区建设与管理取得积极进展，生物多样性保护与生物安全管理工作进一步深化，资源开发生态保护监管水平不断提高，生态示范创建工作蓬勃开展，农村污染防治得到重视，全社会生态保护意识和公众参与度明显提高。

（二）生态环境形势十分严峻。虽然我国生态保护工作取得积极进展，但生态环境形势依然十分严峻，生态环境恶化的趋势还没有得到有效遏制。生态系统功能下降，生物多样性减少，外来有害物种入侵，削弱了可持续发展的基础；水污染和水生态失衡制约了经济社会发展；土地退化导致土地生产力下降，土壤污染影响农产品安全；矿产资源的不合理开发导致一些地区生态破坏严重，地质灾害频发。人口增加和经济社会快速发展对生态环境的压力越来越大。

（三）生态保护工作基础薄弱。生态保护政策、法规、标准体系不完善，环保部门实施统一监管的手段不足，能力建设严重滞后，队伍、技术力量薄弱，投入机制不健全。生态保护工作与新形势、新任务不相适应。

（四）必须把生态保护工作摆在重要位置。生态环境保护关系经济社会的可持续发展，关系人民生活和子孙后代的发展，关系环境保护事业的发展。必须坚定不移地坚持保护生态环境的方针，坚持污染防治与生态保护相结合，以生态修复扩大环境容量，以生态措施强化污染防治，确保实现“十一五”环保目标，努力促进人与自然的和谐。

二、明确生态保护工作的指导思想和目标

（五）指导思想。以科学发展观为指导，以加快实现环境保护历史性转变为契机，加大执法力度，重点抓好自然生态系统保护与农村污染防治，严格控制资源开发建设活动造成的生态破坏，提高监督管理水平，维护自然生态系统功能，促进人与自然和谐，为全面建设小康社会提供坚实的生态安全保障。

（六）生态保护目标。到2010年，生态环境恶化趋势得到基本遏制，部分地区生态环境质量有所改善。重点生态功能保护区的生态功能基本稳定，自然保护区、生态脆弱区的管理能力得到提高，生物多样性锐减趋势和物种遗传资源的流失得到有效遏制，外来有害物种的入侵得到控制；基本摸清全国土壤环境污染状况，农村污染防治力度不断加大；生态保护法规体系进一步完善，执法能力进一步加强。到2020年，全国生态环境状况明显改善。

（七）基本原则。

预防为主，保护优先。运用法律、经济和必要的行政手段，强化监管措施，规范开发建设活动，防止造成新的人为生态破坏。生态保护和建设的重点从事后治理向事前保护转变，从人工建设为主向自然恢复为主转变，从源头上扭转生态恶化趋势。

分类指导，分区推进。按照国土空间优化开发、重点开发、限制开发和禁止开发四类主体功能区的定位，以及自然生态环境条件和社会经济发展水平，因地制宜，采取相应的生态保护对策和措施。

统筹规划，重点突破。正确处理资源开发与生态保护的关系，近期与远期兼顾、局部与全局协调。优先抓好生态保护的重点区域和重点项目，力争在短期内有所突破。

三、着力解决影响可持续发展的生态问题

（八）以实施农村小康环保行动计划为龙头，大力推进农村环境保护。各地在社会主义新农村建设中，要尽快编制并实施农村小康环保行动计划；加强农村饮用水水源地的保护和监管，保障农民群众饮水安全；重点治理农村生活污水和垃圾，推进村庄环境综合整治；开展农业污染源调查，实施畜禽养殖污染治理，依法划定禁养区，加大秸秆禁烧的执法检查力度；加强农村环境基础设施和环保监管能力建设，严格执行环境影响评价和“三同时”制度，防止城市和工业污染向农村转移。

（九）以土壤污染状况调查与监测为基础，全面加强土壤环境保护工作。开展全国土壤污染状况调查，逐步完善土壤环境质量标准体系，建立土壤环境质量监测和评价制度，开展污染土壤修复与综合治理试点；加强对污灌区域、工业用地及工业园区周边地区土壤污染的监管，严格控制主要粮食产地和蔬菜基地的污水灌溉，确保农产品质量安全；积极发展生态农业、有机农业，严格对无公害、绿色、有机农产品生产基地的环境监管。

（十）以自然保护区、生态功能保护区、生态脆弱区的建设和保育为主体，保护和恢复自然生态系统的整体功能。认真做好生态功能区划工作，确定不同地区的主导生态功能和发展方向；开展自然保护区基础调查，优化空间布局，强化管护能力建设，推进规范化管理，完善监管机制，提高保护质量；编制生态功能保护区规划，抢救性地建立一批国家重点生态功能保护区；编制生态脆弱区保护规划，使脆弱的生态系统休养生息。

（十一）以遏制人为生态破坏为重点，强化资源开发的生态保护监管。依据《环境影响评价法》和《建设项目环境保护管理条例》，加大规划环评的力度；加强对矿产资源、水资源、旅游资源和交通基础设施等开发建设项目和活动的环境监管，努力遏制新的人为破坏生态活动；加强红树林、珊瑚礁、海草等典型海岸、海洋生态系统的保护和恢复，改善近岸海域、海岸带和海洋生态环境，提高其服务功能。

（十二）以履行《生物多样性公约》和《生物安全议定书》为主线，加强物种资源保护和生物安全管理。加强履约工作的组织协调，制订生物多样性保护行动计划，开展区域生物多样性评价工作；完善生物物种资源保护部际联席会议制度，编制生物物种资源保护与利用规划，做好生物物种资源调查工作，完善生物物种资源数据库和信息系统；做好转基因生物安全、外来有害入侵物种和病原微生物的环境安全管理。

（十三）以生态示范系列创建为载体，积极推进区域经济社会与环境协调发展。扎实推进和深化生态省（市、县）、生态示范区、环境优美乡镇、生态村创建工作，创新工作机制，实施分类指导，分级管理；求真务实，严格标准，完善考核办法；制定鼓励性政策措施，以奖代补推动创建工作。

四、强化生态保护工作措施

（十四）加强组织领导和队伍建设。地方各级环保部门要把生态保护工作纳入重要议事日程，省级、市级环保部门要加强生态保护工作机构建设，县级环保部门要有专人负责生态保护工作，推动乡镇设立兼职的生态环境监管人员。切实加强生态保护能力建设，继续开展生态保护工作人员的业务培训，提高工作人员的业务水平。

（十五）加强生态保护立法工作。积极配合全国人大做好自然保护区法的立法工作，总局要依据职责抓紧研究拟订土壤污染防治法、转基因生物安全法、生态保护法、畜禽养殖污染防治条例、农村环境保护条例、生物遗传资源管理条例等法律、法规草案建议稿；加快制定矿山生态恢复治理、生态脆弱区评估、自然保护区和生态功能区生态功能评估等方面的标准。各地要结合实际，抓紧拟订一批地方性生态保护法规、规章和标准。

（十六）研究探索生态补偿政策，拓宽生态保护资金渠道。总局将继续与有关部门合作，研究流域上下游之间、资源开发与生态保护之间、自然保护区内外的生态补偿途径，研究建立遗传资源获取与惠益共享机制。各地要落实矿山生态环境恢复治理保证金制度。积极协调发展改革和财政部门，编制和实施自然生态保护专项规划，以规划带动项目，以项目争取资金，将生态保护工作落到实处。

（十七）创新工作机制，强化生态保护统一监管。加强与有关部门的协调与合作，建立、完善部际联席会议制度、信息通报制度、联合检查制度、案件移交移送制度。加强环保系统内部的综合管理，切实改进工作作风和工作方法，形成生态保护工作合力。进一步完善自然保护区评审机制，对各类生态示范创建工作实行动态管理，建立激励和奖惩机制，表彰先进，督促后进。

（十八）开展生态环境监察，加大执法力度。依法加强对自然保护区、生态功能保护区、农村等区域及矿产资源开发、旅游开发、水利水电、交通等建设项目的生态保护执法力度，严查各种生态破坏案件和违法行为。深化生态环境监察试点工作，扩大试点范围，充实试点内容，力争在生态保护执法机制、建章立制和能力建设等方面有所突破，切实解决当地突出的生态环境问题。

（十九）抓好试点，以点带面推动全局工作。积极开展畜禽养殖污染治理、农村生活污水和垃圾治理、土壤污染治理、有机食品基地建设等示范工程，重点解决农村突出的环境问题。开展流域生态补偿试点工作，推动解决重点流域生态环境问题。开展矿区生态环境恢复治理试点，推进矿区环境保护工作。开展自然保护区建设管理示范工作，建立一批与国际接轨的自然保护区，提高管理水平。

（二十）深入开展生态环境状况评价工作。建立和完善生态环境监测体系，制定城市和农村、自然保护区和生态功能保护区等不同类型的生态环境状况评价标准和方法，开展不同类型的生态环境状况评价工作，定期公布全国和区域生态环境状况。

（二十一）加强生态保护科学技术研究。加强生态保护战略和科学技术研究，重点开展典型地区生态系统演替规律、生态环境状况评价、生态系统服务功能、土壤修复、矿区生态环境恢复治理技术、城市景观生态等研究，为生态环境管理提供科学依据。加强应用技术的推广，提高生态保护科技含量和水平。

（二十二）广泛开展国际交流与合作。认真履行《生物多样性公约》和《生物安全议定书》等国际公约，维护国家环境与发展权益，履行相应的国际义务。积极引进和借鉴国外先进的管理经验，利用国外资金和技术，促进我国生态保护工作。

（二十三）加强生态保护宣传教育，提高公众的生态保护意识。充分利用广播、电视、报刊、网络等媒体，开展生态警示教育，广泛宣传和普及生态保护知识。发挥舆论监督作用，表彰生态保护的先进典型，揭露和批评破坏生态的违法行为，公开环境信息，鼓励和引导公众参与生态环境保护。

二〇〇七年三月十五日

（二十一）关于加强农村环境保护工作的意见

环发[2007]77 号

各省、自治区、直辖市环境保护局（厅），新疆生产建设兵团环境保护局，各直属单位，各派出机构：

为贯彻落实《中共中央国务院关于推进社会主义新农村建设的若干意见》、《国务院关于落实科学发展观加强环境保护的决定》以及第六次全国环境保护大会精神，保护和改善农村环境，优化农村经济增长，促进社会主义新农村建设，现就进一步加强农村环境保护工作提出如下意见：

一、充分认识加强农村环境保护的重要性和紧迫性

党中央、国务院高度重视农村环境保护工作，经过多年的努力，农村环境污染防治和生态保护取得了积极进展。但是，目前我国农村环境形势十分严峻，点源污染与面源污染共存，生活污染和工业污染叠加，各种新旧污染相互交织，工业及城市污染向农村转移，危害群众健康，制约经济发展，影响社会稳定，已成为我国农村经济社会可持续发展的制约因素。造成我国农村环境问题的主要原因，一是农村环保法律法规和制度不完善；二是农村环保资金投入严重不足；三是农村环保基础设施建设严重滞后；四是农村环保监管能力薄弱。

我国农村环境的现状与改善农民健康状况、提高农民生活质量的迫切要求不相适应；与转变农业生产方式、提高食品安全水平的迫切要求不相适应；与激发农村活力、促进农村经济发展的迫切要求不相适应；与建设农村新环境、构建社会主义和谐社会的迫切要求不相适应。加强农村环境保护是落实科学发展观、构建和谐社会的必然要求；是适应农村经济社会发展、建设社会主义新农村的重大任务；是建设资源节约型、环境友好型社会的重要内容；是加快实现环境保护历史性转变的客观需要。各地要从全局和战略的高度，提高对农村环境保护重要性和紧迫性的认识，统筹城乡环境保护，把农村环境保护工作摆上更加重要和突出的位置，下更大的气力，做更大的努力，解决农村环境问题。

二、明确农村环境保护的指导思想、基本原则和主要目标

（一）指导思想

以科学发展观为指导，按照建设资源节约型和环境友好型社会的要求，坚持以人为本、城乡统筹，以农村环境保护优化经济增长，把农村环境保护与产业结构调整、节能减排结合起来，禁止工业和城市污染向农村转移，全面实施农村小康环保行动计划，着力推进环境友好型的农村生产生活方式，促进社会主义新农村建设，为构建社会主义和谐社会提供环境安全保障。

（二）基本原则

全面推进，突出重点。农村环境保护工作是一项涉及面很广的系统工程，要统筹规划，分步实施。重点抓好农村饮用水源地保护、生活污水和垃圾治理、农村地区工业污染防治、规模化畜禽养殖污染防治、土壤污染治理，加强农村环境的监测和监管。

因地制宜，分类指导。结合各地实际，按照自然生态环境条件和经济社会发展水平，采取相应的农村环境保护对策和措施。

依靠科技，创新机制。加强农村环保适用技术的研究、开发和推广，充分发挥科技支撑作用，以技术创新促进农村环境问题的解决。建立政府、企业、社会多元化投入机制，优化整合。

政府主导，公众参与。发挥政府主导作用，落实政府保护农村环境的责任。维护农民环境权益，加强农民环境教育，建立和完善公众参与机制，鼓励和引导农民及社会力量参与、支持农村环境保护。

（三）主要目标

主要目标：到 2010 年，农村环境污染加剧的趋势有所控制，农村饮用水源地环境质量有所改善，农村地区工业污染和生活污染防治取得初步成效，规模化畜禽养殖污染得到一定控制，农业面源污染防治力度加大，有机食品、绿色食品占农产品的比重不断提高，生态示范创建活动深入开展，农村环境监管能力得到加强，公众环保意识提高，农民生活与生产环境有所改善。

到 2020 年，农村环境质量和生态状况明显改善。

三、着力解决突出的农村环境问题

（一）切实保护好农村饮用水源地

把保障饮用水安全作为农村环境保护工作的首要任务，依法科学划定农村饮用水水源保护区，加强饮用水水源保护区的监测和监管，坚决依法取缔水源保护区内的排污口，禁止有毒有害物质进入饮用水水源保护区，严防养殖业污染水源，严禁直接或者间接向江河湖海排放超标的工业污水。制定饮用水水源保护区应急预案，强化水污染事故的预防和应急处理，确保群众饮水安全。

（二）加大农村生活污染治理力度

因地制宜处理农村生活污水。按照农村环境保护规划的要求，采取分散与集中处理相结合的方式，处理农村生活污水。居住比较分散、不具备条件的地区可采取分散处理方式处理生活污水；人口比较集中、有条件的地区要推进生活污水集中处理。新村庄建设规划要有环境保护的内容，配套建设生活污水和垃圾污染防治设施。

逐步推广“组保洁、村收集、镇转运、县处置”的城乡统筹的垃圾处理模式，提高农村生活垃圾收集率、清运率和处理率。边远地区、海岛地区可采取资源化的就地处理方式。

优化农村生活用能结构，积极推广沼气、太阳能、风能、生物质能等清洁能源，控制散煤和劣质煤的使用，减少大气污染物的排放。

（三）严格控制农村地区工业污染

采取有效措施，提高环保准入门槛，禁止工业和城市污染向农村转移。严格执行国家产业政策和环保标准，淘汰污染严重的落后的生产能力、工艺、设备。强化限期治理制度，对不能稳定达标或超总量的排污单位实行限期治理，治理期间应予限产、限排，并不得建设增加污染物排放总量的项目；逾期未完成治理任务的，责令其停产整治。严格执行环境影响评价和“三同时”制度，建设项目未履行环评审批程序即擅自开工建设的，责令其停止建设，补办环评手续，并予以处罚。对未经验收，擅自投产的，责令其停止生产，并予以处罚。加大对各类工业开发区的环境监管力度，对达不到环境质量要求的，要限期整改。加快推动农村工业企业向园区集中，鼓励企业开展清洁生产，大力发展循环经济。

（四）加强畜禽水产养殖污染防治

科学划定禁养、限养区域，改变人畜混居现象，改善农民生活环境。各地要结合实际，确定时限，限期关闭、搬迁禁养区内的畜禽养殖场。新建、改建、扩建规模化畜禽养殖场必须严格执行环境影响评价和“三同时”制度，确保污染物达标排放。对现有不能达标排放的规模化畜禽养殖场实行限期治理，逾期未完成治理任务的，责令其停产整治。鼓励生态养殖场和养殖小区建设，通过发展沼气、生产有机肥等综合利用方式，实现养殖废弃物的减量化、资源化、无害化。依据土地消纳能力，进行畜禽粪便还田。根据水质要求和水体承载能力，确定水产养殖的种类、数量，合理控制水库、湖泊网箱养殖规模，坚决禁止化肥养鱼。

（五）控制农业面源污染

采取综合措施控制农业面源污染，指导农民科学施用化肥、农药，积极推广测土配方施肥，推行秸秆还田，鼓励使用农家肥和新型有机肥。鼓励使用生物农药或高效、低毒、低残留农药，推广作物病虫草害综合防治和生物防治。鼓励农膜回收再利用。加强秸秆综合利用，发展生物质能源，推行秸秆气化工程、沼气工程、秸秆发电工程等，禁止在禁烧区内露天焚烧秸秆。

（六）积极防治农村土壤污染

做好全国土壤污染状况调查工作，摸清情况，把握机理，逐步完善土壤环境质量标准体系，建立土壤环境质量监测和评价制度，开展污染土壤综合治理试点。加强对污灌区域、工业用地及工业园区周边地区土壤污染的监管，严格控制主要粮食产地和蔬菜基地的污水灌溉，确保农产品质量安全。积极发展生态农业、有机农业，严格对无公害、绿色、有机农产品生产基地的环境监管。

（七）加强农村自然生态保护

坚持生态保护与治理并重，重点控制不合理的资源开发活动。优先保护天然植被，坚持因地制宜，重视自然恢复。严格控制土地退化和草原沙化。保护和整治村庄现有水体，努力恢复河沟池塘生态功能，提高水体自净能力。加强对矿产资源、水资源、旅游资源和交通基础设施等开发建设项目和活动的环境监管，努力遏制新的人为破坏。做好转基因生物安全、外来有害入侵物种和病原微生物的环境安全管理，严格控制外来物种在农村的引进与推广，保护农村生物多样性。加强红树林、珊瑚礁、海草等海洋生态系统的保护和恢复，改善海洋生态环境。

（八）加强农村环境监测和监管

建立和完善农村环境监测体系，研究制定农村环境监测与统计方法、农村环境质量评价标准和方法，开展农村环境状况评价工作，定期公布全国和区域农村环境状况。加强农村饮用水水源保护区、自然保护区、重要生态功能保护区、规模化畜禽养殖场和重要农产品产地的环境监测。有条件的地区应开展农村人口集中区的环境质量监测。

严格建设项目环境管理，开发建设活动必须依法执行环境影响评价和“三同时”制度，防止产生新的环境污染和生态破坏。禁止不符合区域功能定位和发展方向、不符合国家产业政策的项目在农村地区立项。加大环境监督执法力度，对不执行环境影响评价、违反建设项目环境保护设施“三同时”制度、不正常运转治理设施、超标排污、在自然保护区内违法开发建设和开展旅游或者违规采矿造成生态破坏等违法行为，严格查处。

四、强化农村环境保护工作措施

（一）加强农村环境保护立法

依法制定和完善农村环境保护法规、标准和技术规范，抓紧研究起草土壤污染防治法、畜禽养殖污染防治条例和农村环境保护条例。制定农村环境监测、评价的标准和方法。各地要结合实际，抓紧制定和实施一批地方性农村环境保护法规、规章和标准。

（二）建立农村环境保护责任制

实行县乡（镇）环境质量行政首长负责制，实行年度和任期目标管理。各省（自治区、直辖市）可根据实际情况制定农村环境质量评价指标体系和考核办法，开展县乡（镇）环境质量考核，定期公布考核结果。对在农村环境保护中做出突出贡献的单位和个人，予以表彰和奖励。

（三）加大农村环境保护投入

逐步建立政府、企业、社会多元化投入机制。环境保护专项资金应安排一定比例用于农村环境保护。各级政府用于农村环境保护的财政预算和投资应逐年增加，重点支持饮用水源地保护、农村生活污水和垃圾治理、畜禽养殖污染治理、土壤污染治理、有机食品基地建设等工程。积极协调发展改革和财政部门，编制和实施农村环境保护规划，以规划带动项目，以项目争取资金，将农村环境保护落到实处。鼓励社会资金参与农村环境保护。逐步实行城镇生活污水和垃圾处理收费政策。积极探索建立农村生态补偿机制，按照“谁开发谁保护、谁破坏谁恢复、谁受益谁补偿”的原则，研究农村区域间的生态补偿方式。

（四）增强科技支撑作用

以科技创新推动农村环境保护，尽快建立以农村生活污水、垃圾处理以及农业废弃物综合利用技术为主体的农村环保科技支撑体系。大力研究、开发和推广农村环保适用技术。积极开展农村环保科普工作，提高群众保护农村环境的自觉性。建立农村环保适用技术发布制度，积极开展咨询、培训、示范与推广工作，促进农村环保适用技术的应用。

（五）深化试点示范工作

积极开展饮用水水源地保护、农村生活污水和垃圾治理、畜禽养殖污染治理、土壤污染治理、有机食品基地建设等示范工程，解决农村突出的环境问题。以生态示范创建为载体，积极推进农村环境保护。扎实推进和深化环境优美乡镇、生态村创建工作，创新工作机制，实施分类指导，分级管理；严格标准，完善考核办法；实行动态管理，建立激励和奖惩机制，表彰先进，督促后进。

（六）加强组织领导和队伍建设

地方各级环保部门要把农村环境保护工作纳入重要议事日程，研究部署农村环保工作，组织编制和实施农村小康环保行动计划，制订工作方案，检查落实情况，及时解决问题，做到组织落实、任务落实、人员落实、经费落实。省级、市级、县级环保部门要加强农村环境保护力量，鼓励和支持有条件的县级环保部门在辖区乡（镇）设立派出机构，加强农村环境监督管理。乡（镇）人民政府应明确环保工作人员，把环保工作落到实处。建立村规民约，组织村民参与农村环境保护。

（七）加大宣传教育力度

充分利用广播、电视、报刊、网络等媒体，广泛宣传和普及农村环境保护知识，及时报道先进典型和成功经验，揭露和批评违法行为，提高农民群众的环境意识，调动农民群众参与农村环境保护的积极性和主动性。维护农民群众的环境权益，尊重农民群众的环境知情权、参与权和监督权，农村环境质量评价结果应定期向农民群众公布，对涉及农民群众环境权益的发展规划和建设项目，应当听取当地农民群众的意见。

二〇〇七年五月二十一日

（二十二）关于深入开展生态环境监察试点工作的通知

环发[2007]93 号

各省、自治区、直辖市环境保护局（厅）：

自 2003 年全国 113 个地区开展生态环境监察试点工作以来，大部分试点地区将生态环境监察工作作为落实科学发展观、推动当地经济、社会可持续发展的措施，在查处生态破坏案件、保护生态环境等方面取得显著成效，并在生态环境监察工作机制、执法体系、建章立制和能力建设等方面有所创新和突破。经考核评估，有 81 个试点地区被评为“全国生态环境监察试点工作优秀单位”，其中 10 个试点单位确定为“全国生态环境监察示范单位”。为强化生态保护执法力度，经研究，总局决定继续深入开展生态环境监察试点工作。现将有关事项通知如下：

一、指导思想与目标

以《国务院关于落实科学发展观 加强环境保护的决定》（国发[2005]39 号）和第六次全国环保大会精神为指导，以加快实现历史性转变为契机，以控制不合理的资源开发建设活动为重点，围绕自然保护区、重要生态功能保护区、农村环境保护等重点领域，按照“立足监督、联合执法、各负其责”的原则，深入探索生态环境监察工作体制、机制和方法，强化环境保护部门统一监督管理的职责，着力查处生态环境破坏行为及违法案件，进一步促进生态环境保护工作，使生态环境恶化趋势得到基本遏制，生态环境质量逐步得到改善。

二、深化试点工作的形式与任务

深化试点工作时间为 2007 年 7 月至 2009 年 12 月。

（一）扩大试点范围

1．开展区域性试点工作。在全国范围内选择 2～3 个有积极性并有一定工作基础的省级环保部门开展全省性生态环境监察试点工作，达到一定区域内全面开展生态环境保护执法工作的目的。

2．新增试点单位。在原有 113 个试点单位基础上，新增市县级试点单位 100 个，起到以点带面、典型引路的目的。

（二）拓展原有试点单位的工作任务

各试点地区要根据当地突出的生态环境问题，全面开展对资源开发建设项目（包括草原、湿地、矿山、土地、水资源等）、非污染性建设项目（包括水利水电、交通建设、旅游开发、高尔夫球场等）以及饮用水源保护区、自然保护区、生态功能保护区、近岸海域、农村（畜禽养殖、秸秆禁烧、网箱养鱼、有机食品生产基地）等领域的生态环境监察，制订和出台相应的工作制度和方法，探索生态环境监察工作机制。

三、工作步骤

（一）工作筹备阶段

1．确定省级区域试点单位

根据自愿原则，有条件在全省范围内开展生态环境监察试点工作的省级环保部门，7 月上旬提出书面申请，经总局研究确认后作为省级区域试点单位。

2．确定新增试点单位

除省级区域试点单位外，其余各省环保部门应在原有试点单位的基础上，根据实际情况新增加试点单位 3～4 个，原则上以县级为主，有条件地区也可申报市级试点单位，7 月上旬提出书面申请报总局。经总局审核后，确定新增全国生态环境监察试点单位名单。

（二）工作实施阶段

1．编制试点工作实施方案

省级区域试点单位要制订全省开展生态环境监察试点工作方案，下发有关文件并报送总局备案。新增试点地区要成立由地方政府牵头相关职能部门共同参加的生态环境监察试点领导小组，编制试点工作方案，并由当地政府颁布实施，同时报送总局备案。原试点单位要按照充实试点内容的要求，完善补充生态环境监察试点工作实施方案，继续深入开展生态环境监察试点工作。

2．建立或完善制度

省级试点单位及新增试点单位要按照试点工作实施方案，积极探索，勇于创新，认真开展本辖区内的生态环境监察试点工作。原试点单位要健全并落实有关规章制度，全方位地开展生态环境监察试点工作，其中优秀试点单位要继续完善各项规章制度，并在机制创新、目标责任制考核等方面有所建树；未达优秀的试点地区要继续努力，建立健全有关规章制度，力争在机构建设、执法能力、协调机制等方面有所突破。

各试点单位要及时将工作开展情况以简报形式上报总局。各省辖市环保部门每年年底提交阶段性报告，试点终结提交总结报告。

3．进行交流与培训

为指导、帮助试点地区开展生态环境监察试点工作，提高执法人员的业务素质，总局将不定期组织交流、研讨、培训，加强分类、分区指导。试点期满，总局将组织对各试点单位的试点工作进行认真考核、评估，对表现突出单位和个人予以通报表扬。

四、工作要求

（一）统一领导，密切合作。要将生态环境监察试点工作与当地经济、社会可持续发展结合起来，力争得到政府的重视和支持。要将生态环境监察试点工作列入当地环境目标责任制考核内容，在当地政府的统一领导与协调下，加强与相关部门合作，通过联合执法、建立联席会议制度、案件移送制度等，初步建立环保部门统一监管、各职能部门密切配合的生态环境监察工作机制。要加强内部协调，建立生态环境监察、自然生态保护、项目开发管理等部门良好的协同工作机制，充分发挥环境监察部门在生态保护中的职能作用，做到分工清楚、职责明确、程序顺畅、配合默契。

（二）力求创新，积极推进。一是原有试点单位在已开展工作的基础上继续深化试点工作，力争在制度、机制等方面有更大的突破；二是新增试点单位要高标准、高起点、创造性地开展工作。新增试点地区要成立以政府领导为组长的试点工作领导机构，编制试点方案，由当地政府颁布实施；三是非试点地区，要按照总局2004年及2005年开展的矿山和自然保护区专项执法检查工作部署，将矿山及自然保护区的生态环境监察工作纳入环境监察日常工作范围。

（三）加强执法，确保成效。各地要通过试点尽快制定地方性法规，引导生态环境监察工作步入程序化、制度化轨道。同时要紧紧抓住试点契机，结合环境监察机构标准化建设，争取相关部门支持，加大资金投入，加强生态环境执法队伍建设，全面提升生态保护执法能力。各级环保部门要从解决本地突出的生态问题入手，严格执法，大力查处破坏生态环境的违法行为和案件，切实解决群众反映强烈、影响当地经济、社会、环境可持续发展的重大问题，确保试点工作取得实效。

二〇〇七年六月十九日

（二十三）关于开展生态补偿试点工作的指导意见

环发[2007]130 号

各省、自治区、直辖市环境保护局（厅），新疆生产建设兵团环境保护局：

为贯彻落实《国务院关于落实科学发展观加强环境保护的决定》（国发[2005]39 号）和第六次全国环境保护大会精神，推动建立生态补偿机制，完善环境经济政策，促进生态环境保护，现就开展生态补偿试点工作提出如下意见：

一、充分认识开展生态补偿试点工作的重要意义

（一）建立生态补偿机制是贯彻落实科学发展观的重要举措。生态补偿机制是以保护生态环境、促进人与自然和谐为目的，根据生态系统服务价值、生态保护成本、发展机会成本，综合运用行政和市场手段，调整生态环境保护和建设相关各方之间利益关系的环境经济政策。建立和完善生态补偿机制，有利于推动环境保护工作实现从以行政手段为主向综合运用法律、经济、技术和行政手段的转变，有利于推进资源的可持续利用，加快环境友好型社会建设，实现不同地区、不同利益群体的和谐发展。

（二）建立生态补偿机制是落实新时期环保工作任务的迫切要求。党中央、国务院对建立生态补偿机制提出明确要求，并将其作为加强环境保护的重要内容。《国务院关于落实科学发展观加强环境保护的决定》要求“要完善生态补偿政策，尽快建立生态补偿机制。中央和地方财政转移支付应考虑生态补偿因素，国家和地方可分别开展生态补偿试点”。《国务院 2007 年工作要点》（国发[2007]8 号）将“加快建立生态环境补偿机制”列为抓好节能减排工作的重要任务。国家《节能减排综合性工作方案》（国发[2007]15 号）也明确要求改进和完善资源开发生态补偿机制，开展跨流域生态补偿试点工作。

（三）开展试点工作是全面建立生态补偿机制的重要实践基础。为探索建立生态补偿机制，一些地区积极开展工作，研究制订了一些政策，取得了一定成效。但是，生态补偿涉及到复杂的利益关系调整，目前对生态补偿原理性探讨较多，针对具体地区、流域的实践探索较少，尤其是缺乏经过实践检验的生态补偿技术方法与政策体系。因此，有必要通过在重点领域开展试点工作，探索建立生态补偿标准体系，以及生态补偿的资金来源、补偿渠道、补偿方式和保障体系，为全面建立生态补偿机制提供方法和经验。

二、明确开展生态补偿试点工作的指导思想、原则和目标

（四）指导思想。以科学发展观为指导，以保护生态环境、促进人与自然和谐发展为目的，以落实生态环境保护责任、理清相关各方利益关系为核心，着力建立和完善重点领域生态补偿标准体系，探索解决生态补偿关键问题的方法和途径，在实践中取得经验，为全面建立生态补偿机制提供方法、技术与实践支持。

（五）基本原则

谁开发、谁保护，谁破坏、谁恢复，谁受益、谁补偿，谁污染、谁付费。要明确生态补偿责任主体，确定生态补偿的对象、范围。环境和自然资源的开发利用者要承担环境外部成本，履行生态环境恢复责任，赔偿相关损失，支付占用环境容量的费用；生态保护的受益者有责任向生态保护者支付适当的补偿费用。

责、权、利相统一。生态补偿涉及多方利益调整，需要广泛调查各利益相关者情况，合理分析生态保护的纵向、横向权利义务关系，科学评估维护生态系统功能的直接和间接成本，研

究制订合理的生态补偿标准、程序和监督机制，确保利益相关者责、权、利相统一，做到应补则补，奖惩分明。

共建共享，双赢发展。区域或流域生态环境保护的各利益相关者应在履行环保职责的基础上，加强生态保护和环境治理方面的相互配合，并积极加强经济活动领域的分工协作，共同致力于改善区域、流域生态环境质量，拓宽发展空间，推动区域可持续发展。

政府引导与市场调控相结合。要充分发挥政府在生态补偿机制建立过程中的引导作用，结合国家相关政策和当地实际情况研究改进公共财政对生态保护投入机制，同时要研究制订完善调节、规范市场经济主体的政策法规，增强其珍惜环境和资源的压力和动力，引导建立多元化的筹资渠道和市场化的运作方式。

因地制宜，积极创新。要在试点工作中结合试点地区的特点，积极总结借鉴国内外经验，科学论证、积极创新，探索建立多样化生态补偿方式，为加快推进建立生态环境机制提供新方法、新经验。

（六）目标。通过试点工作，研究建立自然保护区、重要生态功能区、矿产资源开发和流域水环境保护等重点领域生态补偿标准体系，落实补偿各利益相关方责任，探索多样化的生态补偿方法、模式，建立试点区域生态环境共建共享的长效机制，推动相关生态补偿政策法规的制定和完善，为全面建立生态补偿机制奠定基础。

三、探索建立重点领域的生态补偿机制

（七）加快建立自然保护区生态补偿机制

理顺和拓宽自然保护区投入渠道。加强与有关地方和部门的协调，推动完善政府对自然保护区建设的投入机制，按照事权划分原则，将自然保护区基础设施、管护能力建设和基本管护费用，以及扶持保护区内原住居民进行生态移民的费用纳入相应层级的政府财政预算，推动建立各级自然保护区管护专项资金，加大对自然保护区的财政支持力度，提高自然保护区规范化建设水平。加强自然保护区与国际组织、非政府组织、绿色团体、研究机构、企业、社区的交流，争取社会各界以各种方式参与和支持自然保护区的建设管理，拓展自然保护区生态补偿资金的来源和渠道。

组织引导自然保护区和社区共建共享。积极组织自然保护区内及周边社区居民开展自然生态保护知识与技能培训，优先聘用保护区内及周边社区居民参加保护区的管护工作。通过资金、物质补偿、提供就业机会和优惠政策等形式，吸引和帮助自然保护区内的居民开展生态移民。引导保护区及周边社区居民转变生产生活方式，因地制宜发展有机食品、生态旅游等特色产业，增加就业机会，降低周边社区对自然保护区的压力。

研究建立自然保护区生态补偿标准体系。根据各自然保护区主要保护对象的不同，评估保护区内居民基本生活保障，以及对维护保护区正常生态功能的基本建设、人员工资、基本运行费用、必须生态建设投入等生态保护投入和管护能力建设需求，测算保护区野生动物引起人身伤害和经济损失；全面评价周边地区各类建设项目对自然保护区生态环境破坏或功能区划调整、范围调整带来的生态损失，及其对自然保护区生态效益的利用情况，收集与充实相关数据、信息，建立自然保护区生态补偿标准的测算方法与技术体系。

（八）探索建立重要生态功能区生态补偿机制

建立健全重要生态功能区的协调管理与投入机制。加强与有关地方和部门的协调，加强饮用水源区等重要生态功能区域的生态保护与建设，配合有关部门推动生态保护与建设资金、项目的整合与规范，支持重要生态功能区的生态环境保护与恢复，并对区域生态功能重要、生态保护建设任务重而经济发展受到制约的地区给予扶持和补偿。积极配合有关部门，推进重要生态功能区财税政策和管理政策改革，加大对重要生态功能区的财政转移支付力度。

加强重要生态功能区的环境综合整治。加强重要生态功能区的生态环境监测、评估，建立和完善生态环境质量评价体系。推动环境保护专项资金向重要生态功能区倾斜。加大重要生态功能区内的城乡环境综合整治力度，在继续加强城市环境综合整治和工业污染防治的同时，积极采取控污、截污等多种手段，有效控制农村面源污染，促进城乡经济社会与环境的协调发展。

研究建立重要生态功能区生态补偿标准体系。在监测、评估重要生态功能区生态环境状况基础上，按照维护区域重要生态功能的原则，综合考虑居民公平享受公共服务、减少发展制约因素，以及保护自然资源、维持生态系统服务功能等方面的需求，开展重要生态功能区生态补偿标准核算研究，建立重要生态功能区生态补偿标准核算方法体系。

（九）推动建立矿产资源开发的生态补偿机制

推动建立矿产资源开发生态补偿长效机制。联合有关部门推动建立矿山生态补偿基金，解决矿产资源开发造成的历史遗留和区域性环境污染、生态破坏的补偿问题，以及环境健康损害赔偿问题，按照企业和政府共同负担的原则加大矿山环境整治力度，“多还旧账”。现有和新建矿山要落实企业矿山环境治理和生态恢复责任，建立矿产资源开发环境治理与生态恢复保证金制度，做到“不欠新账”。改革现有矿山企业成本核算制度，将环境治理与生态恢复费用列入矿山企业的生产成本。

研究制定科学的矿产资源开发生态补偿标准体系。各地环保部门要结合本地实际研究制定和完善矿山环境治理、生态恢复标准，科学评估矿产资源开发造成的环境污染与生态破坏，提出矿山环境整治和生态修复目标要求。要联合国土资源部门制定矿山环境保护与治理规划，实施环境综合整治和生态修复工程，根据矿山环境治理和生态恢复成本，并考虑矿山企业承受能力与有关受损状况，合理确定提取矿产资源开发环境治理与生态恢复保证金，以及征收矿山生态补偿基金的标准。联合财政、国土资源等部门全面落实矿产资源开发环境治理与生态恢复责任机制，科学评价矿产资源开发环境治理与生态恢复保证金和矿山生态补偿基金的使用状况。

（十）推动建立流域水环境保护的生态补偿机制

建立流域生态补偿标准体系。各地应当确保出境水质达到考核目标，根据出入境水质状况确定横向赔偿和补偿标准。重点流域跨省界断面水质标准，依据国家《“十一五”水污染物总量削减目标责任书》确定；其他流域跨界断面水质标准，参照有关区域发展规划和重点流域跨界断面水质标准，并结合区域生态用水需求评估确定。补偿标准应当依照实际水质与目标水质标准的差距，根据环境治理成本并结合当地经济社会发展状况确定。积极维护饮水安全，研究各类饮用水源区建设项目和水电开发项目对区域生态环境和当地群众生产生活用水质量的影响，开展饮用水源区生态补偿标准研究。

促进合作，推动建立流域生态保护共建共享机制。搭建有助于建立流域生态补偿机制的政府管理平台，促进流域上下游地区协作，采取资金、技术援助和经贸合作等措施，支持上游地区开展生态保护和污染防治工作，引导上游地区积极发展循环经济和生态经济，限制发展高耗能、重污染的产业。引导下游地区企业吸收上游地区富余劳动力。支持流域上下游地区政府达成基于水量分配和水质控制的环境合作协议。试点地区要积极探索当地居民土地入股等补偿方式，支持生态保护成本的直接负担者分享水电开发收益等流域生态保护带来的经济效益。

推动建立专项资金。加强与有关各方协调，多渠道筹集资金，建立促进跨行政区的流域水环境保护的专项资金，重点用于流域上游地区的环境污染治理与生态保护恢复补偿，并兼顾上游突发环境事件对下游造成污染的赔偿。建立专项资金的申请、使用、效益评估与考核制度，促进全流域共同参与流域水环境保护。

四、加强生态补偿试点工作的组织实施

（十一）合理选择试点地区

各级环保部门要选择具有一定条件和基础的地区开展生态补偿试点工作。我局将按照国家“十一五”规划要求，结合《全国自然保护区发展规划》和《国家重点生态功能保护区规划》的编制和实施，选择开展规范化建设的国家级自然保护区和优先启动建设的国家重点生态功能保护区开展生态补偿试点工作；在开展煤炭工业可持续发展政策措施试点和深化煤炭资源有偿使用改革试点工作的地区开展煤矿等矿产资源开发的生态补偿试点工作；积极配合财政、发展改革部门推动开展跨省流域生态补偿试点工作。各地环保部门要结合本地实际情况和生态保护重点工作，分别选择条件成熟的地区开展生态补偿试点工作。

（十二）积极强化基础支撑

建立生态补偿机制的基础和核心问题是区分各利益相关者的环境保护责任，并评估资源开发、工程建设等活动的生态环境代价，建立生态补偿标准的测算方法体系。各级环保部门要结合试点工作，积极开展相关研究，区分试点地区的纵向、横向环保责任，提出试点地区生态保护和恢复的目标要求，明确生态补偿的主体、客体和标准测算方法，加强环境监测、检查监督能力建设，科学评估现有生态保护和建设投入的实际效果，为在不同范围内建立和落实生态补偿政策和制度提供基础支撑。

（十三）做好部门协调

各级环保部门要加强与综合经济管理部门和相关行业主管部门的协调，主动为推动建立和完善生态补偿机制提供支持。配合相关部门积极探索各类生态补偿方式，推动开展环境资源费用制度改革，构建区域生态共建共享合作平台，增强财政转移支付的生态补偿功能。我局将结合试点工作中面临的实际问题，积极联合有关部门研究制订相关指导意见、技术标准和管理办法，推动制定确立生态补偿机制法律地位的相关立法，完善相关环境监管制度。各地环保部门也要结合本地实际联合相关部门研究制定相关政策措施，促进省域范围内生态补偿工作。

（十四）扩大交流与宣传

积极加强国内外交流与合作，充分借鉴国内外生态补偿实践经验，丰富生态补偿的内涵和措施体系。加强相关人员的培训，普及生态补偿知识，积极宣传推广生态补偿的重要意义和成功经验，吸引国际组织、企业和社区居民参与试点工作，拓宽生态补偿的资金渠道。

（十五）加强组织领导

各级环保部门和各试点地区要加强生态补偿政策试点工作的组织和领导，根据实际情况选取重点领域，争取安排一定的启动资金，开展生态补偿试点工作。各试点地区要结合本地实际，在立法、行政权限许可范围内制订或完善相关规章制度，将强化环境监管与建立生态补偿机制相结合，建立和完善区域环境监督管理体系，落实生态环境保护责任。自然保护区、重要生态功能区、重要矿产资源开发区和流域上游地区等重点区域要明确生态环境保护和恢复责任，并积极创新相关体制、政策和管理模式，我局将及时总结和推广成功经验，并配合有关部门研究完善地方政府考核机制，科学评价生态环境保护工作成效，为联合有关部门制定相关政策、完善相关法律制度奠定基础。

二〇〇七年八月二十四日

（二十四）关于印发《全国生物物种资源保护与利用规划纲要》的通知

环发[2007]163 号

各省、自治区、直辖市人民政府，新疆生产建设兵团，发展改革委，教育部，科技部，财政部，建设部，农业部，商务部，卫生部，海关总署，工商总局，质检总局，林业局，食品药品监管局，知识产权局，中科院，中医药局，海洋局：

为贯彻落实国务院办公厅《关于加强生物物种资源保护和管理的通知》（国办发[2004]25号）精神，我局联合生物物种资源保护部际联席会议成员单位共同编制了《全国生物物种资源保护与利用规划纲要》。经国务院同意，现印发给你们，请结合实际工作，认真贯彻落实。

各地区、各有关部门要充分认识生物物种资源保护和管理的重要性和紧迫性，将生物物种资源保护和管理工作列入重要议事日程，分别编制本行政区和相关领域的保护与利用规划，并纳入国家和地方国民经济和社会发展计划，认真组织实施。

附件：《全国生物物种资源保护与利用规划纲要》

二〇〇七年十月二十四日

附件

全国生物物种资源保护与利用规划纲要

一、前言

“生物物种资源”指具有实际或潜在价值的植物、动物和微生物物种以及种以下的分类单位及其遗传材料。“生物物种资源”除了指物种层次的多样性，还包含种内的遗传资源和农业育种意义上的种质资源。而“遗传资源”是指任何含有遗传功能单位（基因和 DNA 水平）的材料；“种质资源”是指农作物、畜、禽、鱼、草、花卉等栽培植物和驯化动物的人工培育品种资源及其野生近缘种。

生物物种资源是人类生存和社会发展的基础，是国民经济可持续发展的战略性资源，生物物种资源的拥有和开发利用程度已成为衡量一个国家综合国力和可持续发展能力的重要指标之一。

我国是世界上生物多样性最丰富的国家之一，也是世界上重要的农作物起源中心之一，还是多种特有畜、禽、鱼类种和品种的原产地。此外，世界著名的中国传统医药及其相关传统知识是许多相关产业的珍贵创新资源。

由于人口的快速增长、对生物物种资源的过度开发、外来物种的引进、环境污染、气候变化等原因，我国生物物种资源丧失和流失情况严重。为了进一步加强生物物种资源保护，扭转生物物种资源管理面临的被动局面，并在保护的基础上，推进生物物种资源的可持续利用，制定本规划纲要。

二、指导思想和原则

（一）指导思想

以科学发展观为统领，按照加强保护、促进可持续利用的方针，遵循生态、经济、社会发展规律，以完善的法制和政策措施为保障，以机制和体制创新为动力，以强化监督管理和宣传教育为手段，政府主导，全社会参与，促进生物物种资源的有效保护与可持续利用，为实现全面建设小康社会，促进人与自然和谐服务。

（二）原则

1．国家对领土内分布的生物物种资源拥有主权。获取我国的生物物种资源必须遵守我国的法律法规和相关政策。

2．坚持科学性和可操作性。提倡依靠科学进步和科技手段保护和持续利用生物物种资源，保护和利用措施力求务实、创新和具有可操作性。

3．实行优先保护和分级保护。采取分阶段和分级保护，确保最重要和最受威胁的生物物种资源得到优先保护。

4．促进保护与利用相协调。体现保护为主，注重可持续利用，建立保护与利用相协调的长效机制。

5．重视各利益相关方的协调与充分参与。加强各相关主管部门之间的协调以及中央与地方政府的协调，鼓励科研机构、企业和公众的广泛参与。

三、规划目标

（一）总体目标

使用现代科学技术和适用传统知识，保护生物多样性，保护物种及其栖息环境，持续利用生物物种及其遗传资源，公平分享因利用生物物种及遗传资源和相关传统知识产生的惠益，促进人与自然和谐共处。

（二）阶段目标

1．近期目标（2006—2010 年）

到 2010 年，有效遏制目前生物物种资源急剧减少的趋势，特别是有效遏制因人为因素造成的生物物种资源急剧丧失趋势。以重点调查和普查相结合的方式，调查薄弱地区和重要类型生物物种资源本底以及与生物物种资源相关的传统知识与适用技术，进行鉴别、整理和编目；协调和建立生物物种资源数据库和信息系统，构建生物物种资源保护与持续利用信息共享平台；建立和完善相关的管理体系、法规、政策和标准体系；配合国际公约谈判，研究并建立生物遗传资源获取与惠益分享制度；建立生物物种资源进出口管理制度，加强出入境查验，控制生物物种及遗传资源的流失。以各种措施保护生物物种及遗传资源，对特别受威胁的生物物种实施重点保护，加强保护设施建设，特别是自然保护区的规划和建设。开发可持续利用生物物种资源的科学技术，加强人才培养，推进生物物种资源的研究开发和优良基因的挖掘。

2．中期目标（2011—2015 年）

到 2015 年，基本控制生物物种资源的丧失与流失。基本完成相关领域的生物物种及遗传资源调查与编目，制定优先保护物种名录，完善标准体系，实现生物物种资源保护与管理的数据化和信息共享。建立以保护重要生物物种及遗传资源为目标的自然保护区、移地保护设施和种质资源库等离体保存设施，加强对这些保护设施的建设与管理。建立国内相关传统知识的文献化编目和产权保护制度；通过试点，逐步实施生物遗传资源获取与惠益分享制度；加大投入，强化生物物种及基因性状和功能的鉴别、筛选和利用，广泛进行生物物种资源可持续利用的研究与开发，使生物物种得到充分的利用。

3．远期目标（2016—2020 年）

到 2020 年，生物物种资源得到有效保护。进一步加强生物物种资源保护，使绝大多数的珍稀濒危物种种群得到恢复和增殖，生物物种受威胁的状况进一步缓解；自然保护区及各类生物物种资源保护、保存设施的建设与管理质量得到进一步提高，资源保存量大幅度增加；相关法律制度和管理机构、生物遗传资源获取与惠益分享制度进一步完善；进一步健全国内相关传统知识的文献化编目和产权保护制度，并与国际接轨；完成一系列持续利用各类生物物种资源的技术开发，基因鉴别和分离技术逐步完善，并发掘更多的优良基因，用于农业生产和医药保健等；形成公众参与生物物种资源保护的长效机制。

四、保护与利用的重点领域

（一）陆生野生动物资源保护与利用

1．现状

我国有陆生脊椎动物约 2748 种，其中兽类约 607 种，鸟类约 1294 种，爬行类约 412 种，两栖类约 435 种，分别占世界兽类、鸟类、爬行类和两栖类的 12.6%、13.3%、6.5%和 10.8%。由于我国大部分地区未受到第三纪和第四纪大陆冰川的影响，保存有大量的特有物种。据统计，约有 467 种陆生脊椎动物为我国所特有，大熊猫、金丝猴、藏野驴、黑麂、白唇鹿、麋鹿、矮岩羊、朱鹮、褐马鸡、绿尾虹雉等均为我国特有的珍稀濒危陆生脊椎动物。

近年来，由于野生动物栖息地遭破坏、掠夺式的开发利用和环境污染等原因，野生动物资源面临的压力不断增大，我国有 300 多种陆生脊椎动物处于濒危状态。林业局 1995—2000 年对 252 个物种的调查结果显示，一些非重点保护物种，尤其是经济利用价值较高的物种资源量呈下降趋势。

新中国成立以来，我国政府十分重视野生动物及其栖息地的保护工作，已建立各级野生动物类型自然保护区 511 个，面积达 4000 多万 hm^2。大熊猫、朱鹮、扬子鳄、东北虎、金丝猴、麋鹿、野马、高鼻羚羊等珍稀濒危野生动物保护工作取得积极进展。

2．存在的主要问题

有法不依，执法不严。一些地方乱捕滥猎、倒卖走私野生动物及其制品的违法犯罪活动时有发生，团伙作案、跨国走私等大案要案发案率上升的势头没有得到根本遏制；侵占、破坏野生动物栖息地和自然保护区的现象非常突出。

投入不足，保护意识不高。保护和管理资金匮乏，野生动物保护和自然保护区建设的投资和运行经费大多没有纳入财政预算。一些地方“野生无主，谁猎谁有”的旧观念还根深蒂固，保护野生动物的意识还比较淡薄。

管理机构不健全，研究队伍力量薄弱。目前，尚有 10 多个省份未建立野生动物管理专门机构。相关科学研究基础薄弱，专业人员缺乏，有效的科学研究和监测体系尚未建立，一些特殊物种的保护与合理利用技术研究还没有突破。

3．主要目标与任务

近期目标与任务（2006—2010 年）：重点实施 15 个野生动物拯救工程，新建 15 个野生动物驯养繁育中心和 32 个野生动物监测中心（站）。到 2010 年，使全国各级野生动物类型自然保护区总数增加到 525～535 个，面积达 4 730 万～4750 万 hm^2，初步形成较为完善的野生动物自然保护区网络，使 90%的国家重点保护野生动物得到有效保护，极大改观濒危物种的生存状况。认真履行有关国际公约，有效管理濒危野生动物物种的进出口。

中期目标与任务（2011—2015 年）：进一步加强各级管理部门的能力建设，实现指挥、查询、统计、监测等管理工作网络化，初步建立野生动物保护管理体系，完善科研体系和进出口管理体系。到 2015 年，全国各级野生动物类型自然保护区总数增加到 575～585 个，面积达 5 070 万～5090 万 hm^2，形成完整的自然保护区保护管理体系，使 60%的国家重点保护野生动物种群数量得到恢复和增加，35%的国家级自然保护区达到规范化建设要求。

远期目标与任务（2016—2020年）：全面提高野生动物保护管理的法制化、规范化和科学化水平，实现野生动物资源保护和利用的良性循环。进一步增加全国野生动物类型自然保护区数量和面积，全面提高管理质量。新建一批野生动物禁猎区、繁育基地，使我国85%的国家重点保护野生动物种群数量得到恢复和增加，使70%的国家级和50%的地方级自然保护区实现规范化建设。

4. 保护与利用措施

实施野生动物拯救工程。在黑龙江省饶河、虎林和吉林省珲春等地实施东北虎拯救工程；在蒙新高原荒漠区实施藏羚羊、林麝和雪豹拯救工程；在青藏高原实施藏羚羊、普氏原羚和马麝拯救工程；在喜马拉雅地区实施喜马拉雅麝的拯救工程；在长江上游山系实施大熊猫拯救工程；在藏东南地区实施孟加拉虎和黑麝拯救工程；在湘南、闽西、赣南、粤北地区实施华南虎拯救工程；在皖南和浙西地区继续实施扬子鳄拯救工程；在滇南地区实施印支虎拯救工程；在滇南、桂南地区实施长臂猿拯救工程。

建立野生动物自然保护区。在目前自然保护区建设的基础上，至2020年，新建100个左右各级野生动物类型自然保护区。在蒙新高原荒漠区加强有蹄类动物的保护和荒漠生态系统保护区的建设，重点新建4处以保护藏羚羊和林麝为主的保护区和5处禁猎区；在四川省西部高原地区实施黑颈鹤保护工程；在四川、云南两省完成金丝猴种群及栖息地保护工程和虹雉等特有雉类栖息地保护工程，新建30条动物走廊带；在华东丘陵地区完成丹顶鹤、白鹤越冬地建设，以及黄腹角雉、白颈长尾雉等特有雉类栖息地建设；在华南低山丘陵地区实施亚洲象栖息地和海南坡鹿栖息地的自然保护区建设。

建立动物园和规模化野生动物繁育中心。根据地方条件和需要，在经济发达地区，建设地市级城市动物园或动物展区，近期和中期建设总数为50～60个。在完善现有11处野生动物救护繁育中心的基础上，新建20处规模化野生动物繁育中心（或驯养繁殖场），解决高鼻羚羊、麝、鹿、穿山甲、灵长类、羚羊类、灵猫、野猪、紫貂、河狸、雉类、雁鸭类、鸠鸽类、观赏鸟类、陆生蛇类、巨蜥、陆龟、虎纹蛙等野生动物种源的规模化繁育及技术问题，引进羊驼、西瑞等种源进行繁育推广，进一步丰富驯养繁殖的野生动物种类。规范管理各类野生动物驯养繁育场所及其商业活动。

加强资源利用技术研究。在可利用资源本底调查和保护工作不断加强的基础上，发展相关技术，对某些有条件利用的种类合理开发其观赏、狩猎和动物制品。在2015年之前，重点加强圈养野生动物种群遗传衰退的生物学研究，加强遗传多样性的恢复技术、驯养繁殖技术和传染病的预防与控制技术以及药用动物制品有效成分的鉴定和替代品开发技术研究，加强经济野生动物产业化和规模化养殖的关键技术、转基因动物与动物制品的研制开发技术、野生动物产业状况监测技术和解决产业化关键问题的管理技术等方面的研究。加强野生动物动态监测体系、疾病控制防治预警系统以及信息系统的研究。

（二）水生生物资源保护与利用

1. 现状

水生生物资源具有巨大的经济、社会和生态价值。我国水生生物资源具有特有程度高、孑遗物种数量大、生态系统类型齐全等特点，目前经调查并记录的水生生物物种有2万多种，其中鱼类3800多种、两栖爬行类300多种、水生哺乳类40多种、水生植物600多种，具有重要利用价值的水生生物种类200多个。以水生生物资源为主体形成的水生生态系统，在维系自然界物质循环、能量流动、净化环境、缓解温室效应等方面功能显著，对维护生物多样性、保持生态平衡有着重要作用。

水生生物是人类重要的食物蛋白来源。目前，我国水产品产量占动物性（肉、禽蛋、水产品）食物生产量的1/3，为保障食物安全、改善人民膳食结构和提高营养水平发挥了重要作用。2006年，我国水产品出口额达到93.6亿美元，同比增长18.7%。渔业已成为我国国民经济的重要组成部分，是促进农村经济发展、调整农业产业结构、增加农民收入的有效途径之一。

多年来，各级渔业行政主管部门在水生生物资源保护方面开展了大量工作，取得了一定成效：相继组织实施了海洋伏季休渔制度、长江禁渔期制度、捕捞许可管理制度、海洋捕捞渔船数量功率指标双控制度、海洋捕捞产量“零增长”、“负增长”计划及捕捞渔民转产转业等一系列行之有效的保护管理制度和措施；积极开展水生生物资源增殖放流活动，1999—2006年，各地累计向海洋和内陆水域增殖放流各类渔业资源种苗达892.2亿尾（粒）。仅2004—2006年，投放各类水生生物资源种苗450.2亿尾（粒），增殖品种达90多个。建设各种类型人工鱼礁43处，总体积60余万m^3；建成国家级水产原良种场43个，省级水产原良种场168个，建立各级各类水生生物自然保护区近210个，其中国家投资建设的水生野生动植物保护区和救护中心48个，已累计救治各类珍稀濒危水生野生动物10000多头（尾）。

2．存在的主要问题

水域生态环境不断恶化。近年来，我国废水排放量呈逐年增加趋势，2006年监测数据表明，我国主要江河均遭受不同程度污染，长江、黄河、淮河等七大水系的408个水质监测断面中，有46%的断面满足国家地表水Ⅲ类标准；28%的断面为Ⅳ～Ⅴ类水质；超过Ⅴ类水质的断面比例占26%。全国近岸海域288个海水水质监测点中，达到国家一、二类海水水质标准的监测点占67.7%；三类海水占8.0%；四类、劣四类海水占24.3%。全国海域未达到清洁水质标准的面积约14.9万km^2，其中，严重污染海域面积约为2.9万km^2。四大海区近岸海域有机物和无机磷浓度明显上升，无机氮全部超标，渤海、长江口、杭州湾、珠江口等经济发达地区近岸水域污染情况尤为严重。水域污染事故频繁，2006年仅渔业污染事故就发生1463起，造成直接经济损失和天然渔业资源损失36.4亿元。近岸海域和内陆水域是众多水生生物的主要产卵场和索饵育肥场，受污染影响，水域功能明显退化，水生生物的亲体繁殖力和幼体存活力降低，水域生产力急剧下降，其中渤海水域，生产水平已不足20世纪80年代的1/4。

过度捕捞造成渔业资源严重衰退。2004年，我国捕捞机动渔船数量35.6万艘，专业捕捞渔民达183万人，是世界上捕捞机动渔船最多、专业捕捞渔民数量最大的国家，其中海洋捕捞机动渔船22万艘，功率1234万kW，专业捕捞渔民约112万人。根据资源调查与专家评估结果，现有海洋捕捞能力已超过资源承受能力的30%以上。同时，长期以来粗放式、掠夺式的捕捞生产方式，大量非传统渔业劳动力的无序涌入，使海洋生物资源承受着日益巨大的压力。内陆渔业资源状况也不容乐观，长江流域的捕捞产量已从20世纪50年代的40多万t下降到目前的10万t左右。

其他人类活动致使大量水生生物栖息地遭到破坏。拦河筑坝、围湖造田、交通航运和海洋海岸工程等人类活动的增多，使水生生物生存空间被挤占，洄游通道被切断、栖息地及生态环境遭严重破坏，生存条件不断恶化。水利水电工程和海洋海岸工程对水域生态造成的不利影响不容忽视，对内陆水域中的珍稀濒危水生生物破坏尤为明显，直接导致我国水生野生动植物濒危程度不断加剧。据调查，我国处于濒危状态的水生野生动植物种类已由1988年的80个上升到目前的近500个，白鳍豚、白鲟、鲥鱼等珍稀物种濒临绝迹，或已难觅踪迹。

3．主要目标与任务

近期目标与任务（2006—2010年）：水生生物资源衰退、濒危物种数目增加的趋势得到初步缓解，过剩的捕捞能力得到压减，捕捞生产效率和经济效益有所提高。全国海洋捕捞机动渔船数量、功率和国内海洋捕捞产量分别压减到 19.2 万艘、1143 万 kW 和 1200 万 t 左右；每年增殖重要渔业资源品种的种苗数量达到 200 亿尾（粒）以上；省级以上水生生物自然保护区总数达到 100 个以上。

中期目标与任务（2011—2015 年）：渔业资源衰退和濒危物种数目增加的趋势得到进一步遏制，全国海洋捕捞机动渔船数量、功率和国内海洋捕捞产量分别压减到 17.6 万艘、1070 万千瓦和 1100 万 t 左右；每年增殖重要渔业资源品种的种苗数量达到 300 亿尾（粒）以上；省级以上水生生物自然保护区总数达到 150 个以上。

远期目标与任务（2016—2020 年）：渔业资源衰退和濒危物种数目增加的趋势基本得到遏制，捕捞能力和捕捞产量与渔业资源可承受能力大体相适应。全国海洋捕捞机动渔船数量、功率和国内海洋捕捞产量分别压减到 16 万艘、1000 万 kW 和 1000 万 t 左右；每年增殖重要渔业资源品种的种苗数量达到 400 亿尾（粒）以上；省级以上水生生物自然保护区总数达到 200 个以上。

4．保护与利用措施

加强渔业资源重点保护。坚持并不断完善禁渔区和禁渔期制度，针对重要渔业资源品种的产卵场、索饵场、越冬场、洄游通道等主要栖息繁衍场所及繁殖期和幼鱼生长期等关键生长阶段，设立禁渔区和禁渔期，对其产卵群体和补充群体实行重点保护。继续完善海洋伏季休渔、长江禁渔期等现有禁渔区和禁渔期制度，并在珠江、黑龙江、黄河等主要流域及重要湖泊逐步推广。修订《重点保护渔业资源品种名录》和重要渔业资源品种最小可捕标准，推行最小网目尺寸制度和幼鱼比例检查制度。建立水产种质资源保护区，强化和规范保护区管理。建立水产种质资源基因库，保存水产遗传种质资源。采取综合性措施，改善渔场环境，对已遭破坏的重要渔场、重要渔业资源品种的产卵场实施重建计划。

增殖渔业资源。统筹规划和合理确定适用于渔业资源增殖的水域滩涂，重点针对已经衰退的重要渔业资源品种和生态荒漠化严重水域，采取各种增殖方式，加大增殖力度，不断扩大增殖品种、数量和范围。合理布局增殖种苗生产基地，确保增殖种苗供应。制定国家和地方的沿海人工鱼礁和内陆水域人工鱼礁建设规划，科学确定人工鱼礁（巢）的建设布局、类型和数量，注重发挥人工鱼礁（巢）的规模生态效应。规范渔业资源增殖管理，大规模的增殖放流活动，要进行生态安全风险评估，大型人工鱼礁建设项目要进行可行性论证。

实行负责任捕捞管理。根据捕捞量低于资源增长量的原则，确定渔业资源的总可捕捞量，逐步实行捕捞限额制度。继续完善捕捞许可证制度，严格执行捕捞许可管理有关规定。加强对渔船、渔具等主要捕捞生产要素的有效监管，强化和规范职务船员持证上岗制度，逐步实行捕捞从业人员资格准入，严格控制捕捞从业人员数量。

引导捕捞渔民转产转业。积极引导捕捞渔民向养殖业、水产加工流通业、休闲渔业及其他产业转移，实行捕捞渔民转产转业扶持政策。国家财政预算继续安排减船转产专项补助资金，地方各级政府要加大投入，落实各项配套措施，确保减船工作顺利实施。对转产从事其他行业的捕捞渔民，财政、金融、税务等部门继续实行优惠政策。

加大自然保护区建设力度。加强水生野生动植物物种资源调查，在充分论证的基础上，结合当地实际，统筹规划，逐步建立布局合理、类型齐全、层次清晰、重点突出、面积适宜的各类水生生物自然保护区体系。建立水生野生动植物自然保护区，保护白鳍豚、中华鲟等濒危水生野生动植物以及土著、特有鱼类资源的栖息地；建立水域生态类型自然保护区，对珊瑚礁、海草床等进行重点保护。加强保护区管理能力建设，完善保护区管理设施，加强保护区人员业务知识和技能培训，强化保护区内禁渔、巡航监督、跟踪监测及其他管理措施，促进保护区的规范化、科学化管理。

实施濒危物种专项救护。建立救护快速反应体系，建设水生野生动物救护中心或基地，增加应急救护专项经费，对误捕、受伤、搁浅、罚没的水生野生动物及时进行救治、暂养和放生。针对白鳍豚、白鲟、水獭等亟待拯救的濒危物种，制订重点保护计划，采取特殊保护措施，实施专项救护行动。对栖息场所或生存环境受到严重破坏的珍稀濒危物种，采取迁地保护措施。

驯养繁殖濒危物种。对中华鲟、大鲵、海龟和淡水龟鳖类等国家重点保护的水生野生动物，建设基因库、细胞库等，保存种质资源。建设濒危水生野生动植物驯养繁殖基地，进行驯养繁育核心技术攻关。建立水生野生动物人工放流制度，制订相关规划、技术规范和标准，对放流效果进行跟踪和评价。

管理濒危物种经营利用。调整和完善国家重点保护水生野生动植物名录。建立健全水生野生动植物经营利用管理制度，对捕捉、驯养繁殖、运输、经营利用、进出口等各环节进行规范管理，严厉打击非法经营利用水生野生动植物行为。根据国内外有关法律法规规定，完善水生野生动植物进出口审批管理制度，严格规范水生野生动植物进出口贸易活动。加强水生野生动植物物种识别和产品鉴定工作，为水生野生动植物保护管理提供技术支持。

监管外来物种。加强水生动植物外来物种管理，完善生态安全风险评价制度和鉴定检疫控制体系，建立外来物种监控和预警机制，在重点地区和重点水域建设外来物种监控中心和监控点，防范和治理外来物种对水域生态造成的危害。

（三）畜禽遗传资源保护与利用

1．现状

我国畜禽等家养动物主要有猪、鸡、鸭、鹅、特禽、黄牛、水牛、牦牛、独龙牛、绵羊、山羊、马、驴、骆驼、兔、水貂、貉、蜂等 20 个物种，共计 576 个品种，其中地方品种为 426 个、培育品种有 73 个、引进品种有 77 个。

20 世纪 50 年代初至 70 年代中期，农业部两次组织全国家畜品种资源调查，编写出《祖国优良家畜品种》以及各种家畜的品种志，为我国畜禽遗传多样性保护奠定了基础。20 世纪 80 年代以来，开展了畜禽遗传资源调查、收集整理、品种遗传关系研究、活体和冷冻移地保护、保护和开发利用方案等方面工作。90 年代末，开展了“畜禽种质资源收集、整理、评价、保存”项目，新发现了一批畜禽遗传资源，收集了畜禽种质资源动态变化信息，对绵、山羊进行了遗传多样性分析，建立了畜禽遗传资源体细胞保存体系，收集了濒危畜禽动物资源入库长期保存。并且建立了畜禽遗传资源数据库，收录了 282 个品种的信息。2002 年，建立了畜禽遗传资源网络信息系统，收集 500 余个畜禽品种的信息资料，初步实现了网络查询和共享。

由于生态环境恶化、品种单一化等因素，畜禽种质资源的状况堪忧。随着新畜禽品种的推广，过去数千年来驯化的许多传统品种被遗弃，大量珍贵的遗传资源也随之损失，如上海的荡脚牛、湖北的枣北大尾羊、河南的项城猪、江苏的九斤黄鸡等已经完全灭绝。1999 年调查结果表明，严重濒危畜禽品种达 37 个。

2．存在的主要问题

畜禽品种资源收集尚存差距，基因鉴定工作停留于表面。由于我国农业系统复杂，品种资源收集工作量大，对部分地区的畜禽种质资源未能进行深入细致的考察，致使一些品种资源未能编目并得到有效保护。对于现有畜禽品种资源的种质鉴定评价，尽管做了大量基础性工作，积累了一些鉴定数据，但基因的传递和变异规律仍需深入研究。

科学技术手段落后，研究力量薄弱。我国在基础研究，创新研究方面成果较少，缺乏具有自主知识产权的研究成果。相应专业人才缺乏、试验手段落后和技术开发力量薄弱，尚未形成完整健全的研究工作体系。

投入不足，设施与手段落后。由于我国畜禽品种资源保护工作起步较晚，保护体系不健全，保护措施不配套，资金投入严重不足，目前国家重点保护的78个畜禽品种中，有14个品种还没有保种场，近一半以上的保种场经营困难，开展保种选育工作难度很大，部分畜禽品种的优良性状严重退化或丧失。

缺乏创新机制。我国畜禽品种资源保护与开发的组织形式单一，多数资源保护场处于被动保种，对畜禽品种的培育和优良遗传基因的开发利用不够，科研工作滞后，造成多数品种保护和利用脱节。大部分地方品种未能得到很好的保护，保种场经济效益差。

新驯化动物缺乏规范管理。近年来，为开发野生动物的经济用途，各地新驯养了一些食用动物、毛皮动物、药用动物等种类，如果子狸、紫貂等，对这些驯养动物的资源情况缺乏系统的调查。另一方面，宠物的家庭饲养越来越普遍，种类也越来越多，目前对宠物类动物资源现状缺少了解。此外，对驯养动物和宠物动物传染性疾病的防治还不够重视，许多疾病的传染机理尚不清楚。

3. 主要目标与任务

近期目标与任务（2006—2010年）：开展畜禽遗传资源普查，用2～3年的时间基本查清我国现有畜禽品种（类群）的数量、分布、特性及开发利用状况，并在此基础上出版国家畜禽品种志书，逐步建立、完善畜禽遗传资源数据库和信息网；加强畜禽品种保种场、保护区基础设施建设，对濒危资源实施抢救性保护，对国家级、省级保护品种实施重点保护，国家级保护品种有效保护率要达到100%，对于实施抢救性保护的濒危品种，确保登记品种不再消失；继续加强国家家畜基因库（北京）、家禽基因库（江苏）和水禽基因库（福建）建设，增强保种能力，建立畜禽遗传资源细胞库，开展多种形式保护研究；采取现代生物技术与常规技术相结合的方法，加快新品种培育和推广的步伐，每年培育出3～5个畜禽新品种（配套系）。

中期目标与任务（2011—2015年）：根据资源调查结果，建立相应的原产地保护设施或异地保存设施。开展畜禽遗传资源库建设，完善畜禽遗传资源收集、评价及保存技术体系，实现畜禽遗传资源长期、妥善保存；鉴定和筛选一批优异畜禽种质基因，建立畜禽“优异基因核心库”，实现畜禽遗传资源的创新和有效利用。

远期目标与任务（2016—2020年）：跟踪世界畜禽遗传资源研究的动向，结合我国实际情况，逐步实现由重点收集、监测到深入评价和利用的转变，进而有针对性地、快速地、连续不断地为生产、育种和其他科研提供一批名、特、优资源及创新材料。研究出学术水平较高、实用价值较大的成果，在优势专业和新型技术等若干领域缩短与世界水平的差距，增强我国动物农业的国际竞争力。

4. 保护与利用措施

继续进行国内外种质资源的考察和收集。至2010年，基本完成对已知畜禽和特种经济动物种质资源的收集入库。考察收集国外新品种和有用品种，在确保国家珍稀资源不流失的前提下，加强国际畜禽种质交换，着重引进利用价值高的品种资源，收集多样性丰富的种质资源和有益基因，并加强检疫研究和完善检疫基地。

加强畜禽遗传资源保存体系建设。在原有畜禽种质资源就地保护场的基础上，2020年前，增加30～50个畜禽原生境保护场，保护濒危受威胁的畜禽种质资源，同时完善已建畜禽遗传资源保护场和保护区建设，使更多的地方畜禽优良品种得到保护；继续加强国家家畜基因库、家禽基因库和水禽基因库的建设，建立畜禽遗传资源细胞库和DNA库。

建立畜禽遗传资源评价体系和畜禽“优异基因核心库”。采用先进技术，研究我国畜禽动物及其近缘野生种的起源、进化和分类。建立畜禽遗传资源的生产性状、品质性状、抗逆性和形态学评价体系，研究制定畜禽遗传资源评价国家或行业标准，对畜禽遗传资源进行全面、系统的评价。

加强特殊与优异基因的筛选和优异种质创新利用体系建设。研究畜禽遗传资源的功能基因组学和比较基因组学，筛选影响畜禽肉、蛋、奶、毛等畜产品产量和品质的主效基因；研究分子数量遗传学和生物信息学，对重要经济性状的主效基因进行分离、克隆、测序和定位，开展优异种质创新和利用研究。在2010年前，完成部分家畜禽种类重要经济性状主效基因的分离和克隆。2020年前，在优异种质创新和利用研究方面取得突破性进展。

大力推进畜禽品种资源开发利用，实现产业化开发。根据市场需求，有计划、有步骤、有重点地引进国外优良畜禽品种，同时开发和利用好地方畜禽遗传资源，争取在2015年前，培育出30个用于生产推广的新畜禽品种（配套系），逐步形成以自我开发为主的育种体系。以名牌品种为依托，通过严格规范和独特的生产加工方式，生产出系列化优质产品，全面带动畜禽遗传资源的开发利用。

促进畜禽遗传资源共享服务平台建设。在2010年前，完成制定畜禽遗传资源普查、数据采集和整理的国家标准与技术规范，制定畜禽遗传资源分类分级标准、编码体系；制定畜禽遗传资源数据标准和数据质量管理规范。2015年前，建成以畜禽遗传资源网络数据库系统为基础的共享服务平台。

（四）农作物及其野生近缘植物种质资源保护与利用

1．现状

我国农业历史悠久，据不完全统计，全国有农作物及其野生近缘植物数千种，其中栽培植物约1200种，主要栽培的600多种，其中起源于我国的近300种。我国农作物种质资源数量位居世界前列。

过去几十年中，我国农作物种质资源大量丧失或遭到严重破坏。一是由于作物新品种和栽培技术的提高，使大量老品种特别是农家品种遭到淘汰，虽然多数品种资源已得到收集保存，但仍有部分丢失；二是因为土地用途改变、大型水利与交通工程建设、城市扩展等，一些重要作物的野生近缘种生境遭受破坏，面积缩小或消失，如普通野生稻、药用野生稻和疣粒野生稻的栖息地和种群数量比20年前约分别减少了70%、50%和30%；三是在对外合作研究中，因保护意识不强和管理不力，造成农作物种质资源的大量流失。

我国自20世纪50年代以来，先后组织了多次农作物种质资源及其野生近缘植物的征集和考察，收集到大量的样本和标本。特别是20世纪80年代以来，国家在农作物种质资源保存设施建设方面加大了投入，已基本形成种质资源保存长期库、中期库和种质圃相配套的保存体系。目前编入全国作物种质资源目录的资源材料约40万份，其中已入国家作物种质库（圃）的为38万多份，涉及1000多个物种。对上述的种质资源已进行了主要农艺性状鉴定，多数或部分进行了主要病虫害、逆境和品质鉴定，对优良种质资源已开展了综合评价和利用研究。

我国农业野生植物原生境的就地保护工作起步较晚，从21世纪初才开始实施保护区（点）建设。目前已建成或正在建设的农业野生植物原生境保护区（点）共67个，保护的野生植物有7科、12属、14种，以野生稻、野生大豆和小麦野生近缘植物为主。

2．存在的主要问题

法律法规执行不力，原生境保护滞后。国家虽已发布了一系列有关农作物种质资源的法律法规，但由于宣传不广泛、守法意识差、执法不力等原因，生物物种资源流失现象严重，急需加强对生物物种资源引进引出的管理。目前农作物种质资源保护工作主要侧重于非原生境保存，而原生境保护直到 21 世纪初才开始启动。由于原生境保护工作滞后，使许多重要的作物野生近缘植物原生境遭到严重破坏，原生境保护点的建设速度远远落后于破坏速度。

本底尚不清楚，种质资源收集不全。农作物种质资源特别是作物野生近缘植物资源的普查缺乏系统性，涉及的种类少、范围小，对全国各类农作物野生近缘植物的种类和种群数量不清楚，有些门类的调查尚属空白，即使是已调查过的物种，因缺乏监测，对其数量、分布区、受威胁程度和原因等尚不清楚。农作物种质资源收集保存量尚不足 40 万份，还有相当多的种质资源没有完成收集，特别是作物野生近缘植物资源和国外农作物种质资源的收集工作还很薄弱。

研究滞后，基因鉴别能力不足。虽然我国的种质资源丰富，但通过研究筛选出的具有突出利用价值的优异种质很少，能够拥有自主知识产权的功能基因资源更少，这既不能满足作物育种和农业生产的需求，也不能适应日益激烈的国际遗传资源竞争。迫切需要对已保存农作物种质资源的性状基因进行鉴别，发掘对作物育种和农业生产有益的基因。

3．主要目标与任务

近期目标与任务（2006—2010 年）：继续进行农作物种质资源多样性和农业野生植物的濒危状况调查；完成农作物种质资源收集、整理、保存技术规程以及农业野生植物就地保护的技术规范和原生境保护区（点）建设技术标准的编制；继续考察收集农作物种质资源和农业野生植物，对西部地区农作物种质资源进行抢救性考察收集；完善、更新国家长期库、中期库、种质圃的设施和基础条件，增建种质圃 7～9 个，增建一座热带亚热带牧草中期库，并进行监测和更新保存的种质资源；应用超低温技术和试管苗技术保存特殊类型的种质资源，并研究相关的保存方法和技术；增建 50～80 个农业野生植物原生境保护区（点）；逐步完善管理体系和法律法规以及有关规章制度。

中期目标与任务（2011—2015 年）：完成农作物种质资源多样性和农业野生植物濒危状况的调查；继续考察收集农作物种质资源，基本完成西部地区农作物种质资源的抢救性考察收集；完善国家长期库、中期库和种质圃的设施和基础条件，增建种质圃 3～5 个，继续监测已保存种质资源的活力并定期更新；国家长期库和中期库保存种质资源增加到 40 万份和 30 万份，国家种质圃保存种质资源增加到 4.7 万份；增建农业野生植物原生境保护区（点）90～110 个，建成超低温保存库和试管苗保存库各 1 座；管理体系和法律法规基本健全。

远期目标与任务（2016—2020 年）：保护设施和技术以及保护的资源种类、数量、质量和利用水平等全面跻身世界先进行列；收集、保护、保存、利用和管理达到规范化和信息化；全国长、中期库配套，种质圃达 40 个，超低温保存库和试管苗库保存设施健全；原生境保护区（点）达到 260 个；长期保存的种质资源达到 45 万份；管理体系和法律法规比较健全。

4．保护与利用措施

继续进行农作物种质资源的收集。我国农作物种质资源收集工作潜力大。我国西部地区是多种作物的起源地和农业野生植物分布中心，抢救那里的农作物种质资源和农业野生植物资源。同时，要加紧国外农业种质资源的收集，满足未来农业可持续发展的需要。

建立原生境保护区（点）。加快建立农业野生植物原生境保护区（点），近期建成 50～80 个，中期建成 90～110 个，远期建成 90～110 个，共计 260 个，其中在华南和西南地区建立野生稻原生境保护点 32 个，在西北地区建立小麦野生近缘植物原生境保护区（点）18 个，在东北、华北、华中和西北地区建立野生大豆原生境保护点 36 个，在华中和华东地区建立水生野生蔬菜原生境保护点 15 个，在西北、华北地区建立栽培牧草近缘野生种原生境保护点 50 个。在全国范围内建立野生牧草、野生蔬菜、野生果树、野生药材、野生花卉、野生茶、野生桑等原生境保护点 99 个。在西南地区建立籽粒苋、红花、藜等未被开发利用作物的农场（田）保护区，在华北和西北地区建立荞麦、燕麦、高粱等小宗作物的农场（田）保护区。

建立和完善非原生境保护设施。加强国家农作物种质资源长期库及备份库、中期库仪器设备的更新和维护，完善我国农业科学院作物专业所、全国畜禽牧草种质资源保存利用中心和地方科研单位的 26 座中期库。增建国家作物种质圃 10～15 个，近期在江苏省（或浙江省）建立 1 个杨梅种质圃，在河北省廊坊市建立 1 个无性蔬菜种质圃，在河南省、湖北省和云南省各建立 1 个野生猕猴桃种质圃；中期在海南省建立 1 个咖啡和 1 个香料种质圃，在新疆维吾尔自治区建立 1 个野生苹果圃，在华南地区分别建立热带果树圃、木薯圃、热带牧草圃、热带棕榈圃、剑麻圃各 1 个；远期在西南和华南地区各建立 1 个无性繁殖作物（已保存在圃中的物种除外）种质圃。完善已有的 32 个种质圃，健全 2 个试管苗库的配套设备和田间繁殖圃。在北京市建成 1 座超低温保存库。

开展农作物种质资源的更新繁殖、性状鉴定与评价。重点对入库（圃）作物种质资源的优良品质重要性状进行鉴定和评价，加强极端环境条件下的农业野生植物特异性状的鉴定。近期主要针对水稻、小麦、大豆等作物，筛选 1 500～2 000 份优异资源；中期扩展到对主要粮食作物、油料作物、蔬菜、果树、花卉、牧草、天然橡胶等，筛选 2 000～3 000 份优异资源；远期将基本完成所有作物种质资源的性状鉴定和评价，筛选 3 000～3 500 份具有重要经济价值的优异资源，加强对库存资源尤其是优质资源的繁殖利用。

开展作物种质资源优异功能基因发掘与克隆。利用现代生物技术重点进行优异基因发掘和功能基因组研究，最大限度地获得我国具有自主知识产权的标记基因，并对重要基因进行分子标记鉴定和克隆，挖掘一批新的优质基因，促进农业野生植物资源的合理利用。定位 200 个高产、优质、抗病虫、抗旱、抗寒、耐高温、养分高效利用及对环境友好的基因，获得与优异基因紧密连锁的分子标记，克隆出 60～80 个具有重要应用价值的新基因，为育种提供一批重要的中间材料及分子标记选择技术。

建立共享技术平台，进行惠益分享试点。在鉴定评价和功能基因研究的基础上，建立快速、简便、高效的信息和实物共享技术平台，择优向作物育种、农业生产和其他研究机构提供优异种质，充分发挥优异作物种质资源的生产潜力。同时进行农作物种质资源获取与惠益分享制度的研究和试点，对引进和引出农作物种质资源进行规范管理。

（五）林木植物资源保护与利用

1．现状

我国林木植物资源极为丰富，居北半球地区森林资源的首位，拥有 187 个木本科（含 17 科藤本），1 200 多个木本属，分别占总科数的 54.5%和总属数的 38%以上；有 9 000 多种木本植物，约占全国所有植物种数的 30%，包括乔木 3 000 多种，灌木 6 000 多种，其中珙桐、鹅掌楸、香果树、连香树、水青冈等是我国古老类群的特有珍稀树种，银杏、银杉、水杉、金钱松、白豆杉等是我国特有的珍稀孑遗木本植物。

由于人类长期的干扰活动，诸如毁林、过度采伐和非木林产品的开发利用、外来入侵种、林业病虫害、大气污染、气候变化，以及各种灾害的破坏，林木植物资源和遗传多样性丧失非常严峻。目前，我国有 17%树种面临濒危。

1991 年，我国开始全国性林木遗传资源收集与保存，开展了系统的种类遗传多样性的研究与保护。近 10 年时间内，建成了各具特色的 10 个林木种质资源（活体）保存库，地跨我国寒温带、温带、亚热带、南亚热带、北热带的林木种质资源库已初具规模，保存了主要树种的大群体、种源（林分）、家系、优树、无性系等，保存乔灌木树种、花卉等 76 个主要物种种质资源 1.5 万份。全国林木良种繁育基地保存育种材料种质 3.5 万余份，初步建立了林木种质资源库的技术体系。

2．存在的主要问题

林木植物资源不清。许多林木植物资源的本底及遗传变异情况不清，严重制约了林木植物资源的保护与开发利用。由于缺少有效的监测体系以跟踪监测和评价林木植物资源的动态变化状况与发展趋势，导致决策与管理的科学依据不足。

资源流失严重。一些发达国家的大型公司或科研单位大量收集我国林木植物资源，并通过生物技术，加强对生物遗传资源的控制和专利垄断。在过去一二百年间，我国大量树种资源流失国外。总体上看，物种及其基因资源丢失呈上升趋势，尤其是我国西部地区的黄河中上游地段的灌木基因资源和南方热带雨林的基因资源丢失最为严重。

管理制度薄弱。我国尚未建立系统的林木植物资源保护和管理的法律法规，现行法规的相关内容也不具体。此外，林木植物种质资源保护的机构、人员、资金、基础设施、科技支撑能力等投入不足。林木植物资源的管理体制也需要进一步完善。

3．主要目标与任务

近期目标与任务（2006—2010 年）：基本完成全国林木植物资源本底调查，特别是搞清我国特有的约 1 100 种林木和西部地区约 200 种藤本植物以及灌木树种的分布和资源状况，并在资源编目基础上建立国家林木植物种质保存库；对具有重要经济价值的林木、珍稀物种和有利用价值的野生植物开展遗传多样性分析，评估其濒危程度，进而确定林木植物的优先保护名录；开发驯化当地野生树种；开发经济树种；启动红豆杉等重点野生树种和苏铁等观赏植物为主的拯救保护项目；建立一批保护珍稀濒危林木种质资源的自然保护区和树木园。

中期目标与任务（2011—2015 年）：建立完善林木植物资源监测、预警与决策管理系统，对全国林木植物资源的动态变化和病虫害发生情况进行监测，即时更新物种资源数据库；逐步建立林木植物资源保护与可持续利用的技术标准体系，实现资源管理数据化、网络化和信息化；制定并实施 100 个特有树种和重点经济林木植物的保护与利用计划；在重点林业省份或林区建立 5～10 个各有特色的林木植物资源保存库。

远期目标与任务（2016—2020 年）：基本完成全国林木种质资源的收集与保存，完成大部分已收集林木种质资源的性状鉴定和基因筛选，获得一批优质基因用于林木良种培育，建立林木植物基因库；建成完备的林木植物物种资源保护与开发利用体系，完善林木植物物种资源自然保护区网络。

4．保护与利用措施

开展资源本底调查。组织全国林木植物资源调查，应用高新技术，建立林木植物资源调查、动态监测平台和先进的资源监测技术体系。2006—2010 年，初步摸清林木植物种类、数量、分布、濒危状况、保护状况和利用情况。同时建立我国林木植物资源动态数据库，并定期更新数据。

实施林木植物保护工程。制定我国林木植物保护名录，并对自然保护区外分布的重点保护林木植物资源适当建立自然保护区或保护点；建立国家树木园/植物园网络、乡土植物引种驯化园网络、林木种质资源保存林网络。在 2015 年前，分别在不同地理气候区建立 20～30 个树木园/植物园或引种驯化园，引种保存当地的珍稀濒危林木植物，进行栽培繁殖与利用研究和病虫害防治研究，研究更新繁殖技术方法，建立一批珍稀濒危树种培育基地，并扩大其种群规模，实现其回归野化。

加强林木种质保存设施建设。2006—2010 年，建立国家林木植物种质资源保存库（包括活体保存基因保存林、种子保存库、离体组织保存库等）和相应的种质保存圃，同时开始规划建立有特色的地区性林木植物资源保存设施，2011—2015年，在全国建立七个地区性林木植物物种资源保护中心。建立银杏、杉木等500～800个我国特有属、种林木植物的专属、种及品种资源的保护体系。建立一批珍稀树种（以用材树种为主）资源库。到2020年，基本建立我国全部特有属、种的专属、种及品种资源的保护体系。

建立林木植物资源信息系统。到2015年，建立比较完善的林木植物资源信息系统。利用高新技术建立珍稀濒危林木植物的空间地理信息系统，编制林木植物物种多样性分布图，确定我国林木植物资源保护区划。建立基于网络的林木植物资源利用信息平台，收集、处理、分析、决策和传播林木植物资源可持续利用信息，全面实现林木植物资源信息社会化共享，促进资源的保护与可持续利用。

加强林木植物种质资源开发利用研究。到2015年，对种质资源库保存的林木种质资源进行系统的性状鉴定和基因发掘，确定重要林木资源的核心种质，开发优良的基因用于林木品种改良。按照不同用途和类别，对林木植物资源进行系统的评估和化学成分测试，挖掘其资源价值，筛选出新的经济用途。对有重大用途价值的物种，采用扦插、组培、体细胞胚胎发生、细胞培养等现代生物技术，开发建立规模化快速繁殖体系，加速产业化利用。

（六）观赏植物资源保护与利用

1．现状

我国具有悠久的观赏植物栽培与应用的历史，是世界观赏植物文化最发达的国家之一，也是世界上观赏植物资源多样性最丰富的国家之一。估计我国原产的观赏植物种类达7000种。在我国原产的观赏植物中，有很多是我国特产的优良种类，如全世界200种蔷薇中，我国原产82种；全世界900余种杜鹃花中我国原产的有530种，占60%。现代杜鹃的几千个品种，其主要种源均来自我国；我国还是百合种质资源的分布中心，种质资源占全世界一半以上。我国的牡丹、丁香、翠菊、海棠、栒子、乌头等很多种野生花卉对世界花卉业的发展也起到了重要作用。

改革开放以来，我国引进了大量商品花卉和园林植物的品种资源。据估计，这类品种大约有2000个，主要是香石竹类、唐菖蒲类、郁金香类、菊花类、南洋杉类、樱花类、现代月季等。我国目前商品花卉生产中90%左右的品种是从国外引进的。

我国目前对野生花卉资源仍以直接利用为主，由于过度采挖，野生植物资源总量下降，许多花卉植物种群减少，趋于濒危。在经济利益驱动下，一些具有特殊经济价值的野生花卉成为国内外商业公司争相采挖的对象，如兰花、苏铁等，导致一些花卉资源遭到严重破坏，甚至消失。

2．存在的主要问题

资源本底不清。已有记载的我国原产花卉及观赏植物达1600种，但普遍认为实际野生花卉及观赏植物远多于此数，但由于缺少定义和评价标准，至今没有一个权威的名录。

重要花卉资源破坏严重。一些经济价值较高的花卉资源遭到严重破坏。我国兰花在所有产区均受到毁灭性破坏，以四川、云南和贵州等省最为突出。

原产花卉利用率低。我国野生花卉资源开发利用程度极低。我国可供利用的野生花卉资源有数千种之多，而目前真正得到开发利用的种类有限，不足总数的5%，一些珍贵的野生花卉品种还未开发利用。

国产花卉产业化水平低。我国野生花卉应用开发研究工作滞后，在野生花卉种质资源的收集、整理、保存、新品种选育、规模化生产技术应用方面的研究较少，未能解决人工繁育和产业化技术。由于直接采挖利用野生植株，致使野生花卉资源大量消耗。特别是珍稀濒危的野生花卉往往分布区狭窄，种群自我更新繁育能力不强，长期采挖势必造成这些资源面临濒危状态。

3．主要目标与任务

近期目标与任务（2006—2010年）：组织开展野生花卉资源调查，完成对重点地区如西南地区的花卉资源调查，完成100种重要原产花卉资源的调查。在调查的基础上，对野生花卉资源进行整理、编目，编制重点保护花卉植物名录和受威胁花卉植物名录。加强对现有栽培花卉品种资源的鉴定、整理和编目。开展对我国特产野生花卉繁育技术研究，为野生花卉产业化做准备。

中期目标与任务（2011—2015年）：完成全国野生花卉资源调查和编目，完成300种原产花卉资源的调查。在调查的基础上，制订保护计划，建立以保护珍贵野生花卉资源为主要目标的自然保护区、野生花卉植物移地保护中心以及花卉种质资源保存库。完成对我国原产、市场消费量大的20种花卉的繁育技术研究和产业化开发。

远期目标与任务（2016—2020年）：在资源调查和编目的基础上，继续加强保护措施，形成花卉资源就地保护和移地保护网络体系。稳步发展野生花卉产业化。2020年前，开发出50种我国原产花卉，使之产业化，一些种类进入国际市场。

4．保护与利用措施

对野生花卉原生境实施就地保护。到2020年，在全国范围内新建50～100个野生花卉保护区或保护点，重点区域有长白山区、秦巴山区、冀南太行山区、甘肃南部、青岛崂山、舟山群岛、云南、藏东南和新疆等地，保护重点有兰科植物、苏铁属植物、野生玫瑰、百合科植物，以及山茶、杜鹃、报春花、蕨类、木兰科、蔷薇属、菊属、牡丹、芍药、攀援植物、高山花卉、虎耳草科、毛茛科观赏植物等。在现有自然保护区保护范畴中增加野生花卉资源或重点野生花卉的保护内容。

加强移地保存设施建设。对于天然群体遗传组成发生较大变化的花卉植物，以及适应性差、对环境、气候等生态条件要求严格的种类，或存在潜在破坏威胁的野生花卉，需要在其群体中收集种子或繁殖材料，并在其原生境附近营建移地保存园（圃）进行集中保存，或建立花卉种质资源库。到2015年，建成“国家野生花卉种质资源保存库”，收集保存优良的野生花卉种质资源，并通过人工繁育扩大种群数量，使一些珍贵的野生花卉资源得以长期保存和市场开发。

推动国内原产花卉的产业化生产。优先开发具有栽培历史和文化基础，适合大众消费的国内原产花卉种类。因地制宜地发展具有地方特色的野生花卉商业化生产。

引种驯化野生花卉。野生花卉多数具有特殊的观赏特性，有些种类的生态适应性广，容易繁殖和栽培，可以直接应用到城市园林绿地中，提高城市绿地的植物多样性。到2015年，开发100种野生花卉用于当地城市园林绿化。

利用野生花卉基因资源培育新的花卉品种。选择具特别遗传性状的花卉植物作为亲本材料，利用传统育种技术和分子生物学的手段，培育新的优良品种。到2015年，挖掘30个优良基因，培育50个优良花卉品种。

利用野生花卉资源发展花卉旅游。野生花卉资源群落常形成优美的自然植物景观，可将保护野生花卉资源与花卉观赏旅游结合起来。

（七）药用生物物种资源保护与利用

1．现状

根据1983年第三次全国中药资源普查的结果，我国分布有药用植物种类涉及383科，2 309属，11 146种（含亚种、变种）；药用动物种类415科，861属，1 581种；矿物药80种，合计

12 807 种，在世界上位居前列。

在整个药用生物资源种类中，民间草药最多，有 7 000 多种，约占资源种类的 60%，其中相当一部分民间草药还处于比较原始的经验积累阶段。民族药有 4 000 多种，约占 30%，具有传统药学理论基础、可供直接利用的约 400 种，有 100 种左右与中药交叉（重复）。中药材约 1 200 种，其中列入商品经营必备目录的有 600 种（包括制品和加工品），普通药店（房）的经营品种约为 300～400 种，进入流通领域的商品药材仅 100 多种。按来源分类，植物药材占 85%以上，动物药材占 10%左右。

常用中药材是当前中医处方和中成药制剂的主体，年总需求量超过 60 万 t，其中出口近 30 万 t，常用中药材 70%的品种供应仍依赖于野生资源。在过去的 25 年中，中药工业产值年平均递增 20%以上，国际上一些著名制药公司加强了对包括我国中药在内的天然药物的研究开发。出口中药材的种类和数量大幅度上升，药用植物提取物的大量出口，对野生药用生物资源造成了巨大压力。

药用生物资源保护已成为生物多样性保护重点议题。目前，我国已列入国家野生植物保护名录（第一批）的药用植物有 20 种，列入《濒危动植物种国际贸易公约》（CITES）附录的药用植物有 30 种（类）。

2．存在的主要问题

法规不健全。1987 年颁布实施的《野生药材资源保护管理条例》，由于执法主体、保护级别、资源状况和保护措施已经发生了重大变化，已经不能适应新的形势，迫切需要加强药用生物资源保护的立法与执法。

中药野生资源的无序利用加重了资源危机。因过度采挖，冬虫夏草、肉苁蓉、石斛、红景天、雪莲、蛤蚧等中药材品种已成为珍稀濒危物种，面临灭绝；历史上一些名贵中药品种如野山参、笕桥地黄、茅苍术、多伦赤芍、木通等已经消失。

资源本底不清。中药资源普查已长期中断，资源监测网络不健全，目前的许多数据还是 20 多年前第三次中药资源普查的数据，原有的资源产地信息、市场供求信息的统计渠道被取消，缺乏官方和有权威的统计数据。此外，在资源普查技术、监测系统研究、信息系统、资源保存和繁育技术等方面都存在基础薄弱的情况。

3．主要目标与任务

近期目标与任务（2006—2010 年）：完成 400 种常用和 100 种珍稀濒危药用物种资源的调查研究工作，开展重要药用生物种质资源的调查、收集和保存；完成 5～10 个野生药用植物资源的就地保护设施建设；完成 5～10 个珍稀濒危野生药用植物的移地保护设施和人工繁育基地建设；建立和完善 1～2 个药用植物种质资源库；开展 1～2 种药用生物新技术和替代品方面的研究；研究药用生物保护和利用相关政策体系，初步建立药用生物资源动态监测系统。到 2010 年，基本遏制药用生物资源过度利用的趋势，使其资源利用转入良性循环。

中期目标与任务（2011—2015 年）：基本完成重要药用生物资源种质资源的收集、整理和保存工作，建设 20～30 个以药用生物为主要保护对象的自然保护区；开展对 50 种左右的野生药用生物的抚育保护、采收利用和栽培驯化的研究；开展 100 种大宗中药材规范化生产的研究和技术推广工作；建立药用生物资源动态监测系统；建立 1 座国家级药用植物种质资源保存库。

远期目标与任务（2016—2020 年）：开展珍稀濒危药用生物资源的拯救及其替代品研究，开展药用生物的良种选育和利用生物技术生产药用活性成分的研究及其技术推广。到 2020 年，完成对 200 种野生药用生物的抚育保护、采收利用和栽培驯化的研究，基本实现主要药用物种资源的可持续利用。

4．保护与利用措施

开展药用生物资源的本底调查工作，并建立药用生物资源的动态监测体系。定期进行药用植物资源的调查，建立我国药用植物资源动态数据库。建立中药资源监测点和中药资源信息采集点，加强中药资源监测和信息采集网络建设。力争在 2006—2010 年，完成第四次全国药用生物资源普查工作。

加强药用生物的就地保护。2015 年前，建立 20 个药用生物资源自然保护区，如建设青藏高原中/藏药材资源保护区、新疆荒漠沙生中药资源保护区、鄂尔多斯高原甘草、麻黄、锁阳、银柴等干旱沙生药用植物自然保护区、吉林长白山北药资源保护区、海南南药资源保护区、广西隆安龙虎山中药资源保护区、云南西双版纳中药资源保护区等。并在野生药材重点生产地区，建立 10～20 个生产性抚育保护区。

建立药用生物移地保护体系。根据道地药材的自然分布状况以及我国区域性气候特点，至 2015 年分别在东北、华北、西北、青藏高原、云贵高原、华东或华中、华南、海南等地区建立 8 个国家药用植物种质资源保存圃。另外，建立一些适合寒冷、干旱（荒漠）、湿地等特殊环境的小型种质资源圃，并依托动物园建立 3～5 个药用动物专用种质资源保存园区，形成全国药用植物种质资源收集保存网络系统。

建立中药资源综合利用示范体系。2015 年前，建立 5～10 个中药资源可持续利用示范区，并通过示范区建设探索不同类型药材资源的可持续利用模式。为高效利用药材资源，需要积极倡导药材资源的综合利用，多用途开发药用生物资源和多部位综合开发利用药用生物资源，实现根、茎、叶、花、果实、种子等各器官的利用，提高利用效率。

加强药用生物资源生物技术研究。利用组织培养快繁技术实现珍稀濒危药用生物的快速繁殖；利用发酵培养等方法，推动药用生物资源利用新技术的开发与利用。到 2015 年前，建立部分野生药用物种资源的核心种质体系，开展种质基因的鉴定、整理和筛选。利用优良基因，培育优良药用生物品种，全面提高栽培药用生物资源的质量和产量，降低对野生药用生物资源的依赖。

建立合理的药用生物资源的管理机制。建立和完善药用生物资源进出口管理的相关法律、法规，稳步推进《中药材生产质量管理规划规范》（中药材 GAP）的实施，保障药材生产企业按照规范要求，生产质量合格的中药材。

（八）竹藤植物资源保护与利用

1．现状

我国竹类植物资源丰富，有 500 多种，占世界竹种的 40%以上；竹林面积约 500 万 hm^2 以上，占全世界竹林面积的 25%；我国竹种资源、竹林面积、竹笋和竹材产量均居世界首位。我国热带和南亚热带地区分布有棕榈藤种 3 属 40 种 21 变种。

随着人口增加和经济社会的发展，大量土地利用从原生状态转为农牧业生产和城市建设，热带、亚热带竹类和藤类植物资源遭到大面积破坏，生境受到不同程度的威胁；同时，由于不合理的工业化利用，致使某些竹类和藤类物种资源处于濒危边缘。

2．存在的主要问题

资源本底不清，监测体系落后。许多竹、藤类物种资源的本底及遗传变异不清。我国竹、藤类资源调查、监测一直采用人工调查手段，周期长、效率低、精度差、实时性弱，缺少有效的跟踪监测体系来监测和评价竹、藤类植物资源的动态变化与发展趋势，影响和限制了我国天然竹、藤类资源的保护与利用。

保护不力。我国竹、藤植物保护工作处于起步阶段，工作区域性明显，任务量大，周期性长，研究与管理缺少连续的支持。一些竹种、藤种园和收集圃遭到破坏。

资源开发利用率低，资源共享不充分，资源评价工作缺少系统深入的研究。我国可供利用的竹藤类物种资源有几百种之多，而目前得到开发利用种类有限，不足总数的5%。

3．主要目标与任务

近期目标与任务（2006—2010年）：调查我国竹藤类物种资源本底，并进行编目，建立数据库。明确需要特别关注的处于濒危和受威胁状态的竹藤类物种，对其濒危原因进行深入的研究。建立珍稀濒危竹藤类植物自然保护区，实行优先保护。

中期目标与任务（2011—2015年）：在摸清本底的基础上，初步建立全国竹类、棕榈藤类植物资源保护与持续利用的信息系统。收集、保存毛竹、早竹、麻竹、篌竹、巴山木竹、巨龙竹等主要竹种种质资源，建立完善的竹种质资源移地保存圃。

远期目标与任务（2016—2020年）：建立竹、藤类植物的种质资源保存库。通过人工繁育和扩大种群，使珍稀濒危竹藤种类回归自然。在种质资源收集的基础上，进行性状鉴定、评价和种质筛选研究，对具有经济价值的竹、藤类物种资源进行开发利用。

4．保护与利用措施

加强竹、藤类物种资源及竹、藤林环境中生物多样性保护。竹、藤林环境中生活着种类繁多的野生动物、微生物及非竹类植物，它们相互联系、相互作用，构成一个完整的竹林或藤林生态系统。建立自然保护区是保护竹林和藤林生态系统和生物多样性的最有效的措施。采取就地保护措施，重点保护箭竹属、玉山竹属、筇竹属、寒竹属、巴山木竹属等5属的近20种竹类植物，以及一些具有潜在开发价值和应用前景的竹、藤种质资源。

对于适应性差和对环境、气候等生态条件要求严格的竹藤种类进行迁地保护。拟分别在国际竹藤网络中心黄山基地、广西大青山、福建漳州华安竹植物园和海南省三亚市建立主要竹藤种质保存圃。

加强竹、藤物种资源清查。建立竹藤资源调查、动态监测平台和先进的资源监测技术体系，掌握现有竹藤资源现状及其消长变化规律。通过对全国的资源调查，物种鉴定，实现竹藤资源信息共享，促进竹藤资源的有效保护与合理利用。

加强竹藤类物种资源开发利用基础研究。筛选重要的核心竹藤类种质，开发优良的基因用于品种改良。按照不同用途和类别，对竹藤类植物资源进行系统的评估和化学成分测试，挖掘其资源价值，筛选出新的经济用途。对有重大用途价值的物种，采用现代生物技术，开发建立规模化快速繁殖体系，促进其可持续的高附加值产业化利用。

（九）其他野生植物资源保护与利用

1．现状

其他野生植物资源是指除农业野生植物、林木野生树种、野生观赏植物、野生药用植物、野生竹藤类植物以外的其他野生植物资源。

据《中国植物志》（1959—2004）统计，全国共有维管植物约31 000种，约占全世界的10%。植物总数列全球第三。我国的植物资源有种类繁多、地域性显著、特有性突出、用途广泛、可替代性强、种质资源丰富等特点，在世界上占有非常重要的地位。据估算，在全国3万余种高等植物中，约有近半数种类在不同地区被人们所利用。其中已开发利用的重要野生经济植物有3 000 多种，目前还在陆续开发植物的新用途。事实证明野生植物资源及其悠久的利用历史是我国宝贵的生物学遗产，野生植物资源作为一种重要的战略资源储备，可满足未来农业和生物药业研发日益增长的需求。

其他野生植物资源面临的主要威胁包括植被破坏、生境破碎、对生物物种资源的过度开发利用以及外来种入侵和环境污染等。《中国物种红色名录》（第一卷，2004）列出的受威胁生物物种比例达15%，其中裸子植物、兰科植物等具有重要经济价值类群的受威胁比例高达40%以上。

为保护野生植物资源，各级政府先后建立了1 000多个以野生植物物种资源为保护目标的自然保护区，75%左右的国家重点保护野生植物得到了保护。建有140多个植物园，移地收集保存的植物物种总数达10 000多种，约占我国植物区系成分的65%。各植物园还根据自己的优势，建立了135个各具特色的专类植物园。

2．存在的主要问题

现行法律法规与管理机构不健全。目前我国尚无一部专门的野生植物保护法律，已颁布的《野生植物保护条例》操作性不强，并存在有法不依，执法不严的现象。管理机构不健全，力量薄弱，全国1/3的省市没有设立专门的野生植物管理机构。

保护意识薄弱。普通公众乃至一些地方政府部门对野生植物的保护意识仍然淡薄，乱采滥挖国家保护的野生植物现象还十分严重。

本底和保护现状不清。野生植物物种资源编目尚未完成，保护现况仍然不清楚。现有的全国及各地区植物志的编写主要是基于20世纪70—80年代以前积累的标本资料，未能真实反映最近20多年来野生植物分布的现况，尤其是近年来经济植物的消长情况以及濒危植物面临的实际状况尚不清楚。

缺乏全国野生植物资源网络信息系统。许多资源研究单位还没有认识到网络信息的价值，缺乏信息共享意识。目前，大量植物资源信息分散在各有关科研机构，因各机构信息管理技术手段不一，许多资料可比性和可利用性差。

3．主要目标与任务

近期目标与任务（2006—2010年）：完成全国野生植物资源编目，重点是除了农作物野生近缘种、林木、花卉和药用植物资源以外的其他各类野生资源植物；对野生植物资源重点分布地区和经济植物重要地区及重点类群开展有重点的野生植物资源调查；对全国自然保护区和植物园保护的植物资源进行本底编目，了解其保护状况和野生植物受威胁现状，初步建立全国野生植物资源保护与持续利用的信息系统。

中期目标与任务（2011—2015年）：在资源调查和编目的基础上，编制全国植物红皮书，明确生物物种保护的优先等级，深入研究珍稀濒危植物的濒危状况和原因；规划新的珍稀濒危植物自然保护区，加强相关类型自然保护区的建设与管理，建立资源档案；加强野生植物移地保护设施建设，完善植物园建设和管理，建立2～3个综合性大型植物园；深入研究珍稀濒危植物的濒危状况和濒危原因。

远期目标与任务（2016—2020年）：建立和完善野生植物资源保护监测体系，包括对开发利用和贸易的动态监督；通过人工繁育和扩大种群，使大量珍稀濒危植物回归自然。在资源常规调查和保护的同时，加强重点目标野生植物资源的开发利用，并完成对野生植物资源潜在利用价值的鉴定，开发一批野生植物的医药价值和其他价值。完成国家野生植物战略资源储备库的建设。

4．保护与利用措施

加强保护区建设，新建一批保护特有植物资源和重要物种的保护区。在天山地区建立中亚特有属沟子荠、天山特有属疆堇天山紫草等物种的保护区和保护点，在准噶尔地区新建保护梭梭等荒漠植物的保护区；在青海可可西里地区新建保护昼笔菊、藏木蓼、蚤草和骆驼蓬等的保护区或保护点；在山东青岛附近岛屿新建耐冬山茶保护区；在华北平原和山地新建特有属蚂蚱腿子和独根草的保护区；在四川甘孜阿坝地区新建劈碱草保护区等等。

调查全国野生植物资源本底。以重点调查和普查相结合方式，调查全国各地野生植物物种及遗传资源本底，进行编目，了解其分布和保护状况以及野生植物受威胁现状。至 2015 年，重点调查野生植物分布关键地区，如西南石灰岩地区、武陵山地区、浙闽赣交界山区、青藏高原地区及西北干旱、半干旱地区。普查重点是各类经济植物的野生资源储量、利用方式、过去几年的市场行情及资源消长量。在调查的基础上，对全国野生植物资源综合状况进行评估。分别提出可充分利用物种资源、保护性利用物种资源和限制性利用物种资源的名单和目录。

建立和完善国家野生植物种质资源库和植物园体系。到 2015 年，建立并完善我国野生植物移地保护的网络体系，增建 5～6 个国家级野生植物移地保护植物园和 50～80 个地区和城市植物园。建立一批专业类型植物园（圃）和种质繁殖基地：加强植物园体系建设，统一规划全国植物园的引种栽培计划，提升植物园迁地保育的科学研究水平。

开发和应用陆生野生植物资源可持续利用新技术。到 2015 年，一方面对现有的成熟技术进行全面系统的分析总结，制定野生植物资源可持续利用技术指南；另一方面，根据需要制定新开发可利用植物资源名单并提供相应的可持续利用技术。鼓励开发驯化、栽培野生植物的新技术，鼓励对有潜在利用价值的野生植物开展核心化学成分分析，鼓励开发我国特有资源的自主创新技术活动。开展重要经济植物和珍稀濒危物种的人工繁育技术研究，开发生物能源技术。

（十）微生物资源保护与利用

1．现状

我国生态类型具有多样性和代表性，有丰富的微生物资源和特有类型。目前，我国真核微生物已知物种数约 9 000 种，仅占我国估计物种数的 4%，占全世界已知种数的 11%，其中可人工培养的种数约 800～1 000 种。在我国已查明的真核微生物中，我国特有种超过 2 000 种。由于我国原核微生物资源缺少全面调查研究，尚无法估计已发现的物种数量。

我国第一个专业微生物菌种保藏机构是成立于 1951 年的中国科学院菌种保藏委员会。随后，又陆续建立了医学和工业微生物菌种保藏机构。1979 年，原国家科委批准成立中国微生物菌种保藏管理委员会。目前，我国共有 16 个保藏中心（包括香港、台湾各一个）在世界菌种保藏中心注册，注册保藏各类微生物菌种 61 623 株（其中台湾保存 10 398 株）。相比之下，我国微生物菌种资源的占有量与资源丰富大国的地位极不相符。根据 2005—2006 年环保总局组织的调查统计，我国大陆区域共保存各类微生物菌种资源约 29 万株，主要分散保存在近 50 个微生物学研究单位，共有 9 个保藏中心出版发行了各自的菌种目录，登载各类共享微生物菌种 20 862 株。这些菌种保藏单位，每年向社会提供各类微生物菌种估计在 3 万株左右。

2．存在的主要问题

不合理的开发使微生物资源受到威胁。自然界中的微生物易受环境因素的影响，一旦原始环境遭到破坏，其原有的微生物物种区系组成将发生变化，一部分物种甚至消失灭绝。

资源本底不清，缺少菌株动态调查和编目信息系统。除放线菌和根瘤菌，我国原核微生物资源缺少系统和全面的调查研究。对于我国已鉴定和保存的微生物菌种数量已有比较清楚的数据，但是在菌株水平上，资源本底仍然不清。微生物菌株保存信息系统也尚未建立。微生物资源拥有数量的严重不足，已成为制约我国生命科学研究和生物技术产业发展的瓶颈之一。

研究工作不充分，开发利用率低。基础研究方面与发达国家相比尚有差距，在应用研究方面大多是模仿国外，对已经开发利用的微生物资源，资源共享不充分，实现共享的菌种资源不到30000株。资源评价工作目前处于表观性状或产量性状层面，缺少系统研究，无法揭示菌种全面的生物学特性，为资源开发所能提供的信息有限，综合开发利用率低下。

3．主要目标与任务

近期目标与任务（2006—2010年）：查明各研究机构保存的微生物菌种和菌株，重点调查和收集具有重要应用前景的微生物资源，加强微生物资源库的能力建设和设施建设，重建我国微生物资源保存和共享体系，根据需要引进国外重要经济微生物菌种和菌株，系统开展重要微生物资源的编目和收集保存。到2010年，我国微生物资源储备超过35万株。

中期目标与任务（2011—2015年）：充分利用现代生物科学技术的最新成果，建立微生物资源发掘、分离培养、保存、评价的完整技术体系，实现微生物物种和基因资源收集、保存、研究、开发利用的有机整合。到2015年，我国微生物遗传资源储备超过40万株。同时开发农业生物制剂用微生物菌种资源，开发安全、健康的微生物食品或食品添加剂，提高我国食品安全保障水平。

远期目标与任务（2016—2020年）：到2020年，我国微生物资源储备超过45万株。同时通过大规模筛选和提取微生物生物活性物质，研制一批抗肿瘤、抗真菌、抗病毒、新型人用、畜用和农用抗生素等微生物药物。利用微生物技术，大幅度提高再生能源的生产效率，突破环境生物修复、整治技术。在微生物资源领域取得一批具有自主知识产权的新资源和新技术。

4．保护与利用措施

加快微生物资源的查明和编目工作。抓紧微生物资源调查，重点调查和收集具有重要应用前景的微生物资源，逐步摸清我国微生物资源家底。在资源调查中，要特别关注我国特有自然生态地区内的微生物资源，对不同生态地区进行广泛调查、分离和收集，开展系统学、分类学研究，以及类群之间亲缘关系和系统演化理论的探讨。资源调查中还要特别重视极端环境微生物资源和污染环境微生物资源，选择具有特殊化学因子的盐湖、碱湖、热泉、深海等，发展采样、分离、培养等新的方法技术，进行系统的物种及基因分析。

建立国家微生物资源库与共享体系，并进行系统的研究工作。我国虽已建立了微生物菌种保藏体系，但其规模、机制、功能已不能适应当今科学研究和应用开发的发展需要。需要整备、重建高水平的国家微生物菌种资源保存与管理体系，以及信息资源共享服务体系。到2015年，共享微生物菌种超过10万株，保护的微生物物种达5000种，为工农业生产、环境保护、科研教育提供优质微生物遗传资源、信息资源和技术保障。需要对微生物资源进行系统和深入的研究工作，特别是结合疫病等传染病防治工作，对病原微生物的传播机理进行深入研究。

依靠科学技术进步不断开发微生物资源潜力。不断发展能够展示微生物资源特性的检测或筛选技术，发展新的理论和技术，建立不同技术集成平台，包括组合化学技术、分子育种技术、微阵列技术、高通量筛选技术等。在此基础上，研究和建立高效筛选模型，缩短资源的开发利用周期。至2015年，要集中研究力量，有计划地采集和分离微生物菌种及菌株，对已分离的菌种及菌株进行保存、评估和利用。

开发利用各类微生物资源。注重调查和收集土壤中具有药用价值的微生物资源，从中寻找各种生理活性物质，如各种酶抑制剂、免疫调节剂、受体拮抗剂和激动剂、离子载体、类激素、抗氧剂、生物表面活性剂和抗辐射药物等。到2020年，开发出100个微生物新药。深入研究与生物固氮、生物防治以及和纤维素、木质素等自然资源的合理利用有关的微生物资源，促进其在我国农业生产中发挥重要作用，包括微生物饲料和现代微生物农药以及现代微生物肥料的应用，到2020年，人工驯化栽培珍稀食用菌达100种。

加强生物能源的研究。通过微生物发酵技术，利用有机废物转化产生再生能源，利用微生物产生氢和生物电池。此外，还要加强微生物在生态环境保护方面的应用，利用微生物的分解特性，处理生产和生活中的有机废弃物，净化环境。

（十一）与生物物种资源相关的传统知识保护与利用

1．背景

传统知识是指当地居民或地方社区经过长期积累和发展、世代相传的，具有现实或者潜在价值的认识、经验、创新或者做法。与生物物种资源相关的传统知识在食品安全、农业和医疗事业的发展中，发挥着重要的作用。我国历史悠久，民族众多，各族劳动人民在数千年的实践中，创造了丰富的保护和持续利用生物多样性的传统知识、革新和实践。

近年来，与生物物种及遗传资源相关的传统知识保护问题已经成为《生物多样性公约》（CBD）和世界知识产权组织（WIPO）乃至世界贸易组织（WTO/TRIPS）等关注的重要议题，也是发展中国家与发达国家争论的焦点之一。

《生物多样性公约》提出，鼓励公平分享因利用土著传统知识、创新和实践而产生的惠益，要求各缔约国，依照国家立法，尊重、保护和维持土著和地方社区体现传统生活方式并与生物多样性保护和持续利用相关的知识、创新和实践，促进其广泛利用，鼓励公平地分享因利用此等知识、创新和做法而获得的惠益。

随着履行《生物多样性公约》的深入，传统知识对于生物遗传资源的利用以及生物多样性保护的作用日益显现，成为《生物多样性公约》后续谈判新的热点问题。2004 年，《生物多样性公约》第七次缔约方会议已决定成立“传统知识特设工作组”，研究在习惯法和传统做法的基础上建立保护传统知识的专门制度。

2．存在的主要问题

传统知识往往被视为公知领域的知识，权属不明确。许多与生物物种及遗传资源相关的传统知识是传统群体共同创造并世代相传的成果，其权属关系复杂，有的很久以前就已经文献化，或者以其他方式进入公知领域；还有的是以严格保密的方式由直系亲属或者师傅口头传授，没有文献化资料。这些都给传统知识的知识产权保护增加了难度。

现有专利制度要求，申请专利必须符合新颖性、创造性和实用性三个标准。传统知识因其公知性，不符合其新颖性条件。有些传统知识如传统的中药、藏药等，不像西药那样可以确切地表达其分子结构，难以清晰地界定其保护范围。另外，中药等复方是由多味中药材制成的产品，增减药味可能难以确定其侵权行为。

传统知识流失及失传现象严重。许多传统知识在尚未获得现代知识产权制度充分认可之前就已经流失国外，并被广泛流传和商业开发利用，而传统知识的持有人却不能分享利益。

3．主要目标与任务

近期目标与任务（2006—2010 年）：密切关注《生物多样性公约》、世界知识产权组织、世界贸易组织等在传统知识保护方面的谈判进展，研究并制定传统知识保护的相关法律、法规、政策、保护方案与措施，建立遗传资源和相关传统知识获取与惠益分享制度。在全国范围内全面调查生物资源相关传统知识，并进行系统文献化编目，2010 年前重点调查传统医药和传统农作物、畜禽品种资源，特别是加强少数民族地区相关传统知识的调查。

中期目标与任务（2011—2015 年）：继续全面进行相关传统知识调查，除传统医药和传统农业品种资源，还要调查与保护和持续利用生物多样性相关的传统生态农业方式、社区生活方式和传统食品、工艺品加工技术，以及与生物多样性相关的民族文化与宗教文化，并对调查的相关传统知识进行系统文献化编目，建立数据库。结合国际上相关传统知识的谈判进展，研究制定和完善保护传统知识的相关政策、法规与制度，制定并完善遗传资源和传统知识获取与惠益分享的制度和机制，要求专利申请者必须披露所使用传统知识和遗传资源的来源。

远期目标与任务（2016—2020 年）：2020 年前基本完成全国传统知识的调查和数据库建立；通过评估，制定传统知识保护目录，继承、弘扬和推广具有应用价值的传统知识。建立和完善有效的传统知识保护制度，普遍实施专利申请中必须披露所使用传统知识和遗传资源来源的制度，确保在共同商定条件下与传统知识拥有者分享惠益。

4．保护与利用措施

开展中医药传统知识调查、登录与编目。2006—2010 年，由相关主管部门组织实施全国传统医药知识调查，在全国普查的基础上，重点调查云南、贵州、西藏、四川、内蒙古、新疆等省区的民族医药，包括藏药、苗药、侗药、彝药、傣药、蒙药、维药等少数民族医药传统知识。建立国家传统医药知识登记制度，使用统一标准，记录整理传统医药知识、疗法、原产地区、发明年代、知识持有人（社区）、使用历史、惠益分享实践、资源现状、引出或流失情况。

开展与遗传资源相关传统知识的调查、登录与编目。2011—2015 年，继续进行民族医药传统知识调查、登录与编目，并扩展到整个中医药和民间草药传统知识。同时开展与遗传资源相关的传统知识、创新及实践方面的调查，重点是传统品种资源和传统栽培与育种技术的调查和文献化整理，包括品种资源的性状特性、遗传组成、生物学特性、特别优良性状、选育和栽培年代、原始培育社区、保存地、品种权人、引出推广地区、产生效益和惠益分享情况等。

开展与生物多样性相关传统农业方式和传统民族文化的调查、登录与编目，包括传统加工技术、农业生产方式和与生物多样性保护与持续利用相关的民族习俗、艺术、宗教文化和习惯法等。整理、评估和研究其知识的内核、文化根源、发展历史、对生物多样性影响效果、原产地、影响范围、推广应用等。

采取适当措施，有效保存、继承和发展具有应用价值的传统实用技术，特别是总结推广对生物多样性有利的农业生产技术。2006—2015 年，集中力量在对西南、西北地区少数民族农业传统知识和技术进行总结和推广。利用生态学理论和现代先进技术，对传统知识和技术进行理论总结和技术改良。

研究制定传统知识保护政策、法规与制度。研究保护传统知识的特殊制度，建立遗传资源及相关传统知识来源的合法性证明制度。开展传统知识其知识产权性质及其保护方式的研究工作，争取在理论研究和相关保护制度的建设方面有所进展，加强传统知识管理的能力建设。

（十二）生物物种资源出入境查验体系建设

1．背景

我国是世界上生物遗传资源最丰富的国家之一，也是发达国家搜取生物遗传资源的重要地区。过去的一二百年间，我国大量的物种及其遗传资源被国外研究人员和商业机构搜集引出。一些资源在国外经生物技术加工后，形成专利技术或专利产品再销至国内，造成国家利益的重大损失。我国流失的物种及遗传资源大部分是通过非正常途径流入国外，除了国外人员和国外机构的非法搜集、走私、剽窃外，还包括邮寄国外、出境携带、对外研究合作带出等方式，而进出境管理制度的不完善是导致许多生物物种及遗传资源流失国外的直接原因。

2．存在问题

缺少必要的执法依据。目前，国家在生物物种资源出入境管理方面，立法尚属空白，未对禁止和限制出入境的生物物种品种及出入境审批方式作出明确和具体的规定，给口岸执法工作带来很大困难。

缺乏必要的甄别知识。生物物种资源多种多样，既包括植物、动物和微生物物种，又包括种以下的分类单位及其遗传材料，口岸执法人员缺乏必要的甄别知识，给查验工作带来很大困难。

缺少有效的查验手段。携带生物物种资源出境的载体多种多样，可以是传统的动植物活体及其部分或其标本，也可以是菌株、组培体、胚胎，甚至可能是细胞培养液、克隆载体等，可以随身携带，也可以夹杂在行李之中，除了传统的动植物活体及其标本外，海关现行常用设备很难检查出来。

缺乏必要的检验检测力量。由于目前动植物检验检疫专业人员主要来自兽医、植物保护等专业，知识结构侧重于疫病疫情的检测，而在动、植物分类鉴定方面的技术力量比较缺乏，需要配备专门从事生物物种资源检验检测的专业人员。

缺少快速准确的鉴定技术。现场鉴定的基本要求是快速准确，但是由于生物物种资源的范围十分广泛，检验检疫人员依据常规显微镜等设备难以进行快速准确鉴定，特别是细胞培养液、克隆载体等遗传物质，必须采用分子生物学等各种高科技检测手段，需要有针对性地研发新的鉴定技术。

3．主要目标与任务

近期目标与任务（2006—2010 年）：研究相关法律的制定和对现有法规的完善，研究制定和完善生物物种及其遗传材料出入境管理制度，包括对出境生物物种及其遗传材料审批、申报和查验制度。研究先进的查验鉴定技术，达到准确和快速查验、检测的要求。加强对相关工作人员的专业培训，使其具备必要的专业知识，以提高执法水平。

中期目标与任务（2011—2015 年）：在完善法规制度的基础上，有效实施对旅客携带和邮寄生物物种及遗传材料的出入境管理，在主要口岸初步具备快速准确查验鉴定生物物种及遗传材料的技术能力，具备较强的专业技术力量。

远期目标与任务（2016—2020 年）：将实践中行之有效的管理制度和查验、检测技术手段推广到全国所有口岸和国际邮局，使其制度化和程序化，同时不断完善查验、检测手段。

4．措施

加强对公众的宣传教育。在各个出入境口岸设置海关、检验检疫宣传标识、公告栏，发放检验检疫宣传册，加大宣传力度；系统地通过媒体、网络、科普读物、生物物种保护宣传周（日、月）等多种方式开展国家对生物物种资源保护的法律法规宣传，以提高出境旅客及公众，特别是科研人员和涉外人员的生物物种资源保护及自觉守法意识。

建立生物物种资源出入境查验制度。加强对生物物种资源出入境的监管。携带、邮寄、运输生物物种资源出境的，必须提供有关部门签发的批准证明。涉及濒危物种进出口和国家保护的野生动植物及其产品出口的，需取得国家濒危物种进出口管理机构签发的允许进出口证明书。出入境检验检疫机构、海关要依法按照各自职责对出入境的生物物种资源严格执行申报、检验、查验的规定，对非法出入境的生物物种资源，要依法予以没收。

配备先进查验、检测设备。在全国 31 个省、市、自治区的 148 个旅客和国际邮件进出境重点口岸配备先进的查验、检测设备，加大出入境查验、检测力度。

加强培训，提高查验、检测准确度。加强专业知识培训，分批为一线工作人员举办相关知识的培训，使一线工作人员了解和掌握生物物种有关基本知识，增强查验、检测意识，提高查验、检测准确度。

加强快速检测技术设施建设。研究建立快速、灵敏的核酸鉴定方法，建立生物资源的物种和品种指纹图谱，制定标准检测方法，研制标准检测试剂，并研究建立标准化生物资源指纹图谱数据库。并在北京、上海、广州、昆明、厦门建立生物物种资源出入境检测鉴定实验室。

五、近期优先行动领域与优先项目（2006—2010 年）

优先行动一：生物物种及遗传资源的查明与编目

优先项目：

1．西南石灰岩地区、横断山脉地区等生物多样性关键地区野生动植物资源调查与编目；

2．全国特有珍贵林木树种、药用生物、观赏植物、竹藤植物等资源调查与编目；

3．全国重点地区（如西部地区）水生生物资源调查与编目；

4．重点地区农业野生植物与栽培作物品种资源、畜牧遗传资源调查与编目；

5．中国特有动物和特殊生态区及干旱、半干旱地区动物资源调查与编目；

6．全国保藏微生物资源调查、特定环境中微生物资源的调查与编目以及人和动物重要及新发病原微生物资源的查明与编目；

7．西南地区相关传统知识（民族传统作物品种资源、民族医药、乡土知识、传统农业技术）的调查、文献化编目及数据库建立；

8．制定各类生物物种资源清单目录（包括禁止交易类、限制交易类、自由交易类），加强对进出口贸易的监督与管理。

优先行动二：生物物种资源就地保护

优先项目：

1．农业野生植物资源和草种质资源的就地保护网络建设；

2．重要林木树种、竹藤类种质资源、野生花卉和野生药用植物资源的就地保护与网络建设；

3．重要野生动物资源、畜禽近缘动物种及畜禽品种资源就地保护设施建设；

4．重要水生生物资源就地保护设施建设。

优先行动三：生物物种资源移地保护与种质资源库建设

优先项目：

1．珍稀濒危野生动物保护拯救工程与繁育中心建设；

2．重要农业野生植物、草类与牧草植物资源库、圃建设和超低温及试管苗保存库的建设；

3．重要林木、竹藤类植物、野生花卉和野生药用植物等种质资源库、移地保护设施和人工繁育基地建设；

4．野生动物、家畜禽动物种质资源离体保存设施建设与“优异基因核心库”建立；

5．渔业资源增殖种苗基地及水产种质资源保存设施建设；

6．人工繁育物种种群的野化与回归自然工程；

7．全国微生物菌种资源保存库建设。

优先行动四：生物物种资源保护与持续利用新技术研究

优先项目：

1．珍稀濒危物种人工繁育技术及人工繁育种群回归自然的技术研究；

2．野生植物与农作物种质资源的性状鉴定、基因克隆与利用技术研究，包括原产特有珍稀饲用野生植物种质资源保存与利用技术研究；

3．珍贵林木、竹藤植物、中国原产花卉资源繁育技术研究与产业化技术开发；

4．药用生物有效成分提取技术、现代生物技术研究和濒危药用生物的繁育技术研究；

5．野生动物与畜禽优质基因资源开发与利用，以及动物仿生资源的开发利用与新材料仿生技术研究；

6．水生生物资源保护与增殖（含人工鱼礁建设）技术研究；

7. 经济微生物资源新用途的开发技术、难培养微生物基因资源的筛选与开发利用；

8. 高效、新型生物农药产品的研制与生产；

9. 生物芯片等高新技术的研制与开发。

优先行动五：建立生物物种资源保护与持续利用数据信息系统

优先项目：

1. 编制全国生物物种资源数据管理规划和计划，建设和完善全国生物物种资源信息网络系统；

2. 建立和完善各类生物物种资源数据库体系，建立国家生物物种资源公共信息网络和基础数据平台；

3. 建立和维护“国家生物物种及遗传资源信息交换所机制”（CHM）。

优先行动六：建立生物遗传资源获取与惠益分享法规制度体系

优先项目：

1. 研究传统知识定义，制定重要传统知识保护名录，并制定生物资源与传统知识的知识产权保护制度；

2. 研究并建立专利申请中要求披露生物遗传资源来源地证书的制度；

3. 建立处理生物遗传资源和相关传统知识的机构和信息交换机制；

4. 研究生物遗传资源和传统知识保护数据库的建设，制定遗传资源及相关传统知识保护名录。

优先行动七：研究建立持续利用生物物种资源政策体系

优先项目：

1. 生物物种资源价值体系与纳入国民经济核算体系研究，以及生物物种资源保护纳入国家和地方国民经济与社会发展计划的机制研究；

2. 生态补偿制度和生物物种资源保护经济激励政策研究；

3. 生物物种资源保护与利用相关标准体系研究；

4. 生物物种资源监测和预警机制研究；

5. 国际机构、非政府组织、企业和社会各界利益相关方生物多样性保护伙伴关系建立和融资机制与政策研究。

优先行动八：国外生物物种及遗传资源的引进与开发利用

优先项目：

1. 国外优良农作物种质资源的引进与开发利用；

2. 国外优良经济林木、花卉植物、竹藤植物和药用生物资源的引进与开发利用；

3. 国外优良种畜禽资源和其他优良动物种质资源的引进与开发利用；

4. 国外经济水生生物资源的引进与开发利用；

5. 国外优良经济微生物菌种的引进与利用；

6. 国外生物物种资源产业化开发技术的引进；

7. 引进物种风险评估与管理体系的建立。

优先行动九：建立生物物种资源出入境控制查验体系

优先项目：

1. 建立生物物种资源输出风险评估、许可制度以及出入境查验法律法规，制定各类保护物种名录，明确出入境查验对象和查验要求；

2. 口岸查验设施的配置，以及生物物种资源出入境检验鉴定实验室建设；

3．生物物种资源远程鉴定技术研究和外来物种快速鉴定及监测技术研究；

4．微生物分离培养、快速检测鉴定技术研究、远程鉴定网络建设以及微生物环境安全评价体系研究。

优先行动十：宣传教育与培训

优先项目：

1．主流媒体宣传教育材料制作，以及学校及公众宣传教育教材编制；

2．基层生物物种保护机构宣传与教育设施建设；

3．各类培训计划的实施与培训设施建设；

4．非政府组织在生物多样性公众教育与提高公众参与意识方面的行动计划与实施。

六、保障措施

（一）完善管理体系与协调机制

进一步发挥生物物种资源保护部际联席会议制度在《规划纲要》实施过程中的作用，明确各成员单位的职责，强调部门之间的支持与合作，统一部署，分工负责，协调步伐，一致行动。加强地方政府和基层机构能力建设，建立多形式、多层次的监督机制和监督机构。

（二）加强相关法律制度建设

抓紧起草和完善生物物种资源保护法律法规，规范生物物种资源的采集、收集、保护、保存、研究、开发、交换、贸易等活动。建立生物物种、遗传资源及相关传统知识的获取与惠益分享的制度。建立生物物种资源出入境查验制度。

（三）加大执法力度

明确职责，强化责任，严格执法，加强对有关单位持有、对外交换和提供生物物种资源情况的监督检查。加强执法队伍建设，提高执法能力，坚决打击偷采盗猎、非法经营、倒卖走私生物物种资源的行为。

（四）完善经济政策与市场监督体系

建立适合市场经济的生物物种资源保护与持续利用政策体系，引导对生物物种资源进行有效保护和合理开发利用，以解决保护与开发的矛盾，实现生物物种资源的持久保护和可持续利用双赢。建立市场监督体系，规范市场行为，引导生物物种资源的可持续开发利用。对列入国家保护名录和国际公约保护名录的动植物种的贸易实行严格的市场管理。

（五）加大资金投入

多渠道筹集资金，建立稳定的投入机制。中央和地方政府要随着国家财力的增强，不断加大对生物物种资源保护的资金投入，尤其要重视基础能力建设的投入。各级人民政府要将生物物种资源保护纳入国民经济和社会发展规划，所需经费纳入同级财政预算。鼓励单位和个人参与生物物种资源保护与可持续利用。同时，更多地争取国际资助。

（六）强化宣传教育

突出宣传国家相关法律法规，重点提高科研人员、出境人员和直接从事物种资源采集和开发活动的基层群众的遵法和守法意识，增强保护与持续利用生物物种资源的自觉性。充分发挥主流媒体在宣传生物物种资源保护方面的作用。加强基层机构的宣传教育设施建设，建立基层宣传教育专业队伍。加强青少年教育，在中、小学教材中增加生物物种资源保护的内容，培训青年学生志愿者宣传队伍，加强对基层群众的宣传教育。

（七）加强科学研究

重点开发保护与持续利用生物物种资源的各类技术，加强部门、机构和项目间的信息沟通和协调，避免重复和资源浪费。积极推广应用成熟的研究成果和技术，促进科学研究成果的交流和社会共享。

（八）提高人力资源能力保障水平

提高政府部门决策层人员素质，培养和充实大量优秀的基层管理人才。通过各种机制，培养大量科学技术人才，特别是生物分类学、生态学、生物技术、保护生物学等方面的专家，以及相关专业技术人才。

（九）探索和建立公众参与机制

建立并逐步完善动员、引导、支持公众参与生物物种资源保护的有效机制，实行群众举报投诉、信访制度、听证制度、新闻舆论监督制度和公民监督参与制度等。建立利益相关方共同参与的生物多样性伙伴关系，调动社会各方力量，以多种方式参与生物多样性保护。

（二十五）关于印发《国家重点生态功能保护区规划纲要》的通知

环发[2007]165号

各省、自治区、直辖市环境保护局（厅），新疆生产建设兵团环境保护局：

加强生态功能保护区建设是促进我国重要生态功能区经济、社会和环境协调发展的有效途径，是维护我国流域、区域生态安全的具体措施，是有效管理限制开发主体功能区的重要手段。依据国务院《全国生态环境保护纲要》、《关于落实科学发展观加强环境保护的决定》和《关于编制全国主体功能区规划的意见》有关精神，我局编制了《国家重点生态功能保护区规划纲要》。现印发给你们，请参照执行。

附件：《国家重点生态功能保护区规划纲要》

二〇〇七年十月三十一日

附件

《国家重点生态功能保护区规划纲要》

前　言

生态功能保护区是指在涵养水源、保持水土、调蓄洪水、防风固沙、维系生物多样性等方面具有重要作用的重要生态功能区内，有选择地划定一定面积予以重点保护和限制开发建设的区域。建立生态功能保护区，保护区域重要生态功能，对于防止和减轻自然灾害，协调流域及区域生态保护与经济社会发展，保障国家和地方生态安全具有重要意义。国家重点生态功能保护区是指对保障国家生态安全具有重要意义，需要国家和地方共同保护和管理的生态功能保护区。

党中央、国务院对重要生态功能区的保护工作十分重视。2000 年国务院印发的《全国生态环境保护纲要》明确提出，要通过建立生态功能保护区，实施保护措施，防止生态环境的破坏和生态功能的退化。《中华人民共和国国民经济和社会发展第十一个五年规划纲要》将重要生态功能区建设作为推进形成主体功能区，构建资源节约型、环境友好型社会的重要任务之一。《国务院关于落实科学发展观加强环境保护的决定》将保持“重点生态功能保护区、自然保护区等的生态功能基本稳定”作为我国环境保护的目标之一。

党和国家领导人高度重视生态功能保护区建设工作，作出了一系列重要指示和批示。胡锦涛总书记在2004 年中央人口资源环境工作座谈会上强调：“做好生态功能区划和生态保护规划，加大重要生态功能保护区、自然保护区建设力度，提高保护质量”。2003 年 9 月，曾培炎副总理在听取全国生态环境调查评估汇报时指出：“在目前条件下，要以生态功能保护区抢救性保护为重点”，“根据我国人口多、自然资源短缺的国情，加强重点生态功能保护区建设，是生态环境保护工作的重大突破和重要举措”，“环保总局应抓紧有关规划和项目的前期准备工作”。

根据党中央、国务院对建立生态功能保护区的要求，我局组织编制了《国家重点生态功能保护区规划纲要》（以下简称《纲要》）。《纲要》根据我国生态功能重要性和生态敏感性评价结果，结合《中华人民共和国国民经济和社会发展第十一个五年规划纲要》和《国务院关于编制全国主体功能区规划的意见》提出的限制开发区域有关要求，确定了我国重点生态功能保护区建设的主要目标和任务，以此来指导我国生态功能保护区的建设。根据《中华人民共和国国民经济和社会发展第十一个五年规划纲要》和《国务院关于落实科学发展观加强环境保护的决定》，生态功能保护区实行限制开发，在坚持保护优先、防治结合的前提下，合理选择发展方向，发展特色优势产业，防止各种不合理的开发建设活动导致生态功能的退化，从而减轻区域自然生态系统的压力，保护和恢复区域生态功能，逐步恢复生态平衡。

一、我国重要生态功能区保护面临的形势和机遇

重要生态功能区的保护事关我国生态安全，是我国生态保护的重要内容。重要生态功能区的保护工作既存在严峻挑战，同时也面临重大机遇。

（一）重要生态功能区生态恶化趋势尚未扭转

我国重要生态功能区生态破坏严重，部分区域生态功能整体退化甚至丧失，严重威胁国家和区域的生态安全。突出表现在：大江大河源头区生态功能退化，水源涵养功能下降，对下游地区的生态安全带来威胁；北方重要防风固沙区植被破坏和绿洲萎缩，沙尘暴威胁严重；江河、湖泊湿地萎缩，生态系统退化，洪水调蓄功能下降；部分地区水土流失加剧，威胁区域可持续发展；近岸海域生态系统遭到破坏，重要渔业水域生产能力衰退；部分重要物种资源集中分布区自然生境退化加剧，生物多样性维系功能衰退。

我国重要生态功能区生态恶化的主要原因有：经济发展与生态保护之间的矛盾突出，落后的生产生活方式是造成区域生态功能破坏；条块式的管理方式阻碍了重要生态功能区的整体性保护；监管能力薄弱，执法不严，管理不力，致使许多生态环境破坏的现象屡禁不止，加剧了生态环境的退化。

（二）生态功能保护区建设面临重大机遇

建立生态功能保护区是保护我国重要生态功能区的主要措施。目前，我国存在加快生态功能保护区建设的有利条件。在国际上，“综合生态系统管理”方法在越来越受到重视，“生态功能”整体性和综合性保护的理念逐步得到社会各界的承认和支持。以建立生态功能保护区的方式保护重要生态功能区得到相关部门的一致认可。我国正在开展主体功能区划规划的编制，其中限制开发区将为生态功能保护区的建设提供保障。

二、指导思想、原则及目标

（一）指导思想及原则

1．指导思想

以科学发展观为指导，以保障国家和区域生态安全为出发点，以维护并改善区域重要生态功能为目标，以调整产业结构为主段，统筹人与自然和谐发展，把生态保护和建设与地方社会经济发展、群众生活水平提高有机结合起来，统一规划，优先保护，限制开发，严格监管，促进我国重要生态功能区经济、社会和环境的协调发展。

2. 基本原则

（1）统筹规划，分步实施

生态功能保护区建设是一个长期的系统工程，应统筹规划，分步实施，在明确重点生态功能保护区建设布局的基础上，分期分批开展，逐步推进，积极探索生态功能保护区建设多样化模式，建立符合我国国情的生态功能保护区格局体系。

（2）高度重视，精心组织

各级环保部门要将重点生态功能保护区的规划编制、相关配套政策的制定和研究、管理技术规范研究作为生态环境保护的重要内容。并通过与相关部门的协调和衔接，力争将生态功能保护区的建设纳入当地经济社会发展规划。

（3）保护优先，限制开发

生态功能保护区属于限制开发区，应坚持保护优先、限制开发、点状发展的原则，因地制宜地制定生态功能保护区的财政、产业、投资、人口和绩效考核等社会经济政策，强化生态环境保护执法监督，加强生态功能保护和恢复，引导资源环境可承载的特色产业发展，限制损害主导生态功能的产业扩张，走生态经济型的发展道路。

（4）避免重复，互为补充

生态功能保护区属于限制开发区，自然保护区、世界文化自然遗产、风景名胜区、森林公园等各类特别保护区域属于禁止开发区，生态功能保护区建设要考虑两者之间的协调与补充。在空间范围上，生态功能保护区不包含自然保护区、世界文化自然遗产、风景名胜区、森林公园、地质公园等特别保护区域；在建设内容上，避免重复，互相补充；在管理机制上，各类特别保护区域的隶属关系和管理方式不变。

（二）主要目标

以《中华人民共和国国民经济和社会发展第十一个五年规划纲要》明确的国家限制开发区为重点，合理布局国家重点生态功能保护区，建设一批水源涵养、水土保持、防风固沙、洪水调蓄、生物多样性维护生态功能保护区，形成较完善的生态功能保护区建设体系，建立较完备的生态功能保护区相关政策、法规、标准和技术规范体系，使我国重要生态功能区的生态恶化趋势得到遏制，主要生态功能得到有效恢复和完善，限制开发区有关政策得到有效落实。

三、主要任务

重点生态功能保护区属于限制开发区，要在保护优先的前提下，合理选择发展方向，发展特色优势产业，加强生态环境保护和修复，加大生态环境监管力度，保护和恢复区域生态功能。

（一）合理引导产业发展

充分利用生态功能保护区的资源优势，合理选择发展方向，调整区域产业结构，发展有益于区域主导生态功能发挥的资源环境可承载的特色产业，限制不符合主导生态功能保护需要的产业发展，鼓励使用清洁能源。

1. 限制损害区域生态功能的产业扩张。根据生态功能保护区的资源禀赋、环境容量，合理确定区域产业发展方向，限制高污染、高能耗、高物耗产业的发展。要依法淘汰严重污染环境、严重破坏区域生态、严重浪费资源能源的产业，要依法关闭破坏资源、污染环境和损害生态系统功能的企业。

2. 发展资源环境可承载的特色产业。依据资源禀赋的差异，积极发展生态农业、生态林业、生态旅游业；在中药材资源丰富的地区，建设药材基地，推动生物资源的开发；在畜牧业为主的区域，建立稳定、优质、高产的人工饲草基地，推行舍饲圈养；在重要防风固沙区，合理发展沙产业；在蓄滞洪区，发展避洪经济；在海洋生态功能保护区，发展海洋生态养殖、生态旅游等海洋生态产业。

3．推广清洁能源。积极推广沼气、风能、小水电、太阳能、地热能及其他清洁能源，解决农村能源需求，减少对自然生态系统的破坏。

（二）保护和恢复生态功能

遵循先急后缓、突出重点，保护优先、积极治理，因地制宜、因害设防的原则，结合已实施或规划实施的生态治理工程，加大区域自然生态系统的保护和恢复力度，恢复和维护区域生态功能。

1．提高水源涵养能力。在水源涵养生态功能保护区内，结合已有的生态保护和建设重大工程，加强森林、草地和湿地的管护和恢复，严格监管矿产、水资源开发，严肃查处毁林、毁草、破坏湿地等行为，合理开发水电，提高区域水源涵养生态功能。

2．恢复水土保持功能。在水土保持生态功能保护区内，实施水土流失的预防监督和水土保持生态修复工程，加强小流域综合治理，营造水土保持林，禁止毁林开荒、烧山开荒和陡坡地开垦，合理开发自然资源，保护和恢复自然生态系统，增强区域水土保持能力。

3．增强防风固沙功能。在防风固沙生态功能保护区内，积极实施防沙治沙等生态治理工程，严禁过度放牧、樵采、开荒，合理利用水资源，保障生态用水，提高区域生态系统防沙固沙的能力。

4．提高调洪蓄洪能力。在洪水调蓄生态功能保护区内，严禁围垦湖泊、湿地，积极实施退田还湖还湿工程，禁止在蓄滞洪区建设与行洪泄洪无关的工程设施，巩固平垸行洪、退田还湿的成果，增强区内调洪蓄洪能力。

5．增强生物多样性维护能力。在生物多样性维护生态功能保护区内，采取严格的保护措施，构建生态走廊，防止人为破坏，促进自然生态系统的恢复。对于生境遭受严重破坏的地区，采用生物措施和工程措施相结合的方式，积极恢复自然生境，建立野生动植物救护中心和繁育基地。禁止滥捕、乱采、乱猎等行为，加强外来入侵物种管理。

6．保护重要海洋生态功能。在海洋生态功能保护区内，合理开发利用海洋资源，禁止过度捕捞，保护海洋珍稀濒危物种及其栖息地，防治海洋污染，开展海洋生态恢复，维护海洋生态系统的主要生态功能。

（三）强化生态环境监管

通过加强法律法规和监管能力建设，提高环境执法能力，避免边建设、边破坏；通过强化监测和科研，提高区内生态环境监测、预报、预警水平，及时准确掌握区内主导生态功能的动态变化情况，为生态功能保护区的建设和管理提供决策依据；通过强化宣传教育，增强区内广大群众对区域生态功能重要性的认识，自觉维护区域和流域生态安全。

1．强化监督管理能力。健全完善相关法律法规，加大生态环境监察力度，抓紧制定生态功能保护区法规，建立生态功能保护区监管协调机制，制定不同类型生态功能保护区管理办法，发布禁止、限制发展的产业名录。加强生态功能保护区环境执法能力，组织相关部门开展联合执法检查。

2．提高监测预警能力。开展生态功能保护区生态环境监测，制定生态环境质量评价与监测技术规范，建立生态功能保护区生态环境状况评价的定期通报制度。充分利用相关部门的生态环境监测资料，实现生态功能保护区生态环境监测信息共享，并建立重点生态功能保护区生态环境监测网络和管理信息系统，为生态功能保护区的管理和决策提供科学依据。

3．增强宣传教育能力。结合各地已有的生态环境保护宣教基地，在生态功能保护区内建立生态教育警示基地，提高公众参与生态功能保护区建设的积极性。加强生态环境保护法规、知识和技术培训，提高生态功能保护区管理人员和技术人员的专业知识和技术水平。

4．加强科研支撑能力。开展生态功能保护区建设与管理的理论和应用技术研究，揭示不同区域生态系统结构和生态服务功能作用机理及其演变规律。引导科研机构积极开展生态修复技术、生态监测技术等应用技术的研究。

四、保障措施

（一）加强部门协调，促进部门合作

生态功能保护区具有涉及面广、政策性强、周期长等特点，需要各级政府各级部门通力合作，加强协调，建立综合决策机制。各级环保部门要主动加强与其他相关部门的协调，充分沟通，推动建立相关部门共同参与的生态功能保护区建设和管理的协调机制，统筹考虑生态功能保护区的建设。各级环保部门应优先将生态保护和建设项目优先安排在生态功能保护区内，并积极与其他相关部门开展联合执法检查，严厉查处生态功能保护区内各种破坏生态环境、损害生态功能的行为。

（二）科学制定重点生态功能保护区实施规划

各重点生态功能保护区的具体实施规划是重点生态功能保护区建设的重要依据。省级环保部门应积极制定重点生态功能保护区的具体实施规划，并报国家相关部门审批后实施。实施规划要在充分考察、论证的基础上，科学划定生态功能保护区的具体范围，明确生态功能保护区的主要建设任务、重点项目和投资需求。主要建设任务应根据区内主导生态功能保护的需要，并结合现有生态建设和保护工程进行确定，重点开展生态功能保护和恢复、产业引导以及监管能力建设等方面的工作。要积极争取将实施规划的主要内容纳入各级政府国民经济和社会发展规划。

（三）建立多渠道的投资体系

要探索建立生态功能保护区建设的多元化投融资机制，充分发挥市场机制作用，吸引社会资金和国际资金的投入。要将生态功能保护区的运行费用纳入地方财政。同时，应综合运用经济、行政和法律手段，研究制定有利于生态功能保护区建设的投融资、税收等优惠政策，拓宽融资渠道，吸引各类社会资金和国际资金参与生态功能保护区建设。要开展生态环境补偿机制的政策研究，在近期建设的重点生态功能保护区内开展生态环境补偿试点，逐步建立和完善生态环境补偿机制。

（四）加强对科学研究和技术创新的支持

生态功能保护区建设是一项复杂的系统工程，要依靠科技进步搞好生态功能保护区建设。要围绕影响主导生态功能发挥的自然、社会和经济因素，深入开展基础理论和应用技术研究。积极筛选并推广适宜不同类型生态功能保护区的保护和治理技术。要重视新技术、新成果的推广，加快现有科技成果的转化，努力减少资源消耗，控制环境污染，促进生态恢复。要加强资源综合利用、生态重建与恢复等方面的科技攻关，为生态功能保护区的建设提供技术支撑。

（五）增强公众参与意识，形成社区共管机制

生态功能保护区建设涉及各行各业，只有得到全社会的关心和支持，尤其是当地居民的广泛参与，才能实现建设目标。要充分利用广播、电视、报刊等媒体，广泛深入地宣传生态功能保护区建设的重要作用和意义，不断提高全民的生态环境保护意识，增强全社会公众参与的积极性。各级政府要通过与农、牧户签订生态管护合同，建设环境优美乡镇、生态村等多种形式，建立良性互动的社区共管机制，提高当地居民参与生态功能保护区建设的积极性，使当地的经济发展与生态功能保护区的建设融为一体。

（二十六）关于批准第二批全国生态环境监察试点地区的通知

环发[2007]171 号

各省、自治区、直辖市环境保护局（厅）：

按照我局《关于深入开展生态环境监察试点工作的通知》（环发[2007]93 号，以下简称《通知》）要求，根据有关省、自治区、直辖市环保局（厅）的申报，经研究，批准河北省为全国省级区域试点地区，北京市海淀区等 66 个市、县（市、区）为第二批全国生态环境监察试点地区（名单见附件）。请各地按《通知》要求认真组织实施，现就有关事项通知如下：

一、进一步提高对加强生态环境执法工作的认识。地方各级环保部门要认真落实党的十七大提出的建设生态文明、使人民在良好生态环境中生产生活的要求，将开展生态环境监察工作作为落实科学发展观、促进人与自然和谐的手段。要积极行动，以加快实现环保历史性转变为契机，认真履行生态保护监管职责，加大生态环境监察力度，促进自然、社会与经济可持续发展。

二、加强组织协调，推动工作开展。省级环保部门要按照《通知》中提出的试点任务、工作步骤及工作要求，认真组织，精心部署，加强指导，注重协调。一是要组织、指导试点地区制定试点实施方案，督促并协助地方政府颁布实施，并于年底前报送我局；二是要组织新、老试点地区交流和培训，不断开创生态环境监察工作新局面；三是要及时总结并加强信息调度，每季度以简报形式将试点工作情况报送我局。每年年底提交阶段性报告，试点结束提交总结报告。

三、加强统一领导，注重密切合作。各试点地区要将生态环境监察试点工作与当地经济、社会可持续发展结合起来，将其作为落实科学发展观、改善当地生态环境的重要抓手。由地方政府组织相关职能部门成立生态环境监察试点领导小组，编制试点工作方案，并由当地政府颁布实施。通过试点工作，初步建立环保部门统一监管、各职能部门密切配合的生态环境监察工作机制。

四、不断创新思路，务求取得实效。各试点地区要积极探索，勇于创新，在生态环境监察工作体制、机制、制度、方法和措施等方面取得新的突破。要全面开展资源开发建设项目、非污染性建设项目以及自然保护区、生态功能保护区、农村等重点领域的环境执法，切实解决群众反映强烈，影响当地经济、社会、环境可持续发展的重大问题，确保试点工作取得实效。

附件：第二批全国生态环境监察试点地区名单

二〇〇七年十一月八日

附件

第二批全国生态环境监察试点地区名单

一、省级区域试点地区

河北省

二、市、县级试点地区

北京市	海淀区、延庆县
天津市	静海县、武清区
山西省	晋城市、沁源县

辽宁省	大连市、盘锦市
吉林省	前郭县、东辽县、长白山管委会
黑龙江省	伊春市、大兴安岭地区、嫩江县
江苏省	江宁区、大丰市、射阳县、宝应县
浙江省	临安市、镇海区、安吉县
安徽省	马鞍山市、黄山市
福建省	泰宁县、长汀县、云霄县
江西省	东乡县、崇义县、青云谱区
山东省	临沂市、莱芜市、龙口市、临朐县
河南省	济源市、光山县
湖南省	常德市
海南省	琼中县、白沙县、昌江县、保亭县
重庆市	九龙坡区、诚口县
四川省	峨眉山市、平武县、青川县、华蓥市、长宁县
贵州省	湄潭县、榕江县
云南省	通海县、建水县、德钦县、维西县
西藏自治区	林芝地区
陕西省	榆阳区、神木县、定边县
甘肃省	敦煌市、肃北县、麦积区、西峰区
宁夏回族自治区	海原县、平罗县
新疆维吾尔自治区	乌鲁木齐市、布尔津县、阿克陶县

（二十七）国务院办公厅转发环保总局等部门关于加强农村环境保护工作意见的通知

国办发[2007]63 号

各省、自治区、直辖市人民政府，国务院各部委、各直属机构：

环保总局、发展改革委、农业部、建设部、卫生部、水利部、国土资源部、林业局《关于加强农村环境保护工作的意见》已经国务院同意，现转发给你们，请认真贯彻执行。

国务院办公厅

二〇〇七年十一月十三日

附件

关于加强农村环境保护工作的意见

为贯彻落实《中共中央国务院关于推进社会主义新农村建设的若干意见》（中发[2006]1号）、《国务院关于落实科学发展观加强环境保护的决定》（国发[2005]39 号），保护和改善农村环境，提高农民生活质量和健康水平，促进社会主义新农村建设，现就加强农村环境保护工作提出如下意见：

一、充分认识加强农村环境保护的紧迫性和重要性

（一）农村环境形势严峻。党中央、国务院高度重视农村环境保护工作，经过多年努力，农村环境保护工作取得了较大进展。但是，我国农村环境形势仍然十分严峻，点源污染与面源污染共存，生活污染和工业污染叠加，各种新旧污染相互交织；工业及城市污染向农村转移，危及农村饮水安全和农产品安全；农村环境保护的政策、法规、标准体系不健全；一些农村环境问题已经成为危害农民身体健康和财产安全的重要因素，制约了农村经济社会的可持续发展。

（二）加强农村环境保护意义重大。加强农村环境保护是落实科学发展观、构建和谐社会的必然要求；是促进农村经济社会可持续发展、建设社会主义新农村的重大任务；是建设资源节约型、环境友好型社会的重要内容；是全面实现小康社会宏伟目标的必然选择。各地区、各部门要从全局和战略的高度，提高对农村环境保护工作重要性和紧迫性的认识，统筹城乡环境保护，把农村环境保护工作摆上更加重要和突出的位置，下更大的气力，做更大的努力，切实解决农村环境问题。

二、明确农村环境保护的指导思想、基本原则和主要目标

（三）指导思想。以科学发展观为指导，按照建设资源节约型和环境友好型社会的要求，坚持以人为本和城乡统筹，把农村环境保护与改善农村人居环境、促进农业可持续发展、提高农民生活质量和健康水平以及保障农产品质量安全结合起来，切实抓好源头控制、过程管理、废弃物资源化利用，着力推进环境友好型的农村生产生活方式，促进社会主义新农村建设，为构建社会主义和谐社会提供环境安全保障。

（四）基本原则。

统筹规划，突出重点。农村环境保护工作是一项系统工程，涉及农村生产和生活的各个方面，要统筹规划，分步实施。重点抓好农村饮用水水源地环境保护和饮用水水质卫生安全、农村改厕和粪便管理、生活污水和垃圾治理、农村环境卫生综合整治、农村地区工业污染防治、规模化畜禽养殖污染防治、土壤污染治理、农村自然生态保护。

因地制宜，分类指导。结合各地实际，按照东中西部自然生态环境条件和经济社会发展水平，采取不同的农村环境保护对策和措施。

依靠科技，创新机制。加强农村环保适用技术研究、开发和推广，充分发挥科技支撑作用，以技术创新促进农村环境问题的解决。积极创新农村环境管理政策，优化整合各类资金，建立政府、企业、社会多元化投入机制。

政府主导，公众参与。发挥各级政府主导作用，落实政府保护农村环境的责任。维护农民环境权益，加强农民环境教育，建立和完善公众参与机制，鼓励和引导农民及社会力量参与、支持农村环境保护。

（五）主要目标。

到 2010 年，农村环境污染加剧的趋势有所控制，农村饮用水水源地环境质量有所改善；摸清全国土壤污染与农业污染源状况，农业面源污染防治取得一定进展，测土配方施肥技术覆盖率与高效、低毒、低残留农药使用率提高 10%以上，农村畜禽粪便、农作物秸秆的资源化利用率以及生活垃圾和污水的处理率均提高 10%以上；农村改水、改厕工作顺利推进，农村卫生厕所普及率达到 65%，严重的农村环境健康危害得到有效控制；农村地区工业污染和生活污染防治取得初步成效，生态示范创建活动深入开展，农村环境监管能力得到加强，公众环保意识提高，农民生活与生产环境有所改善。

到 2015 年，农村人居环境和生态状况明显改善，农业和农村面源污染加剧的势头得到遏制，农村环境监管能力和公众环保意识明显提高，农村环境与经济、社会协调发展。

三、着力解决突出的农村环境问题

（六）切实加强农村饮用水水源地环境保护和水质改善。把保障饮用水水质作为农村环境保护工作的首要任务。配合《全国农村饮水安全工程“十一五”规划》的实施，重点抓好农村饮用水水源的环境保护和水质监测与管理，根据农村不同的供水方式采取不同的饮用水水源保护措施。集中饮用水水源地应建立水源保护区，加强监测和监管，坚决依法取缔保护区内的排污口，禁止有毒有害物质进入保护区。要把水源保护区与各级各类自然保护区和生态功能保护区建设结合起来，明确保护目标和管理责任，切实保障农村饮水安全。加强分散供水水源周边环境保护和监测，及时掌握农村饮用水水源环境状况，防止水源污染事故发生。制订饮用水水源保护区应急预案，强化水污染事故的预防和应急处理。大力加强农村地下水资源保护工作，开展地下水污染调查和监测，开展地下水水功能区划，制定保护规划，合理开发利用地下水资源。加强农村饮用水水质卫生监测、评估，掌握水质状况，采取有效措施，保障农村生活饮用水达到卫生标准。

（七）大力推进农村生活污染治理。因地制宜开展农村污水、垃圾污染治理。逐步推进县域污水和垃圾处理设施的统一规划、统一建设、统一管理。有条件的小城镇和规模较大村庄应建设污水处理设施，城市周边村镇的污水可纳入城市污水收集管网，对居住比较分散、经济条件较差村庄的生活污水，可采取分散式、低成本、易管理的方式进行处理。逐步推广户分类、村收集、乡运输、县处理的方式，提高垃圾无害化处理水平。加强粪便的无害化处理，按照国家农村户厕卫生标准，推广无害化卫生厕所。把农村污染治理和废弃物资源化利用同发展清洁能源结合起来，大力发展农村户用沼气，综合利用作物秸秆，推广“猪—沼—果”、“四位（沼气池、畜禽舍、厕所、日光温室）一体”等能源生态模式，推行秸秆机械化还田、秸秆气化、秸秆发电等措施，逐步改善农村能源结构。

（八）严格控制农村地区工业污染。加强对农村工业企业的监督管理，严格执行企业污染物达标排放和污染物排放总量控制制度，防治农村地区工业污染。采取有效措施，防止城市污染向农村地区转移、污染严重的企业向西部和落后农村地区转移。严格执行国家产业政策和环保标准，淘汰污染严重和落后的生产项目、工艺、设备，防止“十五小”和“新五小”等企业在农村地区死灰复燃。

（九）加强畜禽、水产养殖污染防治。大力推进健康养殖，强化养殖业污染防治。科学划定畜禽饲养区域，改变人畜混居现象，改善农民生活环境。鼓励建设生态养殖场和养殖小区，通过发展沼气、生产有机肥和无害化畜禽粪便还田等综合利用方式，重点治理规模化畜禽养殖污染，实现养殖废弃物的减量化、资源化、无害化。对不能达标排放的规模化畜禽养殖场实行限期治理等措施。开展水产养殖污染调查，根据水体承载能力，确定水产养殖方式，控制水库、湖泊网箱养殖规模。加强水产养殖污染的监管，禁止在一级饮用水水源保护区内从事网箱、围栏养殖；禁止向库区及其支流水体投放化肥和动物性饲料。

（十）控制农业面源污染。综合采取技术、工程措施，控制农业面源污染。在做好农业污染源普查工作的基础上，着力提高农业面源污染的监测能力。大力推广测土配方施肥技术，积极引导农民科学施肥，在粮食主产区和重点流域要尽快普及。积极引导和鼓励农民使用生物农药或高效、低毒、低残留农药，推广病虫草害综合防治、生物防治和精准施药等技术。进行种植业结构调整与布局优化，在高污染风险区优先种植需肥量低、环境效益突出的农作物。推行田间合理灌排，发展节水农业。

（十一）积极防治农村土壤污染。做好全国土壤污染状况调查，查清土壤污染现状，开展污染土壤修复试点，研究建立适合我国国情的土壤环境质量监管体系。加强对主要农产品产地、污灌区、工矿废弃地等区域的土壤污染监测和修复示范。积极发展生态农业、有机农业，严格控制主要粮食产地和蔬菜基地的污水灌溉，确保农产品质量安全。

（十二）加强农村自然生态保护。以保护和恢复生态系统功能为重点，营造人与自然和谐的农村生态环境。坚持生态保护与治理并重，加强对矿产、水力、旅游等资源开发活动的监管，努力遏制新的人为生态破坏。重视自然恢复，保护天然植被，加强村庄绿化、庭院绿化、通道绿化、农田防护林建设和林业重点工程建设。加快水土保持生态建设，严格控制土地退化和沙化。加强海洋和内陆水域生态系统的保护，逐步恢复农村地区水体的生态功能。采取有效措施，加强对外来有害入侵物种、转基因生物和病原微生物的环境安全管理，严格控制外来物种在农村的引进与推广，保护农村地区生物多样性。

四、强化农村环境保护工作措施

（十三）完善农村环境保护的政策、法规、标准体系。抓紧研究、完善有关土壤污染防治、畜禽养殖污染防治等农村环境保护方面的法律制度。按照地域特点，研究制定村镇污水、垃圾处理及设施建设的政策、标准和规范，逐步建立农村生活污水和垃圾处理的投入和运行机制。对北方农业高度集约化地区、重要饮用水水源地、南水北调东中线沿线、重要湖泊水域和南方河网地区等水环境敏感地区，制定并颁布污染物排放及治理技术标准。加快制定农村环境质量、人体健康危害和突发污染事故相关监测、评价标准和方法。

（十四）建立健全农村环境保护管理制度。各级政府要把农村环境保护工作纳入重要日程，研究部署农村环境保护工作，组织编制和实施农村环境保护相关规划，制订工作方案，检查落实情况，及时解决问题。各级环保、发展改革、农业、建设、卫生、水利、国土、林业等部门要加强协调配合，进一步增强服务意识，提高管理效率，形成工作合力。加强农村环境保护能力建设，加大农村环境监管力度，逐步实现城乡环境保护一体化。建立村规民约，积极探索加强农村环境保护工作的自我管理方式，组织村民参与农村环境保护，深入开展农村爱国卫生工作。

（十五）加大农村环境保护投入。逐步建立政府、企业、社会多元化投入机制。中央集中的排污费等专项资金应安排一定比例用于农村环境保护。地方各级政府应在本级预算中安排一定资金用于农村环境保护，重点支持饮用水水源地保护、水质改善和卫生监测、农村改厕和粪便管理、生活污水和垃圾处理、畜禽和水产养殖污染治理、土壤污染治理、有机食品基地建设、农村环境健康危害控制、外来有害入侵物种防控及生态示范创建的开展。加大对重要流域和水源地的区域污染治理的投入力度。加强投入资金的制度安排，研究制定乡镇和村庄两级投入制度。引导和鼓励社会资金参与农村环境保护。

（十六）增强科技支撑作用。在充分整合和利用现有科技资源的基础上，尽快建立和完善农村环保科技支撑体系。推动农村环境保护科技创新，大力研究、开发和推广农村生活污水和垃圾处理、农业面源污染防治、农业废弃物综合利用以及农村健康危害评价等方面的环保实用技术。建立农村环保适用技术发布制度，加快科研成果转化，通过试点示范、教育培训等方式，促进农村环保适用技术的应用。

（十七）加强农村环境监测和监管。建立和完善农村环境监测体系，定期公布全国和区域农村环境状况。加强农村饮用水水源地、自然保护区和基本农田等重点区域的环境监测。严格建设项目环境管理，依法执行环境影响评价和“三同时”等环境管理制度。禁止不符合区域功能定位和发展方向、不符合国家产业政策的项目在农村地区立项。加大环境监督执法力度，严肃查处违法行为。研究建立农村环境健康危害监测网络，开展污染物与健康危害风险评价工作，提高污染事故鉴定和处置能力。

（十八）加大宣传、教育与培训力度。开展多层次、多形式的农村环境保护知识宣传教育，树立生态文明理念，提高农民的环境意识，调动农民参与农村环境保护的积极性和主动性，推广健康文明的生产、生活和消费方式。开展环境保护知识和技能培训活动，培养农民参与农村环境保护的能力。广泛听取农民对涉及自身环境权益的发展规划和建设项目的意见，尊重农民的环境知情权、参与权和监督权，维护农民的环境权益。

（二十八）关于加强土壤污染防治工作的意见

环发[2008]48 号

各省、自治区、直辖市环境保护局（厅），新疆生产建设兵团环境保护局，各直属单位，各派出机构：

为贯彻落实党的十七大精神和《国务院关于落实科学发展观加强环境保护的决定》，改善土壤环境质量，保障农产品质量安全，建设良好人居环境，促进社会主义新农村建设，现就加强土壤污染防治工作提出如下意见：

一、充分认识加强土壤污染防治的重要性和紧迫性

（一）土壤污染防治工作取得初步成效。党中央、国务院高度重视土壤污染防治工作。各地区、各部门认真贯彻落实中央关于环境保护工作的决策和部署，不断加大工作力度，在开展土壤基础调查、完善相关制度规范、强化污染源监管、提升土壤污染防治科技支撑能力、组织污染土壤修复与综合治理试点示范等方面进行了积极探索和有益实践，取得了初步成效。

（二）土壤环境面临严峻形势。目前，我国土壤污染的总体形势不容乐观，部分地区土壤污染严重，在重污染企业或工业密集区、工矿开采区及周边地区、城市和城郊地区出现了土壤重污染区和高风险区；土壤污染类型多样，呈现出新老污染物并存、无机有机复合污染的局面；土壤污染途径多，原因复杂，控制难度大；土壤环境监督管理体系不健全，土壤污染防治投入不足，全社会土壤污染防治的意识不强；由土壤污染引发的农产品质量安全问题和群体性事件逐年增多，成为影响群众身体健康和社会稳定的重要因素。

（三）加强土壤污染防治意义重大。土壤是构成生态系统的基本环境要素，是人类赖以生存和发展的物质基础。加强土壤污染防治是深入贯彻落实科学发展观的重要举措，是构建国家生态安全体系的重要部分，是实现农产品质量安全的重要保障，是新时期环保工作的重要内容。各级环保部门要从全局和战略的高度，进一步增强紧迫感、责任感和使命感，把土壤污染防治工作摆上更加重要和突出的位置，统筹土壤污染防治工作，切实解决突出的土壤环境问题。

二、明确土壤污染防治的指导思想、基本原则和主要目标

（四）指导思想。以科学发展观为指导，以改善土壤环境质量、保障农产品质量安全和建设良好人居环境为总体目标，以农用土壤环境保护和污染场地环境保护监管为重点，建立健全土壤污染防治法律法规，落实土壤污染防治工作机构和人员，增强科技支撑能力，拓宽资金投入渠道，加大宣传教育力度，夯实工作基础，提升管理水平，切实解决关系群众切身利益的突出土壤环境问题，为全面建设小康社会提供环境保障。

（五）基本原则。

预防为主，防治结合。土壤污染治理难度大、成本高、周期长，因此，土壤污染防治工作必须坚持预防为主；要认真总结国内外土壤污染防治经验教训，综合运用法律、经济、技术和必要的行政措施，实行防治结合。

统筹规划，重点突破。土壤污染防治工作是一项复杂的系统工程，涉及法律法规、监管能力、科技支撑、资金投入和宣传教育等各个方面，要统筹规划，全面部署，分步实施。重点开展农用土壤和污染场地土壤的环境保护监督管理。

因地制宜，分类指导。结合各地实际，按照土壤环境现状和经济社会发展水平，采取不同的土壤污染防治对策和措施。农村地区要以基本农田、重要农产品产地特别是“菜篮子”基地为监管重点；城市地区要根据城镇建设和土地利用的有关规划，以规划调整为非工业用途的工业遗留遗弃污染场地土壤为监管重点。

政府主导，公众参与。土壤是经济社会发展不可或缺的重要公共资源，关系到农产品质量安全和群众健康。防治土壤污染是各级政府的责任。各级环保部门要在同级党委政府统一领导下，认真履行综合管理和监督执法职责，积极协调国土、规划、建设、农业和财政等部门，共同做好土壤污染防治工作。鼓励和引导社会力量参与、支持土壤污染防治。

（六）主要目标。

到 2010 年，全面完成土壤污染状况调查，基本摸清全国土壤环境质量状况；初步建立土壤环境监测网络；编制完成国家和地方土壤污染防治规划，初步构建土壤污染防治的政策法律法规等管理体系框架；编制完成土壤环境安全教育行动计划并开始实施，公众土壤污染防治意识有所提高。

到 2015 年，基本建立土壤污染防治监督管理体系，出台一批有关土壤污染防治的政策法律法规，土壤污染防治标准体系进一步完善；建立土壤污染事故应急预案，土壤环境监测网络进一步完善；土壤环境保护监管能力明显增强，公众土壤污染防治意识显著提高；土壤污染防治规划全面实施，土壤污染防治科学研究深入开展，污染土壤修复与综合治理示范项目取得明显成效。

三、突出土壤污染防治的重点领域

（七）农用土壤环境保护监督管理。以基本农田、重要农产品产地特别是“菜篮子”基地为监管重点，开展农用土壤环境监测、评估与安全性划分。加强影响土壤环境的重点污染源监管，严格控制主要粮食产地和蔬菜基地的污水灌溉，强化对农药、化肥及其废弃包装物，以及农膜使用的环境管理。对污染严重难以修复的耕地提出调整用途的意见，严格执行耕地保护制度。积极引导和推动生态农业、有机农业，规范有机食品发展，组织开展有机食品生产示范县建设，预防和控制农业生产活动对土壤环境的污染。

（八）污染场地土壤环境保护监督管理。结合重点区域土壤污染状况调查，对污染场地特别是城市工业遗留、遗弃污染场地土壤进行系统调查，掌握原厂址及其周边土壤和地下水污染物种类、污染范围和污染程度，建立污染场地土壤档案和信息管理系统。

建立污染土壤风险评估和污染土壤修复制度。对污染企业搬迁后的厂址和其他可能受到污染的土地进行开发利用的，环保部门应督促有关责任单位或个人开展污染土壤风险评估，明确修复和治理的责任主体和技术要求，监督污染场地土壤治理和修复，降低土地再利用特别是改为居住用地对人体健康影响的风险。

对遗留污染物造成的土壤及地下水污染等环境问题，由原生产经营单位负责治理并恢复土壤使用功能。加强对化工、电镀、油料存储等重点行业、企业的监督检查，发现土壤污染问题，要及时进行处理。区域性或集中式工业用地拟规划改变其用途的，所在地环保部门要督促有关单位对污染场地进行风险评估，并将风险评估的结论作为规划环评的重要依据。同时，要积极推动有关部门依法开展规划环境影响评价，并按规定程序组织审查规划环评文件；对未依法开展规划环评的区域，环保部门依法不得批准该区域内新建项目环境影响评价文件。

按照“谁污染、谁治理”的原则，被污染的土壤或者地下水，由造成污染的单位和个人负责修复和治理。

造成污染的单位因改制或者合并、分立而发生变更的，其所承担的修复和治理责任，依法由变更后承继其债权、债务的单位承担。变更前有关当事人另有约定的，从其约定；但是不得免除当事人的污染防治责任。

造成污染的单位已经终止，或者由于历史等原因确实不能确定造成污染的单位或者个人的，被污染的土壤或者地下水，由有关人民政府依法负责修复和治理；该单位享有的土地使用权依法转让的，由土地使用权受让人负责修复和治理。有关当事人另有约定的，从其约定；但是不得免除当事人的污染防治责任。

四、强化土壤污染防治工作措施

（九）搞好全国土壤污染状况调查。各级环保部门要按照全国土壤污染状况调查工作的统一部署，加强沟通协调，有效整合资源，强化质量管理，落实配套资金，确保调查的进度和质量；在搞好调查成果集成的基础上，组织对调查成果的开发利用，服务于国家和地方经济社会发展。同时，要严格执行国家有关保密的规定，做好数据、文件、资料、报告的信息安全和保密工作，确保万无一失。

（十）建立健全土壤污染防治法律法规和标准体系。抓紧研究、制定有关土壤污染防治的法律法规和政策措施。加快制定污染场地土壤环境保护监督管理办法，并组织好实施。组织制修订有关土壤环境质量、污染土壤修复、污染场地判别、土壤环境监测方法等标准，不断完善土壤环境保护标准体系。鼓励地方因地制宜，积极探索制定切实可行的土壤污染防治地方性法规、标准和政策措施。

（十一）加强土壤环境监管能力建设。把土壤环境质量监测纳入先进的环境监测预警体系建设，制定土壤环境监测计划并组织落实。进一步加大投入，不断提高环境监测能力，逐步建立和完善国家、省、市三级土壤环境监测网络，定期公布全国和区域土壤环境质量状况。加强土壤环境保护队伍建设，加大培训力度，培养和引进一批专门人才。制定土壤污染事故应急处理处置预案。编制国家和省级土壤污染防治专项规划，并组织实施。国家和地方环境保护规划应包括土壤污染防治的内容，并提出具体的目标、任务和措施。

（十二）开展污染土壤修复与综合治理试点示范。根据土壤污染状况调查结果，组织有关部门和科研单位，筛选污染土壤修复实用技术，加强污染土壤修复技术集成，选择有代表性的污灌区农田和污染场地，开展污染土壤治理与修复试点。重点支持一批国家级重点治理与修复示范工程，为在更大范围内修复土壤污染提供示范、积累经验。

（十三）建立土壤污染防治投入机制。地方要加大土壤污染防治投入，保证投入每年有所增长。中央集中的排污费等专项资金安排一定比例用于土壤污染防治，保证资金逐年增加并适当向中西部地区倾斜；地方也应在本级预算中安排一定资金用于土壤污染防治。我部将协调中央财政部门视情况对地方土壤污染防治给予资金补助。财政资金重点支持土壤环境监测、污染场地调查与评估、土壤污染防治科学研究和技术开发、污染土壤修复与综合治理示范工程建设。按照“谁投资、谁受益”的原则，引导和鼓励社会资金参与土壤污染防治。

（十四）增强科技支撑能力。组织开展土壤环境质量评价方法与指标体系、土壤污染风险评估技术方法等研究。研究开发污染土壤修复技术，编制污染土壤修复技术指南，制定土壤污染防治技术政策和土壤污染防治最佳可行技术导则，筛选污染土壤修复实用技术。推动建成一批土壤污染防治国家重点实验室和土壤修复工程技术中心。研制一批国家土壤分析测试方法和标准样品，开发污染土壤修复装备。积极开展国际合作与交流，不断提升我国土壤污染防治科技水平。

（十五）加大土壤污染防治宣传、教育与培训力度。发挥舆论导向作用，充分利用广播电视、报刊杂志、网络等新闻媒体，大力宣传土壤污染的危害以及保护土壤环境的相关科学知识和法规政策。把土壤污染防治融入学校、工厂、农村、社区等的环境教育和干部培训当中，引导广大群众积极参与和支持土壤污染防治工作。

二〇〇八年六月六日

（二十九）关于发布《全国生态功能区划》的公告

环境保护部公告 2008 年 第 35 号

根据国务院《全国生态环境保护纲要》和《关于落实科学发展观 加强环境保护的决定》的要求，环境保护部和中国科学院联合编制了《全国生态功能区划》。现予以发布。

附件：全国生态功能区划

二〇〇八年七月十八日

附件

全国生态功能区划

前 言

全国生态功能区划是在全国生态调查的基础上，分析区域生态特征、生态系统服务功能与生态敏感性空间分异规律，确定不同地域单元的主导生态功能，制定全国生态功能区划，对贯彻落实科学发展观，牢固树立生态文明观念，维护区域生态安全，促进人与自然和谐发展具有重要意义。

全国生态功能区划是生态保护工作由经验型管理向科学型管理转变、由定性型管理向定量型管理转变、由传统型管理向现代型管理转变的一项重大基础性工作，是科学开展生态环境保护工作的重要手段，是指导产业布局、资源开发的重要依据。

党中央、国务院高度重视生态功能区划工作。2000 年，国务院颁布了《全国生态环境保护纲要》，明确了生态保护的指导思想、目标和任务，要求开展全国生态功能区划工作，为经济社会持续、健康发展和环境保护提供科学支持。2004 年，胡锦涛总书记强调指出：“开展全国生态区划和规划工作，增强各类生态系统对经济社会发展的服务功能。”2005 年，国务院《关于落实科学发展观 加强环境保护的决定》再次要求“抓紧编制全国生态功能区划”。国家“十一五”规划纲要明确要求对 22 个重要生态功能区实行优先保护，适度开发。

为贯彻落实党中央、国务院编制全国生态功能区划的有关要求，从 2001 年开始，原国家环境保护总局会同有关部门组织开展了全国生态现状调查。在调查的基础上，中国科学院以甘肃省为试点开展了省级生态功能区划研究，并编制了《全国生态功能区划规程》。2002 年 8 月，原国家环境保护总局会同国务院西部开发办公室联合下发了《关于开展生态功能区划工作的通知》，启动了西部 12 省、自治区、直辖市和新疆生产建设兵团的生态功能区划编制工作。2003 年 8 月，开始了中东部地区生态功能区划的编制。2004 年，我国内地 31 个省、自治区、直辖市和新疆生产建设兵团全部完成了生态功能区划编制工作。在此基础上，综合运用我国建国以来自然区划、农业区划、气象区划，以及生态系统及其服务功能研究成果，2005 年，中国科学院汇总完成了《全国生态功能区划》初稿。之后，原国家环境保护总局会同中国科学院先后召开了 10 余次专家分析论证会，对《全国生态功能区划》初稿进行了反复修改和完善。2006 年 10 月，《全国生态功能区划》再次征求国务院各有关部门和各省、自治区、直辖市的意见后，又进一步得到充实与完善。2007 年 7 月原国家环境保护总局与中国科学院又联合主持了专家论证会，对修改完善的《全国生态功能区划》进行了全面系统地评估，并得到了由 16 位院士、专家组成的专家组的充分肯定。

全国生态功能区划的范围为我国内地 31 个省级行政单位的陆地，未包括香港特别行政区、澳门特别行政区和台湾省。

一、指导思想、基本原则和目标

1. 指导思想

为了贯彻科学发展观，树立生态文明的观念，运用生态学原理，以协调人与自然的关系、协调生态保护与经济社会发展关系、增强生态支撑能力、促进经济社会可持续发展为目标，在充分认识区域生态系统结构、过程及生态服务功能空间分异规律的基础上，划分生态功能区，明确对保障国家生态安全有重要意义的区域，以指导我国生态保护与建设、自然资源有序开发和产业合理布局，推动我国经济社会与生态保护协调、健康发展。

2. 基本原则

（1）主导功能原则：生态功能的确定以生态系统的主导服务功能为主。在具有多种生态服务功能的地域，以生态调节功能优先；在具有多种生态调节功能的地域，以主导调节功能优先。

（2）区域相关性原则：在区划过程中，综合考虑流域上下游的关系、区域间生态功能的互补作用，根据保障区域、流域与国家生态安全的要求，分析和确定区域的主导生态功能。

（3）协调原则：生态功能区的确定要与国家主体功能区规划、重大经济技术政策、社会发展规划、经济发展规划和其他各种专项规划相衔接。

（4）分级区划原则：全国生态功能区划应从满足国家经济社会发展和生态保护工作宏观管理的需要出发，进行大尺度范围划分。省级生态功能区划应与全国生态功能区划相衔接，在区划尺度上应更能满足省域经济社会发展和生态保护工作微观管理的需要。

3. 目标

（1）分析全国不同区域的生态系统类型、生态问题、生态敏感性和生态系统服务功能类型及其空间分布特征，提出全国生态功能区划方案，明确各类生态功能区的主导生态服务功能以及生态保护目标，划定对国家和区域生态安全起关键作用的重要生态功能区域。

（2）按综合生态系统管理思想，改变按要素管理生态系统的传统模式，分析各重要生态功能区的主要生态问题，分别提出生态保护主要方向。

（3）以生态功能区划为基础，指导区域生态保护与生态建设、产业布局、资源利用和经济社会发展规划，协调社会经济发展和生态保护的关系。

二、区划方法与依据

全国生态功能区划是在生态现状调查、生态敏感性与生态服务功能评价的基础上，分析其空间分布规律，确定不同区域的生态功能，提出全国生态功能区划方案。

1．生态系统空间特征

我国地处欧亚大陆东南部，位于北纬 4°15′～53°31′，东经 73°34′～135°5′，自北向南有寒温带、温带、暖温带、亚热带和热带 5 个气候带。地貌类型十分复杂，由西向东形成三大阶梯，第一阶梯是号称“世界屋脊”的青藏高原，平均海拔在 4 000 m 以上；第二阶梯从青藏高原的北缘和东缘到大兴安岭—太行山—巫山—雪峰山一线之间，海拔在 1 000～2 000 m；第三阶梯为我国东部地区，海拔在 500 m 以下。我国独特的气候和地貌特征是我国森林、草原、湿地、荒漠、农田和城市等各类陆地生态系统发育与演变的自然基础。我国生态系统空间分布格局见附图 1（略）。

森林生态系统：我国森林面积为 174.8 万 km^2，森林覆盖率为 18.2%，森林蓄积量为 124.56 亿 m^3。我国森林生态系统主要分布在东部地区，受热量的影响，从北到南依次分布的典型森林生态系统类型有寒温带针叶林、温带针阔叶混交林、暖温带落叶阔叶林和针叶林、亚热带常绿阔叶林和针叶林、热带季雨林、雨林等。

草原生态系统：我国草原面积为 390 万 km^2，约占世界草原面积的 13%，占全国国土面积的 41%，其中 84.4%的草原分布在西部。我国草原可分为温带草原、高寒草原和荒漠区山地草原 3 大类。温带草原分布于内蒙古高原、黄土高原北部和松嫩平原西部，受水分的影响，从东到西依次分布有草甸草原、典型草原和荒漠草原。高寒草原为青藏高原所特有，东部半湿润地区为高寒草甸，西部半干旱区为高寒草原。荒漠区山地草原主要分布在阿尔泰、天山、昆仑山等山系。

湿地生态系统：世界各类型湿地在我国均有分布，湿地总面积为 38.5 万 km^2，居亚洲第一位、世界第四位，并拥有独特的青藏高原高寒湿地生态系统类型。在自然湿地中，沼泽湿地为 13.7 万 km^2，近海与海岸湿地为 5.9 万 km^2，河流湿地为 8.2 万 km^2，湖泊湿地为 8.4 万 km^2。

荒漠生态系统：主要分布在我国的西北降水稀少、蒸发强烈、极端干旱的地区，总面积约占全国国土面积的 1/5，沙漠和戈壁面积共约 100 万 km^2。我国荒漠生态系统有小乔木荒漠、灌木荒漠、半灌木与小半灌木荒漠和垫状小半灌木（高寒）荒漠 4 个主要类型。

农田生态系统：我国是农业大国，耕地面积为 121.8 万 km^2，占全国国土面积的 12.7%，主要分布在我国东部地区。我国农田分为水田和旱地两种类型，分别占全国农田总面积的 26.3% 和 73.7%。水田以水稻为主，旱地以小麦、玉米、大豆和棉花等为主。

城市生态系统：全国设市城市为 661 个，城市人口为 35 894 万，并已形成 3 个城市群和 11 个区域城市中心。我国城市主要分布在中东部地区。

由于数千年的开发历史和巨大的人口压力，我国各类生态系统受到不同程度的开发、干扰和破坏。生态系统退化，涵养水源、防风固沙、调节洪涝灾害、保持土壤、保护生物多样性等生态服务功能大幅度降低，并由此带来一系列生态问题，国家生态安全面临严重威胁。

2．生态敏感性评价

生态敏感性是指一定区域发生生态问题的可能性和程度，用来反映人类活动可能造成的生态后果。生态敏感性的评价内容包括土壤侵蚀敏感性、沙漠化敏感性、盐渍化敏感性、石漠化敏感性、冻融侵蚀敏感性和酸雨敏感性 6 个方面。根据各类生态问题的形成机制和主要影响因素，分析各地域单元的生态敏感性特征，按敏感程度划分为极敏感、高度敏感、中度敏感以及一般敏感 4 个级别。全国生态敏感性特征见附图 2（略）。

土壤侵蚀敏感性：我国土壤侵蚀敏感性主要受地形、降水量、土壤和植被的影响。全国极敏感区域面积为27.1万km^2，占全国国土面积的2.8%，主要分布在黄土高原、西南山区、太行山区、汉江源头山区、大青山、念青唐古拉山脉、横断山地区等。高度敏感区面积为61.2万km^2，占全国国土面积的6.4%，主要分布在燕山、努鲁儿虎山、大兴安岭东部，川西、滇西、秦巴山地，贵州省、广西壮族自治区、湖南省、江西省等的丘陵和山区，以及天山山脉、昆仑山脉局部零星地区。中度敏感区面积为97.5万km^2，占全国国土面积的10.2%，主要分布在降水量400～800mm的区域，包括东北平原大部、四川盆地东部丘陵、阿尔泰山、天山、昆仑山等地区。土壤侵蚀极度敏感和高度敏感地区通常也是滑坡、泥石流易发生区。

沙漠化敏感性：我国沙漠化敏感性主要受干燥度、大风日数、土壤性质和植被覆盖的影响。沙漠化敏感区域主要集中分布在降水量稀少、蒸发量大的干旱、半干旱地区。其中，沙漠化极敏感区域面积为111.2万km^2，主要分布在准噶尔盆地、塔克拉玛干沙漠边缘、吐鲁番盆地、巴丹吉林沙漠和腾格里沙漠边缘、柴达木盆地北部、呼伦贝尔沙地、科尔沁沙地、浑善达克沙地、毛乌素沙地、宁夏平原等地。沙漠化高度敏感区域包括新疆天山南脉至塔里木河冲洪积平原、古尔班通古特沙漠南部、疏勒河北部、柴达木盆地南部、呼伦贝尔高原、河套平原、阴山山脉以北以及科尔沁沙地以北地区，面积为43.0万km^2。沙漠化中度敏感区域主要分布在大兴安岭至科尔沁沙地过渡低丘、平原带、青海湖，以及北大通河流域、四川若尔盖、东北平原西部，面积为71.3万km^2。

盐渍化敏感性：我国盐渍化敏感性主要受干燥度、地形、地下水水位与矿化度的影响。我国土地盐渍化极敏感区面积为79.5万km^2，除滨海半湿润地区的盐渍土外，主要分布在我国干旱和半干旱地区，包括塔里木盆地周边、和田河谷、准噶尔盆地周边、柴达木盆地、吐鲁番盆地、罗布泊、疏勒河下游、黑河下游、河套平原、浑善达克沙地以西、呼伦贝尔东部，以及西辽河河谷平原。盐渍化高度敏感区面积为50.5万km^2，集中分布在准噶尔盆地东南部、哈密地区、北山洪积平原、河西走廊北部、阿拉善洪积平原区、宁夏平原、阴山以北河谷区域、黄淮海平原、东北平原河谷地区，以及青藏高原内零星地区。盐渍化中度敏感区面积为58.9万km^2，主要分布在额尔齐斯河、伊犁河洪积平原、青海湖以西布哈河流域平原、河西走廊南部、鄂尔多斯高原西部和三江源等地区。

石漠化敏感性：我国石漠化敏感性主要分布在石灰岩地区，受石灰岩地层结构、成分和降水量影响。石漠化极敏感区面积为3.6万km^2，集中分布在贵州省西部、南部区域，包括遵义、贵阳、毕节南部、安顺南部、六盘水、黔南州、铜仁等地区，广西壮族自治区百色、崇左、南宁交界处，四川省西南峡谷山地、大渡河下游及金沙江下游等地区也有成片分布；石漠化高度敏感区多与极敏感区交织分布，面积为15.2万km^2，主要在贵州省西部、中部和南部，广西壮族自治区西部和东部，四川省南部和西南部，四川盆地东部平行岭谷地区，云南省东部，湖南省中西部，广东省北部等地区有零星分布；石漠化中度敏感区分布较广，主要分布在四川盆地周边、四川省西部、云南省东部、贵州省中部、广西壮族自治区中部、湖南省南部、湖北省西南、江西省和湖北省交界地区，以及甘肃省的北山、华北的燕山、太行山等地区的石灰岩地区。

冻融侵蚀敏感性：我国冻融侵蚀敏感性主要受气温、地形、植被以及冻土、冰川分布的影响。冻融侵蚀极敏感区面积为46.1万km^2，主要分布在青藏高原，海拔普遍高于4 100m；冻融侵蚀高度敏感区面积为74.7万km^2，集中分布在阿尔泰山、天山、祁连山脉北部、昆仑山脉北部、横断山脉，以及大兴安岭高海拔地区；冻融侵蚀中度敏感区面积为92.7万km^2，分布在祁连山南部、阿尔金山以南、可可西里山以东、冈底斯山以北、三江源东南部，以及大兴安岭北部等地区。

酸雨敏感性：我国酸雨敏感性主要受土壤、水分盈亏、生态系统类型的影响。酸雨敏感区主要分布在我国南方地区，酸雨极敏感区面积为 139.8 万 km^2，占全国国土面积的 14.6%，分布区包括四川省南部、重庆市、贵州省、湖南省、湖北省、广西壮族自治区、江西省、江苏省、浙江省、福建省、广东省和安徽省南部等；酸雨高度敏感区面积为 60.9 万 km^2，占全国国土面积的 6.4%，主要分布在四川省西部、云南省南部、广西宜山；酸雨中度敏感面积为 144.3 万 km^2，占全国国土面积的 15.0%，主要分布在大兴安岭北部、小兴安岭、长白山、山东半岛、秦巴山区、横断山脉。

3．生态系统服务功能及其重要性评价

生态系统服务功能评价的目的是明确生态服务功能类型及其空间分布。全国生态服务功能包括生态调节功能、产品提供功能与人居保障功能。其中，生态调节功能主要是指水源涵养、土壤保持、防风固沙、生物多样性保护、洪水调蓄等维持生态平衡、保障全国或区域生态安全等方面的功能。产品提供功能主要包括提供农产品、畜产品、水产品、林产品等功能。人居保障功能主要是指满足人类居住需要和城镇建设的功能，主要区域包括大都市群和重点城镇群等。生态系统服务功能重要性评价是根据生态系统结构、过程与生态服务功能的关系，分析生态服务功能特征，按其对全国和区域生态安全的重要性程度分为极重要、重要、中等重要、一般重要 4 个等级。全国生态服务功能特征见附图 3（略）。

水源涵养：重要水源涵养区是指我国重要河流上游和重要水源补给区，面积为 113 万 km^2。主要包括黑龙江、松花江、东西辽河，滦河，淮河，珠江（东江、西江、北江）的上游，渭河、汉江和嘉陵江上游，长江—黄河—澜沧江三江源区，黑河和疏勒河上游，塔里木河、雅鲁藏布江上游，以及南水北调水源区和密云水库上游等重要水源涵养区域。

土壤保持：土壤保持的重要性评价主要考虑土壤侵蚀敏感性及其对下游的可能影响。全国土壤保持的极重要区域面积为 27.1 万 km^2，主要分布在黄土高原、三峡库区、金沙江干热河谷、西南石漠化地区、西藏自治区东南部等区域；重要区域面积为 61.2 万 km^2，主要分布在大兴安岭东南地区、江南红壤丘陵区、四川盆地东部丘陵和盆周山地地区、阴山山脉西部地区、横断山地区、西藏自治区东南部和新疆维吾尔自治区的天山山脉西段、北麓，以及塔里木河南段；中等重要地区面积为 97.5 万 km^2，主要分布在太行山东部、西藏自治区东部、青海省东南部、大兴安岭中部、东北平原大部、山东半岛等广大地区。

防风固沙：防风固沙重要性评价主要考虑沙漠化敏感性和沙尘及其影响范围与程度。全国防风固沙极重要区主要分布在内蒙古浑善达克沙地、呼伦贝尔西部、科尔沁沙地、毛乌素沙地、河西走廊和阿拉善高原西部、黑河下游、柴达木盆地东部、准噶尔盆地周边、塔里木河流域，以及京津风沙源区和西藏“一江两河”（雅鲁藏布江、拉萨河、年楚河）等地区，面积为 95.1 万 km^2。

生物多样性保护：不同地区保护生物多样性的价值取决于濒危珍稀动植物的分布，以及典型的生态系统分布。我国生物多样性保护极重要区域主要包括西双版纳、海南岛中部山区、川西高山峡谷地区、藏东南地区、横断山脉中部、滇西北地区、武陵山地区、巴山区、十万大山地区、祁连山南部地区、江苏省北部沿海滩涂湿地、洞庭湖和鄱阳湖湿地等地区，面积为 37.2 万 km^2；生物多样性保护重要区面积为 139.5 万 km^2，主要包括小兴安岭北部、三江平原、长白山、大兴安岭北部、浙闽山地、南岭地区和三江源地区。

洪水调蓄：主要考虑具有滞纳洪水、调节洪峰的湖泊湿地生态系统。全国防洪蓄洪重要区域主要集中在一、二级河流下游蓄洪区，其面积为 3.6 万 km^2，分布在淮河、长江、松花江中下游蓄洪区及其大型湖泊等。

产品提供：产品提供功能主要是指提供粮食、油料、肉、奶、水产品、棉花、木材等农林牧渔业初级产品生产方面的功能。根据国家商品粮基地分布特征，主要有南方高产商品粮基地、黄淮海平原商品粮基地、东北商品粮基地和西北干旱区商品粮基地。南方高产商品粮基地包括长江三角洲、江汉平原、鄱阳湖平原、洞庭湖平原和珠江三角洲；淮河平原商品粮基地包括苏北和皖北两个地区；东北商品粮基地包括三江平原和松嫩平原、吉林省中部平原及辽宁省中部平原地区。我国为粮食主产区，如东北平原、华北平原、长江中下游平原、四川盆地等，同时也是水果、肉、蛋、奶等畜产品的主要生产区。水产品主要分布在长江中下游和沿海地区。我国速生丰产林主要分布在大兴安岭、长白山、长江中下游丘陵、四川东部丘陵等地区。我国畜牧业发展区主要分布在内蒙古自治区东部草甸草原、青藏高原高寒草甸、高寒草原，以及新疆天山北部草原等地区。

人居保障：根据我国经济发展与城市建设布局，我国人居保障重要功能区主要包括大都市群、区域重点城镇群。大都市群主要包括京津冀大都市群、长三角大都市群和珠三角大都市群。重点城镇群主要包括辽中南城镇群、胶东半岛城镇群、中原城镇群、关中城镇群、成都城镇群、武汉城镇群、长株潭城镇群和海峡西岸城镇群等。

三、全国生态功能区划方案

1．分区方法

按照我国的气候和地貌等自然条件，将全国陆地生态系统划分为 3 个生态大区：东部季风生态大区、西部干旱生态大区和青藏高寒生态大区；然后依据《生态功能区划暂行规程》，将全国生态功能区划分为 3 个等级：

（1）根据生态系统的自然属性和所具有的主导服务功能类型，将全国划分为生态调节、产品提供与人居保障 3 类生态功能一级区。

（2）在生态功能一级区的基础上，依据生态功能重要性划分生态功能二级区。生态调节功能包括水源涵养、土壤保持、防风固沙、生物多样性保护、洪水调蓄等功能；产品提供功能包括农产品、畜产品、水产品和林产品；人居保障功能包括人口和经济密集的大都市群和重点城镇群等。

（3）生态功能三级区是在二级区的基础上，按照生态系统与生态功能的空间分异特征、地形差异、土地利用的组合来划分生态功能三级区。

2．区划方案

全国生态功能一级区共有 3 类 31 个区，包括生态调节功能区、产品提供功能区与人居保障功能区。生态功能二级区共有 9 类 67 个区。其中，包括水源涵养、土壤保持、防风固沙、生物多样性保护、洪水调蓄等生态调节功能，农产品与林产品等产品提供功能，以及大都市群和重点城镇群人居保障功能二级生态功能区。生态功能三级区共有 216 个。全国生态功能区划体系见表 1，区划方案见附一和附图 4（略）。

表 1 全国生态功能区划体系

生态功能一级区（3 类）	生态功能二级区（9 类）	生态功能三级区举例（216 个）
生态调节	水源涵养	大兴安岭北部落叶松林水源涵养
	防风固沙	呼伦贝尔典型草原防风固沙
	土壤保持	黄土高原西部土壤保持
	生物多样性保护	三江平原湿地生物多样性保护
	洪水调蓄	洞庭湖湿地洪水调蓄
产品提供	农产品提供	三江平原农业生产
	林产品提供	大兴安岭林区林产品
人居保障	大都市群	长三角大都市群
	重点城镇群	武汉城镇群

四、生态功能区类型及概述

全国生态功能三级区中水源涵养功能、土壤保持、防风固沙、生物多样性保护、洪水调蓄、农产品提供、林产品提供，以及大都市群和重点城镇群等功能区共216个（表2）。各类生态功能区的空间分布特征、面临的问题和保护方向概述如下：

表2 全国陆地生态功能区类型统计表

主导生态服务功能		三级区数量/个	面积/万 km^2	面积比例/%
生态调节	水源涵养	50	237.90	24.78
	土壤保持	28	93.72	9.76
	防风固沙	27	204.77	21.33
	生物多样性保护	34	201.05	20.94
	洪水调蓄	9	7.06	0.73
产品提供	农产品提供	36	168.63	17.57
	林产品提供	10	30.90	3.22
人居保障	大都市群	3	4.23	0.44
	重点城镇群	19	8.03	0.84
	合 计	216	956.29	99.61

注：本区划不含香港特别行政区、澳门特别行政区和台湾省，其面积合计为3.71万km^2。

1．水源涵养生态功能区

全国共有水源涵养生态功能三级区50个，面积237.90万km^2，占全国国土面积的24.78%。其中对国家生态安全具有重要作用的水源涵养生态功能区主要包括大兴安岭、秦巴山地、大别山、淮河源、南岭山地、东江源、珠江源、海南省中部山区、岷山、若尔盖、三江源、甘南、祁连山、天山以及丹江口水库库区等。

该类型区的主要生态问题：人类活动干扰强度大；生态系统结构单一，生态功能衰退；森林资源过度开发、天然草原过度放牧等导致植被破坏、土地沙化、土壤侵蚀严重；湿地萎缩、面积减少；冰川后退，雪线上升。

该类型区的生态保护主要方向：

（1）对重要水源涵养区建立生态功能保护区，加强对水源涵养区的保护与管理，严格保护具有重要水源涵养功能的自然植被，限制或禁止各种不利于保护生态系统水源涵养功能的经济社会活动和生产方式，如过度放牧、无序采矿、毁林开荒、开垦草地等。

（2）继续加强生态恢复与生态建设，治理土壤侵蚀，恢复与重建水源涵养区森林、草原、湿地等生态系统，提高生态系统的水源涵养功能。

（3）控制水污染，减轻水污染负荷，禁止导致水体污染的产业发展，开展生态清洁小流域的建设。

（4）严格控制载畜量，改良畜种，鼓励围栏和舍饲，开展生态产业示范，培育替代产业，减轻区内畜牧业对水源和生态系统的压力。

2．土壤保持生态功能区

全国共有土壤保持生态功能三级区28个，面积93.72万km^2，占全国国土面积的9.76%。其中对国家生态安全具有重要作用的土壤保持生态功能区主要包括太行山地、黄土高原、三江源区、四川盆地丘陵区、三峡库区、南方红壤丘陵区、西南喀斯特地区、金沙江干热河谷等。

该类型区的主要生态问题：不合理的土地利用，特别是陡坡开垦，以及交通、矿产开发、城镇建设、森林破坏、草原过度放牧等人为活动，导致地表植被退化、土壤侵蚀和石漠化危害严重。

该类型区生态保护的主要方向：

（1）调整产业结构，加速城镇化和社会主义新农村建设的进程，加快农业人口的转移，降低人口对土地的压力。

（2）全面实施保护天然林、退耕还林、退牧还草工程，严禁陡坡垦殖和过度放牧。

（3）开展石漠化区域和小流域综合治理，协调农村经济发展与生态保护的关系，恢复和重建退化植被。

（4）严格资源开发和建设项目的生态监管，控制新的人为土壤侵蚀。

（5）发展农村新能源，保护自然植被。

3．防风固沙生态功能区

全国有防风固沙生态功能三级区 27 个，面积 204.77 万 km^2，占全国国土面积的 21.33%。其中，对国家生态安全具有重要作用的防风固沙生态功能区主要包括科尔沁沙地、呼伦贝尔沙地、阴山北麓—浑善达克沙地、毛乌素沙地、黑河中下游、塔里木河流域，以及环京津风沙源区等。

该类型区的主要生态问题：过度放牧、草原开垦、水资源严重短缺与水资源过度开发导致植被退化、土地沙化、沙尘暴等。

该类型区生态保护的主要方向：

（1）在沙漠化极敏感区和高度敏感区建立生态功能保护区，严格控制放牧和草原生物资源的利用，禁止开垦草原，加强植被恢复和保护。

（2）调整传统的畜牧业生产方式，大力发展草业，加快规模化圈养牧业的发展，控制放养对草地生态系统的损害。

（3）调整产业结构、退耕还草、退牧还草，恢复草地植被。

（4）加强西部内陆河流域规划和综合管理，禁止在干旱和半干旱区发展高耗水产业；在出现江河断流的流域禁止新建引水和蓄水工程，合理利用水资源，保障生态用水，保护沙区湿地。

4．生物多样性保护生态功能区

全国共有生物多样性保护生态功能三级区 34 个，面积 201.05 万 km^2，占全国国土面积的 20.94%。其中，对国家生态安全具有重要作用的生物多样性保护生态功能区主要包括长白山山地、秦巴山地、浙闽赣交界山区、武陵山山地、南岭地区、海南岛中南部山地、桂西南石灰岩地区、西双版纳和藏东南山地热带雨林季雨林区、岷山—邛崃山、横断山区、北羌塘高寒荒漠草原区、伊犁—天山山地西段、三江平原湿地、松嫩平原湿地、辽河三角洲湿地、黄河三角洲湿地、苏北滩涂湿地、长江中下游湖泊湿地、东南沿海红树林等。

该类型区的主要生态问题：人口增加以及农业和城市扩张，交通、水电水利建设，过度放牧、生物资源过度开发，外来物种入侵等，导致森林、草原、湿地等自然栖息地遭到破坏，栖息地破碎化、岛屿化严重；生物多样性受到严重威胁，许多野生动植物物种濒临灭绝。

该类型区生态保护的主要方向：

（1）加强自然保护区建设和管理，尤其自然保护区群的建设。

（2）不得改变自然保护区的土地用途，禁止在自然保护区内开发建设，实施重大工程对生物多样性影响的生态影响评价。

（3）禁止对野生动植物进行滥捕、乱采、乱猎。

（4）加强对外来物种入侵的控制，禁止在自然保护区引进外来物种。

（5）保护自然生态系统与重要物种栖息地，防止生态建设导致栖息环境的改变。

5．洪水调蓄生态功能区

全国共有洪水调蓄三级生态功能区 9 个，面积 7.06 万 km^2，占全国国土面积的 0.73%。其中，对国家生态安全具有重要作用的洪水调蓄生态功能区主要包括松嫩平原湿地、淮河中下游湖泊湿地、江汉平原湖泊湿地、长江中下游洞庭湖、鄱阳湖、安徽省沿江湖泊湿地等洪水调蓄生态功能区。这些区域同时也是我国重要的水产品提供区。

该类型区的主要生态问题：由于流域土壤侵蚀加剧，湖泊泥沙淤积严重、湖泊容积减小、调蓄能力下降；围垦造成沿江沿河的重要湖泊、湿地萎缩；工业废水、生活污水、农田退水大量排放，以及淡水养殖等导致地表水质受到严重污染；血吸虫和其他流行性疾病的传播，危害人民身体健康。

该类型区生态保护的主要方向：

（1）加强洪水调蓄生态功能区的建设，保护湖泊、湿地生态系统，退田还湖，平垸行洪，严禁围垦湖泊湿地，增加调蓄能力。

（2）加强流域治理，恢复与保护上游植被，控制土壤侵蚀，减少湖泊、湿地萎缩。

（3）控制水污染，改善水环境。

（4）发展避洪经济，处理好蓄洪与经济发展之间的矛盾。

6．农产品提供生态功能区

农产品提供生态功能区主要是指以提供粮食、肉类、蛋、奶、水产品和棉、油等农产品为主的长期从事农业生产的地区，包括全国商品粮基地和集中连片的农业用地，以及畜产品和水产品提供的区域。全国共有农产品提供生态功能三级区 36 个，面积 168.63 万 km^2，占全国国土面积的 17.57%，集中分布在东北平原、华北平原、长江中下游平原、四川盆地、东南沿海平原地区、汾渭谷地、河套灌区、宁夏灌区、新疆绿洲等商品粮集中生产区，以及内蒙古东部草甸草原、青藏高原高寒草甸、新疆天山北部草原等重要畜牧业区。

该类型区的主要生态问题：农田侵占、土壤肥力下降、农业面源污染严重；在草地畜牧业区，过度放牧，草地退化沙化，抵御灾害能力低。

该类型区生态保护的主要方向：

（1）严格保护基本农田，培养土壤肥力。

（2）加强农田基本建设，增强抗自然灾害的能力。

（3）发展无公害农产品、绿色食品和有机食品；调整农业产业和农村经济结构，合理组织农业生产和农村经济活动。

（4）在草地畜牧业区，要科学确定草场载畜量，实行季节畜牧业，实现草畜平衡；草地封育改良相结合，实施大范围轮封轮牧制度。

7．林产品提供生态功能区

林产品提供生态功能区主要是指以提供林产品为主的林区，即速生丰产林基地。全国共有林产品提供生态功能三级区 10 个，面积 30.90 万 km^2，占全国国土面积的 3.22%，集中分布在大兴安岭、长白山、长江中下游丘陵、四川东部丘陵、云南西南山地等速生丰产林基地集中区。

该类型区的主要生态问题：林区过量砍伐，森林质量下降较为普遍。

该类型区的生态保护主要方向：

（1）加强速生丰产林区的建设与管理，合理采伐，实现采育平衡，协调木材生产与生态功能保护的关系。

（2）改善农村能源结构，减少对林地的压力。

8．大都市群

大都市群主要是指我国人口高度集中的城市群，主要指京津冀大都市群、珠三角大都市群和长三角大都市群生态功能三级区 3 个，面积 4.23 万 km^2，占全国国土面积的 0.44%。

该类型区的主要生态问题：城市无限制扩张，污染严重，人居环境质量下降。

该类型区生态保护主要方向：加强城市发展规划，合理布局城市功能组团；加强生态城市建设，大力调整产业结构，提高资源利用效率，控制城市污染，推进循环经济和循环社会的建设。

9．重点城镇群

重点城镇群是指我国主要城镇、工矿集中分布区域，主要包括哈尔滨城镇群、长吉城镇群、辽中南城镇群（大连—沈阳）、山西省中部城镇群（太原为中心）、鲁中城镇群、胶东半岛城镇群（青岛—烟台）、中原城镇群（郑州及其周边地区）、武汉城镇群、昌九城镇群（南昌—九江）、长株潭城镇群、海峡西岸城镇群（厦门—福州）、海南北部城镇群、重庆城镇群、成都城镇群、北部湾城镇群、滇中城镇群（昆明周边地区）、关中城镇群、兰州城镇群、乌鲁木齐城镇群。全国共有重点城镇群生态功能三级区 19 个，面积 8.03 万 km^2，占全国国土面积的 0.84%。

该类型区的主要生态问题：城镇无序发展，城镇环境污染严重，环保设施严重滞后，城镇生态功能低下。

该类型区的生态保护主要方向：加快城市环境保护基础设施建设，加强城乡环境综合整治；建设生态城市，优化产业结构，发展循环经济，提高资源利用效率。

各类生态功能区的主要生态问题、生态保护方向、限制或禁止措施详见表 3。

表 3 各类生态功能区的主要生态问题、生态保护方向、限制或禁止措施

功能区类型	主要生态问题	生态保护方向	限制或禁止措施
水源涵养	植被破坏、土壤侵蚀严重；湿地萎缩、面积减少；冰川后退，雪线上升	建立生态功能保护区，保护和恢复天然植被	控制水污染，减轻水污染负荷，严格限制导致水体污染、植被破坏的产业发展
土壤保持	植被退化、土壤侵蚀和石漠化危害严重	退耕还林、退牧还草，小流域综合治理，发展农村替代能源，严格资源开发的生态监管	严禁陡坡垦殖和过度放牧，严禁乱砍滥伐树木
防风固沙	过度放牧、草地开垦、水资源不合理开发和过度利用导致植被退化、土地沙化	建立生态功能保护区，发展圈养牧业，退耕还草，合理利用水资源	严禁过度放牧、樵采、开荒，限制经济开发活动
生物多样性保护	自然栖息地破坏和破碎化严重，生物资源过度利用，外来物种入侵，濒危物种增加	加强自然保护区建设，维护生态系统的完整性	禁止对生物多样性有影响的经济开发，加强外来物种入侵控制，禁止滥捕、乱采、乱猎
洪水调蓄	湿地萎缩、湖泊调蓄能力下降	建立洪水调蓄生态功能保护区，退田还湖，发展避洪经济	严禁围垦湖泊、湿地，禁止在行滞洪区建立永久性设施和居民点
农产品提供	农田侵占、土壤肥力下降、农业面源污染严重；在草地畜牧业区过度放牧，草地退化沙化，抵御自然灾害能力低	保护基本农田，加强农田基本建设，发展无公害农产品、绿色食品和有机食品，调整农业产业和农村经济结构；在草地畜牧业区，要科学确定草场载畜量，实现草畜平衡，草地封育改良相结合，实施大范围轮封轮牧制度	严禁破坏基本农田。禁止草场开垦和过度放牧
林产品提供	林区过量砍伐，森林质量下降较为普遍	加强速生丰产林区的管理，改善农村能源结构，对林区合理采伐，采育平衡	禁止林木乱采滥伐
大都市群	城市无限制扩张，污染严重	加强城市发展规划，合理布局城市功能组团，加强城市污染源控制，保护城市生态	限制城市的无限制扩张
重点城镇群	环保设施严重滞后，城镇生态功能低下	加快城镇环境保护基础设施建设，加强城乡环境综合整治；建设生态城市	限制建设用地过快增长

五、全国重要生态功能区域

根据各生态功能区对保障国家生态安全的重要性，以水源涵养、土壤保持、防风固沙、生物多样性保护和洪水调蓄 5 类主导生态调节功能为基础，初步确定了 50 个重要生态服务功能区域（附图 5 略）。各重要区域的名称、主导功能和辅助功能见表 4，详细内容见附二。

表 4　全国重要生态功能区域

序号	重要生态功能区域名称	水源涵养	土壤保持	防风固沙	生物多样性保护	洪水调蓄
1	大小兴安岭水源涵养重要区	++	+		+	
2	辽河上游水源涵养重要区	++	+			
3	京津水源地水源涵养重要区	++				
4	大别山水源涵养重要区	++	+			
5	桐柏山淮河源水源涵养重要区	++	+			
6	丹江口库区水源涵养重要区	++	+			
7	秦巴山地水源涵养重要区	++	+		++	
8	三峡库区水源涵养重要区	++	+		++	++
9	江西东江源水源涵养重要区	++	+			
10	南岭山地水源涵养重要区	++	+		+	
11	珠江源水源涵养重要区	++	+			
12	若尔盖水源涵养重要区	++		+		
13	甘南水源涵养重要区	++				
14	三江源水源涵养重要区	++			+	
15	祁连山山地水源涵养重要区	++	+		+	
16	天山山地水源涵养重要区	++				
17	阿尔泰地区水源涵养重要区	++				
18	太行山地土壤保持重要区	+	++		+	
19	黄土高原丘陵沟壑区土壤保持重要区		++			
20	西南喀斯特地区土壤保持重要区		++			
21	川滇干热河谷土壤保持重要区		++			
22	科尔沁沙地防风固沙重要区			++		
23	呼伦贝尔草原防风固沙重要区			++		
24	阴山北麓—浑善达克沙地防风固沙重要区			++		
25	毛乌素沙地防风固沙重要区			++		
26	黑河中下游防风固沙重要区			++		
27	阿尔金草原荒漠防风固沙重要区			++		
28	塔里木河流域防风固沙重要区			++		
29	三江平原湿地生物多样性保护重要区				++	+
30	长白山山地生物多样性保护重要区	+			++	
31	辽河三角洲湿地生物多样性保护重要区				++	
32	黄河三角洲湿地生物多样性保护重要区				++	
33	苏北滩涂湿地生物多样性保护重要区				++	

序号	重要生态功能区域名称	水源涵养	土壤保持	防风固沙	生物多样性保护	洪水调蓄
34	浙闽赣交界山地生物多样性保护重要区	+	+		++	
35	武陵山山地生物多样性保护重要区	++	++		++	
36	东南沿海红树林生物多样性保护重要区				++	
37	海南岛中部山地生物多样性保护重要区	++	+		++	
38	岷山—邛崃山生物多样性保护重要区	+	+		++	
39	桂西南石灰岩地区生物多样性保护重要区	+	+		++	
40	西双版纳热带雨林季雨林生物多样性保护重要区				++	
41	横断山生物多样性保护重要区		+		++	
42	伊犁—天山山地西段生物多样性保护重要区	+			++	
43	北羌塘高寒荒漠草原生物多样性保护重要区			+	++	
44	藏东南山地热带雨林季雨林生物多样性保护重要区	+	+		++	
45	松嫩平原湿地洪水调蓄重要区		+		++	++
46	淮河中下游湿地洪水调蓄重要区					++
47	长江荆江段湿地洪水调蓄重要区				++	++
48	洞庭湖区湿地洪水调蓄重要区				++	++
49	鄱阳湖区湿地洪水调蓄重要区				++	++
50	安徽沿长江湿地洪水调蓄重要区				++	++

注：+表示该项功能重要；++表示该项功能极重要。

六、生态功能区划的实施

生态功能区划是科学开展生态环境保护工作的重要手段，是指导产业布局、资源开发的重要依据。

1．要处理好全国和省域生态功能区划的关系。全国生态功能区划从满足国家经济社会发展和生态保护工作宏观管理的需要出发，进行大尺度范围划分。省级生态功能区划应与全国生态功能区划相衔接，在区划尺度上应更能满足省域经济社会发展和生态保护工作微观管理的需要。

2．全国生态功能区划应与国家主体功能区规划、重大经济技术政策、社会发展规划、经济发展规划和其他各种专项规划相衔接。要依据生态功能区划，确定合理的生态保护与建设目标，制定可行的方案和具体措施，促进生态系统的恢复，增强生态系统服务功能，为区域生态安全和区域可持续发展奠定生态基础。

3．对生态安全有重大意义的水源涵养、土壤保持、防风固沙、生物多样性保护、洪水调蓄等重要生态功能区，应分级建立国家和地方重点生态功能保护区，并抓紧编制相关规划。要积极探索健全保障重点生态功能保护区的财税、环境政策。

4．要以生态功能区划为依据，严格建设项目环境管理。资源开发利用项目应当符合生态功能区的保护目标，不得造成生态功能的改变；禁止在生态功能区内建设与生态功能区定位不一致的工程和项目，对全部或部分不符合生态功能区划的新建项目，应对项目重新选址，重新进行环境影响评价；对已建成的与功能区定位不一致且造成严重生态破坏的工程和项目，应明确停工、拆除、迁址或关闭的时间表，提出恢复项目所在区域生态功能的措施，依照执行。

5．要建立结构完整、功能齐全、技术先进的生态功能区划管理信息系统，与政府电子信息平台相联结，促进生态行政管理和社会服务信息化，提高各级生态管理部门和其他相关部门的综合决策能力和办事效率。

6．要加强生态保护的宣传教育。积极宣传生态功能区划的科学意义和重要性，普及生态教育；完善信访、举报和听证制度，调动广大人民群众和民间团体的积极性，支持和鼓励公众和非政府组织参与生态功能区的管理。

附一：

全国生态功能区划方案

Ⅰ 生态调节功能区

Ⅰ-01 水源涵养功能区

Ⅰ-01-01 大兴安岭北部落叶松林水源涵养三级功能区

Ⅰ-01-02 大兴安岭中部落叶松、落叶阔叶林水源涵养三级功能区

Ⅰ-01-03 小兴安岭北部阔叶混交林水源涵养三级功能区

Ⅰ-01-04 小兴安岭南部阔叶、红松林水源涵养三级功能区

Ⅰ-01-05 张广才岭针阔混交林水源涵养三级功能区

Ⅰ-01-06 吉—辽中部低山丘陵落叶阔叶林水源涵养三级功能区

Ⅰ-01-07 长白山针阔混交林水源涵养三级功能区

Ⅰ-01-08 千山落叶阔叶林水源涵养三级功能区

Ⅰ-01-09 大兴安岭南部森林草原水源涵养三级功能区

Ⅰ-01-10 九华山常绿阔叶林水源涵养三级功能区

Ⅰ-01-11 天目山—黄山常绿阔叶林水源涵养三级功能区

Ⅰ-01-12 钱塘江中游常绿阔叶林水源涵养三级功能区

Ⅰ-01-13 钱塘江上游森林与湿地水源涵养三级功能区

Ⅰ-01-14 怀玉山常绿阔叶林水源涵养三级功能区

Ⅰ-01-15 赣南—闽南丘陵常绿阔叶林水源涵养三级功能区

Ⅰ-01-16 大庾岭—骑田岭常绿阔叶林水源涵养三级功能区

Ⅰ-01-17 九连山常绿阔叶林水源涵养三级功能区

Ⅰ-01-18 粤东闽东南丘陵山地常绿阔叶林水源涵养三级功能区

Ⅰ-01-19 豫西南山地常绿落叶阔叶林水源涵养三级功能区

Ⅰ-01-20 桐柏山常绿、落叶阔叶林水源涵养三级功能区

Ⅰ-01-21 大别山常绿、落叶阔叶林水源涵养三级功能区

Ⅰ-01-22 鄂中丘陵岗地常绿阔叶林水源涵养三级功能区

Ⅰ-01-23 米仓山—大巴山常绿阔叶、针阔混交林水源涵养三级功能区

Ⅰ-01-24 三峡水库水源涵养三级功能区

Ⅰ-01-25 鄂西南山地常绿阔叶林水源涵养三级功能区
Ⅰ-01-26 武陵山常绿阔叶林水源涵养三级功能区
Ⅰ-01-27 雪峰山常绿阔叶林水源涵养三级功能区
Ⅰ-01-28 黔东北中低山常绿阔叶林水源涵养三级功能区
Ⅰ-01-29 黔东南山地丘陵常绿阔叶水源涵养三级功能区
Ⅰ-01-30 都庞岭—萌渚岭常绿阔叶林水源涵养三级功能区
Ⅰ-01-31 桂东北丘陵山地常绿阔叶林水源涵养三级功能区
Ⅰ-01-32 桂中北喀斯特常绿、落叶阔叶混交林水源涵养三级功能区
Ⅰ-01-33 秦岭落叶阔叶、针阔混交林水源涵养三级功能区
Ⅰ-01-34 六盘山典型草原、落叶阔叶林水源涵养三级功能区
Ⅰ-01-35 西祁连山高寒荒漠、草原水源涵养三级功能区
Ⅰ-01-36 东祁连山云杉林、高寒草甸水源涵养三级功能区
Ⅰ-01-37 青海湖湿地及上游高寒草甸水源涵养三级功能区
Ⅰ-01-38 海东—甘南高寒草甸草原水源涵养三级功能区
Ⅰ-01-39 黄河源高寒草甸草原水源涵养三级功能区
Ⅰ-01-40 长江源高寒草甸草原水源涵养三级功能区
Ⅰ-01-41 澜沧江源高寒草甸草原水源涵养三级功能区
Ⅰ-01-42 怒江源高寒草甸草原水源涵养三级功能区
Ⅰ-01-43 雅鲁藏布江中游谷地灌丛水源涵养三级功能区
Ⅰ-01-44 中喜马拉雅山北翼高寒草原水源涵养三级功能区
Ⅰ-01-45 雅鲁藏布江上游高寒草甸草原水源涵养三级功能区
Ⅰ-01-46 阿尔泰山南坡西伯利亚落叶松林水源涵养三级功能区
Ⅰ-01-47 额尔齐斯—乌伦古河荒漠草原水源涵养三级功能区
Ⅰ-01-48 准噶尔盆地西部山地草原水源涵养三级功能区
Ⅰ-01-49 天山北坡云杉林、草原水源涵养三级功能区
Ⅰ-01-50 天山南坡荒漠草原水源涵养三级功能区
Ⅰ-02 土壤保持功能区
Ⅰ-02-01 冀北及燕山落叶阔叶林土壤保持三级功能区
Ⅰ-02-02 永定河上游山间盆地落叶阔叶林土壤保持三级功能区
Ⅰ-02-03 太行山落叶阔叶林土壤保持三级功能区
Ⅰ-02-04 太岳山落叶阔叶林土壤保持三级功能区
Ⅰ-02-05 中条山落叶阔叶林土壤保持三级功能区
Ⅰ-02-06 晋北山地丘陵半干旱草原土壤保持三级功能区
Ⅰ-02-07 山东半岛丘陵落叶阔叶林土壤保持三级功能区
Ⅰ-02-08 鲁中山地落叶阔叶林土壤保持三级功能区
Ⅰ-02-09 吕梁山落叶阔叶林土壤保持三级功能区
Ⅰ-02-10 浙中丘陵常绿阔叶林土壤保持三级功能区
Ⅰ-02-11 金衢盆地常绿阔叶林土壤保持三级功能区
Ⅰ-02-12 武夷山常绿阔叶林土壤保持三级功能区
Ⅰ-02-13 浙南闽东丘陵常绿阔叶林土壤保持三级功能区
Ⅰ-02-14 梅江上游常绿阔叶林土壤保持三级功能区

Ⅰ-02-15 幕阜山—九岭山常绿阔叶林土壤保持三级功能区
Ⅰ-02-16 赣中丘陵常绿阔叶林土壤保持三级功能区
Ⅰ-02-17 罗霄山常绿阔叶林土壤保持三级功能区
Ⅰ-02-18 渝东南岩溶石山土壤保持三级功能区
Ⅰ-02-19 黔北山地常绿、落叶阔叶混交林土壤保持三级功能区
Ⅰ-02-20 黔中丘原盆地常绿阔叶林土壤保持三级功能区
Ⅰ-02-21 黔南山地盆谷常绿阔叶林土壤保持三级功能区
Ⅰ-02-22 滇东北—黔西北中山针阔混交林土壤保持三级功能区
Ⅰ-02-23 金沙江下游干热河谷常绿灌丛、稀树草原土壤保持三级功能区
Ⅰ-02-24 陕北—晋西南黄土丘陵沟壑土壤保持三级功能区
Ⅰ-02-25 陕中黄土塬梁土壤保持三级功能区
Ⅰ-02-26 陇东南黄土丘陵残塬土壤保持三级功能区
Ⅰ-02-27 黄土高原西部土壤保持三级功能区
Ⅰ-02-28 湟水谷地土壤保持三级功能区
Ⅰ-03 防风固沙功能区
Ⅰ-03-01 呼伦贝尔典型草原防风固沙三级功能区
Ⅰ-03-02 科尔沁沙地防风固沙三级功能区
Ⅰ-03-03 锡林郭勒典型草原防风固沙三级功能区
Ⅰ-03-04 浑善达克沙地防风固沙三级功能区
Ⅰ-03-05 阴山山地落叶灌丛、草原防风固沙三级功能区
Ⅰ-03-06 阴山北部荒漠草原防风固沙三级功能区
Ⅰ-03-07 鄂尔多斯高原东部典型草原防风固沙三级功能区
Ⅰ-03-08 鄂尔多斯高原西部荒漠草原防风固沙三级功能区
Ⅰ-03-09 陇中—宁中荒漠草原防风固沙三级功能区
Ⅰ-03-10 腾格里沙漠草原荒漠防风固沙三级功能区
Ⅰ-03-11 阿拉善东部灌木—半灌木、草原荒漠防风固沙三级功能区
Ⅰ-03-12 巴丹吉林典型荒漠防风固沙三级功能区
Ⅰ-03-13 黑河中下游草原荒漠防风固沙三级功能区
Ⅰ-03-14 阿拉善西北部矮半灌木荒漠防风固沙三级功能区
Ⅰ-03-15 北山山地灌木—半灌木防风固沙三级功能区
Ⅰ-03-16 河西走廊西部荒漠防风固沙三级功能区
Ⅰ-03-17 柴达木盆地东北部山地高寒荒漠草原防风固沙三级功能区
Ⅰ-03-18 柴达木盆地荒漠防风固沙三级功能区
Ⅰ-03-19 共和盆地草原防风固沙三级功能区
Ⅰ-03-20 准噶尔盆地西缘荒漠、绿洲防风固沙三级功能区
Ⅰ-03-21 准噶尔盆地东部灌木荒漠防风固沙三级功能区
Ⅰ-03-22 准噶尔盆地中部固定半固定沙漠防风固沙三级功能区
Ⅰ-03-23 吐鲁番—哈密盆地荒漠防风固沙三级功能区
Ⅰ-03-24 东疆戈壁—流动沙漠防风固沙三级功能区
Ⅰ-03-25 塔里木盆地北部荒漠、绿洲防风固沙三级功能区
Ⅰ-03-26 塔克拉玛干沙漠防风固沙三级功能区

Ⅰ-03-27 塔里木盆地南部荒漠防风固沙三级功能区
Ⅰ-04 生物多样性保护功能区
Ⅰ-04-01 三江平原湿地生物多样性保护三级功能区
Ⅰ-04-02 辽河三角洲湿地生物多样性保护三级功能区
Ⅰ-04-03 黄河三角洲湿地生物多样性保护三级功能区
Ⅰ-04-04 江苏沿海滩涂生物多样性保护三级功能区
Ⅰ-04-05 崇明岛湿地生物多样性保护三级功能区
Ⅰ-04-06 海南中部山地热带雨林与季雨林生物多样性保护三级功能区
Ⅰ-04-07 渝东山区—金佛山常绿阔叶林生物多样性保护三级功能区
Ⅰ-04-08 桂东粤西丘陵山地常绿阔叶林生物多样性保护三级功能区
Ⅰ-04-09 桂中喀斯特常绿、落叶阔叶混交林生物多样性保护三级功能区
Ⅰ-04-10 桂西南喀斯特热带季雨林生物多样性保护三级功能区
Ⅰ-04-11 桂西北山地常绿阔叶林生物多样性保护三级功能区
Ⅰ-04-12 乌蒙山针叶林山地云南松林、草甸生物多样性保护三级功能区
Ⅰ-04-13 哀劳山—无量山常绿阔叶林生物多样性保护三级功能区
Ⅰ-04-14 蒙自—元江岩溶高原峡谷针叶林、常绿阔叶林生物多样性保护三级功能区
Ⅰ-04-15 文山岩溶山原山地常绿阔叶林生物多样性保护三级功能区
Ⅰ-04-16 滇东南中山峡谷热带雨林生物多样性保护三级功能区
Ⅰ-04-17 岷山—邛崃暗针叶林、高山草甸、常绿阔叶林生物多样性保护三级功能区
Ⅰ-04-18 大雪山—念他翁山暗针叶林、高山灌丛、高山草甸生物多样性保护三级功能区
Ⅰ-04-19 川西南山地偏干性常绿阔叶林生物多样性保护三级功能区
Ⅰ-04-20 沙鲁里山南部暗针叶林生物多样性保护三级功能区
Ⅰ-04-21 滇西横断山常绿阔叶林生物多样性保护三级功能区
Ⅰ-04-22 滇西山地常绿阔叶林、针叶林生物多样性保护三级功能区
Ⅰ-04-23 澜沧江中游山地常绿阔叶林、针叶林生物多样性保护三级功能区
Ⅰ-04-24 西双版纳热带季雨林生物多样性保护三级功能区
Ⅰ-04-25 念青唐古拉山南翼暗针叶林、草原生物多样性保护三级功能区
Ⅰ-04-26 山南地区热带雨林、季雨林生物多样性保护三级功能区
Ⅰ-04-27 阿尔金山高寒荒漠草原生物多样性保护三级功能区
Ⅰ-04-28 昆仑山东段高寒荒漠草原生物多样性保护三级功能区
Ⅰ-04-29 昆仑山中段高寒荒漠草原生物多样性保护三级功能区
Ⅰ-04-30 北羌塘高寒荒漠草原生物多样性保护三级功能区
Ⅰ-04-31 南羌塘高寒草原生物多样性保护三级功能区
Ⅰ-04-32 阿里山地荒漠生物多样性保护三级功能区
Ⅰ-04-33 昆仑山西段高寒荒漠草原生物多样性保护三级功能区
Ⅰ-04-34 帕米尔—喀喇昆仑山高寒荒漠草原生物多样性保护三级功能区
Ⅰ-05 洪水调蓄功能区
Ⅰ-05-01 嫩江—讷谟尔河洪水调蓄三级功能区
Ⅰ-05-02 嫩江—第二松花江洪水调蓄三级功能区
Ⅰ-05-03 黄河洪水调蓄三级功能区
Ⅰ-05-04 淮河中下游洪水调蓄三级功能区

Ⅰ-05-05 长江荆江段洪水调蓄三级功能区
Ⅰ-05-06 洞庭湖洪水调蓄三级功能区
Ⅰ-05-07 长江洪湖—黄冈段洪水调蓄三级功能区
Ⅰ-05-08 鄱阳湖洪水调蓄三级功能区
Ⅰ-05-09 安徽沿长江湿地洪水调蓄三级功能区

Ⅱ 产品提供功能区

Ⅱ-01 农产品提供功能区
Ⅱ-01-01 三江平原农产品提供三级功能区
Ⅱ-01-02 乌裕尔河下游农产品提供三级功能区
Ⅱ-01-03 松嫩平原西部农产品提供三级功能区
Ⅱ-01-04 通榆地区农产品提供三级功能区
Ⅱ-01-05 松嫩平原东部农产品提供三级功能区
Ⅱ-01-06 辽河平原农产品提供三级功能区
Ⅱ-01-07 西辽河上游丘陵平原农产品提供三级功能区
Ⅱ-01-08 辽东半岛丘陵农产品提供三级功能区
Ⅱ-01-09 冀东平原农产品提供三级功能区
Ⅱ-01-10 华北平原农产品提供三级功能区
Ⅱ-01-11 太行山太岳山山间盆地丘陵农产品提供三级功能区
Ⅱ-01-12 汾渭盆地农产品提供三级功能区
Ⅱ-01-13 南阳盆地农产品提供三级功能区
Ⅱ-01-14 汉江上游盆地农产品提供三级功能区
Ⅱ-01-15 长江中下游平原农产品提供三级功能区
Ⅱ-01-16 鄱阳湖平原南部农产品提供三级功能区
Ⅱ-01-17 湖南中部丘陵农产品提供三级功能区
Ⅱ-01-18 粤东丘陵平原农产品提供三级功能区
Ⅱ-01-19 粤西丘陵平原农产品提供三级功能区
Ⅱ-01-20 粤西北丘陵平原农产品提供三级功能区
Ⅱ-01-21 海南环岛平原台地农产品提供三级功能区
Ⅱ-01-22 四川盆地农产品提供三级功能区
Ⅱ-01-23 广西中部丘陵平原农产品提供三级功能区
Ⅱ-01-24 云南西南丘陵农产品提供三级功能区
Ⅱ-01-25 河套—土默特平原农产品提供三级功能区
Ⅱ-01-26 银川平原农产品提供三级功能区
Ⅱ-01-27 河西走廊干旱荒漠—绿洲农产品提供三级功能区
Ⅱ-01-28 新疆北部谷地草地农产品提供三级功能区
Ⅱ-01-29 乌苏—石河子—昌吉绿洲农产品提供三级功能区
Ⅱ-01-30 尤尔都斯盆地草原农产品提供三级功能区
Ⅱ-01-31 叶尔羌河平原—喀什三角洲荒漠、绿洲农产品提供三级功能区
Ⅱ-01-32 皮山—和田—民丰绿洲农产品提供三级功能区
Ⅱ-01-33 郎钦藏布谷地农产品提供三级功能区
Ⅱ-01-34 藏东—川西高原农产品提供三级功能区

Ⅱ-01-35 拉萨谷地农产品提供三级功能区
Ⅱ-01-36 雅鲁藏布江中游谷地农产品提供三级功能区
Ⅱ -02 林产品提供功能区
Ⅱ-02-01 大兴安岭林区林产品提供三级功能区
Ⅱ-02-02 小兴安岭林产品提供三级功能区
Ⅱ-02-03 吉林中部低山丘陵林产品提供三级功能区
Ⅱ-02-04 幕阜山林产品提供三级功能区
Ⅱ-02-05 武夷山林产品提供三级功能区
Ⅱ-02-06 广东北部丘陵林产品提供三级功能区
Ⅱ-02-07 四川盆地西部林产品提供三级功能区
Ⅱ-02-08 四川盆地东部丘陵林产品提供三级功能区
Ⅱ-02-09 四川盆地南部林产品提供三级功能区
Ⅱ-02-10 甘肃南部盆地丘陵林产品提供三级功能区
Ⅲ 人居保障功能区
Ⅲ-01 大都市群人居保障功能区
Ⅲ-01-01 京津冀大都市群人居保障三级功能区
Ⅲ-01-02 长三角大都市群人居保障三级功能区
Ⅲ-01-03 珠三角大都市群人居保障三级功能区
Ⅲ-02 重点城镇群人居保障功能区
Ⅲ-02-01 哈尔滨城镇群人居保障三级功能区
Ⅲ-02-02 长吉城镇群人居保障三级功能区
Ⅲ-02-03 辽中南城镇群人居保障三级功能区
Ⅲ-02-04 山西中部城镇群人居保障三级功能区
Ⅲ-02-05 鲁中城镇群人居保障三级功能区
Ⅲ-02-06 胶东半岛城镇群人居保障三级功能区
Ⅲ-02-07 中原城镇群人居保障三级功能区
Ⅲ-02-08 武汉城镇群人居保障三级功能区
Ⅲ-02-09 昌九城镇群人居保障三级功能区
Ⅲ-02-10 长株潭城镇群人居保障三级功能区
Ⅲ-02-11 海峡西岸城镇群人居保障三级功能区
Ⅲ-02-12 海南北部城镇群人居保障三级功能区
Ⅲ-02-13 重庆城镇群人居保障三级功能区
Ⅲ-02-14 成都城镇群人居保障三级功能区
Ⅲ-02-15 北部湾城镇群人居保障三级功能区
Ⅲ-02-16 滇中城镇群人居保障三级功能区
Ⅲ-02-17 关中城镇群人居保障三级功能区
Ⅲ-02-18 兰州城镇群人居保障三级功能区
Ⅲ-02-19 乌鲁木齐城镇群人居保障三级功能区

附二：

全国重要生态功能区域

1. 水源涵养重要区

（1）大小兴安岭水源涵养重要区：该区位于黑龙江省北部和内蒙古自治区东北部，是嫩江、额尔古纳河、绰尔河、阿伦河、诺敏河、甘河、得尔布河等诸多河流的源头，是重要水源涵养区。行政区涉及黑龙江省的大兴安岭、黑河、伊春，内蒙古自治区呼伦贝尔、兴安盟，面积为151 579 km^2。大兴安岭的植被类型主要是以兴安落叶松为代表的寒温带落叶针叶林，广泛分布于丘陵和低山区，并在林缘及宽谷发育了沼泽化灌丛和灌丛化沼泽。小兴安岭植被类型是以阔叶红松林为代表的中温带针阔混交林。该区对黑龙江省北部和内蒙古自治区大兴安岭西部地区具有重要的生态安全屏障作用。

主要生态问题：原始森林已受到较严重的破坏，出现不同程度的生态退化现象，现有次生林和其他次生生态系统保水保土功能较弱。

生态保护主要措施：加大原始森林生态系统保护力度，严禁开发利用原始森林；加强林缘草甸草原的管护和退化生态系统的恢复重建；发展生态旅游业和非木材林业产品及特色林产品加工业，走生态经济型发展道路。

（2）辽河上游水源涵养重要区：该区位于辽河上游的老哈河和西拉

沐沦河上游，行政区涉及内蒙古自治区的赤峰、通辽，辽宁省的朝阳、阜新、铁岭等 7 个县（旗、市），面积为 24 005 km^2。该区植被类型主要为暖温带落叶阔叶林，以蒙古栎和油松为代表，多以白桦、山杨、油松和栎的不同组合形成的呈片状形式分布，具有涵养水源重要功能；其次在保持水土和维系生物多样性方面发挥重要作用。

主要生态问题：原始森林面积小，大部分为砍伐后形成的次生林和灌丛；水源涵养能力低，土壤侵蚀较严重。

生态保护主要措施：加强天然林保护和退化生态系统恢复重建的力度；严格草地管理，实施禁牧或限牧；严格控制新建水利工程项目；加强矿产资源开发监管力度。

（3）京津水源地水源涵养重要区：该区包括密云水库、官厅水库、于桥水库、潘家口水库等北京市、天津市重要水源地的涵养区，以及滦河、潮河上游源头。行政区涉及北京市密云、延庆、怀柔 3 个县，天津市蓟县，河北省承德、张家口 2 个市，以及内蒙古自治区锡林浩特和山西省大同的部分地区，面积为 19 967 km^2。该区内植被类型主要为温带落叶阔叶林，天然林主要分布在海拔 600～700 m 的山区，树种主要有栎类、山杨、桦树和椴树等。

主要生态问题：水资源过度开发，环境污染加剧；现有次生林保水保土功能较弱，土壤侵蚀和水库泥沙淤积比较严重；水库周边地区人口较密集，农业生产及养殖业等面源污染问题比较突出；地质灾害敏感程度高，泥石流和滑坡时有发生。

生态保护主要措施：加强水库流域林灌草生态系统保护的力度，通过自然修复和人工抚育措施，加快生态系统保水保土功能的提高；改变水库周边生产经营方式，发展生态农业，加强畜禽和水产养殖污染防治，控制面源污染；上游地区加快产业结构的调整，控制污染行业，鼓励节水产业发展，严格水利设施的管理。

（4）大别山水源涵养重要区：该区位于河南、湖北、安徽 3 省交界处，行政区涉及河南省信阳 7 个县（市），安徽省六安等 2 个市 6 个县以及湖北省黄冈等 7 个县，面积为 30 455 km^2。该区属亚热带季风湿润气候区，植被类型主要为北亚热带落叶阔叶与常绿阔叶混交林，在该区域内发挥着重要的水源涵养功能，是长江水系和淮河水系诸多中小型河流的发源地及水库水源涵养区，也是淮河中游、长江下游的重要水源补给区；同时该区属北亚热带和暖温带的过渡带，兼有古北界和东洋界的物种群，生物资源比较丰富，具有重要的生物多样性保护价值。

主要生态问题：原生森林生态系统结构受到较严重的破坏，涵养水源和土壤保持功能下降，致使中下游洪涝灾害损失加大，栖息地破碎化，生物多样性受到威胁。

生态保护主要措施：大力开展水土流失综合治理，采取造林与封育相结合的措施，提高森林水源涵养能力，保护生物多样性；鼓励发展生态旅游，转变经济增长方式，逐步恢复和改善生态系统服务功能。

（5）桐柏山淮河源水源涵养重要区：该区位于河南与湖北 2 省交界的桐柏山地，行政区涉及河南省驻马店、南阳、信阳 3 个县（市），湖北省的随州、广水 2 个市，面积为 12 194 km^2，是淮河及长江支流汉水等诸河流的发源地，是水源涵养重要区。该区地处我国南北气候过渡带，植被丰茂，覆盖率高，地带性植被为北亚热带常绿与落叶阔叶混交林，在水源涵养、土壤保持和生物多样性保护等方面发挥着重要作用。

主要生态问题：原生地带性森林植被破坏严重，生物资源量减少，土壤侵蚀加重。

生态保护主要措施：加大矿产资源开发监管力度；停止产生严重污染的工程项目建设和加大污染环境的治理，消除对淮河源头的污染；制止乱砍滥伐，营造水土保持林；合理开发旅游资源和绿色食品，同时要加强旅游区森林生态系统的完整性和生物多样性的保护。

（6）丹江口库区水源涵养重要区：该区位于长江中游支流汉江上游丹江口水库周边地区，行政区涉及湖北省十堰等 8 个县（市、区），河南省的南阳等 3 个市 6 个县，面积为 6 774 km^2。1998 年丹江口水库正式被国务院确定为南水北调中线工程取水处，并被列为国家重点水库。该区地处北亚热带，植被类型以常绿阔叶与落叶阔叶混交林为主。

主要生态问题：植被破坏较严重，森林生态系统保水保土功能较弱，土壤侵蚀较为严重；此外，库区点源和面源污染对水体环境带来严重影响。

生态保护主要措施：加快植被恢复，提高森林质量，增强森林的水源涵养与土壤保持能力；调整库区及其上游地区产业结构，停止产生严重环境污染的工程项目建设，加强城镇污水治理和垃圾处置场的建设，加强农业种植业结构调整和土壤保持相结合的面源污染控制；建设库区环湖生态带和汉江、丹江两岸东西绿色走廊。

（7）秦巴山地水源涵养重要区：该区包括秦岭山地与大巴山地，位于渭河南岸诸多支流的发源地和嘉陵江、汉江上游丹江水系源区，是长江、黄河两大河流的分水岭。行政区涉及陕西省的汉中、安康、西安、宝鸡 4 个市，甘肃省的陇南和天水 2 个市，重庆市的万州 1 个市，面积为 74 428 km^2。该区地处我国亚热带与暖温带的过渡带上，发育了以北亚热带为基带（南部）和暖温带为基带（北部）的垂直自然带谱，是我国乃至东南亚地区暖温带与北亚热带地区生物多样性最丰富的地区之一。该区不但是重要的水源涵养区，而且是生物多样性重要保护区。

主要生态问题：该区土壤侵蚀极为敏感，山地植被破坏和水电、矿产等资源开发带来的水土流失及山地灾害问题较为突出，生物多样性受到严重威胁。

生态保护主要措施：加强已有自然保护区保护和天然林管护力度；对已破坏的生态系统，要结合有关生态建设工程，做好生态恢复与重建工作，增强生态系统水源涵养和土壤保持功能；停止导致生态功能继续退化的开发活动和其他人为破坏活动；严格矿产资源、水电资源开发的监管；控制人口增长，改变粗放生产经营方式，发展生态旅游和特色产业，走生态经济型发展道路。

（8）三峡库区水源涵养重要区：该区包括三峡库区的大部。行政区涉及湖北省宜昌、恩施土家族苗族自治州，以及重庆市的万州等 22 个区（县、市），面积为 33 711 km^2。该区地处中亚热带季风湿润气候区，山高坡陡和降雨强度大，是三峡水库水环境保护的重要区域。

主要生态问题：受长期过度垦殖和近来三峡工程建设与生态移民的影响，森林植被破坏较严重，水源涵养能力下降，库区周边点源和面源污染严重，影响水环境安全；同时，土壤侵蚀量和入库泥沙量增大，地质灾害频发，给库区人民生命财产安全造成威胁。

生态保护主要措施：继续加强污水治理的同时，加大畜禽养殖业污染的防治力度；加快城镇化进程和生态搬迁的环境管理；加大退耕还林和天然林保护力度；优化乔灌草植被结构和库岸防护林带建设；加强地质灾害防治力度；开展生态旅游；在三峡水电收益中确定一定比例用于促进城镇化和生态保护。

（9）江西东江源水源涵养重要区：该区位于江西省赣州市南部，行政区涉及定南南部、安远南部、寻乌，面积为 3 681 km^2。该区属中亚热带季风湿润气候，植被以亚热带常绿阔叶林和针叶林为主，目前森林覆盖率较高，生物多样性较为丰富，有国家级森林公园 1 个及省级自然保护区多处。东江是香港的主要饮用水源，被香港同胞称为“生命之水”。加强源区生态的保护和建设，保持其优良的水质和充足的水量，关系到沿江居民，特别是香港居民饮用水的安全和香港的繁荣、稳定与发展。

主要生态问题：由于历史、人口、经济发展等多种因素的影响，局部地区出现生态功能退化；采矿遗留下的尾矿和尾砂未能得到有效治理；山体滑坡等地质灾害较为频繁。

生态保护主要措施：加大天然林保护力度，增强生态系统水源涵养功能；停止一切产生严重污染环境的工程项目建设，加强面源污染的控制力度，严格矿产资源开发的监管，发展沼气，减少薪柴砍伐；改变粗放的生产经营方式，发展生态旅游业、生态农业以及有机和绿色食品业，实现经济与生态协调可持续发展。

（10）南岭山地水源涵养重要区：该区是长江流域和珠江流域的分水岭，是沅江、赣江、北江、西江干流的重要源头区，行政区涉及广西壮族自治区的桂林、柳州、贺州，湖南省的郴州、衡阳、永州、邵阳，广东省韶光、清远、河源、梅州，以及江西省的赣州，面积为 73 566 km^2。该区属于亚热带湿润气候区，发育了以亚热带常绿阔叶林和针叶林为主的植被类型，具有重要的水源涵养、土壤保持和生物多样性保护等功能。

主要生态问题：原始森林植被破坏严重，次生林和人工林面积大，水源涵养和土壤保持功能较弱，以崩塌、滑坡和山洪为主的环境灾害时有发生，灾害损失较重，矿产资源开发无序，局部地区工业污染蔓延速度加快。

生态保护主要措施：停止导致生态功能继续退化的资源开发活动和其他人为破坏活动；对人口超出资源环境承载力的区域，要加大人口增长的控制力度，改变粗放经营方式，发展生态旅游和特色产业，走生态经济型发展道路；禁止污染工业向水源涵养地区转移；加强退化生态系统的恢复并加大重建力度，提高森林植被水源涵养功能。

（11）珠江源水源涵养重要区：该区位于云贵高原中部山地，行政区涉及云南省会泽、曲靖、寻甸和宣威等县（市），面积为 5 566 km^2。珠江为我国南部第一大河，珠江源区保存有较完整的岩溶地貌，植被类型主要有亚热带常绿阔叶林和针叶林，具有重要的水源涵养、土壤保持和生物多样性保护功能。

主要生态问题：由于该区岩溶地貌发育，岩溶生态系统具有脆弱性特征，不合理的人类活动造成的生态系统退化问题十分突出，主要表现为土层浅薄、干旱缺水、石漠化面积大、水源涵养功能下降。

生态保护主要措施：加大天然林保护力度，调整不利于生态质量提高的产业结构，对已遭受破坏的生态系统，结合有关国家生态工程建设，认真组织重建与恢复，尽快遏制生态恶化趋势；开展污水治理工程，减少面源污染，使珠江源头水资源得到有效保护。

（12）若尔盖水源涵养重要区：该区为四川省境内黄河流域区，位于川西北高原的阿坝藏族羌族自治州境内，包括若尔盖中西部、红原、阿坝东部，是黄河与长江水系的分水地带，面积为 16 950 km^2。区内地貌类型以高原丘陵为主，地势平坦，沼泽、牛轭湖星罗棋布。植被类型主要以高寒草甸和沼泽草甸为主；其次有少量亚高山森林及灌草丛分布。这些生态系统类型在水源涵养和水文调节方面发挥着重要作用；此外，还有维系生物多样性、保持水土和防治土地沙化等功能。

主要生态问题：湿地疏干垦殖和过度放牧带来地下水水位下降和沼泽萎缩及草甸退化和沙化问题突出。

生态保护主要措施：严禁沼泽湿地疏干改造，严格草地资源和泥炭资源的保护；对已遭受破坏的草甸和沼泽生态系统，要结合有关生态工程建设措施，认真组织重建和恢复；改变粗放的生产经营方式，发展生态旅游、观光旅游和科学考察服务的第三产业，开发具有地方特色的畜产品产业，走生态经济型发展道路。

（13）甘南水源涵养重要区：该区地处青藏高原东北缘，甘肃、青海、四川 3 省交界处，是黄河首曲，位于甘肃省甘南藏族自治州的西北部，面积为 9 835 km^2。该区植被类型以草甸、灌丛为主，其次还有较大面积的湿地生态系统。这些生态系统类型具有重要的水源涵养功能和生物多样性保护功能；此外，还有重要的土壤保持、沙化控制功能。

主要生态问题：生态脆弱，超载过牧引起的草地退化较为严重，表现为重度退化草地面积大、鼠虫害严重、生物多样性锐减、土壤保持和水源涵养功能下降。

生态保护主要措施：强化监管力度，停止一切导致生态功能继续恶化的人为破坏活动，建立自然保护区；对退化草地实行休牧、轮牧和围栏封育措施；合理控制载畜量，实施鼠虫害防治工程；对生态极脆弱区实施生态移民工程；调整产业结构，发展生态旅游。

（14）三江源水源涵养重要区：该区位于青藏高原腹地的青海省南部，行政区涉及玉树、果洛、海南、黄南 4 个藏族自治州的 16 个县，面积为 250 782 km^2。该区是长江、黄河、澜沧江的源头汇水区，具有重要的水源涵养功能作用，被誉为“中华水塔”。此外，该区还是我国最重要的生物多样性资源宝库和最重要的遗传基因库之一，有“高寒生物自然种质资源库”之称。

主要生态问题：近年来人口增加和不合理的生产经营活动极大地加速了生态的恶化，表现为草地严重退化、局部地区出现土地荒漠化、水源涵养和生物多样性维护功能下降，并对长江和黄河流域旱涝灾害的发生与发展产生影响，严重地威胁江河流域社会经济可持续发展和生态安全。

生态保护主要措施：加大退牧还草、退耕还林和沙化土地防治等生态保护工程的实施力度，对部分生态退化比较严重、靠自然难以恢复原生态的地区，实施严格封禁措施；加大防沙治沙、鼠害防治和黑土滩治理力度，使生态环境得到有效恢复；加大对天然草地、湿地水源和生物多样性集中区的保护力度；有序推进游牧民定居和生态移民工作；加大牧业生产设施建设力度，逐步改变牧业粗放经营和超载过牧，走生态经济型发展道路。

（15）祁连山山地水源涵养重要区：该区位于青海省与甘肃省交界处，是黑河、石羊河、疏勒河、大通河、党河、哈勒腾河等诸多河流的源头区，行政区涉及甘肃省 9 个县（市）和青海省 6 个县，面积为 80 014 km^2。该区植被类型主要有针叶林、灌丛及高山草甸和高山草原等。该区水源涵养极为重要；同时具有保护生物多样性和控制沙漠化功能。

主要生态问题：山地森林、草原生态系统破坏较严重，林草植被呈现不同程度的退化；水源涵养和土壤保持功能下降，土壤侵蚀加重，生物多样性受到破坏。

生态保护主要措施：加强土地使用的管理，停止一切导致生态功能继续退化的人为破坏活动；对已超出生态承载力的地方应采取必要的移民措施；对已经受到破坏的生态系统，要结合生态建设措施，认真组织重建与恢复。

（16）天山山地水源涵养重要区：该区位于天山山系的西段南部和东段，行政区涉及新疆维吾尔自治区伊犁地区、塔城地区、乌鲁木齐市和昌吉回族自治州，面积为 33 146 km^2。该区是塔里木河支流阿克苏河、渭干河、开都河及伊犁河、玛纳斯河、乌鲁木齐河等众多河流的源头，是平原绿洲的生命线，对维系天山两侧绿洲农业和城镇发展具有极其重要的作用。区内植被类型有针叶林和高山草甸草原。山顶冰川发育，有大小冰川 6 000 多条，是重要的天然固体水库，其中博格达峰自然保护区已纳入联合国“人与生物圈”自然保护区网。该区土壤侵蚀和沙漠化较为敏感，山地林草生态系统具有重要的水源涵养功能，此外，在保护生物多样性等方面发挥着重要作用。

主要生态问题：山地天然林和谷地胡杨林等植被破坏较严重，水源涵养功能下降；草地植被呈现不同程度的退化，并导致土壤侵蚀加剧。

生态保护主要措施：加大天然林保护力度；实施以草定畜，划区轮牧，对草地严重退化区要结合生态建设工程，认真组织重建与恢复；对已超出生态承载力的区域要实施生态移民，有效遏制生态退化趋势；严格水利设施管理；加大矿产资源开发监管力度；改变粗放的生产经营方式；发展生态旅游和特色产业。

（17）阿尔泰地区水源涵养重要区：该区位于新疆维吾尔自治区北部阿勒泰地区，面积为 51 432 km^2。该区山地寒温带针叶林面积较大，在林分组成上，西伯利亚落叶松占绝对优势。该区既有重要的水源涵养功能，又有重要的生物多样性保护功能。区内有大小河流 50 余条，是额尔齐斯河和乌伦古河的发源地，“两河”年径流量为 118 亿 m^3，是阿尔泰地区乃至北疆的“母亲河”。

主要生态问题：森林破坏较严重，林区内林牧矛盾突出，影响了森林资源的恢复，同时林区载畜量的快速增加，使林区草场植被受到较严重的破坏，加之不合理资源开发行为的影响，致使该区域生态出现较严重的退化现象。

生态保护主要措施：全面实施天然林资源保护工程，加强森林资源管护；对已遭受破坏的林草生态系统，要结合有关生态建设工程，积极组织重建与恢复，要改变粗放生产经营方式，大力发展人工饲草基地，推广“三储一化”、长草短喂、短草槽喂等牧业实用技术；完善管理机构，加强执法监管能力建设，杜绝滥采药、滥采矿等行为。

2. 土壤保持重要区

（18）太行山地土壤保持重要区：该区位于山西、河北 2 省交界处，行政区涉及河北省的保定、石家庄、邢台、邯郸 4 个市和山西省的阳泉、晋中、长治 3 个市，面积为 26 528 km^2。太行山是黄土高原与华北平原的分水岭，是海河及其他诸多河流的发源地，其土壤保持功能对保障区域生态安全极其重要。该区发育了以暖温带落叶阔叶林为基带的植被垂直带谱，森林植被类型较为多样，在防止土壤侵蚀、保持水土功能正常发挥方面起着重要作用。

主要生态问题：太行山山高坡陡，具有土壤侵蚀敏感性强的特点，在长期不合理资源开发影响下，出现山地生态系统的严重退化，表现为生态系统结构简单、土壤侵蚀加重加快、干旱与缺水问题突出、山下洪涝灾害损失加大。

生态保护主要措施：停止导致土壤保持功能继续退化的人为开发活动和其他破坏活动，加大退化生态系统恢复与重建的力度；有效实施坡耕地退耕还林还草措施；加强自然资源开发监管，严格控制和合理规划开山采石，控制矿产资源开发对生态的影响和破坏；发展生态林果业、旅游业及相关特色产业。

（19）黄土高原丘陵沟壑区土壤保持重要区：该区位于黄土高原地区，行政区涉及甘肃省的庆阳、平凉、天水、陇南、定西、白银，宁夏回族自治区的固原和陕西省的延安、榆林，面积为 137 044 km^2。该区地处半湿润－半干旱季风气候区，地带性植被类型为森林草原和草原，具有土壤侵蚀和土地沙漠化敏感性高的特点，是土壤保持极重要区域。

主要生态问题：过度开垦和油、气、煤资源开发带来植被覆盖度低和生态系统保持水土功能弱等生态问题，表现为坡面土壤侵蚀和沟道侵蚀严重、侵蚀产沙淤积河道与水库，严重影响黄河中下游生态安全。

生态保护主要措施：在黄土高原丘陵沟壑区实施退耕还灌还草还林；推行节水灌溉新技术，发展林果业，提高饲料种植比例和单位产量；对退化严重草场实施禁牧轮牧，实行舍饲养殖；停止导致生态功能继续恶化的开发活动和其他人为破坏活动，加大资源开发的监管，控制地下水过度利用，防止地下水污染；在油、气、煤资源开发的收益中确定一定比例，用于促进城镇化和生态保护。

（20）西南喀斯特地区土壤保持重要区：该区位于西南喀斯特山区，行政区涉及云南省曲靖、广西壮族自治区河池以及贵州省的大部分县（市），面积为 119 651 km^2。该区地处中亚热季风湿润气候区，发育了以岩溶环境为背景的特殊生态系统。该生态系统极其脆弱，土壤侵蚀敏感性程度高，土壤一旦流失，生态恢复重建难度极大。

主要生态问题：毁林毁草开荒带来的生态系统退化问题突出，表现为植被覆盖度低、水土流失严重、石漠化面积大、干旱缺水。

生态保护主要措施：停止导致生态继续退化的开发活动和其他人为破坏活动，严格保护现存植被；对生态退化严重区采取封禁措施，对中、轻度石漠化地区，改进种植制度和农艺措施；对人口超过生态承载力的区域实施生态移民措施；改变粗放生产经营方式，发展生态农业、生态旅游及相关产业，降低人口对土地的依赖性，走生态经济型道路。

（21）川滇干热河谷土壤保持重要区：该区位于四川与云南 2 省交界的金沙江下游河谷区，河谷长 528 km，行政区涉及四川省攀枝花市和凉山南部以及云南省丽江、大理、楚雄、昆明和昭通等县（市、州），面积为 52 454 km^2。该区受地形影响，发育了以干热河谷稀树灌草丛为基带的山地生态系统。该河谷区生态脆弱，土壤侵蚀敏感性程度高，系统功能的好坏直接影响长江流域生态安全。

主要生态问题：河谷区植被破坏严重，生态系统保水保土功能弱，表现为地表干旱缺水问题突出、土壤坡面侵蚀和沟蚀加剧、崩塌和滑坡及泥石流灾害频发、侵蚀产沙量大，给金沙江乃至三峡工程带来危害。

生态保护主要措施：停止导致生态系统退化的人为破坏活动；合理规划，分步骤、分阶段地实施退耕还林还草；对已遭受破坏的生态系统，结合生态建设工程，认真组织重建与恢复；在立地条件差的干热河谷区，采取先草灌后林木的修复模式；改变落后粗放的生产经营方式，大力发展具有地方特色和优势资源的开发，合理布局和发展草地畜牧业和林果业，以此带动区域经济的增长。

3. 防风固沙重要区

（22）科尔沁沙地防风固沙重要区：该区位于内蒙古自治区赤峰东部，坐落在老哈河、西拉木伦河、乌力吉木伦河下游冲积平原。该区横跨内蒙古自治区的赤峰、通辽、兴安盟，吉林的白城和辽宁省的朝阳和阜新等市，其中 90%以上面积在内蒙古自治区境内，面积为 53 910 km^2。

该区处于温带半湿润与半干旱过渡带，气候干旱，多大风，属于沙漠化极敏感和防风固沙极重要区域。

主要生态问题：不合理的草地开发利用带来的草原生态系统退化问题突出，表现为土地沙漠化面积大、草场退化与盐渍化和土壤贫瘠化，为沙尘暴的发生提供沙源，对我国东北和华北地区生态安全构成严重威胁。

生态保护主要措施：实行围封、禁牧和退耕还草；以草定畜，划区轮牧或季节性休牧；禁止乱挖滥采野生植物；禁止任何导致生态功能继续退化的人为破坏活动；改变耕种方式，提倡和推广免耕技术，发展高效农业。

（23）呼伦贝尔草原防风固沙重要区：该区位于内蒙古自治区高原东北部的海拉尔盆地及其周边地区，行政区涉及内蒙古自治区呼伦贝尔的 4 个旗 2 个市，面积为 75 643 km^2。该区地处温带—寒温带气候区，气候较干燥，多大风，沙漠化敏感性程度较高。

主要生态问题：草地过度开发利用带来草原生态系统的严重退化，表现为草地群落结构简单化、物种成分减少、土地沙化面积大、鼠虫害频发。

生态保护主要措施：停止一切导致生态功能继续退化的人为破坏活动；加强退化草地恢复重建的力度及优质人工草场建设；发展农区畜牧业经济，促进草原生态系统良性循环。

（24）阴山北麓—浑善达克沙地防风固沙重要区：该区地处阴山北麓半干旱农牧交错带、燕山山地、坝上高原，行政区涉及内蒙古自治区的锡林郭勒、乌兰察布、呼和浩特、包头、赤峰等盟（市），以及河北省北部的张家口和承德的 2 个市 6 个县，面积为 54 664 km^2。该区气候干旱，多大风，沙漠化敏感性程度极高，属于防风固沙重要区，是北京市乃至华北地区主要沙尘暴源区。

主要生态问题：长期以来的草地资源不合理开发利用带来的草原生态系统严重退化，表现为退化草地面积大、土地沙化严重、耕地土壤贫瘠化、干旱缺水，对华北地区生态安全构成威胁。

生态保护主要措施：停止导致生态功能继续退化的人为破坏活动，控制农垦范围北移，坚持退耕还草方针；以草定畜，推行舍饲圈养，划区轮牧、退牧、禁牧和季节性休牧；改变农村传统的能源结构，减少薪柴砍伐；对人口已超出生态承载力的地方实施生态移民，改变粗放的牧业生产经营方式，走生态经济型发展道路。

（25）毛乌素沙地防风固沙重要区：该区位于鄂尔多斯高原向陕北黄土高原的过渡地带，行政区涉及内蒙古自治区的鄂尔多斯、陕西省榆林、宁夏回族自治区银川等盟（市），面积为 49 015 km^2。该区属内陆半干旱气候，发育了以沙生植被为主的草原植被类型，土地沙漠化敏感性程度极高，是我国防风固沙重要区域。

主要生态问题：人类对草地资源的过度利用，油、气资源的开发带来草地生态系统功能的严重退化，表现为草地生物量和生产力下降、土地沙化程度加重，并对当地乃至周边地区居民生产生活带来危害。

生态保护主要措施：建立以“带、片、网”相结合为主的防风沙体系；建立能有效保护耕地的农田防护体系；加强对流动沙丘的固定；改变粗放的生产经营方式，停止一切导致生态功能继续恶化的人为破坏活动。

（26）黑河中下游防风固沙重要区：该区位于黑河中下游冲积平原和三角洲内，行政区涉及内蒙古自治区的额济纳中部、甘肃省金塔中部，面积为 10 321 km^2。该区沙漠化敏感性和盐渍化敏感性高，防风固沙功能极重要。

主要生态问题：黑河中游人工绿洲扩展和灌溉农业发展带来入境水量锐减，导致植被退化、沙化土地分布广泛、沙尘暴频繁。

生态保护主要措施：严格执行国务院黑河分水方案，保障生态用水；保护现有天然胡杨林、柽柳林和草甸植被；控制绿洲规模，严格保护绿洲—荒漠过渡带；对人口已超出生态承载力的区域实施生态移民，改变牧业生产经营方式，实行禁牧、休牧和划区轮牧；调整产业结构，严格限制高耗水农业品种种植面积；充分发挥光能资源的生产潜力，在发展农村经济的同时，解决能源、肥料问题。

（27）阿尔金草原荒漠防风固沙重要区：该区属东昆仑山脉的北支，位于新疆维吾尔自治区东南部，与青海省、西藏自治区和甘肃省接壤，行政区涉及 9 个县，面积为 58 488 km^2。该区气候极为干旱，地表植被稀少，是典型的荒漠草原，土地沙漠化敏感性程度极高，防风固沙极为重要。此外，这里拥有许多极为珍贵的荒漠草原特有的动植物种类，具有极高的保护价值。

主要生态问题：不合理的草地资源开发利用带来许多生态问题，表现为土地荒漠化加速、珍稀动植物的生存受到威胁、鼠害肆虐等。

生态保护主要措施：停止一切导致生态功能继续恶化的开发活动和其他人为破坏活动；制定科学合理的草地载畜量，实施退牧还草和可持续牧业，确定禁牧期、禁牧区和轮牧期，开展围栏封育；对严重退化区域开展生态移民，对轻度和中度退化区域实施阶段性禁牧或严格的限牧措施。

（28）塔里木河流域防风固沙重要区：该区位于塔里木河流域，行政区涉及新疆维吾尔自治区 7 个县（市）和兵团农二师，面积为 44 442 km^2。该区沙漠化敏感性和盐渍化敏感性极高，防风固沙功能极为重要。

主要生态问题：由于水、土和生物资源的不合理开发利用带来生态系统功能的严重退化，表现为退化草地面积大、沙漠化加快、珍稀特有野生动植物减少。

生态保护主要措施：加强流域综合规划，合理调配水资源；控制人工绿洲规模，恢复和扩大沙漠—绿洲过渡带；保障必要生态用水，保护和恢复自然生态系统；发展清洁能源，减少乔灌草的樵采；改善灌溉基础设施，发展节水农业，控制种植高耗水作物，提高水资源利用效益；加强油、气资源开发利用管理，实现油、气开发与荒漠生态保护的双赢。

4. 生物多样性保护重要区

（29）三江平原湿地生物多样性保护重要区：该区位于黑龙江省松花江下游及其与乌苏里江汇合处一带，行政区涉及黑龙江省 12 个县（市），面积为 55 819 km^2。该区是我国平原地区沼泽分布最大、最集中的地区之一，原始湿地面积大，湿地生态系统类型多样。湿地植被类型以沼泽苔草为主，其次为沼泽芦苇，生物多样性丰富。三江平原湿地是具有国际意义的湿地，已被列入《亚洲重要湿地名录》。

主要生态问题：不合理围垦和过度开发生物资源带来湿地生态系统功能下降问题突出，表现为湿地面积减小和破碎化、生物物种多样性受到威胁、生物物质生产功能减退、农业生产带来的面源污染日趋严重。

生态保护主要措施：加强现有湿地资源和生物多样性的保护，禁止疏干、围垦湿地，开展退耕还湿生态工程，严格限制耕地扩张；改变粗放的生产经营方式，发展生态农业，控制农药化肥使用量；严格限制泥炭开发。

（30）长白山地生物多样保护重要区：该区位于我国东北长白山脉地区，行政区涉及黑龙江省 3 个县（市）、吉林省 11 个县（市），面积为 56 862 km^2。该区地貌类型复杂，丘陵、山地、台地和谷地相间分布，主要植被类型有红松—落叶阔叶混交林、落叶阔叶林、针叶林和岳桦矮曲林等，属于“长白植物区系”的中心部分，野生动植物种类丰富，特有物种数量多，其中特有植物 100 多种，珍稀特有动物达 150 种，是生物多样性保护极重要区域。该区域还具有重要的水源涵养功能。

主要生态问题：天然林采伐程度高，生态系统功能有所减弱；森林破坏导致生境改变，威胁多种动植物物种生存；局部地区存在低温冷害和崩塌等地质灾害。

生态保护主要措施：加强天然林保护和自然保护区建设与监管力度；禁止森林砍伐，继续实施退耕还林工程；加强对已受到破坏的低效林和新迹地的森林生态系统恢复与重建；发展林果业、中草药、生态旅游及其相关产业。

（31）辽河三角洲湿地生物多样性保护重要区：该区位于辽宁省辽河下游三角洲地带，行政区涉及辽宁省 6 个县（市），面积为 5 476 km^2。该区分布有我国最大的一片湿地芦苇，近海湿地鱼、虾、贝、蟹、蜇等资源丰富，停留或过境的鸟类有 170 多种，是丹顶鹤、黑嘴鸥等鸟类迁徙的重要停留栖息地，是湿地生物多样性保护极重要区域。

主要生态问题：石油资源开发导致海水倒灌、水体污染、湿地生态功能衰退；湿地保护与资源利用的矛盾突出，苇田部分被开发为水田，导致湿地面积减小、生态功能衰退。

生态保护主要措施：合理调度流域水资源，严格控制新上蓄水工程，保障河口生态需水量；规范农业、渔业开发；严格控制石油开发生产用地扩张及其环境污染；大力发展生态旅游和生态农业。

（32）黄河三角洲湿地生物多样保护重要区：该区地处黄河下游入海处三角洲地带，行政区涉及山东省垦利、利津、河口和东营 4 个县（区），面积为 2 445 km^2。区内湿地类型主要有灌丛疏林湿地、草甸湿地、沼泽湿地、河流湿地和滨海湿地 5 大类。湿地生物多样性较为丰富，是珍稀濒危鸟类的迁徙中转站和栖息地，是保护湿地生态系统生物多样性的重要区域。

主要生态问题：黄河中下游地区用水量增大，对下游三角洲湿地生态系统产生影响；海水倒灌引起淡水湿地的面积逐年减少，湿地质量不断下降；石油开发与湿地保护的矛盾突出。

生态保护主要措施：合理调配黄河流域水资源，保障黄河入海口的生态需水量；严格保护河口新生湿地；通过对雨水的有效调蓄，遏制海水倒灌，禁止在湿地内开垦或随意变更土地用途的行为，防止农业发展对湿地的蚕食，以及石油资源开发和生产对湿地的污染。

（33）苏北滩涂湿地生物多样性保护重要区：该区位于江苏省东部沿海滩涂地带，涉及 8 个县（市），面积为 3 499 km^2。该区为近海岸滩涂湿地生态系统分布区，湿地生物多样性较为丰富，是我国候鸟重要越冬地，鸟类有 360 余种。

主要生态问题：滩涂湿地开发、滩涂养殖及工业发展，使野生动物活动范围减小，给珍稀野生动物的生存和繁殖带来威胁。

生态保护主要措施：协调好生态保护和经济建设之间的矛盾，控制滩涂开发规模；加强自然保护区管理，加快保护区总体规划的实施进程；适当开展生态旅游，发展生态农业。

（34）浙闽赣交界山地生物多样性保护重要区：该区位于浙江、福建和江西 3 省交界处山地，行政区涉及浙江省 10 个县（市）、江西省 3 个县（市）和福建省 3 个县（市），面积为 24 850 km^2。该区是目前华东地区森林面积保存较大和生物多样性较丰富的区域，高等植物超过 2 400 种，是我国生物多样性重点保护区域，同时也是重要的水源涵养区。区内山地陡坡面积大，加之降雨丰富，多台风、暴雨，土壤侵蚀敏感性程度极高。

主要生态问题：森林针叶林化问题突出，地带性常绿阔叶林植被分布面积小，森林生态系统破碎化程度高，物种多样性保护和水源涵养功能较弱；采石业与生态保育矛盾突出。

生态保护主要措施：加强自然保护区的建设；通过人工抚育，恢复和扩大常绿阔叶林面积；加强花岗岩等矿产资源开发监管力度以及土壤侵蚀综合治理；加强林产业经营区可持续的集约化丰产林建设，发展沼气，解决农村能源问题，开展生态旅游。

（35）武陵山山地生物多样性保护重要区：该区地跨湖北、湖南、贵州、重庆 4 省（直辖市），其范围涉及湖南省湘西、怀化、张家界、常德，湖北省恩施南部，贵州省铜仁，重庆市黔江等，面积为 12 678 km^2。该区是东亚亚热带植物区系分布核心区，有水杉、珙桐等多种国家珍稀濒危物种，是国家一级保护野生动物华南虎主要栖息地；同时又是长江支流清江和澧水的发源地，部分地区为乌江水系汇水区。该区不但是生物多样性重要保护区域；同时又是水源涵养和土壤保持重要功能区。该区山地坡度大，降雨丰富，土壤侵蚀敏感性程度高。

主要生态问题：森林植被资源不合理开发利用带来生态功能退化问题较为突出，主要表现为土壤侵蚀加重、地质灾害增多、生物多样性受到威胁。

生态保护主要措施：停止可能导致生态功能继续退化的人为破坏活动；扩大天然林保护范围，大力开展退耕还林、还草工程；恢复常绿阔叶林的乔、灌、草植被体系，优化森林生态系统结构，加强地质灾害的监督与预防；改变传统粗放的生产经营方式，发展中草药、生态旅游和有机农业。

（36）东南沿海红树林生物多样性保护重要区：该区主要分布于我国福建省、广东省、海南省、广西壮族自治区、台湾省等地高温、低盐、淤泥质的河口和内湾滩涂区。红树林是亚热带和热带近海潮间带的一类特殊常绿林，特殊动植物种类丰富，在世界红树林植物保护中具有重要的意义。

主要生态问题：红树林面积锐减，红树林生态系统结构简单化，多为残留次生林和灌木丛林，生态功能降低，一些珍贵树种已消失，防潮防浪、固岸护岸功能较弱。

生态保护主要措施：加大红树林的管护，恢复和扩大红树林生长范围；禁止砍伐红树林，在红树林分布区停止一切导致生态功能继续退化的人为破坏活动，包括在红树林区挖塘、围堤、采砂、取土以及狩猎、养殖、捕鱼等；禁止在红树林分布区倾倒废弃物或设置排污口。

（37）海南岛中部山地生物多样性保护重要区：该区位于海南省中部，行政区涉及海南省 10 个县（市），面积为 8 690 km^2。该区内植被类型主要有热带季雨林和山地常绿阔叶林。区内生物多样性极其丰富，其中特有植物多达 630 种，国家一、二类保护动物 102 种。该区不但是生物多样性保护极为重要的区域；还具有水源涵养和土壤保持重要功能。

主要生态问题：原始森林遭受破坏，生物多样性减少，水源涵养能力降低，局部地区土壤侵蚀加剧。

生态保护主要措施：加强自然保护区建设和监管力度，扩大保护区范围；停止一切导致生态功能退化的开发活动和人为破坏活动；实施退耕还林，防止土壤侵蚀，保护生物多样性和增强生态服务功能；加强工业污染治理和农业面源污染控制；发展以热带水果、反季节瓜菜种植、林下花卉种植为主的热带高效农业和农产品加工业，以及热带雨林观光为主的旅游业。

（38）岷山—邛崃山生物多样性保护重要区：该区位于四川省西北部的岷山和邛崃山脉分布区，是白龙江、涪江、嘉陵江、大渡河、岷江等多条河流的水源地，行政区涉及甘肃省 4 个县（含陇南市）、四川省 31 个县（市），面积为 89 485 km^2。该区内有卧龙、王朗、九寨沟等 10 多个国家级自然保护区。区内原始森林以及野生珍稀动植物资源十分丰富，是大熊猫、羚牛、金丝猴等重要珍稀生物的栖息地，是我国乃至世界生物多样性保护重要区域。该区具有水源涵养和土壤保持的重要功能。该区山高坡陡，雨水丰富，土壤侵蚀敏感性程度高。

主要生态问题：长期以来山地资源的不合理开发利用带来的生态问题较为突出，表现为土壤侵蚀严重、山地灾害频发和生物多样性受到威胁。

生态保护主要措施：加大天然林的保护和自然保护区建设与管护力度；禁止陡坡开垦和森

林砍伐，继续实施退耕还林工程；恢复已受到破坏的低效林和迹地；发展林果业、中草药、生态旅游及其相关产业；停止导致生态功能退化的不合理的人类活动，发展沼气，解决农村能源。

（39）桂西南石灰岩地区生物多样性保护重要区：该区位于广西壮族自治区西南部左、右江流域，行政区涉及广西壮族自治区 7 个县（市），面积为 8 683 km^2。该区地带性植被有热带季雨林，主要分布于海拔 700 m 以下，向上是石灰岩常绿与落叶阔叶混交林，生物多样性比较丰富，高等植物种类达 3 000 余种，其中 80%为热带成分，是北热带岩溶生物多样性保护重要区域。由岩溶特殊地质环境和热带水热条件综合作用下的土壤侵蚀具有敏感性高的特点。

主要生态问题：自然资源不合理的开发利用导致该区土壤侵蚀严重；过度采挖野生植物，生物资源受到严重破坏，生物多样性降低。

生态保护主要措施：加大自然保护区建设和监管力度；严格执行天然林保护政策，禁止乱砍、乱挖，保护野生动植物资源；对生态退化区实施封山育林，恢复天然植被；调整产业结构，合理布局农业生产。

（40）西双版纳热带雨林季雨林生物多样性保护重要区：该区位于云南省最南端，行政区涉及云南省 8 个县（市），面积为 25 404 km^2。在仅占全国 0.2%的国土面积上，植物种类占全国的 1/5，动物种类占全国的 1/4，素有“动物王国”、“植物王国”和“物种基因库”的美称。

主要生态问题：由于长期森林资源的过量开发，使得原始森林面积大为减少，生境破碎化程度较高，野生动植物生存受到不同程度的威胁；打猎砍树、放火烧山垦殖的生产、生活方式对区域生态系统影响较大。

生态保护主要措施：扩大自然保护区范围，加强热带雨林和季雨林的保护；严禁砍伐森林和捕杀野生动物；改变传统粗放的生产经营方式，合理利用旅游资源，发展热带农业和生态旅游业。

（41）横断山生物多样性保护重要区：该区位于青藏高原东缘的西藏、云南、四川 3 省（自治区）交界的横断山脉分布区，行政区涉及四川省 4 个县、西藏自治区 5 个县和云南省 17 个县（市），面积为 93 172 km^2。该区内珍稀野生动植物种类丰富，拥有大熊猫、牛羚、四川山鹧鸪、金雕、滇金丝猴、珙桐、桫椤等国家一级保护野生动植物，其中三江并流区为世界级的物种基因库，是我国乃至世界生物多样性重点保护区域。该区还具有重要的水源涵养和土壤保持生态功能。区内土壤侵蚀、冻融侵蚀和地质灾害敏感性程度极高。

主要生态问题：森林资源过度利用，原始森林面积锐减，次生低效林面积大，生物多样性受到不同程度的威胁，土壤侵蚀和地质灾害严重。

生态保护主要措施：加快自然保护区建设和管理力度；加强封山育林，恢复自然植被；防治外来物种入侵与蔓延；开展小流域生态综合整治，防止地质灾害；提高水源涵养林等生态公益林的比例；调整农业结构，发展生态农业，实施退耕还林还草，适度发展牧业；对人口已超出生态承载力的区域实施生态移民。

（42）伊犁—天山山地西段生物多样性保护重要区：该区位于新疆维吾尔自治区西部，是由南天山和北天山夹峙形成的东窄西宽、东高西低的楔形谷地，行政区涉及新疆维吾尔自治区 5 个县（市），面积为 20 647 km^2。该区生物多样性资源丰富，主要有黑蜂、四爪陆龟、小叶白蜡、野核桃、雪岭云杉等野生动植物物种和山地草甸类草地生态系统，是我国内陆干旱地区生物多样性保护的重要区域。该区还具有重要的水源涵养功能。

主要生态问题：草地超载和林木过度砍伐带来的生态系统功能退化问题突出，表现为草场沙化、湖泊与湿地萎缩、土壤侵蚀加重及农田土壤盐渍化等。

生态保护主要措施：划定禁伐区、限伐区，封育保护云杉林和野果林；草原减牧，以草定畜，严禁毁草开荒、种树；调整种植业结构，扩大草料种植面积，低产田撂荒地应退耕还草；加强土壤保持及河谷林保护。

（43）北羌塘高寒荒漠草原生物多样性保护重要区：该区地处青藏高原北部的羌塘高原，行政区涉及青海省的治多西部、格尔木西部，西藏自治区的班戈中部、尼玛中部、申扎中北部，面积为 204 014 km^2。区内野生动物资源独特而丰富，主要有藏羚羊、黑颈鹤等重点保护动物和高寒荒漠草原珍稀特有物种，生物多样性保护极其重要。由于该区海拔高，气候寒冷、干燥、多大风，土地沙漠化和冻融侵蚀敏感性程度高，具有生态破坏容易、恢复难的特点。

主要生态问题：过度放牧和受全球气候变暖影响，出现的生态退化问题日趋凸显，表现为土地沙化面积在扩大、草地生物量和生产力下降、病虫害和融冻滑塌及气候与气象灾害增多、高寒特有生物多样性面临严重威胁。

生态保护主要措施：停止一切导致生态继续退化的人为破坏活动；加大自然保护区建设与管理的力度；生态极脆弱区实施生态移民工程；草地退化严重区域退牧还草，划定轮牧区和禁牧区，适度发展高寒草原牧业；加大资源开发的生态保护监管力度，限制新增矿山开发项目。

（44）藏东南山地热带雨林季雨林生物多样性保护重要区：该区位于雅鲁藏布江下游流域以及丹巴曲、西巴霞曲、察隅河、卡门河和娘江曲中下游流域区，行政区涉及错那、墨脱和察隅等 7 个县，面积为 95 656 km^2。区内主要生态系统类型有热带雨林、季雨林和亚热带常绿阔叶林等，野生动植物种类丰富，拥有较多的热带和亚热带动植物种类，具有很高的保护价值。该区土壤侵蚀敏感性高，生物多样性保护极为重要。

主要生态问题：森林资源过度消耗和原始林面积大幅度减少致使该区野生动植物生存受到较严重的威胁。

生态保护主要措施：加强自然保护区建设与管理力度，禁止捕杀野生动物；加强河谷地带稳产高产农田建设和人工草场建设；加强谷地土壤侵蚀治理和退化生态系统的恢复与重建。

5. 洪水调蓄重要区

（45）松嫩平原湿地洪水调蓄重要区：该区位于嫩江下游及其与第二松花江汇合处一带，行政区涉及黑龙江省 7 个县（市），面积为 12 462 km^2。该区地势低洼，河流排水不畅，湖沼星罗棋布，湿地占该区面积的 1/3。区内植被类型以沼泽芦苇为主，其中动植物种多样丰富，鸟类多达 260 余种，并有“鹤乡”之称。该区是松花江、嫩江中游的天然洪水调蓄库，对其下游的哈尔滨及沿江中下游流域的生态安全具有十分重要的作用，洪水调蓄功能和生物多样性保护功能极为重要。

主要生态问题：湿地垦殖和大量取用水源导致湿地面积缩小和湿地景观破碎化，洪水调蓄能力降低以及生物多样性保护受到威胁。

生态保护主要措施：加大现有湿地保护和退化湿地恢复建设力度；停止导致生态功能退化的人为破坏活动；综合调度流域水资源，保障湿地的生态用水；加强水利、交通建设的规划和管理，确保湿地生态系统完整性；发展生态农业；严格限制泥炭的开发。

（46）淮河中下游湿地洪水调蓄重要区：该区行政区涉及安徽省 8 个县（市）和江苏省 6 个县（市），面积为 14 086 km^2。在淮河干流两岸的一级支流入河口处及平原区较大支流河口处，分布有多个喇叭形湖泊或低洼地，具有拦蓄洪水功能，对保证沿岸大堤和一些区域重要城市的防洪安全具有重要作用。

主要生态问题：地势低洼，雨季容易发生涝灾，沿淮湖泊洼地易成为行蓄洪区；淮河干流及支流水污染严重，影响沿岸城市供水及水产养殖。

生态保护主要措施：地势低洼地区建设成为淮河流域洪水调蓄重要生态功能区，迁移区内人口，避免行蓄洪造成重大损失；保护湖泊湿地和生物多样性与自然文化景观；加强城镇环境综合治理，严格控制地表水污染。

（47）长江荆江段湿地洪水调蓄重要区：该区位于湖北省荆州，面积为 4 270 km^2；该区地势低洼，湖泊众多，对调节长江洪水、保障长江下游的防洪安全具有重要的作用；同时还是我国重要的水产品生产区。

主要生态问题：过度开垦，湿地生态系统不断退化；蓄洪、泄洪能力下降，洪涝灾害频繁；生物资源过度利用，生物多样性丧失严重，水禽等重要物种的生境受到威胁。

生态保护主要措施：湖泊与地势低洼地区建设成为长江中游流域洪水调蓄重要生态功能区，迁移区内人口，避免行蓄洪造成重大损失；保护湖泊湿地和生物多样性。

（48）洞庭湖区湿地洪水调蓄重要区：该区位于湖南省北部的洞庭湖及其周围湿地分布区，行政区涉及湖南省岳阳、益阳、常德等 3 个市，面积为 8 587 km^2。该区内洲滩及湿地植物发育，为珍稀水禽动物提供了良好的栖息场所。该区是长江中游的天然洪水调蓄库，对湖南省乃至长江流域的生态安全具有十分重要的作用；同时还是我国重要的水产品生产区。

主要生态问题：湖泊围垦和泥沙淤积导致湖泊面积和容积缩小，洪水调蓄能力降低；水禽等重要物种的生境受到一定威胁。

生态保护主要措施：实行平垸行洪、退田还湖、移民建镇，扩大湖泊面积，提高其洪水调蓄的能力；以湿地生物多样性保护为核心，加强区内湿地自然保护区的建设与管理，处理好湿地生态保护与经济发展关系，控制点源和面源污染。

（49）鄱阳湖区湿地洪水调蓄重要区：该区位于江西省北部鄱阳湖及其周边湿地分布区，行政区涉及江西省 15 个县（市），面积为 22 708 km^2。鄱阳湖是我国第一大淡水湖，是长江流域最大的洪水调蓄区，洪水期湖区水位每提高 1 m，可容纳长江倒灌洪水 40 亿 m^3 以上；鄱阳湖多年平均汇入长江水量占长江干流多年平均径流量的 15.6%，是长江下游的重要水源地；同时，是国际重要湿地和世界著名的候鸟越冬场所。该区洪水调蓄功能和生物多样性保护功能极为重要；同时还是我国重要的水产品生产区。

主要生态问题：湖泊容积减小，调蓄能力下降，洪涝灾害加剧；湖区垸内积水外排困难，涝、渍灾害易发；湖区水域面积的减小，破坏水生生物生境；水质污染及疾病蔓延，危害人民身体健康。

生态保护主要措施：严格禁止围垦，积极退田还湖，增加调蓄量；处理好环境与经济发展的矛盾；加强自然生态保护，对湖区污染物的排放实施总量控制和达标排放。

（50）安徽沿长江湿地洪水调蓄重要区：该区位于安徽省沿长江两岸地区，行政区域涉及安庆、池州、铜陵、巢湖、芜湖和马鞍山等市，面积为 6 983 km^2。该区地貌以湖积平原为主，地势低洼，面积在 1 km^2 以上的天然湖泊有 19 个，湖泊大多分布于皖江两岸及支流入口处。区内已建有 3 个国家级自然保护区。该区还是我国重要的水产品生产区。

主要生态问题：水土流失加重，湖盆淤积严重，湿地生态系统不断退化。蓄洪、泄洪能力下降，洪涝灾害频繁。生物资源过度利用，珍稀物种濒临灭绝；湖泊湿地部分湖区网箱养殖强度过大，破坏了湿地生态系统的功能，生物多样性丧失严重，水禽等重要物种的生境受到威胁。

生态保护主要措施：加强湿地生物多样性保护，实施退田还湖，发展生态水产养殖，控制水土流失；建设沿江洪水调蓄特殊生态功能区，保证湖泊湿地的洪水调蓄生态功能的发挥，从政策、技术、经济等多方面入手，护湖泊湿地及其生物多样性。

（三十）关于印发《全国生态脆弱区保护规划纲要》的通知

环发[2008]92号

各省、自治区、直辖市环境保护局（厅），新疆生产建设兵团环境保护局：

加强生态脆弱区保护是控制生态退化、恢复生态系统功能、改善生态环境质量和落实《全国生态功能区划》的具体措施，也是促进区域经济、社会和环境协调发展和贯彻落实科学发展观的有效途径。依据国务院《全国生态环境保护纲要》和《关于落实科学发展观加强环境保护的决定》有关精神，我部编制了《全国生态脆弱区保护规划纲要》。现印发给你们，请参照执行。

附件：全国生态脆弱区保护规划纲要

二〇〇八年九月二十七日

附件

全国生态脆弱区保护规划纲要

前　言

我国是世界上生态脆弱区分布面积最大、脆弱生态类型最多、生态脆弱性表现最明显的国家之一。我国生态脆弱区大多位于生态过渡区和植被交错区，处于农牧、林牧、农林等复合交错带，是我国目前生态问题突出、经济相对落后和人民生活贫困区。同时，也是我国环境监管的薄弱地区。加强生态脆弱区保护，增强生态环境监管力度，促进生态脆弱区经济发展，有利于维护生态系统的完整性，实现人与自然的和谐发展，是贯彻落实科学发展观，牢固树立生态文明观念，促进经济社会又好又快发展的必然要求。

党中央、国务院高度重视生态脆弱区的保护。温家宝总理多次强调，我国许多地方生态脆弱，环境承载力很低；保护环境，就是保护我们赖以生存的家园，就是保护中华民族发展的根基。《国务院关于落实科学发展观加强环境保护的决定》明确指出在生态脆弱地区要实行限制开发。为此，“十一五”期间，环境保护部将通过实施“三区推进”（即自然保护区、重要生态功能保护区和生态脆弱区）的生态保护战略，为改善生态脆弱区生态环境提供政策保障。

本纲要明确了生态脆弱区的地理分布、现状特征及其生态保护的指导思想、原则和任务，为恢复和重建生态脆弱区生态环境提供科学依据。

一、生态脆弱区特征及其空间分布

生态脆弱区也称生态交错区（Ecotone），是指两种不同类型生态系统交界过渡区域。这些交界过渡区域生态环境条件与两个不同生态系统核心区域有明显的区别，是生态环境变化明显的区域，已成为生态保护的重要领域。

（一）生态脆弱区基本特征

（1）系统抗干扰能力弱。生态脆弱区生态系统结构稳定性较差，对环境变化反映相对敏感，容易受到外界的干扰发生退化演替，而且系统自我修复能力较弱，自然恢复时间较长。

（2）对全球气候变化敏感。生态脆弱区生态系统中，环境与生物因子均处于相变的临界状态，对全球气候变化反应灵敏。具体表现为气候持续干旱，植被旱生化现象明显，生物生产力下降，自然灾害频发等。

（3）时空波动性强。波动性是生态系统的自身不稳定性在时空尺度上的位移。在时间上表现为气候要素、生产力等在季节和年际间的变化；在空间上表现为系统生态界面的摆动或状态类型的变化。

（4）边缘效应显著。生态脆弱区具有生态交错带的基本特征，因处于不同生态系统之间的交接带或重合区，是物种相互渗透的群落过渡区和环境梯度变化明显区，具有显著的边缘效应。

（5）环境异质性高。生态脆弱区的边缘效应使区内气候、植被、景观等相互渗透，并发生梯度突变，导致环境异质性增大。具体表现为植被景观破碎化，群落结构复杂化，生态系统退化明显，水土流失加重等。

（二）生态脆弱区的空间分布

我国生态脆弱区主要分布在北方干旱半干旱区、南方丘陵区、西南山地区、青藏高原区及东部沿海水陆交接地区，行政区域涉及黑龙江、内蒙古、吉林、辽宁、河北、山西、陕西、宁夏、甘肃、青海、新疆、西藏、四川、云南、贵州、广西、重庆、湖北、湖南、江西、安徽等21个省（自治区、直辖市）。主要类型包括：

（1）东北林草交错生态脆弱区

该区主要分布于大兴安岭山地和燕山山地森林外围与草原接壤的过渡区域，行政区域涉及内蒙古呼伦贝尔市、兴安盟、通辽市、赤峰市和河北省承德市、张家口市等部分县（旗、市、区）。生态环境脆弱性表现为：生态过渡带特征明显，群落结构复杂，环境异质性大，对外界反应敏感等。重要生态系统类型包括：北极泰加林、沙地樟子松林；疏林草甸、草甸草原、典型草原、疏林沙地、湿地、水体等。

（2）北方农牧交错生态脆弱区

该区主要分布于年降水量300～450mm、干燥度1.0～2.0北方干旱半干旱草原区，行政区域涉及蒙、吉、辽、冀、晋、陕、宁、甘等8省区。生态环境脆弱性表现为：气候干旱，水资源短缺，土壤结构疏松，植被覆盖度低，容易受风蚀、水蚀和人为活动的强烈影响。重要生态系统类型包括：典型草原、荒漠草原、疏林沙地、农田等。

（3）西北荒漠绿洲交接生态脆弱区

该区主要分布于河套平原及贺兰山以西，新疆天山南北广大绿洲边缘区，行政区域涉及新、甘、青、蒙等地区。生态环境脆弱性表现为：典型荒漠绿洲过渡区，呈非地带性岛状或片状分布，环境异质性大，自然条件恶劣，年降水量少、蒸发量大，水资源极度短缺，土壤瘠薄，植被稀疏，风沙活动强烈，土地荒漠化严重。重要生态系统类型包括：高山亚高山冻原、高寒草甸、荒漠胡杨林、荒漠灌丛以及珍稀、濒危物种栖息地等。

（4）南方红壤丘陵山地生态脆弱区

该区主要分布于我国长江以南红土层盆地及红壤丘陵山地，行政区域涉及浙、闽、赣、湘、鄂、苏等六省。生态环境脆弱性表现为：土层较薄，肥力瘠薄，人为活动强烈，土地严重过垦，土壤质量下降明显，生产力逐年降低；丘陵坡地林木资源砍伐严重，植被覆盖度低，暴雨频繁、强度大，地表水蚀严重。重要生态系统类型包括：亚热带红壤丘陵山地森林、热性灌丛及草山草坡植被生态系统，亚热带红壤丘陵山地河流湿地水体生态系统。

（5）西南岩溶山地石漠化生态脆弱区

该区主要分布于我国西南石灰岩岩溶山地区域，行政区域涉及川、黔、滇、渝、桂等省市。生态环境脆弱性表现为：全年降水量大，融水侵蚀严重，而且岩溶山地土层薄，成土过程缓慢，加之过度砍伐山体林木资源，植被覆盖度低，造成严重水土流失，山体滑坡、泥石流灾害频繁发生。重要生态系统类型包括：典型喀斯特岩溶地貌景观生态系统，喀斯特森林生态系统，喀斯特河流、湖泊水体生态系统，喀斯特岩溶山地特有和濒危动植物栖息地等。

（6）西南山地农牧交错生态脆弱区

该区主要分布于青藏高原向四川盆地过渡的横断山区，行政区域涉及四川阿坝、甘孜、凉山等州，云南省迪庆、丽江、怒江以及黔西北六盘水等 40 余个县市。生态环境脆弱性表现为：地形起伏大、地质结构复杂，水热条件垂直变化明显，土层发育不全，土壤瘠薄，植被稀疏；受人为活动的强烈影响，区域生态退化明显。重要生态系统类型包括：亚热带高山针叶林生态系统，亚热带高山峡谷区热性灌丛草地生态系统，亚热带高山高寒草甸及冻原生态系统，河流水体生态系统等。

（7）青藏高原复合侵蚀生态脆弱区

该区主要分布于雅鲁藏布江中游高寒山地沟谷地带、藏北高原和青海三江源地区等。生态环境脆弱性表现为：地势高寒，气候恶劣，自然条件严酷，植被稀疏，具有明显的风蚀、水蚀、冻蚀等多种土壤侵蚀现象，是我国生态环境十分脆弱的地区之一。重要生态系统类型包括：高原冰川、雪线及冻原生态系统，高山灌丛化草地生态系统，高寒草甸生态系统，高山沟谷区河流湿地生态系统等。

（8）沿海水陆交接带生态脆弱区

该区主要分布于我国东部水陆交接地带，行政区域涉及我国东部沿海诸省（市），典型区域为滨海水线 500 m 以内、向陆地延伸 1～10 km 的狭长地域。生态环境脆弱性表现为：潮汐、台风及暴雨等气候灾害频发，土壤含盐量高，植被单一，防护效果差。重要生态系统类型包括：滨海堤岸林植被生态系统，滨海三角洲及滩涂湿地生态系统，近海水域水生生态系统等。

二、生态脆弱区的主要压力

（一）主要问题

1. 草地退化、土地沙化面积巨大

2005 年我国共有各类沙漠化土地 174.0 万 km^2，其中，生态环境极度脆弱的西部 8 省区就占 96.3%。我国北方有近 3.0 亿 hm^2 天然草地，其中 60%以上分布在生态环境比较脆弱的农牧交错区，目前，该区中度以上退沙化面积已占草地总面积的 53.6%，并已成为我国北方重要沙尘源区，而且每年退沙化草地扩展速度平均在 200 万 hm^2 以上。

2. 土壤侵蚀强度大，水土流失严重

西部 12 省（自治区、直辖市）是我国生态脆弱区的集中分布区。最近 20 年，由于人为过度干扰，植被退化趋势明显，水土流失面积平均每年净增 3%以上，土壤侵蚀模数平均高达 3 000 t/（$km^2 \cdot a$），云贵川石漠化发生区，每年流失表土约 1 cm，输入江河水体的泥沙总量为 40 亿～60 亿 t。

3. 自然灾害频发，地区贫困不断加剧

我国生态脆弱区每年因沙尘暴、泥石流、山体滑坡、洪涝灾害等各种自然灾害所造成的经济损失约 2 000 多亿元人民币，自然灾害损失率年均递增 9%，普遍高于生态脆弱区 GDP 增长率。我国《“八七”扶贫计划》共涉及 592 个贫困县，中西部地区占 52%，其中 80%以上地处生态脆弱区。2005 年全国绝对贫困人口 2 365 万，其中 95%以上分布在生态环境极度脆弱的老少边穷地区。

4. 气候干旱，水资源短缺，资源环境矛盾突出

我国北方生态脆弱区耕地面积占全国的 64.8%，实际可用水量仅占全国的 15.6%，70%以

上地区全年降水不足 300mm，每年因缺水而使 1 300 万～4 000 万 hm^2 农田受旱。西北荒漠绿洲区主要依赖雪山融水维系绿洲生态平衡，最近几年，雪山融水量比 20 年前普遍下降 30%～40%，绿洲萎缩后外围胡杨林及荒漠灌丛生态退化日益明显，并已严重威胁到绿洲区的生态安全。

5．湿地退化，调蓄功能下降，生物多样性丧失

20 世纪 50 年代以来，全国共围垦湿地 3.0 万 km^2，直接导致 6.0 万～8.0 万 km^2 湿地退化，蓄水能力降低约 200 亿～300 亿 m^3，许多两栖类、鸟类等关键物种栖息地遭到严重破坏，生物多样性严重受损。此外，湿地退化，土壤次生盐渍化程度增加，每年受灾农田约 100 万 hm^2，粮食减产约 2 亿 kg。

（二）成因及压力

造成我国生态脆弱区生态退化、自然环境脆弱的原因除生态本底脆弱外，人类活动的过度干扰是直接成因。主要表现在：

1．经济增长方式粗放

我国经济增长方式粗放的特征主要表现在重要资源单位产出效率较低，生产环节能耗和水耗较高，污染物排放强度较大，再生资源回收利用率低下，社会交易率低而交易成本较高。2006 年中国 GDP 约占世界的 5.5%，但能耗占到 15%、钢材占到 30%、水泥占到 54%；2000 年中国单位 GDP 排放 CO_2 0.62kg、有机污水 0.5kg，污染物排放强度大大高于世界平均水平；而矿产资源综合利用率、工业用水重复率均高于世界先进水平 15～25 个百分点；社会交易成本普遍比发达国家高 30%～40%。

2．人地矛盾突出

我国以占世界 9%的耕地、6%的水资源、4%的森林、1.8%的石油，养活着占世界 22%的人口，人地矛盾突出已是我国生态脆弱区退化的根本原因，如长期过牧引起的草地退化，过度开垦导致干旱区土地沙化，过量砍伐森林资源引发大面积水土流失等。据报道，我国环境污染损失约占 GDP 的 3%～8%，生态破坏（草原、湿地、森林、土壤侵蚀等）约占 GDP 的 6%～7%。

3．监测与监管能力低下

我国生态监管机制由于部门分割、协调不力，导致监管效率低下。同时，由于相关政策法规、技术标准不完善，经济发展与生态保护矛盾突出，特别是生态监测、评估与预警技术落后，生态脆弱区基线不清、资源环境信息不畅，难以为环境管理与决策提供良好的技术支撑。

4．生态保护意识薄弱

我国人口众多，环保宣传和文教事业严重滞后。许多地方政府重发展轻保护思想普遍，有的甚至以牺牲环境为代价，单纯追求眼前的经济利益；个别企业受经济利益驱动，违法采矿、超标排放十分普遍，严重破坏人类的生存环境。许多民众环保观念淡漠，对当前严峻的环境形势认知水平低，而且消费观念陈旧，缺乏主动参与和积极维护生态环境的思想意识，资源掠夺性开发和浪费使用不能有效遏制，生态破坏、系统退化日趋严重。

三、规划指导思想、原则及目标

（一）指导思想

以邓小平理论和“三个代表”主要思想为指导，贯彻落实科学发展观，建设生态文明，以维护生态系统完整性，恢复和改善脆弱生态系统为目标，在坚持优先保护、限制开发、统筹规划、防治结合的前提下，通过适时监测、科学评估和预警服务，及时掌握脆弱区生态环境演变动态，因地制宜，合理选择发展方向，优化产业结构，力争在发展中解决生态环境问题。同时，

强化法制监管，倡导生态文明，积极增进群众参与意识，全面恢复脆弱区生态系统。

（二）基本原则

——预防为主，保护优先。建立健全脆弱区生态监测与预警体系，以科学监测、合理评估和预警服务为手段，强化“环境准入”，科学指导脆弱区生态保育与产业发展活动，促进脆弱区的生态恢复。

——分区推进，分类指导。按照区域生态特点，优化资源配置和生产力空间布局，以科技促保护，以保护促发展，维护生态脆弱区自然生态平衡。

——强化监管，适度开发。强化生态环境监管执法力度，坚持适度开发，积极引导资源环境可承载的特色产业发展，保护和恢复脆弱区生态系统，是维护区域生态系统完整性、实现生态环境质量明显改善和区域可持续发展的必由之路。

——统筹规划，分步实施。在明确区域分布、地理环境特点、重点生态问题和成因的基础上，制定相应的应对战略，分期分批开展，逐步推进，积极探索生态脆弱区保护的多样化模式，形成生态脆弱区保护格局。

（三）规划期限

规划的基准年为 2008 年。

规划期为 2009—2020 年。

（四）编制依据

1.《中华人民共和国国民经济和社会发展第十一个五年计划纲要》（2006 年 3 月 16 日十届全国人大第四次会议通过）；

2.《全国生态环境保护纲要》（国发[2000]38 号）；

3.《全国生态环境建设规划》（国发[1998]36 号）；

4.《国务院关于落实科学发展观加强环境保护的决定》（国发[2005]39 号）；

5.《国家环境保护“十一五”规划》（国发[2007]37 号）；

6.《全国生态保护“十一五”规划》（环发[2006]158 号）；

7.《国家重点生态功能保护区规划纲要》（环发[2007]165 号）；

8.《全国生态功能区划》（环境保护部公告 2008 年第 35 号）。

（五）规划目标

1. 总体目标

到 2020 年，在生态脆弱区建立起比较完善的生态保护与建设的政策保障体系、生态监测预警体系和资源开发监管执法体系；生态脆弱区 40%以上适宜治理的土地得到不同程度治理，水土流失得到基本控制，退化生态系统基本得到恢复，生态环境质量总体良好；区域可更新资源不断增值，生物多样性保护水平稳步提高；生态产业成为脆弱区的主导产业，生态保护与产业发展有序、协调，区域经济、社会、生态复合系统结构基本合理，系统服务功能呈现持续、稳定态势；生态文明融入社会各个层面，民众参与生态保护的意识明显增强，人与自然基本和谐。

2. 阶段目标

（1）近期（2009—2015 年）目标

明确生态脆弱区空间分布、重要生态问题及其成因和压力，初步建立起有利于生态脆弱区保护和建设的政策法规体系、监测预警体系和长效监管机制；研究构建生态脆弱区产业准入机制，全面限制有损生态系统健康发展的产业扩张，防止因人为过度干扰所产生新的生态退化。到 2015 年，生态脆弱区战略环境影响评价执行率达到 100%，新增治理面积达到 30%以上；生态产业示范已在生态脆弱区全面开展。

（2）中远期（2016—2020年）目标

生态脆弱区生态退化趋势已得到基本遏止，人地矛盾得到有效缓减，生态系统基本处于健康、稳定发展状态。到2020年，生态脆弱区40%以上适宜治理的土地得到不同程度治理，退化生态系统已得到基本恢复，可更新资源不断增值，生态产业已基本成为区域经济发展的主导产业，并呈现持续、强劲的发展态势，区域生态环境已步入良性循环轨道。

四、规划主要任务

（一）总体任务

以维护区域生态系统完整性、保证生态过程连续性和改善生态系统服务功能为中心，优化产业布局，调整产业结构，全面限制有损于脆弱区生态环境的产业扩张，发展与当地资源环境承载力相适应的特色产业和环境友好产业，从源头控制生态退化；加强生态保育，增强脆弱区生态系统的抗干扰能力；建立健全脆弱区生态环境监测、评估及预警体系；强化资源开发监管和执法力度，促进脆弱区资源环境协调发展。

（二）具体任务

1．调整产业结构，促进脆弱区生态与经济的协调发展

根据生态脆弱区资源禀赋、自然环境特点及容量，调整产业结构，优化产业布局，重点发展与脆弱区资源环境相适宜的特色产业和环境友好产业。同时，按流域或区域编制生态脆弱区环境友好产业发展规划，严格限制有损于脆弱区生态环境的产业扩张，研究并探索有利于生态脆弱区经济发展与生态保育耦合模式，全面推行生态脆弱区产业发展规划战略环境影响评价制度。

2．加强生态保育，促进生态脆弱区修复进程

在全面分析和研究不同类型生态脆弱区生态环境脆弱性成因、机制、机理及演变规律的基础上，确立适宜的生态保育对策。通过技术集成、技术创新以及新成果、新工艺的应用，提高生态修复效果，保障脆弱区自然生态系统和人工生态系统的健康发展。同时，高度重视环境极度脆弱、生态退化严重、具有重要保护价值的地区如重要江河源头区、重大工程水土保持区、国家生态屏障区和重度水土流失区的生态应急工程建设与技术创新；密切关注具有明显退化趋势的潜在生态脆弱区环境演变动态的监测与评估，因地制宜，科学规划，采取不同保育措施，快速恢复脆弱区植被，增强脆弱区自身防护效果，全面遏制生态退化。

3．加强生态监测与评估能力建设，构建脆弱区生态安全预警体系

在全国生态脆弱典型区建立长期定位生态监测站，全面构建全国生态脆弱区生态安全预警网络体系；同时，研究制定适宜不同生态脆弱区生态环境质量评估指标体系，科学监测和合理评估脆弱生态系统结构、功能和生态过程动态演变规律，建立脆弱区生态背景数据库资源共享平台，并利用网络视频和模型预测技术，实现脆弱区生态系统健康网络诊断与安全预警服务，为国家环境决策与管理提供技术支撑。

4．强化资源开发监管执法力度，防止无序开发和过度开发

加强资源开发监管与执法力度，全面开展脆弱区生态环境监查工作，严格禁止超采、过牧、乱垦、滥挖以及非法采矿、无序修路等资源破坏行为发生；以生态脆弱区资源禀赋和生态环境承载力基线为基础，通过科学规划，确立适宜的资源开发模式与强度、可持续利用途径、资源开发监管办法以及资源开发过程中生态保护措施；研究制定生态脆弱区资源开发监管条例，编制适宜不同生态脆弱区资源开发生态恢复与重建技术标准及技术规范，积极推进脆弱区生态保育、系统恢复与重建进程。

（三）重点生态脆弱区建设任务

根据全国生态脆弱区空间分布及其生态环境现状，本规划重点对全国八大生态脆弱区中的19个重点区域进行分区规划建设。

1．东北林草交错生态脆弱区

重点保护区域：大兴安岭西麓山地林草交错生态脆弱重点区域。主要保护对象包括大兴安岭西麓北极泰加林、落叶阔叶林、沙地樟子松林、呼伦贝尔草原、湿地等。

具体保护措施：以维护区域生态完整性为核心，调整产业结构，集中发展生态旅游业，通过北繁南育发展畜牧业，以减轻草地的压力；实施退耕还林还草工程，对已经发生退化或沙化的天然草地，实施严格的休牧、禁牧政策，通过围封改良与人工补播措施恢复植被；强化湿地管理，合理营建沙地灌木林，重点突出生态监测与预警服务，从保护源头遏止生态退化；加大林草过渡区资源开发监管力度，严格执行林草采伐限额制度，控制超强采伐。

2．北方农牧交错生态脆弱区

重点保护区域：辽西以北丘陵灌丛草原垦殖退沙化生态脆弱重点区域，冀北坝上典型草原垦殖退沙化生态脆弱重点区域，阴山北麓荒漠草原垦殖退沙化生态脆弱重点区域，鄂尔多斯荒漠草原垦殖退沙化生态脆弱重点区域。

具体保护措施：实施退耕还林、还草和沙化土地治理为重点，加强退化草场的改良和建设，合理放牧，舍饲圈养，开展以草原植被恢复为主的草原生态建设；垦殖区大力营造防风固沙林和农田防护林，变革生产经营方式，积极发展替代产业和特色产业，降低人为活动对土地的扰动。同时，合理开发、利用水资源，增加生态用水量，建设沙漠地区绿色屏障；对少数沙化严重地区，有计划生态移民，全面封育保护，促进区域生态恢复。

3．西北荒漠绿洲交接生态脆弱区

重点保护区域：贺兰山及蒙宁河套平原外围荒漠绿洲生态脆弱重点区域，新疆塔里木盆地外缘荒漠绿洲生态脆弱重点区域，青海柴达木高原盆地荒漠绿洲生态脆弱重点区域。

具体保护措施：以水资源承载力评估为基础，重视生态用水，合理调整绿洲区产业结构，以水定绿洲发展规模，限制水稻等高耗水作物的种植；严格保护自然本底，禁止毁林开荒、过度放牧，积极采取禁牧休牧措施，保护绿洲外围荒漠植被。同时，突出生态保育，采取生态移民、禁牧休牧、围封补播等措施，保护高寒草甸和冻原生态系统，恢复高山草甸植被，切实保障水资源供给。

4．南方红壤丘陵山地生态脆弱区

重点保护区域：南方红壤丘陵山地流水侵蚀生态脆弱重点区域，南方红壤山间盆地流水侵蚀生态脆弱重点区域。

具体保护措施：合理调整产业结构，因地制宜种植茶、果等经济树种，增加植被覆盖度；坡耕地实施梯田化，发展水源涵养林，积极推广草田轮作制度，广种优良牧草，发展以草畜沼肥“四位一体”生态农业，改良土壤，减少地表径流，促进生态系统良性循环。同时，强化山地林木植被法制监管力度，全面封山育林、退耕还林；退化严重地段，实施生物措施和工程措施相结合的办法，控制水土流失。

5．西南岩溶山地石漠化生态脆弱区

重点保护区域：西南岩溶山地丘陵流水侵蚀生态脆弱重点区域，西南岩溶山间盆地流水侵蚀生态脆弱重点区域。

具体保护措施：全面改造坡耕地，严格退耕还林、封山育林政策，严禁破坏山体植被，保护天然林资源；开展小流域和山体综合治理，采用补播方式播种优良灌草植物，提高山体林草植被覆盖度，控制水土流失。选择典型地域，建立野外生态监测站，加强区域石漠化生态监测与预警；同时，合理调整产业结构，发展林果业、营养体农业和生态旅游业为主的特色产业，促进地区经济发展；强化生态保护监管力度，快速恢复山体植被，逐步实现石漠化区生态系统的良性循环。

6．西南山地农牧交错生态脆弱区

重点保护区域：横断山高中山农林牧复合生态脆弱重点区域，云贵高原山地石漠化农林牧复合生态脆弱重点区域。

具体保护措施：全面退耕还林还草，严禁樵采、过垦、过牧和无序开矿等破坏植被行为；积极推广封山育林育草技术，有计划、有步骤地营建水土保持林、水源涵养林和人工草地，快速恢复山体植被，全面控制水土流失；同时，加强小流域综合治理，合理利用当地水土资源、草山草坡，利用冬闲田发展营养体农业、山坡地林果业和生态旅游业，降低人为干扰强度，增强区域减灾防灾能力。

7．青藏高原复合侵蚀生态脆弱区

重点保护区域：青藏高原山地林牧复合侵蚀生态脆弱重点区域，青藏高原山间河谷风蚀水蚀生态脆弱重点区域。

具体保护措施：以维护现有自然生态系统完整性为主，全面封山育林，强化退耕还林还草政策，恢复高原山地天然植被，减少水土流失。同时，加强生态监测及预警服务，严格控制雪域高原人类经济活动，保护冰川、雪域、冻原及高寒草甸生态系统，遏制生态退化。

8．沿海水陆交接带生态脆弱区

重点保护区域：辽河、黄河、长江、珠江等滨海三角洲湿地及其近海水域，渤海、黄海、南海等滨海水陆交接带及其近海水域，华北滨海平原内涝盐碱化生态脆弱重点区域。

具体保护措施：加强滨海区域生态防护工程建设，合理营建堤岸防护林，构建近海海岸复合植被防护体系，缓减台风、潮汐对堤岸及近海海域的破坏；合理调整湿地利用结构，全面退耕还湿，重点发展生态养殖业和滨海区生态旅游业；加强湿地及水域生态监测，强化区域水污染监管力度，严格控制污染陆源，防止水体污染，保护滩涂湿地及近海海域生物多样性。

（四）近期建设重点

1．生态脆弱区现状调查与基线评估

以“3S”技术为主要手段，结合地面生态调查，全面开展全国八大类生态脆弱区资源、环境现状调查与基线评估，建立脆弱区生态背景数据库，明确不同生态脆弱区时空演变动态，制定符合中国国情的生态脆弱区评价指标体系，编制符合不同生态脆弱区植被恢复与系统重建的技术规范与技术标准，确定不同生态脆弱区资源、环境承载力阈值（生态警戒线），为脆弱区生态保育奠定科学基础。

2．生态脆弱区监测网络与预警体系建设

在全国八大类典型生态脆弱区，建立长期定位生态监测站，运用互联网技术，与国家环境保护生态背景数据网络平台联网，实施数据信息共享，构建全国生态脆弱区生态监测网络。同时，利用遥感和地理信息系统技术，开展生态系统健康诊断与预测评估，对全国生态脆弱区实施动态监测与中长期预警，定期发布生态安全预警信息，为国家环境管理、资源开发及生态保护提供技术支撑。

3．开展生态脆弱区保护、修复与产业示范

针对不同类型生态脆弱区资源与环境特点，编制适合不同生态脆弱区持续发展的生态保护与修复示范产业规划，并选择典型区域进行试点示范。同时，研究制定不同生态脆弱区限制类、优化类和鼓励类产业准入分类指导目录，指导脆弱区产业发展；此外，开展生态脆弱区资源开发、生态恢复及重建技术规范及标准研究，以及自然资源生态价值评估指标及评估方法研究，积极探索生态保护与经济发展耦合模式，促进示范产业的开展实施。

4．典型示范工程整合与技术推广

编制全国生态脆弱区生态保护与建设工程实施管理办法及技术规范，研究制定全国生态脆弱区重大生态建设工程效益评估指标及评估方法，逐步开展生态脆弱区重大生态建设工程效益后评估，并按照评估结果进行整合与推广，为确保脆弱区生态工程质量提供技术保障。

五、对策措施

（一）完善生态脆弱区的政策与法律法规体系

由于我国脆弱区生态保护与建设法律法规体系不健全，政策措施不完善，导致环境监察与行政执法能力薄弱，资源过度开发、人为破坏生态等仍是引发生态脆弱区土地退化和水土流失的主要因素。因此，加快制定国家《生态保护法》、《生态补偿条例》等法律法规，健全生态保护行政执法体制，建设高素质执法队伍、严格管理制度、强化行政执法能力，是杜绝生态脆弱区资源不合理利用、防止乱砍滥伐、乱搂滥采、无节制开垦、非法采矿等人为破坏现象的有效措施，也是保证规划目标如期实现的关键。

（二）强化生态督查，促进生态脆弱区保护与建设

加强生态督查力度，研究制定生态脆弱区重大生态建设工程生态督查专员管理办法和有利于生态脆弱区保护与建设的环境督查、生态监理技术规范以及工程质量验收标准。地方政府应建立由主管领导牵头、相关部门共同参与的生态保护协调机制和政府决策机制，定期或不定期开展联合执法检查，统一生态保护行政执法权限，严厉查处生态脆弱区内各种破坏生态环境和有损生态功能的不法行为，如非法采矿、盗砍森林资源、草原挖药等现象，切实保障生态脆弱区生态环境保护和建设事业的顺利进行。

（三）增强公众参与意识，建立多元化社区共管机制

以政府为主导，调动各方积极因素，充分利用广播、电视、报刊等现代媒体，深入宣传保护脆弱区生态环境的重要作用和意义，不断提高全民的生态环境保护意识，积极倡导生态文明，增强全社会公众参与的积极性。同时，各级政府要借助国家新农村建设的有利时机，逐级建立生态保护目标责任制，并与农牧民签订生态管护合同，逐步建成完善的多元化社区共管机制，使生态保护与全民利益融为一体，从根本上实现生态保护社会化。

（四）构建生态补偿机制，多渠道筹措脆弱区保护资金

生态脆弱区为国家生态安全做出的公益性贡献大。因此，继续实施生态建设项目向脆弱区倾斜政策，建立有利于脆弱区生态保护的财政转移支付制度和资金横向转移补偿模式，通过横向转移改变地区间既得利益格局，实现公共服务水平的均衡，增加脆弱区资金投入。

（五）加强科技创新，促进脆弱区生态保育

围绕区域重点生态问题进行协同攻关，深入开展与脆弱区生态保护和建设相关的基础理论与应用研究；积极筛选并推广适宜不同生态脆弱区的保护和治理技术。同时，加快科技成果的转化，通过提高资源利用效率，减少资源消耗，降低开发强度，促进脆弱区生态保育。

（六）探索产业准入管理，从源头遏制脆弱区生态退化

脆弱区生态环境脆弱性的根源一方面是受脆弱区本身地形地貌、自然气候、土壤质地及自然植被等结构因素的限制，另一方面是受到人类经济与社会活动的强烈干扰所致。其中，人类的经济开发活动是加剧脆弱区生态环境脆弱性的根本因素。因此，积极探索生态脆弱区合理的经济开发强度与方式，建立适宜的产业准入制度，限制或降低人类的干扰程度，缓减人口对土地的压力，是有效克服脆弱区生态环境脆弱性的根本所在。

附：全国生态脆弱区重点保护区域及发展方向

生态脆弱区名称	序号	重点保护区域	主要生态问题	发展方向与措施
东北林草交错生态脆弱区	1	大兴安岭西麓山地林草交错生态脆弱重点区域	天然林面积减小，稳定性下降；水土保持、水源涵养能力降低，草地退化、沙化趋势激烈	严格执行天然林保护政策，禁止超采过牧、过度垦殖和无序采矿，防止草地退化与风蚀沙化，全面恢复林草植被，合理发展生态旅游业和特色养殖业
北方农牧交错生态脆弱区	2	辽西以北丘陵灌丛草原垦殖退沙化生态脆弱重点区域	草地过垦过牧，植被退化明显，土地沙漠化强烈，水土流失严重，气候干旱，水资源短缺	禁止过度垦殖、樵采和超载放牧，全面退耕还林（草），防治草地退化、沙化，恢复草原植被，发展节水农业和生态养殖业
	3	冀北坝上典型草原垦殖退沙化生态脆弱重点区域	草地退化，土地沙化趋势激烈，风沙活动强烈，干旱、沙尘暴等灾害天气频发，水土流失严重	严禁乱砍滥挖，全面退耕还林还草，严格控制耕地规模，禁牧休牧，以草定畜，大力推行舍饲圈养技术，发展新型有机节水农业和生态养殖业
	4	阴山北麓荒漠草原垦殖退沙化生态脆弱重点区域	草地退化、沙漠化趋势激烈，风沙活动强烈，土壤侵蚀严重，气候灾害频发，水资源短缺	退耕还林还草，严格控制耕地规模，禁牧休牧，以草定畜，恢复植被，全面推行舍饲圈养技术，发展新型农牧业，防止草地沙化
	5	鄂尔多斯荒漠草原垦殖退沙化生态脆弱重点区域	气候干旱，植被稀疏，风沙活动强烈，沙漠化扩展趋势明显，气候灾害频发，水土流失严重	严格退耕还林还草，全面围封禁牧，恢复植被，防止沙丘活化和沙漠化扩展，加强矿区植被重建，发展生态产业
西北荒漠绿洲交接生态脆弱区	6	贺兰山及蒙宁河套平原外围荒漠绿洲生态脆弱重点区域	土地过垦，草地过牧，植被退化，水土保持能力下降，土壤次生盐渍化加剧，水资源短缺	禁止破坏林木资源，严格控制水土流失，发展节水农业，提高水资源利用效率，防止土壤次生盐渍化，合理更新林地资源
	7	新疆塔里木盆地外缘荒漠绿洲生态脆弱重点区域	滥伐森林，草地过牧，植被退化严重，高山雪线上移，水资源短缺，土壤贫瘠，风沙活动强烈，土地荒漠化及水土流失严重	严格保护林木资源和山地草原生态系统，禁止采伐、过牧和过度利用水资源，发展节水型高效种植业和生态养殖业，防止土壤侵蚀与荒漠化扩展
西北荒漠绿洲交接生态脆弱区	8	青海柴达木高原盆地荒漠绿洲生态脆弱重点区域	草地过牧，乱采滥挖，植被严重退化，水土保持及水源涵养能力下降，荒漠化扩展趋势明显	严禁乱采滥挖野生药材，以草定畜、禁牧恢复、限牧育草，加强天然林保护，围栏封育，恢复草地植被，防治水土流失
南方红壤丘陵山地生态脆弱区	9	南方红壤丘陵山地流水侵蚀生态脆弱重点区域	土地过垦、林灌过樵，植被退化明显，水土流失严重，生态十分脆弱	杜绝樵采，封山育林，种植经济型灌草植物，恢复山体植被，发展生态养殖业和农畜产品加工业
	10	南方红壤山间盆地流水侵蚀生态脆弱重点区域	土地过垦、肥力下降，植被盖度低、退化明显，流水侵蚀严重	合理营建农田防护林，种植经济灌木和优良牧草，推广草田轮作，发展生态种养业和农畜产品加工业
西南岩溶山地石漠化生态脆弱区	11	西南岩溶山地丘陵流水侵蚀生态脆弱重点区域	过度樵采，植被退化，土层薄，土壤发育缓慢，溶蚀、水蚀严重	严禁樵采和破坏山地植被，封山育林，广种经济灌木和牧草，快速恢复山体植被，发展生态旅游业
	12	西南岩溶山间盆地流水侵蚀生态脆弱重点区域	土地过垦，林地过樵，植被退化，流水侵蚀严重，生态脆弱	建设经济型乔灌草复合植被，固土肥田，实施林网化保护，控制水土流失，发展生态旅游和生态种植业

生态脆弱区名称	序号	重点保护区域	主要生态问题	发展方向与措施
西南山地农牧交错生态脆弱区	13	横断山高中山农林牧复合生态脆弱重点区域	森林过伐，土地过垦，植被退化，土壤发育不全，土层薄而贫瘠，水土流失严重	严格执行天然林保护政策，禁止超采过牧和无序采矿，防止水土流失，恢复林草植被，合理发展生态旅游业
	14	云贵高原山地石漠化农林牧复合生态脆弱重点区域	森林过伐，土地过垦，植被稀疏，土壤发育不全，土层薄而贫瘠，水源涵养能力低下，水土流失十分严重，石漠化强烈	严禁采伐山地森林资源，严格退耕还林，封山育林，加强小流域综合治理，控制水土流失，合理发展生态农业、生态旅游业
青藏高原复合侵蚀生态脆弱区	15	青藏高原山地林牧复合侵蚀生态脆弱重点区域	植被退化明显，受风蚀、水蚀、冻蚀以及重力侵蚀影响，水土流失严重	全面退耕还林、退牧还草，封山育林育草，恢复植被，休养生息，建立高原保护区，适当发展生态旅游业
	16	青藏高原山间河谷风蚀水蚀生态脆弱重点区域	植被退化明显，受风蚀、水蚀、冻蚀以及重力侵蚀影响，水土流失严重	全面退耕还林、退牧还草，封山育林育草，恢复植被，适当发展旅游业和生态养殖业
沿海水陆交接带生态脆弱区	17	辽河、黄河、长江、珠江等滨海三角洲湿地及其近海水域	湿地退化，调蓄净化能力减弱，土壤次生盐渍化加重，水体污染，生物多样性下降	调整湿地利用结构，全面退耕还湿，合理规划，严格控制水体污染，重点发展特色养殖业和生态旅游业
	18	渤海、黄海、南海等滨海水陆交接带及其近海水域	台风、暴雨、潮汐等自然灾害频发，过渡区土壤次生盐渍化加剧，缓冲能力减弱	科学规划，合理营建滨海防护林和护岸林，加强滨海区域生态防护工程建设，因地制宜发展特色养殖业
	19	华北滨海平原内涝盐碱化生态脆弱重点区域	植被覆盖度低，受潮汐、台风影响大，地下水矿化度高，土壤盐碱化较重	合理营建滨海农田防护林和堤岸防护林，广种耐盐碱优良牧草，发展滨海养殖业

（三十一）国务院办公厅转发环境保护部等部门关于实行“以奖促治”加快解决突出的农村环境问题的实施方案的通知

国办发[2009]11号

各省、自治区、直辖市人民政府、国务院各部委、各直属机构：

环境保护部、财政部、发展改革委《关于实行“以奖促治”加快解决突出的农村环境问题的实施方案》已经国务院同意，现转发给你们，请认真贯彻执行。

国务院办公厅

二〇〇九年二月二十七日

关于实行"以奖促治"加快解决突出的农村环境问题的实施方案

根据全国农村环境保护工作电视电话会议精神，自 2008 年下半年以来，对采取有力措施使严重危害农村居民健康、群众反映强烈的突出污染问题得到解决的村镇，国家实行了"以奖促治"政策，以激励和促进地方人民政府及社会各界加大农村环境保护投入，稳步推进农村环境综合整治。为进一步落实"以奖促治"政策，加快解决突出的农村环境问题，制定本实施方案。

一、总体要求、基本原则和工作目标

（一）总体要求。以科学发展观为指导，统筹规划、突出重点，因地制宜、分类指导，通过"以奖促治"，推动污染防治的重点流域、区域和问题严重地区开展农村环境集中整治，着力解决危害群众身体健康、威胁城乡居民食品安全、影响农村可持续发展的突出环境问题。

（二）基本原则。注重实效，农民受益。有针对性地实施农村环境综合整治，切实改善农民的生产和生活环境，保证农民得到实惠。政府引导，多元投入。充分发挥财政资金的引导作用，促进地方各级人民政府加大投入，吸引社会资金，鼓励农民出资出劳。规范管理，公开透明。整治项目的确定、成效考核和奖励资金的使用要向社会公布，尊重群众意愿，接受群众监督。

（三）工作目标。到 2010 年，集中整治一批环境问题最为突出、当地群众反映最为强烈的村庄，使危害群众健康的环境污染得到有效控制，环境监管能力得到加强，环保意识得到增强。到 2015 年，环境问题突出、严重危害群众健康的村镇基本得到治理，环境监管能力明显加强，环保意识明显增强。

二、实施范围、整治内容和成效要求

（一）实施范围。"以奖促治"政策的实施，原则上以建制村为基本治理单元。优先治理淮河、海河、辽河、太湖、巢湖、滇池、松花江、三峡库区及其上游、南水北调水源地及沿线等水污染防治重点流域、区域，以及国家扶贫开发工作重点县范围内，群众反映强烈、环境问题突出的村庄。在重点整治的基础上，可逐步扩大治理范围。

（二）整治内容。"以奖促治"政策重点支持农村饮用水水源地保护、生活污水和垃圾处理、畜禽养殖污染和历史遗留的农村工矿污染治理、农业面源污染和土壤污染防治等与村庄环境质量改善密切相关的整治措施。

（三）成效要求。农村集中式饮用水水源地划定了水源保护区，在分散式饮用水水源地建设了截污设施，水质监测得到加强，依法取缔了保护区内的排污口，无污染事件发生。采取集中和分散相结合的方式，妥善处理了农村生活垃圾和生活污水，并确保治理设施长期稳定运行和达标排放。通过生产有机肥、还田等方式，有效治理了规模化畜禽养殖污染，对分散养殖户进行人畜分离，养殖废弃物得到集中处理；对历史遗留农村工矿污染采取工程治理措施，消除了隐患。推广化肥、农药污染小的生产方式，建立了有机食品基地；在污灌区、基本农田等区域，开展了污染土壤修复示范工程，保障食品安全。

三、实施程序和监督考核

（一）申报程序。每年上半年，由环境保护部、财政部根据有关规划和年度预算安排原则及重点，发布年度"以奖促治"资金申报指南，提出具体要求。"以奖促治"资金由县级人民政府申请，经市（地）级环境保护、财政部门审核，省级环境保护、财政部门审查汇总后，联合报送环境保护部和财政部。环境保护部会同财政部组织审查。已有投资渠道的农村环境治理项目，按现行工作程序进行。

（二）资金管理。“以奖促治”资金是财政奖励资金，专项用于农村环境综合整治。省级财政部门应在中央财政下达资金的 20 个工作日内，及时下达资金预算。资金使用实行县级财政报账制，县级财政、环境保护部门要加强资金审核和管理，确保专款专用、专项核算，不得截留、挤占和挪用。资金使用和整治进展情况要在当地张榜公布，实行村务公开。财政部会同环境保护部对资金使用情况进行监督检查。对违反规定，截留、挤占和挪用资金或有其他违规行为的，将相应扣减或取消安排下一年度资金，并按规定追究相关人员责任。

（三）监督考核。省级环境保护、财政部门要加强“以奖促治”政策实施进展和成效、资金使用、污染治理设施运行、群众满意程度等情况的考核验收，于每年 2 月底之前将上年度实施情况报送环境保护部和财政部。2008 年已安排的“以奖促治”项目应于 2009 年 6 月底前完成，省级环境保护、财政部门要于 2009 年 8 月底前将实施情况报送环境保护部和财政部。环境保护部会同财政部对“以奖促治”政策的落实情况进行抽查并考核，考核的重点是“以奖促治”工作机制、责任制落实、治理目标完成、资金管理等情况。对按时完成治理目标、考核情况较好的地区，优先安排“以奖促治”资金；对未按时完成治理目标，考核情况较差的地区，将通报批评并取消申报资格、停止资金安排或追缴已拨付资金。

四、组织领导

（一）地方责任。各省、自治区、直辖市人民政府要切实加强农村环境保护“以奖促治”政策实施工作的组织领导，合理规划本行政区域综合整治的目标和任务，建立工作制度，完善政策措施，制订具体实施方案，逐级明确责任，层层抓好落实。县级人民政府作为政策落实的责任主体，要抓紧建立农村环境综合整治目标责任制，通过签订责任书等形式，明确具体承担单位的任务和要求，并确保污染治理设施稳定达标排放。地方各级人民政府要参照国家“以奖促治”政策，结合当地实际，安排本级农村环境保护专项补助资金。

（二）部门分工。环境保护部要做好“以奖促治”政策实施的统筹规划，加强对治理工作的指导、协调、监督和考核，会同有关部门尽快编制全国农村环境综合整治规划，确定“以奖促治”政策支持的范围、目标、内容和资金需求，为年度资金安排提供依据。财政部要制定有关政策措施，加大资金投入，会同环境保护部抓紧制定出台“以奖促治”资金管理办法。发展改革委要制定综合性政策措施，加大解决农村环境问题的支持力度。其他有关部门要按照职能分工，加强协调配合，形成工作合力。

（三十二）第一次全国污染源普查公报

中华人民共和国环境保护部　中华人民共和国国家统计局　中华人民共和国农业部

2010 年 2 月 6 日

为贯彻落实科学发展观，加强环境监督管理，了解各类企事业单位与环境有关的基本信息，建立健全各类重点污染源档案和各级污染源信息数据库，为制定经济社会政策提供依据，国务院决定开展第一次全国污染源普查。

普查的标准时点为 2007 年 12 月 31 日，时期为 2007 年度。普查对象是我国境内排放污染物的工业污染源（以下简称“工业源”）、农业污染源（以下简称“农业源”）、生活污染源（以下简称“生活源”）和集中式污染治理设施。普查内容包括各类污染源的基本情况、主要污染物的产生和排放数量、污染治理情况等。

经过各级人民政府和有关部门及全体普查人员两年多的共同努力，现已完成了第一次全国污染源普查任务。现将主要数据公布如下：

一、总体情况

（一）各类普查对象数量

1．全国总数量

普查对象总数592.6万个，包括：工业源157.6万个，农业源289.9万个，生活源144.6万个，集中式污染治理设施4 790个。

2．各地区普查对象数量

单位：个

地区	工业污染源	农业污染源	生活污染源	集中式污染治理设施	合 计
北京市	18475	14845	37386	156	70862
天津市	16920	21394	12908	38	51260
河北省	79942	213888	52591	183	346604
山西省	20215	45367	38271	148	104001
内蒙古自治区	11416	74450	41571	99	127536
辽宁省	47948	213605	59552	125	321230
吉林省	15873	79312	45648	77	140910
黑龙江省	13988	171201	48110	47	233346
上海市	48755	13776	37417	113	100061
江苏省	185371	256900	78269	438	520978
浙江省	313445	101759	81449	345	496998
安徽省	42481	96910	63325	277	202993
福建省	67673	91388	42037	309	201407
江西省	28628	48646	36748	111	114133
山东省	95252	181224	78656	341	355473
河南省	44963	256998	56481	182	358624
湖北省	27533	195228	46082	126	268969
湖南省	38673	145985	45778	156	230592
广东省	268968	189749	143056	418	602191
广西壮族自治区	23174	90817	31307	109	145407
海南省	2219	16239	9160	28	27646
重庆市	30530	39279	50112	178	120099
四川省	49167	138624	103669	199	291659
贵州省	16090	16335	30416	33	62874
云南省	23424	40305	50307	135	114171
西藏自治区	231	573	3205	8	4017
陕西省	15963	49636	36406	61	102066
甘肃省	7603	29653	23067	58	60381
青海省	1855	2385	8441	44	12725
宁夏回族自治区	4248	20994	10609	23	35874
新疆维吾尔自治区	14481	42173	43610	225	100489
合计	1575504	2899638	1445644	4790	5925576

（二）主要污染物全国排放总量

各类源废水排放总量 2092.81 亿 t，废气排放总量 637203.69 亿 m^3。主要污染物排放总量：化学需氧量 3028.96 万 t，氨氮 172.91 万 t，石油类 78.21 万 t，重金属（镉、铬、砷、汞、铅，下同）0.09 万 t，总磷 42.32 万 t，总氮 472.89 万 t；二氧化硫 2320.00 万 t，烟尘 1166.64 万 t，氮氧化物 1797.70 万 t。

二、工业污染源

（一）基本情况

1．普查对象数量

工业源普查对象为 1575504 家。

浙江、广东、江苏、山东和河北省普查对象数量居前 5 位，分别占全国工业源总数的 19.9%、17.1%、11.8%、6.1%和 5.1%。

工业源普查对象数量居前几位的行业：非金属矿物制品业 183845 个、通用设备制造业 140222 个、金属制品业 123274 个、纺织业 107673 个、塑料制品业 88087 个、农副食品加工业 82654 个、纺织服装鞋帽制造业 81909 个。上述 7 个行业合计占全国工业源普查对象总数的 51.3%。

2．工业废水全国产生和排放情况

产生量 738.33 亿 t，排放量 236.73 亿 t。工业企业废水处理设施 140652 套，设计处理能力 2.35 亿 t/d，废水年处理量 458.52 亿 t。

3．工业废气全国产生和排放情况

产生和排放量均为 612275.17 亿 m^3。工业企业废气处理设施 244641 套，设计处理能力 172.43 亿 m^3/h，废气年处理量 401513.33 亿 m^3。

（二）主要水污染物

1．产生和排放情况

工业废水中主要污染物产生量：化学需氧量 3145.35 万 t，氨氮 201.67 万 t，石油类 54.15 万 t，挥发酚 12.38 万 t，重金属 2.43 万 t。

工业废水中主要污染物排放量：（1）厂区排放口排放量：化学需氧量 715.1 万 t，氨氮 30.4 万 t，石油类 6.64 万 t，挥发酚 0.75 万 t，重金属 0.21 万 t；（2）厂区排放后，再经城镇污水处理厂及工业废水集中处理设施削减，实际排入环境水体的污染物排放量：化学需氧量 564.36 万 t，氨氮 20.76 万 t，石油类 5.54 万 t，挥发酚 0.70 万 t，重金属 0.09 万 t。

2．主要行业排放情况（以厂区排放口排放量计）

化学需氧量排放量居前几位的行业：造纸及纸制品业 176.91 万 t、纺织业 129.60 万 t、农副食品加工业 117.42 万 t、化学原料及化学制品制造业 60.21 万 t、饮料制造业 51.65 万 t、食品制造业 22.54 万 t、医药制造业 21.93 万 t。上述 7 个行业化学需氧量排放量合计占工业废水厂区排放口化学需氧量排放量的 81.1%。

氨氮排放量居前几位的行业：化学原料及化学制品制造业 13.16 万 t、有色金属冶炼及压延加工业 3.13 万 t、石油加工炼焦及核燃料加工业 2.57 万 t、农副食品加工业 1.79 万 t、纺织业 1.60 万 t、皮革毛皮羽毛（绒）及其制品业 1.49 万 t、饮料制造业 1.24 万 t、食品制造业 1.12 万 t。上述 8 个行业氨氮排放量合计占工业废水厂区排放口氨氮排放量的 85.9%。

石油类排放量居前几位的行业：通用设备制造业 1.25 万 t、黑色金属冶炼及压延加工业 0.90 万 t、交通运输设备制造业 0.75 万 t、化学原料及化学制品制造业 0.66 万 t、金属制品业 0.64 万 t、石油加工炼焦及核燃料加工业 0.57 万 t、煤炭开采和洗选业 0.46 万 t。上述 7 个行业石油类排放量合计占工业废水厂区排放口石油类排放量的 78.8%。

挥发酚排放量居前几位的行业：石油加工炼焦及核燃料加工业 5110.68t、化学原料及化学制品制造业 861.82t、黑色金属冶炼及压延加工业 717.72t、造纸及纸制品业 346.04t、电力燃气及水的生产和供应业 194.41t。上述 5 个行业挥发酚排放量合计占工业废水厂区排放口挥发酚排放量的 96.5%。

3．重点流域排放情况

重点流域（海河、淮河、辽河、太湖、巢湖、滇池，下同）工业源主要污染物排放量：化学需氧量 145.28 万 t，氨氮 2.96 万 t，石油类 1.85 万 t，挥发酚 1938.63t，重金属 0.01 万 t。

（三）主要气污染物

1．产生和排放情况

工业废气中主要污染物产生量：二氧化硫 4345.42 万 t，烟尘 48927.22 万 t，氮氧化物 1223.97 万 t，粉尘 14731.49 万 t。

工业废气中主要污染物排放量：二氧化硫 2119.75 万 t，烟尘 982.01 万 t，氮氧化物 1188.44 万 t，粉尘 764.68 万 t。

2．主要行业排放情况

二氧化硫排放量居前几位的行业：电力热力的生产和供应业 1068.70 万 t、非金属矿物制品业 269.44 万 t、黑色金属冶炼及压延加工业 220.67 万 t、化学原料及化学制品制造业 130.15 万 t、有色金属冶炼及压延加工业 122.04 万 t、石油加工炼焦及核燃料加工业 65.30 万 t。上述 6 个行业二氧化硫排放量合计占工业源二氧化硫排放量的 88.5%。

烟尘排放量居前几位的行业：电力热力的生产和供应业 314.62 万 t、非金属矿物制品业 271.68 万 t、黑色金属冶炼及压延加工业 97.73 万 t、化学原料及化学制品制造业 78.81 万 t、造纸及纸制品业 29.83 万 t、农副食品加工业 26.29 万 t。上述 6 个行业烟尘排放量合计占工业源烟尘排放量的 83.4%。

氮氧化物排放量居前几位的行业：电力热力的生产和供应业 733.38 万 t、非金属矿物制品业 201.24 万 t、黑色金属冶炼及压延加工业 81.74 万 t、化学原料及化学制品制造业 41.98 万 t、石油加工炼焦及核燃料加工业 29.80 万 t。上述 5 个行业氮氧化物排放量合计占工业源氮氧化物排放量的 91.5%。

粉尘排放量居前几位的行业：非金属矿物制品业 222.18 万 t、黑色金属冶炼及压延加工业 193.92 万 t、石油加工炼焦及核燃料加工业 59.51 万 t、木材加工及木竹藤棕草制品业 55.72 万 t。上述 4 个行业粉尘排放量合计占工业粉尘排放量的 69.6%。

（四）工业固体废物和危险废物

1．工业固体废物

工业固体废物产生量 38.52 亿 t，综合利用量 18.04 亿 t（其中综合利用往年贮存量 2124.44 万 t），处置量 4.41 亿 t（其中处置往年贮存量 1964.05 万 t），本年贮存量 15.99 亿 t（其中符合环保要求贮存量 12.11 亿 t），倾倒丢弃量 4914.87 万 t。

2．工业源中危险废物

工业源中危险废物产生量 4573.69 万 t；综合利用量 1644.81 万 t（其中综合利用往年贮存量 68.82 万 t），处置量 2192.76 万 t（其中处置往年贮存量 11.44 万 t），本年贮存量 812.44 万 t（其中符合环保要求贮存量 275.64 万 t），倾倒丢弃量 3.94 万 t。

三、农业污染源

（一）基本情况

农业源普查对象为 2 899 638 个。其中：种植业 38 239 个，畜禽养殖业 1 963 624 个，水产养殖业 883 891 个，典型地区（指巢湖、太湖、滇池和三峡库区 4 个流域）农村生活源 13 884 个。

农业源（不包括典型地区农村生活源，下同）中主要水污染物排放（流失）量：化学需氧量 1 324.09 万 t，总氮 270.46 万 t，总磷 28.47 万 t，铜 2 452.09 t，锌 4 862.58 t。

（二）种植业

1．主要污染物流失（排放）情况

种植业总氮流失量 159.78 万 t（其中：地表径流流失量 32.01 万 t，地下淋溶流失量 20.74 万 t，基础流失量 107.03 万 t），总磷流失量 10.87 万 t。

种植业地膜残留量 12.10 万 t，地膜回收率 80.3%。

2．重点流域排放情况

重点流域种植业主要水污染物流失量：总氮 71.04 万 t，总磷 3.69 万 t。

（三）畜禽养殖业

1．主要污染物排放情况

畜禽养殖业主要水污染物排放量：化学需氧量 1 268.26 万 t，总氮 102.48 万 t，总磷 16.04 万 t，铜 2 397.23 t，锌 4 756.94 t。

畜禽养殖业粪便产生量 2.43 亿 t，尿液产生量 1.63 亿 t。

2．重点流域排放情况

重点流域畜禽养殖业主要水污染物排放量：化学需氧量 705.98 万 t，总氮 45.75 万 t，总磷 9.16 万 t，铜 980.03 t，锌 2 323.95 t。

（四）水产养殖业

1．主要污染物排放情况

水产养殖业主要水污染物排放量：化学需氧量 55.83 万 t，总氮 8.21 万 t，总磷 1.56 万 t，铜 54.85 t，锌 105.63 t。

2．重点流域排放情况

重点流域水产养殖业主要水污染物排放量：化学需氧量 12.67 万 t，总氮 2.15 万 t，总磷 0.41 万 t，铜 24.62 t，锌 50.15 t。

四、生活污染源

（一）基本情况

生活源普查对象为 1 445 644 个。其中：住宿业 100 084 个，餐饮业 749 023 个，洗染服务业 10 363 个，理发及美容保健服务业 339 911 个，洗浴服务业 65 198 个，摄影扩印服务业 9 848 个，汽车摩托车维护与保养业 61 232 个；医院 32 000 个；独立燃烧设施 56 654 家（普查锅炉数 161 457 台）；城镇居民生活源（以区、县城、建制镇为单位）21 331 个，覆盖城镇人口 5.69 亿人。

生活污水排放量 343.30 亿 t。生活源废气排放量为 23 838.72 亿 m^3。

（二）主要水污染物

1．全国排放情况

化学需氧量 1 108.05 万 t，总氮 202.43 万 t，总磷 13.80 万 t，氨氮 148.93 万 t，石油类（含动植物油）72.62 万 t。

2．重点流域排放情况

重点流域生活污染源主要污染物排放量：化学需氧量 328.07 万 t，氨氮 47.00 万 t，石油类和动植物油 22.35 万 t，总氮 65.92 万 t，总磷 3.77 万 t。

（三）主要气污染物

1．生活源废气排放情况

二氧化硫 199.40 万 t，烟尘 183.51 万 t，氮氧化物 58.20 万 t。

2．机动车尾气排放情况

总颗粒物 59.06 万 t，氮氧化物 549.65 万 t，一氧化碳 3947.46 万 t，碳氢化合物 478.62 万 t。

（四）医疗废物

医疗废物产生量 45.02 万 t；无害化处置量 39.42 万 t，无害化处置率 87.6%。

（五）医用电磁辐射设备、放射源、射线装置数量

1434 家医院拥有医用电磁辐射设备 2073 台；867 家医院拥有 4213 枚放射源（密封放射源）；26599 家医院拥有 56036 台医用射线装置。

五、集中式污染治理设施

（一）基本情况

集中式污染治理设施普查对象为污水处理厂 2094 座，垃圾处理厂 2353 座，危险废物处理厂 159 座，医疗废物处置厂 184 座。

各地区情况见下表。

单位：个

地区	合计	污水处理厂	垃圾处理厂	危废处理厂	医废处置厂
北京市	156	132	19	1	4
天津市	38	25	9	4	0
河北省	183	91	77	6	9
山西省	148	57	79	0	12
内蒙古自治区	99	38	51	0	10
辽宁省	125	54	43	19	9
吉林省	77	20	52	2	3
黑龙江省	47	12	26	1	8
上海市	113	53	46	13	1
江苏省	438	322	68	43	5
浙江省	345	192	129	14	10
安徽省	277	49	222	2	4
福建省	309	60	242	1	6
江西省	111	15	90	1	5
山东省	341	228	88	9	16
河南省	182	119	55	0	8
湖北省	126	38	75	10	3
湖南省	156	25	118	6	7
广东省	418	211	171	18	18
广西壮族自治区	109	14	89	1	5
海南省	28	7	18	1	2
重庆市	178	73	102	0	3
四川省	199	91	92	3	13
贵州省	33	20	10	0	3

地区	合计	污水处理厂	垃圾处理厂	危废处理厂	医废处置厂
云南省	135	44	88	1	2
西藏自治区	8	2	6	0	0
陕西省	61	19	34	2	6
甘肃省	58	27	29	1	1
青海省	44	6	36	0	2
宁夏回族自治区	23	11	10	0	2
新疆维吾尔自治区	225	39	179	0	7
合计	4 790	2 094	2 353	159	184

垃圾、医疗和危险废物焚烧设施主要气污染物排放量：二氧化硫 0.85 万 t，烟尘 1.12 万 t，氮氧化物 1.41 万 t。

（二）污水处理厂

污水处理厂污水年实际处理量 210.31 亿 t。其中：城镇污水处理厂处理 194.41 亿 t，占 92.5%；工业废水集中处理厂（设施）处理（不包括工业企业内仅处理本企业工业废水的处理设施处理量）12.90 亿 t，占 6.1%；其他污水处理厂（设施）处理 3.00 亿 t，占 1.4%。

主要污染物削减量：化学需氧量 590.58 万 t，总氮 28.82 万 t，总磷 4.53 万 t，氨氮 37.62 万 t，石油类 4.29 万 t，挥发酚 463.81t。工业废水集中处理设施重金属削减量 0.12 万 t。

（三）垃圾处理厂（场）

渗滤液中主要污染物排放量：化学需氧量 32.46 万 t，氨氮 3.22 万 t，总磷 456.85t，石油类 409.32t。

垃圾填埋量 1.53 亿 t（占全国垃圾处理量的 90.5%）。其中：无害化填埋量 8 592.92 万 t，简易填埋量 6 726.82 万 t。无害化填埋场已填埋量 3.75 亿 m^3，占设计容量的 20.9%；简易填埋场已填埋量 4.29 亿 m^3，占设计容量的 30.5%。

垃圾焚烧处理量 1 370.80 万 t，占全国垃圾处理量的 8.1%。

（四）危险废物处置厂

危险废物处置厂设计处置能力 1.13 万 t/d，危险废物实际年处置量 117.42 万 t；其中焚烧处置量 50.37 万 t，占全国危险废物处置量的 42.9%；填埋处置量 31.50 万 t，占 26.8%。

注释

本公报资料未包括香港和澳门特别行政区、台湾省、福建省金门和马祖等岛屿。

工业废水排放量—指工业企业厂区所有排放口排到企业外部的工业废水量。包括生产废水、外排的直接冷却水和清污不分流的间接冷却水、超标准排放的矿井地下水和与工业废水混排的厂区生活污水，不包括独立外排的厂区生活污水及清污分流的间接冷却水和雨水。

工业废水处理量—指经各种水治理设施实际处理的工业废水量，包括处理后外排和回用的工业废水量。

工业废水中污染物排放量—指排放的工业废水中所含化学需氧量、氨氮、挥发酚、石油类等物质的量。

集中式污水处理厂削减量—指城镇污水处理厂、集中式工业废水处理设施和其他污水处理设施削减的污水中污染物的量，不包括企业内部废水处理设施削减的污染物量。

废水治理设施数—指用于防治水污染和经处理后综合利用水资源的实有设施（包括构筑

物），以一个废水治理系统为单位统计，附属于设施内的水治理设备和配套设备不单独计算。

工业废气排放量—指企业燃料燃烧和生产工艺过程中产生的各种排入空气的含有污染物的气体的总量，以标准状态（273K，101 325 Pa）计。

工业二氧化硫排放量—指企业燃料燃烧和生产工艺过程中产生的各种排入空气的二氧化硫量。

工业烟尘排放量—指企业厂区内的燃料燃烧产生的烟气中夹带的颗粒物的量。

工业粉尘排放量—指企业在生产工艺过程中排放的颗粒物重量。不包括燃烧过程中的烟尘。

废气治理设施数—指企业用于减少在燃料燃烧和生产工艺过程中排向大气的污染物或对污染物加以回收利用的实有设施（包括构筑物）。附属于设施内的水治理设备和配套设备不单独计算。

工业固体废物产生量—指企业在生产过程中产生的固体状、半固体状和高浓度液体状废弃物的总称，包括危险废物、冶炼炉渣、粉煤灰、炉渣、煤矸石、尾矿、放射性废物和其他废物等，不包括矿山开采的剥离废石和掘进废石（呈酸性或碱性的废石除外）。酸性或碱性的废石是指采掘的废石流经水、雨淋水的 pH 值小于 4 或大于 10.5 者。

危险废物—指列入国家危险废物名录或根据国家规定的危险废物鉴别标准和方法认定的，具有爆炸性、易燃性、易氧化性、毒性、腐蚀性、易传染疾病等危险特性之一的废物。

工业固体废物综合利用量—指通过回收、加工、循环、交换等方式，从固体废物中提取或者使其转化为可以利用的资源、能源和其他原材料的固体废物量。

工业固体废物贮存量—指以综合利用或处置为目的，将固体废物暂时贮存或堆存在专设的贮存设施和专设集中堆存场所内的量。专设的固体废物贮存场所和贮存设施必须有防扩散、防流失、防渗漏、防止污染大气、防止污染水体的措施。

工业固体废物处置量—指将固体废物焚烧或者最终置于符合环境保护规定的场所并不再回取的工业固体废物量。

工业固体废物倾倒丢弃量—指将工业固体废物排到固体废物防治设施、场所以外的量。不包括矿山剥离的废石和掘进废石（煤矸石、酸性或碱性的废石除外）。

电磁辐射设备—指能产生电磁辐射用于医疗和科学研究的设备。

放射源—指除研究堆和动力堆核燃料循环范畴的材料以外，永久密封在容器中或者有严密包层并呈固态的放射性材料。

射线装置—指 X 线机、加速器、中子发生器。

种植业总磷、总氮流失量—指在粮食作物、经济作物和蔬菜作物种植生产过程中因淋溶、地表径流流失的总磷、总氮的量。

地表径流和地下淋溶流失量—农田氮、磷和农药等是随着水流而迁移流失的，农田水流方向可分为沿地表横向流和向地下纵向流两种情况。本次普查中，统一将沿地表横向水流途径而流失的氮、磷和农药量，定义为地表径流流失量，将沿地下纵向水流途径而流失的氮、磷和农药量定义为地下淋溶流失量。

基础流失量—农田土壤本底氮、磷和农药流失量，是相对于当年施入量的流失量而言的。本次普查中，统一将农田土壤往年累积（非当年施入）的氮、磷和农药的流失量定义为基础流失量。

地膜残留量—指种植业生产过程中使用地膜后，残留在土壤中或土地表面没有回收或无法回收的地膜量。

水产养殖业污染物排放量—指在水产养殖生产过程中排入养殖区域外部水体的污染物量。

城镇居民生活源单位—指设区城市的区、县城（县级市）、建制镇（不包括农庄和集镇）。

医疗废物产生量—指从事医疗、预防、保健、医疗教学与研究以及其他相关活动中产生的具有直接或间接感染性、毒性以及其他危害性废物的总量。包括感染性、病理性、损伤性、药物性、化学性以及其他危险性废物。

医疗废物无害化处置—指对医疗废物采用符合环境保护和医疗废物管理规定的焚烧、高温蒸煮、微波消毒和化学消毒等方式处理医疗废物并最终实现医疗废物毁形、减容和消除其危害性，并对其残余物进行安全填埋的处置过程。

（三十三）关于印发《中国生物多样性保护战略与行动计划》（2011—2030 年）的通知

环发[2010]106 号

各省、自治区、直辖市人民政府，新疆生产建设兵团，中宣部，外交部，发展改革委，教育部，科技部，公安部，财政部，国土资源部，住房和城乡建设部，水利部，农业部，商务部，卫生部，海关总署，工商总局，质检总局，广电总局，林业局，知识产权局，新华社，中科院，海洋局，食品药品监管局，中医药局，人民日报社，光明日报社：

《中国生物多样性保护战略与行动计划》（2011—2030 年）已经国务院常务会议第 126 次会议审议通过，现印发给你们，请认真贯彻落实。

附件：《中国生物多样性保护战略与行动计划》（2011—2030 年）

二〇一〇年九月十七日

附件

中国生物多样性保护战略与行动计划（2011—2030 年）

前　言

“生物多样性”是生物（动物、植物、微生物）与环境形成的生态复合体以及与此相关的各种生态过程的总和，包括生态系统、物种和基因三个层次。生物多样性是人类赖以生存的条件，是经济社会可持续发展的基础，是生态安全和粮食安全的保障。

《生物多样性公约》（以下简称“公约”）规定，每一缔约国要根据国情，制定并及时更新国家战略、计划或方案。1994 年 6 月，经国务院环境保护委员会同意，原国家环境保护局会同相关部门发布了《中国生物多样性保护行动计划》（以下简称“行动计划”）。目前，该行动计划确定的七大目标已基本实现，26 项优先行动大部分已完成，行动计划的实施有力地促进了我国生物多样性保护工作的开展。

近年来，随着转基因生物安全、外来物种入侵、生物遗传资源获取与惠益共享等问题的出现，生物多样性保护日益受到国际社会的高度重视。目前，我国生物多样性下降的总体趋势尚未得到有效遏制，资源过度利用、工程建设以及气候变化严重影响着物种生存和生物资源的可持续利用，生物物种资源流失严重的形势没有得到根本改变。

为落实公约的相关规定，进一步加强我国的生物多样性保护工作，有效应对我国生物多样性保护面临的新问题、新挑战，环境保护部会同20多个部门和单位编制了《中国生物多样性保护战略与行动计划》（2011—2030年），提出了我国未来20年生物多样性保护总体目标、战略任务和优先行动。

一、我国生物多样性现状

（一）概况

我国是世界上生物多样性最为丰富的12个国家之一，拥有森林、灌丛、草甸、草原、荒漠、湿地等地球陆地生态系统，以及黄海、东海、南海、黑潮流域大海洋生态系；拥有高等植物34 984种，居世界第三位；脊椎动物6 445种，占世界总种数的13.7%；已查明真菌种类1万多种，占世界总种数的14%。

我国生物遗传资源丰富，是水稻、大豆等重要农作物的起源地，也是野生和栽培果树的主要起源中心。据不完全统计，我国有栽培作物1 339种，其野生近缘种达1 930个，果树种类居世界第一。我国是世界上家养动物品种最丰富的国家之一，有家养动物品种576个。

（二）生物多样性受威胁现状

1. 部分生态系统功能不断退化。我国人工林树种单一，抗病虫害能力差。90%的草原不同程度退化。内陆淡水生态系统受到威胁，部分重要湿地退化。海洋及海岸带物种及其栖息地不断丧失，海洋渔业资源减少。

2. 物种濒危程度加剧。据估计，我国野生高等植物濒危比例达15%～20%，其中，裸子植物、兰科植物等高达40%以上。野生动物濒危程度不断加剧，有233种脊椎动物面临灭绝，约44%的野生动物呈数量下降趋势，非国家重点保护野生动物种群下降趋势明显。

3. 遗传资源不断丧失和流失。一些农作物野生近缘种的生存环境遭受破坏，栖息地丧失，野生稻原有分布点中的60%～70%已经消失或萎缩。部分珍贵和特有的农作物、林木、花卉、畜、禽、鱼等种质资源流失严重。一些地方传统和稀有品种资源丧失。

二、生物多样性保护工作的成效、问题与挑战

（一）行动计划的实施情况

1994年以来，行动计划确定的主要目标已基本实现，对我国生物多样性保护工作起到了积极的推动作用。但是，由于缺乏足够的资金支持和项目实施监督机制、公众生物多样性保护意识还有待提高等原因，行动计划中的部分行动和项目实施效果欠佳。

（二）生物多样性保护成效

1. 生物多样性保护法律体系初步建立。我国政府发布了一系列生物多样性保护相关法律，主要包括野生动物保护法、森林法、草原法、畜牧法、种子法以及进出境动植物检疫法等；颁布了一系列行政法规，包括自然保护区条例、野生植物保护条例、农业转基因生物安全管理条例、濒危野生动植物进出口管理条例和野生药材资源保护管理条例等。相关行业主管部门和部分省级政府也制定了相应的规章、地方法规和规范。

2. 实施了一系列生物多样性保护规划和计划。行动计划发布后，我国政府又先后发布了《中国自然保护区发展规划纲要（1996—2010年）》、《全国生态环境建设规划》、《全国生态环境保护纲要》和《全国生物物种资源保护与利用规划纲要》（2006—2020年）。相关行业主管部门也分别在自然保护区、湿地、水生生物、畜禽遗传资源保护等领域发布实施了一系列规划和计划。

3. 生物多样性保护工作机制逐步完善。我国成立了中国履行《生物多样性公约》工作协调组和生物物种资源保护部际联席会议，建立了生物多样性和生物安全信息交换机制，初步形成了生物多样性保护和履约国家协调机制。各相关部门根据工作需要，成立了生物多样性管理相关机构。一些省级政府也相继建立了生物多样性保护的协调机制。

4．生物多样性基础调查、科研和监测能力得到提升。有关部门先后组织了多项全国性或区域性的物种调查，建立了相关数据库，出版了《中国植物志》、《中国动物志》、《中国孢子植物志》以及《中国濒危动物红皮书》等物种编目志书。各相关部门相继开展了各自领域物种资源科研与监测工作，建立了相应的监测网络和体系。

5．就地保护工作成绩显著。到2008年底，我国已建立各级自然保护区2538个，总面积14894.3万hm^2，占陆地国土面积的15.13%，超过全世界12%的平均水平，其中国家级自然保护区303个，初步形成了类型比较齐全、布局比较合理、功能比较健全的自然保护区网络；建立森林公园2277处，其中国家级森林公园709处，面积973.8万hm^2，占国土面积的1.01%；国家级风景名胜区187处，面积841.6万hm^2，占国土面积的0.88%；国家湿地公园试点100处，国家地质公园138处。全国各类保护区域总面积约占国土面积的17%。此外，我国还建立了国家级海洋特别保护区17处，国家级畜禽遗传资源保种场、保护区等113处。

6．迁地保护得到进一步加强。野生动植物迁地保护和种质资源移地保存得到较快发展，全国已建动物园（动物展区）240多个，植物园（树木园）234座。至2008年底，我国已建成农作物种质资源国家长期库2座、中期库25座；国家级种质资源圃32个；国家牧草种质资源基因库1个，中期库3个，种质资源圃14个；国家级畜禽种质资源基因库6个。保存农业植物种质资源量达39万份。此外，我国林木种质资源、药用植物种质资源、水生生物遗传资源、微生物资源、野生动植物基因等种质资源库建设工作也初具规模。

7．生物安全管理得到加强。国家设立了生物安全管理办公室，农业、林业等转基因生物安全管理体系已基本形成。外来入侵物种预防和控制管理进一步规范，建立了外来入侵物种防治协作组，成立了跨部门的动植物检疫风险分析委员会，相关部门设立了外来入侵物种防治的专门机构。

8．国际合作与交流取得进步。我国积极履行公约，参与国际谈判和相关规则制定，加强与相关国际组织和非政府组织的合作与交流，开展了一系列合作项目，加强生物多样性保护政策与相关技术的交流。通过开展培训和宣传，科技人员技术水平得到提高，公众生物多样性保护意识得到增强。

（三）生物多样性保护面临的问题与挑战

1．生物多样性保护存在的主要问题。生物多样性保护法律和政策体系尚不完善，生物物种资源家底不清，调查和编目任务繁重，生物多样性监测和预警体系尚未建立，生物多样性投入不足，管护水平有待提高，基础科研能力较弱，应对生物多样性保护新问题的能力不足，全社会生物多样性保护意识尚需进一步提高。

2．生物多样性保护面临的压力与挑战。城镇化、工业化加速使物种栖息地受到威胁，生态系统承受的压力增加。生物资源过度利用和无序开发对生物多样性的影响加剧。环境污染对水生和河岸生物多样性及物种栖息地造成影响。外来入侵物种和转基因生物的环境释放增加了生物安全的压力。生物燃料的生产对生物多样性保护形成新的威胁。气候变化对生物多样性的影响有待评估。

三、生物多样性保护战略

（一）指导思想

深入贯彻落实科学发展观，统筹生物多样性保护与经济社会发展，以实现保护和可持续利用生物多样性、公平合理分享利用遗传资源产生的惠益为目标，加强生物多样性保护体制与机制建设，强化生态系统、生物物种和遗传资源保护能力，提高公众保护与参与意识，推动生态文明建设，促进人与自然和谐。

（二）基本原则

——保护优先。在经济社会发展中优先考虑生物多样性保护，采取积极措施，对重要生态系统、生物物种及遗传资源实施有效保护，保障生态安全。

——持续利用。禁止掠夺性开发生物资源，促进生物资源可持续利用技术的研发与推广，科学、合理和有序地利用生物资源。

——公众参与。加强生物多样性保护宣传教育，积极引导社会团体和基层群众的广泛参与，强化信息公开和舆论监督，建立全社会共同参与生物多样性保护的有效机制。

——惠益共享。推动建立生物遗传资源及相关传统知识的获取与惠益共享制度，公平、公正分享其产生的经济效益。

（三）战略目标

1. 近期目标。到 2015 年，力争使重点区域生物多样性下降的趋势得到有效遏制。完成 8～10 个生物多样性保护优先区域的本底调查与评估，并实施有效监控。加强就地保护，陆地自然保护区总面积占陆地国土面积的比例维持在 15%左右，使 90%的国家重点保护物种和典型生态系统类型得到保护。合理开展迁地保护，使 80%以上的就地保护能力不足和野外现存种群量极小的受威胁物种得到有效保护。初步建立生物多样性监测、评估与预警体系、生物物种资源出入境管理制度以及生物遗传资源获取与惠益共享制度。

2. 中期目标。到 2020 年，努力使生物多样性的丧失与流失得到基本控制。生物多样性保护优先区域的本底调查与评估全面完成，并实施有效监控。基本建成布局合理、功能完善的自然保护区体系，国家级自然保护区功能稳定，主要保护对象得到有效保护。生物多样性监测、评估与预警体系、生物物种资源出入境管理制度以及生物遗传资源获取与惠益共享制度得到完善。

3. 远景目标。到 2030 年，使生物多样性得到切实保护。各类保护区域数量和面积达到合理水平，生态系统、物种和遗传多样性得到有效保护。形成完善的生物多样性保护政策法律体系和生物资源可持续利用机制，保护生物多样性成为公众的自觉行动。

（四）战略任务

1. 完善生物多样性保护相关政策、法规和制度。研究促进自然保护区周边社区环境友好产业发展政策，探索促进生物资源保护与可持续利用的激励政策。研究制订加强生物遗传资源获取与惠益共享、传统知识保护、生物安全和外来入侵物种等管理的法规、制度。完善生物多样性保护和生物资源管理协作机制，充分发挥中国履行《生物多样性公约》工作协调组和生物物种资源保护部际联席会议的作用。

2. 推动生物多样性保护纳入相关规划。将生物多样性保护内容纳入国民经济和社会发展规划和部门规划，推动各地分别编制生物多样性保护战略与行动计划。建立相关规划、计划实施的评估监督机制，促进其有效实施。

3. 加强生物多样性保护能力建设。加强生物多样性保护基础建设，开展生物多样性本底调查与编目，完成高等植物、脊椎动物和大型真菌受威胁现状评估，发布濒危物种名录。加强生物多样性保护科研能力建设，完善学科与专业设置，加强专业人才培养。开展生物多样性保护与利用技术方法的创新研究。进一步加强生物多样性监测能力建设，提高生物多样性预警和管理水平。加强生物物种资源出入境查验能力建设，研究制定查验技术标准，配备急需的查验设备。

4．强化生物多样性就地保护，合理开展迁地保护。坚持以就地保护为主，迁地保护为辅，两者相互补充。合理布局自然保护区空间结构，强化优先区域内的自然保护区建设，加强保护区外生物多样性的保护并开展试点示范。建立自然保护区质量管理评估体系，加强执法检查，不断提高自然保护区管理质量。研究建立生物多样性保护与减贫相结合的激励机制，促进地方政府及基层群众参与自然保护区建设与管理。对于自然种群较小和生存繁衍能力较弱的物种，采取就地保护与迁地保护相结合的措施，其中，农作物种质资源以迁地保护为主，畜禽种质资源以就地保护为主。加强生物遗传资源库建设。

5．促进生物资源可持续开发利用。把发展生物技术与促进生物资源可持续利用相结合，加强对生物资源的发掘、整理、检测、筛选和性状评价，筛选优良生物遗传基因，推进相关生物技术在农业、林业、生物医药和环保等领域的应用，鼓励自主创新，提高知识产权保护能力。

6．推进生物遗传资源及相关传统知识惠益共享。借鉴国际先进经验，开展试点示范，加强生物遗传资源价值评估与管理制度研究，抢救性保护和传承相关传统知识，完善传统知识保护制度，探索建立生物遗传资源及传统知识获取与惠益共享制度，协调生物遗传资源及相关传统知识保护、开发和利用的利益关系，确保各方利益。

7．提高应对生物多样性新威胁和新挑战的能力。加强外来入侵物种入侵机理、扩散途径、应对措施和开发利用途径研究，建立外来入侵物种监测预警及风险管理机制，积极防治外来物种入侵。加强转基因生物环境释放、风险评估和环境影响研究，完善相关技术标准和技术规范，确保转基因生物环境释放的安全性。加强应对气候变化生物多样性保护技术研究，探索相关管理措施。建立病源和疫源微生物监测预警体系，提高应急处置能力，保障人畜健康。

8．提高公众参与意识，加强国际合作与交流。开展多种形式的生物多样性保护宣传教育活动，引导公众积极参与生物多样性保护，加强学校的生物多样性科普教育。建立和完善生物多样性保护公众监督、举报制度，完善公众参与机制。建立生物多样性保护伙伴关系，广泛调动国内外利益相关方参与生物多样性保护的积极性，充分发挥民间公益性组织和慈善机构的作用，共同推进生物多样性保护和可持续利用。强化公约履行，积极参与相关国际规则的制定。进一步深化国际交流与合作，引进国外先进技术和经验。

四、生物多样性保护优先区域

根据我国的自然条件、社会经济状况、自然资源以及主要保护对象分布特点等因素，将全国划分为 8 个自然区域，即东北山地平原区、蒙新高原荒漠区、华北平原黄土高原区、青藏高原高寒区、西南高山峡谷区、中南西部山地丘陵区、华东华中丘陵平原区和华南低山丘陵区。

综合考虑生态系统类型的代表性、特有程度、特殊生态功能，以及物种的丰富程度、珍稀濒危程度、受威胁因素、地区代表性、经济用途、科学研究价值、分布数据的可获得性等因素，划定了 35 个生物多样性保护优先区域，包括大兴安岭区、三江平原区、祁连山区、秦岭区等 32 个内陆陆地及水域生物多样性保护优先区域，以及黄渤海保护区域、东海及台湾海峡保护区域和南海保护区域等 3 个海洋与海岸生物多样性保护优先区域。

（一）内陆陆地和水域生物多样性保护优先区域

1．东北山地平原区

（1）概况。本区包括辽宁、吉林、黑龙江省全部和内蒙古自治区部分地区，总面积约 124 万 km^2，已建立国家级自然保护区 54 个，面积 567.1 万 hm^2；国家级森林公园 126 个，面积 276.5 万 hm^2；国家级风景名胜区 16 个，面积 64.8 万 hm^2；国家级水产种质资源保护区 14 个，面积 4.9 万 hm^2，合计占本区国土面积的 8.45%。本区生物多样性保护优先区域包括大兴安岭区、小兴安岭区、呼伦贝尔区、三江平原区、长白山区和松嫩平原区。

（2）保护重点。以东北虎、远东豹等大型猫科动物为重点保护对象，建立自然保护区间生物廊道和跨国界保护区。科学规划湿地保护，建立跨国界湿地保护区，解决湿地缺水与污染问题。在松嫩—三江平原、滨海地区、黑龙江、乌苏里江沿岸、图们江下游和鸭绿江沿岸，重点建设沼泽湿地及珍稀候鸟迁徙地繁殖地、珍稀鱼类和冷水性鱼类自然保护区。在国有重点林区建立典型寒温带及温带森林类型、森林湿地生态系统类型以及以东北虎、原麝、红松、东北红豆杉、野大豆等珍稀动植物为保护对象的自然保护区或森林公园。

2．蒙新高原荒漠区

（1）概况。本区包括新疆维吾尔自治区全部和河北、山西、内蒙古、陕西、甘肃、宁夏等省（区）的部分地区，总面积约 269 万 km^2，已建立国家级自然保护区 35 个，面积 1983.3 万 hm^2；国家级森林公园 40 个，面积 112.2 万 hm^2；国家级风景名胜区 7 个，面积 68.3 万 hm^2；国家级水产种质资源保护区 14 个，面积 63.1 万 hm^2，合计占本区域国土面积的 7.76%。本区生物多样性保护优先区包括阿尔泰山区、天山—准噶尔盆地西南缘区、塔里木河流域区、祁连山区、库姆塔格区、西鄂尔多斯—贺兰山—阴山区和锡林郭勒草原区。

（2）保护重点。按山系、流域、荒漠等生物地理单元和生态功能区建立和整合自然保护区，扩大保护区网络。加强野骆驼、野驴、盘羊等荒漠、草原有蹄类动物以及鸨类、蓑羽鹤、黑鹳、遗鸥等珍稀鸟类及其栖息地的保护。加强对新疆大头鱼等珍稀特有鱼类及其栖息地的保护。加强对新疆野苹果和新疆野杏等野生果树种质资源和牧草种质资源的保护，加强对荒漠化地区特有的天然梭梭林、胡杨林、四合木、沙地柏、肉苁蓉等的保护。整理和研究少数民族在民族医药方面的传统知识。

3．华北平原黄土高原区

（1）概况。本区包括北京市、天津市、山东省全部以及河北、山西、江苏、安徽、河南、陕西、青海、宁夏等省（区）部分地区，总面积约 95 万 km^2，已建立国家级自然保护区 35 个，面积 103 万 hm^2；国家级森林公园 123 个，面积 120 万 hm^2；国家级风景名胜区 29 个，面积 74 万 hm^2。国家级水产种质资源保护区 6 个，面积 2.3 万 hm^2，合计占本区国土面积的 3.03%。本区生物多样性保护优先区域包括六盘山—子午岭区和太行山区。

（2）保护重点。加强该地区生态系统的修复，以建立自然保护区为主，重点加强对黄土高原地区次生林、吕梁山区、燕山—太行山地的典型温带森林生态系统、黄河中游湿地、滨海湿地和华中平原区湖泊湿地的保护，加强对褐马鸡等特有雉类、鹤类、雁鸭类、鹳类及其栖息地的保护。建立保护区之间的生物廊道，恢复优先区内已退化的环境。加强区域内特大城市周围湿地的恢复与保护。

4．青藏高原高寒区

（1）概况。本区包括四川、西藏、青海、新疆等省（区）的部分地区，面积约 173 万 km^2，已建立国家级自然保护区 11 个，面积 5632.9 万 hm^2；国家级森林公园 12 个，面积 136.3 万 hm^2；国家级风景名胜区 2 个，面积 99 万 hm^2；国家级水产种质资源保护区 4 个，面积 22.9 万 hm^2，合计占本区国土面积的 33.06%。本区生物多样性保护优先区域包括三江源—羌塘区和喜马拉雅山东南区。

（2）保护重点。加强原生地带性植被的保护，以现有自然保护区为核心，按山系、流域建立自然保护区，形成科学合理的自然保护区网络。加强对典型高原生态系统、江河源头和高原湖泊等高原湿地生态系统的保护，加强对藏羚羊、野牦牛、普氏原羚、马麝、喜马拉雅麝、黑颈鹤、青海湖裸鲤、冬虫夏草等特有珍稀物种种群及其栖息地的保护。

5．西南高山峡谷区

（1）概况。本区包括四川、云南、西藏等省（区）的部分地区，面积约 65 万 km^2，已建立国家级自然保护区 19 个，面积 338.8 万 hm^2；国家级森林公园 29 个，面积 83.1 万 hm^2；国家级风景名胜区 12 个，面积 217.1 万 hm^2，合计占本区国土面积的 7.80%。本区生物多样性保护优先区域包括横断山南段区和岷山—横断山北段区。

（2）保护重点。以喜马拉雅山东缘和横断山北段、南段为核心，加强自然保护区整合，重点保护高山峡谷生态系统和原始森林，加强对大熊猫、金丝猴、孟加拉虎、印支虎、黑麝、虹雉、红豆杉、兰科植物、松口蘑、冬虫夏草等国家重点保护野生动植物种群及其栖息地的保护。加强对珍稀野生花卉和农作物及其亲缘种种质资源的保护，加强对传统医药和少数民族传统知识的整理和保护。

6．中南西部山地丘陵区

（1）概况。本区包括贵州省全部，以及河南、湖北、湖南、重庆、四川、云南、陕西、甘肃等省（市）的部分地区，面积约 91 万 km^2，已建立国家级自然保护区 45 个，面积 218.7 万 hm^2；国家级森林公园 119 个，面积 77.3 万 hm^2；国家级风景名胜区 36 个，面积 88.6 万 hm^2；国家级水产种质资源保护区 16 个，面积 4.0 万 hm^2，合计占本区国土面积的 3.71%。本区生物多样性保护优先区域包括秦岭区、武陵山区、大巴山区和桂西黔南石灰岩区。

（2）保护重点。重点保护我国独特的亚热带常绿阔叶林和喀斯特地区森林等自然植被。建设保护区间的生物廊道，加强对大熊猫、朱鹮、特有雉类、野生梅花鹿、黑颈鹤、林麝、苏铁、桫椤、珙桐等国家重点保护野生动植物种群及栖息地的保护。加强对长江上游珍稀特有鱼类及其生存环境的保护。加强生物多样性相关传统知识的收集与整理。

7．华东华中丘陵平原区

（1）概况。本区包括上海市、浙江省、江西省全部，以及江苏、安徽、福建、河南、湖北、湖南、广东、广西等省（区）的部分地区，总面积约 109 万 km^2，已建立国家级自然保护区 70 个，面积 184.5 万 hm^2，国家级森林公园 226 个，面积 148.9 万 hm^2；国家级风景名胜区 71 个，面积 175.5 万 hm^2；国家级水产种质资源保护区 48 个，面积 22.5 万 hm^2，合计占本区国土面积的 2.77%。本区生物多样性保护优先区域包括黄山—怀玉山区、大别山区、武夷山区、南岭区、洞庭湖区和鄱阳湖区。

（2）保护重点。建立以残存重点保护植物为保护对象的自然保护区、保护小区和保护点，在长江中下游沿岸建设湖泊湿地自然保护区群。加强对人口稠密地带常绿阔叶林和局部存留古老珍贵动植物的保护。在长江流域及大型湖泊建立水生生物和水产资源自然保护区，加强对中华鲟、长江豚类等珍稀濒危物种的保护，加强对沿江、沿海湿地和丹顶鹤、白鹤等越冬地的保护，加强对华南虎潜在栖息地的保护。

8．华南低山丘陵区

（1）概况。本区包括海南省全部，以及福建、广东、广西、云南等省（区）的部分地区，总面积约 34 万 km^2，已建立国家级自然保护区 34 个，面积 92 万 hm^2；国家级森林公园 34 个，面积 19.5 万 hm^2；国家级风景名胜区 14 个，面积 54.3 万 hm^2；国家级水产种质资源保护区 2 个，面积 511 hm^2，合计占本区国土面积的 2.91%。本区生物多样性保护优先区域包括海南岛中南部区、西双版纳区和桂西南山地区。

（2）保护重点。加强对热带雨林与热带季雨林、南亚热带季风常绿阔叶林、沿海红树林等生态系统的保护。加强对特有灵长类动物、亚洲象、海南坡鹿、野牛、小爪水獭等国家重点保护野生动物以及热带珍稀植物资源的保护。加强对野生稻、野茶树、野荔枝等农作物野生近缘种的保护。系统整理少数民族地区相关传统知识。

（二）海洋与海岸生物多样性保护优先区域

1．概况

我国海洋资源丰富，海洋沿岸湿地是鸟类的重要栖息地，也是海洋生物的产卵场、索饵场和越冬场。目前，我国已建成各类海洋保护区 170 多处，其中国家级海洋自然保护区 32 处，地方级海洋自然保护区 110 多处；海洋特别保护区 40 余处，其中，国家级 17 处，合计约占我国海域面积的 1.2%。

2．优先区域及保护重点

（1）黄渤海保护区域。本区的保护重点是辽宁主要入海河口及邻近海域，营口连山、盖州团山滨海湿地，盘锦辽东湾海域、兴城菊花岛海域、普兰店皮口海域，锦州大、小笔架山岛，长兴岛石林、金州湾范驼子连岛沙坝体系，大连黑石礁礁群、金州黑岛、庄河青碓湾，河北唐海、黄骅滨海湿地，天津汉沽、塘沽和大港盐田湿地，汉沽浅海生态系、山东沾化、刁口湾、胶州湾、灵山湾、五垒岛湾，靖海湾、乳山湾、烟台金山港、蓬莱—龙口滨海湿地，山东主要入海河口及其邻近海域，潍坊莱州湾、烟台套子湾、荣成桑沟湾，莱州刁龙咀沙堤及三山岛，北黄海近海大型海藻床分布区，江苏废黄河口三角洲侵蚀性海岸滨海湿地、灌河口，苏北辐射沙洲北翼淤涨型海岸滨海湿地、苏北辐射沙洲南翼人工干预型滨海湿地、苏北外沙洲湿地等，以及黄海中央冷水团海域。

（2）东海及台湾海峡保护区域。本区的保护重点是上海奉贤杭州湾北岸滨海湿地、青草沙、横沙浅滩，浙江杭州湾南岸、温州湾海岸及瓯江河口三角洲滨海湿地，渔山列岛、披山列岛、洞头列岛、铜盘岛、北麂列岛及其邻近海域，大陈、象山港、三门湾海域，福建三沙湾、罗源湾、兴化湾、湄洲湾、泉州湾滨海湿地，东山湾、闽江口、杏林湾海域，东山南澳海洋生态廊道，黑潮流域大海洋生态系。

（3）南海保护区域。本区的保护重点是广东潮州及汕头中国鲎、阳江文昌鱼、茂名江豚等海洋物种栖息地，汕尾、惠州红树林生态系统分布区，阳江、湛江海草床生态系统分布区，深圳、珠海珊瑚及珊瑚礁生态系统分布区，中山滨海湿地、珠海海岛生态区，江门镇海湾、茂名近海、汕头近岸、惠来前詹、广州南沙坦头、汕尾汇聚流海洋生态区，惠东港口海龟分布区、珠江口中华白海豚分布区，广西涠洲岛珊瑚礁分布区、茅尾海域、大风江河口海域、钦州三娘湾中华白海豚栖息地、防城港东湾红树林分布区，海南文昌、琼海珊瑚礁海草床分布区，万宁、蜈支洲、双帆石、东锣、西鼓、昌江海尾、儋州大铲礁软珊瑚、柳珊瑚和珊瑚礁分布区，鹦哥海盐场湿地、黑脸琵鹭分布区，以及西沙、中沙和南沙珊瑚礁分布区等。

五、生物多样性保护优先领域与行动

根据总体目标和战略任务，综合确定我国生物多样性保护的 10 个优先领域及 30 个优先行动。

优先领域一：完善生物多样性保护与可持续利用的政策与法律体系

行动 1 制定促进生物多样性保护和可持续利用政策

（1）建立、完善与促进生物多样性保护与可持续利用相关的价格、税收、信贷、贸易、土地利用和政府采购政策体系，对生物多样性保护与可持续利用项目给予价格、信贷、税收优惠。

（2）完善生态补偿政策，扩大政策覆盖范围，增加资金投入。

（3）制定鼓励循环利用生物资源的激励政策，对开发生物资源替代品技术给予政策支持。

行动 2 完善生物多样性保护与可持续利用的法律体系

（1）全面梳理现有法律、法规中有关生物多样性保护的内容，调整不同法律法规之间的冲突和不一致的内容，提高法律、法规的系统性和协调性。

（2）研究制定自然保护区管理、湿地保护、遗传资源管理和生物多样性影响评估等法律法规，研究修订森林法、野生植物保护条例和城市绿化条例。

（3）加强外来物种入侵和生物安全方面的立法工作，研究制定生物安全和外来入侵物种管理等法律法规，研究修订农业转基因生物安全管理条例。

（4）加强国家和地方有关生物多样性法律法规的执法体系建设。

行动 3 建立健全生物多样性保护和管理机构，完善跨部门协调机制

（1）建立健全相关部门的生物多样性管理机构和地方政府生物多样性管理协调机制，加强基层保护和管理机构的能力建设。

（2）评估现有“中国履行《生物多样性公约》工作协调组”和“生物物种资源保护部际联席会议制度”的有效性，加强其协调与决策能力。

（3）加强国家和地方管理机构之间的沟通和协调。

（4）建立打击破坏生物多样性违法行为的跨部门协作机制。

优先领域二：将生物多样性保护纳入部门和区域规划，促进持续利用

行动 4 将生物多样性保护纳入部门和区域规划、计划

（1）林业、农业、建设、水利、海洋、中医药等生物资源主管部门制定本部门生物多样性保护战略与行动计划。

（2）在科技、教育、商务、国土资源、水利、能源、旅游、交通运输、宣传、扶贫等相关部门的规划、计划中体现生物多样性保护要求。

（3）各省级政府制定本地区生物多样性保护战略与行动计划。

（4）制定流域生物多样性保护战略与行动计划。

（5）建立规划、计划实施的评估监督机制，促进其有效实施。

行动 5 保障生物多样性的可持续利用

（1）开展生物多样性影响评价试点，对已完成的大型建设项目开展生物多样性保护措施有效性的后评估。

（2）深入开展生态省、生态市、生态县、生态乡镇、生态村等生态建设示范区、国家园林城市（县城、城镇）以及国家生态园林城市建设工作。

（3）在农业、林业、渔业、水利、工业和能源、交通、旅游、贸易等领域，推广有利于生物多样性保护的理念与行为规范。

（4）倡导有利于生物多样性保护的消费方式和餐饮文化。

行动 6 减少环境污染对生物多样性的影响

（1）继续实施“三河三湖”、三峡库区、长江上游、黄河中上游、松花江、珠江、南水北调水源地及沿线的水污染治理工程。

（2）继续开展电厂、钢铁、有色、化工、建材等行业二氧化硫综合治理，开展城市烟尘、粉尘、细颗粒物和汽车尾气治理。

（3）继续开展医疗废物及危险废物集中处置设施、城市生活垃圾处理设施、中低放射性废物处置设施的建设，对堆存铬渣及受污染土壤进行综合治理。

（4）推进村镇污水和垃圾治理，开展农村污水、垃圾、农业面源、禽畜养殖污染、土壤和工矿企业历史遗留污染治理及修复工作。

优先领域三：开展生物多样性调查、评估与监测

行动 7 开展生物物种资源和生态系统本底调查

（1）开展生物多样性保护优先区域的生物多样性本底综合调查。

（2）针对重点地区和重点物种类型开展重点物种资源调查。

（3）建立国家和地方物种本底资源编目数据库。

（4）定期组织全国野生动植物资源调查，并建立资源档案和编目。

（5）开展河流湿地水生生物资源本底及多样性调查。

（6）建设国家生物多样性信息管理系统。

行动 8 开展生物遗传资源和相关传统知识的调查编目

（1）以边远地区和少数民族地区为重点，开展地方农作物和畜禽品种资源及野生食用、药用动植物和菌种资源的调查和收集整理，并存入国家种质资源库。

（2）重点调查重要林木、野生花卉、药用生物和水生生物等种质资源，进行资源收集保存、编目和数据库建设。

（3）调查少数民族地区与生物遗传资源相关的传统知识、创新和实践，建立数据库，开展惠益共享的研究与示范。

行动 9 开展生物多样性监测和预警

（1）建立生态系统和物种资源的监测标准体系，推进生物多样性监测工作的标准化和规范化。

（2）加大生态系统和不同生物类群监测的现代化设备、设施的研制和建设力度。

（3）依托现有的生物多样性监测力量，构建生物多样性监测网络体系，开展系统性监测，实现数据共享。

（4）开发生物多样性预测预警模型，建立预警技术体系和应急响应机制，实现长期、动态监控。

行动 10 促进和协调生物遗传资源信息化建设

（1）整理各类生物遗传资源信息，建立和完善生物遗传资源数据库和信息系统。

（2）制定部门间统一协调的生物多样性数据管理计划，构建生物遗传资源信息共享体系。

行动 11 开展生物多样性综合评估

（1）开发生态系统服务功能、物种资源经济价值评估体系，开展生物多样性经济价值评估的试点示范。

（2）对全国重要生态系统和生物类群的分布格局、变化趋势、保护现状及存在问题进行评估，定期发布综合评估报告。

（3）建立健全濒危物种评估机制，定期发布国家濒危物种名录。

优先领域四：加强生物多样性就地保护

行动 12 统筹实施和完善全国自然保护区规划

（1）统筹实施自然保护区发展规划，建立信息管理系统。

（2）加强生物多样性保护优先区域内的自然保护区建设，优化空间布局，提高自然保护区间的联通性和整体保护能力。

（3）在乌苏里江、内蒙古达赉湖、内蒙古乌拉特、新疆阿尔泰、新疆夏尔希里、新疆红其拉甫山口、西藏珠峰、图们江下游等地区研究建立跨国界保护区。

行动 13 加强生物多样性保护优先区域的保护

（1）在东北山地平原区，重点是在松嫩-三江平原、黑龙江和乌苏里江沿岸、图们江下游和鸭绿江沿岸建设沼泽湿地和珍稀候鸟迁徙地、繁殖地自然保护区。

（2）在蒙新高原草原荒漠区，重点加强对新疆地区野生果树资源遗传多样性以及四合木、沙地柏等荒漠化地区特有物种的保护。

（3）在华北平原黄土高原区，重点加强对水源涵养林的保护，通过规划和建立各类生态功能区，减少黄土高原水土流失。

（4）在青藏高原高寒区，重点保护冬虫夏草和藏羚羊、藏野驴、藏原羚、雪豹、岩羊、盘羊、黑颈鹤等高寒荒漠动物。

（5）在西南高山峡谷区，重点保护横断山地区的森林生态系统、大熊猫和羚牛等物种，以及松口蘑和冬虫夏草等。

（6）在中南西部山地丘陵区，重点保护桂西、黔南等石灰岩地区的动植物。

（7）在华东华中丘陵平原区，重点保护长江中下游沿岸湖泊湿地和局部存留的古老珍贵植物，以及珍稀濒危的鱼类资源等。

（8）在华南低山丘陵区，重点保护滇南西双版纳地区和海南岛中南部山地特有灵长类动物、亚洲象、海南坡鹿、野牛等野生动物以及热带珍稀植物。

（9）重点保护环渤海湾滨海湿地和黄海滩涂湿地。

（10）制定优先区域生物多样性保护相关规划、政策、制度和措施。

（11）加强监管，开展生物多样性恢复示范区和保护示范区建设。

行动 14　开展自然保护区规范化建设，提高自然保护区管理质量

（1）制定总体规划和管理计划，定期评估其实施效果。

（2）以国家级自然保护区为重点，完善管理设施，强化监管措施，开展规范化建设。

（3）探索不同类型自然保护区的社区共管模式，开展社区共管试点与推广。

（4）开展培训，提高管理人员的管理能力和业务水平。

（5）扩大与国外保护区之间的合作，加强国内保护区之间的经验交流和合作。

（6）严格执行自然保护区审批程序，加强自然保护区管理。

行动 15　加强自然保护区外生物多样性的保护

（1）继续推进天然林保护、退耕还林还草、京津风沙源治理、防护林体系、野生动植物保护等重点生态工程。

（2）工程措施和生物措施相结合，修复遭到破坏或退化的江河鱼类产卵场，恢复江湖鱼类生态联系。

（3）继续实施禁渔区、禁渔期、捕捞配额和捕捞许可证制度。

（4）加强红树林、珊瑚礁、海草床等典型海岸、海洋生态系统的保护和恢复，改善近岸海域、海岸带和海洋生态环境。

（5）加强对自然保护区外分布的极小种群野生植物就地保护小区、保护点的建设，开展多种形式的民间生物多样性就地保护。

（6）继续实施退牧还草工程，通过禁牧封育、轮封轮牧等措施，限制超载放牧等活动，加强草原生态系统保护。

（7）在具有较高经济价值和遗传育种价值的水产种质资源主要生长繁育区域建立水产种质资源保护区。

（8）加强对城市规划中的绿地、河湖、自然湿地等生态和景观敏感区的管理和保护。

行动 16　加强畜禽遗传资源保种场和保护区建设

（1）完善已建畜禽遗传资源保种场和保护区。

（2）新建一批畜禽遗传资源保种场和保护区，进一步加大对优良畜禽遗传资源的保护力度。

（3）健全我国畜禽遗传资源保护体系，对畜禽遗传资源保护的有效性进行评价。

优先领域五：科学开展生物多样性迁地保护

行动 17 科学合理地开展物种迁地保护体系建设

（1）建立和完善国家植物园体系，统一规划全国植物园的引种保存，提升植物园迁地保护的科学研究水平。

（2）完善“西南地区野生物种种质资源保存基地”，建设“中东部地区种质资源库”。

（3）扩展、充实野生动物繁育体系，开展对动物园和野生动物繁育中心的科学评估，合理规划动物园和野生动物繁育中心的建设，规范各类野生动物驯养繁育场所及其商业活动，保护知识产权，公平分享因利用生物遗传资源而产生的惠益。

行动 18 建立和完善生物遗传资源保存体系

（1）加强国家农作物种质资源中期库、长期库和备份库仪器设备的更新、维护，完善畜禽牧草种质资源保存利用中心和种质资源库建设，完善 26 座农作物种质资源中期库和 32 个种质圃，以及 2 个试管苗库的配套设备和田间繁殖圃。

（2）建立国家林木植物种质资源保存库和相应的种质保存圃，逐步完善林木种质资源保存体系。

（3）建成国家野生花卉种质和药用植物资源保存库，收集保存优良的野生花卉和药用植物种质资源。

（4）继续加强国家畜禽基因库的建设，建立畜禽遗传资源细胞库和基因库。

（5）建立水产种质资源基因库，加强国家级引育种中心、种质库、原种场、良种场和种质检测中心的建设。

（6）加强国家野生动植物基因库建设，开展野生动植物基因材料的收集、保存、研究和开发。

（7）加强微生物资源的收集、保护、保藏的能力建设，建立国家微生物资源库及共享体系。

（8）完善各类生物遗传资源保存体系的管理制度和措施，规范生物遗传资源获取利用活动。

（9）加强城市规划区内珍稀濒危物种的迁地保护，建立城市古树名木保护档案，并划定保护范围。

（10）利用各种多边和双边机制，积极开展生物遗传资源保存方面的国际交流。

行动 19 加强人工种群野化与野生种群恢复

（1）继续实施虎、藏羚羊、普氏原羚、扬子鳄、长臂猿、苏铁、兰科植物等珍稀濒危野生动植物的拯救工程。

（2）开发濒危物种繁育、恢复和保护技术，开展珍稀濒危植物，特别是兰科植物的人工繁育。

（3）开展人工种群回归自然的试点示范，在哺乳动物、爬行动物、鱼类、鸟类以及极度濒危野生植物中选择 3～5 种实现自然回归。

优先领域六：促进生物遗传资源及相关传统知识的合理利用与惠益共享

行动 20 加强生物遗传资源的开发利用与创新研究

（1）建立畜禽遗传资源生产性状、品质性状、抗逆性和形态学评价体系，筛选影响畜禽肉、蛋、奶、毛等畜产品产量和品质的主效基因，对其进行分离、克隆、测序和定位。

（2）开展畜禽遗传资源开发与利用技术研究，加强畜禽新品种、配套系培育，建设我国畜禽遗传资源技术自主创新体系。

（3）开展农作物种质资源的更新繁殖、性状鉴定与评价，对作物种质资源优异功能基因进行分离、克隆。

（4）对林木种质资源进行系统的性状鉴定和基因筛选，确定重要林木资源的核心种质，选择优良基因用于林木品种改良。

（5）加强药用和观赏植物资源利用新技术的开发与应用，开展种质基因的鉴定、整理和筛选，培育优良新品种。

（6）发展能够体现微生物资源特性的检测或筛选技术，有计划地采集、分离、保存、评估和利用微生物菌种及菌株。

（7）实施生物产业专项工程，鼓励生物技术研究创新和知识产权保护，实现生物产业关键技术和重要产品研制的新突破。

（8）开展野生动植物特殊功能性基因研究。

行动 21　建立生物遗传资源及相关传统知识保护、获取和惠益共享的制度和机制

（1）制定有关生物遗传资源及相关传统知识获取与惠益共享的政策和制度。

（2）完善专利申请中生物遗传资源来源披露制度，建立获取生物遗传资源及相关传统知识的“共同商定条件”和“事先知情同意”程序，保障生物物种出入境查验的有效性。

（3）建立生物遗传资源获取与惠益共享的管理机制、管理机构及技术支撑体系，建立相关的信息交换机制。

行动 22　建立生物遗传资源出入境查验和检验体系

（1）建立生物遗传资源出入境查验和检验制度，做好国内管理与出入境执法的衔接，制定有效的惩处措施，加强出入境监管。

（2）制定生物遗传资源出入境管理名录。加强海关和检验检疫机构人员专业知识培训，提高查验和检测准确度。

（3）研究生物遗传资源快速检测鉴定方法，在旅客和国际邮件出入境重点口岸配备先进的查验和检测设备，建立和完善相关实验室。

（4）通过多种形式的宣传教育，提高出境旅客，特别是科研人员和涉外工作人员保护生物遗传资源的意识。

优先领域七：加强外来入侵物种和转基因生物安全管理

行动 23　提高对外来入侵物种的早期预警、应急与监测能力

（1）开发外来物种环境风险评估技术，建立外来物种环境风险评估制度。

（2）建立和完善口岸检疫设施，按地区、行业部门的需求建设引种隔离检疫圃与基地、隔离试验场与检疫中心。

（3）完善外来入侵物种快速分子检测等技术与方法，建立外来入侵物种监测与预警体系，实施长期监测。

（4）跟踪新出现的潜在有害外来生物，制订应急预案，开发外来入侵物种可持续控制技术和清除技术，组织开展危害严重的外来入侵物种的清除。

（5）加强有害病原微生物及动物疫源疫病监测预警体系建设，从源头控制其发生和蔓延。

（6）加强环保领域使用的微生物菌剂进出口管理能力建设，对养殖业使用的微生物实施规范化管理和长期跟踪监测。

行动 24　建立和完善转基因生物安全评价、检测和监测技术体系与平台

（1）重点发展转基因生物环境风险分析以及食用、饲料用安全性评价技术。

（2）发展转基因生物抽样技术、高通量检测技术，研制相关标准、检测仪器设备和产品，研究全程溯源技术。

（3）开发转基因生物环境释放、生产应用、进出口安全监测与风险管理技术、标准，以及

风险预警和安全处理技术。

（4）建设转基因生物安全评价中心，逐步建立转基因生物安全检测及监测体系，实施实时跟踪监测。

（5）积极参与生物安全相关领域国际谈判。

优先领域八：提高应对气候变化能力

行动 25 制定生物多样性保护应对气候变化的行动计划

（1）制定生物多样性保护应对气候变化的行动计划。评估气候变化对我国重要生态系统、物种、遗传资源及相关传统知识的影响，提出相关对策。

（2）开发气候变化对生物多样性影响的监测技术，建设监测网络，开展重点监测。

（3）建设物种迁徙廊道，降低气候变化对生物多样性的负面影响；培育优良动植物新品种，增强其适应气候变化的能力。

行动 26 评估生物燃料生产对生物多样性的影响

（1）评估能源植物种植对生物多样性的影响。

（2）研究建立生物燃料生产环境安全管理体系。

优先领域九：加强生物多样性保护领域科学研究和人才培养

行动 27 加强生物多样性保护领域的科学研究

（1）加强生物多样性保护新理论、新技术和新方法的研究，加大对生物分类等基础学科的支持力度。

（2）加强生物多样性基础科研条件建设，合理配置和使用科研资源与设备，增强实验室的研究开发能力。

（3）推广成熟的研究成果和技术，促进成果共享。

行动 28 加强生物多样性保护领域的人才培养

（1）采取措施，吸引优秀科技人才从事生物多样性保护研究。

（2）发挥高等院校专业教育的优势，加强生物多样性专业教育和人才培养。

（3）加强培训，提高专业人员和管理人员技术水平和决策水平，培养科技创新人才。

优先领域十：建立生物多样性保护公众参与机制与伙伴关系

行动 29 建立公众广泛参与机制

（1）完善公众参与生物多样性保护的有效机制，形成举报、听证、研讨等形式多样的公众参与制度。

（2）依托自然保护区、动物园、植物园、森林公园、标本馆和自然博物馆，广泛宣传生物多样性保护知识，提高公众保护意识。

（3）建立公众和媒体监督机制，监督相关政策的实施。

行动 30 推动建立生物多样性保护伙伴关系

（1）建立部门间生物多样性保护合作伙伴关系。

（2）建立国际多边机构、双边机构和国际非政府组织参与的生物多样性保护合作伙伴关系。

（3）建立地方、社区和国内非政府组织的生物多样性伙伴关系。

六、保障措施

（一）加强组织领导。地方人民政府是本行政区域内生物多样性保护工作的责任主体，要建立各自的生物多样性保护协调机制，分解保护任务，落实责任制。全面提高中国履行《生物多样性公约》工作协调组和生物物种资源保护部际联席会议的组织协调能力，各相关部门要明确职责分工，加强协调配合和信息沟通，切实形成工作合力，加强对地方政府生物多样性保护工作的指导。建立战略与行动计划实施的评估机制，由环境保护部会同有关部门对国家和地方生物多样性保护战略与行动计划的执行情况进行监督、检查和评估，定期向国务院报告相关情况。

（二）落实配套政策。各地和各相关部门要对生物多样性保护现有政策、制度进行梳理，以优先区域为重点，针对不同区域和流域自然环境特点、经济社会发展情况以及生物多样性保护需求，完善现有政策并制定适于不同区域流域、不同领域和不同层次的生物多样性保护政策和标准，形成生物多样性保护的政策体系。综合运用法律、经济和必要的行政手段，推动各项政策措施的落实。鼓励进行有利于生物多样性保护的政策、制度创新。

（三）提高实施能力。进一步提高生物多样性调查、评估和监测预警能力，以及各级自然保护区、森林公园、风景名胜区、自然遗产地、重要湿地、水产种质资源保护区等生物多样性丰富区域的管护能力，加强队伍建设和人才培养，提高执法能力和水平。环境保护、农业、林业、商务、住房城乡建设、水利、国土资源、质检、海关、工商、中医药和海洋等部门要组织开展生物多样性保护行政监管与执法管理培训，加大对破坏生物多样性违法犯罪行为的打击力度。

（四）加大资金投入。拓宽投入渠道，加大国家和地方资金投入，引导社会、信贷、国际资金参与生物多样性保护，形成多元化投入机制。整合生物多样性保护现有分散资金，提高使用效率。加大各级财政对生物多样性保护能力建设、基础科学研究和生态补偿的支持力度。

（五）加强国际交流与合作。积极参与生物多样性国际谈判和相关规则的制定，加强对热点问题的研究以及国外相关信息、动态的分析，争取更多的话语权和主动权，切实维护国家利益。加强跨国界生物多样性保护合作，积极参与地区性活动，完善生物多样性保护双边和多边合作机制，拟订合作计划，定期交流信息。围绕我国生物多样性保护的优先行动和优先项目，以技术合作为先导，以能力建设为重点，进一步扩大对外合作领域，丰富合作内容，提高合作层次。

附录

生物多样性保护优先项目

项目 1：制定生物多样性保护与持续利用激励措施

内容：研究制定生物多样性保护激励措施（政策、资金、技术等），对生态补偿政策实施情况进行跟踪研究。开展试点示范，建立和评估激励措施的合理运作模式，鼓励利益相关者积极参与生物多样性保护与可持续利用。项目为期 5 年。

项目 2：制定大型工程项目对生物多样性影响评估指南

内容：建立不同类型的大型工程项目生物多样性评估指标体系，选择有代表性的大型工程项目进行评估试点和跟踪监测，制定大型工程项目对生物多样性影响的评估指南。项目为期 6 年。

项目 3：修改和完善生物多样性保护相关法律法规

内容：健全我国生物多样性保护法律体系，对包括《生物多样性公约》在内的相关公约、议定书的国际谈判进程、发展趋势以及其他国家采取的相应对策进行研究。系统梳理国内现行法律法规中有关生物多样性保护的内容，根据管理工作需求，提出修改和完善生物多样性保护法律法规的建议。项目为期 5 年。

项目 4：建立生物遗传资源获取与惠益共享制度

内容：开展国家生物遗传资源获取与惠益共享制度研究，制定相关法规和管理制度，并开展试点示范。项目为期 10 年。

项目 5：土地利用领域生物多样性保护规划和示范工程

内容：在土地利用规划编制和实施过程中，以及土地整理复垦开发和土地整治项目设计中，充分考虑生物多样性保护的要求，保护当地物种和生态系统。在 2 个省份选择 3～4 个城市开展试点示范。项目为期 10 年。

项目 6：城乡建设领域生物多样性保护与利用规划和示范工程

内容：在城乡建设中体现生物多样性保护与生物资源可持续利用内容。在充分调查的基础上，研究编制国家城市生物多样性保护规划，在城市绿地系统规划建设中体现生物多样性要素，并选择 3～5 个中等城市开展示范。研究如何将乡土物种和传统知识内容纳入新农村建设与发展规划，并选择 10～15 个村庄开展示范。项目为期 5 年。

项目 7：生物多样性保护纳入经济社会发展规划示范工程

内容：将生物多样性保护纳入国家和地方经济社会发展规划中。对我国社会经济发展形势、政府工作重点等进行综合分析，研究制定将生物多样性保护纳入国家和地区经济社会发展规划的指南，并选择 1～2 个部门和 1～2 个省（区）进行试点示范。项目为期 10 年。

项目 8：优先区域生物多样性调查与编目

内容：对全国 32 个内陆陆地和水域生物多样性保护优先区域开展本底调查，包括生物物种资源的种类和种群数量、生态系统类型、面积和保护状况等，评估生物多样性受威胁状况，提出各优先区域自然保护区网络设计、生物多样性监测网络建设和应对气候变化的生物多样性保护规划。项目为期 10 年。

项目 9：主要河流湖泊水生生物资源调查与编目

内容：开展长江、珠江、黄河、黑龙江等江河和鄱阳湖、洞庭湖、太湖、青海湖等湖泊水生生物资源的种类、种群数量和生存环境调查并编目，评估主要水生生物资源，特别是鱼类资源的受威胁状况，并提出保护对策。项目为期 10 年。

项目 10：城市园林中迁地保护的生物物种资源调查与编目

内容：对主要城市动物园、植物园、树木园、野生动物园、水族馆及养殖场保存的物种进行调查、整理和编目，查明城市园林生物物种资源迁地保护现状，建立数据库和动态监测系统，保护和可持续利用重要动植物物种。项目为期 3 年。

项目 11：少数民族地区传统知识调查与编目

内容：对我国少数民族地区体现生物多样性保护与持续利用的传统作物、畜禽品种资源、民族医药、传统农业技术、传统文化和习俗进行系统调查和编目，查明少数民族地区传统知识保护和传承现状，建立我国少数民族传统知识数据库，促进传统知识保护、可持续利用和惠益共享。项目为期 10 年。

项目 12：生物多样性监测网络建设与示范工程

内容：开发针对不同生态系统、物种和遗传资源的监测技术，研究制定生物多样性监测标准体系。依托现有的监测力量，提出全国生物多样性监测网络体系建设规范，并开展试点示范。项目为期 10 年。

项目 13：农业野生植物保护点监测预警系统建设

内容：建立农业野生植物保护点监测预警系统，以现有的农业野生植物保护点为对象，每个物种选择 1～2 个保护点进行系统研究，制定监测指标，建立保护点监测和预警信息系统，提高监测和预警能力。项目为期 5 年。

项目 14：湿地保护和恢复示范及重要湿地监测体系建设

内容：选择我国一些重要区域的不同类型湿地，开展保护、恢复和可持续利用示范，形成湿地保护、恢复和可持续利用的模式。在 36 个国际重要湿地建设监测设施，配备专业技术人员，建立全国国际重要湿地监测网络，定期提供动态监测数据，全面掌握我国国际重要湿地的动态变化。项目为期 8 年。

项目 15：传染性动物疫源疫病对生物多样性的影响评估

内容：在全国范围内开展传染性动物疫源疫病本底调查，摸清传染性动物疫源疫病现状、空间分布及发展趋势。建立疫源疫病信息数据库，进一步分析疫源疫病分布与生物多样性的关系，并评估其对生物多样性的影响。项目为期 10 年。

项目 16：全国生物多样性信息管理系统建设

内容：对国内现有生物多样性数据库进行系统整理，根据生态系统、物种、遗传资源、就地保护、迁地保护、生物标本、法规政策等内容，分层次、分类型建立数据库，研究提出生物多样性信息共享机制，逐步形成全国生物多样性信息管理系统。项目为期 5 年。

项目 17：跨国界野生动物自然保护区建设与管理示范工程

内容：开展跨国界野生动物资源及其生存环境的科学考察，研究提出跨国界自然保护区建设和管理方法，探索建立跨国界保护管理体系和监测体系，并开展试点示范。项目为期 8 年。

项目 18：海岸及近海典型生态系统保护与生态修复工程

内容：开展海岸及近海典型生态系统本底调查，摸清各类典型海岸及近海生态系统现状，研究制定海洋生态区划与保护示范。选择在沿海地区红树林、珊瑚礁、海草床、滨海湿地集中分布区及重要海岛生态区，实施海洋保护区建设工程。项目为期 10 年。

项目 19：自然保护区建设管理工程

内容：开展全国自然保护区管理现状调查，建立全国自然保护区遥感监测体系和管理信息系统，加强自然保护区管护设施和能力建设，切实加强自然保护区管理。项目为期 10 年。

项目 20：红树林生态系统恢复工程

内容：制订全国红树林保护和人工恢复计划，对退化严重的红树林生态系统实施生态恢复工程，研究开发红树林生态系统生态恢复和重建技术，遏制红树林退化趋势，促进红树林生态系统恢复。项目为期 10 年。

项目 21：典型煤矿区退化生态系统恢复治理示范工程

内容：查明东北煤矿区和山西煤矿区生态系统退化状况，研究提出煤矿区的生态恢复治理技术和模式，选择典型区域开展试点示范，增强煤矿区退化生态系统的生态恢复能力。项目为期 5 年。

项目 22：典型荒漠生态系统自然保护区建设与生态恢复工程

内容：开展典型荒漠生态系统生物多样性及其生态环境调查，摸清其生物多样性现状及生态系统空间分布，按照自然保护区建设标准或技术规范进行自然保护区建设规划和论证，实施生态恢复工程。项目为期 5 年。

项目 23：自然保护区周边地区社区发展示范工程

内容：在确保自然保护区保护功能的前提下，研究建立保护区与周边社区的伙伴关系及共管机制，提出促进保护区周边社区经济社会发展的措施，并开展试点示范。项目为期 5 年。

项目 24：西北生态脆弱地区替代生计示范工程

内容：根据因地制宜原则，在西北地区选择 3～4 处生态极端脆弱区域，通过推广户用沼气、生态农业、生态旅游、草场轮牧、人工草场建设、舍饲、圈养等实用技术，改变当地生产生活方式，在保护生物多样性的同时提高当地农牧民生活水平。项目为期5年。

项目25：生物物种资源迁地保护体系建设

内容：开展动物、植物、微生物和水生生物（包括海洋生物）等迁地保护物种的调查、整理、收集和编目工作，合理规划迁地保护设施的数量、分布及规模，建立数据库和动态监测系统，构建迁地保护生物物种资源体系。全面保护和利用迁地保护的重要生物物种资源，加强其物种基因库的功能。项目为期10年。

项目26：农作物种质资源收集保存工程

内容：抢救性收集一批分布在自然环境恶劣、交通不便的边远落后地区的野生和稀有种质资源和部分育种急需的国外种质资源，实现资源的有效管理。到2015年，全国农作物种质资源收集保存数量达到41万份；到2020年，达到43万份。项目为期10年。

项目27：珍稀濒危野生动物物种拯救工程

内容：选择《国家重点保护野生动物名录》中的珍稀濒危野生动物及其栖息地为保护对象，采取就地保护和人工繁育措施，实施珍稀濒危野生动物物种拯救工程，扩大其栖息地，确保其生存和繁衍。项目为期10年。

项目28：珍稀濒危野生植物物种拯救工程

内容：选择列入《国家重点保护野生植物名录》、《中国植物红皮书》中的野生植物物种以及近年来通过调查明确的小种群植物物种及其栖息地为保护对象，通过建设自然保护区等就地保护措施，实施珍稀濒危野生植物物种拯救工程，扩大其栖息地，确保其生存和繁衍。项目为期10年。

项目29：畜禽遗传资源鉴定、评价与开发利用工程

内容：建立畜禽遗传资源自主创新体系，培育优良品质资源。以国家畜禽基因库中保存的特有、珍稀家畜家禽为研究对象，研究建立主要畜禽遗传资源的形态学和生产性状、品质性状、抗逆性等方面的鉴定、评价技术体系。增强科研开发能力，大力培育畜禽新品种、配套系。项目为期10年。

项目30：作物种质资源鉴定、评价与开发利用工程

内容：建立作物种质资源自主创新体系，培育优良作物种质品种资源。研究建立主要作物种质资源的形态学和生产性状、品质性状、抗逆性等方面的鉴定、评价技术体系，对种质库、种质圃和保护点保存的5万份作物种质资源及其野生近缘植物资源进行农艺性状、抗病虫、抗逆境和品质鉴定，分离优异基因，应用于作物育种和生物技术发展。项目为期10年。

项目31：珍稀濒危野生药用生物物种的引种驯化和替代品开发工程

内容：研究野生药物生物物种引种驯化技术，对冬虫夏草等珍稀濒危野生药用生物物种进行引种驯化。利用先进生物技术研究确定物种的药理成分和作用机理，开发替代产品。项目为期10年。

项目32：生物物种资源查验技术体系和平台建设

内容：研究制定生物物种资源查验技术标准和规范，建立国家级物种查验研究中心和口岸物种资源检验鉴定重点实验室，搭建物种查验技术网络体系，建立生物物种资源查验信息共享平台。项目为期5年。

项目33：生物物种资源出入境监管体系建设

内容：研究制定生物物种资源输出和引入的风险评估、许可制度以及出入境查验管理措施。以各类保护物种目录为基础，研究确定出入境查验对象和要求，建立生物物种资源出入境监管体系。项目为期5年。

项目 34：外来入侵物种监测预警及应急系统建设

内容：研究外来入侵物种危害机理，提出有效的监测预警机制和应急防治技术，建立外来入侵物种监测预警及应急中心与野外监测台站，形成全国性的监测预警及应急系统。项目为期5年。

项目 35：转基因抗虫棉对生物多样性影响的监测和防控

内容：开展转基因抗虫棉对目标害虫的抗性机理研究，跟踪监测转基因抗虫棉对土壤生物、棉花野生近缘植物等的影响，研究制定监测指标体系，提出防控对策和技术措施，确保转基因棉花的安全使用。项目为期10年。

项目 36：转基因林木对生物多样性影响的监测和防控

内容：以转基因林木为对象，开展转基因林木耐旱、抗盐碱、抗病抗虫机理研究，跟踪监测和评估转基因林木对动植物、微生物、土壤和环境等的影响，研究制定监测指标体系，提出防控对策和措施，确保转基因林木安全使用。项目为期10年。

项目 37：气候变化对生物多样性影响评估及对策

内容：评估气候变化对我国重要生态系统、物种、农林种质资源和生物多样性保护优先区域的影响，制定评估指标体系。研究气候变化对生物多样性影响的监测技术，建立相应的监测体系，提出应对措施和对策。项目为期10年。

项目 38：生物多样性保护宣传工程

内容：研究制定中国生物多样性保护宣传战略，提出宣传目标、任务和行动，利用国际生物多样性日宣传《生物多样性公约》及履约责任和义务。利用电视、广播、网络等媒体以及宣传册、宣传画、培训班等，普及生物多样性知识，提高全民生物多样性保护意识。项目为期5年。

项目 39：民间团体参与生物多样性保护机制建立及示范

内容：建立非政府组织和公众参与生物多样性保护机制，增强非政府组织和公众的参与能力。研究建立社会各方参与的生物多样性保护联盟，组织开展生物多样性保护活动。项目为期10年。

（三十四）国务院办公厅关于做好自然保护区管理有关工作的通知

国办发[2010]63号

各省、自治区、直辖市人民政府，国务院各部委、各直属机构：

建立自然保护区是保护生态环境、自然资源的有效措施，是保护生物多样性、建设生态文明的重要载体，是加快转变经济发展方式、实现可持续发展的积极手段。多年来，自然保护区的建设和管理工作取得了显著成效。但是，随着工业化、城镇化的加速推进，保护与开发的矛盾日益突出，一些自然保护区频繁进行调整或被非法侵占，部分物种的栖息地受到威胁，生态环境遭到破坏，自然保护区发展面临的压力不断加大。为切实做好自然保护区管理工作，促进自然保护区事业健康发展，经国务院同意，现就有关问题通知如下：

一、科学规划自然保护区发展。定期开展全国生态环境和生物多样性状况调查和评价，并在各部门相关规划的基础上，统筹完善全国自然保护区发展规划。积极推进中东部地区自然保护区发展，在继续完善森林生态类型自然保护区布局的同时，将河湖、海洋和草原生态系统及地质遗迹、小种群物种的保护作为新建自然保护区的重点。按照自然地理单元和物种的天然分布对已建自然保护区进行整合，通过建立生态廊道，增强自然保护区间的联通性。对范围和功能分区尚不明确的自然保护区要进行核查和确认。设立其他类型保护区域，原则上不得与自然保护区范围交叉重叠；已经存在交叉重叠的，对交叉重叠区域要从严管理。

二、强化对自然保护区范围和功能区调整的管理。任何部门和单位不得擅自改变自然保护区的性质、范围和功能分区，不得随意撤销已批准建立的自然保护区。自然保护区自批准建立或调整之日起，原则上五年内不得进行调整。确因国家立项核准的重大工程建设需要，必须对自然保护区进行调整的，应在确保自然保护区功能不发生改变的前提下，从严控制缩小自然保护区及其核心区、缓冲区的范围。地方级自然保护区的调整由其所在地省级人民政府审批，并报环境保护部和相关部门备案。各省、自治区、直辖市人民政府要抓紧制定地方级自然保护区调整的管理规定。

三、严格限制涉及自然保护区的开发建设活动。自然保护区属禁止开发区域，在自然保护区核心区和缓冲区内禁止开展任何形式的开发建设活动；在自然保护区实验区内开展的开发建设活动，不得影响其功能，不得破坏其自然资源或景观。加强涉及自然保护区的矿产资源开发活动管理，限制对自然保护区内违法违规探矿和采矿活动予以清理。加强对自然保护区内旅游活动的监管。

四、加强涉及自然保护区开发建设项目管理。涉及自然保护区的开发建设项目的环境影响评价文件，应对项目可能造成的对自然保护区功能和保护对象的影响作出预测，提出保护与恢复治理方案。项目所在地环保部门要会同有关部门加强项目实施期间的监管，督促建设单位落实保护与恢复治理方案。对于未按规定完成生态恢复任务的地区和建设单位，暂停审批其所的涉及自然保护区的建设项目环评文件，并对相关责任人依法予以处罚。

五、规范自然保护区内土地和海域管理。将自然保护区涉及的土地、海域纳入土地利用、草地和林地保护等相关规划以及海洋功能区划统筹考虑。加强自然保护区内土地和海域权属管理，依法确定其土地所有权和使用权及海域使用权。对自然保护区内的集体所有土地，可采取签订委托管理协议等方式妥善解决管理问题。依法使用自然保护区内土地的单位和个人，不得擅自改变土地用途，扩大使用面积。禁止任何单位和个人破坏、侵占、买卖或者以其他方式非法转让自然保护区内的土地。

六、强化监督检查。根据功能定位和主要保护对象的特点，对自然保护区实施分类管理。定期开展自然保护区专项执法检查和管理评估，严肃查处各类违法行为，提高规范化管理水平。对管理不善、保护不力的，有关部门要责令其限期整改。对环境和资源受到严重破坏，不再符合条件或失去保护价值的自然保护区，原批准机关要给予降级或撤销处理。对由于人为因素导致自然保护区降级或撤销的，要依照相关规定追究有关人员的责任。环境保护部要会同有关部门制定自然保护区评估标准，有关部门可根据所管理自然保护区的特点和需要制定相应标准。

七、加大资金投入。国家级自然保护区管护基础设施的建设投资由发展改革委在现有投资渠道中统筹安排，能力建设投资由财政部以专项资金形式给予补助，日常管理经费纳入其所在地省级财政预算。地方级自然保护区的建设和管理经费参照国家级自然保护区予以保障。要综合考虑自然保护区功能定位和土地权属等特点，加大财政转移支付力度，逐步提高当地居民基本公共服务均等化水平。加快建立自然保护区生态补偿机制。自然保护区内的野生动物对周边居民造成损害的，地方人民政府应给予补偿。规范涉及自然保护区开发建设活动的补偿措施。

八、增强科技支撑。加强自然保护区生物多样性基础理论、保护技术和管理政策等方面的研究。建立自然保护区生态系统、植被和珍稀濒危物种分布数据库。建立卫星遥感监测和地面监测相结合的自然保护区生态和资源监测体系。认真履行有关国际公约，加强迁徙物种监测与保护、外来物种入侵等领域的国际交流与合作。充分发挥自然保护区的生态环境保护宣传教育、自然科学普及平台功能。加强自然保护区科研、管理等专业人员培训。

九、加强领导和协调。各省、自治区、直辖市人民政府要加强对自然保护区管理工作的组织领导，建立考核和责任追究制度，实行任期目标管理，保障工作经费，健全管理机构，积极划建自然保护区，建立当地居民参加的自然保护区共管机制，妥善处理好自然保护区管理与当地经济建设及居民生产生活的关系。各有关部门要加强沟通协调，完善自然保护区建立、调整评审等工作机制，共同做好自然保护区管理工作。环境保护部要加强自然保护区的综合管理，会同有关部门完善相关政策、法规、规划，制定标准和技术规范，发布相关信息。国土资源部、水利部、农业部、林业局、海洋局和中科院等部门和单位要依据职责分工，做好各自管理自然保护区的相关工作。

中华人民共和国国务院办公厅
二〇一〇年十二月二十八日

（三十五）关于进一步加强农村环境保护工作的意见

环发[2011]29 号

各省、自治区、直辖市环境保护厅（局），新疆生产建设兵团环境保护局，计划单列市环境保护局，辽河保护区管理局：

近年来，各地认真贯彻落实全国农村环境保护工作电视电话会议精神，大力实施“以奖促治”政策，扎实开展农村环境综合整治，农村环境保护取得重要进展，一批严重危害农村居民健康、群众反映强烈的农村突出环境问题得到有效解决，农村环保工作机制逐步建立，农村环境监管能力理到加强。但是，农村环境保护形势依然严峻，基础薄弱，任务繁重。为贯彻落实党的十七届五中全会精神，进一步加大农村环境保护工作力度，积极探索农村环保新道路，加快解决农村突出环境问题，现就进一步加强农村环境保护工作提出以下意见：

一、明确今后一个时期加强农村环境保护的总体思路和目标要求

（一）总体思路

以科学发展观为指导，以提高农村生态文明水平、保障和改善民生为主题，以深化“以奖促治”政策为主线，以开展农村生态建设示范的“以创促治”、推进农村污染减排的“以减促治”、实行农村环境综合整治目标责任制的“以考促治”为抓手，加强规划指导，夯实工作基础，推广实用技术，健全机构队伍，推进协调联动，着力解决危害群众身体健康和影响农村可持续发展的突出环境问题，有效遏制城市和工业污染向农村地区转移，努力改善农村环境质量，为全面建设小康社会提供环境安全保障。

（二）目标要求

到 2015 年，完成 6 万个建制村的环境综合整治，严重危害群众健康的农村突出环境问题基本得到治理；农村饮用水水源地水质状况和管理状况得到改善，农村生活污水和生活垃圾处理、规模化畜禽养殖场（小区）、散养密集区污染治理水平显著提高，农村土壤环境保护和农业面源污染防治得到加强，农村环境质量初步改善；农村环境监管能力和农民群众环保意识明显提升。

到 2020 年，农村环境和生态状况明显改善，农村环境与经济、社会协调发展。

（三）正确把握和处理好几个关系

统筹规划和突出重点的关系。农村环境污染量大、面广、点多，各地要在统筹规划的同时，重点抓好农村饮用水水源地保护、生活污水和垃圾处理、畜禽养殖污染防治、农村土壤环境保护和农村地区工矿污染监管。

激励引导和约束监督的关系。对农村饮用水源地保护、散户生活污水治理、生活垃圾处理、历史遗留的农村地区工矿污染治理等，主要通过“以奖促治”和“以创促治”，进行激励和引导，对集镇生活污水治理、规模化畜禽养殖场污染治理、现有农村地区工矿污染防治等，主要通过“以减促治”和“以考促治”，加强环境监管，落实环保措施。

分散治理和连片整治的关系。针对存在群众反映强烈、严重危害农民群众健康的突出环境问题的村庄，要优先治理，集中力量，整治一个见效一个；针对重点流域、区域和环境问题突出地区开展集中连片治理，实现设施共建共享，降低治污成本，提高治理成效。

设施建设和运行管理的关系。农村环境污染治理设施“三分在建，七分在管”，前期建设是基础，后期管理是关键。已建成的农村生活污水和生活垃圾治理等环境基础设施，各地要加强监管，建立日常管护制度，保障运行维护资金，确保治理设施正常运行，发挥效益。

普遍推动和分类指导的关系。我国农村地域广阔，东中西部自然条件、环境状况、经济水平、工作基础各不相同，各地要从实际出发，因地制宜，采取针对性的农村环境保护对策和措施，创造性地开展工作，切忌千篇一律、形式主义，以有效改善当地环境质量。

二、着力解决突出的农村环境问题

（四）切实抓好农村饮用水水源地环境保护

科学划定农村饮用水水源保护区或保护范围。各地要在开展部分农村饮用水水源地环境状况调查评估工作的基础上，进一步拓展调查、监测与评估范围。针对调查评估工作中发现的饮用水水源水质污染严重、对群众身体健康构成严重威胁的农村地区，要抓紧制定和启动相应的污染防治措施。同时，要依据相关标准、技术规范、技术指南的要求，科学划定农村集中式饮用水水源保护区和分散式饮用水水源保护范围，按照《水污染防治法》中关于饮用水水源地保护的有关要求，制定严格的保护措施。

加大农村饮用水水源地环境监管力度。开展专项执法检查，依法取缔农村集中式饮用水水源保护区内的排污口，禁止有毒有害物质进入保护区。抓紧建立和完善农村饮用水水源地环境监测体系，发布水质监测信息。编制农村饮用水水源保护区突发环境事件应急预案，组织开展应急演练，强化水污染事故的预防、预测预警和应急处置，确保饮水安全。

加强农村饮用水水源地环境治理。各地在实施“以奖促治”政策过程中，要优先治理农村饮用水水源地周边的生活污水、生活垃圾、工矿污染、畜禽养殖和农业面源污染，消除威胁和隐患，改善水源地环境质量。

（五）加强农村生活污水治理

开展农村生活污水污染状况调查。各地要抓紧开展农村生活污水污染状况调查，摸清农村生活污水污染现状和治理设施情况，为统筹安排农村生活污水治理提供依据。

加强农村生活污水治理设施的建设和管理。各地要加强村镇生活污水处理设施的建设。纳入污染源普查范围和主要污染物总量减排范畴的集镇和规模较大村庄应建设集中污水处理设施；城市周边村镇的污水可纳入城市污水收集管网；对居住比较分散、经济条件较差村庄的生活污水，可采取分散式、低成本、易管理的方式进行处理。各地要加强农村生活污水治理设施的运行管理，县级人民政府作为“以奖促治”政策落实的责任主体，要结合本地实际，积极建立政府、企业、社会多元化资金投入机制，保障日常运行经费，确保设施稳定运行。

（六）加大农村生活垃圾处理力度

摸清农村生活垃圾污染状况。各地要抓紧开展农村生活垃圾污染状况调查，摸清农村生活垃圾污染现状和处理设施情况，为合理布局农村生活垃圾处理设施建设提供依据。

强化农村生活垃圾处理设施的建设和运行维护。因地制宜开展生活垃圾治理，逐步推进县城垃圾处理设施的统一规划、统一建设、统一管理。积极推广户分类、村收集、乡（镇）运输、县处理的方式，提高垃圾无害化处理水平。居住分散、经济条件差、边远地区的村庄，建立就地分拣、综合利用、就地处理的垃圾治理模式。各地要加强农村垃圾处理设施的运行维护，建立稳定的运行维护资金渠道，配备专职人员，建立规章制度，切实发挥处理设施的效益。

（七）大力推进畜禽养殖污染防治

科学划定畜禽养殖禁养区。各地环保部门要积极会同有关部门推动本地畜禽养殖禁养区的划定，国家水污染防治重点流域和区域范围内的县（市、区）要在2013年前完成禁养区划定，开展禁养区环境专项整治工作。

严格畜禽养殖业环境监管。各地要加强源头控制，严格环保审批；对新建、改建、扩建的规模化畜禽养殖场（小区）必须严格执行环境影响评价和“三同时”制度。加强对畜禽养殖集中区域的环境监测。各地环保部门要加大对畜禽养殖污染防治的督查力度，开展畜禽养殖污染专项执法检查。

加强畜禽养殖污染治理。鼓励建设规模化畜禽养殖场有机肥生产利用工程，继续做好各种实用型沼气工程，实现畜禽养殖废弃物的减量化、资源化、无害化。对不能达标排放的规模化畜禽养殖场实行限期治理等措施。鼓励养殖小区、养殖专业户和散养户进行适度集中，对污染物统一收集和治理。到2015年，全国80%以上的规模化畜禽养殖场和养殖小区要配套完善固体废物和污水贮存处理设施，保护设施正常运行。

（八）积极开展农村土壤环境保护

加强土壤环境保护基础性工作。开展全粮食生产区、瓜果和蔬菜产地以及矿产资源开发影响区等重点地区土壤污染加密调查，建设和完善全国土壤环境信息管理系统。建立土壤环境功能区划指标体系和区划方法，构建土壤环境分区分类管理体系。在农村环境综合整治目标责任制试点地区和“以奖促治”政策实施村镇开展土壤环境监测试点，逐步建立和完善国家、省、市三级土壤环境监测网络，加强土壤突发环境事件应急能力建设，建立土壤突发环境事件预防预警工作协调机制。

加大农用地土壤环境保护力度。以基本农田、重要农产品产地特别是“菜篮子”基地为重点，开展农用地土壤环境监测、风险评估与安全性划分，建立农用地土壤环境质量档案。严格控制农业区和农产品产地周边工业污染，防止废气、废水和固体废物对农用土壤的污染。严格控制主要粮食产地和蔬菜基地的污水灌溉。按照《食用农产品产地环境质量评价标准》、《温室蔬菜产地环境质量评价标准》和《畜禽养殖产地环境评价规范》等环保标准的要求，开展农产品产地环境质量状况评价，推进保障食品安全工作。按照《化肥使用环境安全技术导则》、《农药使用环境安全技术导则》,《农业固体废物污染控制技术导则》等环保标准要求，强化对农药、化肥及其废弃包装物，以及农膜使用的环境管理。

积极防范农村地区污染场地环境风险。开展农村地区污染场地调查与评估，建立农村地区污染场地清单，严格控制污染场地再开发利用的环境风险。以癌症高发区、地方病流行区、环境纠纷多发区等环境热点地区，以及以地下水为水源地的地区、集中式饮用水水源保护区等为重点，开展污染土壤治理修复示范工程。组织筛选农用土壤、农村地区工业污染场地土壤治理修复技术、通过“以奖促治”等政策措施，加快农村地区历史遗留工业污染场地治理修复。

积极防治农业面源污染。各地要加强粮食主产区和国家水污染防治重点流域、区域农业面源污染评估与监控。大力发展循环农业、生态农业和有机农业，积极推进有机农产品基地建设，采取技术、工程管理措施控制农业面源污染，建立一批农业面源污染防治示范区和示范工程。加大秸秆露天焚烧监管力度，推进秸秆综合利用，改善区域环境空气质量。

三、强化农村环境保护工作措施

（九）深入实施“以奖促治”

建立健全“以奖促治”协调联动机制。建立部省上下联动机制，及时掌握和沟通“问题村”和连片整治信息，形成上下配合的环境整治方案，确保农村突出环境问题得到解决。建立部门联动机制，联合相关部门开展专项整治行动。建立内部联动机制，形成环保部门内部密切协作、共同推进的工作局面。加强“以奖促治”项目的指导和督查，省、市级环保部门要加大对县、乡级政府、村级组织在规划编制、制度建设、项目申报与管理、治理技术选择、项目实施等方面的指导力度，加强监督检查和成效评估。

加大“以奖促治”资金投入。各地要在中央农村环境保护专项资金的引导下，抓紧建立政府、企业、社会多元化投入机制。各省（区、市）环保部门要积极推动建立本省农村环境保护投入渠道，未设立省级农村环保专项资金的，要抓紧设立；已设立的，要进一步扩大资金规模。市县环保部门也要积极推动设立本级农村环保专项资金。引导社会力量和农民参与、支持农村环境综合整台，鼓励企业与村庄建立环境整治帮扶关系和农民出资出力。

深入推进农村环境连片综合整治。重点选择工作基础较好、资金配套充足、示范效应明显的地方开展农村环境连片综合整治。做到“点面结合，大小结合”，同时推进“问题村”治理和连片治理，根据治理目标和区域实际情况，确定连片治理区域，既有小连片，也有大连片。积极推动当地政府整合相关涉农资金，集中投入连片治理区域，提高治理成效，有效改善区域环境质量。

（十）大力推进“以创促治”

深化农村生态示范建设。中西部地区要加大农村生态示范建设力度，逐步缩小与东部地区的差距。东部地区要在已有工作基础上进一步提升建设质量。各省（区、市）环保部门要制定完善省级生态乡镇、生态村建设标准及管理制度；完善省内申报国家级生态乡镇、生态村程序，规范申报与审查工作，加强监督检查和动态管理，确保质量。

加强农村自然生态保护和恢复。以保护和恢复生态系统功能为重点，营造人与自然和谐的农村生态环境。各地要在新农村建设和村庄拆并过程中，切实保护好农村地区的天然湿地、水源涵养区等具有重要生态功能的区域。强化对矿产、水力、旅游等外来有害入侵物种和转基因生物的环境安全管理，严格控制外来物种在农村的引进与推广，保护农村地区生物多样性。积极开展农村地区河流、湿地、矿山等生态恢复。

（十一）着力抓好“以减促治”

做好农村集镇生活污水和规模化畜禽养殖场（小区）污染减排工作。集镇生活污水和规模化畜禽养殖场（小区）是农村污染减排的重点，要按照国家“十二五”主要污染物减排要求，做好农村集镇生活污水和规模化畜禽养殖场（小区）化学需氧量和氨氮减排工作，确保减排目标和任务的实现。

建立农村污染减排的监测、统计、考核体系。抓紧建立农村集镇生活污水和规模化畜禽养殖场（小区）化学需氧量和氨氮减排的监测、统计、考核体系，把农村污染减排工作落到实处。

（十二）全面推行“以考促治”

切实做好农村环境综合整治目标责任制试点工作。各试点地区要按照试点工作部署和要求，切实做好试点工作，环境保护部将于 2011 年下半年对各试点地区农村环境综合整治目标责任制完成情况进行考核。没有开展试点的省（区、市）可结合本地实际，对照国家试点工作要求，开展对本省下辖市的农村环境综合整治目标责任制试点工作。

全面推行农村环境综合整治目标责任制。在试点工作基础上，建立和完善农村环境综合整治目标责任制指标和办法。到 2015 年，在全国各地全面推行农村环境综合整治目标责任制，形成一级抓一级、层层抓落实的农村环境保护工作局面。

（十三）加强规划指导和完善农村环保法规、政策、标准

编制实施全国农村环境保护“十二五”规划。会同国务院有关部门编制全国农村环境保护“十二五”规划，明确农村环境保护的目标、任务和措施。各地要结合当地实际，抓紧编制实施本地全国农村环境保护“十二五”规划，将规划目标和任务纳入当地国民经济和社会发展“十二五”规划。做好土壤环境保护、畜禽养殖污染防治等规划编制和实施工作。

抓紧开展农村环境保护立法工作。积极推动畜禽养殖污染防治条例和土壤环境保护法的立法工作，为畜禽养殖污染防治和土壤环境保护提供法律保障。各地也要加强本地农村环境保护的立法工作。

落实和完善农村环境保护政策、标准和规范。抓紧落实《农村生活污染防治技术政策》和《畜禽养殖业污染防治技术政策》，全面落实农村环境保护与污染防治工作的相关环境标准，修订完善土壤环境质量标准。各地要抓紧研究制定地方性农村环境保护标准和规范。

（十四）开展环境执法、环境监测、环境宣传“三下乡”

加大农村环境监督执法力度。严格建设项目环境管理，依法执行环境影响评价和“三同时”等环境管理制度。禁止不符合区域功能定位和发展方向、不符合国家产业政策的项目在农村地区立项。加大农村环境监督执法力度，严肃查处违法行为，开展整治农村地区工业企业污染、农业污染专项督查工作。提高农村环境风险防范意识和环境应急能力，保障农村环境安全。

加强农村环境监测。抓紧建立和完善农村环境监测、评价体系，开展农村环境监测、评价，定期公布全国和区域农村环境状况。各地要在国家水污染防治重点流域、区域和实施“以奖促治”项目的村镇开展农村饮用水水源地水质、环境空气、土壤环境监测，掌握农村环境综合整治成效。

强化农村环境保护宣传培训。开展多层次、多形式的农村环境保护知识宣传教育，使农村环保宣传教育进入学校、社区、家庭，提高农民的环境意识，调动农民参与农村环境保护的积极性和主动性，推广健康文明的生产、生活和消费方式。大力实施千乡万村环保科普行动计划，印发农村环境保护手册和挂图，加强“以奖促治”工作培训，推广典型经验和模式。

努力推进农村环境保护机构和队伍建设。环境保护部将会同有关部门开展农村环境保护工作机构建设的调查和研究，提出加强农村环境保护工作机构建设的意见，努力推进农村环境保护工作机构建设。地方各级环保部门要把农村环境保护摆在重要位置，积极协调有关部门加强机构和队伍建设，确保农村环境保护工作有人管、有人干。

（十五）增强农村环保科技支撑作用

加强农村环保实用技术的研究、开发和推广。各地要尽快建立和完善农村环保科技支撑体系，大力研究、开发和推广农村生活污水和垃圾处理、农业面源污染防治、农业废弃物综合利用等方面的环保实用技术。

积极培育农村环保产业。各地要加快推进农村环保科研成果转化，研发一批适合农村环境保护的低成本、效果好、易操作的治理设备。积极推动农村地区污染治理设施的第三方专业化运营，培养专业化的农村环保技术服务队伍。

二〇一一年三月十五日

二、有关技术规范

（一）化肥使用环境安全技术导则（节选）（HJ 555—2010）

为贯彻《中华人民共和国环境保护法》、《中华人民共和国大气污染防治法》和《中华人民共和国水污染防治法》，防止或减轻化肥使用带来的不利环境影响，保护生态环境，制定本标准。

1 适用范围

本标准规定了化肥环境安全使用原则、控制技术措施和管理措施等相关内容。

本标准适用于指导种植业化肥环境安全使用的监督与管理，也可作为农业技术部门指导作物生产科学施肥的依据。

2 术语和定义

下列术语和定义适用于本标准。

2.1 肥料

直接或间接供给作物养分，改善土壤改善，以提高作物产量和品质的物质。一般分为有机肥料、无机肥料和微生物肥料三大类。

2.2 有机肥料

指主要来源于植物和（或）动物，施于土壤以提供植物营养和改良土壤理化性质为其主要功能的含碳物料。

2.3 化肥

化学肥料的简称，也称无机肥料。指以矿物、空气、水为原料，经化学和机械加工制成的肥料。有氮肥、磷肥、钾肥及微量元素肥料等，仅含氮、磷、钾三要素之一的称为单质肥料，兼含两种或三种的称为复合（混）肥料。

2.4 氮肥

以提供植物氮养分为其主要功效的单质肥料。主要品种有尿素、硫酸铵、硝酸铵、碳酸氢铵、氯化铵、氨水和液氨等。

2.5 磷肥

以提供植物磷养分为其主要功效的单质肥料。主要品种有磷矿粉、过磷酸钙（包括普通过磷酸钙和重过磷酸钙两种）、钙镁磷肥、钢渣磷肥等。

2.6 钾肥

以提供植物钾养分为其主要功效的单质肥料。主要品种有硫酸钾、氯化钾等。

2.7 复合（混）肥料

指用化学方法合成或混配制成含有氮、磷、钾中的两种或两种以上营养元素的肥料。

2.8 微量元素肥

指含有一种或多种植物生长所必需的，但需要量又极少的营养元素的肥料，如硼肥、锰肥、锌肥、铜肥、钼肥等。

2.9 缓效肥料

在一段时间内能缓慢释放养分供植物吸收利用的肥料。

2.10 基肥

播种前或移植前施入土壤的肥料。

2.11 追肥

在作物生长过程中施用的肥料。

2.12 脲酶抑制剂

指某些能够抑制脲酶活性，延缓尿素水解从而减少氨态氮挥发损失的物质。

2.13 硝化抑制剂

指某些能够抑制硝化菌活性，延缓铵态氮向硝态氮的转化，从而减少氮素以硝酸盐态淋溶损失的物质。

2.14 配方施肥

综合运用现代农业科技成果，根据作物需肥规律、土壤供肥性能与肥料效应，在作物播种前提出有机肥、氮磷钾化肥和各种微肥的合理配比、用量和相应的施肥技术。

3 化肥环境安全使用原则

3.1 在保障农产品产量的前提下，节约资源、提高化肥利用率。

3.2 考虑不同地区气候特点、种植制度、环境承载力以及环境质量的要求，确定化肥品种、用量及施用方法。

3.3 分析不同化肥品种的特点、流失途径及其影响因素，通过调节可人为控制的影响因素，从源头、田间管理、末端拦截三个环节控制化肥的流失，降低对环境的污染风险。

4 源头控制技术措施

4.1 化肥品种选择

4.1.1 根据土壤供肥性能、作物营养特性、肥料特性及生态环境特点，合理选择化肥品种。

4.1.2 对较容易产生渗漏的土壤，尽量减少使用容易产生径流、容易挥发的、环境风险较大的肥料，不宜使用硝态氮肥，适宜使用铵态氮肥。

4.1.3 若土壤温暖湿润，则宜使用缓效肥料。

4.1.4 适当增加有机肥使用比例，提倡配方施肥，施用复合（混）肥料、缓效肥料。

氮硝化为硝态氮。

气温较高的地区或时期，不宜使用铵态氮肥，施用尿素时应加施脲酶抑制剂，以延缓尿素的水解，减少氨挥发，或在稻田加施水面分子膜降低氨挥发速率。

4.2 化肥用量控制

4.2.1 综合考虑作物种类、产量目标、土壤养分状况、其他养分输入方式、环境敏感程度，确定施肥量。

4.2.2 要通过土壤测试，了解土壤养分供应的状况，结合其他的养分输入情况，如灌溉方式、有机肥的施用、种子状况（有的种子包衣含肥料）等，确定化肥使用量。土壤养分含量较高的，应少施化肥；施有机肥料时，要适当减少化肥施用量。

4.2.3 农业生产中存在除养分以外的限制因子（如缺水）时，应少施化肥。

4.2.4 在下列区域要尽量少施或不施化肥：靠近饮用水水源保护区的土地；在石灰坑和溶岩洞上发育有薄层土壤的石灰岩地区；强淋溶土壤；易发生地表径流的地区；土壤侵蚀严重的地区；地下水位较高的地区。

4.3 化肥施用方法

4.3.1 化肥尽量施在作物根区，以提高作物利用率，减少流失。但在渗漏性较强的土壤上，氮肥深施有增大淋失的可能而不宜采用。

4.3.2 采用分次施肥，忌一次大量施肥，以免造成严重的渗漏流失。磷肥原则上一次作基肥施用；氮肥应根据土壤地力和作物吸肥规律确定运筹比例，做到精确运筹，基、追肥相结合；钾肥要因土因作物施用，对需求量大的作物要分次施用。

4.3.3 在一个轮作周期统筹施肥。在一个轮作中，把磷肥重点施在对磷敏感的作物上，其他作物利用其后效。如在水旱轮作中，把磷肥重点施在旱作上；在小麦—玉米轮作中，磷肥重点施在小麦上；在禾本科—豆科轮作中，磷肥重点施在豆科作物上。

4.3.4 尽量在春季施用化肥，夏秋季（雨季）追加少量化肥，以减少化肥随径流的流失和排水引起的化肥渗漏。

4.3.5 氮肥应重点施在作物生长吸收高峰期。夏季施用尿素时，如有条件可加施脲酶抑制剂，以延缓尿素的水解，减少氨挥发；若使用铵态氮肥，应以少量分次施用为原则，如有条件可加施硝化抑制剂，抑制铵态氮硝化为硝态氮。

5 减少化肥流失的措施

5.1 采用合理的耕作方式。在坡度较大的地区，易发生化肥径流流失，应采取保护耕作（免耕或少耕）以减少对土壤的扰动，还可利用秸秆还田减少径流流失。在以渗漏为化肥主要流失方式的平原地区，可采取耕作破坏土壤大孔隙，或控制排水保持土壤湿度，避免土粒干燥产生大孔隙引起渗漏。

5.2 采用合理的灌溉方式。对旱作提倡采用滴灌、喷灌等先进灌溉方式，尽量减少大水漫灌；对水田要加强田间水管理，尽量减少农田水的排放。

5.3 采用适宜的轮作制度。适宜的轮作制度可提高化肥的利用率，减少流失。如豆科作物与其他作物轮作，可节省化肥用量；深根作物与浅根作物轮作可充分利用土壤中的养分。

5.4 有条件的地区可利用田间渠道、靠近农田的水塘和沟渠等暂时接纳富营养的农田排水，灌溉时再使用，实现循环利用。

5.5 在农田和受保护的水体之间，应利用自然生态系统建立缓冲带，或在河滨、湖滨人工设置保护带以拦截过滤从农田流出的养分，提高营养物质的净化能力，防止养分流入周围河流、湖泊和水库等水体。

6 化肥环境安全使用管理措施

6.1 按照清洁生产的原则和循环经济的理念，鼓励农民从事生态农业生产方式，积极促进有机农业的发展，推广农业废弃物无害化、资源化综合利用。

6.2 基于风险管理的思路，鼓励将高化肥投入的产业（如蔬菜生产）转移到面源污染风险较低的地区。

6.3 探索建立环境经济补偿制度，对因不施或少施化肥造成经济收入损失的种植业主实行经济补偿。

6.4 鼓励化肥减量化使用技术、农田流失养分的生态拦截技术研发与工程应用。

6.5 加强农业生产区域的环境监测，及时掌握农田化肥流失后的环境影响。

6.6 在饮用水水源地和污染负荷较大的地区，控制化肥的使用。

6.7 结合生态省、生态市或生态县的建设，探索实行区域化肥使用总量控制。

（二）农药使用环境安全技术导则（节选）（HJ 556—2010）

为贯彻《中华人民共和国环境保护法》、《中华人民共和国水污染防治法》和《中华人民共和国固体废弃物污染环境防治法》，防止或减轻农药使用产生的不利环境影响，保护生态环境，制定本标准。

1 适用范围

本标准规定了农药环境安全使用的原则、控制技术措施和管理措施等相关内容。

本标准适用于指导农药环境安全使用的监督与管理，也可作为农业技术部门指导农业生产者科学、合理用药的依据。

2 规范性引用文件

本标准内容引用了下列文件中的条款，凡是不注日期的引用文件，其有效版本适用于本标准。

GB 8321 农药合理使用准则

NY 686 磺酰脲类除草剂合理使用准则

《危险化学品安全管理条例》（中华人民共和国国务院令 第 344 号）

《废弃危险化学品污染环境防治办法》（国家环境保护总局令 第 27 号）

3 术语和定义

下列术语和定义适用于本标准。

3.1 农药

用于预防、消灭或者控制危害农业、林业的病、虫、草和其他有害生物以及有目的地调节植物、昆虫生长的化学合成或者来源于生物、其他天然物质的一种物质或者几种物质的混合物及其制剂。

3.2 土壤吸附作用

农药在土壤中于固、液两相间分配达到平衡时的吸附性能。常用吸附常数 Kd 表示。根据土壤吸附性的大小，将其划分为易吸附、较易吸附、中等吸附、较难吸附、难吸附五个级别。

3.3 农药移动作用

土壤中农药以分子或吸附在固体微粒表面的形态，随水、气扩散流动，从一处向另一处转移的现象。分为水平移动和垂直移动两种。根据农药在土壤中移动性的大小，将其划分为极易移动、可移动、中等移动、不易移动、不移动五个级别。

3.4 土壤淋溶作用

农药在土壤中随水垂直向下移动的现象，是农药对地下水污染的主要途径。根据农药在土壤中淋溶性的大小，将其分为易淋溶、可淋溶、较难淋溶、难淋溶四个级别。

3.5 土壤降解作用

在成土因子与田间耕作等因素的共同影响下，残留于土壤中的农药逐渐由大分子分解成小分子，直至失去生物活性的全过程。常用降解半衰期 $t_{0.5}$ 表示，即农药降解量达一半时所需要的时间。根据农药在土壤中降解性的大小，将其划分为易降解、较易降解、中等降解、较难降解、难降解五个级别。

3.6 农药水中持留性

农药在水中稳定存在的时间。根据农药在水中持留时间的不同，将其划分为非持留性农药、弱持留性农药、持留性农药、很稳定性农药四个级别。

3.7 生物富集

生物体从周围环境或食物中不断吸收残留农药，并逐渐在其体内积累的过程。根据生物富集系数（BCF 值）的大小，将生物富集性划分为低、中、高等三个级别。

3.8 长残留性除草剂

在土壤中残留时间较长，易造成后茬敏感作物药害的除草剂。

3.9 灭生性除草剂

对植物缺乏选择性或选择性小的除草剂。

3.10 有益生物

在一定条件下，可控制严重危害人类生活或生产的生物生长、繁殖的生物；或者有经济价值的生物。

3.11 良好农业规范

指用于农业生产和农产品后期加工过程的一套行为准则，旨在获得安全、健康农产品的同时，有效而可靠地防治有害生物；以国家批准或官方推荐的方式使用农药，农药用量不高于最大批准用量，并使农药残留量最小化。

3.12 有害生物综合管理

综合考虑所有可用病虫草害控制技术，优选适宜的措施组合，旨在防止病虫草害发展的同时，控制化学农药的使用，并将其可能对人类健康和环境造成的危害风险降至最低程度。

3.13 农药废物

指农药使用过程中产生的废包装物和贮运中失效或更新过程中禁用的农药。

4 农药环境安全使用原则

4.1 保护环境原则

遵循“预防为主、综合防治”的环保方针，不宜使用剧毒农药、持久性类农药，减少使用高毒农药、长残留农药，使用安全、高效、环保的农药，鼓励推行生物防治技术。保护有益生物和珍稀物种，维持生态系统的平衡。

4.2 科学用药原则

农药使用应遵守 GB 8321 的有关规定，并按照农药产品标签和说明书中规定的用途、使用技术与方法等科学施用。

5 防止污染环境的技术措施

5.1 防止污染土壤的技术措施

5.1.1 根据土壤类型、作物生长特性、生态环境及气候特征，合理选择农药品种，减少农药在土壤中的残留。

5.1.2 节制用药。结合病虫草害发生情况，科学控制农药使用量、使用频率、使用周期等，减少进入土壤的农药总量。

5.1.3 改变耕作制度，提高土壤自净能力。采用土地轮休、水旱轮换、深耕暴晒、施用有机肥料等农业措施，提高土壤对农药的环境容量。

5.1.4 科学利用生物技术，加快农药安全降解。施用具有农药降解功能的微生物菌剂，促进土壤中残留农药的降解。

5.2 防止污染地下水的技术措施

5.2.1 具有以下性质的农药品种易对地下水产生污染：水溶性＞30 mg/L、土壤降解半衰期＞3 个月、在土壤中极易移动、易淋溶的农药品种。

5.2.2 地下水位小于 1 m 的地区，淋溶性或半淋溶性土壤地区，或年降雨量较大的地区，不宜使用水溶性大、难降解、易淋溶、水中持留性很稳定的农药品种。

5.2.3 根据土壤性质施药。渗水性强的砂土或砂壤土不宜使用水溶性大、易淋溶的农药品种，使用脂溶性或缓释性农药品种时，也应减少用药种类、用药量和用药次数。

5.2.4 实施覆水灌溉时，应避免用水溶性大、水中持留性很稳定的农药品种。

5.3 防止污染地表水的技术措施

5.3.1 具有以下性质的农药品种易对地表水产生污染：水溶性＞30 mg/L、吸附系数 Kd＜5、在土壤中极易移动、水中持留性很稳定的农药品种。

5.3.2 地表水网密集区、水产养殖等渔业水域、娱乐用水区等地区的种植区，不宜易移动、难吸附、水中持留性很稳定的农药品种。

5.3.3 加强田间农艺管理措施。不宜雨前施药或施药后排水，减少含药浓度较高的田水排入地表水体。

5.3.4 农田排水不应直接进入饮用水源水体。避免在小溪、河流或池塘等水源中清洗施药器械；清洗过施药器械的水不应倾倒入饮用水水源、渔业水域、居民点等地。

5.4 防止危害非靶标生物的技术措施

5.4.1 根据不同的土壤特性、气候及灌溉条件等选用不同的除草剂品种。含氯磺隆、甲磺隆的农药产品宜在长江流域及其以南地区的酸性土壤（pH＜7）稻麦轮作区的小麦田使用。

5.4.2 含有氯磺隆、甲磺隆、胺苯磺隆、氯嘧磺隆、单嘧磺隆等有效成分的除草剂品种，按照 NY 686 等相关标准和规定正确使用。

5.4.3 调整种植结构，采用适宜的轮作制度，合理安排后茬作物。对使用长残效除草剂品种及添加其有效成分混合制剂的地块，不宜在残效期内种植敏感作物。

5.4.4 鼓励使用有机肥，接种有效微生物，加速土壤中杀虫剂和除草剂的降解速度，减少对后茬作物的危害影响。

5.4.5 灭生性除草剂用于农田附近铁路、公路、仓库、森林防火道等地除草时，选择合理农药品种，采用适当的施药技术，建立安全隔离带。

5.5 防止危害有益生物的技术措施

5.5.1 使用农药应当注意保护有益生物和珍稀物种。

5.5.2 对水生生物剧毒、高毒，和（或）生物富集性高的农药品种，不宜在水产养殖塘及其附近区域或其他需要保护水环境地区使用。在农田和受保护的水体之间建立缓冲带，减少农药因漂移、扩散、流失等进入水体。

5.5.3 对鸟类高毒的农药品种，不宜在鸟类自然保护区及其附近区域或其他需要保护鸟类的地区使用。使用农药种子包衣剂或颗粒剂时，应用土壤完全覆盖，防止鸟类摄食中毒。

5.5.4 对蜜蜂剧毒、高毒的农药品种，不宜在农田作物（如油菜、紫云英等）、果树（枣、枇杷等）和行道树（洋槐树、椴树等）等蜜源植物花期时施用。

5.5.5 对蚕剧毒、高毒的农药品种，不宜在蚕室内或蚕具消毒、蚕病防治时使用。配制农药不宜在蚕舍、桑田附近进行，施药农田与蚕舍、桑园间建立安全隔离带，隔离带内避免农药使用。

6 防止污染环境的管理措施

6.1 防止农药使用污染环境的管理措施

6.1.1 推行有害生物综合管理措施，鼓励使用天敌生物、生物农药，减少化学农药使用量。

6.1.2 推行农药减量增效使用技术、良好农业规范技术等，鼓励施药器械、施药技术的研发与应用，提高农药施用效率。

6.1.3 鼓励农业技术推广服务机构开展统防统治行动，鼓励专业人员指导农民科学用药。

6.1.4 加强农药使用区域的环境监测，及时掌握农药使用后的环境风险。

6.1.5 加强宣传教育和科普推广，提高公众对不合理使用农药所产生危害的认识。

6.2 防止农药废弃物污染环境的管理措施

6.2.1 按照法律、法规的有关规定，防止农药废弃物流失、渗漏、扬散或者其他方式污染环境。

6.2.2 农药废弃物不应擅自倾倒、堆放。对农药废弃物的容器和包装物以及收集、贮存、运输、处置危险废物的设施、场所，应设置危险废物识别标志，并按照《危险化学品安全管理条例》、《废弃危险化学品污染环境防治办法》等相关规定进行处置。

6.2.3 不应将农药废弃包装物作为他用；完好无损的包装物可由销售部门或生产厂统一回收。

6.2.4 不应在易对人、畜、作物和其他植物，以及食品和水源造成危害的地方处置农药废弃物。

6.2.5 因发生事故或者其他突发性事件，造成非使用现场农药溢漏时，应立即采取措施消除或减轻对环境的危害影响。

（三）矿山生态环境监察工作规范（试行）

国家环境保护总局关于印发《矿山生态环境监察工作规范（试行）》的通知

环发[2007]131号

各省、自治区、直辖市环境保护局（厅）：

为规范矿山生态环境监察工作，强化矿产资源开发环境保护执法力度，防止矿山开发建设造成新的环境污染和生态破坏，我局编制了《矿山生态环境监察工作规范（试行）》。现印发给你们，请认真贯彻执行。

附件：矿山生态环境监察工作规范（试行）

国家环境保护总局

2007年8月24日

附件

矿山生态环境监察工作规范（试行）

一、目的和依据

为规范矿山生态环境监察工作，加大对矿产资源开发的环境保护执法力度，防止矿山开发建设造成生态破坏和环境污染，根据环保、资源有关法律、法规、规章和政策文件，制定本规范。

二、适用范围

本规范适用于在固体矿产资源（包括煤等能源矿产、建材等非金属矿产及铅锌等金属矿产等）的矿山探矿、基建、采矿、选矿、闭矿等阶段，各级环境保护行政主管部门的环境监察机构，依照国家有关规定对辖区内矿山企业和个人履行生态环境保护法律法规、规章制度、各项政策及标准的情况进行现场监督、检查和处理的活动。

三、监察程序

（一）收集信息。掌握辖区内所有矿山企业基本情况，制定生态环境监察计划，确定监察重点。

（二）现场检查处理。现场查看相关资料，检查环境影响评价、“三同时”及环保验收的执行情况，检查污染治理设施运行、处理情况及污染物排放情况，查看生态破坏和恢复情况，做好现场检查记录。发现有环境违法行为的，进行制止并现场取证。

（三）提交报告。根据现场检查情况进行综合分析，编制矿山生态环境监察报告，向主管部门提出处理建议。

（四）行政处罚。对依法应给予行政处罚的按行政处罚程序进行处理。

（五）移交移送。将环保部门职责外的案件及时移交移送至有关部门。

（六）定期复查。按期进行复查，监督企业对处理决定的落实情况。

（七）总结归档。查处过程中的文字材料及音像资料，及时分类归档。

四、监察形式

对矿山建设项目施工期、试生产（运行）期和新、老矿山生产过程以及闭矿前后等进行现场执法检查。可采取例行检查、专项行动、相关部门联合执法、案件移交移送等多种形式。

五、监察内容

（一）建设项目

建设项目包括新建、改建、扩建和技术改造项目。按照“预防为主”的方针，对矿山建设项目实行全过程生态环境监察，即对项目的施工建设、试生产（运行）、生产及闭矿前后等全过程进行执法监察，应及时发现企业环境违法行为并予以处理。建设项目在不同阶段的生态环境监察要点为：

1．施工建设阶段

（1）建设项目的环保审批手续是否齐全、完备。

（2）检查项目是否在国家明文规定禁止开采的区域内；是否在依法划定的自然保护区、生态功能保护区、风景名胜区、森林公园、饮用水水源保护区、基本农田保护区等进行探矿和采矿；是否在崩塌滑坡危险区、泥石流易发区和易导致自然景观破坏的区域内采石、采沙、取土；是否在铁路、重要公路两侧一定距离以内，重要河流、堤坝两侧一定距离以内采矿。

（3）项目的性质、规模、地点、生产工艺等是否符合环评及其批复要求，有无重大变更，是否依法履行相关变更手续。

（4）需要配套建设的环境保护工程是否与主体工程同时建设。

（5）环境影响评价文件及环保部门审批意见中提出的污染防治及生态保护措施是否落实。

（6）施工现场环境保护状况（包括矿山基建对耕地的占用，对动植物资源的影响、污水的排放、固体废物的堆放、生态的恢复以及噪声、扬尘等）。

（7）是否缴纳排污费。

2．试生产（运行）阶段

（1）对已进入试生产（运行）的建设项目，检查企业是否向环保部门提交试生产（运行）申请，是否得到环保部门同意。

（2）项目生产工艺和各项环保措施，是否按照环境影响评价文件及其审批意见的要求逐一落实。

（3）环保设施是否与主体工程同时运行，各种污染物排放是否达标，排放量是否达到总量要求。

（4）是否开展了生态恢复工作。

（5）尾矿库是否采取防扬散、防流失、防渗漏和防污染等措施。

（6）试生产（运行）时间是否超过 3 个月，督促企业及时提交竣工验收申请。

（7）是否制定突发环境事件应急预案，并有突发环境事件应急装置、设施和场所。

（8）是否按时办理排污申报登记、缴纳排污费。

（9）编制试生产阶段环保措施执行情况环境监察报告，作为竣工验收的依据之一，并加强对建设项目“三同时”的执法监察。

3．正式生产阶段

（1）建设项目环保设施竣工验收手续是否齐全。

（2）是否办理排污申报登记、排污许可证及缴纳排污费。

（3）污染治理设施是否正常运转；污染物排放是否控制在总量范围内。

（4）水环境保护是否达到要求：

①水重复利用率是否达到环境影响评价文件及其审批意见中的要求。②污水处理是否达到要求，排放污水是否符合排放标准。

（5）固体废物是否按要求进行贮存或处置：

①露天贮存废渣、废矿石等，是否设置了专用的贮存设施、场所。②尾矿是否排入尾矿设施，尾矿设施是否有防流失、防扬散、防渗漏等措施，是否存在超量储存等环境安全隐患。③尾矿、矸石、废石等矿业固体废物贮存设施停止使用后，矿山企业是否按照环保规定进行封场。

（6）大气污染防治措施是否到位：

①存放煤炭、煤矸石、煤渣、煤灰、砂石等，是否采取防燃、防尘措施。②采矿作业区和料场，其运输、装卸、加工、倾倒矿石、废渣、尾矿等，是否采取封闭覆盖堆放或喷洒覆盖剂等措施，防止扬尘污染。③选矿作业区是否建设大气污染防治设施。

（7）生态恢复工作是否按计划和要求实施。

（8）对环保行政主管部门下达的限期整改项目，督促建设单位按要求积极整改。

（二）已建成项目

已建成项目包括正处于生产阶段或闭库前期的矿山。

1．项目是否在国家明文规定禁止开采的区域内。

2．采矿、选矿工艺、技术、设施是否符合国家产业政策规定。

3．环保审批手续办理情况和“三同时”竣工验收情况。

4．污染治理设施管理、维护、运行情况。

5．污染防治、生态保护和恢复等措施的落实情况（内容同正式生产阶段）。

6．尾矿库设施是否存在因超量储存、超期服役等导致垮坝引发突发环境事件发生的风险，是否存在超标排污、污染环境等问题。

7．是否制定突发环境事件应急预案，是否有事故应急装置、设施和场所。

8．闭矿手续办理情况及闭矿后的生态恢复情况。

9．排污申报登记、排污许可证及缴纳排污费情况。

10．环境管理制度建立情况。

六、处理处罚

属于环保行政主管部门职责内的、依法应给予行政处罚的按环保部门行政处罚程序进行处理。具体违法认定和处理、处罚条款见附录（略）。

属于环保行政主管部门职责外的实行案件移交移送制度。发现因采矿涉及毁林的，向林业行政部门移送；涉及河道采砂的向水利部门移送；发现尾矿库（坝）存在安全隐患的，向安全生产监管部门移送；因环境违法需依法关停的，需吊销采矿许可证的向国土资源部门移送、需吊销营业执照的向工商部门移送、需断电的向电力部门移送、需追究行政责任的向监察部门移送、需追究刑事责任的向司法部门移送；需对企业关闭、搬迁或涉及重大案件及特殊案件的报当地人民政府。对已移送的案件进行全程跟踪，处理结果在环保部门备案。对移交后未得到处理的案件，上报当地政府督办。

本规范由县级以上人民政府环境保护行政主管部门组织实施，各级环境监察机构具体负责矿山生态环境监察工作。环保部门内部协调机制由各省级环保部门自行制定。

本规范由国家环境保护总局负责解释。

本规范自颁布之日起实施。

附录：违法认定和处理、处罚条款（略）

（四）《畜禽养殖场（小区）环境监察工作指南》（试行）

关于印发《畜禽养殖场（小区）环境监察工作指南》（试行）的通知

环办[2010]84 号

各省、自治区、直辖市环境保护厅（局），副省级城市环境保护局，新疆生产建设兵团环境保护局，各环境保护督查中心：

为规范畜禽养殖场（小区）的环境监察工作，实现畜禽养殖业的精细化、规范化、高效化环境监管，提高畜禽养殖业的污染防治水平和环境管理能力，我部组织编制了《畜禽养殖场（小区）环境监察工作指南》（试行）。现印发给你们，请根据各地环境监察工作实际，参照执行。

附件：畜禽养殖场（小区）环境监察工作指南（试行）

二〇一〇年六月三日

附件

畜禽养殖场（小区）环境监察工作指南（试行）

为规范畜禽养殖业环境监察工作，加大对畜禽养殖业的环境执法力度，实现精细化、规范化、高效化环境监管，防止畜禽养殖环境污染，促进污染减排，推进农村生态环境保护工作，根据有关法律、法规和政策文件，制定本指南。

1 适用范围

本指南内容主要包括畜禽养殖场（小区）环境监察工作的监察依据、术语和定义、监察程序、监察内容及视情处理等方面。有关专项监察可根据专项工作的要求适当选择监察内容。

本指南适用于各级环境保护行政主管部门的环境监察机构，依照国家有关法律、法规和政策规定，对畜禽养殖场（小区）进行的现场监督、检查和处理。对于未达到规定的规模标准，但位于环境敏感区或造成环境污染的小型畜禽养殖场或养殖小区可参照本指南开展环境监察。

2 监察依据

2.1 《中华人民共和国环境保护法》

2.2 《中华人民共和国水污染防治法》

2.3 《中华人民共和国大气污染防治法》

2.4 《中华人民共和国固体废物污染环境防治法》

2.5 《中华人民共和国环境影响评价法》

2.6 《中华人民共和国畜牧法》

2.7 《中华人民共和国动物防疫法》

2.8 《中华人民共和国行政处罚法》

2.9 《建设项目环境保护管理条例》（国务院令第 253 号）

2.10 《排污费征收使用管理条例》（国务院令第 369 号）

2.11 《畜禽养殖污染防治管理办法》（国家环境保护总局令第 9 号）

2.12 《环境行政处罚办法》（环境保护部令第 8 号）

2.13 《建设项目竣工环境保护验收管理办法》（环境保护部令第 13 号）

2.14 《畜禽养殖污染物排放标准》（GB 18596—2001）

2.15 《畜禽养殖业污染防治技术规范》（HJ/T 81—2001）

2.16 《畜禽养殖业污染治理工程技术规范》（HJ 497—2009）

2.17 《畜禽粪便无害化处理技术规范》（NY/T 1168—2006）

2.18 《国家环境保护总局关于印发〈国家农村小康环保行动计划〉的通知》（环发[2006]151号）

2.19 《国务院办公厅转发环保总局等部门关于加强农村环境保护工作意见的通知》（国发[2007]63 号）

2.20 地方有关法规、标准

3 术语和定义

3.1 禁养区

本指南所称禁养区，是指《中华人民共和国畜牧法》第四十条和《畜禽养殖污染防治管理办法》第七条规定的范围，具体包括生活饮用水水源保护区、风景名胜区、自然保护区的核心区及缓冲区，城市和城镇中居民区、文教科研区、医疗区等人口集中区域，各级人民政府依法划定的禁养区域，国家或地方法律、法规规定需特殊保护的其他区域。

3.2 环境敏感区

本指南所称环境敏感区，是指《建设项目环境影响评价分类管理目录》中规定的范围，具体是指依法设立的各级各类自然、文化保护地，以及对建设项目的某类污染因子或者生态影响因子特别敏感的区域，主要包括：自然保护区、风景名胜区、世界文化和自然遗产地、饮用水水源保护区，富营养化水域，以居住、医疗卫生、文化教育、科研、行政办公为主要功能的区域，文物保护单位、具有特殊历史、文化、科学、民族意义的保护地。

3.3 畜禽养殖场和畜禽养殖小区

本指南所称畜禽养殖场和畜禽养殖小区，是指符合《中华人民共和国畜牧法》中第三十九条规定条件，并达到省级人民政府划定的规模标准和备案程序的畜禽养殖场所。具体条件为有与其饲养规模相适应的生产场所和配套的生产设施，有为其服务的畜牧兽医技术人员，具备法律、行政法规和国务院畜牧兽医行政主管部门规定的防疫条件，有对畜禽粪便、废水和其他固体废弃物进行综合利用的沼气池等设施或者其他无害化处理设施，具备法律、行政法规规定的其他条件。

对于省级人民政府没有划定规模标准的地区，采用《畜禽养殖污染防治管理办法》第十九条规定的标准，是指常年存栏量为500头以上的猪、3万羽以上的鸡和100头以上的牛的畜禽养殖场，以及达到规定规模标准的其他类型的畜禽养殖场。

4 监察程序

4.1 前期准备

收集有关资料和信息，主要包括相关法律法规、环保标准等规范性文件及政府划定的畜禽养殖禁养区范围；畜牧兽医行政主管部门备案管理的畜禽养殖场（小区）信息，包括养殖场经营者名称、所处地理位置、养殖种类、养殖规模等；拟检查畜禽养殖场（小区）的建设项目管理信息及日常监管信息，包括畜禽养殖场（小区）环境影响评价和“三同时”制度执行材料，排污申报登记、排污许可证办理、排污费缴纳情况，环境执法检查记录等；群众投诉、举报、信访等情况。

统筹安排现场执法需要的调查取证装备、交通设备等。

学习畜禽养殖场（小区）的有关卫生防疫知识，依法履行防疫义务。

4.2 制定计划

根据收集的基础资料和数据，因地制宜，制定监察计划，确定监察重点。需其他部门配合实施联合监察的，联系有关部门召开联席会议，明确各部门具体工作任务。

4.3 现场检查

现场监察执法人员不得少于两人，并出示中国环境监察证或者其他行政执法证件。恪守执法工作范围，保守被执法单位技术与业务秘密。

应当要求被检查单位提供如下资料并认真查阅：畜禽养殖单位的物耗和能耗相关报表以及生产销售台账等企业生产管理的基本信息资料；建设项目环评报告及审批文件、“三同时”验收报告及审批文件、排污许可证、排污申报资料、排污费缴纳单据、在线监测数据报表等环境管理基本资料；污染治理设施运行台账、企业内部环境管理制度、环保设施运行规程等企业内部环境管理基本资料。

根据场区布局、养殖模式、重点产污节点等实际情况，确定合理的检查路线，检查畜禽养殖单位污染防治设施或废物综合利用、无害化处理设施的建设及运行状况；排污口去向和排污口规范化设置情况，废水、废气、废渣等污染物处置和排放情况，并根据现场情况取样监测。填写《畜禽养殖业环境监察单》（见附1）并做好现场记录。

4.4 调查取证

发现有环境违法行为的，应当制止，并根据《环境行政处罚办法》，对违法事实、违法情节和危害后果等进行全面、客观、及时地调查，依法收集与案件有关的证据，制作现场检查（勘察）笔录，采取录音、拍照、录像或者其他方式如实记录现场情况。

调查时，应注意确认养殖场业主身份，区分经营性养殖和自主性养殖。现场难以区分确认的，可向乡镇及村居委会熟悉情况的人进行了解核实。

4.5 视情处理

对检查中发现环境违法行为，依据相关法律、法规，按照《中华人民共和国行政处罚法》、《环境行政处罚办法》规定的程序，视情进行现场处理或提出处理处罚建议。环境保护行政主管部门或其环境监察机构根据法定职责，提出处理处罚意见。

不属于本机关管辖的案件，应当移送有管辖权的环境保护行政主管部门处理。

不属于环境保护行政主管部门管辖的案件，应当按照有关要求和时限移送有管辖权的机关处理。

4.6 监督执行

对处理决定按规定期限进行复查或后督察，监督检查企业对处理决定的落实情况，确保违法行为得到纠正。

4.7 总结归档

编写总结报告，对查处过程中的相关资料、文字材料及音像资料，及时分类归档。

5 监察内容

5.1 养殖场基本情况

确定畜禽养殖场（小区）名称、所处地理位置、法定代表人、组织机构代码、养殖种类、养殖规模等。

5.2 场址合理性监察

5.2.1 禁养区判断

场址不能位于政府依法划定的禁养区。

5.2.2 环境敏感区判断

判断是否位于环境敏感区。

5.2.3 卫生防护距离要求

卫生防护距离应当符合已审批的环境影响评价文件的规定要求。

5.3 环境影响评价及“三同时”制度执行情况监察

5.3.1 环评制度执行

新建、改建和扩建畜禽养殖场（小区），必须进行环境影响评价，办理有关审批手续。

项目的性质、规模、地点、养殖模式等应与环评报告或环评审批等文件一致。如有变更，必须履行相关变更手续。

5.3.2 “三同时”制度执行

污染防治设施和生态保护措施严格按照环评批复要求与主体工程同时设计、同时施工、同时使用。畜禽废弃物综合利用措施必须在畜禽养殖场（小区）投入运营的同时予以落实。

5.3.3 试生产管理

已进入试生产的建设项目应当按规定向环保部门提交试生产申请，并得到环境保护主管部门同意。

5.3.4 竣工环境保护验收

试生产时间 3 个月内，应当申请进行环境保护设施竣工验收。竣工环境保护验收手续齐全，验收提出的整改意见落实到位。

5.4 养殖区现场监察

5.4.1 养殖模式及养殖规模

现场查看畜禽养殖场（小区）养殖模式，确定现有养殖规模。

5.4.2 养殖场的产污情况

养殖场应当采取清污分流和干湿分离等措施，确定主要污染物产生情况。

5.5 污染治理设施建设及运行情况

5.5.1 废水和废弃物贮存场所预防措施

废水和畜禽废弃物的贮存设施或场所应当采取防渗漏、防溢流、防雨水淋失、防恶臭等措施。

5.5.2 废水处理设施建设及运行情况

运营污染治理设施单位必须具有污染治理设施运营资质。检查废水处理设施建设及运行情况。检查每日的废水进出水量、水质，药品使用记录，环保设备运行及维修记录等台账记录。检查排污口和自动监控装置建设情况，排污口设置符合规范化建设要求，流量计、化学需氧量、氨氮、悬浮物等污染物的自动监控装置运行正常。

5.5.3 畜禽废弃物综合利用措施落实情况

畜禽废弃物综合利用和无害化处理措施必须得以落实并正常运营。

利用畜禽粪便、废水还田、生产沼气、制造有机肥、制造再生饲料等综合利用措施必须符合相关规范和标准要求，对还田的必须经无害化处理。

5.5.4 取样监测

根据需要，取样监测污水、恶臭等污染物的排放浓度。

5.6 企业环境管理制度监察

5.6.1 内部环境管理制度建设

畜禽养殖场（小区）应当制定染防治设施设备操作规程、交接班制度、台账制度等各项环境管理制度，并将上述制度上墙。

操作人员应当严格按照环保设施设计方案和操作规程进行操作和运行，建立真实完整的污染防治设施日常运行记录，并按照设施维护检修规程定期进行设施维护检修。

5.6.2 内部环境管理体系建设

企业应当明确设置专门的环境管理人员，废水处理设施必须配备保证其正常运行的足够操作人员，设立能够监测主要污染物和特征污染物的化验室，配备化验人员。

5.7 基本环境管理制度监察

5.7.1 排污申报登记制度执行

畜禽养殖场（小区）必须按有关规定向所在地的环境保护行政主管部门进行排污申报登记。排污申报登记的畜禽养殖场（小区）适用规模按照《排污费征收标准管理办法》规定执行。

5.7.2 排污许可证制度执行

在依法实施污染物排放总量控制的区域内，畜禽养殖场（小区）必须依法取得《排污许可证》，并按照《排污许可证》的规定排放污染物。

5.7.3 排污收费制度执行

必须按照国家有关规定及时、足额缴纳排污费。

5.8 周边居民调查走访

了解企业在运行过程中由于环境问题对附近居民生活造成的影响，对居民提出的意见进行判断筛选后反馈于监察报告的整改意见中，以进一步落实整改。

5.9 环境监察记录

填写《畜禽养殖场环境监察单》，按照监察内容制作环境保护现场检查（勘察）笔录。

6 视情处理

发现污染防治设施不正常运行，要现场责令改正，企业违法行为属环境行政处罚简易程序范围的，按照《环境行政处罚办法》可当场作出行政处罚决定；属于环境行政处罚一般程序范围的，按照《环境行政处罚办法》一般程序的规定和要求进行处理。

6.1 提出处理处罚建议

属于环境保护行政主管部门职责内的、依法应给予行政处理处罚的，根据《环境违法行为认定和处理处罚条款》（附 2），提出处理处罚建议，报环境保护行政主管部门或其环境监察机构，按照环境行政处罚程序进行处理。环境保护行政主管部门或其环境监察机构实施行政处罚时，应当及时做出责令当事人改正或者限期改正违法行为的行政命令。具体形式有：责令停止建设；责令限期建设配套设施；责令重新安装使用；责令限期拆除；责令停止违法行为；责令限期治理；责令限期办理或补办手续；责令限期缴纳排污费等。责令改正期限届满，当事人未按要求改正，违法行为仍处于继续或者连续状态的，可以认定为新的环境违法行为。

6.2 环保系统内部移交移送

由上级环保部门管辖的建设项目，应形成书面材料报送有管辖权的上级环境保护行政主管部门处理。上级环境保护部门可以将管辖的案件交由有管辖权的下级环境保护行政主管部门实施行政处罚。

6.3 部门间或向政府移交移送

涉嫌违法依法应当由人民政府实施责令搬迁、关闭的案件，环境保护行政主管部门应当提出处理建议报本级人民政府。

发现存在安全隐患的，移送安全生产监管部门。

涉嫌违法依法应当实施行政拘留的案件，移送公安机关；涉嫌违反党纪、政纪的案件，移送纪检、监察部门。

涉嫌犯罪的案件，按照《行政执法机关移送涉嫌犯罪案件的规定》等有关规定移送司法机关。

本指南由环境保护部负责解释。

附 1：畜禽养殖场（小区）环境监察单（略）

附 2：环境违法认定和处理处罚条款（略）

（五）自然保护区生态环境监察指南

关于印发《自然保护区生态环境监察指南》的通知

环办[2011]86 号

各省、自治区、直辖市环境保护厅（局），副省级城市环境保护局，新疆生产建设兵团环境保护局，各环境保护督查中心：

为规范自然保护区的生态环境监察工作，加强对自然保护区的监督管理，加大对涉及自然保护区违法开发建设、资源不合理利用等生态破坏行为的环境执法力度，促进自然保护区生态环境监察工作规范化、高效化，我部组织编制了《自然保护区生态环境监察指南》。现印发给你们，请根据各地环境监察工作实际，参照执行。

附件：自然保护区生态环境监察指南

二〇一一年七月十一日

附件

自然保护区生态环境监察指南

为规范自然保护区生态环境监察工作，加强对自然保护区的监督管理，加大对涉及自然保护区违法开发建设、资源不合理利用等生态破坏行为的环境保护执法力度，促进自然保护区生态环境监察执法工作制度化、规范化，依据环保、资源有关法律、法规、规章、政策文件和有关标准，制定本指南。

1 适用范围

本指南内容主要包括自然保护区环境监察工作的适用范围、监察依据、术语和定义、监察程序、监察内容及视情处理等方面。有关专项监察可依据专项工作的要求适当选择监察内容。

本指南适用于全国各级环境保护行政主管部门的环境监察机构，依照国家有关法律法规、政策规定，对中华人民共和国领域和管辖的其他海域内所有已建自然保护区履行生态保护法律法规、规章制度、各项政策及标准的情况，进行现场监督、检查和处理。

2 监察依据

2.1 法律

2.1.1 《中华人民共和国环境保护法》

2.1.2 《中华人民共和国环境影响评价法》

2.1.3 《中华人民共和国水污染防治法》

2.1.4 《中华人民共和国固体废物污染环境防治法》

2.1.5 《中华人民共和国大气污染防治法》

2.1.6 《中华人民共和国土地管理法》

2.1.7 《中华人民共和国森林法》

2.1.8 《中华人民共和国草原法》

2.1.9 《中华人民共和国野生动物保护法》

2.1.10 《中华人民共和国海洋环境保护法》

2.1.11 《中华人民共和国矿产资源法》

2.1.12 《中华人民共和国渔业法》

2.1.13 《中华人民共和国行政处罚法》

2.1.14 《中华人民共和国行政监察法》

2.2 法规

2.2.1 《中华人民共和国自然保护区条例》（国务院令第 167 号）

2.2.2 《中华人民共和国野生植物保护条例》（国务院令第 20 号）

2.2.3 《建设项目环境管理条例》（国务院令第 253 号）

2.2.4 《中华人民共和国风景名胜区条例》（国务院令第 474 号）

2.2.5 《全国生态环境保护纲要》

2.3 规章

2.3.1 《建设项目环境保护设施竣工验收管理规定》（国家环保总局令第 14 号）

2.3.2 《建设项目环境影响评价分类管理目录》（环境保护部令第 2 号）

2.3.3 《建设项目环境影响评价文件分级审批规定》（环境保护部令第 5 号）

2.3.4 《环境行政处罚办法》（环境保护部令第 8 号）

2.3.5 《国家级自然保护区监督检查办法》（国家环境保护总局令第 36 号）

2.4 政策

2.4.1 《关于国家级自然保护区申报审批意见报告的通知》（国办发[1991]17 号）

2.4.2 《关于进一步加强自然保护区管理工作的通知》（国办发[1998]111 号）

2.4.3 《国家级自然保护区范围调整和功能区调整及更改名称管理规定》（2002 年）

2.4.4 《国务院办公厅关于加强湿地保护管理的通知》（国办发[2004]50 号）

2.4.5 《国务院办公厅关于做好自然保护区管理有关工作的通知》（国办发[2010]63 号）

2.4.6 《关于涉及自然保护区的开发建设项目环境管理工作有关问题的通知》（环发[1999]177 号）

2.4.7 《关于进一步加强自然保护区建设和管理工作的通知》（环发[2002]163 号）

2.4.8 《关于加强资源开发生态环境保护监管工作的意见》（环发[2004]24 号）

2.4.9 《关于加强自然保护区管理有关问题的通知》（环办[2004]101 号）

2.4.10 《海洋自然保护区管理办法》（1995 年）

2.4.11 《自然保护区土地管理办法》（1995 年）

2.4.12 《森林和野生动物类型自然保护区管理办法》（1985 年）

2.4.13 《水生动植物自然保护区管理办法》（1997 年）

2.5 标准

2.5.1 《自然保护区类型与级别划分原则》（GB/T 14529—93）

2.5.2 《污水综合排放标准》（GB 8978—1996）

2.5.3 《大气污染物综合排放标准》（GB 16297—1996）

2.5.4 《饮食业油烟排放标准》（GB 18483—2001）

2.5.5 《地表水环境质量标准》（GB 3838—2002）

2.5.6 《环境空气质量标准》（GB 3095—1996）

2.5.7 《土壤环境质量标准》（GB 15618—1995）

2.5.8 《自然保护区管护基础设施建设技术规范》（HJ/T 129—2003）

2.6 其他

其他有关法规、政策文件、标准

3 术语和定义

下列术语和定义适用于本指南：

3.1 自然保护区

自然保护区是指对有代表性的自然生态系统、珍稀濒危野生动植物物种的天然集中分布区、有特殊意义的自然遗迹等保护对象所在的陆地、陆地水体或者海域，依法划出一定面积予以特殊保护和管理的区域。

3.2 核心区

核心区是指自然保护区内保存完好的天然状态的生态系统以及珍稀、濒危动植物的集中分布地，禁止任何单位和个人进入。

3.3 缓冲区

自然保护区的核心区外围可以划定一定面积的缓冲区，只准进入从事科学研究观测活动。

3.4 实验区和外围保护地带

自然保护区缓冲区外围划为实验区，可以进入从事科学试验、教学实习、参观考察、旅游以及驯化、繁殖珍稀、濒危野生动植物等活动。

原批准建立自然保护区的人民政府认为必要时，可以在自然保护区的外围划定一定面积的外围保护地带。

3.5 外来入侵物种

外来入侵物种则是指通过有意或无意的人类活动而被引入到自然或人工生态系统中并建立自然种群，给当地的生态系统或景观造成了明显的生态和经济损害或影响的非本源地的物种。

3.6 生态旅游

生态旅游是指在自然区域内开展的一种对环境负责任的旅游，其目的在于享受并了解自然以及相应的过去和现在的文化特色，其旅游者负面影响小，给当地人提供收益以及社会、经济参与机会。

4 监察程序

4.1 前期准备

4.1.1 资料收集

掌握辖区内所有自然保护区基本信息，包括地理位置、级别、保护对象、类型等，收集自然保护区总体规划、综合科学考察、建设项目情况、旅游开发情况、环评审批情况、卫生遥感图片等资料。

4.1.2 数据分析

对自然保护区的数据资料进行分析，根据保护区卫星遥感图片对区内建设项目环境影响情况进行预核查。

4.1.3 制定计划

根据收集的基础资料和数据，因地制宜，制定监察计划，确定监察重点。需其他部门配合实施联合监察的，联系有关部门召开联席会议，明确各部门具体工作任务。

学习野外防护知识，统筹安排现场执法需要的调查取证装备、交通、卫星导航等设备，并准备相关图纸。

4.2 现场检查

现场监察执法人员不得少于两人，并出示中国环境监察证或者其他行政执法证件。

通过听取自然保护区管理机构的汇报，了解自然保护区管理状况及存在问题。现场查看或复印相关资料，检查自然保护区管理与生物多样性保护状况、生态破坏和恢复情况、生态旅游开展情况、涉及自然保护区建设项目和生产经营活动环境影响评价、“三同时”及环保验收的执行情况。发现有违法、违规行为的，应当责令改正并进行现场调查取证。

4.3 调查取证

发现有环境违法、违规行为的，应当立即制止，并根据《环境行政处罚办法》，对违法事实、违法情节和和危害后果等进行全面调查，依法收集与案件有关的证据，制作现场调查询问笔录。需要委托其他环境保护主管部门协助调查取证的，应当出具书面委托调查函。

4.4 周边居民调查走访

了解自然保护区内存在的环境问题，对居民提供的信息和意见进行调查核实后反馈于监察报告的整改意见中，以进一步落实。

4.5 依法处理

检查中发现环境违法行为，依据相关法律法规，按照《行政处罚法》、《行政监察法》、《环境行政处罚办法》规定的程序，视情进行现场处理或提出处理处罚建议。环境保护行政主管部门或其环境监察机构根据法定职责，提出处理处罚意见。将调查和处罚情况告知保护区主管部门协助监督整改。

不属于本机关管辖的案件，应当移送有管辖权的环境保护行政主管部门处理。

不属于环境保护行政主管部门管辖的案件，应当按照有关要求和时限移送有管辖权的机关处理。

4.6 监督执行

对处理决定按规定期限进行复查和后督察，监督检查相关单位对处理决定的落实情况，确保违法违规行为得到纠正。

4.7 总结归档

编写总结报告，对查处过程中的相关资料、文字材料及音像资料，及时分类归档。

4.8 政务公开

除涉及国家机密、技术秘密、商业秘密和个人隐私外，对自然保护区行政处罚决定应当向社会公开。

5 监察内容

5.1 自然保护区管理

为加强自然保护区建设和管理能力，提高自然保护区管理水平和管护成效，主要监察要点如下：

5.1.1 管理机构与管理人员

检查自然保护区内是否设立专门的管理机构，并配备专业技术人员，负责自然保护区的具体管理工作。

5.1.2 总体规划编制

检查自然保护区是否编制了总体规划。自然保护区管理机构或保护区行政主管部门应当组织编制自然保护区总体规划，并按照规定的程序纳入国家的、地方的或者部门的投资计划，组织实施。

5.1.3 范围或功能区调整

检查是否存在擅自调整自然保护区范围或功能区划的问题。自然保护区的范围和界线应当由批准建立保护区的人民政府确定，并标明区界，予以公告。任何部门和单位不得擅自改变自然保护区的性质、范围和功能分区，不得随意撤销已批准建立的自然保护区。自然保护区自批准建立或调整之日起，原则上五年内不得进行调整。确因国家立项核准的重大工程建设需要，必须对自然保护区进行调整的，应在确保自然保护区功能不发生改变的前提下，从严控制缩小自然保护区及其核心区、缓冲区的范围。地方级自然保护区的调整由其所在地省级人民政府审批，并报环境保护部和相关部门备案。

5.1.4 自然保护区土地和海域管理

检查是否依法确定自然保护区的土地所有权和使用权及海域使用权。对自然保护区内的集体所有土地，是否签订委托管理协议。依法使用自然保护区内土地的单位和个人，是否擅自改变土地用途、扩大使用面积，是否存在破坏、侵占、买卖或者以其他方式非法转让自然保护区内的土地的行为。

5.2 生物多样性保护监察

为加强自然保护区内生物多样性保护工作，减缓物种丧失速度，主要监察要点包括：

5.2.1 主要保护对象影响

检查自然保护区内国家重点保护物种等主要保护对象是否得到有效保护，是否出现种群大幅度下降的现象。

5.2.2 外来入侵物种

检查自然保护区内外来入侵物种的入侵情况，是否对生态环境造成严重威胁或影响，是否存在人为引进外来物种的情况。

5.3　资源开发利用监察

为加强自然保护区自然资源保护，查处不合理的资源开发利用行为，实现可持续利用。主要监察要点包括：

5.3.1　严格禁止的开发活动

检查自然保护区范围内是否存在砍伐、放牧、狩猎、捕捞、采药、开垦、烧荒、开矿、采石、捞沙等法律法规禁止的资源利用活动。

5.3.2　人工经济林

自然保护区以保护珍稀濒危植物物种为主，应当严格控制区内人工经济林或经济作物的面积与比例。检查自然保护区内人工经济林（如桉树林、橡胶林、毛竹林、茶园、香蕉园等）的种植规模与变化动态，人工经济林的种植是否经过相关部门的批准。

5.3.3　野生植物资源采集情况

自然保护区内允许原住民以传统生活方式一定程度利用野生植物资源，但利用强度需限制在自我更新范围内，禁止过度利用。检查自然保护区内是否存在大规模商业性采集野生植物资源的行为。

5.4　生态旅游监察

为规范自然保护区生态旅游活动，防止对自然保护区生态环境的不利影响，主要监察要点包括：

5.4.1　生态旅游的范围

生态旅游活动仅允许在自然保护区实验区范围内开展。检查自然保护区内生态旅游活动是否涉及核心区与缓冲区范围。

5.4.2　旅游项目的环境影响评价

自然保护区的实验区内，不得建设污染环境、破坏资源或者景观的生产设施。建设其他项目，其污染物排放不得超过国家和地方规定的污染物排放标准。所有对环境有影响的项目都应当进行环境影响评价。检查自然保护区内旅游项目（包括设施建设）是否开展了环境影响评价，并按规定进行了报批。

5.4.3　旅游方案的审批

自然保护区生态旅游方案应当按规定由有关行政主管部门批准，其中国家级保护区旅游方案需经国务院有关自然保护区行政主管部门批准，地方级自然保护区旅游方案需经省级人民政府有关自然保护区行政主管部门批准。检查自然保护区的旅游方案是否经过有关自然保护区行政主管部门批准，禁止随意更改旅游方案，禁止开设与自然保护区保护方向不一致的参观、旅游项目。

检查自然保护区的实际旅游接待量是否超出了批准的接待量是否超出了批准的接待量及自然保护区的承载能力。

5.4.4　旅游设施的污染物排放

检查自然保护区内旅游设施（如农家乐等社区经营活动）的污染物排放是否超标，是否采取污染处理措施。

5.5　建设项目监察

为规范涉及自然保护区的建设项目环境管理，坚持保护优先原则，对建设项目实行全过程生态环境监察，及时发现环境违法行为并予以处理。主要监察要点包括：

5.5.1 建设项目地点

在自然保护区的核心区和缓冲区内，不得建设任何生产设施，开展旅游和生产经营活动。检查自然保护区内是否存在建设项目（包括保护区管理机构自建项目），项目地点是否位于核心区或缓冲区内。

5.5.2 建设项目环评制度执行

自然保护区实验区内开展的建设活动，必须进行环境影响评价并依法履行报批手续。检查自然保护区实验区内的建设项目类型是否符合相关环保法规的要求，是否开展了环境影响评价，环保审批手续是否齐全。项目有无重大变更，是否依法履行后评价等相关变更手续。

涉及自然保护区的开发建设项目的环境影响评价文件，是否对项目可能造成的对自然保护区功能和保护对象的影响作出预测并提出保护与恢复治理方案。

涉及国家级自然保护区且其环境影响评价文件依法由地方环境保护行政主管部门审批的建设项目，其环境影响评价文件在审批前是否征得国务院环境保护行政主管部门的同意。

5.5.3 建设项目“三同时”制度执行

建设项目中防治污染的措施，必须与主体工程同时设计、同时施工、同时投产使用。建设项目建设过程中，建设单位应当同时实施环境影响评价文件及审批意见中提出的环境保护对策措施。检查建设项目应配套建设的环境保护工程是否履行了“三同时”制度，相关生态保护、恢复与补偿措施是否得到落实。试生产、竣工环境保护验收等手续要齐全，验收提出的整改意见要落实到位。

5.5.4 建设项目的生态影响

在自然保护区实验区内，不得建设污染环境、破坏资源或者景观的生产设施，不得损害自然保护区内的环境质量。检查自然保护区实验区内建设项目施工期和运行期的“三废”排放是否符合环境保护法律、法规及自然保护区管理的有关规定，建设项目是否破坏保护区内的生态环境，并损害保护区内的环境质量和生态功能。

5.6 突发环境事件应急预案

自然保护区管理机构应当根据保护区实际情况，制订突发环境事件应急预案。检查保护区是否制定突发环境事件应急预案，并配备突发环境事件应急装置、设施和场所。

5.7 污染源环境监察

5.7.1 废水污染源监察

自然保护区内宾馆、酒店应采取中水回用等多种节水措施，排水要进行雨污分流。污水须进行分类处理，餐饮废水应经过隔栅、隔油池预处理，回收处理地沟油后，与其他生活污水一起排入污水处理装置处理。无法进入城市污水集中处理厂进行深度处理的，须处理达到《污水综合排放标准》（GB 8978—1996）第二时段一级标准。

5.7.2 废气污染源监察

自然保护区内宾馆、酒店应使用天然气、液化石油气等清洁能源，厨房炉灶上方要安装集气罩，对烹饪油烟进行有效收集，经油烟净化装置处理达到《饮食业油烟排放标准》限值要求，油烟无组织排放视同超标。

5.7.3 固体废弃物污染源监察

生活垃圾实行袋装分类收集，交环卫部门统一收集处理，日清日运，不得自行堆积，餐饮业产生的废油（渣）交有相关部门回收。

6 视情处理

6.1 现场处理

自然保护区内违法行为属环境行政处罚简易程序范围的，按照《环境行政处罚办法》可当场作出行政处罚决定；属于环境处罚一般程序范围的，按照《环境行政处罚办法》一般程序的规定和要求进行处理。

6.2 提出处理处罚建议

属于环保行政主管部门职责内的，依法应给予行政处罚的根据《环境违法认定和处理处罚条款》（附件），提出处理处罚建议，报环境保护行政主管部门，按照环境行政处罚程序进行处理。环境保护行政主管部门或其环境监察机构实施行政处罚时，应当及时做出责令当事人改正或者限期改正违法行为的行政命令。具体形式有：责令停止建设；责令限期建设配套设施；责令限期拆除；责令停止违法行为；责令限期治理；责令限期办理或补办手续；责令限期缴纳排污费等。责令改正期限届满，当事人未按要求改正，违法行为仍处于继续或者连续状态的，可以认定为新的环境违法行为。

对于未按照规定完成生态恢复任务的地区和建设单位，暂停审批其新的涉及自然保护区的建设项目环评文件，并对相应责任人依法予以处理。

除涉及国家机密、技术秘密、商业秘密和个人隐私外，对自然保护区行政处罚决定应当向社会公开。

6.3 部门间或向政府移交移送

涉嫌违法依法应当由县级以上人民政府实施责令停产整顿、责令停业、关闭的案件，环境保护行政主管部门应当提出处理建议报本级人民政府。

属于环保行政主管部门职责外的实行案件移交移送制度。涉及毁林、伤害野生动物的案件，向林业行政部门移送；涉及河道采沙的向水利部门移送；因环境违法需依法关停的、需吊销采矿许可证的向国土资源部门移送；需吊销营业执照的向工商部门移送；需断电的向电力部门移送；需追究行政责任的向监察部门移送；需追究刑事责任的向司法部门移送；需对企业关闭、搬迁或涉及重大案件及特殊案件的报当地人民政府。对已移送的案件进行全程跟踪，处理结果在环保部门备案。对移交后未得到处理的案件，上报当地政府督办。

本指南由县级以上人民政府环境保护行政主管部门组织实施，各级环境监察机构具体负责自然保护区生态环境监察工作。环保部门内部协调机制由各省级环保部门自行制定。

本指南由环境保护部负责解释。

附 1：自然保护区环境监察单（略）

附 2：环境违法行为认定和处理处罚条款（略）

（六）分散式饮用水水源地环境保护指南（试行）

关于进一步加强分散式饮用水水源地环境保护工作的通知

环办[2010]132 号

各省、自治区、直辖市环境保护厅（局），新疆生产建设兵团环境保护局：

为落实国务院办公厅《关于加强农村环境保护工作意见的通知》（国办发[2007]63 号）的要求和贯彻国务院关于强化饮用水安全的会议精神，加强分散式饮用水水源周边环境保护和监测管理工作，特别是及时掌握农村饮用水水源环境状况，防止水源污染事故发生，现就加强分散式饮用水水源管理的有关事项通知如下：

一、加强调查评估，摸清分散式饮用水水源基础环境状况。在 2008—2010 年度全国饮用水水源地基础环境状况调查及评估工作基础上，进一步拓展分散式饮用水水源地调查、监测与评估范围，及时掌握其水质及环境管理状况和变化趋势，为科学有序开展分散式饮用水水源环境保护工作奠定基础。

二、加强污染防治，稳步改善分散式饮用水水源水质状况。结合分散式饮用水水源地基础环境状况，科学确定水源保护范围。针对调查评估工作中发现的问题，制定相应的污染防治对策，重点做好饮用水水源保护范围及其周边的工业及生活污染治理、农业源污染防治和水生态修复等工作，切实削减污染物产生总量，禁止有毒有害物质进入水源水体。严厉打击威胁水源水质安全的违法行为，发现一起查处一起，公开曝光查处结果。

三、加强应急预警，及时消除分散式饮用水水源环境安全威胁。编制分散式饮用水源污染事故应急预案，为处理突发污染事件提供管理及技术储备，有效防范风险。加强对可能影响水源安全的制药、化工、造纸、冶炼等重点行业、重点污染源的监督管理，建立风险源名录，从源头控制隐患。一旦发生饮用水水源污染事故，要迅速查清并切断污染来源，在当地政府统一领导下，开展污染防控工作，确保群众饮水安全。

四、加强部门协调，提升分散式饮用水水源安全保障水平。饮水安全保障是一个系统工程，各有关部门、各级政府的共同参与，是饮用水源安全保障的基本条件。要建立协同监管机制，明确相关部门职责及管理权限，齐心协力做好分散式饮用水水源环境管理及安全保障工作。在条件允许的地区，推广城乡统一供水工作。充分利用“以奖促治”、“以奖代补”中央农村环保专项资金等资金渠道，进一步加强分散式饮用水水源地环境保护工作。

五、加强宣传教育，鼓励公众参与分散式饮用水水源环境保护工作。逐步公开分散式饮用水水源达标状况，进一步完善公众参与及监督机制，充分利用广播电视、报刊杂志及网络等媒体普及有关知识，提高公众饮水安全风险防范意识，共同参与水源地保护相关工作。

为加强对分散式饮用水水源地环境保护工作的指导，在认真总结近年来工作实践经验的基础上，我部组织编制了《分散式饮用水水源地环境保护指南（试行）》。现印发给你们，请在分散式饮用水水源地环境保护及管理工作中参考。

附件：分散式饮用水水源地环境保护指南（试行）

二〇一〇年九月二十六日

附件

分散式饮用水水源地环境保护指南（试行）

1 总则

1.1 适用范围

本指南规定了分散式饮用水水源地选址、建设、污染防治和环境管理等要求。

本指南适用于分散式饮用水水源地（包括现用、备用和规划水源地）的环境保护工作。

1.2 规范性引用文件

本指南内容引用了下列文件中的条款。凡是不注明日期的引用文件，其有效版本适用于本指南。

GB 3838 地表水环境质量标准

GB/T 14848 地下水质量标准

GB 5749　生活饮用水卫生标准

GB 15618　土壤环境质量标准

HJ/T 81　畜禽养殖业污染防治技术规范

GB 18596　畜禽养殖业污染物排放标准

HJ/T 433　饮用水水源保护区标志技术要求

HJ/T 91　地表水和污水监测技术规范

HJ/T 164　地下水环境监测技术规范

GB 50445　村庄整治技术规范

GB 7959　粪便无害化卫生标准

1.3　术语和定义

下列术语和定义适用于本指南。

1.3.1　分散式饮用水水源地

指供水小于一定规模（供水人口一般在 1 000 人以下）的现用、备用和规划饮用水水源地。根据供水方式可分为联村、联片、单村、联户或单户等形式（以下简称“饮用水水源地”或“水源地”）。

1.3.2　水源保护范围

为了防治饮用水水源地污染，保障分散式饮用水水源地环境质量，在以下区域内采取必要的污染防治措施。

地表水水源保护范围：河流型水源地取水口上游不小于 1 000m，下游不小于 100m，两岸纵深不小于 50m，但不超过集雨范围；

湖库型水源地取水口半径 200m 范围的区域，但不超过集雨范围；

水窖水源保护范围：集水场地区域。

地下水水源保护范围：取水口周边 30～50m。

1.3.3　粪便无害化处理

对人畜粪便采取一定处理措施，使其达到国家和地方粪便无害化相关标准的过程。

1.3.4　卫生厕所

有墙、有顶，厕坑及贮粪池不渗漏，厕内清洁，无蝇蛆，基本无臭，贮粪池密闭有盖，粪便及时清除并进行无害化处理的厕所。

1.3.5　人工湿地

人工筑成的水池或沟槽，底面铺设防渗漏隔水层，填充一定深度的土壤或料层，种植芦苇类维管束植物或根系发达的水生植物，污水由湿地一端通过布水管渠进入，与生长在填料表面的微生物和水中溶解氧进行充分接触而获得净化。

1.3.6　稳定塘

污水停留时间长的天然或人工塘。主要依靠微生物好氧和（或）厌氧作用，以多级串联运行，稳定污水中的有机污染物。

2　水源地选址和建设

2.1　水源地的基本类型和特点

饮用水水源地可以分为地表水源、地下水源和其他等类型，地表水源主要包括河流、湖库（坑、塘）、山涧水、集水池等类型，地下水源主要包括井水、泉水等类型。在地表水与地下水都极度匮乏的特殊情况下，可考虑收集降水作为水源。

2.1.1　地表水

（1）河流

河流型水源优点是取水简易且水量大；缺点是易受污染。

（2）湖库

湖库型水源优点是水量充足、供水稳定且取水便利；缺点是易发生水体富营养化。

（3）水窖

水窖型水源优点是水源获得较为直接容易，缺点是供水量不稳定，水质水量均难以保证及控制。

2.1.2 地下水

（1）井水

井水型水源的优点是靠近用水区，取水简易，水质稳定且不易被污染；缺点是易受地下水位影响，干旱地区取水深度较深，一般家庭自备井难以获得较优质的水源。

（2）泉水

泉水型水源的优点是水质好且不易受到污染；缺点是供水量不稳定，有潜在污染的可能。

2.2 水源地选址

在现有水源水质、污染源等环境状况调查的基础上，按照是否水量充足、水质良好、取水便捷、潜在风险低等条件，判断现有水源是否可以继续使用。在现有水源供水量或供水水质不满足需求的情况下，可选择新的饮用水水源地。新水源地的选择需对现场进行环境状况调查，同时进行水源水质检测。

按照饮用水质的安全性，一般的顺序是：井水、泉水、河流、水库、湖泊。按照饮用水量的充足性，一般的顺序是水库、湖泊、河流、井水、泉水。按照输送水的便捷性，一般的顺序是井水、河流、泉水、水库、湖泊。

水源地不应位于洪水淹没区、浸泡区、坍塌及其他形变区。河流型饮用水水源一般应选择在居住区上游河段，水流顺畅、采用河岸渗透取水傍河取水方式；应尽量避开回流区、死水区和航运河道；在有潮汐影响的河流取水时，应避免咸潮对取水水质的影响。湖库型饮用水水源，要考虑湖库泥沙淤积或水生生物生长对取水口周围的影响，应采用中层水；应避开支流入口、大坝等区域。地下水型水源应尽量设在地下水污染源的上游，选择包气带防污性好的地带；地下水型水源应避开排水沟、工业企业和农业生产设施等人为活动影响，周围 20～30m 内无厕所、粪坑、垃圾堆、畜圈、渗水坑、有毒有害物质和化学物质堆积等。

同时，有条件的地区可参考上述要求选择备用水源地，选择与现有水源地相对独立控制取水的水源地作为备用水源地。

2.3 水源地的建设

2.3.1 地表水水源地建设

河流、湖库型水源，取水点应尽量靠近河流中泓线、湖库中心或距离河岸、湖边较远的地方。宜修建取水码头或跳板以便直接从河流、湖库中心取水。若采用导流渠、蓄水池或潜水泵从水体中心引水，宜修建砂滤井或用砂滤缸进行混凝沉淀和消毒。在池塘多的地区应采用分塘取水。河流取水口周围 100m 及上游 500m 处，湖库周围 500m 处应设立隔离防护设施或标志。

水窖应修建专门的雨水收集池，并在收集池附近修建简单的沉淀、净化处理设施。收集池周围修置排水沟，防止地面径流污染水源。严重缺水地区水窖集水场应尽可能选择开阔地带，土壤有害因子背景值较高的地区应采用场地硬化的方式。

2.3.2 地下水水源地建设

地下水井应有井台、井栏和井盖，宜采用相对封闭的水井；井底与井壁要确保水井的卫生防护；大口井井口应高出地面 50 cm，并保证地面排水畅通。室外管井井口应高出地面 20 cm，周围应设半径不小于 1.5 m 的不透水散水坡。联村、联片或单村取水井水周围 100 m 处应设立隔离防护设施或标志。

在泉水水源附近建设引泉池，泉水周围 100 m 及上游 500 m 处应修建栅栏等隔离防护设施，在泉水旁设简易导流沟，避免雨水或污水携带大量污染物直接进入泉水。引泉池应设顶盖封闭，并设通风管。引泉池进口、检修孔孔盖应高出周边地面一定距离。池壁应密封不透水，壁外用黏土夯实封固。引泉池周围应作不透水层，地面应建设一定坡度坡向的排水沟；引泉池池壁上部应设置溢流管，池底应设置排空管。

2.4 水源地的环境要求

水源水质应符合国家有关生活饮用水水源水质的规定。采用地表水为生活饮用水水源时，水质应参照执行《地表水环境质量标准》（GB 3838）的规定；采用地下水为生活饮用水水源时，水质应参照执行《地下水质量标准》（GB/T 14848）规定。在没有水质净化处理的情况下，水源应参照执行《生活饮用水卫生标准》（GB 5749）规定。当水质不符合国家生活饮用水水源水质规定时，不应作为饮用水水源。若限于条件需加以利用时，应采用相应的净化工艺进行处理，处理后的水质应参照执行《生活饮用水卫生标准》（GB 5749）规定。

3 水源地污染防治

3.1 生活污水防治

水源保护范围内不得修建渗水的厕所、化粪池和渗水坑，现有公共设施应进行污水防渗处理，取水口应尽量远离这些设施。

水源保护范围内生活污水应避免污染水源，根据生活污水排放现状与特点、农村区域经济与社会条件，按照《农村生活污染技术政策》（环发[2010]20 号）及有关要求，尽可能选取依托当地资源优势和已建环境基础设施、操作简便、运行维护费用低、辐射带动范围广的污水处理模式。

3.1.1 分散处理

将农村污水按照分区进行污水管网建设并收集，以稍大的村庄或邻近村庄的联合为宜，每个区域污水单独处理。污水分片收集后，采用适宜的中小型污水处理设备、人工湿地或稳定塘等形式处理村庄污水。

分散处理模式具有布局灵活、施工简单、建设成本低、运行成本低、管理方便、出水水质有保障等特点。适用于村庄布局分散、规模较小、地形条件复杂、污水不易集中收集的村庄污水处理。在中西部村庄布局较为分散的地区，宜采用分散处理模式。

3.1.2 集中处理

集中处理模式对村庄产生的污水进行集中收集，统一建设处理设施处理村庄全部污水。污水处理采用自然处理、常规生物处理等工艺形式。

集中处理模式具有占地面积小、抗冲击能力强、运行安全可靠、出水水质好等特点，适用于村庄布局相对密集、规模较大、经济条件好、企业或旅游业发达地区污水处理。在东部村庄密集、经济基础较好的地区，宜采用集中处理模式。

3.1.3 纳入市政管网统一处理

纳入市政管网统一处理模式指村庄内所有生活污水经污水管道集中收集后，统一接入邻近市政污水管网，利用城镇污水处理厂统一处理村庄污水。

该处理模式具有投资少、施工周期短、见效快、统一管理方便等特点。适用于距离市政污水管网较近，符合高程接入要求的村庄污水处理。靠近城市或城镇、经济基础较好，具备实现农村污水处理由“分散治污”向“集中治污、集中控制”转变条件的农村地区可以采用。

3.2 固体废物防治

水源保护范围内禁止设立粪便、生活垃圾的收集、转运站；禁止堆放医疗垃圾；禁止设立有毒、有害化学物品仓库、堆栈。

水源保护范围内厕所达到国家卫生厕所标准，与饮用水源保持必要的安全卫生距离。水源保护范围内粪便应实现无害化处理，防止污染水源地。对新厕所的粪便无害化处理效果进行抽样检测，粪大肠菌、蛔虫卵应符合现行国家标准《粪便无害化卫生标准》（GB 7959）的规定。

遵循“减量化、资源化、无害化”的原则，鼓励农村生产生活垃圾分类收集，对不同类型的垃圾选择合适的处理处置方式。厨余、瓜果皮、植物农作物残体等可降解有机类垃圾，可用作牲畜饲料，或进行堆肥处理。煤渣、泥土、建筑垃圾等惰性无机类垃圾，可用于修路、筑堤或就地进行填埋处理。废纸、玻璃、塑料、泡沫、农用地膜、废橡胶等可回收类垃圾可进行回收再利用。医疗废弃物、农药瓶、电池、电瓶等有毒有害或具有腐蚀性物品等有毒有害类垃圾，要严格按照国家的有关规定进行妥善处理处置。

倡导水源保护范围内农村垃圾就地分类，综合利用，应按照“组保洁、村收集、镇转运、县处置”的模式进行收集，将可回收类垃圾回收再利用，对有毒有害类垃圾进行无害化处理，避免就地堆放造成水源污染。开展农村医疗废物、废弃农药瓶、电池、电瓶等有毒有害固体废物回收工作，实行县政府出资回收、环保局集中处置、乡镇政府分片转运、村级环保协管员代收暂管的处理模式。

3.3 农药污染防治

水源保护范围内宜发展有机农业，采取适当农艺技术并辅以生物及物理措施，防治病虫害的发生。水源保护范围内严禁施用高残留、高毒农药（如克百威、涕灭威、甲磷胺等），农药包装物及清洗器械的污水按照国家和地方有关标准妥善处置，不应随意丢弃和处置。应选用低毒低残留农药或生物、物理防治方法。

3.3.1 选用低毒农药

选用低毒农药是通过改良农药的毒性，选用毒性小、环境适应性强的农药，来降低其对水源的污染。农药的化学特性是影响农药渗漏的最重要因子，在生产中应尽量选用被土壤吸附力强、降解快、半衰期短的低毒农药。

3.3.2 应用生物农药

生物农药具有无污染、无残留、高效、低成本的特点，应大力推广应用。与传统的化学农药相比，生物农药具有对人畜安全、环境兼容性好、不易产生抗性、易于保护生物多样性和来源广泛等优点；但多数生物农药作用速度缓慢、受环境因素影响较大，田间使用技术也不够成熟。

3.3.3 生物降解

生物降解是通过生物的作用将大分子有机物分解成小分子化合物的过程，包括动物降解、植物降解、微生物降解等，具有低耗、高效、环境安全等优点，成为防治农药污染最有优势的技术。可针对农药品种、环境条件在受农药污染的水源保护范围内培养专性微生物、种植特定植物、投放特定土壤动物等来降解农药。

3.4 化肥污染防治

水源保护范围内应采用测土配方施肥、优化施肥方案等方式确定化肥合理用量。鼓励施用有机肥，发展有机农业。在农田和水源之间建立生态缓冲带或保护带拦截农田流出的养分，防止养分直接流入水源。

化肥污染防治方法主要有测土配方施肥、施用缓释肥、发展有机农业等方法。

3.4.1 测土配方施肥

测土配方施肥是以土壤测试和肥料田间试验为基础，根据作物需肥规律、土壤供肥性能和肥料效应，在满足植物生长和农业生产需要的基础上，提出氮、磷、钾及中、微量元素等肥料的施用数量、施肥时期和施用方法。通过测土配方施肥，可以有效减少化肥施用量、提高化肥利用率，减少化肥流失对饮用水源的污染。

3.4.2 施用缓释肥

缓释肥是在化肥颗粒表面包上一层很薄的疏水物质制成包膜化肥，对肥料养分释放速度进行调整，根据作物需求释放养分，达到元素供肥强度与作物生理需求的动态平衡。目前，缓释肥主要有涂层尿素、覆膜尿素、长效碳铵等类型。缓释肥可以控制养分释放速度，提高肥效，减少肥料施用量和损失量，降低对水源的污染。

3.4.3 发展有机农业

有机农业是遵照一定的有机农业生产标准，在生产中不采用基因工程获得的生物及其产物，不使用化学合成的农药、化肥、生长调节剂、饲料添加剂等物质，遵循自然规律和生态学原理，协调种植业和养殖业的平衡，采用一系列可持续发展的农业技术以维持持续稳定的农业生产体系的一种农业生产方式。在水源保护范围内宜发展有机农业，有效减少农用化学物质对水源的污染风险；建立作物轮作体系，利用秸秆还田、绿肥施用等措施保持土壤养分循环。

3.4.4 建设生态缓冲带

在农田和饮用水源间建设生态缓冲带，利用缓冲带植物的吸附和分解作用，拦截农田氮磷等营养物质进入水源。

3.5 畜禽养殖污染防治

分散式饮用水水源保护范围内禁止建设畜禽养殖设施。对于分散式饮用水源保护范围外可能对水源产生影响的畜禽养殖场和养殖小区，鼓励种养结合和生态养殖，推动畜禽养殖业污染物的减量化、无害化和资源化处置。水源保护范围之外可能对水源产生影响的畜禽养殖场（小区），应按照《畜禽养殖污染防治管理办法》的要求，其清粪工艺、粪便贮存及处理利用、污水处理、畜禽尸体处置、污染物监测等应符合《畜禽养殖业污染防治技术规范》（HJ/T 81）的相关规定；污染物的排放应按《畜禽养殖业污染物排放标准》（GB 18596）执行。

分散式饮用水水源保护范围周边的分散式畜禽养殖圈舍应尽量远离取水口，应配备粪便、污水污染防治设施，禁止向水体直接倾倒畜禽粪便和污水。采取有效措施防止畜禽粪便在堆放过程中随水流失，鼓励建设沼气池，配套改厨、改厕、改圈，并保障运行良好，无害化处理后的沼液和沼渣可还田利用。

3.6 工业污染防治

禁止在水源保护范围内新建、改建、扩建排放污染物的建设项目，已建成排放污染物的建设项目，应依法予以拆除或关闭。饮用水水源受到污染可能威胁供水安全的，应当责令有关企业事业单位采取停止或者减少排放水污染物等措施。

在水源保护范围周边的工业企业进行统筹安排，工业企业发展要与新农村建设相结合，合理布局，应限制发展高污染工业企业。

3.7 其他污染防治

水源保护范围内禁止从事洗涤、旅游、水产养殖或者其他可能污染饮用水水体的活动。

危险化学品的生产装置和储存数量构成重大危险源的储存设施，与水源的距离应符合环境影响评价要求或国家有关规定。运输有毒有害物质的车辆，应按规定办理有关手续，并配备防渗、防溢、防漏的安全保护装置，方可通行。

4 藻类水华控制和地下水污染修复

4.1 藻类水华控制

当分散式饮用水水源发生藻类水华时，优先考虑更换水源，无可替换水源时再启动藻类水华控制工作。针对湖库型饮用水水源地的水华主要发生区域，分析其水文、水化学特征、营养负荷特征，以不同水华发生特征为基础，研究制定水华控制方案。适合分散式饮用水水源地的除藻技术有机械打捞、工程物理、生物控藻三类。

4.1.1 机械打捞

高效机械打捞和水藻高效分离技术：通过合适的过滤或者絮凝等技术与装置，高效打捞并实现藻水分离。

藻类打捞时间和地点确定技术：根据短期的气象与水文预测信息，确定在未来时间内藻类水华易聚集的时间和地点，组织人员和机械，在藻类高度聚集的水域打捞藻类，提高打捞效率。

藻类与畜禽粪便混合发酵生产沼气技术：根据藻类难以发酵的特点，将其与畜禽粪便混合，提高发酵生产沼气的效率。

4.1.2 工程物理

利用过滤、紫外线、电磁电场等物理学方法，对藻类进行杀灭或抑制的技术。

物理方法除藻效果普遍较好，可持久使用，但一次性投入成本很高且处理能力有限，大都局限于水处理工程中的应用。

4.1.3 生物控藻

生物控藻技术即利用藻类的天敌及其产生的生长抑制物质来控制或杀灭藻类的技术，主要包括：①利用藻类病原菌（细菌、真菌）抑制藻类生长；②利用藻类病毒（噬藻体）控制藻类的生长；③利用植物的抑制物质、植物间的相互抑制以及富集和争夺营养源的抑藻作用；④利用食藻鱼类控制藻类生长；⑤酶处理技术。

生物防治是最为科学的方法，藻类不易采用化学药剂来彻底杀灭，一是难以做到；二是代价太大；三是造成环境污染或破坏生态平衡；改用生物学方法并不是彻底杀灭或消除藻类，而是利用生态平衡原理将藻类的生长和繁殖控制在非危害水平之下，从而控制藻体数量、防治富营养化带来的各种危害。

4.2 地下水污染修复

当地下水型分散式饮用水水源发生污染时，优先考虑更换水源，无可替换水源时再启动地下水污染修复工作。地下水污染防治技术主要有物理法修复技术、化学法修复技术、生物法修复技术和复合修复技术等。

4.2.1 物理法修复

物理法修复指技术的核心原理或关键部分是以物理规律起主导作用的技术，主要包括水动力控制法、流线控制法、屏蔽法、被动收集法等。

（1）水动力控制法

水动力控制修复技术是建立井群控制系统，通过人工抽取地下水或向含水层内注水的方式，改变地下水原来的水力梯度，进而将受污染的地下水体与未受污染的清洁水体隔开。井群的布置可以根据当地的具体水文地质条件确定。

（2）流线控制法

流线控制法设有一个抽水廊道、一个抽油廊道（设在污染范围的中心位置）、两个注水廊道（分布在抽油廊道两侧）。首先从上面的抽水廊道中抽取地下水，然后把抽出的地下水注入相邻的注水廊道内，以确保最大限度地保持水力梯度。同时在抽油廊道中抽取污染物质，但要注意抽油速度不能高，但要略大于抽水速度。

（3）屏蔽法

屏蔽法是在地下建立各种物理屏障，将受污染水体圈闭起来，以防止污染物进一步扩散蔓延。常用的灰浆帷幕法是用压力向地下灌注灰浆，在受污染水体周围形成一道帷幕，从而将受污染水体圈闭起来。

（4）被动收集法

被动收集法是在地下水流的下游挖一条足够深的沟道，在沟内布置收集系统，将水面漂浮的污染物质如油类污染物等收集起来，或将所有受污染的地下水收集起来以便处理的一种方法。

4.2.2 化学法修复

地下水污染的化学修复技术指技术的核心流程使用化学原理的技术，归纳起来主要有两种方式，即有机黏土法和电化学动力修复技术。

（1）有机黏土法

有机黏土法是利用人工合成的有机黏土有效去除有毒化合物。利用土壤和蓄水层物质中含有的黏土，在现场注入季铵盐阳离子表面活性剂，使其形成有机黏土矿物，用来截住和固定有机污染物，防止地下水进一步污染。

（2）电化学动力法

电化学动力修复技术是利用土壤、地下水和污染电动力学性质对环境进行修复的新技术。电化学动力修复技术将电极插入受污染的地下水及土壤区域，通直流电后，在此区域形成电场。在电场的作用下水中的离子和颗粒物质沿电力场方向定向移动，迁移至设定的处理区进行集中处理；同时在电极表面发生电解反应，阳极电解产生氢气和氢氧根离子，阴极电解产生氢离子和氧气。

4.2.3 生物法修复

生物修复是指利用天然存在的或特别培养的生物（植物、微生物和原生动物）在可调控环境条件下将污染物降解、吸收或富集的生物工程技术。

生物修复技术适用于烃类及衍生物，如汽油、燃油、乙醇、酮、乙醚等，不适合处理持久性有机污染物。

4.2.4 复合法修复

复合法修复技术是兼有以上两种或多种技术属性的污染处理技术，其关键技术同时使用了物理法、化学法和生物法中的两种或全部。如渗透性反应屏修复技术同时涉及物理吸附、氧化—还原反应、生物降解等几种技术；抽出处理修复技术在处理抽出水时同时使用了物理法、化学法和生物法；注气—土壤气相抽提技术则同时使用了气体分压和微生物降解两种技术。

5 水源地环境管理

5.1 完善环境管理机制

应结合当地实际情况，因地制宜地建立健全分散式饮用水水源地环境管理机制。联村供水的经营单位要设立专人负责水源地环境管理；单村、联户、单户取水的村应安排专人负责水源地环境管理。

农村饮用水水源地保护是“以奖促治”政策重点支持之一，要认真贯彻落实《关于实行“以奖促治”加快解决突出的农村环境问题的实施方案》，环境问题突出的分散式饮用水水源地应积极申请“以奖促治”资金，有针对性地实施农村分散式饮用水水源地污染防治，切实保障分散式饮用水水源地环境安全。

5.2 开展环境信息调查和风险源排查

应至少每五年组织开展一次分散式饮用水水源地基础环境调查。了解分散式饮用水水源地分布、服务人口等情况，综合考虑区域经济社会发展水平、水资源、水文地质等因素，筛选一定比例代表性强的分散式饮用水水源地开展水质监测，排查影响分散式饮用水水源地环境风险源，并对水源保护范围内污染状况进行综合评估，建立分散式饮用水水源地动态数据库。对于因受污染已达不到饮用水水源水质要求，经论证难以恢复饮用水功能的水源地，地方政府应有计划地进行撤销和调整。

5.3 加强环境应急管理

建立污染防治联动体系，相邻地区或上下游地区应建立监测预警、信息沟通及联席会议机制，一旦发生突发水环境污染事件或存在重大水环境隐患，应立即通知相邻区域或上下游政府及环保部门，及时对水源地污染采取措施，启动应急预案，保障环境安全。

当地政府、周边企业和供水单位应分别编制分散式饮用水水源防范突发环境事件的应急预案，并开展应急演练。加强分散式饮用水水源地突发环境事件的预防、报告与处置，加强水源安全的预防，发现饮用水水源水质污染情况应立即向环保部门举报，当地环保部门在接报后应立即向当地人民政府报告，并派人赶赴现场对水质进行检查监测，如发现水质异常应立即通报，禁止取水。分类给出分散式饮用水水源地突发环境事件的原因及处置方法。

在灾害等特殊条件下，水源地可能会遭受污染，应及时启动水源地突发环境事件应急预案，并密切监测水质。分析水质恶化原因，并采取相应措施。如水质恶化是由于水源地本身的原因或者不可抗拒外力引起，应考虑更换水源地；如水质发生重大变化的原因是外部环境变化所致，应上报上级主管部门后采取相关措施减少或消除环境变化对水质的影响。

在条件具备的情况下，尽量请专业人员采用专业的仪器、设备对当地水源进行水质全面检测。在应急情况下，可配备便携水质检测仪器（如目测比色计、便携式水质细菌检验箱、便携式水质理化检验箱等），对细菌总数、大肠菌群和部分肠道致病菌及水质理化等重要指标进行快速检测（通常便携式水质检测仪器可以在1h内获得检测结果）。在缺少必要的仪器设备和技术条件的应急情况下，可以用一些简易可行的经验判断方法来判断水质。

（1）眼看

清洁的饮水应是无色透明的，如水体颜色异常，则表明水质变坏。水体受到腐殖质污染，可出现黄棕或黄褐色；受到锰盐、铁盐污染，则出现黄褐或铁锈色；水体混有藻类，呈黄绿色；混有泥沙、黏土，则呈混浊而有异常颜色。

（2）鼻闻

清洁的水是没有异常气味的，受到污染后，往往有异味。饮水被粪便污染可有粪臭味；受苯、甲苯等污染，会有芳香味；水中有含硫有机物，会有臭蛋味。根据水的气味特点，可初步判断污染源，为保护和处理水质提供条件。

（3）查水温

地面水的温度常随外界气候变化，而地下水的温度较为恒定。如果水温突然增高，则不论地面水或地下水，往往是受到污染的表现。当水质受到粪便、污物、动植物残体污染，这些有机物分解时，会放出大量热，使水温升高。从卫生角度讲，水温越低，水质越好。

（4）查沉淀物

被污染的饮水，通常含有较多的固体悬浮物和溶解性物质。因此，水中悬浮物和溶解物的含量，可作为衡量水质的重要指标。检查时，可将饮水装入透明玻璃瓶中，经过 24h 沉淀，再观察瓶底的沉淀物；沉淀物多，则水质不清洁。

（5）舌尝

清洁的饮用水应是无异常味道的。水的异味，大致可分苦、咸、酸、甜、涩 5 种。异味的存在说明水质变坏。水中含有氯化钠、氯化钾时，水变咸、变苦；含有硫酸钠、硫酸镁时，水味变苦；含有铁盐、锌盐时，水味变涩；含有某些金属氧化物、金属盐或有机物时，水味变甜；含有腐殖质、藻类、异味物质，则有鱼腥味、霉味等味道。

5.4 保障水质安全

现有水源地使用要加强卫生防护，做好卫生清理与消毒工作，注意看管维护。定期整治水源地附近环境，避免病毒、细菌污染水源。水源周边的厕所、禽畜圈棚、禽畜尸体应定期清理干净，清理时不得采用就地焚烧方式。

5.5 加强公众参与

加强水源环境防护方面知识宣传和技术指导，大力推广科学种田、合理施用农药和化肥，增强农民的饮用水水源环境保护意识，建立公众参与的水源地环境保护机制。

保护水源人人有责，禁止人为污染水源。当发现饮用水水源的水质发生变化时要及时向有关部门反映；当发现有违法行为时要及时制止；当发现污染饮用水源的行为时，要及时向有关部门举报。

保护、宣传两手抓，水源保护靠大家。提高农民自发保护饮用水源地的认识，在积极了解饮用水保护的重要性以及保护知识的同时，向家人、朋友、邻居宣传饮用水源保护，加强权利和责任意识。

附录 A：分散式饮用水水源地主要污染防治技术表（略）

附录 B：本指南用词说明（略）

（七）中国第一批外来入侵物种名单

1. 紫茎泽兰

学名：Eupatorium adenophorum Spreng.

（Ageratina adenophora（Spreng.）R. M. King & H. Rob.）

英文名：Crofton Weed

中文异名：解放草、破坏草

分类地位：菊科 Compositae

鉴别特征：茎紫色，被腺状短柔毛，叶对生，卵状三角形，边缘具粗锯齿。头状花序，直径可达 6mm，排成伞房状，总苞片 3～4 层，小花白色，高 1～2.5m。

生物学特性：多年生草本或亚灌木，行有性和无性繁殖。每株可年产瘦果 1 万粒左右，藉冠毛随风传播。根状茎发达，可依靠强大的根状茎快速扩展蔓延。能分泌化感物，排挤邻近多种植物。

原产地：中美洲、在世界热带地区广泛分布。

中国分布现状：分布于云南、广西、贵州、四川（西南部）、台湾、垂直分布上限为 2 500m。

引入扩散原因和危害：1935 年在云南南部发现，可能经缅甸传入。在其发生区常形成单种优群落，排挤本地植物，影响天然林的恢复；侵入经济林地和农田，影响栽培植物生长；堵塞水渠，阻碍交通，全株有毒性，危害畜牧业。

控制方法：（1）生物防治：泽兰实蝇对植株高生长有明显的抑制作用，野外寄生率可达50%以上。（2）替代控制：用臂形草、红三叶草、狗牙根等植物进行替代控制有一定成效。（3）化学防治：2,4-D、草甘膦、敌草快、麦草畏等 10 多种除草剂对紫茎泽兰地上部分有一定的控制作用，但对于根部效果较差。

2．薇甘菊

学名：Mikaina micrantha H. B. K.

英文名：Mile-a-minute Weed

分类地位：菊科 Compositae

鉴别特征：茎细长，匍匐或攀援，多分枝；茎中部叶三角状卵形至卵形，基部心形；花白色，头状花序。

生物学特性：多年生草质或稍木质藤本，兼有性和无性两种繁殖方式。其茎节和节间都能生根，每个节的叶腋都可长出一对新枝，形成新植株。

原产地：中美洲；现已广泛分布于亚洲和大洋洲的热带地区。

中国分布现状：现广泛分布于香港、澳门和广东珠江三角洲地区。

引入扩散原因和危害：1919 年曾在香港出现，1984 年在深圳发现。薇甘菊是一种具有超强繁殖能力的藤本植物，攀上灌木和乔木后，能迅速形成整株覆盖之势，使植物因光合作用受到破坏窒息而死，薇甘菊也可通过产生化感物质来抑制其他植物的生长。对 6～8 m 林木，尤其对一些郁密度小的次生林、风景林的危害最为严重，可造成成片树木枯萎死亡而形成灾难性后果。该种已被列为世界上最有害的 100 种外来入侵物种之一。

控制方法：目前尚无有效的防治方法，国内外正在开展化学和生物防治的研究。

3．空心莲子草

学名：Alternanthera philoxeroides（Mart.）Griseb

英文名：Alligator Weed

中文异名：水花生、喜旱莲子草

分类地位：苋科 Amaranthaceae

鉴别特征：水生型植株无根毛，茎长达 1.5～2.5 m；陆生型植株可形成直径达 1 cm 左右的肉质贮藏根，有根毛，株高一般 30 cm，茎秆坚实，节间最长 15 cm，直径 3～5 mm，髓腔较小。叶对生，长圆形至倒卵状披针形。头状花序具长 1.5～3 cm 的总梗。花白色或略带粉红，雄蕊 5。

生物学特性：多年生草本，以茎节行营养繁殖；旱地型肉质贮藏根受刺激时可产生不定芽。生长高峰期每天可生长 2～4 cm。花期 5—10 月，常不结实。

原产地：南美洲；世界温带及亚热带地区广泛分布。

中国分布现状：几乎遍及我国黄河流域以南地区。天津近年也发现归化植物。

引入扩散原因和危害：1892 年在上海附近岛屿出现，50 年代作猪饲料推广栽培，此后逸生导致草灾，表现在：（1）堵塞航道，影响水上交通；（2）排挤其他植物，使群落物种单一化；（3）覆盖水面，影响鱼类生长和捕捞；（4）在农田危害作物，使产量受损；（5）田间沟渠大量繁殖，影响农田排灌；（6）入侵湿地、草坪，破坏景观；（7）滋生蚊蝇，危害人类健康。

控制方法：（1）用原产南美的专食性天敌昆虫莲草直胸跳甲 Agasicles hygrophila 防治水生型植株效果较好，但对陆生型的效果不佳。（2）机械、人工防除适用于密度较小或新入侵的种群。（3）用草甘膦、农达、水花生净等除草剂作化学防除，短期内对地上部分有效。

4．豚草

学名：Ambrosia artemisiifolia L.

英文名：Ragweed，Bitterweed

分类地位：菊科 Compositae

鉴别特征：高 1 m 以下，茎下部叶对生，上部叶互生，叶一至二回羽裂，边缘具小裂片状齿。雄花序总苞碟形，排成总状，雌花序生雄花序下或生上部叶腋。

生物学特性：一年生草本，生于荒地、路边、沟旁或农田中，适应性广，种子产量高，每株可产种子 300～62 000 多粒。瘦果先端具喙和尖刺，主要靠水、鸟和人为携带传播；豚草种子具二次休眠特性，抗逆力极强。

原产地：北美洲；在世界各地区归化。

中国分布现状：东北、华北、华中和华东等地约 15 个省、直辖市。

引入扩散原因和危害：1935 年发现于杭州，为一种恶性杂草，其危害性表现在：（1）花粉是人类花粉病的主要病原之一；（2）侵入农田，导致作物减产；（3）释放多种化感物质，对禾本科、菊科等植物有抑制、排斥作用。

控制方法：（1）用豚草卷蛾进行生物防治有良好效果；（2）苯达松、虎威、克芜踪、草甘膦等可有效控制豚草生长；（3）用紫穗槐、沙棘等进行替代控制有良好的效果。

5．毒麦

学名：Lolium temulentum L.

英文名：Darnel Rye-grass，Poison Darnel

分类地位：禾本科 Gramineae

鉴别特征：茎丛生，高 20～120 cm。叶线状披针形，长 6～40 cm，宽 3～13 cm。穗狭，长 5～40 cm，主轴波状曲折，两侧沟状，具 8～19 个互生的小穗；每小穗含（2～）4～6 个花。第二颖具 5～9 脉；芒长 7～15 mm。颖果长椭圆形，长 4～6 mm，绿而具紫褐晕。

生物学特征：越年生或一年生草本，适应性广，分蘖力较强。其籽实比小麦早熟，熟后随颖片脱落。种子繁殖。

原产地：欧洲地中海地区；现广布世界各地。

中国分布现状：除西藏和台湾外，各省（区）都曾有过报道。

引入扩散原因和危害：随麦种传播。1954 年在从保加利亚进口的小麦中发现。可造成麦类作物严重减产。麦种受真菌 Stromatinia temulenta Prill. & Del.侵染产生毒麦碱（Temuline），能麻痹中枢神经。人食用含 4%毒麦的面粉，就能引起中毒。毒麦做饲料时也可导致家畜、家禽中毒。

控制方法：人工拔除。

6．互花米草

学名：Spartina alterniflora Loisel.

英文名：Smooth Cord-grass

分类地位：禾本科 Gramineae

鉴别特征：秆高 1～1.7 m，直立，不分枝。叶长达 60 cm，基部宽 0.5～1.5 cm，至少干时内卷，先端渐狭成丝状；叶舌毛环状，长 1～1.8 cm。圆锥花序由 3～13 个长（3～）5～15 cm，多少直立的穗状花序组成；小穗长 10～18 mm，覆瓦状排列。颖先端多少急尖，具 1 脉，第一颖短于第二颖，无毛或沿脊疏生短柔毛；花药长 5～7 mm。

生物学特性：多年生草本，生于潮间带。植株耐盐耐淹，抗风浪。种子可随风浪传播。根系分布深达 60 cm 的滩土中，单株一年内可繁殖几十甚至上百株。

原产地：美国东南部海岸；在美国西部和欧洲海岸归化。

中国分布现状：上海（崇明岛）、浙江、福建、广东、香港。

引入扩散原因和危害：1979 年引入，曾取得了一定的经济效益。但近年来在一些地方变成了害草，表现在：（1）破坏近海生物栖息环境，影响滩涂养殖；（2）堵塞航道，影响船只出港；（3）影响海水交换能力，导致水质下降，并诱发赤潮；（4）威胁本土海岸生态系统，致使大片红树林消失。

控制方法：除草剂能清除地表以上部分，但对于滩涂中的种子和根系效果较差。

7. 飞机草

学名：Eupatorium odoratum L.

（Chromolaena odorata（L.）R. M. King & H. Rob.）

英文名：Fragrant Eupatorium，Bitter Bush，Siam Weed

中文异名：香泽兰

分类地位：菊科 Compositae

鉴别特征：高达 3～7 m，根茎粗壮，茎直立，分枝伸展。叶对生，卵状三角形，先端短渐尖，边缘有粗锯齿，有明显的三脉，两面粗糙，被柔毛及红褐色腺点，挤碎后有刺激性的气味；头状花序排成伞房状；总苞圆柱状，长 1 cm，总苞片 3～4 层。花冠管状，淡黄色，柱头粉红色。瘦果狭线形，有棱，长 5 mm，棱上有短硬毛，冠毛污白色，有糙毛。

生物学特性：从生型的多年生草本或亚灌木，瘦果能借冠毛随风传播，而成熟季节恰值干燥多风的旱季，故扩散、蔓延迅速。种子的休眠期很短，在土壤中不能长久存活。在海南岛 1 年开花 2 次，第一次 4—5 月，第二次 9—12 月。

原产地：中美洲；在南美洲、亚洲、非洲热带地区广泛分布。

中国分布现状：台湾、广东、香港、澳门、海南、广西、云南、贵州。

引入扩散原因和危害：飞机草在 20 世纪 20 年代早期曾作为一种香料植物引种到泰国栽培，1934 年在云南南部被发现。为害多种作物，并侵犯牧场。当高度达 15 cm 或更高时，就能明显地影响其他草本植物的生长，能产生化感物质，抑制邻近植物的生长，还能使昆虫拒食。叶有毒，含香豆素。用叶擦皮肤会引起红肿、起泡，误食嫩叶会引起头晕、呕吐，还能引起家畜和鱼类中毒，并是叶斑病原 Cercospora sp.的中间寄主。

控制方法：先用机械或人工拔除，紧接着用除草剂处理或种植生命力强、覆盖好的作物进行替代，此外，用天敌昆虫 Pareuchaetes pseudooinsulata 控制有一定效果。

8. 凤眼莲

学名：Eichhornia crassipes（Mart.）Solms

英文名：Water Hyacinth

中文异名：凤眼蓝、水葫芦

分类地位：雨久花科 Pontederiaceae

鉴别特征：水上部分高 30～50（～100）cm，或更高。茎具长匍匐枝。叶基生呈莲座状，宽卵形、宽卵形至肾状圆形，光亮，具弧形脉；叶柄中部多少膨大，内有多数气室。花紫色，上方一片较大，中部具有黄斑。蒴果卵形。

生物学特性：多年生草本，浮水或生泥沼中。繁殖方式以无性为主，依靠匍匐枝与母株分离方式，植株数量可在 5 天内增加 1 倍。一株花序可产生 300 粒种子，种子沉积水下可存活 5～20 年。常生于水库、湖泊、池塘、沟渠、流速缓慢的河道、沼泽地和稻田中。

原产地：巴西东北部；现分布于全世界温暖地区。

中国分布现状：辽宁南部、华北、华东、华中和华南的 19 个省（自治区、直辖市）有栽培，在长江流域及其以南地区逸生为杂草。

引入扩散原因和危害：1901 年从日本引入台湾作花卉，20 世纪 50 年代作为猪饲料推广后大量逸生，堵塞河道，影响航运、排灌和水产品养殖；破坏水生生态系统，威胁本地生物多样性；吸附重金属等有毒物质，死亡后沉入水底，构成对水质的二次污染；覆盖水面，影响生活用水；滋生蚊蝇。

控制方法：（1）人工打捞；（2）专食性天敌昆虫 Neochetina eichhorniae 和 N. bruchi 有控制效果；（3）除草剂在短时间内有效。

9．假高粱

学名：Sorghum halepense（L.）Pers.

英文名：Johnson Grass

中文异名：石茅、阿拉伯高粱

分类地位：禾本科 Gramineae

鉴别特征：具根状茎延长，具分枝。秆直立，高 1～3m，叶宽线形，叶舌具缘毛。圆锥序大型，淡紫色至紫黑色；分枝轮生，与主轴交接处有白色柔毛；小穗成对，其中一个具柄，另一个无柄，长 3.5～4mm，无芒，被柔毛。颖果棕褐色，倒卵形。

生物学特性：多年生草本，生于田间、果园，以及河岸、沟渠、山谷、湖岸湿处。花期 6—7 月，果期 7—9 月，种子和根茎繁殖。

原产地：地中海地区；现广布于世界热带和亚热带地区以及加拿大、阿根廷等高纬度国家。

中国分布现状：台湾、广东、广西、海南、香港、福建、湖南、安徽、江苏、上海、辽宁、北京、河北、四川、重庆、云南。

引入扩散原因和危害：20 世纪初曾从日本引到台湾南部栽培，同一时期在香港和广东北部发现归化，种子常混在进口作物种子中引进和扩散。是高粱、玉米、小麦、棉花、大豆、甘蔗、黄麻、洋麻、苜蓿等 30 多种作物地里的杂草，不仅通过生态位竞争使作物减产，还可能成为多种致病微生物和害虫的寄主。此外，该种可与同属其他种杂交。

控制方法：（1）对混在进口种子中的种子，可用风选等方法去除；（2）配合伏耕和秋耕除草，将其根茎置于高温、干燥环境下；（3）用暂时积水的方法，抑制其生长；（4）用草甘膦或四氟丙酸等除草剂防治。

10．蔗扁蛾

学名：Opogona sacchari（Bojer）

英文名：Banana Moth

中文异名：香蕉蛾

分类地位：鳞翅目 Lepidoptera 辉蛾科 Hieroxestidae

鉴别特征：成虫体长 7.5～10mm。翅披针形。前翅有 2 个明显的黑褐色斑点和许多细褐纹。触角丝状。足粗壮而扁，跗节最长，后足胫节有 2 对距。卵椭圆形，淡黄色，长约 0.5mm。幼虫乳白色，透明。被蛹，亮褐色，背面暗红褐色，首尾两端多呈黑色。

生物学特性：1 年发生 3～4 代，在 15℃时生活周期约为 3 个月，在温度较高的条件下，可达 8 代之多。幼虫活动能力极强，行动敏捷，蛀食皮层、茎秆，咬食新根。以幼虫在寄主花木的土中越冬，翌年幼虫上树危害，多在 3 年以上巴西木的干皮内蛀食。卵散产或成堆，每雌虫产卵 50～200 粒。食性广，寄主植物达 60 余种。

原产地：非洲热带、亚热带地区。

中国分布现状：已传播到 10 余个省、直辖市。在南方的发生更严重，在这些地区凡能见到巴西木（即香龙血树 Dracaena fragrans Ker-Gawl.）的地方几乎都有蔗扁蛾发生危害。

引入扩散原因和危害：随寄主植物很容易扩散和传播，已在欧洲、南美洲、西印度群岛、美国等地区发现。巴西木是其重要寄主植物。1987 年，蔗扁蛾随进口的巴西木进入广州。随着巴西木在我国的普及，蔗扁蛾也随之扩散，20 世纪 90 年代传播到了北京。蔗扁蛾食性十分广泛，威胁香蕉、甘蔗、玉米、马铃薯等农作物及温室栽培的植物，特别是一些名贵花卉等。感染植物轻则局部受损，重则将整段干部的皮层全部蛀空。

控制方法：幼虫越冬入土期，是防治此虫的有利时机。可用菊杀乳油等速杀性的药剂灌浇茎的受害处，并用敌百虫制成毒土，撒在花盆表土内。大规模生产温室内，可挂敌敌畏布条熏蒸。或用菊酯类化学药剂喷雾防治。当巴西木茎局部受害时，可用斯氏线虫局部注射进行生物防治。

11．湿地松粉蚧

学名：Oracella acuta（Lobdell）

英文名：Lobdelly Pine Mealybug

中文异名：火炬松粉蚧

分类地位：同翅目 Homoptera 粉蚧科 Pseudococcidae

鉴别特征：若虫椭圆形至不对称椭圆形，长 1.02～1.52 mm。3 对足。末龄后期虫体分泌蜡质物形成白色蜡包，覆盖虫体。雄成虫分有翅型和无翅型两种。与当地松粉蚧区别：湿地松粉蚧雌成虫梨形，腹部向后尖削，触角 7 节，当地松粉蚧雌成虫纺锤形，触角 8 节。生物学特性：若虫和雌成虫刺吸松梢汁液为害，为害时主要集中在枝梢端部，特别粗壮的枝梢虫口数量最多。仅在越冬时部分若虫藏匿于老针叶叶鞘内。产卵数量大，对温度条件要求不严格，可忍受一定的低温。

原产地：美国。

中国分布现状：广东、广西、福建等地有报道。

引入扩散原因和危害：1988 年随湿地松无性系繁殖材料进入广东省台山，到 1994 年，已扩散蔓延至广东省多个县市，破坏了 27.7 万 hm^2 的松林。据估计，湿地松粉蚧目前正以每年 70 000 hm^2 时的速度进行散布。近 30 年来，中国自美洲引入不少松树优良种，种植最广的有湿地松、火炬松和加勒比松，这些寄主为湿地松粉蚧的扩散提供了便利。它同时对当地的马尾松 Pinus massoniana、南亚松 Pinus latteri 等也构成了严重威胁，广东中部沿海的低海拔地带危害已相当严重，危害区正在迅速扩散。该虫可以忍受冬季低温，说明有继续向北扩散的可能性。控制方法：国内进行了不少的化学药剂和微生物防治实验，取得一定的杀虫效果，但在生产上还未能进行大面积使用。

12．强大小蠹

学名：Dendroctonus valens LeConte

英文名：Red Turpentine Beetle

中文异名：红脂大小蠹

分类地位：鞘翅目 Coleptera 小蠹科 Scolytidae

鉴别特征：成虫圆柱形，长 5.7～10.0 mm，淡色至暗红色。雄虫长是宽的 2.1 倍，成虫体有红褐色，额不规则凸起，前胸背板宽。具粗的刻点，向头部两侧渐窄，不收缩；虫体稀被排列不整齐的长毛。雌虫与雄虫相似，但眼线上部中额隆起明显，前胸刻点较大，鞘翅端部粗糙，颗粒稍大。生物学特性：主要危害已经成材且长势衰弱的大径立木，在新鲜伐桩和伐木上危害尤其严重。1年1～2代，虫期不整齐，一年中除越冬期外，在林内均有红脂大小蠹成虫活动，高峰期出现在5月中、下旬。雌成虫首先到达树木，蛀入内外树皮到形成层，木质部表面也可被刻食。在雌虫侵入之后较短时间里，雄虫进入坑道。当达到形成层时，雌虫首先向上蛀食，连续向两侧或垂直方向扩大坑道，直到树液流动停止。一旦树液流动停止，雌虫向下蛀食，通常达到根部。侵入孔周围出现凝结成漏斗状块的流脂和蛀屑的混合物。各种虫态都可以在树皮与韧皮部之间越冬，且主要集中在树的根部和基部。

原产地：美国、加拿大、墨西哥、危地马拉和洪都拉斯等美洲地区。

中国分布现状：现分布于山西、陕西、河北、河南等地。

引入扩散原因和危害：1998年在我国山西省阳城、沁水首次发现，推测引入与80年代后期山西从美国引进木材有关。与北美洲发生情况不同的是，它不仅攻击树势衰弱的树木，也对健康树进行攻击，导致发生区内寄主的大量死亡。1999年底，该虫在河北、河南、山西发生面积52.6万hm^2，其中严重危害面积13万hm^2时，个别地区油松死亡率高达30%，已导致600多万株的松树枯死。在山西，2000年的调查统计，危害面积达16.3hm^2万时，其中成灾面积9.1万hm^2，已有342.4万株成材油松受害枯死。

控制方法：清除严重受害树，并对伐桩进行熏蒸等处理，消灭残余小蠹和避免其再次在伐桩上产卵危害。在成虫侵入期采用菊酯类农药在树基部喷雾，可防止成虫侵害。

13. 美国白蛾

学名：Hyphantria cunea（Drury）

英文名：Fall Webworm，American White Moth

中文异名：秋幕毛虫、秋幕蛾

分类地位：鳞翅目 Lepidoptera 灯蛾科 Arctiidae

鉴别特征：成虫白色，体长12～15mm。雄虫触角双栉齿状。前翅上有几个褐色斑点。雌虫触角锯齿状，前翅纯白色。卵球形。幼虫体色变化很大，根据头部色泽分为红头型和黑头型两类。蛹长纺锤形，暗红褐色，茧褐色或暗红色，由稀疏的丝混杂幼虫体毛组成。

生物学特性：美国白蛾在辽宁等地1年发生2代。以蛹在树皮下或地面枯枝落叶处越冬，幼虫孵化后吐丝结网，群集网中取食叶片，叶片被食尽后，幼虫移至枝杈和嫩枝的另一部分织一新网。

原产地：北美洲。

中国分布现状：现分布于辽宁、河北、山东、天津、陕西等地。

引入扩散原因和危害：1940年传入欧洲，现已传入欧洲10多个国家，以及日本、朝鲜半岛、土耳其。1979年传入我国辽宁丹东一带，1981年由渔民自辽宁捎带木材传入山东荣成县，并在山东相继蔓延，1995年在天津发现，1985年在陕西武功县发现并形成危害。主要通过木材、木包装等进行传播，还可通过飞翔进一步扩散。其繁殖力强，扩散快，每年可向外扩散35～50km。可为害果树、林木、农作物及野生植物等200多种植物，在果园密集的地方以及游览区、林荫道，发生严重时可将全株树叶食光，造成部分枝条甚至整株死亡，严重威胁养蚕业、林果业和城市绿化，造成惊人的损失。此外，被害树长势衰弱，易遭其他病虫害的侵袭，并降低抗寒抗逆能力。幼虫喜食桑叶，对养蚕业构成威胁。

控制方法：利用人工、机械、化学等方法控制其危害，如利用黑光灯诱杀成蛾，人工剪除网幕；秋冬季人工挖蛹；喷施溴氰菊醋、灭幼脲等化学和生物杀虫剂等。

14．非洲大蜗牛

学名：Achating fulica（Fochrussac）

英文名：Giant African Snail

中文异名：褐云玛瑙螺、东风螺、菜螺、花螺、法国螺

分类地位：柄眼目 Stylomnatophora 玛瑙螺科 Achatinidae

鉴别特征：贝壳长卵圆形，深黄色或黄色，具褐色白色相杂的条纹；脐孔被轴唇封闭，壳口长扇形；壳内浅蓝色螺层数为 6.5～8；软体部分深褐色或牙黄色，贝壳高 10cm 左右。足部肌肉发达，背面呈暗棕色，黏液无色。生物学特性：喜栖息于植被丰富的阴暗潮湿环境及腐殖质多的地方。6—9 月最活跃，晨昏或夜间活动。食性杂而量大，幼螺多为腐食性。雌雄同体，异体交配，生长迅速，5 个月即可交配产卵。繁殖力强，一次产卵数达 100～400 枚。寿命长，可达 5～7 年。抗逆性强，遇到不良环境时，很快进入休眠状态，在这种状态下可生存几年。

原产地：非洲东部沿岸坦桑尼亚的桑给巴尔、奔巴岛，马达加斯加岛一带。

中国分布现状：现已扩散到广东、香港、海南、广西、云南、福建、台湾等地。

引入扩散原因和危害：作为人类的食物、宠物以及动物饲料等引入，除原产地外，已扩散至南亚、东南亚、日本、美国等地，扩散速度很快。20 世纪 20 年代末 30 年代初，在福建厦门发现，可能是由一新加坡华人所带的植物而引入的。后被作为美味食物，被引入多个南方省份。除人为主动引入外，其卵和幼体可随观赏植物、木材、车辆、包装箱等传播，卵期可混入土壤中传播。它们咬断各种农作物幼芽、嫩枝、嫩叶、树茎表皮，已经成为危害农作物、蔬菜和生态系统的有害生物。这种螺也是人畜寄生虫和病原菌的中间宿主。

控制方法：养殖场必须建立隔离制度；养殖结束后必须进行彻底的灭螺处理。除药物防治外，应使用各种方法尽量对其杀灭。

15．福寿螺

学名：Pomacea canaliculata Spix

英文名：Apple Snail，Golden Apple Snail，Amazonian Snail

中文名：大瓶螺、苹果螺、雪螺

分类地位：中腹足目 Mesogastropoda 瓶螺科 Ampullariidae

鉴别特征：贝壳较薄，卵圆形；淡绿橄榄色至黄褐色，光滑。壳顶尖，具 5～6 个增长迅速的螺层。螺旋部短圆锥形，体螺层占壳高的 5/6。缝合线深。壳口阔且连续，高度占壳高的 2/3；胼胝部薄，蓝灰色。脐孔大而深。厣角质，卵圆形，具同心圆的生长线。厣核近内唇轴缘。壳高 8cm 以上；壳径 7cm 以上，最大壳径可达 15cm。

生物学特性：喜栖于缓流河川及阴湿通气的沟渠、溪河及水田等处。底栖性，雌雄异体。食性杂。有蛰伏和冬眠习性。3 月上旬开始交配，在近水的挺水植物茎上或岸壁上产卵，初产卵块呈鲜艳的橙红色，在空气中卵渐成浅粉色。一只雌性福寿螺通常 1 年产 2 400～8 700 个卵，孵化率可高达 90%。其繁殖速度比亚洲稻田中当地近缘物种快 10 倍左右。虽然是水生种类，但可以在干旱季节埋藏在湿润的泥中度过 6～8 个月。一旦发洪水或被灌溉时，它们又能再次活跃起来。

原产地：亚马孙河流域。

中国分布现状：广泛分布于广东、广西、云南、福建、浙江等地。

引入扩散原因和危害：作为高蛋白食物最先被引入台湾；1981 年引入广东，1984 年前后，已在该省作为特种经济动物广为养殖，后又被引入到其他省份养殖。但由于养殖过度，口味不佳，市场并不好，而被大量遗弃或逃逸，并很快从农田扩散到天然湿地。福寿螺食量极大，并

可啃食很粗糙的植物，还能刮食藻类，其排泄物能污染水体。其对水稻生产造成的损失显然大大超过其作为美食的价值。除威胁入侵地的水生贝类、水生植物和破坏食物链构成外，福寿螺也是卷棘口吸虫、广州管圆线虫的中间宿主。

控制方法：重点抓好越冬成螺和第一代成螺产卵盛期前的防治，压低第二代的发生量，并及时抓好第二代的防治。以整治和破坏其越冬场所，减少冬后残螺量，以及人工捕螺摘卵、养鸭食螺为主，辅之药物防治。

16. 牛蛙

学名：Rana catesbeiana Shaw

英文名：Bull Frog，American Bullfrog

中文异名：美国青蛙

分类地位：无层目 Anura（Salientia）蛙科 Ranidae

鉴别特征：体大粗壮，体长 152～170 mm。头长宽相近，吻端钝圆，鼻孔近吻端朝向上方，鼓膜甚大。背部皮肤略显粗糙。卵粒小，卵径 12～1.3 mm。蝌蚪全长可在 100 mm 以上。

生物学特性：在水草繁茂的水域生存和繁衍。成蛙除繁殖季节集群外，一般分散栖息在水域内。蝌蚪多底栖生活，常在水草间觅食活动。食性广泛且食量大，包括昆虫及其他无脊椎动物，还有鱼、蛙、蝾螈、幼龟、蛇、小型鼠类和鸟类等，甚至有互相吞食的行为。1 年可产卵 2～3 次，每次产卵 10 000～50 000 粒。3～5 年性成熟。寿命 6～8 年。

原产地：北美洲落基山脉以东地区，北到加拿大，南到佛罗里达州北部。

中国分布现状：几乎遍布北京以南地区（包括台湾），除西藏、海南、香港和澳门外，均有自然分布。

引入扩散原因和危害：因食用而被广泛引入世界各地，1959 年引入我国。牛蛙适应性强，食性广，天敌较少，寿命长，繁殖能力强，具有明显的竞争优势，易于入侵和扩散。本地两栖类则面临减少和绝灭的危险，甚至已经影响到生物多样性，如滇池的本地鱼类，同时对一些昆虫种群也存在威胁。早期的养殖和管理方法不当是造成其扩散的主要原因。国内贸易和消耗加工过程中缺乏严格管理，动物在长途贩运和加工过程中逃逸现象普遍。

控制方法：加强牛蛙饲养管理以及对餐饮业的控制，以免入侵范围进一步扩大。改变饲养方式，由放养改为圈养。在蝌蚪阶段进行清塘性处理来控制种群数量。捕捉和消耗牛蛙成体资源，以控制其在自然生境中的数量。

（八）中国第二批外来入侵物种名单

一、外来入侵植物名单

1. 马缨丹

学 名：Lantana camara L.

英 文 名：Common lantana

别 名：五色梅、如意草

分类地位：马鞭草科 Verbenaceae

形态特征：直立或蔓性灌木，高 1～2 m，枝长可达 4 m。茎枝均呈四棱形，有短柔毛，通常有短的倒钩状刺。叶对生，卵形至卵状长圆形，先端急尖或渐尖，基部心形或楔形，边缘有钝齿，表面有粗糙的皱纹和短柔毛，背面有小刚毛，揉烂后有强烈的臭味。花密集成头状，顶生或腋生，花序梗粗壮。花萼管状，膜质，花冠黄色或橙黄色，开花后变为深红色。浆果球形，成熟时紫黑色。

地理分布：原产热带美洲，现已成为全球泛热带有害植物。

入侵历史：明末由西班牙人引入台湾，由于花比较美丽而被广泛栽培引种，后逃逸。现在主要分布于台湾、福建、广东、海南、香港、广西、云南、四川南部等热带及南亚热带地区。

入侵危害：常以蔓生枝着地生根进行无性繁殖。适应性强，常形成密集的单优群落，严重妨碍并排挤其他植物生存，是我国南方牧场、林场、茶园和橘园的恶性竞争者，其全株或残体可产生强烈的化感物质，严重破坏森林资源和生态系统。有毒植物，误食叶、花、果等均可引起牛、马、羊等牲畜以及人中毒。

防治方法：宜选用除草剂草甘膦（农达）进行化学防治。机械方法宜雨后人工根除，推荐结合机械、化学和生物替代等技术措施进行综合防治。

2. 三裂叶豚草

学名：Ambrosia trifida L.

英文名：Giant ragweed

别名：大破布草

分类地位：菊科 Compositae

形态特征：一年生草本，高 50～120 cm，叶对生，有时互生，具叶柄，下部叶 3～5 裂，上部叶 3 裂或有时不裂。裂片卵状披针形或披针形，顶端急尖或渐尖，边缘有锐锯齿，有三基出脉，粗糙，上面深绿色，背面灰绿色，两面被短糙伏毛。雄头状花序多数圆形，径约 5 mm，有长 2～3 mm 的细花序梗，下垂，在枝端密集成总状花序。雌头状花序在雄头状花序下面上部的叶状苞叶的腋部聚作团伞状，具一个无被能育的雌花。瘦果为总包所包被，倒卵形至长倒卵形，果皮灰褐色至黑色。

地理分布：原产北美洲。

入侵历史：20 世纪 30 年代在辽宁铁岭地区发现，首先在辽宁省蔓延，随后向河北、北京地区扩散，目前分布于吉林、辽宁、河北、北京、天津等省市。常生于荒地、路边、沟旁或农田中，适应性广，种子产量高，每株可产种子 5 000 粒左右。主要靠水、鸟和人为携带传播。

入侵危害：危害小麦、大麦、大豆及各种园艺作物，遮盖和压制作物生长、阻碍农业生产，影响作物产量。其散播的花粉引起人体过敏，产生哮喘，严重时可致人死亡。

防治方法：用除草剂苯达松、虎威、克无踪、草甘膦等可有效控制其生长。

3. 大薸

学名：Pistia stratiotes L.

英文名：Water lettuce

别名：水浮莲

分类地位：天南星科 Araceae

形态特征：多年生水生漂浮草本。主茎短缩、有白色成束的须根；匍匐茎从叶腋间向四周分出，茎顶端发出新植株，植株莲座状。叶簇生，叶片因发育的不同阶段而不同，通常倒卵状楔形，先端浑圆或截形，两面被绒毛，叶鞘托叶状，干膜质。佛焰苞小，腋生，白色，外被绒毛，下部管状，上部张开。肉穗花序背面 2/3 与佛焰苞合生，雄花 2～8 朵生于上部，雌花单生于下部。花果期 5—11 月。

地理分布：原产巴西，现广布于热带和亚热带。

入侵历史：据《本草纲目》记载，大约明末引入我国。20 世纪 50 年代作为猪饲料推广栽培。目前黄河以南均有分布，长江流域及以南可以露地越冬。

入侵危害：在平静的淡水池塘和沟渠中极易通过匍匐茎快速繁殖，易被水流冲离栽培场所，带到下游湖泊、水库和静水河湾，引起扩散。常因大量生长而堵塞航道，影响水产养殖业，并导致沉水植物死亡和灭绝，危害水生生态系统。

防治方法：人工打捞，或是用暂时排水的方法使之脱离水源而致其死亡。慎施除草剂，避免污染水体。

4. 加拿大一枝黄花

学名：Solidago Canadensis L.

英文名：Canadian goldenrod

别名：黄莺、米兰、幸福花

分类地位：菊科 Compositae

形态特征：多年生草本，具长根状茎。茎直立，高 0.3～2.5 m，全部或仅上部被短柔毛。叶互生，离基三出脉，披针形或线状披针形，表面很粗糙，边缘具锐齿。头状花序小，在花序分枝上排列成蝎尾状，再组合成开展的大型圆锥花序。总苞具 3～4 层线状披针形的总苞片。缘花舌状，黄色，雌性；盘花管状，黄色，两性。瘦果具白色冠毛。花果期 7—11 月。

地理分布：原产北美，在北半球温带栽培和归化。

入侵历史：1935 年作为观赏植物引进，20 世纪 80 年代扩散蔓延成为杂草。各地作为花卉引种，目前在浙江、上海、安徽、湖北、湖南郴州、江苏、江西等地已对生态系统形成危害。

入侵危害：以种子和根状茎繁殖，根状茎发达，繁殖力极强，传播速度快，生长迅速，生态适应性广阔，从山坡林地到沼泽地带均可生长。常入侵城镇庭园、郊野、荒地、河岸高速公路和铁路沿线等处，还入侵低山疏林湿地生态系统，严重消耗土壤肥力；花期长、花粉量大，可导致花粉过敏症。

防治方法：手工拔除并彻底根除其根状茎；采用草甘膦等除草剂进行喷施防除。

5. 蒺藜草

学名：Cenchrus echinatus L.

英文名：Bear grass

别名：野巴夫草

分类地位：禾本科 Gramineae

形态特征：一年生草本，高 15～50 cm，秆扁圆形，基部屈膝或横卧地面而于节上生根，下部各节常分枝。叶鞘具脊；叶舌短，具纤毛。总状花序顶生，穗轴粗糙；小穗 2～6 个，包藏在由多数不育小枝形成的球形刺苞内，椭圆状披针形，含 2 小花，第一颖具 1 脉，第二颖具 5 脉，第一小花雄性或中性，第二小花两性。刺苞具多数微小的倒刺，总梗密被短毛。在潮湿的热带地方终年可开花结实。

地理分布：原产美洲的热带和亚热带地区。

入侵历史：1934 年在台湾兰屿采到标本，现分布于福建、台湾、广东、香港、广西和云南南部等地。

入侵危害：常生于低海拔的耕地、荒地、牧场、路旁、草地、沙丘、河岸和海滨沙地；刺苞倒刺可附着在衣服、动物皮毛和货物上传播；为花生、甘薯等多种作物田地和果园中的一种危害严重的杂草，入侵后能很快扩充占领空地，降低生物多样性；还可成为热带牧场中的有害杂草，其刺苞可刺伤人和动物的皮肤，混在饲料或牧草里能刺伤动物的眼睛、口和舌头。

防治方法：在花期前喷施克无踪、草甘膦等除草剂。对于草场、草坪应及时刈割以防止其开花结实导致自然传播扩散。

6. 银胶菊

学名：Parthenium hysterophorus L.

英文名：Common parthenium

分类地位：菊科 Compositae

形态特征：一年生草本，茎直立，高 0.6～1 m，多分枝。茎下部和中部叶卵形或椭圆形，二回羽状深裂，上面疏被疣基糙毛，下面被较密的柔毛；上部叶无柄，羽裂或指状三裂。头状花序排成伞房花序；总苞片 2 层，每层 5 枚；舌状花 5 枚，白色，先端 2 裂；雄蕊 4 枚；冠毛 2，鳞片状。花果期 4—10 月。

地理分布：原产美国得克萨斯州及墨西哥北部，现广泛分布于全球热带地区。

入侵历史：1924 年在越南北部被报道，1926 年在云南采到标本，现已入侵云南、贵州、广西、广东、海南、香港和福建等地。

入侵危害：生于旷地、路旁、河边、荒地，从海岸附近到海拔 1 500 m 都有分布，在西南分布上限可达 2 400 m；恶性杂草，对其他植物有化感作用，吸入其具毒性的花粉会造成过敏，直接接触还可引起人和家畜的过敏性皮炎和皮肤红肿。

防治方法：开花前人工拔除，生长旺季在其叶上喷施克无踪、草甘膦等除草剂。

7. 黄顶菊

学名：Flaveria bidentis（L.）Kuntze

英文名：Coastal plain yellowtops

分类地位：菊科 Compositae

形态特征：一年生草本，茎粗壮，有纵沟槽，高 5～200 cm。叶有短柄，交互对生，长圆状矩圆形，具基出 3 脉，叶缘具齿。头状花序紧密地积聚在很短的花序梗顶端，呈平顶形伞房状或蝎尾状圆锥花序，花黄色，小花总苞片 2～5 枚，边缘花能育，舌状花长圆形，管状花冠筒不显著，雄蕊 1。瘦果黑色，具 10 条纵肋，稍扁平，无毛。花果期 6—10 月。

地理分布：原产南美，北美归化。

入侵历史：于 2000 年发现于天津南开大学校园，目前主要分布于天津、河北等地，有继续扩散蔓延的趋势。

入侵危害：世界著名入侵种之一，恶性杂草，植株高大。种子 4—6 月陆续发芽，生长极快，适应性极强。严重消耗土壤肥力，导致农作物减产，其根系能产生化感物质，抑制其他生物生长，并最终导致其他植物死亡，从而降低生物多样性。

防治方法：及时人工锄草，或在苗期阶段适时喷施除草剂百草枯和草甘膦。

8. 土荆芥

学名：Chenopodium ambrosioides L.

英文名：Mexican tea herb

别名：臭草、杀虫芥、鸭脚草

分类地位：藜科 Chenopodiaceae

形态特征：一年生或多年生草本，有强烈的令人不愉快的香味，高 50～100 cm，茎多分枝，具棱；有毛或近无毛。叶长圆状披针形至披针形，边缘具稀疏不整齐的大锯齿，具短柄，下面有散生油点并沿脉稍有毛，下部的叶较宽大，上部叶逐渐狭小而近全缘。花两性及雌性，通常 3～5 个团集，生于上部叶腋；花被裂片 5，较少为 3，绿色；雄蕊 5；花柱不明显，柱头通常 3，较少为 4，丝状，伸出花被外。胞果扁球形。花果期在夏、秋季节，种子细小，结实量极大。

地理分布：原产中、南美洲，现广泛分布于全世界温带至热带地区。

入侵历史：1864 年在台湾省台北淡水采到标本，现已广布于北京、山东、陕西、上海、浙江、江西、福建、台湾、广东、海南、香港、广西、湖南、湖北、重庆、贵州、云南等地。通常生长在路边、河岸等处的荒地以及农田中。

入侵危害：在长江流域经常是杂草群落的优势种或建群种，种群数量大，对生长环境要求不严，极易扩散，常常侵入并威胁种植在长江大堤上的草坪。含有毒的挥发油，对其他植物产生化感作用。也是花粉过敏源，对人体健康有害。

防治方法：苗期及时人工锄草，花期前喷施百草枯等除草剂。

9. 刺苋

学名：Amaranthus spinosus L.

英文名：Thorny amaranth

别名：野苋菜（该属统称）、土苋菜、刺刺菜、野勒苋

分类地位：苋科 Amaranthaceae

形态特征：一年生草本，高 30～100 cm；茎直立，多分枝，有纵条纹，绿色或带紫色，无毛或稍有柔毛。叶片菱状卵形或卵状披针形，先端圆钝，具小凸尖，叶柄基部两侧各有 1 刺。圆锥花序腋生及顶生；苞片在腋生花簇及顶生花穗的基部者变成尖锐直刺，在顶生花穗的上部者狭披针形，花被片绿色，顶端急尖，具凸尖，中脉绿色或带紫色。胞果长圆形，包裹在宿存花被片内，在中部以下不规则横裂。花果期 7—11 月，种子细小，结实量极大。

地理分布：原产热带美洲，目前中国、日本、印度、中南半岛、马来西亚、菲律宾等地皆有分布。

入侵历史：19 世纪 30 年代在澳门发现，1857 年在香港采到。现已成为我国热带、亚热带和暖温带地区的常见杂草，广布于陕西、河北、北京、山东、河南、安徽、江苏、浙江、江西、湖南、湖北、四川、重庆、云南、贵州、广西、广东、海南、香港、福建、台湾等地。

入侵危害：入侵旷地、园圃、农耕地等，常大量滋生危害旱作农田、蔬菜地及果园，严重消耗土壤肥力，成熟植株有刺因而清除比较困难，并伤害人畜。

防治方法：苗期及时人工锄草，花期前喷施除草剂百草枯。

10. 落葵薯

学名：Anredera cordifolia（Tenore）Steenis

英文名：Madeira vine，Mignonette vine，Bridal wreath

别名：藤三七、藤子三七、川七、洋落葵

分类地位：落葵科 Basellaceae

形态特征：常绿大型藤本，长可达 10 余 m。根状茎粗壮。叶卵形至近圆形，先端急尖，基部圆形或心形，稍肉质，腋生珠芽（小块茎）常多枚集聚，形状不规则。总状花序具多花，花序轴纤细，弯垂；花小，白色。在我国一般不结果。

地理分布：南美热带和亚热带地区。

入侵历史：20 世纪 70 年代从东南亚引种，目前已在重庆、四川、贵州、湖南、广西、广东、云南、香港、福建等地逸为野生。

入侵危害：以块根、珠芽、断枝高效率繁殖，生长迅速，珠芽滚落或人为携带，极易扩散蔓延，由于其枝叶的密集覆盖，从而导致下面被覆盖的植物死亡，同时也对多种农作物有显著的化感作用。

防治方法：机械拔除，地下要彻底挖出其块根，同时彻底清理地上散落的珠芽，连同茎干一起干燥粉碎或者深埋，避免再次滋生蔓延。化学防治宜在幼苗期，成年植株抗药性很强。

二、外来入侵动物名单

1. 桉树枝瘿姬小蜂

学名：Leptocybe invasa Fisher et La Salle

英文名：Blue gum chalcid

分类地位：膜翅目 Hymenoptera，姬小蜂科 Eulophidae

形态特征：雌虫体长 1.1～1.4 mm，褐色具蓝绿色金属光泽。复眼暗红色；触角 9 节，浅黑褐色；足淡黄色；腹部卵形，近胸长，产卵器鞘短，长不达腹末。雄虫体长 0.8～1.2 mm，形态近似于雌蜂，略修长；触角 10 节，梗节中部具腹面凸，索节和棒节轮生纤长触角毛。幼虫微小，乳白色球状，无足。

生物学特征：桉树枝瘿姬小蜂专一危害桉属，寄主包括数十个品种。雌虫产卵于桉树幼嫩组织内，幼虫孵化后刺激寄主组织逐渐形成虫瘿，并于瘿室内发育直至羽化。自然条件下，该虫平均 138 天完成 1 个世代，每年发生 2～3 代，世代重叠。雌虫产卵量近 200 粒。该小蜂种群性比显著偏雌，繁殖能力强，种群密度大，扩散迅速，极高和极低温度下均可发生危害。

地理分布：除北美洲外，其他各大洲共计 20 多个国家均有分布。目前，在我国分布于广西、海南以及广东省的部分地区。

入侵历史：该小蜂原产澳大利亚，2000 年被首次记述于中东地区，之后相继在非洲地区的乌干达和肯尼亚，亚洲的泰米尔地区以及欧洲的葡萄牙发现，并迅速扩散蔓延。2007 年，在我国广西与越南交界处首次发现该种小蜂，2008 年相继在海南和广东发现。

入侵危害：桉树枝瘿姬小蜂主要危害桉树苗木和幼林，在嫩枝、叶柄及叶片主脉上形成虫瘿，导致叶、枝肿大变形，新梢和侧枝丛生，虫口密度高时可导致枝叶枯萎凋落，植株生长受阻甚至死亡，造成苗圃及新植桉林严重损失。该虫自发现后迅速扩散蔓延，危害严重，对我国华南、西南等地区的桉树种植造成了极大的威胁。

防治方法：采用苗圃袋苗桉树枝瘿姬小蜂化学控制技术能达到较好的效果。

2. 稻水象甲

学名：Lissorhoptrus oryzophilus Kuschel

英文名：Rice water weevil

别名：稻水象

分类地位：鞘翅目 Coleoptera，象甲科 Curculionidae

形态特征：成虫体长 2.5～3.8 mm，头部延长成象鼻状。前胸背板中部、鞘翅中部黑色，身体其余部分褐色。卵长约 0.8 mm，圆柱形，刚产下时白色。老龄幼虫体长约 10 mm，白色，无足，头部褐色，腹部背面有几对呼吸管。老熟幼虫在寄主根上作茧，茧大小和形状似绿豆，幼虫在茧内化蛹，蛹白色。

生物学特征：在我国双季稻区一年发生 2 代，但主要以第一代产生危害，第二代发生轻。成虫主要在田边坡地、田埂上、沟渠边等场所的土表、土缝中越冬，越冬场所一般有茅草等禾本科植物。越冬成虫第二年春末夏初先取食幼嫩寄主植物，等秧田揭膜或稻秧移栽后再迁移到稻苗上取食。卵产在浸水的叶鞘内，幼虫孵化后不久就转移到稻根取食。在稻根上结茧化蛹，成虫羽化后大部分飞离稻田（少数留在田埂上）越夏并接着越冬。成虫有趋光性，假死性。

地理分布：目前分布在河北、辽宁、吉林、山东、山西、陕西、浙江、安徽、福建、湖南、云南、台湾等省市。国外主要分布在美国、日本、韩国、朝鲜等国家。

入侵历史：我国首先于1988年在河北唐海发现此虫，接着先后在天津（1990）、辽宁（1991）、山东（1992）、吉林（1993）、浙江（1993）、福建（1996）、北京（2000）、安徽（2001）、湖南（2001）、山西（2003）、陕西（2003）和云南（2007）发现。

入侵危害：主要危害水稻。成虫沿稻叶叶脉啃食叶肉，留下长短不等的白色长条斑。幼虫咬食稻根，造成断根，使稻株生长矮小，分蘖数减少，稻谷千粒重下降，从而影响产量。

防治方法：稻水象甲一旦传入后就很难根除，因此加强检疫是防止其扩散蔓延的关键。禁止从疫区调运秧苗、稻草、稻谷和其他寄主植物，禁止将疫区的稻草或其他寄主植物用于填充材料。在4—5月份越冬后成虫开始取食期间，可通过察看水稻秧苗等寄主植物上有无条状取食斑，以便及早发现。防治方法上，可通过调整水稻移栽期、合理排灌水来避害，或者通过物理诱捕来杀灭成虫，也可通过施用农药来防治。现在还没有切实有效的生物防治方法。

3. 红火蚁

学名：Solenopsis invicta Buren

英文名：Red imported fire ant

分类地位：膜翅目 Hymenoptera，蚁科 Formicidae

形态特征：主要以工蚁形态特征鉴定种类。工蚁体色棕红色至棕褐色，略有光泽，体长2.5～7.0 mm，无明显工蚁、兵蚁之分。复眼黑色，由数十个小眼组成。触角10节，端部两节膨大呈棒状。中小型工蚁唇基两侧各有1齿，内缘中央有1个三角形小齿，齿基部上方着生刚毛1根。

生物学特征：社会性昆虫，生活于土壤中。成熟种群数量可达20万～50万头。蚁后每天产1 500～5 000粒卵，经过20～45天发育为中小型工蚁、30～60天发育为中大型工蚁、80天发育为大型兵蚁、蚁后和雄蚁。蚁后寿命约6～7年，工蚁和兵蚁寿命约1～6个月。新建蚁巢经过4～5个月开始成熟并产生有翅生殖蚁，进行婚飞活动。食性杂，工蚁具明显攻击性。

地理分布：原产南美洲多国，现分布于南美洲多国、美国、澳大利亚、马来西亚、中国（台湾、广东、香港、澳门、广西、福建、湖南）等地区。

入侵历史：2003年10月台湾桃园报道发生红火蚁，2004年9月广东吴川报道发生红火蚁。2005年监测显示，广东深圳、广州、东莞、惠州、河源、珠海、中山、梅州、高州、茂名、阳江、云浮，广西南宁、北流、陆川、岑溪，湖南张家界，福建龙岩等地均有红火蚁发生。

入侵危害：取食作物种子、果实、幼芽、嫩茎与根系，给农作物造成相当程度的伤害；通过竞争、捕食，减少无脊椎动物及脊椎动物数量，破坏生物多样性；人体被红火蚁螯针刺后有灼伤般疼痛感，可出现如灼伤般的水泡、脓包，敏感体质人群出现局部或全身过敏，甚至休克、死亡；对公共设施如电力、通讯系统有一定危害，可给发生地区造成巨大经济损失。

防治方法：可采用物理防治、化学防治和生物防治等方法防治。快速有效的灭除方法是：使用毒饵为主，并结合使用其他类型化学方法。一般一年2～3次全面防治、重点补治。

4. 克氏原螯虾

学名：Procambarus clarkii

英文名：Red swamp crayfish

别名：小龙虾、淡水小龙虾、喇蛄、红色螯虾

分类地位：十足目 Decapoda，螯虾科 Cambaridae

形态特征：外壳红色而坚硬，头部具额剑，有1对复眼，2对触角；5对胸足，第1对大螯状，6对腹足，1对尾节。雄性前2对腹肢变为管状交接器，雌性第1对腹肢退化。

生物学特征：抗逆性强，能耐受 40～15℃的气温；水体缺氧时，可上岸或借助漂浮物侧卧于水面呼吸空气，潮湿环境中可离水存活 1 周，也能在污水中生活。喜占洞穴居，领域行为强，具侵略性。半年可达性成熟，全年皆可繁殖，具有护幼习性，幼体蜕皮 3 次后才离开母虾。

地理分布：广泛分布于全国 20 多个省市，南起海南岛，北到黑龙江，西至新疆，东达崇明岛均可见其踪影，华东、华南地区尤为密集。

入侵历史：原产北美洲，现已广泛分布于除南极洲以外的世界各地。20 世纪 30 年代进入我国，60 年代食用价值被发掘，养殖热度不断上升，各地引种无序，80—90 年代大规模扩散。

入侵危害：克氏原螯虾可通过抢夺生存资源，捕食本地动植物，携带和传播致病源等方式危害土著物种。有研究发现，该螯虾在预知和躲避敌害方面表现出比土著螯虾更高的适应性。另外它喜爱掘洞筑巢的习性对泥质堤坝具有一定的破坏作用，轻则导致灌溉用水流失，重则引发决堤洪涝等险情。

防治方法：通过投放野杂鱼捕食克氏原螯虾幼苗以控制其种群规模。在尚未引种的地区，应展开其环境风险评估和早期预警，对已广泛分布地区，加强养殖管理。

5. 苹果蠹蛾

学名：Cydia pomonella（L.）

英文名：Codling moth

别名：苹果小卷蛾、苹果食心虫

分类地位：鳞翅目 Lepidoptera，卷蛾科 Tortricidae

形态特征：成虫体长 9mm 左右，翅展 19～20mm，是一种小型的蛾类，翅灰白色，具很细的深灰色条纹。翅的末端有一块褐色的三角形斑纹，斑纹有金属铜一样的光泽。幼虫成熟时体长在 14～18mm 之间，背部颜色为淡红色，腹部颜色为黄白色。

生物学特征：发育为完全变态型，包括卵、幼虫、蛹和成虫四个形态。雌性成虫产单个卵，产卵的位置一般在果实的表面或者靠近果实的叶片及嫩枝上。孵化出来的幼虫钻入果实取食果肉及种子。幼虫经过四次蜕皮后化蛹，在化蛹前幼虫会离开果实，在果树树干翘皮、裂缝或树洞等隐蔽场所吐丝结茧。新的成虫由蛹羽化而来，交配产卵以开始一个新的世代。苹果蠹蛾在不同地区发生代数不同，少则 1 代，多则 5 代。在冬季，该虫以老熟幼虫的形态越冬。

地理分布：苹果蠹蛾遍布于世界各大洲的苹果和梨的产区。在我国主要分布于新疆全境、甘肃省的中西部、内蒙古西部以及黑龙江南部等地。

入侵历史：苹果蠹蛾在 20 世纪 50 年代前后经由中亚地区进入我国新疆，在 50 年代中后期已经遍布新疆全境，20 世纪 80 年代中期该虫进入甘肃省，之后持续向东扩张。2006 年，在内蒙古自治区发现有该虫的分布。另外，2006 年也在黑龙江省发现，这一部分可能由俄罗斯远东地区传入。

入侵危害：苹果蠹蛾幼虫蛀食果实，被蛀的果实无法食用并且极易落果，蛀果率可在 80% 以上。该虫传入后不易根除，对我国的梨果类水果危害很大，可使我国水果产业遭受严重损失。

防治方法：目前主要防治手段是采用苹果蠹蛾性信息素迷向防治技术，以寄生蜂、昆虫病毒为主要材料的生物防治技术也取得了许多进展，应用的面积正在逐步扩大。采用农业防治、物理防治以及选择性杀虫剂防治等多种方法相结合的综合防治措施更为有效。

6. 三叶草斑潜蝇

学名：Liriomyza trifolii（Burgess）

英文名：American serpentine leaf miner

别名：三叶斑潜蝇

分类地位：双翅目 Diptera，潜蝇科 Agromyzidae

形态特征：成虫体长约 1.3～2.3 mm。虫体主要呈黑灰色和黄色，头顶和额区黄色。触角 3 节均黄色，触角芒淡褐色。腹部可见 7 节，各节背板黑褐色，腹板黄色。卵圆形，米色略透明，将孵化时卵色呈浅黄色。幼虫蛆状，共 3 龄，初孵无色略透明，渐变淡黄色，末龄幼虫为橙黄色。蛹椭圆形，围蛹，初蛹呈橘黄色，后期蛹色变深呈金棕色，脱出叶外化蛹。

生物学特征：三叶草斑潜蝇分卵、幼虫、蛹、成虫 4 个虫态。成虫在叶片正面取食和产卵，卵产在叶表下；幼虫孵出后，即潜食叶片造成潜道；在土壤表层或叶面上化蛹；完成 1 个世代大约需要 3 周。该虫一年可发生多代，部分地区达 10 代以上。在温室内，全年都能繁殖。

地理分布：三叶草斑潜蝇起源于北美洲，现在已经扩散到美洲、欧洲、非洲、亚洲、澳洲和太平洋岛屿的 80 多个国家和地区。在我国主要分布于台湾、广东、海南、云南、浙江、江苏、上海、福建等省市。

入侵历史：20 世纪 60 年代以后，从美国开始向世界各地传播至非洲各国、南美洲及英国、荷兰等几个欧洲国家，后传至意大利、匈牙利、法国、南斯拉夫、以色列、日本。2005 年 12 月在广东省中山市发现，其后在海南、浙江、云南、上海等地发现。

入侵危害：三叶草斑潜蝇寄主范围广泛，目前所记载的寄主种类超过了 400 种，其中包括多种蔬菜、花卉、粮食作物和经济作物以及多种杂草。三叶草斑潜蝇主要以幼虫潜食寄主叶片。幼虫在叶片内潜食，形成不规则虫道，降低植物光合作用，严重时导致落叶甚至枯死，使花卉、果蔬等园艺植物的观赏和商品价值下降或丧失。

防治方法：根据该虫不同虫态选择合适农药，可用乙基谷硫磷、异恶唑硫磷、氟铃脲等；可释放潜蝇姬蜂控制三叶草斑潜蝇；用黄板诱杀保护地中的斑潜蝇成虫。在作物生长期间，采用间作套种形成保护带，然后集中处理保护带。在作物采收后，毁灭植物残枝，清除温室或田间内外杂草，挖沟深埋可能被蛹感染的土壤，或利用薄膜覆盖和灌溉相结合的方法消除土壤中的蛹。

7. 松材线虫

学名：Bursaphelenchus xylophilus（Steiner et Buhrer）Nickle

英文名：Pine wood nematode

分类地位：滑刃目 Aphelenchida，滑刃科 Aphelenchoididae

形态特征：成虫体细长，约 1 mm，唇区高，缢缩显著。口针细长，14～16 μm，基部球明显。雌虫尾部近圆柱形，末端钝圆。雄虫体似雌虫，交合刺大，弓状成对，喙突显著，尾部似鸟爪，向腹面弯曲。

生物学特征：包括两个生活周期：繁殖周期和扩散周期。繁殖周期雌雄虫交尾后产卵，每只雌虫产卵约 100 粒。幼虫共 4 个龄期。25℃时 1 个世代约 4～5 天。自然越冬条件下，停止繁殖发育，形成扩散型 3 龄和 4 龄幼虫。低温条件下能够存活 2～3 个月。

地理分布：原产北美洲。美国、加拿大、墨西哥、日本、韩国、葡萄牙和中国江苏、浙江、安徽、福建、江西、山东、湖北、湖南、广东、重庆、贵州、云南等 15 省市，193 个县均有发生。

入侵历史：1982 年在南京中山陵首次发现。近距离传播主要靠媒介天牛（如松墨天牛）携带传播；远距离主要靠人为调运疫区的苗木、松材、松木包装箱等进行传播。

入侵危害：主要危害松属植物，也危害云杉属、冷杉属、落叶松属和雪松属。病原线虫扩散型 4 龄幼虫通过媒介昆虫松墨天牛进入松树木质部，在树脂道中，大量繁殖后遍及全株，造成导管阻塞，植株失水，蒸腾作用降低，树脂分泌急剧减少和停止。在夏秋季针叶失水萎蔫褪绿，变黄色至红褐色，松树整株枯死，且红色针叶当年不脱落，从树干可见大量松墨天牛寄生痕迹，木质部呈蓝色。松材线虫几乎毁灭了在香港广泛分布的马尾松林，而且由于扩展迅速，现已对黄山、张家界等风景名胜区的天然针叶林构成了巨大威胁。

防治方法：人工伐除病死树，尤其要注意疫木安全处理；林间利用引诱剂诱捕、化学防治和生物防治技术（如寄生性天敌管氏肿腿蜂和花绒坚甲）防治松墨天牛；加强检疫，防止疫区木材携带该种或松墨天牛扩散传播。

8. 松突圆蚧

学名：Hemiberlesia pitysophila Takagi

英文名：Pine armored scale

分类地位：同翅目 Homoptera，盾蚧科 Diaspididae

形态特征：雌虫长约 0.8mm，宽约 0.7mm，呈宽梨形，蚧壳白色，触角呈不规则的圆锥形，臀板宽而呈半圆形，硬化，虫体其余部分均为膜质。胸足 3 对，翅 1 对，前翅展约 1mm，膜质，具 2 条翅脉。后翅退化成为平衡棒。

生物学特征：松突圆蚧在广东通常每年可发生 5 代，世代重叠，多以幼虫越冬。新孵化的幼虫在寄主植物上活跃爬行，寻到合适寄生部位后，将口针刺入植物组织内开始取食，并不再改变寄生位置。固定不动的幼虫经一段时间取食后，开始泌蜡形成介壳盖住虫体。

地理分布：原产日本和中国台湾，现已扩散到中国的香港、澳门、广东、广西、福建和江西等地。

入侵历史：1965 年日本学者在台湾采集到松突圆蚧，1980 年在日本冲绳岛、先岛诸岛也发现有分布，20 世纪 70 年代末在中国广东发现。它可通过若虫爬行或借助风力自然扩散，还可随寄主苗木、原木、盆景等的调运远距离传播。

入侵危害：主要危害松属植物，如马尾松、湿地松、黑松等，其中以马尾松受害最重。该害虫寄生在针叶基部、新抽出的嫩梢基部、新鲜球果的果鳞上及新长出的针叶中下部。它们用刺吸式口器插入植物组织中，吸食植物汁液，被寄生部位变色发黑、干枯或软烂，导致树木衰弱，严重时树冠下部的枝条先行枯死，继而上部针叶枯黄脱落，嫩梢卷曲或停止生长，最后全株枯死。一般松林受害 3～5 年后，即可造成成片松林枯死，因此危害严重。

防治方法：对疫区或疫情发生区的马尾松等松属植物的枝条、针叶和球果及各种松类苗木、盆景、圣诞树等特殊用苗应严格禁止外运。对于受害植物材料可用松脂柴油乳剂或久效磷乳油均匀喷洒或销毁处理。对蚧虫危害的松林应适当进行修枝间伐，保持冠高比为 2∶5，侧枝保留 6 轮以上，以降低虫口密度，增强树势。还可在林间释放松突圆蚧花角蚜小蜂。

9. 椰心叶甲

学名：Brontispa longissima（Gestro）

英文名：Coconut leaf beetle

分类地位：鞘翅目 Coleoptera，铁甲科 Hispidae

形态特征：成虫体狭长扁平，具光泽；长 6～10mm，宽 1.9～2.1mm；头部红黑色，胸部棕红色；鞘翅狭长黑色，有时鞘翅基部 1/4 红褐色；足棕红色至棕褐色，粗短；触角粗线状，1～6 节红黑色，7～11 节黑色。

生物学特征：在海南 1 年可发生 3～5 代，每个世代需要 55～110 天，成虫平均寿命 156 天，雌成虫产卵期较长，可达 5～6 个月，每头雌虫平均产卵 119 粒。成虫惧光，成、幼虫常聚集取食，世代重叠明显。

地理分布：国外主要分布于越南、缅甸、泰国、印度尼西亚、马来西亚、新加坡等国家和地区。国内主要分布于海南、广东、广西、香港、澳门和台湾。

入侵历史：2002 年 6 月，海南省首次发现椰心叶甲，当年扩散蔓延到海口、三亚及文昌等 3 市县；2003 年扩散蔓延到万宁、琼海、定安、陵水、屯昌、儋州、澄迈、保亭等 8 市县，2004 年年底扩散蔓延至海南全省。同时云南河口，广西、广东及福建 3 省沿海地区也相继发生椰心叶甲危害。

入侵危害：20 世纪 70 年代，椰心叶甲传入美属萨摩亚的图图伊拉岛等地区，造成产量损失高达 50%～70%。2005 年，我国染虫棕榈植物超过 500 万株。受害的椰子、槟榔等棕榈植物的生长受阻，减产 60%～80%，严重时植株大面积死亡。

防治方法：释放天敌椰心叶甲啮小蜂和椰甲截脉姬小蜂进行生物防治是目前采用的最经济、有效、持久和环境友好的方式。

（九）国家重点生态功能区保护和建设规划编制技术导则

1 总则

重点生态功能区是指在涵养水源、保持水土、调蓄洪水、防风固沙、维系生物多样性等方面具有重要作用的区域，需要国家和地方共同管理，并予以重点保护和限制开发的区域。保护和管理重点生态功能区，对于防止和减轻自然灾害，协调流域及区域生态保护与经济社会发展，保障国家和地方生态安全具有重要意义。

为规范国家重点生态功能区规划编制工作，推动重点生态功能区的管理和建设，依据《国民经济和社会发展第十一个五年规划纲要》《全国生态环境保护纲要》（国发[2000]38 号）和《国家重点生态功能保护区规划纲要》（环发[2007]165 号），制定《国家重点生态功能区保护和建设规划编制技术导则》。

本导则适用于国家重点生态功能区保护和建设规划的编制。地方重点生态功能区保护和建设规划可参照本导则编制。

1.1 工作目的

通过国家重点生态功能区的建设和管理，保护、恢复和提高区域水源涵养、防风固沙、保持水土、调蓄洪水、保护生物多样性等重要生态功能，维护和提高区域提供各类生态服务和产品的能力，促进重要生态功能区经济社会和生态保护的协调发展，推动我国主体功能区发展空间格局的形成。

1.2 指导思想与原则

1.2.1 指导思想

以科学发展观为指导，以维护并改善区域重要生态功能为目标，以调整社会经济布局和产业结构为主要手段，强化区域环境综合管理，统筹人与自然和谐发展，把生态保护和建设与地方社会经济发展、群众生活水平提高有机结合起来，统一规划，优先保护，限制开发，严格监管，促进我国重点生态功能区经济、社会和生态环境的协调发展。

1.2.2 基本原则

（1）保护优先，防治结合

应优先加强重点生态功能区的生态保护，防止生态环境继续退化，并采取适当的生物和工程措施，尽快恢复和重建退化的生态功能。同时，应加强水污染、大气污染防治和固体废物管理，加大农村环境污染治理力度，防止环境污染对生态功能的破坏。

（2）限制开发，适度发展

重点生态功能区的建设应将经济发展和生态环境保护相结合，切实提高区内人民的生活水平。在坚持适度开发、适度发展的原则下，调整重点生态功能区内的产业结构，引导发展特色资源产业，促进自然资源的合理利用与开发，最大限度地减轻人类活动对生态环境的影响，达到保护生态功能的目的。

（3）因地制宜，量力而行

规划编制要尊重自然规律和社会规律，并且符合国家和地方的生态环境的保护法规和标准，实事求是，在经济、技术上可行，在实施方案上具可操作性。

（4）明确事权，共同推进

重点生态功能区的建设事关各级政府和相关部门。各相关部门根据各自职责分工，制定相关类型重点生态功能区管理的技术规范，指导相关类型的重点生态功能区的科学管理，共同推进重点生态功能区的建设。

1.3 编制依据

（1）《中华人民共和国国民经济和社会发展第十一个五年规划纲要》（国发[2006]29 号）

（2）《国务院关于落实科学发展观 加强环境保护的决定》（国发[2005]39 号）

（3）《全国生态环境保护纲要》（国发[2000]38 号）

（4）《全国生态环境建设规划》（国发[1998]36 号）

（5）《国家环境保护“十一五”规划》（国发[2007]37 号）

（6）《全国生态保护“十一五”规划》（环发[2006]158 号）

（7）《全国生态功能区划》（环境保护部公告 2008 年第 35 号）

（8）《国家重点生态功能保护区规划纲要》（环发[2007]165 号）

（9）国家其他相关法律、法规和标准

1.4 规划期限、范围

规划范围：国务院颁布确定的重点生态功能区范围。

规划期限：原则上以规划编制的前一年作为规划基准年，近期、中期、远期分别按 5 年、10 年和 20 年考虑，原则上规划期限与当地国民经济与社会发展规划的规划时限相衔接，规划五年修编一次。

2 规划编制工作程序

2.1 组织实施

（1）由环境咨询领域具有相关资质，或有相应技术水平和经验的单位编制重点生态功能区规划。

（2）通过委托文件或合同明确编制规划各方责任、要求、工作进度安排、验收方式等。

2.2 调查、收集资料

（1）收集必要的生态环境、社会、经济背景或现状资料，包括社会经济发展、生态环境保护、城市（镇）发展、土地利用、资源开发等领域，以及农业、畜牧业、林业、能源、水利、矿产、渔业、旅游等行业有关资料。

（2）应对重点生态功能区内生态环境敏感点、生态破坏严重的地区进行专门调查或监测。

2.3 编制规划大纲

（1）规划大纲应详细分析重点生态功能区的生态环境现状、问题，预测经济社会发展形势，确定规划主要目标、任务及具体规划方案的要点。

（2）规划大纲需经相关主管部门审核同意后作为编制规划的依据。

2.4 编制研究报告和规划文本

（1）规划编制单位应按照规划大纲的要求，编制规划研究报告和形成规划文本。

（2）规划文本将作为规划批准和实施的主要依据。

（3）规划研究报告是规划文本的技术支撑和解释说明。

2.5 规划论证及公众参与

（1）在规划编制过程中应当广泛征求相关部门和相关地方政府的意见和建议，同时通过多种形式咨询公众意见。

（2）经相关主管部门组织专家论证会对规划进行论证。

3 规划成果要求

规划成果必须包括规划文本、规划研究报告、规划附图等 3 部分，可以根据需要设计重点生态功能区生态环境信息系统。

3.1 规划研究报告

（1）规划研究报告应对区域环境现状及存在问题进行深入分析和讨论，内容系统全面，数据翔实充分，结论合理，方案可行。对突出的生态环境问题可设立专题研究进行深入分析。

（2）国家重点生态功能区保护和建设规划报告书编写提纲和编制说明详见附一和附二。

3.2 规划附图

规划附图采用地图学常用方法表示，制图规范、附图清晰、表达清楚，比例尺应与区域的面积相匹配。规划附图必须包括以下类型：

（1）地理区位图、遥感影像图、数字地形图；

（2）自然要素分布现状图（包括植被分布图、水系分布图、居民点分布图、交通分布图、土地利用现状图、工业污染源分布图等）；

（3）功能分区图；

（4）生态环境恢复和治理规划分布图。

3.3 规划文本

（1）规划文本应基于规划研究报告，将规划区的主要问题和压力、规划目标和功能分区、主要领域的规划措施、重点工程项目及实施保障措施等内容扼要提出，形成规划实施的主要指导性文件。

（2）规划文本内容翔实、层次清楚、文字简练。

附一：国家重点生态功能区保护和建设规划报告书编写提纲（略）

附二：国家重点生态功能区保护和建设规划报告书编写说明（略）

（十）环境影响评价技术导则　生态影响

HJ 19—2011　代替 HJ/T 19—1997

为贯彻《中华人民共和国环境保护法》和《中华人民共和国环境影响评价法》，指导和规范生态影响评价工作，制定本标准。

本标准规定了生态影响评价的评价内容、程序、方法和技术要求。

本标准适用于建设项目的生态影响评价。区域和规划的生态影响评价可参照使用。

1 适用范围

本标准规定了生态影响评价的一般性原则、方法、内容及技术要求。

本标准适用于建设项目对生态系统及其组成因子所造成的影响的评价。区域和规划的生态影响评价可参照使用。

2 规范性引用文件

本标准内容引用了下列文件中的条款。凡是不注日期的引用文件，其有效版本适用于本标准。

GB 4043—2008 开发建设项目水土保持技术规范

GB/T 12763.9—2007 海洋调查规范第 9 部分：海洋生态调查指南

SC/T 9110—2007 建设项目对海洋生物资源影响评价技术规程

SL 167—96 水库渔业资源调查方法

3 术语和定义

下列术语和定义适用于本标准。

3.1 生态影响 Ecological Impact

经济社会活动对生态系统及其生物因子、非生物因子所产生的任何有害的或有益的作用，影响可划分为不利影响和有利影响，直接影响、间接影响和累积影响，可逆影响和不可逆影响。

3.2 直接生态影响 Direct Ecological Impact

经济社会活动所导致的不可避免的、与该活动同时同地发生的生态影响。

3.3 间接生态影响 Indirect Ecological Impact

经济社会活动及其直接生态影响所诱发的、与该活动不在同一地点或不在同一时间发生的生态影响。

3.4 累积生态影响 Cumulative Ecological Impact

经济社会活动各个组成部分之间或者该活动与其他相关活动（包括过去、现在、未来）之间造成生态影响的相互叠加。

3.5 生态监测 Ecological Monitoring

运用物理、化学或生物等方法对生态系统或生态系统中的生物因子、非生物因子状况及其变化趋势进行的测定、观察。

3.6 特殊生态敏感区 Special Ecological Sensitive Region

指具有极重要的生态服务功能，生态系统极为脆弱或已有较为严重的生态问题，如遭到占用、损失或破坏后所造成的生态影响后果严重且难以预防、生态功能难以恢复和替代的区域，包括自然保护区、世界文化和自然遗产地等。

3.7 重要生态敏感区 Important Ecological Sensitive Region

具有相对重要的生态服务功能或生态系统较为脆弱，如遭到占用、损失或破坏后所造成的生态影响后果较严重，但可以通过一定措施加以预防、恢复和替代的区域，包括风景名胜区、森林公园、地质公园、重要湿地、原始天然林、珍稀濒危野生动植物天然集中分布区、重要水生生物的自然产卵场及索饵场、越冬场和洄游通道、天然渔场等。

3.8 一般区域 Ordinary Region

除特殊生态敏感区和重要生态敏感区以外的其他区域。

4 总则

4.1 评价原则

4.1.1 坚持重点与全面相结合的原则。既要突出评价项目所涉及的重点区域、关键时段和主导生态因子，又要从整体上兼顾评价项目所涉及的生态系统和生态因子在不同时空等级尺度上结构与功能的完整性。

4.1.2 坚持预防与恢复相结合的原则。预防优先，恢复补偿为辅。恢复、补偿等措施必须与项目所在地的生态功能区划的要求相适应。

4.1.3 坚持定量与定性相结合的原则。生态影响评价应尽量采用定量方法进行描述和分析，当现有科学方法不能满足定量需要或因其他原因无法实现定量测定时，生态影响评价可通过定性或类比的方法进行描述和分析。

4.2 评价工作分级

4.2.1 依据影响区域的生态敏感性和评价项目的工程占地（含水域）范围，包括永久占地和临时占地，将生态影响评价工作等级划分为一级、二级和三级，如表 1 所示。位于原厂界（或永久用地）范围内的工业类改扩建项目，可做生态影响分析。

表 1 生态影响评价工作等级划分表

影响区域生态敏感性	工程占地（水域）范围		
	面积≥20 km^2 或长度≥100 km	面积 2～20 km^2 或长度 50～100 km	面积≤2 km^2 或长度≤50 km
特殊生态敏感区	一级	一级	一级
重要生态敏感区	一级	二级	三级
一般区域	二级	三级	三级

4.2.2 当工程占地（含水域）范围的面积或长度分别属于两个不同评价工作等级时，原则上应按其中较高的评价工作等级进行评价。改扩建工程的工程占地范围以新增占地（含水域）面积或长度计算。

4.2.3 在矿山开采可能导致矿区土地利用类型明显改变，或拦河闸坝建设可能明显改变水文情势等情况下，评价工作等级应上调一级。

4.3 评价工作范围

生态影响评价应能够充分体现生态完整性，涵盖评价项目全部活动的直接影响区域和间接影响区域。评价工作范围应依据评价项目对生态因子的影响方式、影响程度和生态因子之间的相互影响和相互依存关系确定。可综合考虑评价项目与项目区的气候过程、水文过程、生物过程等生物地球化学循环过程的相互作用关系，以评价项目影响区域所涉及的完整气候单元、水文单元、生态单元、地理单元界限为参照边界。

4.4 生态影响判定依据

4.4.1 国家、行业和地方已颁布的资源环境保护等相关法规、政策、标准、规划和区划等确定的目标、措施与要求。

4.4.2 科学研究判定的生态效应或评价项目实际的生态监测、模拟结果。

4.4.3 评价项目所在地区及相似区域生态背景值或本底值。

4.4.4 已有性质、规模以及区域生态敏感性相似项目的实际生态影响类比。

4.4.5 相关领域专家、管理部门及公众的咨询意见。

5 工程分析

5.1 工程分析内容

工程分析内容应包括：项目所处的地理位置、工程的规划依据和规划环评依据、工程类型、项目组成、占地规模、总平面及现场布置、施工方式、施工时序、运行方式、替代方案、工程总投资与环保投资、设计方案中的生态保护措施等。

工程分析时段应涵盖勘察期、施工期、运营期和退役期，以施工期和运营期为调查分析的重点。

5.2 工程分析重点

根据评价项目自身特点、区域的生态特点以及评价项目与影响区域生态系统的相互关系，确定工程分析的重点，分析生态影响的源及其强度。主要内容应包括：

a）可能产生重大生态影响的工程行为；

b）与特殊生态敏感区和重要生态敏感区有关的工程行为；

c）可能产生间接、累积生态影响的工程行为；

d）可能造成重大资源占用和配置的工程行为。

6 生态现状调查与评价

6.1 生态现状调查

6.1.1 生态现状调查要求

生态现状调查是生态现状评价、影响预测的基础和依据，调查的内容和指标应能反映评价工作范围内的生态背景特征和现存的主要生态问题。在有敏感生态保护目标（包括特殊生态敏感区和重要生态敏感区）或其他特别保护要求对象时，应做专题调查。

生态现状调查应在收集资料基础上开展现场工作，生态现状调查的范围应不小于评价工作的范围。

一级评价应给出采样地样方实测、遥感等方法测定的生物量、物种多样性等数据，给出主要生物物种名录、受保护的野生动植物物种等调查资料；

二级评价的生物量和物种多样性调查可依据已有资料推断，或实测一定数量的、具有代表性的样方予以验证；

三级评价可充分借鉴已有资料进行说明。

生态现状调查方法可参见附录A；图件收集和编制要求应遵照附录B。

6.1.2 调查内容

6.1.2.1 生态背景调查

根据生态影响的空间和时间尺度特点，调查影响区域内涉及的生态系统类型、结构、功能和过程，以及相关的非生物因子特征（如气候、土壤、地形地貌、水文及水文地质等），重点调查受保护的珍稀濒危物种、关键种、土著种、建群种和特有种，天然的重要经济物种等。如涉及国家级和省级保护物种、珍稀濒危物种和地方特有物种时，应逐个或逐类说明其类型、分布、保护级别、保护状况等；如涉及特殊生态敏感区和重要生态敏感区时，应逐个说明其类型、等级、分布、保护对象、功能区划、保护要求等。

6.1.2.2 主要生态问题调查

调查影响区域内已经存在的制约本区域可持续发展的主要生态问题，如水土流失、沙漠化、石漠化、盐渍化、自然灾害、生物入侵和污染危害等，指出其类型、成因、空间分布、发生特点等。

6.2 生态现状评价

6.2.1 评价要求

在区域生态基本特征现状调查的基础上，对评价区的生态现状进行定量或定性的分析评价，评价应采用文字和图件相结合的表现形式，图件制作应遵照附录B的规定，评价方法可参见附录C。

6.2.2 评价内容

a）在阐明生态系统现状的基础上，分析影响区域内生态系统状况的主要原因。评价生态系统的结构与功能状况（如水源涵养、防风固沙、生物多样性保护等主导生态功能）、生态系统面临的压力和存在的问题、生态系统的总体变化趋势等。

b）分析和评价受影响区域内动、植物等生态因子的现状组成、分布；当评价区域涉及受保护的敏感物种时，应重点分析该敏感物种的生态学特征；当评价区域涉及特殊生态敏感区或重要生态敏感区时，应分析其生态现状、保护现状和存在的问题等。

7 生态影响预测与评价

7.1 生态影响预测与评价内容

生态影响预测与评价内容应与现状评价内容相对应，依据区域生态保护的需要和受影响生态系统的主导生态功能选择评价预测指标。

a）评价工作范围内涉及的生态系统及其主要生态因子的影响评价。通过分析影响作用的方式、范围、强度和持续时间来判别生态系统受影响的范围、强度和持续时间；预测生态系统组成和服务功能的变化趋势，重点关注其中的不利影响、不可逆影响和累积生态影响。

b）敏感生态保护目标的影响评价应在明确保护目标的性质、特点、法律地位和保护要求的情况下，分析评价项目的影响途径、影响方式和影响程度，预测潜在的后果。

c）预测评价项目对区域现存主要生态问题的影响趋势。

7.2 生态影响预测与评价方法

生态影响预测与评价方法应根据评价对象的生态学特性，在调查、判定该区主要的、辅助的生态功能以及完成功能必需的生态过程的基础上，分别采用定量分析与定性分析相结合的方法进行预测与评价。常用的方法包括列表清单法、图形叠置法、生态机理分析法、景观生态学法、指数法与综合指数法、类比分析法、系统分析法和生物多样性评价等，可参见附录 C。

8 生态影响的防护、恢复、补偿及替代方案

8.1 生态影响的防护、恢复与补偿原则

8.1.1 应按照避让、减缓、补偿和重建的次序提出生态影响防护与恢复的措施；所采取措施的效果应有利修复和增强区域生态功能。

8.1.2 凡涉及不可替代、极具价值、极敏感、被破坏后很难恢复的敏感生态保护目标（如特殊生态敏感区、珍稀濒危物种）时，必须提出可靠的避让措施或生境替代方案。

8.1.3 涉及采取措施后可恢复或修复的生态目标时，也应尽可能提出避让措施；否则，应制定恢复、修复和补偿措施。各项生态保护措施应按项目实施阶段分别提出，并提出实施时限和估算经费。

8.2 替代方案

8.2.1 替代方案主要指项目中的选线、选址替代方案，项目的组成和内容替代方案，工艺和生产技术的替代方案，施工和运营方案的替代方案、生态保护措施的替代方案。

8.2.2 评价应对替代方案进行生态可行性论证，优先选择生态影响最小的替代方案，最终选定的方案至少应该是生态保护可行的方案。

8.3 生态保护措施

8.3.1 生态保护措施应包括保护对象和目标，内容、规模及工艺，实施空间和时序，保障措施和预期效果分析，绘制生态保护措施平面布置示意图和典型措施设施工艺图。估算或概算环境保护投资。

8.3.2 对可能具有重大、敏感生态影响的建设项目，区域、流域开发项目，应提出长期的

生态监测计划、科技支撑方案，明确监测因子、方法、频次等。

8.3.3 明确施工期和运营期管理原则与技术要求。可提出环境保护工程分标与招投标原则，施工期工程环境监理，环境保护阶段验收和总体验收、环境影响后评价等环保管理技术方案。

9 结论与建议

从生态影响及生态恢复、补偿等方面，对项目建设的可行性提出结论与建议。

附录 A 生态现状调查方法（略）

附录 B 生态影响评价图件规范与要求（略）

附录 C 推荐的生态影响评价和预测方法（略）

（十一）建设项目竣工环境保护验收技术规范 生态影响类

HJ/T 394—2007

为贯彻《中华人民共和国环境保护法》、《中华人民共和国环境影响评价法》和《建设项目环境保护管理条例》，规范生态影响类建设项目工程竣工环境保护验收工作，制定本标准。

1 适用范围

本标准规定了生态影响类建设项目竣工环境保护验收调查总体要求、实施方案和调查报告的编制要求。

本标准适用于交通运输（公路，铁路，城市道路和轨道交通，港口和航运，管道运输等）、水利水电、石油和天然气开采、矿山采选、电力生产（风力发电）、农业、林业、牧业、渔业、旅游等行业和海洋、海岸带开发、高压输变电线路等主要对生态造成影响的建设项目，以及区域、流域开发项目竣工环境保护验收调查工作。其他项目涉及生态影响的可参照执行。

2 规范性引用文件

本标准内容引用了下列文件中的条款。凡是不注日期的引用文件，其有效版本适用于本标准。

HJ/T 2.1 环境影响评价技术导则总纲

HJ/T 2.2 环境影响评价技术导则大气环境

HJ/T 2.3 环境影响评价技术导则地面水环境

HJ/T 2.4 环境影响评价技术导则声环境

HJ/T 19 环境影响评价技术导则非污染生态影响

3 术语和定义

下列术语和定义适用于本标准。

3.1 生态影响类建设项目 Ecological Construction Projects

以资源开发利用、基础设施建设等生态影响为特征的开发建设活动，以及海洋、海岸带开发等主要对生态产生影响的建设项目。

3.2 竣工环境保护验收调查 Environmental Protection Check & Accept for Completion

为环境保护行政主管部门进行生态影响类建设项目竣工环境保护验收而进行的技术调查工作。

3.3 环境影响评价文件 Environmental Impact Assessment Statements

指环境影响报告书和环境影响报告表。

3.4 环境影响评价审批文件 Environmental Impact Assessment Approval Document

指各级环境保护行政主管部门及行业主管部门对环境影响评价文件的审批、审核和预审意见。

3.5 验收调查文件 Check & Acceptance Statements

指工程竣工环境保护验收调查报告和竣工环境保护验收调查表。

3.6 环境保护措施 Environmental Protection Measures

为预防、降低、减缓建设项目对生态破坏和环境污染而采取的环境保护设施、措施和管理制度。

3.7 环境敏感目标 Environment-sensitive Targets

指验收调查需要关注的建设项目影响区域内的环境保护对象。

4 总则

4.1 验收调查工作程序

4.1.1 验收调查工作可分为准备、初步调查、编制实施方案、详细调查、编制调查报告五个阶段。

具体工作程序见图 1。

4.1.2 准备阶段：收集、分析工程有关的文件和资料，了解工程概况和项目建设区域的基本生态特征，明确环境影响评价文件和环境影响评价审批文件有关要求，制定初步调查工作方案。

4.1.3 初步调查阶段：核查工程设计、建设变更情况及环境敏感目标变化情况，初步掌握环境影响评价文件和环境影响评价审批文件要求的环境保护措施落实情况、与主体工程配套的污染防治设施完成及运行情况和生态保护措施执行情况，获取相应的影像资料。

4.1.4 编制实施方案阶段：确定验收调查标准、范围、重点及采用的技术方法，编制验收调查实施方案文本。

4.1.5 详细调查阶段：调查工程建设期和运行期造成的实际环境影响，详细核查环境影响评价文件及初步设计文件提出的环境保护措施落实情况、运行情况、有效性和环境影响评价审批文件有关要求的执行情况。

4.1.6 编制调查报告阶段：对项目建设造成的实际环境影响、环境保护措施的落实情况进行论证分析，针对尚未达到环境保护验收要求的各类环境保护问题，提出整改与补救措施，明确验收调查结论，编制验收调查报告文本。

4.2 验收调查分类管理要求

4.2.1 根据国家建设项目环境保护分类管理的规定，编制环境影响报告书的建设项目应编制建设项目竣工环境保护验收调查报告，其编制要求和格式要求参见附录 A。

4.2.2 根据国家建设项目环境保护分类管理的规定，编制环境影响报告表的建设项目应编制建设项目环境保护验收调查表，其编制要求和格式要求参见附录 B。

4.2.3 根据国家建设项目环境保护分类管理的规定，填报环境影响登记表的建设项目，应填写建设项目竣工环境保护验收登记卡。

4.3 验收调查时段和范围

4.3.1 根据工程建设过程，验收调查时段一般分为工程前期、施工期、试运行期三个时段。

4.3.2 验收调查范围原则上与环境影响评价文件的评价范围一致；当工程实际建设内容发生变更或环境影响评价文件未能全面反映出项目建设的实际生态影响和其他环境影响时，根据工程实际变更和实际环境影响情况，结合现场踏勘对调查范围进行适当调整。

4.4 验收调查标准及指标

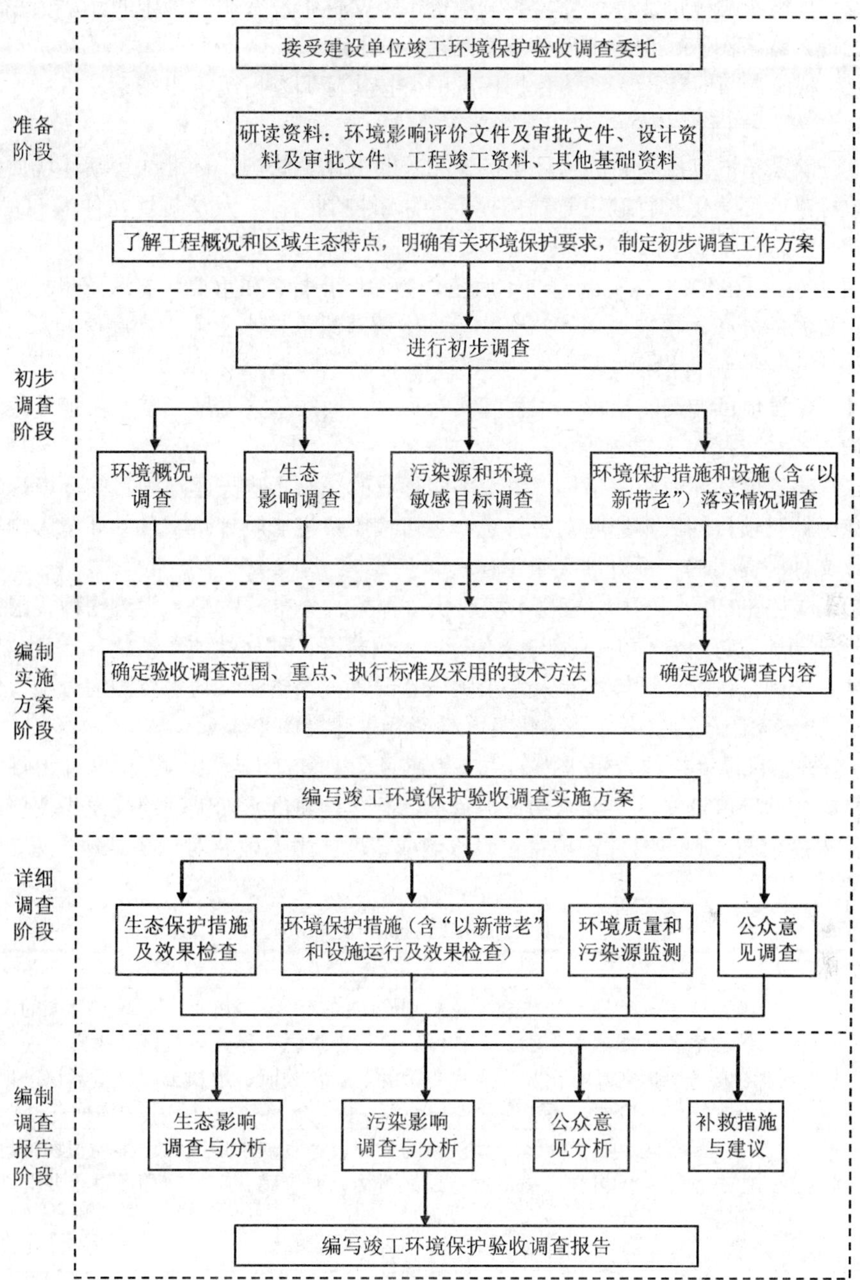

图 1　验收调查工作程序

4.4.1　原则上采用建设项目环境影响评价阶段经环境保护部门确认的环境保护标准与环境保护设施工艺指标进行验收，对已修订新颁布的环境保护标准应提出验收后按新标准进行达标考核的建议。

4.4.2　确定标准及指标的原则

4.4.2.1　环境影响评价文件和环境影响评价审批文件中有明确规定的按其规定作为验收标准。

4.4.2.2 环境影响评价文件和环境影响评价审批文件中没有明确规定的，可按法律、法规、部门规章的规定参考国家、地方或发达国家环境保护标准。

4.4.2.3 现阶段暂时还没有环境保护标准的可按实际调查情况给出结果。

4.4.3 标准及指标的来源

4.4.3.1 国家和地方已颁布的与环境保护相关的法律、法规、标准（包括环境质量标准、污染物排放标准、环境保护行政主管部门批准的总量控制指标）及法规性文件。

4.4.3.2 生态背景或本底值

以项目所在地及区域生态背景值或本底值作为参照指标，如重要生态敏感目标分布、重要生物物种和资源的分布、植被覆盖率与生物量、土壤背景值、水土流失本底值等。

4.4.4 生态验收调查指标

4.4.4.1 建设项目涉及的指标：工程基本特征、占地（永久占地和临时占地）数量、土石方量、防护工程量、绿化工程量等。

4.4.4.2 建设项目环境影响指标：对于不同行业的生态影响类建设项目的环境影响之间的差异，指标可针对项目的具体影响对象筛选，也可按照环境影响评价文件、环境影响评价审批文件及设计文件中提出的指标开展调查工作。

a）具体的生态指标：野生动植物生境现状、种类、分布、数量、优势物种、国家或地方重点保护物种和地方特有物种的种类与分布等；土壤类型、理化性质、性状与质量、受外环境影响（淋溶、侵蚀）状况、污染水平及水土流失状况等；水资源量与水资源的分配（包括生态用水量）、水生生态因子；生态保护、恢复、补偿、重建措施等。

b）生态敏感目标：指调查范围内的生态敏感目标，包括环境影响评价文件中规定的保护目标、环境影响评价审批文件中要求的保护目标，及建设项目实际工程情况发生变更或环境影响评价文件未能全面反映出的建设项目实际影响或新增的生态敏感对象。具体参见表 1。

表 1 生态敏感目标一览表

生态敏感目标	主要内容
需特殊保护地区	国家法律、法规、行政规章及规划确定的或经县级以上人民政府批准的需要特殊保护的地区，如饮用水水源保护区、自然保护区、风景名胜区、生态功能保护区、基本农田保护区、水土流失重点防治区、森林公园、地质公园、世界遗产地、国家重点文物保护单位、历史文化保护地等，以及有特殊价值的生物物种资源分布区域
生态敏感与脆弱区	沙尘暴源区、石漠化区、荒漠中的绿洲、严重缺水地区、珍稀动植物栖息地或特殊生态系统、天然林、热带雨林、红树林、珊瑚礁、鱼虾产卵场、重要湿地和天然渔场等
社会关注区	具有历史、文化、科学、民族意义的保护地等

4.5 验收调查运行工况要求

4.5.1 对于公路、铁路、轨道交通等线性工程以及港口项目，验收调查应在工况稳定、生产负荷达到近期预测生产能力（或交通量）75%以上的情况下进行；如果短期内生产能力（或交通量）确实无法达到设计能力 75%或以上的，验收调查应在主体工程运行稳定、环境保护设施运行正常的条件下进行，注明实际调查工况，并按环境影响评价文件近期的设计能力（或交通量）对主要环境要素进行影响分析。

4.5.2 生产能力达不到设计能力 75%时，可以通过调整工况达到设计能力 75%以上再进行验收调查。

4.5.3 国家、地方环境保护标准对建设项目运行工况另有规定的按相应标准规定执行。

4.5.4 对于水利水电项目、输变电工程、油气开发工程（含集输管线）、矿山采选可按其行业特征执行，在工程正常运行的情况下即可开展验收调查工作。

4.5.5 对分期建设、分期投入生产的建设项目应分阶段开展验收调查工作，如水利、水电项目分期蓄水、发电等。

4.6 验收调查的原则和方法

4.6.1 验收调查一般原则

4.6.1.1 调查、监测方法应符合国家有关规范要求。

4.6.1.2 充分利用已有资料，并与现场勘察、现场调研、现状监测相结合。

4.6.1.3 进行工程前期、施工期、运行期全过程调查，根据项目特征，突出重点、兼顾一般。

4.6.2 验收调查方法

宜采用资料调研、现场调查与现状监测相结合的办法，并充分利用先进的科技手段和方法，如3S。

4.7 验收调查重点

4.7.1 核查实际工程内容及方案设计变更情况。

4.7.2 环境敏感目标基本情况及变更情况。

4.7.3 实际工程内容及方案设计变更造成的环境影响变化情况。

4.7.4 环境影响评价制度及其他环境保护规章制度执行情况。

4.7.5 环境影响评价文件及环境影响评价审批文件中提出的主要环境影响。

4.7.6 环境质量和主要污染因子达标情况。

4.7.7 环境保护设计文件、环境影响评价文件及环境影响评价审批文件中提出的环境保护措施落实情况及其效果、污染物排放总量控制要求落实情况、环境风险防范与应急措施落实情况及有效性。

4.7.8 工程施工期和试运行期实际存在的及公众反映强烈的环境问题。

4.7.9 验证环境影响评价文件对污染因子达标情况的预测结果。

4.7.10 工程环境保护投资情况。

5 验收调查准备阶段技术要求

5.1 资料收集

5.1.1 根据建设项目竣工环境保护验收的相关规定，有针对性地收集所有有关的资料。

5.1.2 环境影响评价文件及环境影响评价审批文件

5.1.2.1 建设项目环境影响评价文件。

5.1.2.2 环境保护行政主管部门对建设项目环境影响评价文件的审批意见。

5.1.2.3 行业主管部门或国家级总公司对建设项目环境影响评价文件的预审意见。

5.1.2.4 建设项目所在地环境保护行政主管部门对环境影响评价文件的审查意见。

5.1.3 工程资料及审批文件

5.1.3.1 建设项目初步设计及其环境保护篇章。

5.1.3.2 建设项目施工设计。

5.1.3.3 建设项目竣工统计资料。

5.1.3.4 施工总结报告（涉及环境保护部分）。

5.1.3.5 工程交工报告、工程监理总结报告（含环境监理）。

5.1.3.6 项目有关合同协议，如农田补偿协议、生态恢复工程合同、委托处理废水、废气、噪声的相关文件和合同等。

5.1.3.7 有关部门管理要求，如水土保持方案报告、有关规划等。

5.1.3.8 建设项目的工程情况，如工程建设内容、规模、生产工艺、原辅材料、工艺流程，实际建设过程中环境保护设施和措施的工艺、流程图等。

5.1.3.9 其他基础资料和各类审批文件：立项批复、初步设计批复、准许开工文件、水保方案批复文件等；项目区域的地方志，环境功能区划，风景区、自然保护区、文物古迹等环境敏感目标的保护内容、保护级别（国家级、省级、市级）及相应管理部门允许穿越的许可文件；各类相应图件。

建设项目运行期环境保护设施的操作规程和相应的规章制度；建设项目设计和施工中的变更情况及其相应的报批手续和批复文件；建设项目生产和环境保护设施的工艺或规模发生变更的情况说明、请示及有关环境保护行政主管部门的审批文件等。

5.1.4 申请建设项目竣工环境保护验收的函。

5.2 现场勘察

5.2.1 勘察目的

对建设项目主体工程、生态保护措施及配套建设的环境保护设施逐项进行实地核查，并结合验收调查重点有针对性地制定验收调查方案。

5.2.2 勘察内容

5.2.2.1 在收集、研阅资料的基础上，针对建设项目的建设内容、环境保护设施及措施情况进行现场调查。

5.2.2.2 核实工程技术文件、资料的准确性，包括主体工程的完成及变更情况。

5.2.2.3 逐一核实环境影响评价文件及环境影响评价审批文件要求的环境保护设施和措施的落实情况。

5.2.2.4 调查工程影响区域内环境敏感目标情况，包括规模、与工程的位置关系、受影响情况等。

5.2.2.5 核查工程实际环境影响情况及环境保护设施和措施的完成、运行情况。

5.2.2.6 工程所在区域环境状况调查。

5.2.2.7 环境保护管理机构和监测机构设置、人员配置及有关环境保护规章制度和档案建立情况。

6 验收调查技术要求

6.1 环境敏感目标调查

根据表 1 所界定的环境敏感目标，调查其地理位置、规模、与工程的相对位置关系、所处环境功能区及保护内容等，附图、列表予以说明，并注明实际环境敏感目标与环境影响评价文件中的变化情况及变化原因。

6.2 工程调查

6.2.1 工程建设过程：应说明建设项目立项时间和审批部门，初步设计完成及批复时间，环境影响评价文件完成及审批时间，工程开工建设时间，环境保护设施设计单位、施工单位和工程环境监理单位，投入试运行时间等。

6.2.2 工程概况：应明确建设项目所处的地理位置、项目组成、工程规模、工程量、主要经济或技术指标（可列表）、主要生产工艺及流程、工程总投资与环境保护投资（环境保护投资应列表分类详细列出）、工程运行状况等。工程建设过程中发生变更时，应重点说明其具体变更内容及有关情况。

6.2.3 提供适当比例的工程地理位置图和工程平面图（线性工程给出线路走向示意图），明确比例尺，工程平面布置图（或线路走向示意图）中应标注主要工程设施和环境敏感目标。

6.3 环境保护措施落实情况调查

6.3.1 概括描述工程在设计、施工、运行阶段针对生态影响、污染影响和社会影响所采取的环境保护措施，并对环境影响评价文件及环境影响评价审批文件所提各项环境保护措施的落实情况一一予以核实、说明。

6.3.2 给出环境影响评价、设计和实际采取的生态保护和污染防治措施对照、变化情况，并对变化情况予以必要的说明；对无法全面落实的措施，应说明实际情况并提出后续实施、改进的建议。

6.3.3 生态影响的环境保护措施主要是针对生态敏感目标（水生、陆生）的保护措施，包括植被的保护与恢复措施、野生动物保护措施（如野生动物通道）、水环境保护措施、生态用水泄水建筑物及运行方案、低温水缓解工程措施、鱼类保护设施与措施、水土流失防治措施、土壤质量保护和占地恢复措施、自然保护区、风景名胜区、生态功能保护区等生态敏感目标的保护措施、生态监测措施等。

6.3.4 污染影响的环境保护措施主要是指针对水、气、声、固体废物、电磁、振动等各类污染源所采取的保护措施。

6.3.5 社会影响的环境保护措施主要包括移民安置、文物保护等方面所采取的保护措施。

6.4 生态影响调查

6.4.1 根据建设项目的特点设置调查内容，一般包括：

a）工程沿线生态状况，珍稀动植物和水生生物的种类、保护级别和分布状况、鱼类三场分布等。

b）工程占地情况调查，包括临时占地、永久占地，列表说明占地位置、用途、类型、面积、取弃土量（取弃土场）及生态恢复情况等。

c）工程影响区域内水土流失现状、成因、类型，所采取的水土保持、绿化及措施的实施效果等。

d）工程影响区域内自然保护区、风景名胜区、饮用水水源保护区、生态功能保护区、基本农田保护区、水土流失重点防治区、森林公园、地质公园、世界遗产地等生态敏感目标和人文景观的分布状况，明确其与工程影响范围的相对位置关系、保护区级别、保护物种及保护范围等。提供适当比例的保护区位置图，注明工程相对位置、保护区位置和边界。

e）工程影响区域内植被类型、数量、覆盖率的变化情况。

f）工程影响区域内不良地质地段分布状况及工程采取的防护措施。

g）工程影响区域内水利设施、农业灌溉系统分布状况及工程采取的保护措施。

h）建设项目建设及运行改变周围水系情况时，应做水文情势调查，必要时须进行水生生态调查。

i）如需进行植物样方、水生生态、土壤调查，应明确调查范围、位置、因子、频次，并提供调查点位图。

j）上述内容可根据实际情况进行适当增减。

6.4.2 生态影响调查方法

6.4.2.1 文件资料调查

查阅工程有关协议、合同等文件，了解工程施工期产生的生态影响，调查工程建设占用土地（耕地、林地、自然保护区等）或水利设施等产生的生态影响及采取的相应生态补偿措施。

6.4.2.2 现场勘察

a）通过现场勘察核实文件资料的准确性，了解项目建设区域的生态背景，评估生态影响的范围和程度，核查生态保护与恢复措施的落实情况。

b）现场勘察范围：全面覆盖项目建设所涉及的区域，勘察区域与勘察对象应基本能覆盖建设项目所涉及区域的 80%以上。对于建设项目涉及的范围较大、无法全部覆盖的，可根据随机性和典型性的原则，选择有代表性的区域与对象进行重点现场勘察。

c）勘察区域与勘察对象的选择应遵循 4.7 进行。

d）为了定量了解项目建设前后对周围生态所产生的影响，必要时需进行植物样方调查或水生生态影响调查。若环境影响评价文件未进行此部分调查而工程的影响又较为突出、需定量时，需设置此部分调查内容；原则上与环境影响评价文件中的调查内容、位置、因子相一致；若工程变更影响位置发生变化时，除在影响范围内选点进行调查外，还应在未影响区选择对照点进行调查。

6.4.2.3 公众意见调查

a）可以定性了解建设项目在不同时期存在的环境影响，发现工程前期和施工期曾经存在的及目前可能遗留的环境问题，有助于明确和分析运行期公众关心的环境问题，为改进已有环境保护措施和提出补救措施提供依据。

b）具体的实施方法见 6.15。

6.4.2.4 遥感调查

a）适用于涉及范围区域较大、人力勘察较为困难或难以到达的建设项目。

b）遥感调查一般需以下内容：卫星遥感资料、地形图等基础资料，通过卫星遥感技术或 GPS 定位等技术获取专题数据；数据处理与分析；成果生成。

6.4.3 调查结果分析

6.4.3.1 自然生态影响调查结果

a）根据工程建设前后影响区域内重要野生生物（包括陆生和水生）生存环境及生物量的变化情况，结合工程采取的保护措施，分析工程建设对动植物生存的影响；调查与环境影响评价文件中预测值的符合程度及减免、补偿措施的落实情况。

b）分析建设项目建设及运营造成的地貌影响及保护措施。

c）分析工程建设对自然保护区、风景名胜区、人文景观等生态敏感目标的影响，并提供工程与环境敏感目标的相对位置关系图，必要时提供图片辅助说明调查结果。

6.4.3.2 农业生态影响调查结果

a）与环境影响评价文件对比，列表说明工程实际占地和变化情况，包括基本农田和耕地，明确占地性质、占地位置、占地面积、用途、采取的恢复措施和恢复效果，必要时采用图片进行说明。

b）说明工程影响区域内对水利设施、农业灌溉系统采取的保护措施。

c）分析采取工程、植物、节约用地、保护和管理措施后，对区域内农业生态的影响。

6.4.3.3 水土流失影响调查结果

a）列表说明工程土石方量调运情况，占地位置、原土地类型、采取的生态恢复措施和恢复效果，采取的护坡、排水、防洪、绿化工程等。

b）调查工程对影响区域内河流、水利设施的影响，包括与工程的相对位置关系、工程施工方式、采取的保护措施。

c）调查采取工程、植物和管理措施后，保护水土资源的情况。

d）根据建设项目建设前水土流失原始状况，对工程施工扰动原地貌、损坏土地和植被、弃渣、损坏水土保持设施和造成水土流失的类型、分布、流失总量及危害的情况进行分析。

e）若建设项目水土保持验收工作已结束，可适当参考其验收结果。

f）必要时辅以图表进行说明。

6.4.3.4 监测结果

a）统计监测数据，与原有生态数据或相关标准对比，明确环境变化情况，并分析发生变化的原因。

b）分析工程建设前后对环境敏感目标的影响程度。

6.4.3.5 措施有效性分析及补救措施与建议

a）从自然生态影响、生态敏感目标影响、农业生态影响、水土流失影响等方面分析采取的生态保护措施的有效性。分析指标包括生物量、特殊生境条件、特有物种的增减量、景观效果、水土流失率等；评述生态保护措施对生态结构与功能的保护（保护性质与程度）、生态功能补偿的可达性、预期的可恢复程度等。

b）根据上述分析结果，对存在的问题分析原因，并从保护、恢复、补偿、建设等方面提出具有操作性的补救措施和建议。

c）对短期内难以显现的预期生态影响，应提出跟踪监测要求及回顾性评价建议，并制定监测计划。

6.5 水环境影响调查

6.5.1 根据建设项目的特点设置调查内容，一般包括：

a）与本工程相关的国家与地方水污染控制的环境保护政策、规定和要求。

b）水环境敏感目标及分布。

c）列表说明建设项目各设施的用水情况、污水排放及处理情况。

d）调查影响范围内地表水和地下水的分布、功能、使用情况及与本工程的关系，列表说明。

e）调查项目试运行期水环境风险事故应急机制及设施落实情况。

f）附以必要图表。

6.5.2 监测内容

一般可仅进行排放口达标监测，但石油和天然气开采、矿山采选等行业的建设项目必要时需进行废水处理设施的效率监测和地下水影响监测，水利水电、港口（航道）项目则应考虑水环境质量、底泥（质）监测，必要时水利水电项目还需考虑水温、水文情势、过饱气体等的监测。

6.5.3 调查结果分析

6.5.3.1 水环境概况

概括描述建设项目所在区域的水系、河流、水库、水源地、水环境敏感目标分布等基本情况，详细说明与建设项目相关水体的环境功能区划，水利水电项目必要时需说明工程影响区域内的水文情势。重点说明调查范围内河流、水库、水源地与建设项目相对关系，并给出下列图表：

a）建设项目所在区域的河流、水库、水源地、水系分布图；

b）调查范围内水体，包括建设项目废水受纳水体的环境功能区划；

c）建设项目与水库、水源地等敏感水域相对关系图表。

6.5.3.2 水污染源调查结果

a）包括污水产生工艺（或环节）分析和水污染源排放情况调查；

b）列表说明污染物来源、排放量、排放去向、主要污染物及采取的处理方式；

c）提供污水处理工艺流程图，必要时需绘制水平衡图。

6.5.3.3 监测结果分析

a）确定具体的监测点位、监测因子、监测频次、采样要求；

b）绘制监测点位图（包括污染源、水环境质量、底泥等监测），注明监测点位与污染源或建设项目的相对位置关系，监测点的标识采用有关规范用法；

c）统计分析监测结果，与相关标准对比，明确超达标情况，分析未达标原因；给出污水处理设施去除效率；评估工程建设和污水排放对环境敏感目标的影响程度，分析对受纳水体的影响程度、范围及环境功能区管理目标的可达性。

6.5.3.4 措施有效性分析与建议

a）根据调查、监测结果及达标情况，分析现有环境保护措施和污水处理设施工艺的有效性、先进性、存在的问题及原因。

b）核查环境保护措施满足当地污染物总量控制要求的有效性与可靠性。

c）分析污水处理设施发生事故排放的可能性，评估事故排放应急措施的有效性、可靠性。

d）针对存在的问题提出具有可操作性的整改、补救措施。

6.6 大气环境影响调查

6.6.1 根据建设项目的特点设置调查内容，一般包括：

a）与本工程相关的国家与地方大气污染控制的环境保护政策、规定和要求；

b）工程影响范围内大气环境敏感目标及分布，列表说明目标名称、位置、规模；

c）工程试运行以来的废气排放情况，列表说明废气产生源、排放量、排放特征等；

d）适当收集工程所在区域功能区划、气象资料等；

e）附以必要的图表。

6.6.2 监测内容

一般可仅考虑进行有组织排放源和无组织排放源监测，但石油和天然气开采、矿山采选、港口、航运等行业的建设项目必要时需进行废气处理设施效果监测；另外，在环境影响评价文件或环境影响评价审批文件中有特殊要求的情况下，或工程影响范围内有需特别保护的环境敏感目标或有工程试运行期引起纠纷的环境敏感目标的情况下，需进行环境空气质量监测。

6.6.3 调查结果分析

6.6.3.1 大气环境概况

概括描述与建设项目相关区域的环境功能区划，重点说明调查范围内环境敏感目标与建设项目的相对位置关系，必要时提供图表。

6.6.3.2 大气污染源调查结果

a）包括废气污染流程或无组织排放污染物产生工艺（或环节）分析和大气污染源排放情况调查。

b）列表说明大气污染源来源、排放量、排放方式（包括有组织与无组织排放，间歇与连续排放）、排放去向、主要污染物及采取的处理方式。

c）必要时给出废气或无组织排放污染物产生工艺（或环节）示意图、废气处理工艺流程图。

6.6.3.3 监测结果分析

a）确定具体的监测点位、监测因子、监测频次、采样要求；

b）绘制监测点位置图，标注监测点位置，明确与工程的相对位置关系，监测点的标识采用有关规范用法。

c）统计分析监测结果。对比相关标准，必要时应按照大气污染物排放标准要求进行等效计算（有效高度与等效排放速率），说明超达标情况，并分析未达标原因；如进行了废气处理设施去除效率的监测，需给出去除效率；评估废气排放对环境敏感目标的影响程度，分析对周围环境空气质量影响的程度、范围与环境功能区管理目标的可达性。

6.6.3.4　措施有效性分析与建议

a）根据调查、监测结果及达标情况，分析现有环境保护措施的有效性及废气处理设施工艺的有效性和先进性、存在的问题及原因。

b）核查环境保护措施满足当地污染物总量控制要求的有效性与可靠性。

c）分析项目废气处理设施发生事故排放的可能性，评估事故排放应急措施的有效性、可靠性。

d）针对存在的问题提出具有可操作性的整改、补救措施。

6.7　声环境影响调查

6.7.1　根据建设项目的特点设置调查内容，一般包括：

a）国家和地方与本工程相关的噪声污染防治的环境保护政策、规定和要求；

b）工程所在区域环境影响评价时和现状声环境功能区划资料；

c）工程影响范围内声环境敏感目标的分布、与工程相对位置关系（包括方位、距离、高差）、规模、建设年代、受影响范围，列表予以说明；

d）工程试运行以来的噪声情况（源强种类、声场特征、声级范围等）；

e）附以必要的图表。

6.7.2　监测内容

a）公路、铁路、城市道路和轨道交通等工程应综合考虑不同路段车流量差别、敏感目标与工程的相对位置关系（高差、距离、垂直分布等）、环境影响评价文件中监测点的预测结果，选择有代表性的典型点位进行环境质量监测（包括敏感目标监测、衰减断面监测、昼夜连续监测），并对已采取噪声防治措施的敏感目标进行降噪效果监测。

b）具有明显边界（厂界）的建设项目，应按有关标准要求设置边界（厂界）噪声监测点位。

6.7.3　调查结果分析

6.7.3.1　声环境概况

概述建设项目调查范围内声环境质量总体水平、区域声环境功能区划和噪声污染源特征，列表说明声环境敏感目标与工程的相对位置关系。

6.7.3.2　声环境质量调查

a）调查声环境敏感目标的功能、规模、与工程的相对关系、受影响的范围和规模，附以必要的图表、照片；

b）调查工程降噪措施的实际效果和直接受保护人群数量；

c）调查工程运行状况，如铁路应有运行列车对数、公路应有车流量、管线工程应有输送量等；

d）监测工程采取的噪声防护措施时，应说明降噪措施的完好程度与运行状况。

6.7.3.3　监测结果分析

a）明确具体的监测因子、监测频次、采样要求；

b）列表说明监测点位名称、与工程相对位置关系、监测点布设位置，并附监测点位示意图，公路、铁路、城市道路和轨道交通项目需包括平、剖面示意图和图片，监测点位的标识采用有关规范用法；

c）统计分析监测结果。明确各敏感目标执行的标准和厂界（边界）执行的标准；公路、铁路、城市道路和轨道交通项目需根据断面监测或 24 小时连续监测结果，结合车流分布分析衰减规律和噪声影响规律，并附相应图表；根据定点监测结果、断面衰减规律、交通流量，分析所有声环境敏感目标和具有明显边界（厂界）的建设项目的边界达标情况；对环境影响评价文件中预测超标的点位应根据监测调查结果重点分析；

d）当调查工况不能达到验收条件时，应分析建设项目达到初期设计能力时对环境的影响。

6.7.3.4　措施有效性分析与建议

a）根据监测结果，明确给出声环境保护措施的降噪效果；

b）分析、评估措施是否达到设计要求，声环境敏感目标是否达到相应标准要求；

c）综合分析措施的有效性及存在的问题和原因，提出整改、补救措施与建议。

6.8　环境振动影响调查

6.8.1　根据建设项目的特点设置调查内容，一般包括：

a）调查国家和地方与本工程相关的振动污染防治的环境保护政策、规定和要求；

b）振动敏感目标分布、与工程相对位置关系、规模、建设年代、受影响范围，列表予以说明；

c）调查工程试运行以来的振动情况（源强种类、特征及影响范围等）；

d）附以必要图表。

6.8.2　监测内容

a）铁路和轨道交通项目需在学校、医院、居民区、各类特殊保护区选择有代表性的点位进行环境振动监测。

b）具有边界振动标准的建设项目，应按有关标准要求设置监测点位。

6.8.3　调查结果分析

6.8.3.1　环境振动概况

概述建设项目所在区域环境振动质量总体水平和振动污染源特征，列表说明振动敏感目标，明确敏感目标所处区域的振动标准限值要求。

6.8.3.2　环境振动质量调查

a）调查振动敏感目标的功能、规模、与工程的相对关系、受影响范围和规模，附以必要的图表和照片；

b）调查工程减振措施的实际效果和直接受保护人群数量；

c）记录工程运行状况；

d）监测工程采取的振动防护措施时，应说明减振措施的完好程度与运行状况。

6.8.3.3　监测结果分析

a）明确监测因子、监测频次、采样要求；

b）列表说明监测点位名称、与工程相对位置关系、监测点位布设位置，并附监测点位图，铁路、轨道交通等工程需包括平、剖面示意图和图片；

c）统计监测结果。根据定点监测结果、项目的运行工况，分析所有振动敏感目标和具有边界振动标准的建设项目边界达标情况；

d）对环境影响评价文件中预测超标的点位应根据监测调查结果对其超达标情况重点分析和论述。

6.8.3.4 措施有效性分析与建议

a）根据监测分析结果，明确给出环境振动保护措施的减振效果；

b）分析、评估环境振动保护措施是否达到设计要求，敏感目标是否满足标准要求；

c）综合分析防振、减振措施的有效性及存在的问题和原因，提出整改、补救措施与建议。

6.9 电磁环境影响调查

6.9.1 一般输变电项目、电气化铁道和轨道交通项目涉及此项工作内容，涉及的监测因子有工频电场强度、工频磁感应强度、无线电干扰场强、敏感目标电视收视信号场强等。

6.9.2 以图表的方式说明电磁污染源或电磁敏感目标名称、位置。

6.9.3 调查结果分析

6.9.3.1 电磁环境概况

概述建设项目所在区域电磁环境质量总体水平和电磁污染源特征，列表说明电磁敏感目标。

6.9.3.2 电磁环境影响调查

a）调查敏感目标的功能、规模、与工程的相对位置关系及受影响的人数，并以图表、照片形式表示；

b）调查工程电磁防护措施的实际效果和直接受保护人群的数量；

c）监测时应记录工程运行状况，如铁路应有列车牵引种类；

d）监测工程采取的电磁防护措施时，应说明工程电磁防护措施运转状况。

6.9.3.3 监测结果分析

a）明确监测点位置、监测因子、监测频次、采样要求，附监测点位图；

b）统计监测结果，结合敏感目标实际情况，分析达标情况；

c）对环境影响评价文件中预测超标的点位应根据调查和监测结果对其超达标情况进行重点分析和论述。

6.9.3.4 措施有效性分析与建议

a）统计分析监测结果，明确给出电磁防护措施的效果；

b）分析、评估电磁防护措施是否达到设计要求，敏感目标是否达到标准要求；

c）综合分析电磁防护措施的有效性及存在的问题和原因，提出整改、补救措施与建议。

6.10 固体废物影响调查

6.10.1 调查内容

6.10.1.1 工程污染类固体废物处置相关的政策、规定和要求。

6.10.1.2 核查工程建设期和试运行期产生的固体废物的种类、属性、主要来源及排放量，并将危险固体废物、清库、清淤废物列为调查重点。

6.10.1.3 调查固体废物的处置方式，危险固体废物填埋区防渗措施应作为重点。

6.10.2 监测内容

石油和天然气开采行业如果采用填埋方式处置危险固体废物和Ⅱ类一般固体废物，必要时须进行地下水监测。

6.10.3 调查结果分析

6.10.3.1 污染源调查

核查工程产生的固体废物的种类、属性、主要来源、排放量、处理（处置）方式，对危险固体废物、Ⅱ类一般固体废物的来源、排放量应重点说明。

6.10.3.2 监测结果分析

a）明确监测点位置、监测因子、监测频次、采样要求；

b）绘制实际的监测点位图，并注明监测点位与污染源的相对位置关系，监测点的标识采用有关规范用法。

6.10.3.3 措施有效性分析与建议

a）分析工程固体废物处置与相关的政策、规定和要求的一致性；

b）根据监测结果，分析现有环境保护措施的有效性及存在的问题及原因；

c）针对存在的问题提出具有操作性的整改、补救措施和建议。

6.11 社会环境影响调查

6.11.1 移民（拆迁）影响调查

6.11.1.1 根据建设项目特点设置调查内容，主要包括：

a）移民（拆迁）区的分布及环境概况；

b）移民（拆迁）安置、迁建企业的实际规模、安置方式；

c）专项设施的影响及复建情况；

d）移民（拆迁）安置区的环境保护措施的落实及其效果。

6.11.1.2 调查结果分析

a）调查与分析移民（拆迁）安置区的环境保护措施落实情况；

b）分析移民（拆迁）安置存在或潜在的环境问题，提出整改措施与建议。

6.11.2 文物保护措施调查

6.11.2.1 调查建设项目施工区、永久占地及调查范围内的具有保护价值的文物，明确保护级别、保护对象、与工程的位置关系等。

6.11.2.2 调查环境影响评价文件及环境影响评价审批文件中要求的环境保护措施的落实情况。

6.12 清洁生产调查

6.12.1 管道输送、石油和天然气开采、矿山采选等行业的建设项目需进行清洁生产调查。

6.12.2 调查生产工艺与装备要求、资源与能源利用指标、污染物产生指标、废物回收利用指标、环境管理要求等清洁生产指标的实际情况。

6.12.3 核查实际清洁生产指标与环境影响评价和设计指标之间的符合度，分析工程的清洁生产水平。

6.13 风险事故防范及应急措施调查

6.13.1 根据建设项目可能存在的风险事故的特点及环境影响评价文件有关内容和要求确定调查内容，一般包括：

a）工程施工期和试运行期存在的环境风险因素调查。

b）施工期和试运行期环境风险事故发生情况、原因及造成的环境影响调查。

c）工程环境风险防范措施与应急预案的制定和设置情况，国家、地方及有关行业关于风险事故防范与应急方面相关规定的落实情况，必要的应急设施配备情况和应急队伍培训情况。

d）调查工程环境风险事故防范与应急管理机构的设置情况。

6.13.2 根据以上调查结果，评述工程现有防范措施与应急预案的有效性，针对存在的问题提出具有可操作性的改进措施与建议。

6.14 环境管理状况及监控计划落实情况调查

6.14.1 调查内容

6.14.1.1 按施工期和运行期两个阶段分别进行调查。

6.14.1.2 建设单位环境保护管理机构及规章制度制定、执行情况、环境保护人员专兼职设置情况。

6.14.1.3 建设单位环境保护相关档案资料的齐备情况。

6.14.1.4 环境影响评价文件和初步设计文件中要求建设的环境保护设施的运行、监测计划落实情况。

6.14.1.5 工程施工期环境监理计划落实与实施情况。

6.14.2 调查结果分析

6.14.2.1 分析建设单位“三同时”制度的执行情况。

6.14.2.2 针对调查发现的问题，提出切实可行的环境管理建议和环境监测计划改进建议。

6.15 公众意见调查

6.15.1 为了了解公众对工程施工期及试运行期环境保护工作的意见，以及工程建设对工程影响范围内的居民工作和生活的影响情况，需开展公众意见调查。

6.15.2 在公众知情的情况下开展，可采用问询、问卷调查、座谈会、媒体公示等方法，较为敏感或知名度较高的项目也可采取听证会的方式。

6.15.3 调查对象应选择工程影响范围内的人群，从性别、年龄、职业、居住地、受教育程度等方面考虑覆盖社会各阶层的意见，民族地区必须有少数民族的代表。

6.15.4 调查样本数量应根据实际受影响人群数量和人群分布特征，在满足代表性的前提下确定。

6.15.5 调查内容可根据建设项目的工程特点和周围环境特征设置，一般包括：

a）工程施工期是否发生过环境污染事件或扰民事件；

b）公众对建设项目施工期、试运行期存在的主要环境问题和可能存在的环境影响方式的看法与认识，可按生态、水、气、声、固体废物、振动、电磁等环境要素设计问题；

c）公众对建设项目施工期、试运行期采取的环境保护措施效果的满意度及其他意见；

d）对涉及环境敏感目标或公众环境利益的建设项目，应针对环境敏感目标或公众环境利益设计调查问题，了解其是否受到影响；

e）公众最关注的环境问题及希望采取的环境保护措施；

f）公众对建设项目环境保护工作的总体评价。

6.15.6 调查结果分析应符合下列规定：

a）给出公众意见调查逐项分类统计结果及各类意向或意见数量和比例。

b）定量说明公众对建设项目环境保护工作的认同度，调查、分析公众反对建设项目的主要意见和原因。

c）重点分析建设项目各时期对社会和环境的影响、公众对项目建设的主要意见和合理性及有关环境保护措施有效性。

d）结合调查结果，提出热点、难点环境问题的解决方案。

6.16 调查结论与建议

6.16.1 调查结论是全部调查工作的结论，编写时需概括和总结全部工作。

6.16.2 总结建设项目对环境影响评价文件及环境影响评价审批文件要求的落实情况。

6.16.3 重点概括说明工程建设成后产生的主要环境问题及现有环境保护措施的有效性，

在此基础上，对环境保护措施提出改进措施和建议。

6.16.4 根据调查和分析的结果，客观、明确地从技术角度论证工程是否符合建设项目竣工环境保护验收条件，主要包括：

a）建议通过竣工环境保护验收。

b）限期整改后，建议通过竣工环境保护验收。

6.17 附件

与建设项目相关的一些资料与文件，包括竣工环境保护验收调查委托书、环境影响评价审批文件、环境影响评价文件执行的标准批复、竣工环境保护验收监测报告、“三同时”验收登记表等。

附录 A 实施方案和调查报告的编制要求（略）

附录 B 验收调查表（格式）（略）

（十二）农业固体废物污染控制技术导则

HJ 588—2010

为贯彻《中华人民共和国环境保护法》和《中华人民共和国固体废物污染环境防治法》，防治农业固体废物污染，改善农村环境质量，促进新农村建设，制定本标准。

1 适用范围

本标准规定了农业植物性废物、畜禽养殖废物和农用薄膜等三种农业固体废物污染控制的原则、技术措施和管理措施等相关内容。

本标准适用于指导农业种植、畜禽养殖等产生的固体废物污染控制管理，实现农业固体废物资源化、减量化、无害化。

2 规范性引用文件

本标准内容引用了下列文件中的条款。凡是不注日期的引用文件，其有效版本适用于本标准。

GB 7959 粪便无害化卫生标准

GB 18596 畜禽养殖业污染物排放标准

HJ 574—2010 农村生活污染控制技术规范

HJ/T 81 畜禽养殖业污染防治技术规范

3 术语和定义

下列术语和定义适用于本标准。

3.1 农业固体废物

指农业生产建设过程中产生的固体废物，主要来自于植物种植业、动物养殖业及农用塑料残膜等。

3.2 农业植物性废物

指农作物在种植、收割、交易、加工利用和食用等过程中产生的源自作物本身的固体废物，主要包括作物秸秆及蔬菜、瓜果等加工后的残渣。

3.3 畜禽养殖废物

指畜禽养殖过程中产生的畜禽粪便、畜禽舍垫料、脱落毛羽等固体废物。

3.4 农用薄膜

指用于农作物栽培的，具有透光性和保温性特点的塑料薄膜。可提高温度和湿度，防止霜冻或暴雨的机械损伤，促使作物提前萌发，并提高农产品产量和质量。包括棚膜和地膜两大类。

3.5 秸秆还田

指将秸秆等植物纤维性废物直接或堆积腐熟后退还土壤，以改善土壤结构，提高土壤肥力。

3.6 堆肥化

指利用自然界广泛分布的微生物或人工添加高效复合微生物菌剂，通过人为调节和控制，促进可生物降解的有机物向稳定的腐殖质转化的生物化学过程。

3.7 氨化

指利用氨水、液氨或尿素、碳铵的水溶液对切碎的秸秆进行氨化处理，以改善其作为饲料的适口性和营养价值。

3.8 青贮

指利用乳酸菌等微生物在厌氧条件下对秸秆等物料进行发酵处理，以改善和提高其作为饲料的适口性和营养价值。

3.9 热喷法

指将秸秆装入饲料热喷装置中，向内通入过饱和水蒸气，经一定时间后使秸秆受到高温高压处理，然后对其突然降压，使处理后的秸秆喷出，从而改变其结构和某些化学成分，提高饲料营养价值和适口性。

3.10 生物质气化

指通过气化装置，将低品位固体生物质燃料转换成高品位气体燃料的热化学技术。

3.11 生物质固化成型燃料

指在一定温度和压力作用下，将农业固体废物经收集、干燥、粉碎等预处理后，利用特殊的生物质固化成型设备将其挤压成规则的、密度较大的成型燃料。

3.12 农田生态拦截系统

指在不需要额外占用耕地的前提下，利用生态工程对农田普遍存在的排水沟渠和田埂进行改造，通过植物吸收、基质吸附降解以及节制闸与植物降低流速、沉降泥沙等要素联合作用，使农田 N、P 营养元素最大限度地在农田系统内部循环利用，进一步截留农田排水中的养分，减少农田养分排入受纳水体的量。

3.13 侧膜栽培

指将农用地膜覆盖在作物行间，作物栽培在农膜两侧，以保持土壤水分，提高土壤温度，促进农作物生长。

3.14 适时揭膜

指改作物收获后揭膜为收获前揭膜，筛选作物的最佳揭膜时期。

3.15 “四位一体”生态农业模式

指将日光温室、畜禽养殖、沼气生产、蔬菜花卉种植相结合的生态农业模式。

3.16 “猪沼果（菜、菌、药、花）”生态农业模式

指将畜禽养殖、沼气生产和种植相结合的生态农业模式。

3.17 “五配套”生态农业模式

指将果园、集雨设施、沼气系统、太阳能猪圈、厕所相结合的生态农业模式。

4 农业固体废物污染控制原则

农业固体废物污染控制需紧密结合农业生产，以实现废物减量化、资源化、无害化为基本

原则，依据不同地区的气候特点、种植方式和经济发展水平，因地制宜地选择经济有效、管理简便的控制措施，实现农业经济的可持续发展。

5 农业植物性废物污染控制措施

5.1 减量化技术措施

5.1.1 采用先进的种植技术，提高种植业废物综合利用率，减少污染。

5.1.2 推广集约化种植模式，提高秸秆收集率，对秸秆进行集中处理与循环再生利用。

5.2 资源化技术措施

5.2.1 采取秸秆还田、堆肥、饲料化、能源利用、工业原料利用等多种途径，实现农业植物性废物的资源化利用。

5.2.2 通过堆腐还田、高留茬还田等多种秸秆还田方式，将秸秆等有机植物性废物作为肥料施入农田，增加土壤有机质含量，提高土壤肥力。

5.2.2.1 堆腐还田技术。技术要点：（1）备料。按每 500 kg 秸秆用速腐剂（如腐秆灵菌剂）0.5～1.0 kg，尿素 2.5～3.5 kg 或碳酸氢铵 5～7.5 kg（可用 10%的人畜粪代替氮肥）。（2）挖坑。将脱粒后的秸秆，靠近水源、就场头地头，挖宽 1.5～2 m、长 3 m、深 0.4～0.6 m 的长方体坑，并将挖出的泥土作四周围埂，以防肥水流失，可留一部分作压膜用。（3）堆放。将秸秆分 3 层堆平，第一层堆高 50～60 cm，浇透水（含水量在 60%～65%），分层分量均匀撒施速腐剂和氮肥。堆高一般在 1.5～1.8 m 为宜。在浇足水的情况下，用草叉轻轻地拍实。（4）盖膜。堆四周，调理整齐，即可覆盖农膜，膜要盖严，四周用泥土压实，以防跑气，影响腐熟效果。（5）检查。在堆腐 10～15 天，掀开膜看堆腐地上部分是否缺水，如缺水，还应适当补浇 1 次水再封严。在不缺水的情况下，堆腐 25～30 天就可完全腐熟，作为基肥使用。

5.2.2.2 高留茬还田技术。具体办法：水稻、小麦收割时留茬高 25～35 cm，收获后再将稻（麦）茬割倒（用机械翻耕不需要割倒），在翻耕前均匀撒在田里，用碳铵 150～225 kg/hm^2 来调节碳氮比。

5.2.3 利用秸秆、杂草、树叶、绿肥等植物性废物与人畜粪尿共同堆置成有机肥料，以改良土壤，提高农作物产量与品质。可采用半坑式、坑式（也称地下式）或地面堆积法堆制。

5.2.3.1 半坑式堆积法。适用于北方早春和冬季。选择向阳背风的高处建坑。坑深 2～3 尺，坑底宽 5～6 尺，长 8～12 尺，坑底坑壁有井字形通气沟，沟深 5～6 寸，通气沟交叉处立有通气塔。堆肥高出地面 3 尺，加入风干秸秆 500 kg，堆顶用泥土封严。堆后一周温度上升，高温期后，堆内温度下降 5～7 天，可以翻捣，使堆内上下里外均匀，再堆置直到腐熟为止。

5.2.3.2 坑式堆积法需设堆积坑，全部在地下堆制，堆积坑深约为 2 m。堆制方法与半坑式相似。地面堆积法则不用设堆积坑。

5.2.3.3 地面堆积法。适用于气温高、雨量多、湿度大、地下水位高的地区或夏季积肥。选择地势较平坦、靠近水源、运输方便的地点堆积。堆宽 2 m，堆高 1.5～2 m，堆长视材料数量而定。堆置前先夯实地面，再铺上一层细草或草炭以吸收渗下的汁液。每层厚 15～24 cm，每层间适量加水、石灰、污泥、人粪尿等，堆顶盖一层细土或河泥，以减少水分的蒸发和氨的挥发损失。堆置约 1 个月左右，翻捣一次，再根据堆肥的干湿程度适量加水，再堆置 1 个月左右，再翻捣，直到腐熟为止。

5.2.4 利用秸秆、棉籽皮等多种农业植物性废物做培养基，栽培食用菌。技术要点：（1）稻麦秸秆处理：将稻麦秸秆粉碎，喷水淋湿后，堆成直径 1～1.8 m 的圆堆压紧，盖上薄膜发酵 3～5 天。发酵后的稻麦草粉要保持其含水量为 70%左右，pH 值为 8 左右。（2）选地栽培：室内外均可，在室外需搭棚遮阴，以免阳光直射。接种前制作一个 70 cm×20 cm×35 cm

的木制模框，先在框内铺一层发酵好的稻麦草粉，踩实后，四周撒一圈食用菌菌种和麸皮；然后，再铺一层草粉，再撒菌种和麸皮。如此一共铺 4 层稻麦草粉，撒 3 层菌种和麸皮，最后一层草粉铺得薄一些，要保证透气。一般每块培养基用 5～7.5 kg 稻麦草粉、0.25～0.38 kg 食用菌菌种和麸皮，最后盖上一层塑料薄膜。（3）发菌培养：菌丝生长期间要满足温度、湿度和透气的要求。温度要控制在 35℃左右，夏季气温上升快，加上稻麦草粉发热，易导致培养基升温超过 40℃，此时要揭膜降温。培养基含水量宜控制在 70%，一般不需要喷水，以免引起杂菌污染。（4）采后处理：幼菇的子实体充分长大后即可采收。一般可采 3～4 茬食用菌，此后的培养基可作为优质的有机肥施回农田。

5.2.5 采用切碎、粉碎、氨化、青贮、热喷等方式，对秸秆进行加工，提高秸秆饲料的营养价值。

5.2.5.1 氨化技术：将小麦秸秆进行堆垛，或者投入窖池或氨化炉，加入尿素，使其氨化，生成饲料，改善秸秆的适口性和提高利用率。

5.2.5.2 青贮技术：将新鲜的秸秆填入密闭的青贮窖或青贮塔内，经过微生物发酵作用，达到长期保存其青绿多汁营养特性的目的。

5.2.5.3 热喷技术。秸秆等农业废弃物经蒸汽处理后，进行增压、突然减压、热喷处理，原料受到热效应和喷放机械效应两个方面的作用后，改变了结构，提高了消化率。

5.2.6 利用沼气发酵、生物质气化、固化成型燃料、供热、发电等技术，实现农业植物性废物的能源利用。

5.2.6.1 沼气发酵制沼技术。工艺技术参数可参照 HJ 574—2010。

5.2.6.2 气化技术。将秸秆收集，在缺氧状态下加热秸秆，生成一氧化碳、氢气、甲烷等可燃性气体，成为可直接提供生活和工业用的优质能源。

5.2.6.3 压块成型及炭化技术。将秸秆粉碎，用机械方法在一定的压力下挤压成型，利用炭化炉将秸秆压块进一步加工处理，生产出可供烧烤等使用的木炭。

5.2.6.4 供热技术。秸秆收集后进行前处理，采用螺旋下伺式进料方式进入秸秆锅炉，保证清洁燃烧。秸秆锅炉要求采用双燃烧室及挡火拱的结构，采用烟、火管的形式，将辐射换热面与对流换热面适当地进行分配，保证炉体紧凑、结构简单。

5.2.6.5 生物质发电技术可分为直接燃烧、气化燃烧和混合燃烧发电等几种技术类型。生物质燃烧发电技术类似燃煤技术，燃烧产生的蒸气通过汽轮机或蒸汽机系统驱动发电机发电，该技术已经进入商业化应用阶段。混合燃烧是利用现有电厂的设备，生物质部分替代传统化石燃料进行利用的一种形式，分为直接混合燃烧、间接混合燃烧和并联燃烧三种方式，均已在示范或商业化项目中得到应用。

5.2.7 可根据各类农业植物性废物的不同性质特点，生产工业原料、包装材料和建筑装饰材料，以及保温材料、农艺编织制品等。

5.2.8 利用不同种类农业植物性废物的成分特点，开发制糖技术和生产蛋白技术。

5.3 污染控制管理措施

5.3.1 对农业植物性废物的处理处置应符合相关法规、标准等规范性文件的要求。

5.3.2 不应露天随意堆放农业植物性废物，防止污染土壤和自然水体。

5.3.3 在农业耕作区域建立农田生态拦截系统，控制地表径流，减少径流养分向水体的排放，以降低或避免水体污染。

5.3.4 秸秆处理处置应符合国家和地方有关规定和要求，不宜露天焚烧秸秆。

5.3.5 鼓励和扶持秸秆的综合处理与综合利用技术和设备的研发和推广。

6 畜禽粪便污染控制措施

6.1 减量化技术措施

6.1.1 推动小规模、散养畜禽养殖向适度规模化、集约化生态养殖模式发展。

6.1.2 小规模养殖场和散养应结合沼气池建设，有机肥生产，采取“四位一体”、“猪沼果（菜、菌、药、花）”、“五配套”等生态农业模式。相关技术要求参照 HJ 574—2010。

6.1.3 在保障食品安全、生物安全的条件下，可采用生物发酵床等技术在畜禽舍中以木屑等为垫料，接种特定微生物，使畜禽粪便在垫料中原位降解。

6.2 资源化技术措施

6.2.1 采取高温好氧堆肥、沼气生产等生物处理和利用方式，实现畜禽粪便的资源化利用。

6.2.2 高温好氧堆肥化利用技术。将畜禽粪便和含 N、P、K 等元素的添加剂按一定比例混合，在有氧条件下，借助嗜氧微生物的作用，使堆料自行升温、除臭、降水，在短期内实现有机堆肥。

6.2.3 沼气生产。以畜禽粪便为原料，在隔绝氧气的条件下，通过微生物的作用，将其中的碳元素分解为可燃气体。

6.3 污染控制管理措施

6.3.1 畜禽粪便及产生的污水、固体废物、恶臭气体应集中收集处理，避免人畜混居。畜禽养殖产生的污染物控制按照 HJ/T 81 和 GB 18596 的规定执行。

6.3.2 堆肥处理技术应符合 GB 7959 的相关规定；规模化畜禽养殖产生的污染物按照 HJ/T 81 的规定进行处置。

6.3.3 鼓励发展节水型养殖技术，推广养殖粪便废水处理及重复利用技术。

6.3.4 加强畜禽粪便污染控制和监督管理工作，制定与本地区畜禽业发展相适应的相关规定，指导养殖场的布局和污染处理设施建设工作。

7 农用薄膜污染控制措施

7.1 农用薄膜的选用

7.1.1 选用的农膜应具有安全性、适用性、经济性的特点。

7.1.2 提倡选用厚度不小于 0.008 mm、耐老化、低毒性或无毒性、可降解的树脂农膜。

7.1.3 鼓励与推广使用天然纤维制品替代塑料农膜。

7.2 污染控制技术措施

7.2.1 优化覆膜技术，推广侧膜栽培技术、适时揭膜技术，降低连续覆盖年限。

7.2.1.1 侧膜栽培技术。将农用地膜覆盖在作物行间，作物栽培在农膜两侧，既保持土壤水分，提高了土壤温度，促进了作物生长，又不易被作物扎破地膜。待作物生长到一定阶段，即可把地膜收回，防止地膜对土壤的污染。

7.2.1.2 适时揭膜技术。技术要点：海拔高度不同，揭膜时间有所差异。1 000 m 以上的高山地区，适时揭膜可缩短到在覆盖地膜后 80 天揭膜，1 000 m 以下地区，可在覆盖地膜后 45 天揭膜。不同作物，适时揭膜期不同。如花生在封行期揭膜、棉花在现蕾期揭膜、玉米在大喇叭期揭膜。适时揭膜技术可缩短覆盖地膜的时间，提高地膜的回收率，减少地膜对土壤的污染，有利于农业生产的高产高效和可持续发展。

7.2.2 选用适宜的栽培种植方式，如整地时间、整地方式和起垄方式等。

7.2.3 注重废旧膜的回收和再加工利用，在手工操作的基础上，合理采用清膜机械，加强废旧膜回收利用。结合回收地膜再生加工技术，开发深加工产品，促进废旧膜回收。

7.3 污染控制管理措施

7.3.1 大力推广可降解农膜的生产和使用。

7.3.2 改进农艺管理措施，有效降低农膜在土壤中的残留，减少污染。

7.3.3 开发优质农膜，提高塑料地膜的使用寿命，以利于农膜回收或重复使用。

7.3.4 加强农膜回收工作力度，不断提高回收技术水平，建立农膜回收相关办法，提高农膜的回收率。

7.3.5 加大宣传力度，提高公众对农膜残留危害的认识。

（十三）生态县、生态市、生态省建设指标（修订稿）

关于印发《生态县、生态市、生态省建设指标（修订稿）》的通知

环发[2007]195 号

各省、自治区、直辖市环境保护局（厅），新疆生产建设兵团环境保护局：

生态示范创建工作是落实科学发展观，推进生态文明建设的有效载体。为贯彻落实党的十七大精神，进一步深化生态县（市、省）建设，我局组织修订了《生态县、生态市、生态省建设指标》。现印发给你们，请结合实际，加强组织协调，求真务实，坚持标准，严格把关，扎扎实实地抓好生态示范创建工作。

附件生态县、生态市、生态省建设指标（修订稿）

二○○七年十二月二十六日

附件

生态县、生态市、生态省建设指标（修订稿）

一、生态县（含县级市）建设指标

1．基本条件

（1）制订了《生态县建设规划》，并通过县人大审议、颁布实施。国家有关环境保护法律、法规、制度及地方颁布的各项环保规定、制度得到有效地贯彻执行。

（2）有独立的环保机构。环境保护工作纳入乡镇党委、政府领导班子实绩考核内容，并建立相应的考核机制。

（3）完成上级政府下达的节能减排任务。三年内无较大环境事件，群众反映的各类环境问题得到有效解决。外来入侵物种对生态环境未造成明显影响。

（4）生态环境质量评价指数在全省名列前茅。

（5）全县 80%的乡镇达到全国环境优美乡镇考核标准并获命名。

2．建设指标

	序号	名　称	单位	指标	说明
经济发展	1	农民年人均纯收入	元/人		约束性指标
		经济发达地区			
		县级市（区）		≥8 000	
		县		≥6 000	
		经济欠发达地区			
		县级市（区）		≥6 000	
		县		≥4 500	
	2	单位 GDP 能耗	t 标煤/万元	≤0.9	约束性指标
	3	单位工业增加值新鲜水耗	m^3/万元	≤20	约束性指标
		农业灌溉水有效利用系数		≥0.55	
	4	主要农产品中有机、绿色及无公害产品种植面积的比重	%	≥60	参考性指标
生态环境保护	5	森林覆盖率	%		约束性指标
		山区		≥75	
		丘陵区		≥45	
		平原地区		≥18	
		高寒区或草原区林草覆盖率		≥90	
	6	受保护地区占国土面积比例	%		约束性指标
		山区及丘陵区		≥20	
		平原地区		≥15	
	7	空气环境质量	—	达到功能区标准	约束性指标
	8	水环境质量	—	达到功能区标准，且省控以上断面过境河流水质不降低	约束性指标
		近岸海域水环境质量			
	9	噪声环境质量	—	达到功能区标准	约束性指标
	10	主要污染物排放强度	kg/万元（GDP）		约束性指标
		化学需氧量（COD）		＜3.5	
		二氧化硫（SO_2）		＜4.5	
				且不超过国家总量控制指标	
	11	城镇污水集中处理率	%	≥80	约束性指标
		工业用水重复率		≥80	
	12	城镇生活垃圾无害化处理率	%	≥90	约束性指标
		工业固体废物处置利用率		≥90	
				且无危险废物排放	
	13	城镇人均公共绿地面积	m^2	≥12	约束性指标
	14	农村生活用能中清洁能源所占比例	%	≥50	参考性指标
	15	秸秆综合利用率	%	≥95	参考性指标
	16	规模化畜禽养殖场粪便综合利用率	%	≥95	约束性指标
	17	化肥施用强度（折纯）	kg/hm^2	＜250	参考性指标
	18	集中式饮用水源水质达标率	%	100	约束性指标
		村镇饮用水卫生合格率			
	19	农村卫生厕所普及率	%	≥95	参考性指标
	20	环境保护投资占 GDP 的比重	%	≥3.5	约束性指标
社会进步	21	人口自然增长率	‰	符合国家或当地政策	约束性指标
	22	公众对环境的满意率	%	＞95	参考性指标

二、生态市（含地级行政区）建设指标

1．基本条件

（1）制订了《生态市建设规划》，并通过市人大审议、颁布实施。国家有关环境保护法律、法规、制度及地方颁布的各项环保规定、制度得到有效地贯彻执行。

（2）全市县级（含县级）以上政府（包括各类经济开发区）有独立的环保机构。环境保护工作纳入县（含县级市）党委、政府领导班子实绩考核内容，并建立相应的考核机制。

（3）完成上级政府下达的节能减排任务。三年内无较大环境事件，群众反映的各类环境问题得到有效解决。外来入侵物种对生态环境未造成明显影响。

（4）生态环境质量评价指数在全省名列前茅。

（5）全市 80%的县（含县级市）达到国家生态县建设指标并获命名；中心城市通过国家环保模范城市考核并获命名。

2．建设指标

	序号	名 称	单位	指标	说明
经济发展	1	农民年人均纯收入	元/人		约束性指标
		经济发达地区		≥8 000	
		经济欠发达地区		≥6 000	
	2	第三产业占 GDP 比例	%	≥40	参考性指标
	3	单位 GDP 能耗	t 标煤/万元	≤0.9	约束性指标
	4	单位工业增加值新鲜水耗	m^3/万元	≤20	约束性指标
		农业灌溉水有效利用系数		≥0.55	
	5	应当实施强制性清洁生产企业通过验收的比例	%	100	约束性指标
生态环境保护	6	森林覆盖率	%		约束性指标
		山区		≥70	
		丘陵区		≥40	
		平原地区		≥15	
		高寒区或草原区林草覆盖率		≥85	
	7	受保护地区占国土面积比例	%	≥17	约束性指标
	8	空气环境质量	—	达到功能区标准	约束性指标
	9	水环境质量 近岸海域水环境质量	—	达到功能区标准，且城市无劣 V 类水体	约束性指标
	10	主要污染物排放强度	kg/万元（GDP）		约束性指标
		化学需氧量（COD）		＜4.0	
		二氧化硫（SO_2）		＜5.0	
				不超过国家总量控制指标	
	11	集中式饮用水源水质达标率	%	100	约束性指标
	12	城市污水集中处理率	%	≥85	约束性指标
		工业用水重复率		≥80	
	13	噪声环境质量	—	达到功能区标准	约束性指标
	14	城镇生活垃圾无害化处理率	%	≥90	约束性指标
		工业固体废物处置利用率		≥90	
				且无危险废物排放	
	15	城镇人均公共绿地面积	m^2/人	≥11	约束性指标
	16	环境保护投资占 GDP 的比重	%	≥3.5	约束性指标
社会进步	17	城市化水平	%	≥55	参考性指标
	18	采暖地区集中供热普及率	%	≥65	参考性指标
	19	公众对环境的满意率	%	＞90	参考性指标

三、生态省建设指标

1．基本条件

（1）制订了《生态省建设规划纲要》，并通过省人大常委会审议、颁布实施。国家有关环境保护法律、法规、制度及地方颁布的各项环保规定、制度得到有效地贯彻执行。

（2）全省县级（含县级）以上政府（包括各类经济开发区）有独立的环保机构。环境保护工作纳入市（含地级行政区）党委、政府领导班子实绩考核内容，并建立相应的考核机制。

（3）完成国家下达的节能减排任务。三年内无重大环境事件，群众反映的各类环境问题得到有效解决。外来入侵物种对生态环境未造成明显影响。

（4）生态环境质量评价指数位居国内前列或不断提高。

（5）全省 80%的地市达到生态市建设指标并获命名。

2．建设指标

	序号	名 称	单位	指标	说明
经济发展	1	农民年人均纯收入	元/人		约束性指标
		东部地区		≥8 000	
		中部地区		≥6 000	
		西部地区		≥4 500	
	2	城镇居民年人均可支配收入	元/人		约束性指标
		东部地区		≥16 000	
		中部地区		≥14 000	
		西部地区		≥12 000	
	3	环保产业比重	%	≥10	参考性指标
生态环境保护	4	森林覆盖率	%		约束性指标
		山区		≥65	
		丘陵区		≥35	
		平原地区		≥12	
		高寒区或草原区林草覆盖率		≥80	
	5	受保护地区占国土面积比例	%	≥15	约束性指标
	6	退化土地恢复率	%	≥90	参考性指标
	7	物种保护指数	—	≥0.9	参考性指标
	8	主要河流年水消耗量	—		参考性指标
		省内河流		<40%	
		跨省河流		不超过国家分配的水资源量	
	9	地下水超采率	%	0	参考性指标
	10	主要污染物排放强度	kg/万元（GDP）		约束性指标
		化学需氧量（COD）		<5.0	
		二氧化硫（SO_2）		<6.0	
				且不超过国家总量控制指标	
	11	降水 pH 值年均值		≥5.0	约束性指标
		酸雨频率	%	<30	
	12	空气环境质量	—	达到功能区标准	约束性指标
	13	水环境质量 近岸海域水环境质量	—	达到功能区标准，且过境河流水质达到国家规定要求	约束性指标
	14	环境保护投资占 GDP 的比重	%	≥3.5	约束性指标
社会进步	15	城市化水平	%	≥50	参考性指标
	16	基尼系数	—	0.3～0.4	参考性指标

四、指标解释

（一）生态县

第一部分 基本条件

1．制订了《生态县建设规划》，并通过县人大审议、颁布实施。国家有关环境保护法律、法规、制度及地方颁布的各项环保规定、制度得到有效地贯彻执行。

指标解释：

按照《生态县、生态市建设规划编制大纲（试行）》（环办[2004]109 号），组织编制或修订完成生态县（市、区）建设规划。通过有关专家论证后，由当地政府提请同级人大审议通过后颁布实施。

规划文本和批准实施的文件报国家环保总局备案。规划应实施 2 年以上。

严格执行国家和地方的生态环境保护法律法规，并根据当地的生态环境状况，制订本地区生态环境保护与建设的政策措施；严格执行项目建设和资源开发的环境影响评价和“三同时”制度。主要工业污染源达标率 100%，小造纸、小化工、小制革、小印染、小酿造等不符合国家产业政策的企业全部关停。

数据来源：当地政府或各有关部门的文件、实施计划。

2．有独立的环保机构。环境保护工作纳入乡镇党委、政府领导班子实绩考核内容，并建立相应的考核机制。

指标解释：

设有独立的环保机构，将环境保护纳入党政领导干部政绩考核。成立以政府主要负责人为组长、有关部门负责人参加的创建工作领导小组，下设办公室。评优创先活动实行环保一票否决。

数据来源：当地政府或各有关部门的文件。

3．完成上级政府下达的节能减排任务。三年内无较大环境事件，群众反映的各类环境问题得到有效解决。外来入侵物种对生态环境未造成明显影响。

指标解释：

按照国务院印发的《节能减排综合性工作方案》，明确各乡镇各部门实现节能减排的目标任务和总体要求，完成年度节能减排任务。

较大环境事件，指“国家突发环境事件应急预案”规定的较大环境事件（Ⅲ级）以上（含Ⅲ级）的环境事件，具体要求详见上述预案。及时查处、反馈群众投诉的各类环境问题。

外来入侵物种指在当地生存繁殖，对当地生态或者经济构成破坏的外来物种。

数据来源：发展改革、环保等部门。

4．生态环境质量评价指数在全省名列前茅。

指标解释：

按照《生态环境状况评价技术规范（试行）》（HJ/T 192—2006）开展区域生态环境质量状况评价。

生态环境质量评价指数连续三年在全省排名前 10 位（不含已命名生态县的排名）。

数据来源：环保部门。

5．全县 80%的乡镇达到全国环境优美乡镇考核标准并获命名。

指标解释：

全县（含县级市、区）80%的乡镇（街道）被命名为“全国环境优美乡镇（街道）”。

数据来源：环保部门。

第二部分 建设指标

1．农民年人均纯收入

指标解释：

指乡镇辖区内农村常住居民家庭总收入中，扣除从事生产和非生产经营费用支出、缴纳税款、上交承包集体任务金额以后剩余的，可直接用于进行生产性、非生产性建设投资、生活消费和积蓄的那一部分收入。

数据来源：统计部门。

2．单位GDP能耗

指标解释：

指万元国内生产总值的耗能量。计算公式为：

$$单位GDP能耗=\frac{总能耗（t标煤）}{国内生产总值（万元）}$$

数据来源：统计、经济综合管理、能源管理等部门。

3．单位工业增加值新鲜水耗、农业灌溉水有效利用系数

（1）单位工业增加值新鲜水耗

指标解释：

工业用新鲜水量指报告期内企业厂区内用于生产和生活的新鲜水量（生活用水单独计量且生活污水不与工业废水混排的除外），它等于企业从城市自来水取用的水量和企业自备水用量之和。工业增加值指全部企业工业增加值，不限于规模以上企业工业增加值。计算公式为：

$$单位工业增加值新鲜水耗=\frac{工业用新鲜水量（m^3）}{工业增加值（万元）}$$

数据来源：统计、经贸、水利、环保等部门。

（2）农业灌溉水有效利用系数

指标解释：

指田间实际净灌溉用水总量与毛灌溉用水总量的比值。毛灌溉用水总量指在灌溉季节从水源引入的灌溉水量；净灌溉用水总量指在同一时段内进入田间的灌溉用水量。计算公式为：

$$农业灌溉水有效利用系数=\frac{净灌溉用水总量}{毛灌溉用水总量}\times 100\%$$

数据来源：水利、农业、统计部门。

4．主要农产品中有机、绿色及无公害产品种植面积的比重

指标解释：

指有机、绿色及无公害产品种植面积与农作物播种总面积的比例。有机、绿色及无公害产品种植面积不能重复统计。计算公式为：

$$有机、绿色及无公害产品种植面积的比重=\frac{有机、绿色及无公害产品种植面积}{农作物种植总面积}\times 100\%$$

数据来源：农业、林业、环保、质检、统计部门。

5．森林覆盖率

指标解释：

森林覆盖率指森林面积占土地面积的比例。高寒区或草原区林草覆盖率是指区内林地、草地面积之和与总土地面积的百分比。计算公式为：

$$林草覆盖率=\frac{林草面积之和}{土地总面积}\times 100\%$$

数据来源：统计、林业、农业、国土资源部门。

6. 受保护地区占国土面积比例

指标解释：

指辖区内各类（级）自然保护区、风景名胜区、森林公园、地质公园、生态功能保护区、水源保护区、封山育林地等面积占全部陆地（湿地）面积的百分比，上述区域面积不得重复计算。

数据来源：统计、环保、建设、林业、国土资源、农业等部门。

7. 空气环境质量

指标解释：

指辖区空气环境质量达到国家有关功能区标准要求，目前执行 GB 3095—1996《环境空气质量标准》和 HJ 14—1996《环境空气质量功能区划分原则与技术方法》。

数据来源：环保部门。

8. 水环境质量、近岸海域水环境质量

指标解释：

按规划的功能区要求达到相应的国家水环境或海水环境质量标准。目前采用 GB 3838—2002《地表水环境质量标准》、GB/T 14848—93《地下水环境质量标准》和 GB 3097—1997《海水水质标准》。

省控以上断面过境河流水质不降低。

数据来源：环保部门。

9. 噪声环境质量

指标解释：

指城市区域按规划的功能区要求达到相应的国家声环境质量标准。目前采用 GB 3096—93《城市区域环境噪声标准》。

数据来源：环保部门。

10. 主要污染物排放强度

指标解释：

指单位 GDP 所产生的主要污染物数量。按照节能减排的总体要求，本指标计算化学需氧量（COD）和二氧化硫（SO_2）的排放强度。计算公式为：

$$主要污染物排放强度=\frac{全年COD或SO_2排放总量（kg）}{全年国内生产总值（万元）}$$

COD 和 SO_2 的排放不得超过国家总量控制指标，且近三年逐年下降。

数据来源：环保部门。

11. 城镇污水集中处理率、工业用水重复率

（1）城镇污水集中处理率

指标解释：

城镇污水集中处理率指城市及乡镇建成区内经过污水处理厂二级或二级以上处理，或其他处理设施处理（相当于二级处理），且达到排放标准的生活污水量与城镇建成区生活污水排放总量的百分比。计算公式为：

$$生活污水集中处理率=\frac{\begin{matrix}二级污水处\\理厂处理量\end{matrix}+\begin{matrix}一级污水处理厂、排\\江、排海工程处理量\end{matrix}\times 0.7+\begin{matrix}氧化塘、氧化沟、沼气\\池及湿地处理系统处理量\end{matrix}\times 0.5}{城镇建成区生活污水排放总量}\times 100\%$$

数据来源：建设、环保部门。

（2）工业用水重复率

指标解释：

指工业重复用水量占工业用水总量的比值。计算公式为：

$$工业用水重复率=\frac{工业重复用水量}{工业用水总量}\times 100\%$$

数据来源：统计、发展改革、经贸、环保部门。

12. 城镇生活垃圾无害化处理率、工业固体废物处置利用率

指标解释：

城镇生活垃圾无害化处理率指城市及建制镇生活垃圾资源化量占垃圾清运量的比值。工业固体废物处置利用率指工业固体废物处置及综合利用量占工业固体废物产生量的比值。无危险废物排放。有关标准采用 GB 18599—2001《一般工业固体废弃物储存、处置场污染控制标准》、GB 18485—2001《生活垃圾焚烧污染控制标准》、GB 16889—1997《生活垃圾填埋污染控制标准》。

数据来源：环保、建设、卫生部门。

13. 城镇人均公共绿地面积

指标解释：

指城镇公共绿地面积的人均占有量。公共绿地包括公共人工绿地、天然绿地，以及机关、企事业单位绿地。

数据来源：统计、建设部门。

14. 农村生活用能中清洁能源所占比例

指标解释：

指农村用于生活的全部能源中清洁能源所占的比例。清洁能源是指环境污染物和温室气体零排放或者低排放的一次能源，主要包括天然气、核电、水电及其他新能源和可再生能源等。

数据来源：统计、经贸、能源、农业、环保等部门。

15. 秸秆综合利用率

指标解释：

指综合利用的秸秆数量占秸秆总量的比例。秸秆综合利用包括秸秆气化、饲料、秸秆还田、编织、燃料等。计算公式为：

$$秸秆综合利用率=\frac{综合利用的秸秆数量}{农村秸秆总量}\times 100\%$$

数据来源：统计、农业、环保部门。

16. 规模化畜禽养殖场粪便综合利用率

指标解释：

指集约化、规模化畜禽养殖场通过还田、沼气、堆肥、培养料等方式利用的畜禽粪便量与畜禽粪便产生总量的比例。有关标准按照 GB 18596—2001《畜禽养殖业污染物排放标准》和

《畜禽养殖污染防治管理办法》执行。

数据来源：环保、农业部门。

17. 化肥施用强度（折纯）

指标解释：

指本年内单位面积耕地实际用于农业生产的化肥数量。化肥施用量要求按折纯量计算。折纯量是指将氮肥、磷肥、钾肥分别按含氮、含五氧化二磷、含氧化钾的百分之百成分进行折算后的数量。复合肥按其所含主要成分折算。计算公式为：

$$\text{化肥施用强度}=\frac{\text{化肥施用量(kg)}}{\text{耕地面积}(\text{hm}^2)}$$

数据来源：农业、统计、环保部门。

18. 集中式饮用水源水质达标率、村镇饮用水卫生合格率

（1）集中式饮用水源水质达标率

指标解释：

指城镇集中饮用水水源地，其地表水水源水质达到 GB 3838—2002《地表水环境质量标准》Ⅲ类标准和地下水水源水质达到 GB/T 14848—1993《地下水质量标准》Ⅲ类标准的水量占取水总量的百分比。计算公式为：

$$\text{集中式饮用水源水质达标率}=\frac{\text{各饮用水水源地取水水质达标量之和}}{\text{各饮用水水源地取水量之和}}\times 100\%$$

数据来源：建设、卫生、环保等部门。

（2）村镇饮用水卫生合格率

指标解释：

指以自来水厂或手压井形式取得饮用水的农村人口占农村总人口的百分率，雨水收集系统和其他饮水形式的合格与否需经检测确定。饮用水水质符合国家生活饮用水卫生标准的规定，且连续三年未发生饮用水污染事故。计算公式为：

$$\text{村镇饮用水卫生合格率}=\frac{\text{取得合格饮用水农村人口数}}{\text{农村人口总数}}\times 100\%$$

数据来源：环保、卫生、建设等部门。

19. 农村卫生厕所普及率

指标解释：

指使用卫生厕所的农户数占农户总户数的比例。卫生厕所标准执行 GB 19379—2003《农村户厕卫生标准》。

数据来源：卫生、建设部门。

20. 环境保护投资占 GDP 的比重

指标解释：

指用于环境污染防治、生态环境保护和建设投资占当年国内生产总值（GDP）的比例。要求近三年污染治理和生态环境保护与恢复投资占 GDP 比重不降低或持续提高。计算公式为：

$$\text{环保投资占GDP的比重}=\frac{\text{污染防治投资+生态环境保护和建设投资}}{\text{国内生产总值(GDP)}}\times 100\%$$

数据来源：统计、发展改革、建设、环保部门。

21．人口自然增长率

指标解释：

指在一定时期内（通常为一年）人口净增加数（出生人数减死亡人数）与该时期内平均人数（或期中人数）之比，采用千分率表示。计算公式为：

$$人口自然增长率=\frac{本年出生人数-本年死亡人数}{年平均人数}\times 1\,000\text{‰}$$

数据来源：计划生育、统计部门。

22．公众对环境的满意率

指标解释：

指公众对环境保护工作及环境质量状况的满意程度。

数据来源：现场问卷调查。

（二）生态市

第一部分　基本条件

指标解释参照生态县的相关内容。“生态环境质量评价指数在全省名列前茅”是指生态环境质量评价指数连续三年在全省排名前 3 位（不含已命名生态市的排名）。

第二部分　建设指标

1．农民年人均纯收入

指标解释参照生态县的相关内容。

2．第三产业占 GDP 比例

指标解释：

指第三产业的产值占国内生产总值的比例。计算公式为：

$$第三产业占GDP比例=\frac{第三产业产值}{国内生产总值(GDP)}\times 100\%$$

数据来源：统计部门。

3．单位 GDP 能耗

指标解释参照生态县的相关内容。

4．单位工业增加值新鲜水耗、农业灌溉水有效利用系数

指标解释参照生态县的相关内容。

5．应当实施强制性清洁生产企业通过验收的比例

指标解释：

《清洁生产促进法》规定：污染物排放超过国家和地方规定的排放标准或者超过经有关地方人民政府核定的污染物排放总量控制标准的企业，应当实施清洁生产审核；使用有毒、有害原料进行生产或者在生产中排放有毒、有害物质的企业，应当定期实施清洁生产审核。同时规定，省级环保部门在当地主要媒体上定期公布污染物超标排放或者污染物排放总量超过规定限额的污染严重企业的名单。

数据来源：经贸、环保、统计部门。

6．森林覆盖率

指标解释参照生态县的相关内容。

7．受保护地区占国土面积比例

指标解释参照生态县的相关内容。

8．空气环境质量

指标解释参照生态县的相关内容。

9．水环境质量、近岸海域水环境质量

指标解释参照生态县的相关内容。

10．主要污染物排放强度

指标解释参照生态县的相关内容。

11．集中式饮用水源水质达标率

指标解释参照生态县的相关内容。

12．城市污水集中处理率、工业用水重复率

（1）城市污水集中处理率

指标解释：

是指城市市区经过城市污水处理厂二级或二级以上处理且达到排放标准的污水量与城市污水排放总量的百分比。计算公式为：

$$\text{城市污水集中处理率}=\frac{\text{城市污水处理厂处理污水量(万t)}}{\text{城市污水排放总量(万t)}}\times 100\%$$

数据来源：建设、环保部门。

（2）工业用水重复率

指标解释参照生态县的相关内容。

13．噪声环境质量

指标解释参照生态县的相关内容。

14．城镇生活垃圾无害化处理率、工业固体废物处置利用率

指标解释参照生态县的相关内容。

15．城镇人均公共绿地面积

指标解释参照生态县的相关内容。

16．环境保护投资占 GDP 的比重

指标解释参照生态县的相关内容。

17．城市化水平

指标解释：

指城镇建成区内总人口占地区总人口的比重。计算公式为：

$$\text{城市化水平}=\frac{\text{城镇建成区内总人口数}}{\text{市(县)总人口数}}\times 100\%$$

数据来源：统计部门。

18．采暖地区集中供热普及率

指标解释：

指城市市区集中供热设备供热总容量占市区供热设备总容量的百分比。计算公式为：

$$\text{市区集中供热普及率}=\frac{\text{市区集中供热设备供热总容量(MW)}}{\text{市区供热设备供热总容量(MW)}}\times 100\%$$

数据来源：建设部门。

19．公众对环境的满意率

指标解释参照生态县的相关内容。

（三）生态省

第一部分　基本条件

指标解释参照生态县的相关内容。

第二部分　建设指标

1．农民年人均纯收入

指标解释参照生态县的相关内容。

2．城镇居民年人均可支配收入

指标解释：

指城镇居民家庭在支付个人所得税、财产税及其他经常性转移支出后所余下的人均实际收入。

数据来源：统计部门。

3．环保产业比重

指标解释：

指环保产业产值占国内生产总值（GDP）的比重。环保产业是环境保护相关产业的简称，指国民经济结构中为环境污染防治、生态保护与恢复、有效利用资源、满足人民环境需求，为社会、经济可持续发展提供产品和服务支持的产业。它不仅包括污染控制与减排、污染清理及废物处理等方面提供产品与技术服务的狭义内涵，还包括涉及产品生命周期过程中对环境友好的技术与产品、节能技术、生态设计及与环境相关的服务等。

数据来源：统计、发展改革、经贸、环保部门。

4．森林覆盖率

指标解释参照生态县的相关内容。

5．受保护地区占国土面积比例

指标解释参照生态县的相关内容。

6．退化土地恢复率

指标解释：

土地退化是指由于使用土地或由于一种营力或数种营力结合致使雨浇地、水浇地或草原、牧场、森林和林地的生物或经济生产力和复杂性下降或丧失，其中主要包括：（1）风蚀和水蚀致使土壤物质流失；（2）土壤的物理、化学和生物特性或经济特性退化；（3）自然植被长期丧失。本指标计算以水土流失为例，水利部规定小流域侵蚀治理达标标准是，土壤侵蚀治理程度达 70%。其他土地退化，如沙漠化、盐渍化、矿产开发引起的土地破坏等也可类推。计算公式为：

$$\text{退化土地恢复率} = \frac{\text{已恢复的退化土地总面积}}{\text{退化土地总面积}} \times 100\%$$

数据来源：水利、林业、国土、农业部门。

7．物种保护指数

指标解释：

指考核年动植物物种现存数与生态省建设规划基准年动植物物种总数之比。计算公式为：

$$\text{物种保护指数} = \frac{\text{考核年动植物物种数}}{\text{基准年动植物物种数}}$$

数据来源：林业、农业、环保部门。

8．主要河流年水消耗量

指标解释：

对省域内主要河流，国际上通常将40%的水资源消耗作为临界值；对跨省主要河流，水资源的消耗不得超过国家分配的水资源量。

数据来源：水利部门。

9．地下水超采率

指标解释：

指一年内区域地下水开发利用量超过可采地下水资源总量的比例。

数据来源：水利、国土资源、建设部门。

10．主要污染物排放强度

指标解释参照生态县的相关内容。

11．降水pH值年均值、酸雨频率

降水pH值年均值指一年降水酸度（pH值）的平均值。酸雨频率指一年的降水总次数中，pH值小于5.6的降水发生比例。

数据来源：环保部门。

12．空气环境质量

指标解释参照生态县的相关内容。

13．水环境质量，近岸海域水环境质量

指标解释参照生态县的相关内容。

14．环境保护投资占GDP的比重

指标解释参照生态县的相关内容。

15．城市化水平

指标解释参照生态市的相关内容。

16．基尼系数

指标解释：

是用来反映社会收入分配平等状况的指数。基尼系数一般介于0～1，0表示收入绝对平均，1表示收入绝对不平均，小于0.2表示收入高度平均，大于0.6表示收入高度不平均。0.3～0.4表示较为合理。国际上一般把0.4作为警戒线。

基尼系数的计算方法：按人均收入由低到高进行排序，分成若干组（如果不分组，则每一户或每一人为一组），计算每组收入占总收入比重（W_i）和人口比重（P_i），计算公式为：

$$G=1-\sum_{i=1}^{n}P_i\cdot(2Q_i-W_i)$$

其中：$Q_i=\sum_{k=1}^{i}W_k$

或 $G=1-\sum_{i=1}^{n}P_i\cdot(2\sum_{k=1}^{i}W_k-W_i)$

数据来源：统计部门。

后 记

本次编制完成的环境监察系列培训教材是《环境监察》、《污染源环境监察》、《生态环境监察》、《环境典型案例分析与执法要点解析》、《环境行政处罚》、《排污收费与排污申报》和参考讲义《环境监察执法手册》、《挂牌督办典型环境违法案件》、《环境执法后督察》、《限期治理项目环境监察》、《跨行政区环境纠纷处理》、《环境监察廉洁执法》等。

为了使环境监察的执法理念及工作方法的研究工作更加科学合理，欢迎大家将上述培训系列教材使用过程中的建议和工作中好的经验、实例及时反馈给我们，使得环境监察培训系列教材能够不断地推陈出新，更好地适应新形势下环境监察工作的需要。